中 国 国 家 标 准 汇 编

437

GB 24388～24429

（2009 年制定）

中国标准出版社　编

中 国 标 准 出 版 社

北　京

图书在版编目(CIP)数据

中国国家标准汇编:2009 年制定.437:GB 24388～24429/中国标准出版社编.—北京:中国标准出版社,2010

ISBN 978-7-5066-6010-5

Ⅰ.①中… Ⅱ.①中… Ⅲ.①国家标准-汇编-中国-2009 Ⅳ.①T-652.1

中国版本图书馆 CIP 数据核字(2010)第 166152 号

中国标准出版社出版发行
北京复兴门外三里河北街 16 号
邮政编码:100045

网址 www.spc.net.cn
电话:68523946 68517548
中国标准出版社秦皇岛印刷厂印刷
各地新华书店经销

*

开本 880×1230 1/16 印张 37.25 字数 1 093 千字
2010 年 10 月第一版 2010 年 10 月第一次印刷

*

定价 220.00 元

出 版 说 明

1.《中国国家标准汇编》是一部大型综合性国家标准全集。自1983年起，按国家标准顺序号以精装本、平装本两种装帧形式陆续分册汇编出版。它在一定程度上反映了我国建国以来标准化事业发展的基本情况和主要成就，是各级标准化管理机构，工矿企事业单位，农林牧副渔系统，科研、设计、教学等部门必不可少的工具书。

2.《中国国家标准汇编》收入我国每年正式发布的全部国家标准，分为"制定"卷和"修订"卷两种编辑版本。

"制定"卷收入上一年度我国发布的、新制定的国家标准，顺延前年度标准编号分成若干分册，封面和书脊上注明"20××年制定"字样及分册号，分册号一直连续。各分册中的标准是按照标准编号顺序连续排列的，如有标准顺序号缺号的，除特殊情况注明外，暂为空号。

"修订"卷收入上一年度我国发布的、修订的国家标准，视篇幅分设若干分册，但与"制定"卷分册号无关联，仅在封面和书脊上注明"20××年修订-1，-2，-3，……"字样。"修订"卷各分册中的标准，仍按标准编号顺序排列(但不连续)；如有遗漏的，均在当年最后一分册中补齐。需提请读者注意的是，个别非顺延前年度标准编号的新制定的国家标准没有收入在"制定"卷中，而是收入在"修订"卷中。

读者配套购买《中国国家标准汇编》"制定"卷和"修订"卷则可收齐上一年度我国制定和修订的全部国家标准。

3. 由于读者需求的变化，自1996年起，《中国国家标准汇编》仅出版精装本。

4. 2009年我国制修订国家标准共3 158项。本分册为"2009年制定"卷第437分册，收入国家标准GB 24388～24429的最新版本。

中国标准出版社

2010年8月

目　　录

ICS 25.120.10
J 62

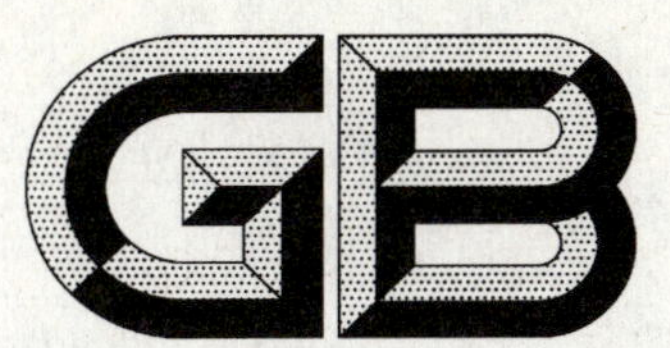

中华人民共和国国家标准

GB 24388—2009

折弯机械　噪声限值

Noise limits for press brake and flanging machine

2009-09-30 发布　　2010-07-01 实施

中华人民共和国国家质量监督检验检疫总局
中国国家标准化管理委员会　发布

前　言

本标准的3.1.1、3.2.1、第4章为推荐性的，其他为强制性的。

本标准由中国机械工业联合会提出。

本标准由全国锻压机械标准化技术委员会归口。

本标准负责起草单位：佛山市南海力丰机床有限公司、无锡金球机械有限公司、上海冲剪机床厂。

本标准主要起草人：周建军、曾立泉、杨敏哲、平东良、李德明。

本标准为首次发布。

折弯机械 噪声限值

1 范围

本标准规定了折弯机械的声功率级和声压级的噪声限值。

本标准适用于折弯机械，包括各种类型的板料折弯机、折边机。

2 规范性引用文件

下列文件中的条款通过本标准的引用而成为本标准的条款。凡是注日期的引用文件，其随后所有的修改单(不包括勘误的内容)或修订版均不适用于本标准，然而，鼓励根据本标准达成协议的各方研究是否可使用这些文件的最新版本。凡是不注日期的引用文件，其最新版本适用于本标准。

GB/T 23281—2009 锻压机械噪声声压级测量方法

GB/T 23282—2009 锻压机械噪声声功率级测量方法

3 噪声限值

折弯机械的噪声分为声功率级、声压级要求，并根据折弯机械的类型分别给出了噪声限值要求。

3.1 板料折弯机的噪声限值

3.1.1 板料折弯机的声功率级限值

板料折弯机在连续空运转时的噪声 A 计权声功率级 L_{WA} 不应超过表 1 的规定。

表 1

板料折弯机传动方式	公称力/kN	声功率级限值 L_{WA}/dB(A)
机械传动	≤630	100
	>630～2 500	110
液压传动	≤630	95
	>630～2 500	100
	>2 500	105

3.1.2 板料折弯机的声压级限值

板料折弯机连续空运转时在规定位置的噪声 A 计权声压级 L_{pA} 不应超过表 2 的规定。

表 2

板料折弯机传动方式	公称力/kN	声压级限值 L_{pA}/dB(A)
机械传动	≤630	85
	>630～2 500	90
液压传动	≤630	82
	>630～2 500	85
	>2 500	88

3.1.3 板料折弯机的脉冲噪声声压级

机械传动的板料折弯机在空运转单次行程时在规定位置的脉冲噪声 A 计权声压级 L_{pAI} 不应超过表 3 的规定。

表 3

公称力/kN	脉冲声压级限值 L_{pAI}/dB(A)
≤630	95
>630～2 500	100

3.2 折边机的噪声限值

3.2.1 折边机的声功率级限值

折边机在连续空运转时的噪声 A 计权声功率级 L_{WA} 不应超过表 4 的规定。

表 4

折边梁的摆动次数	可折板厚/mm	声功率级限值 L_{WA}/dB(A)
≤4	≤2.5	95
	>2.5	102
>4	≤2.5	98
	>2.5	105

3.2.2 折边机的声压级限值

折边机在连续空运转时在规定位置的噪声 A 计权声压级 L_{pA} 不应超过表 5 的规定。

表 5

折边梁的摆动次数	可折板厚/mm	声压级限值 L_{pA}/dB(A)
≤4	≤2.5	82
	>2.5	86
>4	≤2.5	84
	>2.5	88

3.2.3 折边机的脉冲噪声声压级

折边机在空运转单次行程时在规定位置的脉冲噪声 A 计权声压级 L_{pAI} 不应超过表 6 的规定。

表 6

折边梁的摆动次数	可折板厚/mm	脉冲声压级限值 L_{pAI}/dB(A)
≤4	≤2.5	92
	>2.5	96
>4	≤2.5	94
	>2.5	98

4 测量方法

4.1 声压级测量方法

压力机的噪声声压级测量方法应符合 GB/T 23281—2009 的规定。

4.2 声功率级测量方法

压力机的噪声声功率级测量方法应符合 GB/T 23282—2009 的规定。

4.3 噪声测量说明

4.3.1 出厂检验只测量噪声声压级。

4.3.2 新设计或改进设计、工艺、材料后的新产品等进行性能试验时均应测量噪声声压级；也可再测量噪声声功率级，以噪声声压级为合格评定依据。

ICS 25.120.10
J 62

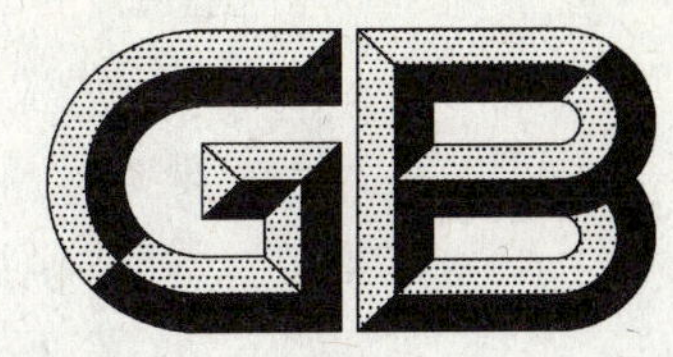

中华人民共和国国家标准

GB 24389—2009

剪切机械 噪声限值

Noise limits for shearing machinery

2009-09-30 发布 2010-07-01 实施

中华人民共和国国家质量监督检验检疫总局
中国国家标准化管理委员会 发布

前　言

本标准的 3.1.1、3.2.1、3.3.1、3.4.1、3.5.1、第 4 章为推荐性的，其他为强制性的。

本标准由中国机械工业联合会提出。

本标准由全国锻压机械标准化技术委员会归口。

本标准负责起草单位：佛山市南海力丰机床有限公司、沈阳锻压机械有限公司、天水锻压机床有限公司。

本标准主要起草人：周建军、曾立泉、陈文进、岳汉生、蔡礼泉。

本标准为首次发布。

剪切机械　噪声限值

1　范围

本标准规定了剪切机械的声功率级和声压级的噪声限值。

本标准适用于剪切机械，包括各种类型的棒料剪断机、鳄鱼式剪断机、剪板机、冲型剪切机、联合冲剪机。

2　规范性引用文件

下列文件中的条款通过本标准的引用而成为本标准的条款。凡是注日期的引用文件，其随后所有的修改单(不包括勘误的内容)或修订版均不适用于本标准，然而，鼓励根据本标准达成协议的各方研究是否可使用这些文件的最新版本。凡是不注日期的引用文件，其最新版本适用于本标准。

GB/T 23281—2009　锻压机械噪声声压级测量方法

GB/T 23282—2009　锻压机械噪声声功率级测量方法

3　噪声限值

剪切机械的噪声分为声功率级、声压级要求，并根据剪切机械的类型分别给出了噪声限值要求。

3.1　棒料剪断机噪声限值

3.1.1　棒料剪断机声功率级限值

棒料剪断机在连续空运转时的噪声 A 计权声功率级 L_{WA}不应超过表 1 的规定。

表 1

棒料剪断机的公称力/kN	声功率级限值 L_{WA}/dB(A)
＜5 000	110
≥5 000	114

3.1.2　棒料剪断机声压级限值

3.1.2.1　棒料剪断机在连续空运转时在规定位置的噪声 A 计权声压级 L_{pA}不应超过 95 dB(A)。

3.1.2.2　棒料剪断机在空运转单次行程时在规定位置的脉冲噪声 A 计权声压级 L_{pAI} 不应超过 106 dB(A)。

3.2　鳄鱼式剪断机噪声限值

3.2.1　鳄鱼式剪断机声功率级限值

鳄鱼式剪断机在连续空运转时的噪声 A 计权声功率级 L_{WA}不应超过 105 dB(A)。

3.2.2　鳄鱼式剪断机声压级限值

鳄鱼式剪断机在连续空运转时在规定位置的噪声 A 计权声压级 L_{pA}不应超过 90 dB(A)。

3.3　剪板机噪声限值

3.3.1　剪板机声功率级限值

机械传动剪板机在连续空运转时的噪声 A 计权声功率级 L_{WA}不应超过表 2 的规定，液压传动剪板机在连续空运转时的噪声 A 计权声功率级 L_{WA}不应超过表 3 的规定。

表 2

剪板机可剪板厚/mm	声功率级限值 L_{WA}/dB(A)
≤10	100
>10～20	103
>20	114

表 3

剪板机液压油泵流量/(L/min)	声功率级限值 L_{WA}/dB(A)
≤25	94
>25～63	100
>63	103

3.3.2 剪板机声压级限值

3.3.2.1 机械传动剪板机在连续空运转时在规定位置的噪声 A 计权声压级 L_{pA}不应超过表 4 的规定，液压传动剪板机在连续空运转时在规定位置的噪声 A 计权声压级 L_{pA}不应超过表 5 的规定。

表 4

剪板机可剪板厚/mm	声压级限值 L_{pA}/dB(A)
≤10	85
>10～20	90
>20	93

表 5

剪板机液压油泵流量/(L/min)	声压级限值 L_{pA}/dB(A)
≤25	81
>25～63	85
>63	90

3.3.2.2 机械传动剪板机在空运转单次行程时在规定位置的脉冲噪声 A 计权声压级 L_{pAI} 不应超过表 6 的规定。

表 6

剪板机可剪板厚/mm	脉冲声压级限值 L_{pAI}/dB(A)
≤10	101
>10～20	102
>20	103

3.4 冲型剪切机噪声限值

3.4.1 冲型剪切机声功率级限值

冲型剪切机连续空运转时的噪声 A 计权声功率级 L_{WA}不应超过 94 dB(A)。

3.4.2 冲型剪切机声压级限值

冲型剪切机连续空运转时在规定位置的噪声 A 计权声压级 L_{pA}不应超过 80 dB(A)。

3.5 联合冲剪机噪声限值

3.5.1 联合冲剪机声功率级限值

在连续空运转时的噪声 A 计权声功率级 L_{WA}不应超过表 7 的规定。

表 7

联合冲剪机可剪板厚/mm	声功率级限值 L_{WA}/dB(A)
≤10	97
>10～16	100
>16	106

3.5.2 **联合冲剪机声压级限值**

联合冲剪机连续空运转时在规定位置的噪声 A 计权声压级 L_{pA} 不应超过表 8 的规定。

表 8

联合冲剪机可剪板厚/mm	声压级限值 L_{pA}/dB(A)
≤10	83
>10～16	86
>16	88

4 测量方法

4.1 声压级测量方法

压力机的噪声声压级测量方法应符合 GB/T 23281—2009 的规定。

4.2 声功率级测量方法

压力机的噪声声功率级测量方法应符合 GB/T 23282—2009 的规定。

4.3 噪声测量说明

4.3.1 出厂检验只测量噪声声压级。

4.3.2 新设计或改进设计、工艺、材料后的新产品等进行性能试验时均应测量噪声声压级；可再测量噪声声功率级，以噪声声压级为合格评定依据。

ICS 25.120.30
J 61

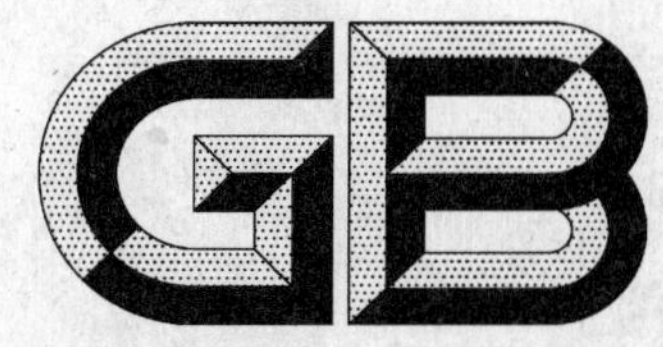

中华人民共和国国家标准

GB 24390—2009

抛(喷)丸设备　安全要求

Shot (air) blast equipment—Safety requirements

2009-09-30 发布　　　　2010-07-01 实施

中华人民共和国国家质量监督检验检疫总局
中国国家标准化管理委员会　发布

前　言

本标准第3章为推荐性的，其余为强制性的。

本标准由中国机械工业联合会提出。

本标准由全国铸造机械标准化技术委员会(SAC/TC 186)归口。

本标准起草单位：济南铸造锻压机械研究所、青岛铸造机械集团公司、青岛双星铸造机械有限公司、青岛开世密封工业有限公司、青岛天水铸造机械有限公司。

本标准主要起草人：卢军、王德志、吴正涛、丁仁相、吴寿喜、周邦文。

本标准为首次发布。

抛(喷)丸设备　安全要求

1　范围

本标准规定了抛(喷)丸设备设计人员、制造厂和供应商以及使用者应遵循的安全要求和措施。

本标准适用于对工件表面进行抛丸、喷丸或抛喷丸联合加工处理的各类抛(喷)丸设备(以下简称设备)。

本标准也适用于构成抛(喷)丸设备组件的各单元和辅助设备。

2　规范性引用文件

下列文件中的条款通过本标准的引用而成为本标准的条款。凡是注日期的引用文件,其随后所有的修改单(不包括勘误的内容)或修订版均不适用于本标准,然而,鼓励根据本标准达成协议的各方研究是否可使用这些文件的最新版本。凡是不注日期的引用文件,其最新版本适用于本标准。

GB 150　钢制压力容器

GB 2893　安全色(GB 2893—2008,ISO 3864-1:2002,MOD)

GB/T 3766　液压系统通用技术条件(GB/T 3766—2001,eqv ISO 4413:1998)

GB 5083　生产设备安全卫生设计总则

GB 5226.1　机械安全　机械电气设备　第1部分:通用技术条件(GB 5226.1—2002,IEC 60204-1:2000,IDT)

GB/T 7932　气动系统通用技术条件(GB/T 7932—2003,ISO 4414:1998,IDT)

GB/T 9969　工业产品使用说明书　总则

GB 12265.1　机械安全　防止上肢触及危险区的安全距离(GB 12265.1—1997,eqv EN 294:1992)

GB 12265.3　机械安全　避免人体各部位挤压的最小间距(GB 12265.3—1997,eqv EN 349:1993)

GB/T 14776　人类工效学　工作岗位尺寸　设计原则及其数值

GB/T 15706.1　机械安全　基本概念与设计通则　第1部分:基本术语和方法学(GB/T 15706.1—2007,ISO 12100-1:2003,IDT)

GB/T 15706.2—2007　机械安全　基本概念与设计通则　第2部分:技术原则(ISO 12100-2:2003,IDT)

GB/T 16251　工作系统设计的人类工效学原则(GB/T 16251—2008,ISO 6385:2004,IDT)

GB 16754　机械安全　急停　设计原则(GB 16754—2008,ISO 13850:2006,IDT)

GB/T 16855.1　机械安全控制　系统有关安全部件　第1部分:设计通则(GB/T 16855.1—2008,ISO 13849:2006,IDT)

GB/T 16856.1　机械安全　风险评价　第1部分:原则(GB/T 16856.1—2008,ISO 14121-1:2007,IDT)

GB 20905—2007　铸造机械　安全要求

JB/T 6331.2　铸造机械噪声的测定方法　声压级测定

JB/T 7536　机械安全通用术语

JB/T 9978　铸造机械术语

《压力容器安全技术监察规程》(技质监局锅发[1999]154号)

3 术语和定义

GB 12265.1、GB 12265.3、GB/T 15706.1、GB/T 16855.1、GB/T 16856.1、JB/T 7536 和 JB/T 9978 所确立的以及下列术语和定义适用于本标准。

3.1

工件承载体 workpiece loading device

承载着工件，并以一定的运动方式将工件带到抛丸和/或喷丸工位的装置。如滚筒、履带、悬链、转台等。

3.2

弹丸循环系统 abrasive circulation system

使弹丸能够回收，并将弹丸提供给抛丸器或喷丸器的自动循环系统。最常见的系统类型是由螺旋输送机、斗式提升机、滚筒筛、丸砂分离器等组成。

3.3

工件装卸系统 workpiece loading-unloading system

将工件装入工件承载体或从工件承载体上卸下工件的装置。如机械手、抓具、吊具等。

3.4

零机械状态 zero mechanical state

这是设备处于下列机械状态的状态：

a) 能产生机械运动的每个动力源都已被断开并锁定；

b) 压力流体的动力源被断开后，将部分压力介质释入大气或容器，消除因断开流体动力源而在设备上产生的压力；

c) 所有的压力容器都减压至大气压力；

d) 设备所有部分的机械势能都处于其最低实际值；

e) 滞留在设备管路、缸体或者其他部件内的压力流体在任何阀的动作下都不会使设备出现运动；

f) 已移动或松动的设备部件都被固定；

g) 使设备处于上述状态的每一个过程、步骤在将其锁定后，都应受到启动器的启动测试（如当切断电动机电源并锁定后，按压启动按钮可以验证电动机是否无法启动）。

4 重要危险项目

4.1 总则

下列重要危险项目是依据 GB/T 16856.1 的规定，对本标准适用范围内的设备进行风险评估的结果。这些危险项目可能发生在设备按使用说明书规定的预定使用条件下使用和在运输、安装、调整、维修、拆卸和处理等各环节中。

4.2 机械危险

4.2.1 由设备产生的弹丸抛射危险。

4.2.2 由设备零部件产生的挤压危险、剪切危险、碰撞危险。

4.2.3 由设备运动件的回转和/或自转产生的缠绕危险。

4.2.4 由设备零部件和/或工件坠落或抛出产生的冲击危险。

4.2.5 在设备表面、边缘或棱角产生的刺伤或扎伤危险。

4.2.6 由高空作业或设备周围产生的滑倒、绊倒、跌落危险。

4.2.7 由液压系统、气动系统和喷丸罐产生的高压流体喷射或爆裂危险。

4.2.8 安装、运输过程中由于偏重、稳定性差、吊具强度不够等原因造成的意外倾翻、移动或掉落危险。

4.3 电气危险

4.3.1 由电气系统产生的电击危险、热辐射危险。

4.3.2 由喷丸软管静电聚集产生的静电放电危险。

4.4 噪声危险

设备噪声产生的听觉损失等危险。

4.5 材料和物质产生的危险

4.5.1 操作者接触或吸入粉尘而造成的危险。

4.5.2 由生产性粉尘产生的燃烧或爆炸的危险。

4.6 设备设计时忽略人类工效学原则而产生的危险

4.6.1 在操作、监视或维护时不利于健康的姿势或过度用力。

4.6.2 忽略了使用个人防护装备。

4.6.3 在危险场所未设置明显警示标识。

5 安全要求和/或措施

5.1 基本要求

5.1.1 设备应最大限度地通过设计减小风险，使其达到本质安全。通过设计不能适当地避免或充分限制的风险，应采用安全防护装置对操作者加以防护。

5.1.2 设备的安全设计应符合 GB/T 15706.1、GB/T 15706.2 和 GB 5083 的规定。

5.1.3 设备的安全除应符合本标准的规定外，还应符合 GB 20905 的有关规定。

5.1.4 控制系统有关安全部件的安全要求和设计应符合 GB/T 16855.1 的有关规定。

5.1.5 设备的设计应充分体现人类工效学原则，并应符合 GB/T 14776、GB/T 16251 和其他有关标准的规定

5.1.6 对于无法通过设计来消除或充分减小的，而且安全防护装置对其无效或不完全有效的遗留风险，应通过使用信息通知和警告设备的使用者。使用信息是设备供应的一个组成部分。使用信息不应用于弥补设计的缺陷或代替安全防护装置。

5.2 机械危险的安全要求

5.2.1 设备上的门应与抛丸和/或喷丸控制装置联锁，只有门都处于关闭状态，抛丸和/或喷丸才能起动。设备的门应附有固定良好的警示标志。

5.2.2 设备的密封应良好，所有密封件应能抵挡住弹丸的冲击和磨损。设备上的门以及观察窗关闭后不应有弹丸飞出。如果满足这一要求会严重影响设备的使用性能，则应在门处设置其他有效的防止弹丸飞出的安全措施。

5.2.3 设备上的观察窗应采用厚度不小于 5 mm 的抗碎无色透明板。

5.2.4 设备内壁应装有在易损有效期内的、能抵挡住弹丸冲击和磨损的护板。护板的安装应牢固，更换应方便。

5.2.5 当从事安装调试、调整、维修或维护的操作者在设备内时，设备应处于零机械状态，保证其他人员将无法启动抛丸器和/或喷丸器以及供丸系统。

5.2.6 手持喷枪式喷丸设备除满足 5.2 规定的其他有关要求外，还应满足以下要求：

a) 喷丸起始应在操作者唯一控制之下，终结应在操作者可控制之下进行；

b) 喷丸控制开关应牢固地安装在喷丸设备的喷丸软管或喷枪上，并便于操作者使用。控制开关的控制电压应为安全电压；

c) 弹丸的喷射应由操作者在喷丸控制开关上用手按压的动作来启动与维持；

d) 当喷丸控制开关不处于操作者控制时，喷丸罐中的弹丸不可能意外地启动喷射(如喷嘴掉落)；

e) 设备上的门允许从内、外两侧开启，但存在操作者进出的工件进口的门应仅能从外侧开启；

f) 在装有抛丸器的设备内喷丸时，抛丸器的电源应被切断并锁死，设备上应装有只有喷丸操作者才能开启抛丸器的电源装置。

5.2.7 在操作者容易接近的处于运动状态的运动零部件处（如飞轮、齿轮、滑轮、轴、传动带、链条、抛丸器叶片、螺旋叶片等），或运动件与静止件之间，应装有有效的防护装置或采取有效的限制措施，防护装置或采取的限制措施不应带来附加危险。防护装置应符合 GB/T 15706.2—2007 中 5.3.2 的规定。限制措施应符合 GB 12265.1、GB 12265.3 和其他有关标准的规定。

5.2.8 装有防护装置的运动件，应有打开防护装置即停止运动的联锁装置，否则应装有指明打开防护装置有危险或应使传动装置切断后才允许将其打开的警示标志。

5.2.9 工件承载体的限位装置应可靠。

5.2.10 弹丸循环系统、工件承载体应能承受不小于 1.2 倍的额定负荷。

5.2.11 斗式提升机应装有防止逆转的安全装置，此装置在切断斗式提升机电源或出现故障时应起到有效的保护作用。

5.2.12 外露在设备之外的工件承载体、工件装卸系统应装有防护装置。如因工艺需要不可能安装防护装置时，应按 GB 2893 的规定，在运动零部件端部或面对操作者的一面涂以 45°斜度的同样宽度黄、黑相间的线条，线条宽度为 20 mm～50 mm。或者设置阻挡装置（如涂有红白相间颜色的围栏）、以引起操作者对安全的注意。

5.2.13 设备某一系统在调整、维修或维护时，该系统本身不应对操作者构成危险。此时其他系统应处于零机械状态。

5.2.14 设备零部件的固定、联接应牢固可靠。

5.2.15 电动激振器的偏心块应牢固安装在轴上，并应装有防护罩。

5.2.16 弹丸循环系统提供给供丸系统的弹丸中，不应含有块度较大的金属块、毛刺等杂物。

5.2.17 设备的内、外壁包括门和观察窗应能经受住由抛丸器抛出的破碎叶片的冲击。

5.2.18 在不影响使用的条件下，易接近的机械零部件不应有可能引起人体损伤的锐边、尖角、粗糙的表面、凸缘，金属薄片的棱边应倒钝、折边或修边，可能引起刮伤的开口管端应包覆。

5.2.19 设备上的工作平台及阶梯设施应符合 GB 20905—2007 第 11 章的规定。

5.2.20 设备在设计和供货上应使设备周围内引起滑倒、绊倒和跌落的风险减少到最低程度。

5.2.21 设备应使在安装、运输过程中由于偏重、稳定性差、吊具强度不够等原因造成的意外倾翻、移动或掉落危险减至最小，这应由设计和提供可靠的安装和运输方法来保证。

5.3 液压系统、气动系统的安全要求

5.3.1 液压系统的安全应符合 GB/T 3766 中有关安全的要求。

5.3.2 气动系统的安全应符合 GB/T 7932 中有关安全的要求。

5.3.3 喷丸器以及其他压力容器应按 GB 150 以及《压力容器安全技术监察规程》的规定进行设计、制造、验收和使用。

5.4 控制系统的安全要求

5.4.1 控制系统应能按规定动作顺序实现联锁。

5.4.2 电气联锁应具备防止因误动作引起的意外故障和/或危险事件发生的功能。

5.4.3 控制系统应具备必要的自动监控功能，在出现某一故障时触发报警器和在故障排除前不可能启动一次新的工作循环。

5.4.4 如果设备有不同工作方式、循环方式（如手动、自动、联动等），则应采用转换开关，并将转换开关安放在闭锁柜中，也可对各工作方式、循环方式分别采用带有钥匙锁定的或带有可卸手柄的转换开关。

5.4.5 设备上应装有急停装置，急停装置应能停止所有产生危险的操作和运动.将急停装置复位后不应引起重新启动，急停功能要求和设计原则应符合 GB 16754 的有关规定。

5.4.6 控制系统中的暂停、停止装置复位后不应引发任何危险情况。

5.5 电气危险的安全要求

5.5.1 设备的电气系统应根据 GB 5226.1 的规定防止电气危险。

5.5.2 喷丸软管及喷枪上应装有从喷嘴上消除静电的装置,或者采用抗静型喷丸软管。

注:把接地装置直接连接在软管上更可取。

5.6 噪声危险的安全要求

5.6.1 在空运转条件下,配置一台或两台抛丸器的设备与配置超过两台抛丸器的设备,其噪声限值分别为 90 dB(A)、93 dB(A)。喷丸时噪声限值为 85 dB(A)。噪声测定方法按 JB/T 6331.2 的规定。

5.6.2 设备应采取措施使噪声辐射的危险减至最小。

5.6.3 气阀的排气孔应使用消声器。

5.6.4 并列排列的管路不应相互接触,以防产生噪声和异常声响。

5.7 材料和物质产生危险的安全要求

5.7.1 设备在使用中应配有通风除尘系统或设有与除尘系统连接的接口。设备的通风量应能满足除尘要求。

5.7.2 通风除尘系统应有防止除尘管道堵塞的措施,除尘管道的弯曲过渡处应尽量减少。

5.7.3 除尘系统工作时各部位不应出现漏尘现象。

5.7.4 当抛喷丸作业产生易燃易爆粉尘混合物时,设备及其通风管道和除尘系统应配备有效的防爆措施。这些措施除包括 5.7.1～5.7.3 以外,还应包括:

a) 设备的电气系统应能满足防燃、防爆要求(如电火花等);
b) 设备的壳体、零部件等应采用静电直接接地。不便或工艺不允许直接接地的,可通过静电材料或制品间接接地。静电直接接地电阻不应大于 100 Ω,间接接地电阻不应大于 10^7 Ω;
c) 输送粉尘的管道应采用金属或防静电材料制造;
d) 设备内的操作者应采取防静电措施;
e) 禁止采用直接接地的金属导体或筛网与高速流动的粉尘接触的方法消除静电;
f) 当存在铝、镁、钛等金属或合金粉尘时,应防止产生摩擦火花;
g) 设备应设置泄爆口,泄爆释放压力的速度应快到足以保证设备结构不受损。压力释放动作本身不应对操作者造成危险。

6 安全要求和/或措施的判定

6.1 总则

设备是否与第 5 章中的安全要求和/或措施相符,应按下列四种方法予以判定。根据安全要求和/或措施的性质,判定方法应遵循以下优先顺序,在前一种方法无法实施或不能判定的情况下,允许按后一种方法判定,依次进行。每一项安全要求和/或措施至少需用一种方法判定,当某一项安全要求和/或措施具有多种方法可判定时,几种方法判定的结果均应相符。

6.2 判定方法 1——功能试验

通过安全功能试验检查设备的功能是否满足要求。如果安全功能试验由于技术原因客观上无法实现,或者只可能使用破坏性试验,或者由于减至所要求的风险就会导致过高的费用等,则按 6.3、6.4 和 6.5 给出的方法。

6.3 判定方法 2——检测

借助检测仪器、仪表优先选择现有的和标准化的测定方法,检查规定的要求是否在限定之内。

如果测定方法因目前技术上的限制无法证明设备是否满足要求,或者安全要求和/或措施是定性的等,则按 6.4、6.5 给出的方法。

6.4 判定方法 3——计算和/或查看图样

利用计算和/或图样来分析和检查设备是否满足要求,对某些特定要求(如稳定性、重心位置、机械强度等)适用这种方法,如果仅通过计算和/或图样不能得出明确的结论,则按6.5给出的方法。

6.5 判定方法4——观察

通过对规定零部件的目视测定,检查设备是否达到必须具备的要求和性能。

注:观察包括检查或审查设备的使用信息。

7 使用信息

7.1 警示信息

设备的视觉信号(如闪光灯)、听觉信号(如报警器)装置应符合GB/T 15706.2—2007中6.3的规定。

7.2 标志

7.2.1 标志、符号(象形图)、文字警告应符合GB/T 15706.2—2007中6.4和有关标准的规定。

7.2.2 设备应表明下列信息:

a) 制造厂和供应商(必要时)的名称;

b) 出厂日期;

c) 型号名称;

d) 出厂编号;

e) 各种信号和警告装置(如闪光灯、报警器)、标志、文字警告(如对在潜在易燃、易爆气氛中使用的设备,以及尽管动力源已被切断并锁定,然而尚未符合零机械状态的有可能造成意想不到危险条件的设备部件等)。

7.3 使用说明书

7.3.1 使用说明书应符合GB/T 15706.2—2007中6.5和GB/T 9969的规定。

7.3.2 设备的正确维修或维护对操作者的安全至关重要,应在使用说明书中强调:

a) 在操作者身体的任何部分置于危险区之前,应先把设备置于零机械状态;

b) 应经常检查喷丸软管是否出现松软点、破漏之处。应对有缺陷的软管进行维修或更换;

c) 所有供丸系统的金属管及其配件应经常检查,以防过度磨损;有缺陷的管道及接头配件应进行修理或更换;

d) 断裂的或严重磨损、腐蚀的耐磨护板、叶轮、定向套、分丸轮及其紧固件等应进行更换,并进行定期检查;

e) 所有防止弹丸飞出的密封件如发现有缺陷应进行更换;

f) 工件承载体或所有支撑负载的机构如有缺陷应进行更换;

g) 应采取措施防止散落在地面及设备周围的弹丸引起人体滑倒;

h) 所用的吊钩、吊具应按有关规定进行定期检查;

i) 定期对润滑点进行润滑。

7.3.3 使用说明书应包括下列信息:

a) 设备的用途以及按7.2.2列出设备的特性数据。此外,还应包括:

——生产率;

——设备总功率;

——搬运说明(如起吊设备施力点);

——关于保护措施和工作方式方面的使用限制,如"不适用于对弹簧抛丸强化";

——有效抛射带范围;

——工件承载体的工位数量、最大承载量、运行速度、电动机功率;

——抛丸器型号、数量、抛丸量、电动机功率,喷丸器型号、喷枪数量、喷嘴口径、耗气量、喷丸量、工作空气压力;

——封闭体尺寸、抛丸和/或喷丸工位数；

——推荐使用的弹丸类型和规格，第一次加入弹丸量；

——提升机线速度、提升量、电动机功率；

——分离器电动机功率；

——通风除尘总风量、电动机功率。

b) 安全说明(如安装地基图、地基要求、连接要求、减振要求、安装程序与步骤、各系统的安装要求与调整等)，环境条件(如喷丸器不应放置在高温处)。

c) 设备与动力源的连接说明。

d) 对设备及其附件、防护和/或安全装置的详细说明。

e) 对用户应采取的防护措施(如设备周围设防护栏、为降低环境噪声将设备隔离等)提出建议。

f) 包括电气、液压和气动系统原理图在内的控制系统说明书，所有固定布线部分和可编程序控制器之间的明确关系。

g) 试运转前应完成的调试项目及其应达到的要求，需要检验保护措施的要求。

h) 设备工作时产生的噪声等数据。

i) 安全操作步骤、安全规程的详细说明。

j) 操作者可能需要的其他保护的详细资料，如听觉保护、视觉保护以及防护服、头盔、呼吸罩等。

k) 对故障的识别与位置确定、排除方法以及调整、维修后再启动的详细说明。

l) 在安装调试、故障诊断、维修或维护及使用操作之前，为消除和/或减小风险.将设备置于零机械状态时应遵循的详细步骤；以及验证是否处于零机械状态的方法。

m) 维修、维护程序和要求的详细说明。

n) 润滑部位、润滑方法及润滑油种类牌号的说明。

ICS 25.120.30
J 61

中华人民共和国国家标准

GB 24391—2009

低压铸造机　安全要求

Low pressure die casting machine—Safety requirements

2009-09-30 发布　　　　2010-07-01 实施

中华人民共和国国家质量监督检验检疫总局
中国国家标准化管理委员会　发布

前　言

本标准第3章为推荐性的，其余为强制性的。

本标准由中国机械工业联合会提出。

本标准由全国铸造机械标准化技术委员会(SAC/TC 186)归口。

本标准起草单位：济南铸造锻压机械研究所、浙江万丰科技开发有限公司、天水华荣铸造机械有限公司。

本标准主要起草人：康敬乐、卢军、丁苏沛、江玉华、李建平。

本标准为首次发布。

低压铸造机　安全要求

1　范围

本标准规定了低压铸造机设计人员、制造厂、使用者和供应商应遵循的基本安全技术要求。

本标准适用于坩埚密封和炉体密封的、水平分型及垂直分型的低压铸造机(以下简称低压铸造机)。

2　规范性引用文件

下列文件中的条款通过本标准的引用而成为本标准的条款。凡是注日期的引用文件,其随后所有的修改单(不包括勘误的内容)或修订版均不适用于本标准,然而,鼓励根据本标准达成协议的各方研究是否可使用这些文件的最新版本。凡是不注日期的引用文件,其最新版本适用于本标准。

GB/T 3766　液压系统通用技术条件(GB/T 3766—2001,eqv ISO 4413:1998)

GB 5083　生产设备安全卫生设计总则

GB 5226.1—2002　机械安全　机械电气设备　第1部分:通用技术条件(IEC 60204-1:2000,IDT)

GB/T 7932　气动系统通用技术条件(GB/T 7932—2003,ISO 4414:1998,IDT)

GB/T 9969　工业产品使用说明书　总则

GB 12265.1　机械安全　防止上肢触及危险区的安全距离(GB 12265.1—1997,eqv EN 294:1992)

GB 12265.3　机械安全　避免人体各部位挤压的最小间距(GB 12265.3—1997,eqv EN 349:1993)

GB/T 14776　人类工效学　工作岗位尺寸　设计原则及其数值

GB/T 15706.1　机械安全　基本概念与设计通则　第1部分:基本术语、方法学(GB/T 15706.1—2007,ISO 12100-1:2003,IDT)

GB/T 15706.2—2007　机械安全　基本概念与设计通则　第2部分:技术原则(ISO 12100-2:2003,IDT)

GB/T 16251　工作系统设计的人类工效原则(GB/T 16251—2008,ISO 6385:2004,IDT)

GB 16754　机械安全　急停　设计原则(GB 16754—2008,ISO 13850:2006,IDT)

GB/T 16855.1　机械安全　控制系统有关安全部件　第1部分:设计通则(GB/T 16855.1—2008,ISO 13849:2006,IDT)

GB/T 16856.1　机械安全　风险评价　第1部分:原则(GB/T 16856.1—2008,ISO 14121-1:2007,IDT)

GB 20905—2007　铸造机械　安全要求

JB/T 6331.2　铸造机械噪声的测定方法　声压级测定

JB/T 7536　机械安全通用术语

JB/T 9978　铸造机械　术语

3　术语和定义

GB/T 15706.1、GB/T 16856.1、JB/T 7536 和 JB/T 9978 所确立的以及下列术语和定义适用于本标准。

3.1

铸型 mold

用型砂、金属或耐火材料制成,包括形成铸件形状的空腔、型芯和浇冒口系统的组合整体。

3.2

分型面 mold joint

铸型组元间的结合面。

3.3

合型机构 die closing mechanism

低压铸造机中,完成主分型面闭合的,并用来防止铸型在充型及增压过程中分离的机构。该机构中可以设置独立的顶出机构和反顶机构。

3.4

窄点 pinch point

低压铸造机或辅助装置中,除分型面以外的有可能使人体的某部分受到夹挤的其他任何部位。这些部位可能在运动件之间或在运动件与固定件之间或在运动件与铸件之间。

4 重要危险项目

4.1 总则

本标准重要危险项目是依据 GB/T 16856.1 对本标准适用范围内的低压铸造机风险评估的结果。

4.2 机械危险

4.2.1 低压铸造机工作过程中,其运动件对人身可能造成夹挤、剪切、碰撞、缠绕等危险。

4.2.2 低压铸造机零部件由于形状因素,其锐角、尖角可能对人身造成扎伤或割伤危险。

4.2.3 低压铸造机零部件在使用过程中,由于松动、松脱、掉落或折断、碎裂、甩出等可能造成的危险。

4.2.4 低压铸造机有可能在重力影响下自行运动或控制失灵发生意外运动的零部件可能造成的危险。

4.2.5 在高空作业(维修或保养等)时可能造成人员跌落危险。低压铸造机四周可能造成人员滑倒、绊倒危险。维修人员操作空间窄小或操作不便可能遭受的碰撞夹挤等危险。

4.3 高压流体可能造成的危险

4.3.1 液压和气动系统的最大压力超过系统中元器件的额定工作压力造成的危险。

4.3.2 液压蓄能器可能发生的爆破危险。

4.3.3 蓄能器在未完全泄压的情况下进行拆卸或维修造成的危险。

4.3.4 液压或气动系统泄漏可能造成的喷射危险和污染地面引起人员滑倒等危险。

4.3.5 液压系统压力损失或压力严重下降可能造成机构失灵引起的危险。

4.3.6 液压或气动系统管路中有异物能导致元件(包括密封件)操作异常,造成机构失灵和人身伤害的危险。

4.3.7 气动系统中储气罐超压可能造成的危险。

4.3.8 保温炉在压力作用下发生的气体泄漏和烫伤危险。

4.4 电气危险

4.4.1 人员直接接触裸露带电或绝缘失效的带电零件、导线或元器件可能造成电击、火灾、烧伤、跌倒等危险。

4.4.2 控制元件失灵造成非正确操作引起的危险。

4.5 热危险

4.5.1 浇包向低压铸造用保温炉注入金属液过程中可能产生飞溅造成人员烫伤、烧伤等危险。

4.5.2 低压铸造机合型后,在无联锁(或联锁失效)状态下由于合型不到位、意外的开型或其他疏忽,可能造成金属液自分型面喷射出来的危险。

4.5.3 在铸件尚未凝固或保温炉内还有残留压力时进行开型,金属液从分型面中溢出的危险。

4.5.4 在保温炉内还有残留压力时进行加金属液作业时,热的压缩空气或金属液从加料口喷出的危险。

4.5.5 在浇注过程中,可能造成金属液自铸型面喷射出来的危险。

4.6 噪声危险

由于但不仅限于以下原因致使低压铸造机噪声过大,操作人员长期工作后造成听力损失、耳鸣、疲劳、精神压抑和干扰听觉信号等危险:

——气动系统排气;

——电动机和泵运转不平衡;

——管路安装不当,固定不牢;

——其他机械撞击。

4.7 材料和物质产生的危险

4.7.1 低压铸造机使用的液压油可能造成燃烧的危险。

4.7.2 低压铸造机使用的模具润滑剂可能造成燃烧的危险。

4.7.3 低压铸造机使用过程中产生的烟和雾可能对人体造成吸入危险。

4.8 其他危险

4.8.1 由于忽略了人类工效学原则可能造成的危险,如易产生差错的操作方向、不适宜的照明、过分紧张和疲劳等。

4.8.2 吊装、运输过程中由于偏重、稳定性差、零部件未固定好、吊具强度不够等原因造成意外倾翻、移动或掉落危险。

4.8.3 低压铸造机中的装置和控制系统抗电磁干扰性能差,致使机器运行不正常可能产生危险。

4.8.4 两个或两个以上操作者操作低压铸造机时,由于操作的不协调或其他意外造成的危险。

5 安全要求和/或措施

5.1 基本要求

5.1.1 低压铸造机的安全设计应符合 GB/T 15706.1、GB/T 15706.2 和 GB 5083 规定的原则。

5.1.2 低压铸造机的安全防护除符合本标准的规定外,还应符合 GB 20905 的有关规定。

5.1.3 低压铸造机应最大限度地通过设计消除危险或限制风险,使其具有本质安全性能。如不能实现或不能完全实现时,应通过提供安全防护装置对人员进行保护。

5.1.4 使用信息只能用于对无法通过设计来消除或充分减小的、而且安全防护装置对其无效或不完全有效的遗留风险,向使用者提出有关通知和警告。使用信息不应用于弥补设计和制造的缺陷。

5.1.5 不应将通过设计能够消除的危险留给用户去解决(如需对机器进行改造),也不应将安全防护装置的制造和装设留给用户承担。

5.1.6 低压铸造机的设计应充分体现人类工效学原则,并应符合 GB/T 16251、GB/T 14776 和其他有关标准的规定。

5.2 低压铸造铸型危险区的安全防护要求

5.2.1 低压铸造机的主要危险区是铸型区域,应采取各种措施消除有关危险。

5.2.2 低压铸造机的合型机构和插芯机构为液压驱动式,并应在合型和插芯后保证铸型可靠锁模。锁型时行程开关或接近开关只起发讯作用,液压系统压力一直作用在铸型上,直到铸件凝固。操作台上应安装有铸型合型和插芯到位的显示装置。

5.2.3 在任何状态下合型应与浇注联锁,以避免合型未到位前进行浇注。

5.2.4 合型机构应确保合型到位的位置精度(如设置位移传感器),避免浇注时金属液从分型面处溢出和飞溅。

5.2.5 保温炉升液管与过渡套及铸型浇口应密封可靠，保温炉只有确定在工作位置后才允许浇注。

5.2.6 为防止开型后动型板在合型方向上在重力作用下意外运动，应设置防止下滑的保护装置，防止下滑保护装置应满足下列要求：

a) 防止下滑的保护装置应在开型后的整个停歇时间内连续起作用，直到操作合型程序时止；
b) 防止下滑的保护装置应与控制系统联锁，防止个别的控制一旦失灵时，不会影响其防止意外合型的功能；
c) 防止下滑的保护装置不应与低压铸造机其他零部件之间造成不安全的干涉；
d) 对防止下滑的保护装置的检查应当方便，并应在操作台上安装有状态指示灯；
e) 防止下滑的保护装置应与合型程序互锁，即楔块未退回到位时不允许合型；合型时楔块的驱动装置应处于回程状态。

5.2.7 低压铸造铸型区域应设置防护装置(防护门、防护罩、安全棒或光电保护装置)，以对易遭受危险的人员提供安全保障。防护装置的设置原则是：

a) 对摇臂式低压铸造机应在机器的两侧及铸型危险区正前方设置；
b) 对四立柱式低压铸造机应在机器的四侧设置；
c) 操作者侧应设置安全棒或光电保护装置，并应与合型程序联锁。

5.2.8 各类防护装置的选用、设计和安装要求除应符合 GB/T 15706.2 和其他有关标准的规定外，还应满足以下要求：

a) 防护装置的设置不应对操作人员造成操作和视线障碍；
b) 防护装置应与控制系统保持联锁，在防护装置未进入规定位置时，低压铸造机不能启动合型动作；
c) 与防护装置有关的控制器和联锁装置应能防止意外的操作；
d) 防护装置定位后，浇注时应能防止人体的任何部位进入铸型危险区或附近的辅助装备的危险部位；
e) 防护装置定位后，浇注时应能确保铸型分型面一旦有金属液喷射出后对人身不会造成危害；
f) 如果在低压铸造机合型前，光电开关被断路，低压铸造机的动模板应立即停止；
g) 对防护装置的检查应当方便，并应在操作台上安装有状态指示灯。

5.2.9 铸型合型和浇注应采用双手控制，双手控制应符合 GB 5226.1—2002 中 9.2.5.7 型式Ⅲ的规定。

5.2.10 两个控制器之间的距离和布置位置，应防止由一只手或一只手和小臂、腹、膝等部位进行操作的可能性。同步操作的时间限差不应大于 1 s。

5.2.11 双手控制器的数目应与选择开关上规定的操作人员数目相符。

5.2.12 低压铸造机应能保证金属液在浇注凝固过程中所有的其他控制均应处于联锁状态。

5.2.13 低压铸造机在设计上应能保证铸型牢固地安装到动、定型座板上，不会由于意外的松脱产生危险。

5.3 对电气系统的要求

5.3.1 电控系统应符合 GB 5226.1 和 GB 16754 的有关规定。

5.3.2 为防止在高温条件下工作的控制元件遭受损坏，应对电气柜提供合适的降温设施。

5.3.3 外露电缆线应充分考虑被金属液灼烧的可能性，并应提供防护装置或使用耐高温电缆，同时应在使用说明书中加以说明。

5.3.4 测温热电偶应使用带屏蔽线的耐高温补偿导线，并应在使用说明书中加以说明。

5.3.5 压力传感器的电线应使用带屏蔽线的耐高温电缆，并应在使用说明书中加以说明。

5.4 对控制系统的要求

5.4.1 低压铸造机控制系统有关安全部件的安全要求和设计应符合 GB/T 16855.1 的有关规定。

5.4.2 压力传感器的精度应高于液压加压系统控制精度一个数量级。

5.5 对液压和气动系统的要求

5.5.1 液压系统的安全应符合 GB/T 3766 中有关安全的要求。

5.5.2 气动系统的安全应符合 GB/T 7932 中有关安全的要求。

5.6 对热危险的防护要求

5.6.1 自熔化炉向保温炉输送金属液的设计应使输送金属液可能造成的危害减至最小。

5.6.2 应设置能够指示保温炉内金属液上、下限的指示装置或指示灯。

5.6.3 浇注时应与合型及抽插机构联锁，只有当铸型完全合型及插芯到位时，液面加压系统才可以向保温炉内充入压缩空气进行浇注。

5.6.4 当保温炉内有残留压力时，不能打开侧面加料口。

5.6.5 当保温炉内有残留压力时，系统应有联锁功能，不能进行开型动作。

5.7 对噪声的安全防护要求

5.7.1 应采取措施使低压铸造机的噪声危害减至最小。

5.7.2 排气装置应使用消声器。

5.7.3 相并排列的管路不应互相接触，以防产生异常声响。

5.7.4 低压铸造机空运转时，其等效连续声压级不应大于 85 dB(A)，测量方法按 JB/T 6331.2。

5.8 其他安全防护要求

5.8.1 低压铸造机部件的设计应使窄点及运动部件的危害因素减至最小。避免人体各部位受挤压的最小间距应符合 GB 12265.3 的有关规定。

5.8.2 低压铸造机的设计应充分利用安全距离防止人的四肢触及危险区，防护装置的装设和布局也应保证安全距离。防止四肢触及危险区的安全距离应符合 GB 12265.1 和其他有关标准的规定。

5.8.3 低压铸造机所使用的零部件由于断裂、松动或掉落而引起的危险应由设计、制造、使用加以保证。

5.8.4 除铸型危险区外，对于其他有可能产生碰撞、夹挤、卷入、零件甩出、液体喷溅或热、噪声辐射等危险的区域，应提供防护装置。对于只有在接触的情况下才会发生危险的区域，应设置阻挡装置或防护措施。

5.8.5 由于势能或动能有使低压铸造机零部件或活塞自行发生意外运动的可能时，应设置止动阀或锁紧机构。

5.8.6 对于多人操作的情况，应为每个辅助操作者提供安全防护装置。安全防护装置应能满足各自操作所需要的安全防护范围和安全防护保持时间的要求。

5.8.7 在维修机器或更换、调整铸型时，可能引起伤害的有关运动机构应设有动力源（电、液压或气动）的单点切断装置。

5.8.8 低压铸造机应尽量采用集中润滑方式。如无可能，人工润滑应在保证低压铸造机停车期间所有的机构都能有效止动的条件下进行。自动润滑系统的工作状况（包括压力不足和润滑不足）应有显示器显示，一旦系统发生故障，机器的工作循环应自动停车。

5.8.9 低压铸造机使用的压力油应为阻燃型液压介质（如水-乙二醇基），从而尽量减少液压介质燃烧的危险，并应在使用说明书中严格规定。同时，对推荐应用的液压介质应通过型号和性能来说明，而不能仅仅通过液压介质生产者的名称和牌号来确定。

5.8.10 低压铸造机应尽量使用水溶性模具涂料，当使用油质模具涂料时，要注意防火，并应在使用说明书中加以说明。

5.8.11 低压铸造机配置自动喷涂装置时，应与开型及取件机械手联锁，只有当铸型完全打开及取件机械手取件后退回到极限位置时，方可向铸型腔喷射润滑剂。

5.8.12 低压铸造机的电磁兼容性应符合 GB 5226.1—2002 中 4.4.2 的规定。

5.8.13 当要求工作人员在铸型危险区或其他有可能遭受危害的区域以内工作时(如调整、试车、维修、润滑等),如果低压铸造机在正常生产中使用的安全防护装置不能保持使用的话,则除机器正常的安全防护措施外,还应额外增设或备有预防措施和工具(如用于手动锁定的安全挡块,以防调整铸型时发生意外合型等)或者从动力源控制方面提供安全保证。

5.8.14 低压铸造机上的作业平台应符合 GB 20905—2007 中第 11 章的规定。

5.8.15 应采取适当措施防止有损健康的油雾和烟雾的形成或被吸入的可能性(例如,在铸造过程中砂芯受热和模具涂料产生气雾和烟雾),必要时应提供排气装置和采取个人劳动保护措施。

5.8.16 低压铸造机的传动机构(如皮带-皮带轮副、链条-链轮副、齿条-齿轮副和联轴器等)应设置全封闭防护罩。

5.8.17 低压铸造机的设计应充分考虑吊装、运输的安全,应提供可靠的起吊方法和配备供起吊用的物件。起吊和运输过程中有可能移动或掉落的零部件应有牢靠的固定措施,并应在使用说明书中说明。

5.8.18 使用说明书中应规定安全操作规程,至少应包括:操作、调整、维修、维护、检查、故障排除、更换安装铸型和试模、预热、试车、搬运等方面的安全说明。

5.8.19 使用说明书中应注明对压力容器的定期检查。

5.8.20 使用说明书中应说明机器使用空间要求,必要时应采用控制室。

5.8.21 铸型应通过设计使其安全可靠。

6 安全要求和/或措施的判定

6.1 总则

低压铸造机是否与第 5 章中的安全要求和/或措施相符,应按下列四种方法予以判定。根据安全要求和/或措施的性质,判定方法应遵循以下优先顺序,在前一种方法无法实施或不能判定的情况下,允许按后种方法判定,依次进行。每一项安全要求和/或措施至少需用一种方法判定,当某一安全要求和/或措施具有多种方法可判定时,几种方法判定的结果均应相符。

6.2 判定方法 1——功能试验

通过安全功能试验检查规定部件的功能是否满足要求。如果安全功能试验由于技术原因客观上无法实现,或者只可能使用破坏性试验,或者由于减至所要求的风险就会导致过高的费用等,则按 6.3、6.4、6.5 给出的方法。

6.3 判定方法 2——检测

借助检测仪器、仪表,优先选择现有的和标准化的测定方法,检查规定的要求是否在限定之内。如果测定方法因目前技术的限制无法证明机器是否满足要求,或者安全要求和/或措施是定性的等,则按 6.4、6.5 给出的方法。

6.4 判定方法 3——计算和/或查看图样

利用计算和/或图样来分析和检查规定部件是否满足要求,对某些特定要求(如稳定性、重心位置等)适用这种方法。如果仅通过计算和/或图样不能得出明确的结论,则按 6.5 给出的方法。

6.5 判定方法 4——观察

通过对规定部件的目视测定,检查是否达到应具备的要求和性能。

注:观察包括检查或审查机器的使用信息。

7 使用信息

7.1 警示信息

设备的视觉信号(如闪光灯)、听觉信号(如报警器)装置应符合 GB/T 15706.2—2007 中 6.3 的规定。

7.2 使用说明书

7.2.1 随机提供的使用说明书应按 GB/T 15706.2—2007 中 6.5 和 GB/T 9969 规定的有关内容和要求编制。

7.2.2 低压铸造机的使用说明书至少应包括下列信息：

a) 低压铸造机的参数和特性数据；
b) 低压铸造机设计、制造时使用的标准；
c) 低压铸造机用户应遵守的国家和地方的有关安全卫生、环境保护法规、规定和标准的提示信息；
d) 压力容器检验报告的说明或合格证明；
e) 可靠的安装说明；
f) 第一次试车前对低压铸造机及其安全防护装置应进行的首次检验的要求；
g) 包括电气、液压和气动系统图在内的控制系统说明；
h) 关于低压铸造机的噪声数据；
i) 关于存在遗留风险时对操作人员可能需要的其他保护的详细信息，例如听觉保护、视觉保护和手、脚或身体保护等；
j) 安全使用、调节、试车、维护、润滑、清洗和维修等的说明，以及防止有关危害的说明；
k) 铸型安装调试好后，正式生产开始前对安全防护装置必要的详细检查信息；
l) 液压系统及润滑所使用的液体的技术数据和说明；
m) 可能发生的故障类型说明和通过定期维护进行鉴别、预防和排除的提示；
n) 在安全功能可能受到损坏并修复后，所需进行的必要的检验要求；
o) 对低压铸造机及其安全防护装置进行定期检验、维修、试验的间隔的时间以及检验所需要的工具和装备，专用的工具和装备应随机提供。

7.3 标志

7.3.1 低压铸造机上所需的标志、符号(象形图)和文字警示牌应符合 GB/T 15706.2—2007 中 6.4 的有关规定。

7.3.2 低压铸造机上至少应标明下列信息：

a) 制造厂和供应商(必要时)的名称与地址；
b) 低压铸造机的型号和名称；
c) 制造年份；
d) 出厂编号；
e) 主参数(容量)；
f) 机器质量；
g) 运输和安装时的起吊点；
h) 人工润滑的润滑点；
i) 电气、液压和气动系统的有关连接信息(包括元件接头处的标志)；
j) 介质流向；
k) 电动机的旋转方向；
l) 蓄能器的标牌，至少包括：
——制造厂的名称；
——型号或型式编号；
——最大工作压力；
——容量；
——允许的温度；

——所有接头的标志符号；

——制造日期；

——合格标记和生产许可标记。

m） 蓄能器的安全说明标牌；

n） 有关电气装置的标志；

o） 关于工作方式和防护措施方面的使用限制；

p） 安全防护装置的有关特性数据；

q） 利用安全色和安全标志提醒人们注意的运动件和其他部件(见 5.8.4)。

ICS 29.140.10
K 74

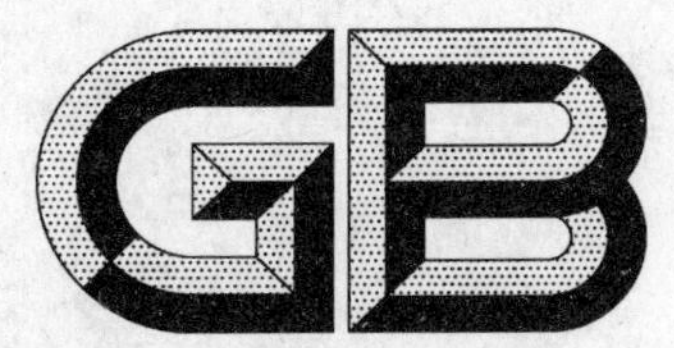

中华人民共和国国家标准

GB/T 24392—2009/IEC 60360:1998

灯头温升的测量方法

Standard method of measurement of lamp cap temperature rise

(IEC 60360:1998,IDT)

2009-09-30 发布 2010-02-01 实施

中华人民共和国国家质量监督检验检疫总局
中国国家标准化管理委员会 发布

前言

本标准等同采用 IEC 60360:1998《灯头温升的测量方法》(英文版)。

本标准等同翻译 IEC 60360:1998。

为便于使用,本标准做了下列编辑性修改:

a) "本技术规范"一词改为"本标准";

b) 删除 IEC 60360:1998 的前言;

c) 对于 IEC 60360:1998 引用的其他国际标准中有被等同采用为我国标准的,本标准引用我国的这些国家标准或行业标准代替对应的国际标准,其余未有等同采用为我国标准的国际标准,在本标准中均被直接引用(见本标准 1.2)。

本标准由中国轻工业联合会提出。

本标准由全国照明电器标准化技术委员会(SAC/TC 224)归口。

本标准起草单位:浙江省标准化研究院、北京电光源研究所。

本标准主要起草人:陈自力、蒋建平、赵秀荣、江姗、段彦芳。

引　言

灯头温升在很大程度上取决于灯的装配及灯头的条件。据此，有必要根据所使用的标准试验灯座来确定一种测试方法。本标准是将测量标准试验灯座上的温升 Δt_s 作为灯头温升。

与测量裸灯头温升相比较，测量标准试验灯座温升，具有下述优点：

——最接近实际工作条件；

——提高了重复性，因受灯头材料、表面粗糙度和表面条件影响较小（灯头材料、表面粗糙度和表面条件同样对实际工作条件影响较小）；

——使灯头各部位的温度达到均衡，给出了一个从灯到灯具的较完整的热传输总体情况；

——缩短了测量时间，因为热电偶可永久性地固定在试验灯座上。

灯头温升的测量方法

1 概述

1.1 范围

本标准所述的灯头温升的标准测量方法，适用于检测钨丝灯和气体放电灯是否符合温升极限值。GB 14196 中列有特定灯型的温升极限值。

本标准涉及到灯的试验灯座的试验方法和技术要求，此类型灯装有不同型号的螺口灯头和卡口灯头。该方法已广泛用于检验白炽灯，但其用途不局限于白炽灯。

1.2 规范性引用文件

下列文件中的条款通过本标准的引用而成为本标准的条款。凡是注日期的引用文件，其随后所有的修改单(不包括勘误的内容)或修订版均不适用于本标准，然而，鼓励根据本标准达成协议的各方研究是否可使用这些文件的最新版本。凡是不注日期的引用文件，其最新版本适用于本标准。

GB 14196(所有部分) 白炽灯的安全要求(IEC 60432,IDT)

2 定义

本标准采用下列术语和定义。

2.1

灯头温升 temperature rise of cap

在本标准规定的条件下，测得的装有灯头的标准试验灯座的表面温升。

2.2

平衡温度 equilibrum temperature

t_m

灯充分燃点后，标准试验灯座所达到的稳态温度。

注：测试精度应为±1 ℃。

3 测量的一般条件

3.1 老炼和稳定

测量前，灯不必进行老炼。试验箱内达到平衡温度时，灯应达到充分稳定。

3.2 电源电压

a) 直接与电源相连接的灯，测量时应采用额定电压，电源电压应稳定在±0.5%的范围内；

b) 通过镇流器与电源相连接的灯，测量时应采用镇流器的额定电压，电源电压应稳定在±0.5%的范围内。测量时应采用基准镇流器或成品镇流器，成品镇流器在校准电流下其阻抗与基准镇流器的误差应在±1%范围内。

如果灯标志的为电压范围，则应采用 GB 14196 中规定的试验程序，其他出版物中另有规定程序者除外。

3.3 试验箱内环境温度和基准温度

测量灯头温升的基准温度为 25 ℃，试验箱环境温度(t_{amb})为 15 ℃～40 ℃(有关灯的参数表中另有规定者除外)，即：试验箱内的温度，在测量过程中应保持在该范围内，以保证测量结果有效。测量时采用 4.1 所述的专用试验箱，以保证箱内环境温度达到充分恒定。

如果试验箱内温度不是 25 ℃，则应按式(1)将所测得的 Δt_m 值换算成相当于试验箱环境温度为

25 ℃时的温升值。

$$\Delta t_{25} = \Delta t_{m} + 1/3(t_{amb} - 25)\left(\frac{\Delta t_{m}}{100}\right)^{1/2} \quad \cdots\cdots(1)$$

式中：

Δt_{25}——换算成试验箱环境温度为 25 ℃时的温升；

Δt_{m}——灯座的最终平衡温度与试验箱环境温度之间的差值 $t_{m} - t_{amb}$；

t_{amb}——箱内环境温度。

注：式(1)对 15 ℃～40 ℃的试验箱环境温度均为有效。

4 试验要求

温升测量应在无对流风的试验箱内进行。

4.1 试验箱

无对流风试验箱应是长方体箱，其顶部及至少三个面应为多孔金属双层壁，壁间距约为 150 mm，底部为实心底。箱壁孔眼直径为 1 mm～2 mm 有规则的小孔，小孔面积约占各箱壁总面积的 40 %。

试验箱内表面应涂上无光泽涂料。

试验箱的尺寸应保证在试验时，箱内环境温度不超过 40 ℃。为达到该要求，试验箱内部三个基本尺寸应不小于 900 mm。灯的各部位距试验箱内壁的距离应不小于 200 mm。如可获取相似结果，采用交替结构的无对流风试验箱是合适的。

注：用于生产监视的试验箱，可采用 500 mm×500 mm×500 mm 的较小型试验箱。测试时，灯安置在试验箱中央，箱内环境温度应不超过 40 ℃。

测量试验箱内环境温度的温度计应避免受试灯的直接热辐射。温度计应放置在灯到箱壁距离的中点并与灯水平。

4.2 悬置方法

标准测量位置应灯头在上。对灯的燃点位置另有规定者除外。灯的悬挂不应对灯四周的对流产生任何不利的影响。

4.2.1 灯头在上

按第 8 章的要求，安装在试验灯座上的受试灯应直接用电源线悬挂在试验箱的顶部。

4.2.2 灯头在下

此位置应特制一个玻壳支撑装置并固定在试验箱中。该装置上应有三个间距相等的支撑点，用来支撑受试灯玻壳。该装置与试验灯座的装配应按第 8 章的要求进行，位于玻壳外径与脖颈之间的过渡区域。

a) 支撑点距灯头应至少 5 mm；

b) 支撑点的材料应是适用的热绝缘材料；

c) 支撑点与灯玻壳的接触面应尽可能小，使热损耗误差减至最小值；

d) 对于管形灯的灯头在下支撑装置，其各触点的弹簧承载应有夹持力。

5 试验灯座

5.1 一般结构

安装不同型号灯头的灯所用的标准试验灯座，均为一个装有热电偶的金属套筒。不同的试验灯座应符合有关图中要求。

每只试验灯座上均应永久性地接有一根多股软导线，作为螺口灯头和单触点卡口灯头的一根电源线。热电偶应永久性地安装在试验灯座的套筒上(见 7.3)。此外，应使用一根弹性钢丝环绕在套筒的外表面，用来保证灯头与套筒接触良好。图 1 是一般结构图及螺口灯头与灯座的装配图。图 2 是辅图。

5.2 试验灯座套筒材料要求

5.2.1 成分

镍:99 %(最小含量)。

注:上述材料的示例可在下列标准中找到:德国,DIN 17750,Werkstoff2.4068.26;北美,UNSN 02201,ASTMB162。

5.2.2 结构和特性

材料的晶粒应精细且有规则结构。

晶粒度:最小值为 ASTM8(最大不超过 0.019 mm)。

维氏硬度:135±15。

5.2.3 厚度

0.5 mm±0.02 mm。

5.2.4 质量和粗糙度

材料的成分与特性应一致。将镍片卷成光滑的圆筒,表面应光洁。套筒应纵向切割,并且不应有弯曲、波度、压痕、夹杂物、油脂和其他缺陷。

5.3 弹簧材料要求

弹性钢丝(待定)。

直径:约 0.8 mm。

长度:环绕套筒 1 圈~1.5 圈。

6 电源导线

材料:铜。

尺寸:有效横截面为 0.56 mm^2~0.71 mm^2(相当于直径 0.85 mm~0.95 mm 的实心导线)。

长度:约 110 mm。

用焊锡连接在卡口灯头的孔眼上或螺口灯头和单触点卡口灯头的中心触点上的导线应为实心导线。

接在试验灯座上的多股软导线应与电源的中线连接。

7 热电偶

7.1 材料

热电偶材料宜采用镍铬/镍铝(铬/铝)或铁/康铜合金。导线的尺寸应尽可能细,以便不影响试验灯座的温度。导线的最大直径为 200 μm。导线应有绝缘层(漆、耐热层等)。

7.2 连接

热电偶的两条导线以下述方法连接为宜。

先剥去导线端部的绝缘层,然后将两条导线的两端以约 150°角相对进行对头焊接。任何凸出的导线头应在紧靠焊接处切断,并用手将导线拉直,使其成为直线,从而使焊点处自行平整。

7.3 与试验灯座套筒的连接

热电偶的热结点应使用尽可能少量的焊料焊接在试验灯座上,使其直接与试验灯座机械接触。热结点位置应沿直径方向与灯座狭缝正相对,距边缘 1 mm~2 mm 处,见图 1~图 14。热结点不应用粘接剂粘附。导线的绝缘部分直至结点处。如可行,将两条导线与灯座底边平行延长至少 20 mm,在延长点用尽可能少量的粘接剂将导线固定(见注 1 和注 2)。

注 1:B15 以及其他小尺寸试验灯座,为避免导线与粘接剂结点太靠近灯座的狭缝,应折中考虑导线的最小延长距离。

注 2:适用的粘接剂成分是一份重量的硅酸钠加上两份重量的滑石粉。

7.4 仪器

温度指示仪或毫伏指示仪应校准到±0.5 %范围内。

7.5 校准

热电偶应进行定点校准，即：校准点为水的沸点和锡、铅及锌的凝固点。

注：如需将热电偶安装在套筒上之后再进行校准，则只能采用水的沸点进行校准（以免焊料熔化）。

8 灯与试验灯座在试验箱中的安装

将试验灯座推至受试灯头的缘口。灯座和灯的典型关系见图1。

螺口灯头，灯座对灯头的定位由边线焊点决定。

试验灯座与各种带有裙边灯头的安装则采用特殊要求。

a) 带有中型裙边的灯头，例如E27/51×39，灯座套筒的缘口应与螺口口圈和绝缘体（位于口圈与裙边之间）的边线处于同一平面；

b) E14裙边灯头应采用专用试验灯座。这种灯座安装时，应使灯座套筒缘口位于裙边的边缘。

卡口灯头，试验灯座对灯头可有两个圆周位置，但测量时热电偶结点应尽可能靠近灯丝。

灯一定要位于试验箱的中央，并使灯的轴线尽可能垂直。

灯头在上安装时，为便于与电源连接，建议在试验箱顶部安装一个可垂直调节的装置（见4.2.1）。

灯头在下安装时，应采用专用固定装置（见4.2.2）。

9 灯头温升的测量

测量前，每只灯应至少燃点30 min。然后可读取一系列的初始测量数据，以验证温度不再上升。当达到平衡温度时，读取试验灯座和试验箱的环境温度。每只灯的测量结果，应修约取整到最接近的摄氏温度值。如有必要应使用3.3中的校正式(1)计算出灯头温升值。

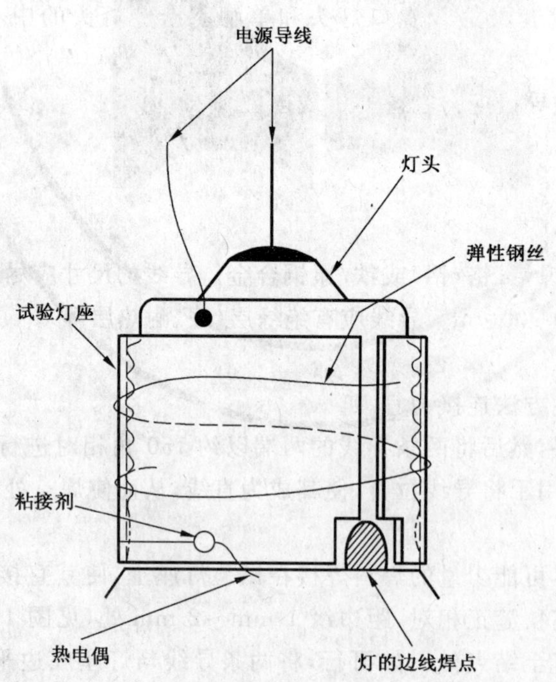

图1 典型试验灯座部件（螺口灯头实例）

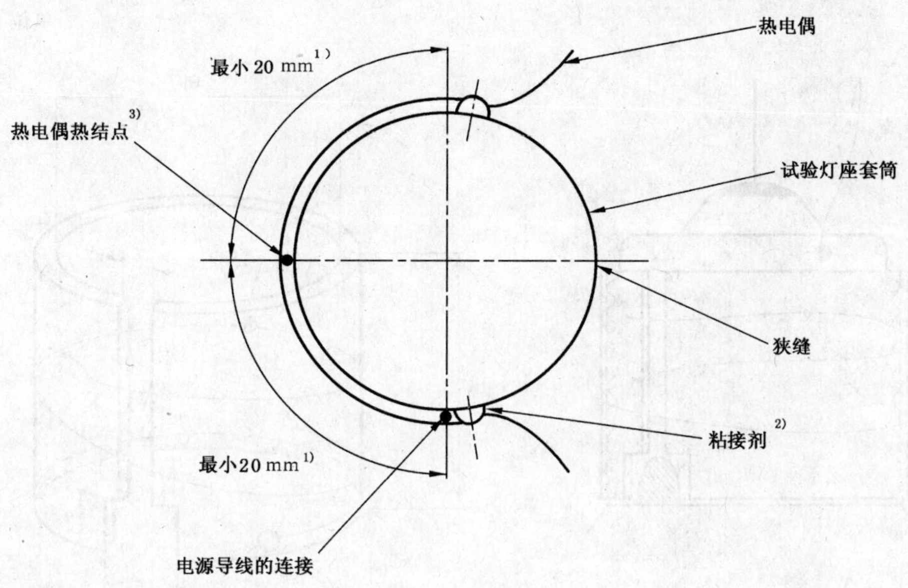

1） 见 7.3 中注 1。

2） 见 7.3 中注 2。

3） 按 7.3 要求连接。

图 2 典型试验灯座和热电偶位置(弹簧未示出)

单位为毫米

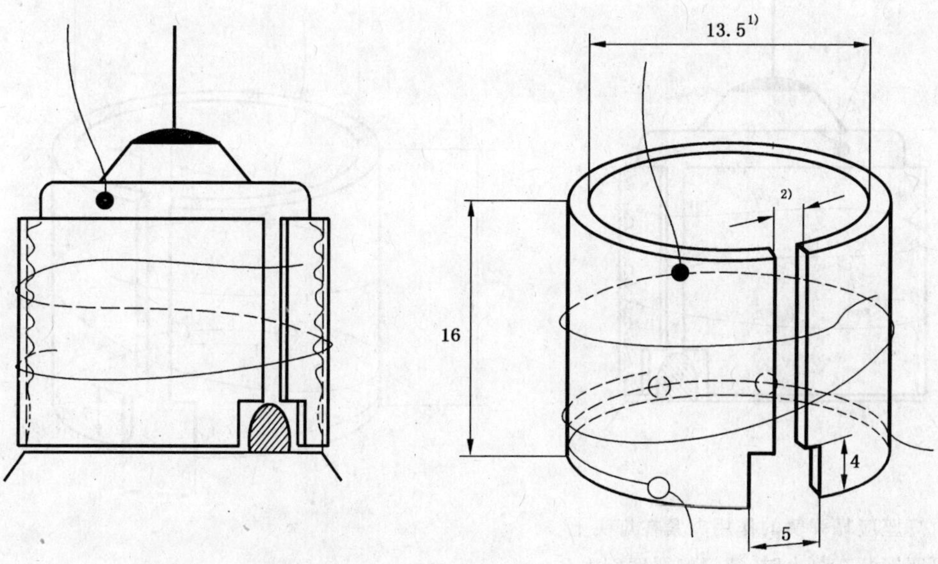

13.5 1)

2)

16

4

5

1） 内径。灯座应靠弹簧的作用夹紧在灯头上。

2） 试验灯座安装在灯上时,狭缝的宽度应为 2 mm±1.5 mm。

图 3 E14/20 灯头用试验灯座的近似尺寸

单位为毫米

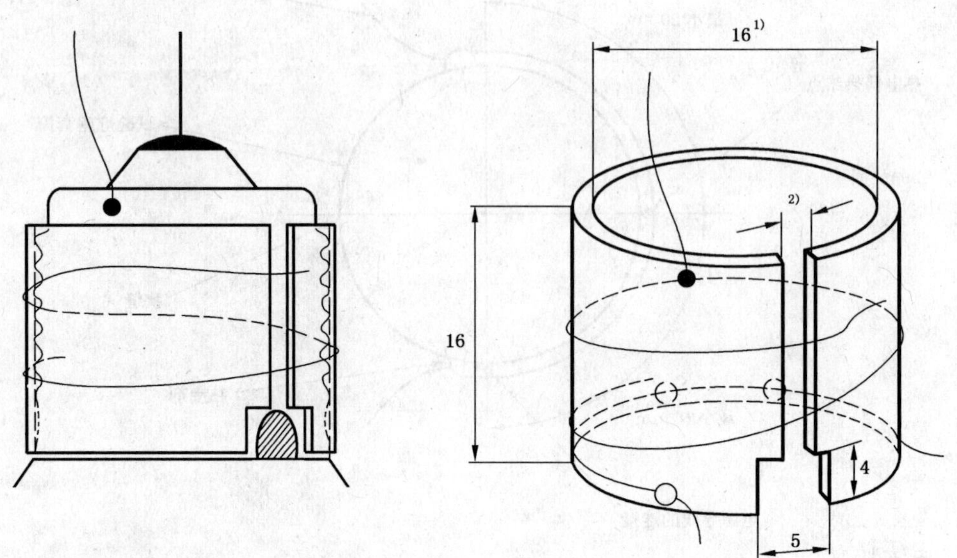

1） 内径。灯座应靠弹簧的作用夹紧在灯头上。

2） 试验灯座安装在灯上时，狭缝的宽度应为 2 mm±1.5 mm。

图 4 E17/20 灯头用试验灯座的近似尺寸

单位为毫米

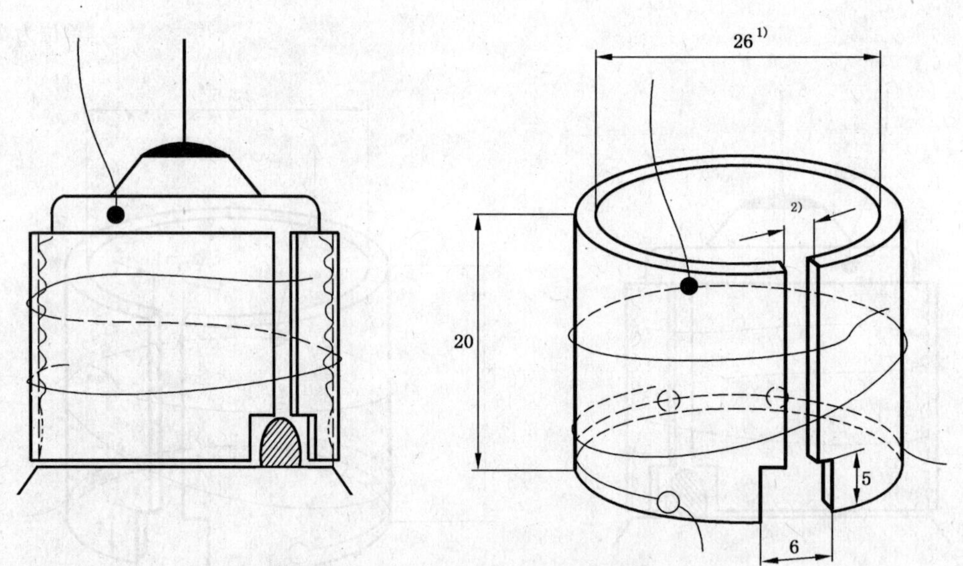

1） 内径。灯座应靠弹簧的作用夹紧在灯头上。

2） 试验灯座安装在灯上时，狭缝的宽度应为 2 mm±1.5 mm。

图 5 E26/50×39、E27/51×39、E26、E26d 和 E27 灯头用试验灯座的近似尺寸

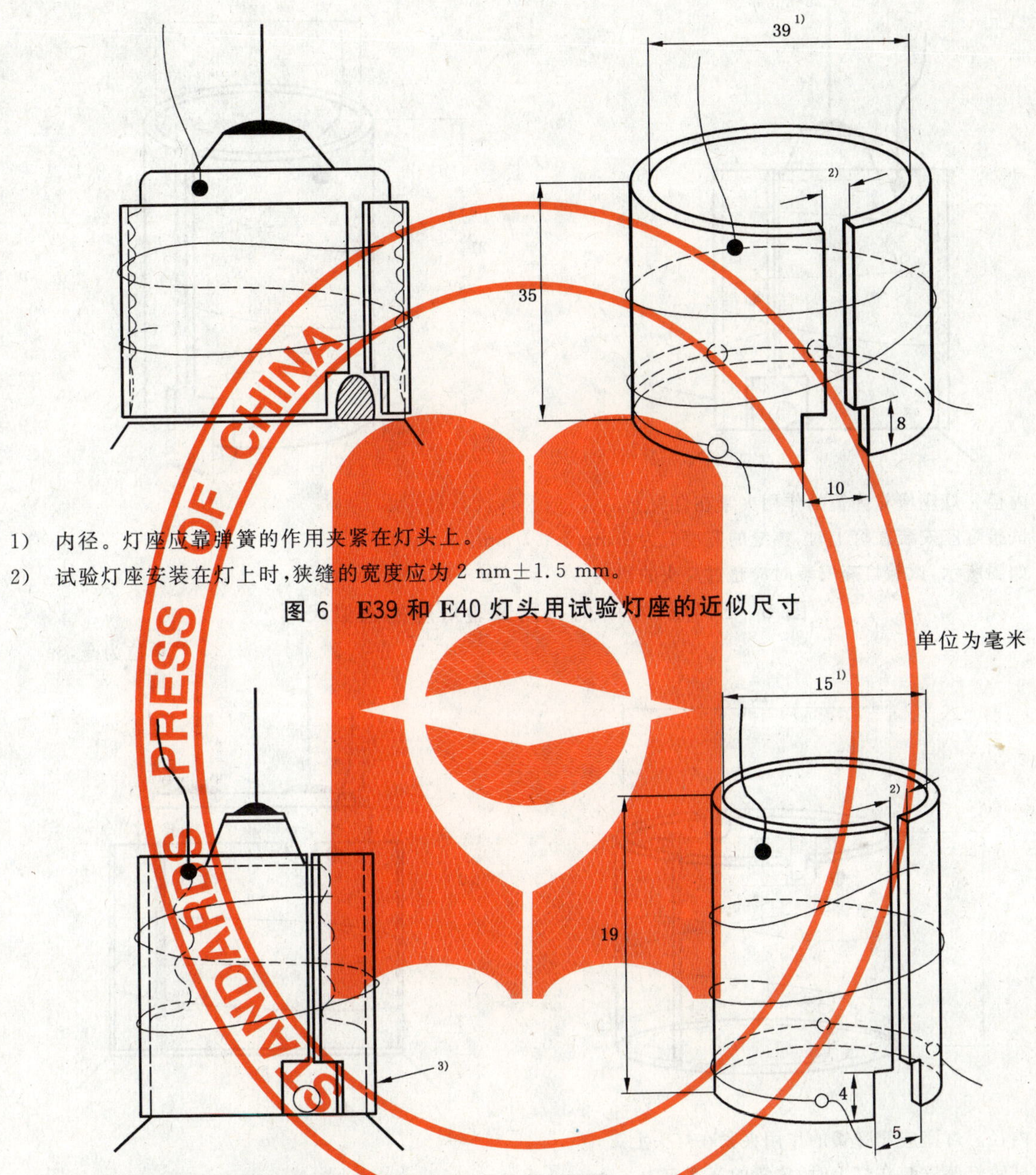

1) 内径。灯座应靠弹簧的作用夹紧在灯头上。

2) 试验灯座安装在灯上时，狭缝的宽度应为 2 mm±1.5 mm。

图 6 E39 和 E40 灯头用试验灯座的近似尺寸

1) 内径。灯座应靠弹簧的作用夹紧在灯头上。

2) 试验灯座安装在灯上时，狭缝的宽度应为 2 mm±1.5 mm。

3) 如图所示，试验灯座安装时应超过灯头的裙边。

图 7 E14/23×15 灯头用试验灯座的近似尺寸

单位为毫米

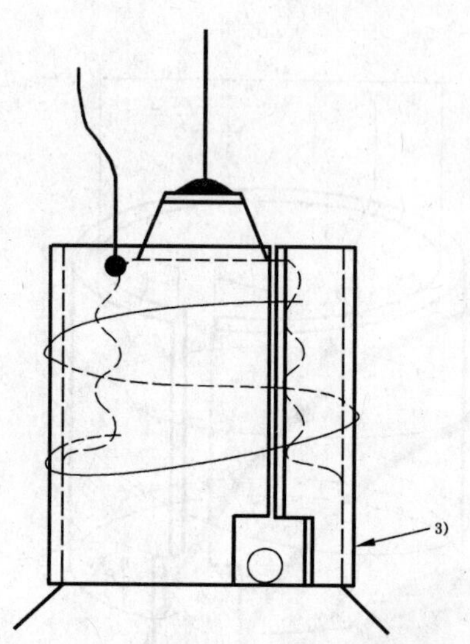

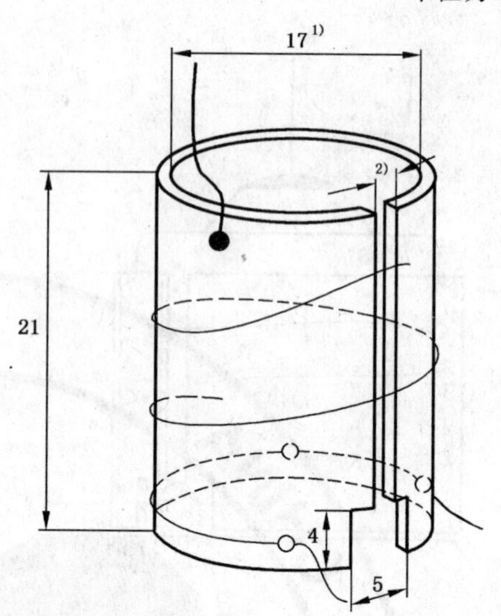

1) 内径。灯座应靠弹簧的作用夹紧在灯头上。
2) 试验灯座安装在灯上时,狭缝的宽度应为 2 mm±1.5 mm。
3) 如图所示,试验灯座安装时应超过灯头的裙边。

图 8 E14/25×17 灯头用试验灯座的近似尺寸

单位为毫米

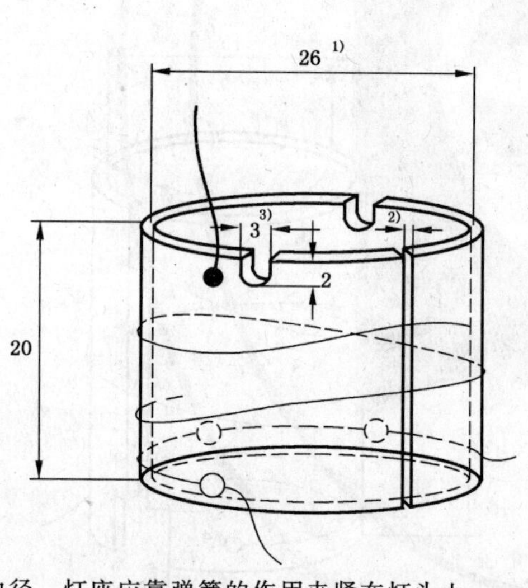

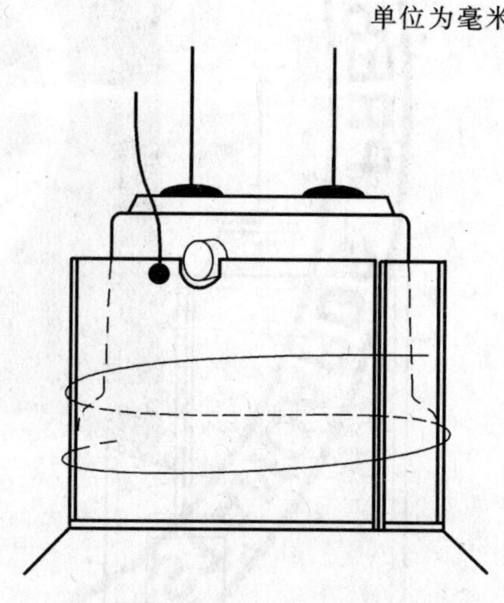

1) 内径。灯座应靠弹簧的作用夹紧在灯头上。
2) 试验灯座安装在灯上时,狭缝的宽度应为 2 mm±1.5 mm。
3) 卡口销钉用的定位槽应位于图 2 所示的正交中轴线上。因此连接电源线时必须偏离中心,稍微偏向热电偶的热结点。
4) 如图所示,试验灯座安装时应超过灯头的裙边。

图 9 B22/25×26 和 B22d-3(90°/135°)/25×26 灯头用试验灯座的近似尺寸

单位为毫米

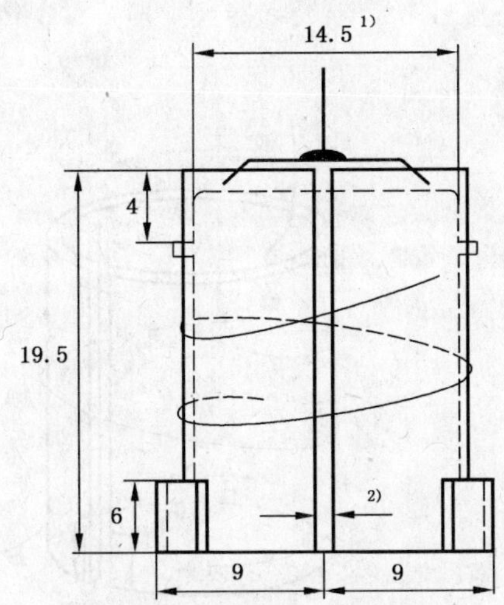

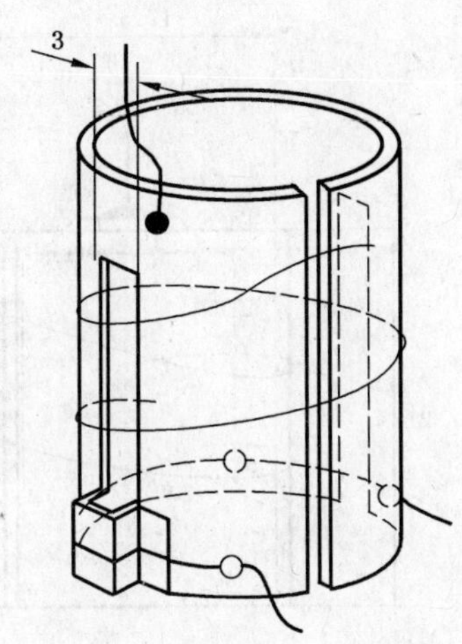

1) 内径。灯座应靠弹簧的作用夹紧在灯头上。

2) 试验灯座安装在灯上时,狭缝的宽度应为 2 mm±1.5 mm。

图 10 B15d(无裙边)灯头用试验灯座的近似尺寸

单位为毫米

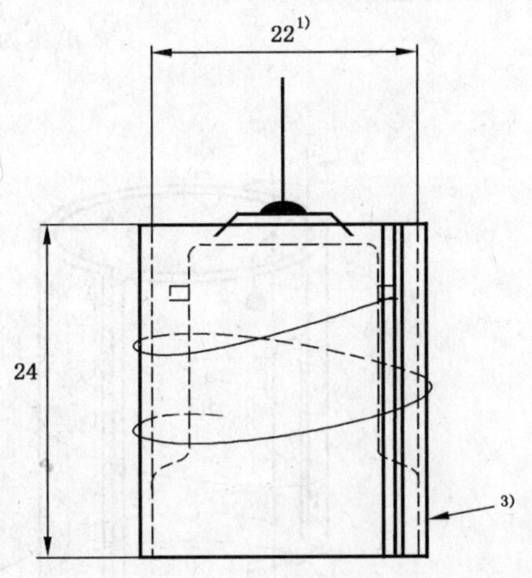

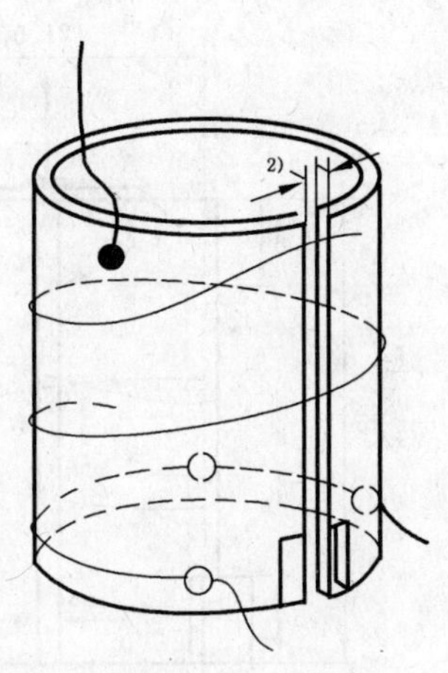

1) 内径。灯座应靠弹簧的作用夹紧在灯头上。

2) 试验灯座安装在灯上时,狭缝的宽度应为 2 mm±1.5 mm。

3) 如图所示,试验灯座安装时应超过灯头的裙边。

图 11 B15d/27×22 灯头用试验灯座的近似尺寸

单位为毫米

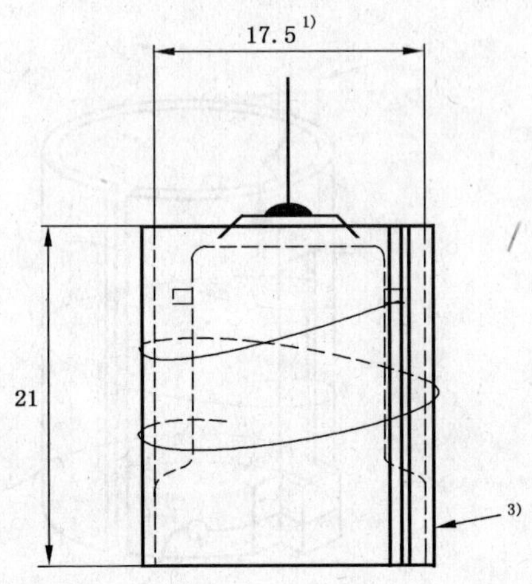

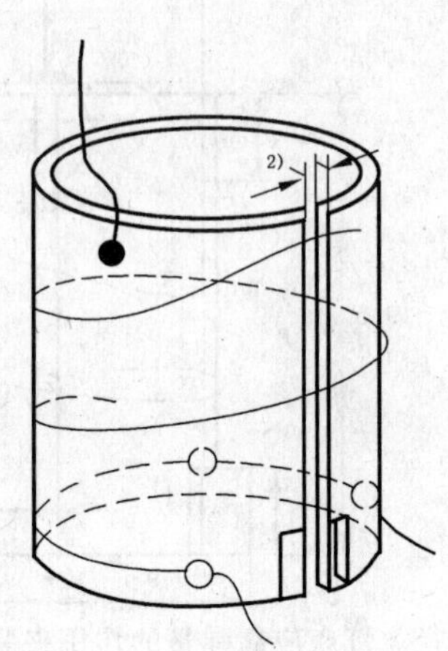

1) 内径。灯座应靠弹簧的作用夹紧在灯头上。

2) 试验灯座安装在灯上时，狭缝的宽度应为 2 mm±1.5 mm。

3) 如图所示，试验灯座安装时应超过灯头的裙边。

图 12 B15d/24×17 灯头用试验灯座的近似尺寸

单位为毫米

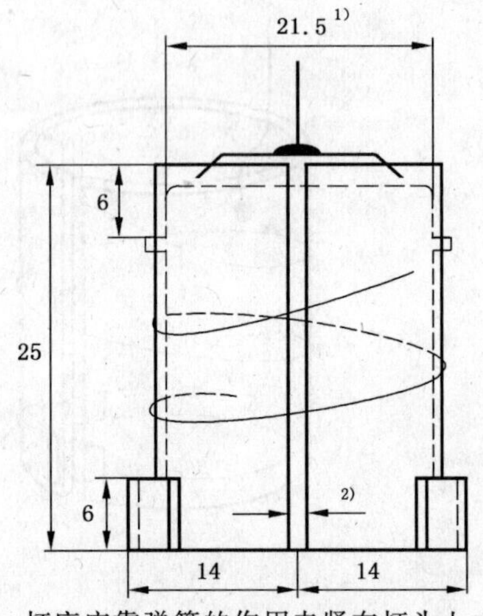

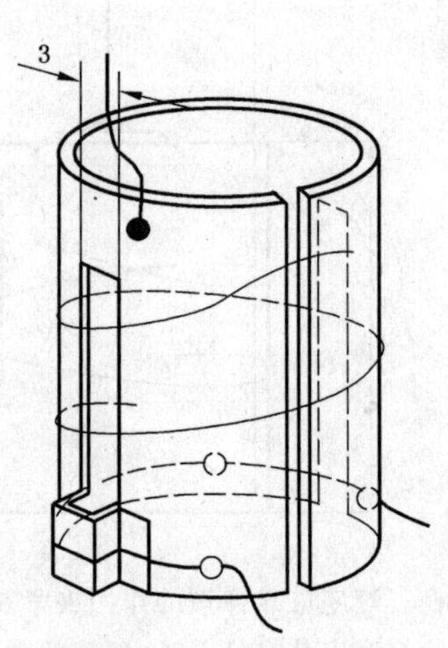

1) 内径。灯座应靠弹簧的作用夹紧在灯头上。

2) 试验灯座安装在灯上时，狭缝的宽度应为 2 mm±1.5 mm。

图 13 B22d/22 灯头用试验灯座的近似尺寸

单位为毫米

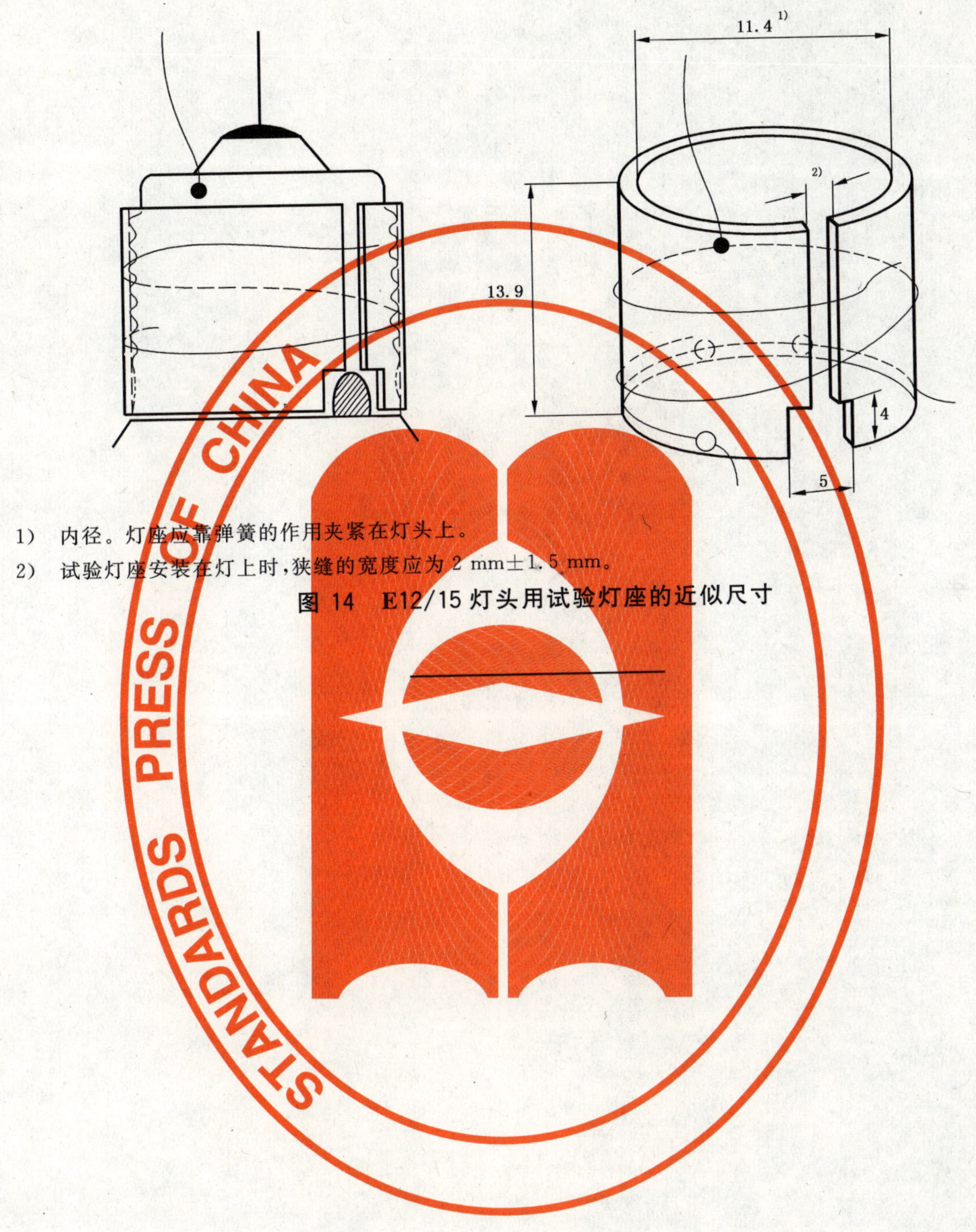

1) 内径。灯座应靠弹簧的作用夹紧在灯头上。

2) 试验灯座安装在灯上时，狭缝的宽度应为 2 mm±1.5 mm。

图 14 E12/15 灯头用试验灯座的近似尺寸

ICS 85.060
Y 32

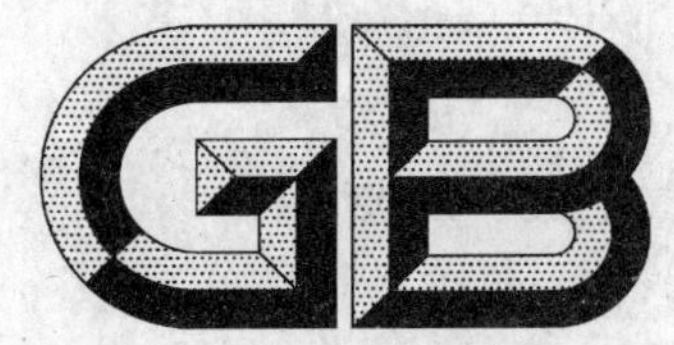

中华人民共和国国家标准

GB/T 24393—2009

非正常成品纸和纸板规范

Criterion of non-prime paper and paperboard

2009-09-30 发布 2010-02-01 实施

中华人民共和国国家质量监督检验检疫总局
中国国家标准化管理委员会 发布

前　言

本标准的附录A为规范性附录。

本标准由中国轻工业联合会提出。

本标准由全国造纸工业标准化技术委员会归口。

本标准起草单位：中国制浆造纸研究院、中华人民共和国山东出入境检验检疫局、中华人民共和国广东出入境检验检疫局、中华人民共和国青岛出入境检验检疫局、中华人民共和国天津出入境检验检疫局。

本标准主要起草人：卢宝荣、玄龙德、陈曦、崔立国、郭仁宏、王涛、栗建永、张慧。

非正常成品纸和纸板规范

1 范围

本标准规定了非正常成品纸和纸板的术语和定义、分类、抽样、检验和判定。

本标准适用于国内外贸易中的非正常成品纸和纸板。

2 规范性引用文件

下列文件中的条款通过本标准的引用而成为本标准的条款。凡是注日期的引用文件，其随后所有的修改单(不包括勘误的内容)或修订版均不适用本标准，然而，鼓励根据本标准达成协议的各方研究是否可使用这些文件的最新版本。凡是不注日期的引用文件，其最新版本适用于本标准。

GB/T 24394 非正常成品纸和纸板的检验

3 术语和定义

下列术语和定义适用于本标准。

3.1

正常成品纸和纸板 prime paper and paperboard

规格、包装、外观质量、理化性能等符合国家产品标准、行业产品标准或进出口贸易约定的纸和纸板。

3.2

非正常成品纸和纸板 non-prime paper and paperboard

因含多种规格或存在品质缺陷而影响正常使用，但仍具有原来用途的一类纸和纸板的总称。

相对于正品纸和纸板而言，非正常成品纸和纸板的规格、包装、外观、理化性能等不能完全达到对应的正品纸和纸板的标准要求，其使用价值也低于对应的正品纸和纸板的使用价值，通常具有规格多、包装不完整、存在外观缺陷或理化性能缺陷等特点。

4 分类

4.1 外观缺陷纸和纸板(paper and paperboard with apperance defects)

在生产、运输、储存过程中，因各种原因造成明显的外观使用缺陷的纸和纸板。

4.1.1 水湿纸和纸板(wet paper and paperboard)

在运输、储存过程中，因海浪、淋雨等原因造成水湿的纸和纸板。

4.1.2 破损纸和纸板(breaked paper and paperboard)

因包装或货物破损，对货物的运输、储存、使用产生不良影响的纸和纸板。

4.1.3 污染纸和纸板(polluted paper and paperboard)

在运输、储存过程中，因包装破损、接触污物等原因，受到污染的纸和纸板。

4.1.4 纸芯损坏纸和纸板(paper and paperboard with breaked core)

在生产、运输、储存过程中，因纸芯变形或损坏而影响使用的纸和纸板。

4.1.5 端面不齐纸和纸板(paper and paperboard with irregular side)

在生产过程中，由于纸幅横向偏离纸芯，造成卷筒两端一面凸另一面凹(俗称弓形)或锯齿形的纸和纸板。如果卷筒纸和纸板的纸芯端面到最大偏离端面的距离超过 2 cm，则可以认定该卷筒纸和纸板为端面不齐，影响使用。

4.1.6 **半涂/漏涂、涂布不均匀纸和纸板(skip coated/uncoated paper and paperboard)**

在生产过程中,因开机或工艺条件不稳定,造成涂布不均、涂布露底,甚至没涂布的纸和纸板。

4.2 **乱码纸和纸板(irregular paper and paperboard)**

因定量不一、规格不一、库存、卷径过小、幅宽过小等原因造成使用缺陷的纸和纸板。

4.2.1 **乱定量纸和纸板(paper and paperboard with irregular grammage)**

同一批中定量波动比较大或含多种定量的乱码纸和纸板。

如果一批纸和纸板至少有5种定量,且每种定量的纸和纸板数量不超过10 t;或全批纸和纸板定量不标准,杂乱无章,则可认定为乱定量纸和纸板。

4.2.2 **乱规格纸和纸板(paper and paperboard with irregular size)**

同一批中包含多种尺寸、幅宽或卷径的乱码纸和纸板。

如果一批纸和纸板至少有5种规格(尺寸、幅宽或卷径),且每种规格(尺寸、幅宽或卷径)的纸和纸板数量不超过10 t;或全批纸和纸板规格不标准,杂乱无章,则可认定为乱规格纸和纸板。

4.2.3 **小卷筒纸和纸板(small-diameter paper and paperboard)**

俗称辊子头,通常指生产、使用过程中产生的小于正常卷径,从而影响使用的卷筒纸和纸板。

如果一批纸和纸板至少有5种规格(卷径),卷径均小于780 mm,且每种规格(卷径)的纸和纸板数量不超过10 t,则可认定为小卷筒纸和纸板。

注:一些特殊用途的纸和纸板,如小卷筒打印纸,其本身就是小卷径的纸,则不属于小卷筒纸和纸板。

4.2.4 **小幅宽纸和纸板(offcut paper and paperboard)**

通常指生产、使用过程中产生的小于正常幅宽,从而影响使用的纸和纸板。

如果一批纸和纸板至少有5种规格(幅宽),幅宽均小于750 mm,且每种规格(幅宽)的纸和纸板数量不超过10 t,则可认定为小幅宽纸和纸板。

注:一些特殊用途的纸和纸板,如滤嘴棒纸、卷烟纸等,其本身就是小幅宽的纸,则不属于小幅宽纸和纸板。

4.2.5 **库存纸和纸板(stocklot paper and paperboard)**

库存时间较长,收集于不同公司或同一公司的生产剩余、销售剩余及装船剩余等,由多品种、多规格、不同定量、不同批次的纸和纸板组成。

如果一批纸和纸板至少有5个品种、或5个品牌、或5个厂家,且每个品种、或品牌、或厂家的纸和纸板数量不超过10 t;或全批纸和纸板的品种、品牌、厂家、定量、规格、包装、批次等不统一,杂乱无章,则可认定为库存纸和纸板。

4.3 **等外品/次品纸和纸板(off grade/reject paper and paperboard)**

按照相关的国家产品标准或行业产品标准,理化性能、色差或外观纸病等项目不能完全达标的纸和纸板。

4.3.1 **色差纸和纸板(offshade paper and paperboard)**

同一批中不同件(卷)之间的色差超过国家产品标准、行业产品标准或严重影响使用的纸和纸板。

4.3.2 **外观纸病纸和纸板(paper and paperboard with surface defects)**

外观纸病超过国家产品标准、行业产品标准或严重影响使用的纸和纸板。常见的纸病(见附录A)包括尘埃、半透明点、折子、孔眼、破洞、硬质块、斑点、皱纹、掉毛、掉粉、鱼鳞斑等。

4.3.3 **试机纸和纸板(reject paper and paperboard)**

因开机、工艺条件波动等原因,生产出的可能存在一种或多种性能缺陷的纸和纸板。

4.3.4 **理化性能缺陷纸和纸板(paper and paperboard with physical or chemical defects)**

理化性能达不到国家产品标准、行业产品标准或严重影响使用的纸和纸板。

4.4 **其他缺陷纸和纸板(paper and paperboard with other defects)**

因其他各种缺陷造成使用性能受到明显影响的纸和纸板。

5 抽样

5.1 外观缺陷纸和纸板的抽样

逐件检验。

5.2 其他纸和纸板的抽样

每种规格的纸和纸板应按照表1随机抽取代表性样品进行相关项目的检验。

表1

批量件数(N)	1～5	6～100	101～400	401以上
抽样件数	全部	5	N/20	20
注:计算抽样件数时,如果尾数不足1件,应按1件算。				

6 检验和判定

6.1 乱码纸和纸板的判定

6.1.1 先将检验批按第4章进行分类,然后按GB/T 24394进行检验。

6.1.2 如果一批纸和纸板可认定为乱码纸和纸板,则该批纸和纸板判定为非正常成品纸和纸板,否则判定为正常成品纸和纸板。

6.2 其他纸和纸板的判定

6.2.1 先将检验批按第4章进行分类,然后按GB/T 24394进行检验。

6.2.2 根据检验结果,统计非正常成品纸和纸板的数量,并计算其比例。

6.2.3 如果非正常成品纸和纸板数量占全批纸和纸板数量的比例不低于20%,则该批纸和纸板判定为非正常成品纸和纸板,否则判定为正常成品纸和纸板。

附 录 A
（规范性附录）
常见外观纸病的特征

A.1 尘埃

纸面上在任何照射角度下，肉眼能见到的与纸面颜色有显著差异的黑点、黄点或纤维束等杂质。

尘埃通常用尘埃度来表示，即每平方米面积的纸或纸板上，以具有一定面积的尘埃个数表示，或以每平方米面积的纸或纸板上尘埃的等值面积（mm^2）表示。

A.2 半透明点

纸页上纤维层较薄但未完全穿通，其透光度较纸页其他部分为大的点子。

A.3 折子

纸页在干或湿的情况下，经折迭或重叠形成的能分开或不能分开的折痕。在张力作用下能伸展开的折子称活折子，反之为死折子。

A.4 孔眼、破洞

纸页上存在的完全穿透的没有纤维之处，一般面积小的称孔眼，面积大的称破洞。

A.5 硬质块

纸面上存在的质地坚硬、高出纸面的块状物质或粗枝状物质，如木屑、木节、金属块、纤维束和浆疙瘩等。

A.6 斑点

纸页上存在的与纸面颜色区别不大，而色泽明暗和反光不一致的点子。

A.7 皱纹

纸页表面呈凹凸不平的现象，按其外表特征可分为条形鼓泡、泡泡纱皱纹、细斜皱纹、波状皱纹和卷取皱纹等。

A.8 掉毛、掉粉

纸页在一定的外力作用下，填料微粒和细小纤维脱离纸面，从而影响印刷或使用的情况。

A.9 鱼鳞斑

纸页上出现的亮斑类的鱼鳞状纸病。

A.10　匀度差

组成纸页的纤维分布不均匀，有些部位纤维云集，有些部位纤维稀疏。透光观察时，纸页有些部位阴暗，有些部位则较透明的现象。

ICS 85-010
Y 30

中华人民共和国国家标准

GB/T 24394—2009

非正常成品纸和纸板的检验

Inspection for non-prime paper and paperboard

2009-09-30 发布　　　　2010-02-01 实施

中华人民共和国国家质量监督检验检疫总局
中国国家标准化管理委员会　发布

前言

本标准的附录A、附录B和附录C为规范性附录。

本标准由中国轻工业联合会提出。

本标准由全国造纸工业标准化技术委员会归口。

本标准起草单位：中国制浆造纸研究院、中华人民共和国广东出入境检验检疫局、中华人民共和国山东出入境检验检疫局、中华人民共和国青岛出入境检验检疫局、中华人民共和国天津出入境检验检疫局。

本标准主要起草人：卢宝荣、郭仁宏、陈曦、崔立国、玄龙德、王涛、栗建永、张慧。

非正常成品纸和纸板的检验

1 范围

本标准规定了非正常成品纸和纸板检验的试样采取、检验仪器、检验方法(包括技术资料、标志、包装、尺寸及性能的)、检验记录及检验报告。

本标准适用于非正常成品纸和纸板。

2 规范性引用文件

下列文件中的条款通过本标准的引用而成为本标准的条款。凡是注日期的引用文件,其随后所有的修改单(不包括勘误的内容)或修订版均不适用于本标准,然而,鼓励根据本标准达成协议的各方研究是否可使用这些文件的最新版本。凡是不注日期的引用文件,其最新版本适用于本标准。

GB/T 450 纸和纸板 试样的采取及试样纵横向、正反面的测定(GB/T 450—2008,ISO 186:2002,MOD)

GB/T 451.1 纸和纸板尺寸及偏斜度的测定

GB/T 451.2 纸和纸板定量的测定(GB/T 451.2—2002,eqv ISO 536:1995)

GB/T 7974 纸、纸板和纸浆亮度(白度)的测定 漫射/垂直法(GB/T 7974—2002,neq ISO 2470:1999)

GB/T 10739 纸、纸板和纸浆试样处理和试验的标准大气条件(GB/T 10739—2002,eqv ISO 187:1990)

GB/T 24393—2009 非正常成品纸和纸板规范

3 术语和定义

下列术语和定义适用于本标准。

3.1

正常成品纸和纸板 prime paper and paperboard

规格、包装、外观质量、理化性能等符合国家产品标准、行业产品标准或进出口贸易约定的纸和纸板。

3.2

非正常成品纸和纸板 non-prime paper and paperboard

因含多种规格或存在品质缺陷而影响正常使用,但仍具有原来用途的一类纸和纸板的总称。

相对于正品纸和纸板而言,非正常成品纸和纸板的规格、包装、外观、理化性能等不能完全达到对应的正品纸和纸板的标准要求,其使用价值也低于对应的正品纸和纸板的使用价值,通常具有规格多、包装不完整、存在外观缺陷或理化性能缺陷等特点。

4 试样采取

按 GB/T 450 的规定进行。

5 检验仪器

5.1 附录 A 中各试验方法规定的相应仪器。

5.2 照相机:能够清晰记录纸和纸板的缺陷。

6 检验方法

6.1 技术资料检验

技术资料包括订货合同、装箱单、提货单、发票、运输工具名称、质量证明等。

按照技术资料检查检验批的数量、质量、规格、产地、生产日期、制造商名称等，确定是否与技术资料规定的内容相符，并做好记录。

6.2 标志检验

检查检验批的标志是否符合其对应的正品纸和纸板的标志规定。

6.3 包装检验

检查检验批的包装是否符合其对应的正品纸和纸板的包装规定。

6.4 尺寸检验

目测各件尺寸是否一致，必要时，应按 GB/T 451.1 进行测定。对于平板纸和纸板，测定其长度、宽度、形状等，检查其尺寸是否符合标准允差的规定；对于卷筒纸和纸板，测定其卷芯直径、卷筒直径、卷筒宽度、形状等，检查其尺寸是否符合标准允差的规定。

6.5 性能检验

按 GB/T 24393—2009 中的分类，分别对各类非正常成品纸进行性能检验。

6.5.1 外观缺陷纸和纸板的检验

6.5.1.1 水湿纸和纸板的检验

逐件进行目测，将水湿纸件与未水湿纸件分开，确定水湿纸件的件数。

6.5.1.2 破损纸和纸板的检验

逐件进行目测，将破损纸件与未破损纸件分开，确定破损纸件的件数。

6.5.1.3 污染纸和纸板的检验

逐件进行目测，将污染纸件与未污染纸件分开，确定污染纸件的件数。

6.5.1.4 纸芯损坏纸和纸板的检验

逐件进行目测，将纸芯损坏纸件与未损坏纸件分开，确定纸芯损坏纸件的件数。

6.5.1.5 端面不齐纸和纸板的检验

逐件进行目测，检验纸芯端面到最大偏离端面的偏差，确定超过规定允差的件数。

6.5.1.6 半涂/漏涂、涂布不均匀纸和纸板的检验

逐件进行目测，检验是否有漏涂、涂布不均匀等现象，确定漏涂和涂布不均匀的件数。

6.5.2 乱码纸和纸板的检验

6.5.2.1 乱定量纸和纸板的判定

试样的处理和试验的标准大气按 GB/T 10739 的规定执行。逐件按 GB/T 451.2 的规定测定定量，并确定其定量分类。

6.5.2.2 乱规格纸和纸板的检验

逐件按 GB/T 451.1 的规定测定规格，并确定其规格分类。

6.5.2.3 小卷筒纸和纸板的检验

对照正常卷筒的卷径，逐件测定异常卷筒的卷径，确定异常卷筒卷径超过规定允差的件数。

注：一些特殊规格用纸，如卷烟纸，其本身就是小卷径的纸，则不属于非正常成品纸。

6.5.2.4 小幅宽纸和纸板的检验

对照正常卷筒的幅宽，逐件测定异常卷筒的幅宽，确定异常卷筒幅宽超过规定允差的件数。

注：一些特殊规格用纸，如滤嘴棒纸、卷烟纸等，其本身就是小幅宽的纸，则不属于非正常成品纸。

6.5.2.5 库存纸和纸板的检验

对货物的质量、品种、品牌、厂家、定量、规格、包装、批次等进行检验。

6.5.3 等外品/次品纸和纸板的检验

6.5.3.1 色差纸和纸板的检验

逐件按 GB/T 7974 的规定测定亮度(白度),其最高亮(白)度值和最低亮(白)度值之差为色差,确定色差超过规定允差的件数。

6.5.3.2 外观纸病纸和纸板的检验

按照附录 B 逐件目测外观纸病,确定纸病纸件的件数。

6.5.3.3 试机纸和纸板、理化性能缺陷纸和纸板的检验

试样的处理和试验的标准大气按 GB/T 10739 的规定执行。

必要时,应按 GB/T 24393—2009 中表 1 的规定从检验批中随机抽取样品,进行理化性能测定,并与正品纸和纸板对应的项目进行比较,确定超出规定允差的件数。

理化性能的检测项目及判定,应按照附录 C 中的相应产品标准的规定进行。

6.5.4 其他缺陷纸和纸板的检验

如果纸件存在其他缺陷,应按照附录 A 中的相应方法标准的规定进行。

7 检验记录

检验记录应包括本标准第 4 章、第 5 章和第 6 章所规定的项目,包括文字记录和图片记录两部分。检验记录应详细反映检验批的标志、标称产地、包装、规格、外观质量、理化性能检验项目及结果判定等内容。

注:鉴于非正常成品纸和纸板检验的特殊性,建议在检验记录中包括检验批的照片。

8 检验报告

检验报告应包括以下项目:

a) 识别检验批所需的全部资料,主要包括申报单位、标称品名、货物标志、数量、质量等;

b) 对本国家标准编号的引用;

c) 检验批现场检验情况描述,必要时,应配以现场照片;

d) 检验结果;

e) 检验结果的判定;

f) 其他必要的附加说明。

附 录 A
（规范性附录）
与非正常成品纸和纸板有关的常见成品纸和纸板的方法标准

GB/T 450—2008　纸和纸板　试样的采取及试样纵横向、正反面的测定
GB/T 451.1—2002　纸和纸板尺寸及偏斜度的测定
GB/T 451.2—2002　纸和纸板定量的测定
GB/T 451.3—2002　纸和纸板厚度的测定
GB/T 455—2002　纸和纸板撕裂度的测定
GB/T 456—2002　纸和纸板平滑度的测定(别克法)
GB/T 457—2002　纸和纸板　耐折度的测定
GB/T 462—2008　纸、纸板和纸浆　分析试样水分的测定
GB/T 742—2008　造纸原料、纸浆、纸和纸板　灰分的测定
GB/T 1539—2007　纸板　耐破度的测定
GB/T 1540—2002　纸和纸板吸水性的测定(可勃法)
GB/T 1541—1989　纸和纸板　尘埃度的测定
GB/T 1543—2005　纸和纸板不透明度(纸背衬)的测定(漫反射法)
GB/T 2679.8—1995　纸和纸板环压强度的测定
GB/T 7974—2002　纸、纸板和纸浆亮度(白度)的测定(漫射/垂直法)
GB/T 8941—2007　纸和纸板镜面光泽度测定
GB/T 10342—2002　纸张的包装和标志
GB/T 10739—2002　纸、纸板和纸浆试样处理和试验的标准大气条件
GB/T 12914—2008　纸和纸板　抗张强度的测定
GB/T 13528—1992　纸和纸板表面 pH 值的测定法
GB/T 22363—2008　纸和纸板　粗糙度的测定(空气泄漏法)　本特生法和印刷表面法
GB/T 22365—2008　纸和纸板　印刷表面强度的测定

附 录 B
（规范性附录）
非正常成品纸和纸板外观纸病检验方法

B.1 单张翻验

单张翻看检验批纸张的外观质量，逐张检查纸面的污斑、尘埃、折子及硬质块等各种纸病。

B.2 迎光（透光）检查

将纸张迎着光源照看或放在装有日光灯的玻璃台上照看，光线透过纸页，用肉眼观察纸病。观察时视线与光源在同一水平上，但方向相反。这种检查方法主要用于纸张的匀度、孔眼、透光点、透帘等。

B.3 反射光平视检查

将纸张置于平面或斜面上，在室内光线直接照射下，用肉眼距离纸面约 30 cm～40 cm 处观察纸病。观察时眼光对纸面平看。这种检查方法主要用于检查划伤印、孔眼、斑点、折子、皱纹、硬质块等。

B.4 反射光斜视检查

将纸张置于斜面上或用手把纸的一边提高，借反射光从不同角度斜看或对光斜看。这种检查方法主要用于检查各种条痕、毛布痕和纸面起毛等。

B.5 手摸检查

手摸检查是靠感官来进行检查的，有些纸病如硬质块、砂子等，除先平看外，还需要用手摸，否则无法判断夹在纸层内部的细小砂粒和未疏散的纤维等。有时浆疙瘩和白细砂粒的颜色与纸面一致，单凭眼看不易发现，要用手摸才能够感觉出来。

B.6 听声检查

听声检查纸张的强韧性，通常叫纸的“身骨”。身骨好的纸张用手捏住纸张上下抖动时发出的响声清脆，身骨差的纸张发出的响声就比较微弱。身骨越强，纸的响声越大，抖动时也不容易破裂。

附 录 C
（规范性附录）
与非正常成品纸和纸板有关的常见成品纸和纸板的产品标准

GB/T 1468—1999　描图纸
GB/T 1525—2006　制图纸
GB/T 1910—2006　新闻纸
GB/T 6544—2008　瓦楞纸板
GB/T 7968—1996　纸袋纸
GB 10335.1—2005　涂布纸和纸板　涂布美术印刷纸
GB 10335.2—2005　涂布纸和纸板　轻量涂布纸
GB/T 10335.3—2004　涂布纸和纸板　涂布白卡纸
GB/T 10335.4—2004　涂布纸和纸板　涂布白纸板
GB/T 10335.5—2008　涂布纸和纸板　涂布箱纸板
GB/T 11541—2008　照相原纸
GB/T 12654—2008　书写纸
GB/T 12655—2007　卷烟纸
GB/T 13023—2008　瓦楞芯(原)纸
GB/T 13024—2003　箱纸板
GB 18739—2008　地理标志产品　宣纸
GB 20808—2006　纸巾纸(含湿巾)
GB 20810—2006　卫生纸(含卫生纸原纸)
QB/T 1011—1991　单面涂布白纸板
QB/T 1012—1991　胶版印刷纸
QB 1013—2005　玻璃纸
QB 1014—1991　食品包装纸
QB/T 1015—1991　黑色不透光包装纸
QB/T 1016—2006　鸡皮纸
QB/T 1017—2006　仿羊皮纸
QB/T 1211—1991　胶印书刊纸
QB/T 1212—1991　信息处理未穿孔卡纸
QB/T 1313—1991　中性包装纸
QB/T 1314—1991　标准纸板
QB/T 1315—1991　厚纸板
QB 1319—1991　气相防锈纸
QB/T 1454—1992　书皮纸
QB/T 1459—1992　感光纸原纸
QB/T 2237—1996　条纹柏油原纸
QB/T 2249—1996　凹版印刷纸
QB/T 2250—2005　单面白纸板
QB/T 2352—1997　单面书写纸
QB/T 2688—2005　绝缘纸板

QB/T 2693—2005　彩色胶版印刷纸
QB/T 3504—1999　铸涂白纸板
QB/T 3516—1999　牛皮纸
QB/T 3517—1999　单面胶版印刷纸
QB/T 3518—1999　铸涂纸
QB/T 3523—1999　白卡纸
QB/T 3524—1999　凸版印刷纸

ICS 67.250
G 32

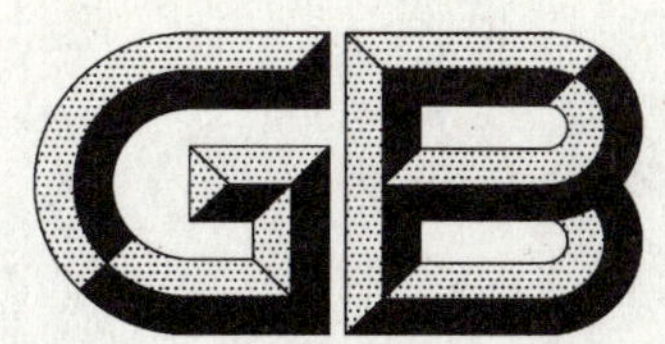

中华人民共和国国家标准

GB/T 24395—2009

食品工业用吸附树脂

Adsorption resin for food industrial use

2009-09-30 发布　　　　2009-12-01 实施

中华人民共和国国家质量监督检验检疫总局
中国国家标准化管理委员会　发布

前言

本标准由中国标准化研究院提出并归口。

本标准负责起草单位:天津市产品质量监督监测技术研究院。

本标准参加起草单位:天津欧瑞生物科技有限公司、江苏苏青水处理工程集团有限公司。

本标准主要起草人:杨佳玲、刘爽、钱平、洪育春、边晖、戴锡康、欧来良、田津。

食品工业用吸附树脂

1 范围

本标准规定了食品工业用吸附树脂的要求、试验方法、检验规则、标志、包装、产品说明书、运输和贮存。

本标准适用于以苯乙烯、二乙烯苯、丙烯酸酯类、丙烯腈等为聚合单体,以甲苯、液体石蜡等为致孔剂,在引发剂作用下共聚制得的应用于食品工业的吸附树脂。

2 规范性引用文件

下列文件中的条款通过本标准的引用而成为本标准的条款。凡是注日期的引用文件,其随后所有的修改单(不包括勘误的内容)或修订版均不适用于本标准,然而,鼓励根据本标准达成协议的各方研究是否可使用这些文件的最新版本。凡是不注日期的引用文件,其最新版本适用于本标准。

GB/T 191　包装储运图示标志

GB/T 5475　离子交换树脂取样方法

GB/T 8170—2008　数值修约规则与极限数值的表示和判定

GB/T 24396　食品工业用吸附树脂产品测定方法

3 要求

3.1 一般要求

外观:均匀球状,无肉眼可见杂质。

3.2 特殊要求

特殊要求见表1。

表1　特殊要求

指标名称			指标
重金属(以Pb计,干基)质量分数/%		≤	0.001 5
有机残留物(湿基)含量	苯/(mg/kg)	≤	2
	1,2-二氯乙烷/(mg/kg)	≤	2
	丙烯腈/(mg/kg)	≤	10
	氯苯/(mg/kg)	≤	10
	二乙烯苯[a]/(mg/kg)	≤	10
	甲苯/(mg/kg)	≤	20
	苯乙烯/(mg/kg)	≤	20
	二甲苯[b]/(mg/kg)	≤	20
	甲基丙烯酸甲酯/(mg/kg)	≤	20

[a] 为二乙烯苯异构体总和。

[b] 为二甲苯异构体总和。

4 试验方法

按GB/T 24396中规定的方法测定。

5 检验规则

5.1 检验分类与检验项目

本产品检验分为出厂检验和型式检验。

5.1.1 出厂检验

出厂检验项目包括:外观、重金属、苯和二乙烯苯。

5.1.2 型式检验

型式检验项目为第3章中全部指标。正常生产每年进行一次型式检验,有下列情况之一时也应进行型式检验:

a) 新产品投产或产品定型鉴定时;

b) 原材料、工艺等发生改变时;

c) 停产一年以上再恢复生产时;

d) 当出厂检验结果与上一次结果发生重大改变时;

e) 国家质量监督部门提出要求时。

5.2 组批

以每一釜生产的产品为一个检验批次。

5.3 取样

按GB/T 5475的规定进行,每批次抽取2 kg,其中1 kg作为检样,1 kg作为备样。分别装入两个洁净的密闭容器。

5.4 判定规则

5.4.1 检验结果的判定按GB/T 8170—2008中全数值比较法进行。

5.4.2 所有项目的检验结果均达到本标准的要求时,则判该批产品合格。

5.4.3 检验结果中如有指标不符合本标准要求时,应重新自该批产品两倍量包装件中取样进行复验。以复验结果进行判定,若仍有指标不符合本标准要求时,则判该批产品为不合格。

6 标志、包装、运输、贮存和产品说明书

6.1 标志

产品标志应符合GB/T 191的规定。每批产品应有质量检验报告单。每一包装件上应有清晰、牢固的标志,标明产品名称、型号、批号、净含量、执行标准、生产日期、生产厂名和生产厂址,还应标注“食品工业用”字样。

6.2 包装

产品应包装在有内衬塑料袋的容器中。每一包装件应附有合格证。

6.3 运输、贮存

本产品在运输和贮存过程中,应保持在4 ℃～40 ℃的环境中,密闭保存,避免过冷或过热,不使树脂失水。

6.4 产品说明书

生产企业应在其产品说明书中注明以下内容:吸附树脂的极性、粒度、渗磨圆球率、含水量、比表面积、密度(表观密度、骨架密度)、平均孔径等。

ICS 67.250
G 31

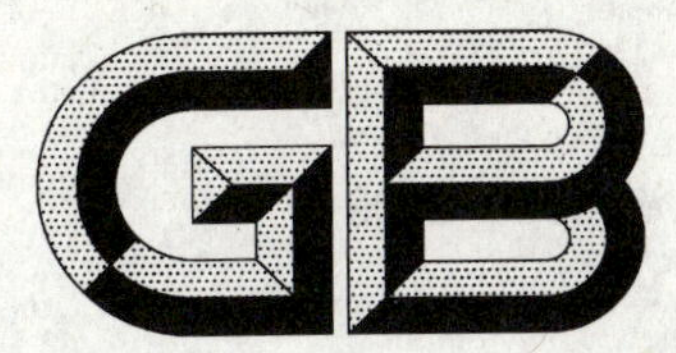

中华人民共和国国家标准

GB/T 24396—2009

食品工业用吸附树脂产品测定方法

Test method of adsorption resin for food industrial use

2009-09-30 发布　　2009-12-01 实施

中华人民共和国国家质量监督检验检疫总局
中国国家标准化管理委员会　发布

前　言

本标准的附录A为资料性附录。

本标准由中国标准化研究院提出并归口。

本标准负责起草单位:天津市产品质量监督检测技术研究院。

本标准参加起草单位:天津欧瑞生物科技有限公司。

本标准主要起草人:边晖、洪育春、刘爽、佟丽丽、任丽华、欧来良、吴倩、杨佳玲。

食品工业用吸附树脂产品测定方法

1 范围

本标准规定了食品工业用吸附树脂产品的测定方法。

本标准适用于以苯乙烯、二乙烯苯、丙烯酸酯类、丙烯腈等为聚合单体，以甲苯、液体石蜡等为致孔剂，在引发剂作用下共聚制得的应用于食品工业的吸附树脂中外观、重金属、有机残留物的测定。

2 方法提要

2.1 重金属检测

在弱酸性溶液中，硫化钠将重金属离子沉淀为相应的硫化物，所产生的颜色与标准色用目视法比较。

2.2 有机残留物检测

试样中有机残留物经无水乙醇超声萃取，注入气相色谱仪并被载气带入色谱柱进行分离，流出物以氢火焰离子化检测器进行检测，根据外标法计算各有机残留物的含量。

3 试剂与材料

警告：本试验方法中使用的部分试剂具有毒性或腐蚀性，一些试验过程可能导致危险情况，操作者应采取适当的安全和健康措施。

3.1 盐酸：分析纯。

3.2 乙酸溶液：1+4。

3.3 硫化钠溶液：100 g/L。

3.4 铅(Pb)标准溶液：1 mL 溶液含 Pb 0.01 mg。

3.5 苯、1,2-二氯乙烷、丙烯腈、氯苯、二乙烯苯、甲苯、苯乙烯、邻二甲苯、间二甲苯、对二甲苯和甲基丙烯酸甲酯：色谱纯。

3.6 无水乙醇：色谱纯，应不含有干扰峰。

4 仪器与设备

4.1 烘箱。

4.2 马弗炉。

4.3 水浴锅。

4.4 比色管：50 mL。

4.5 蒸发皿。

4.6 气相色谱仪：带自动进样器，配有氢火焰离子化检测器(FID)。

4.7 超声振荡器。

4.8 离心机：0 r/min～4 000 r/min(可调)。

4.9 棕色容量瓶：100 mL、50 mL 和 10 mL。

4.10 移液枪：1 μL～10 μL、10 μL～100 μL、100 μL～1 000 μL 和 0.5 mL～5 mL。

4.11 移液管：5 mL、10 mL。

4.12 针式过滤器：0.45 μm。

5 分析步骤

5.1 外观的测定

将试料置于干净的白色瓷盘中，放在明亮处，于自然光下目测。

5.2 重金属的测定

5.2.1 试验溶液的制备

称取经105 ℃±2 ℃干燥2 h的2.0 g试料（干基），精确到0.01 g，置于蒸发皿中，炭化后于500 ℃±25 ℃灼烧至灰化完全，冷却后加2 mL盐酸，在水浴上蒸发至干，冷却后用4 mL乙酸溶液和20 mL水溶解残留物。必要时加以过滤，滤纸上的残留物每次用5 mL水洗涤，共洗涤三次。合并滤液及洗涤液，稀释至50 mL为试验溶液。取试验溶液25 mL至50 mL比色管中，为A管。

5.2.2 铅(**Pb**)标准比色溶液的制备

取2 mL乙酸溶液移入50 mL比色管中（与A管配套），加入1.50 mL铅标准溶液，加水至25 mL，为B管。

5.2.3 测定

向A、B两管各加入两滴新配制的硫化钠溶液，很快地混合，摇匀，于暗处放置5 min，在白色背景下观察。A管所呈暗色不深于B管为合格。

5.3 有机残留物的测定

5.3.1 试样的制备

取10 mL试料置于离心管内，在2 000 r/min±200 r/min下离心5 min。取上层已除去表面游离水的试料，称取2 g（湿重，精确到0.000 1 g），置于50 mL棕色容量瓶中，加入10 mL无水乙醇，盖上塞子，用封口膜密封，超声振荡（于超声波振荡器中加入适量冰块以降低温度）20 min，静置10 min，取上清液用过滤器过滤后备用。

5.3.2 标准溶液的制备

5.3.2.1 混合标准溶液母液的制备

按苯乙烯、邻二甲苯、间二甲苯、对二甲苯、氯苯、甲苯、甲基丙烯酸甲酯、二乙烯苯、1,2-二氯乙烷、苯、丙烯腈的顺序，依次称取上述物质的标准品各0.1 g（精确到0.000 1 g），置于100 mL的棕色容量瓶中，用无水乙醇稀释至刻度，摇匀。

注：称取顺序按照各物质的沸点由高到低排列。

5.3.2.2 系列标准溶液的制备

用移液枪按表1所列的移取体积移取混合标准溶液母液，分别加入16个10 mL的容量瓶中，用无水乙醇稀释至刻度，摇匀，得到下述系列标准溶液。

表1 系列标准溶液的配制与对应的浓度

编号	移取体积/μL	对应各有机残留物的浓度/(μg/mL)
1	1	0.1
2	2	0.2
3	4	0.4
4	6	0.6
5	8	0.8
6	10	1
7	20	2
8	40	4

表 1（续）

编号	移取体积/μL	对应各有机残留物的浓度/(μg/mL)
9	60	6
10	80	8
11	100	10
12	200	20
13	400	40
14	600	60
15	800	80
16	1 000	100

5.3.3 系列标准溶液的测定

开启气相色谱仪，对色谱条件进行设定，参考条件参见附录 A，待基线稳定后，取 5.3.2.2 制备的系列标准溶液进样分析，记下各次的峰面积，绘制下述标准曲线：

a） 编号 1～6 的结果绘制各标准品在 0.1 μg/mL～1 μg/mL 浓度范围内的标准曲线；

b） 编号 6～11 的结果绘制各标准品在 1 μg/mL～10 μg/mL 浓度范围内的标准曲线；

c） 编号 11～16 的结果绘制各标准品在 10 μg/mL～100 μg/mL 浓度范围内的标准曲线。

注：如果某一残留物的最低检出浓度高于 0.1 μg/mL，则以其最低检出浓度为第一浓度点绘制标准曲线。

5.3.4 试样的测定

取 5.3.1 制备的试样溶液进样分析，记录色谱峰面积，根据试样中各残留物的浓度范围，代入合适的标准曲线查出相应的残留物质量浓度 ρ(μg/mL)。

如果试样中残留物浓度超出 100 μg/mL，则须将试样稀释后重新进样检测。

注：由于涉及的残留物种类多、含量低，建议采用加标法定性。

5.3.5 分析结果的计算

试样中各残留物含量按式(1)计算：

$$X_i = \frac{\rho_i V_i f}{m} \qquad \cdots\cdots (1)$$

式中：

X_i——试样中残留物 i 的含量，单位为微克每克(μg/g)或毫克每千克(mg/kg)；

ρ_i——从标准曲线上读取的试样溶液中各残留物 i 的质量浓度，单位为微克每毫升(μg/mL)；

V_i——试样溶液的定容体积，单位为毫升(mL)；

m——试样的质量，单位为克(g)；

f——稀释因子，若试样没有经过稀释，$f=1$。

5.3.6 最低检出限(见表 2)

表 2 最低检出限

有机残留物	丙烯腈	苯	1,2-二氯乙烷	二乙烯苯	甲基丙烯酸甲酯
最低检出限/(mg/kg)	3.0	0.6	0.6	3.0	6.0
有机残留物	甲苯	氯苯	二甲苯	苯乙烯	
最低检出限/(mg/kg)	6.0	3.0	6.0	6.0	

附　录　A
（资料性附录）
有机残留物测定参考气相色谱操作条件

根据所使用的气相色谱仪，调节适宜的温度和流速，以达到合适的分离效果。参考色谱条件如下：

a)　色谱柱：聚乙二醇 20M 柱（30 m×0.25 mm×0.25 μm）；

b)　进样口温度：250 ℃；

c)　检测器温度：280 ℃；

d)　柱温：35 ℃（7 min）$\xrightarrow{10\ ℃/min}$150 ℃（4 min）；

e)　载气：高纯氮气，线速度 30 cm/s（即柱流量 1.25 mL/min）；

进样方式：分流进样，分流比 1∶50；

进样量：1.0 μL。

11 种有机残留物的气相色谱图参见图 A.1。

注：由于不同仪器在同一色谱条件下达到的分离效果不可能完全相同，所以可根据实际使用的仪器调整色谱条件，只要达到合适的分离效果即可。

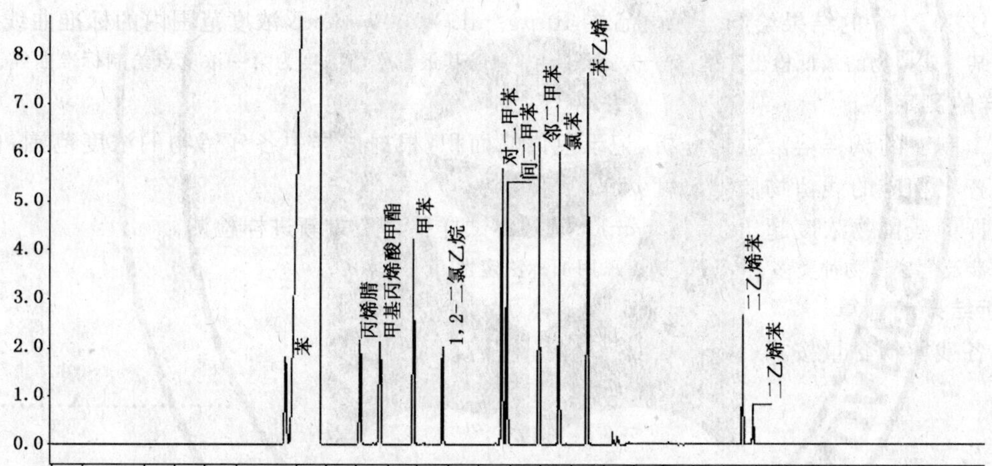

图 A.1

ICS 65.040.20
B 93

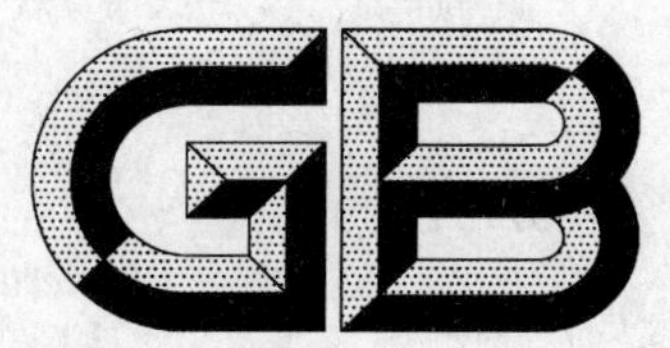

中华人民共和国国家标准

GB/T 24397—2009

螺旋挤压式多功能粉丝机

Screw and squeeze multifunction vermicelli machinery

2009-09-30 发布　　2010-03-01 实施

中华人民共和国国家质量监督检验检疫总局
中国国家标准化管理委员会　发布

前　言

本标准由中国标准化研究院提出并归口。

本标准主要起草单位:四川光友薯业有限公司、中国农业机械化科学研究院。

本标准主要起草人：邹光友、池家发、郑天力、李树君、李良平、王汉林。

螺旋挤压式多功能粉丝机

1 范围

本标准规定了螺旋挤压式多功能粉丝机(以下简称粉丝机)的标记、要求、试验方法、检验规则、标志、包装、运输、贮存。

本标准适用于以薯类淀粉为主要原料,将其加工成粉丝的螺旋挤压式多功能粉丝机,以其他淀粉为主要原料加工粉丝的螺旋挤压式粉丝机也可参照执行。

2 规范性引用文件

下列文件中的条款通过本标准的引用而成为本标准的条款。凡是注日期的引用文件,其随后所有的修改单(不包括勘误的内容)或修订版均不适用于本标准,然而,鼓励根据本标准达成协议的各方研究是否可使用这些文件的最新版本。凡是不注日期的引用文件,其最新版本适用于本标准。

GB/T 230.1 金属洛氏硬度试验 第1部分:试验方法(A、B、C、D、E、F、G、H、K、N、T标尺)

GB/T 1804—2000 一般公差 未注公差的线性和角度尺寸的公差(eqv ISO 2768-1:1989)

GB/T 2828.1—2003 计数抽样检验程序 第1部分:按接收质量限(AQL)检索的逐批检验抽样计划(ISO 2859-1:1999,IDT)

GB/T 3768 声学 声压法测定噪声源声功率级 反射面上方采用包络测量表面的简易法

GB/T 5009.81 不锈钢食具容器卫生标准的分析方法

GB/T 8196 机械安全 防护装置 固定式和活动式防护装置设计与制造一般要求

GB/T 9439—1988 灰铸铁件

GB 9684 不锈钢食具容器卫生标准

GB/T 13306 标牌

GB 16798 食品机械安全卫生

GB 18209.2 机械安全 指示、标志和操作 第2部分:标志要求

SB/T 228 食品机械通用技术条件 表面涂漆

3 标记

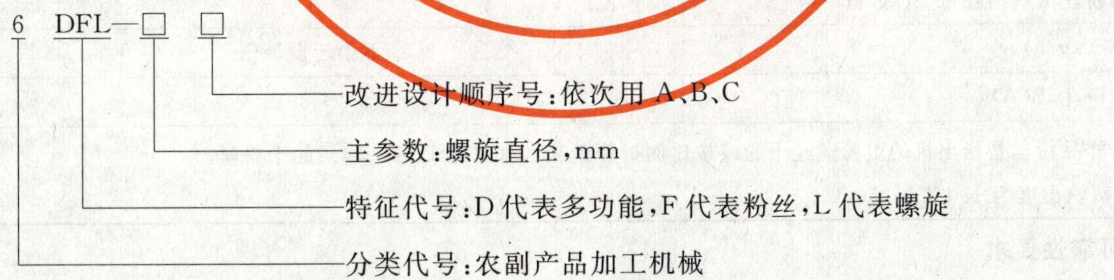

示例:6DFL—80A表示螺旋直径为80 mm,经过第一次改进的螺旋挤压式多功能粉丝机。

4 要求

4.1 一般要求

4.1.1 粉丝机应按照经规定程序批准的图样和技术文件制造。

4.1.2 凡接触粉浆、粉丝部位的零部件,如料斗、机筒、螺旋轴和机头等的材料应符合GB 16798的安

全卫生要求，所用不锈钢材料的理化指标应符合 GB 9684 的规定。

4.1.3　铸铁件应采用力学性能不低于 GB/T 9439—1988 中规定的 HT150 灰铸铁制造。

4.1.4　铸铁件不允许有裂纹、砂眼、疏松和浇铸不足等影响强度及外观的缺陷。

4.1.5　机械加工件的一般线性尺寸未注公差等级的按 GB/T 1804—2000 中规定的 c 级制造。

4.1.6　螺旋轴应进行热处理，螺旋表面硬度应不低于 HRC45。

4.1.7　所有零部件应检验合格方可进行装配，外购外协件应有质量合格证明。螺旋部分与机筒的单边径向间隙应在 0.30 mm～0.80 mm 之间。

4.1.8　采用蒸汽加热时应在机筒体上面配置蒸汽安全阀和温度表。

4.1.9　整机总装后应进行不少于 30 min 的空运转试验，试验过程中整机空运转应平稳灵活，无异常声响，各联接紧固件不应松动。试验结束后的空运转轴承温升应不大于 25 ℃。

4.1.10　整机应密封良好，不应有渗漏现象。

4.1.11　温控装置应灵敏可靠。

4.1.12　涂漆质量应符合 SB/T 228 的规定。

4.2　安全要求

4.2.1　粉丝机应在醒目的位置清晰地标明螺旋轴的旋转方向，对操作者有危险的部位应有永久性的安全警示标志。安全警示标志应符合 GB 18209.2 的规定。

4.2.2　粉丝机皮带及皮带轮位置应有可靠的安全防护装置，防护装置应符合 GB/T 8196 的规定。

4.2.3　粉丝机的电器绝缘电阻应大于 2 MΩ。整机应有可靠的保护接地装置和标志，安装时应可靠接地。工作接地和保护接地电阻应不大于 4 Ω。

4.2.4　使用说明书中应有关于安全用电、安全操作与维护的规定。当电机安装位置未确定或采用其他动力时，应在使用说明书中规定用户自制皮带轮安全防护装置。

4.3　性能要求

当粉丝板孔径为 ϕ1 mm 和淀粉原料符合相应标准的规定时，整机主要性能指标应符合表 1 的规定。

表 1　主要性能指标

项　目	要　求	
	电加热	蒸汽加热
吨样品粉丝[a]耗电量/(kW·h/t)	≤115	≤60
吨样品粉丝蒸汽消耗量[b]/(kg/t)	—	≤45
生产率/(kg/h)	不小于设计值	
工作噪声/[dB(A)]	≤80	

a　样品粉丝是指出机的湿粉丝经干燥或按比例折算到其含水率为 12%～14% 的干粉丝。

b　蒸汽温度为 130 ℃～150 ℃。

4.4　可靠性要求

粉丝机的整机使用可靠性应不小于 95%。

5　试验方法

5.1　一般要求

5.1.1　料斗、机筒、螺旋轴和机头的材料安全卫生要求按 GB 16798 的规定检测，所用不锈钢材料的理化指标按 GB/T 5009.81 规定的方法检测。

5.1.2 螺旋轴螺旋表面硬度按 GB/T 230.1 规定的方法检测。

5.1.3 螺旋轴的螺旋部分与机筒间的径向间隙，用塞规或量具检测。

5.1.4 整机运转平稳性，采用耳听或手感触摸的方法检测；空运转轴承温升用点温度计检测。

5.1.5 整机密封性能，采用加粉浆试验检测。

5.1.6 测控装置可靠性，在加热升温的过程中检测。

5.1.7 整机涂漆质量按 SB/T 228 规定的方法检测。

5.2 安全要求

5.2.1 螺旋旋转方向标志及安全警示标志，目测检查。

5.2.2 安全防护装置应按 GB/T 8196 规定的方法检测。

5.2.3 电器绝缘电阻，采用兆欧表检测。接地电阻用钳形地阻表检测。

5.2.4 使用说明书的安全规定，直接检查使用说明书。

5.3 性能要求

5.3.1 吨样品粉丝耗电量测定

在满负荷工况下的正常生产中，用与正常生产同步的断流法检测三次，每次 15 min，可用电参数测量仪记录时间和耗电量，用电子秤称量粉丝的质量。

按式(1)计算：

$$Y = \frac{Q}{G_y} \times 1\,000 \qquad \cdots\cdots(1)$$

式中：

Y——吨样品粉丝耗电量，单位为千瓦时每吨(kW·h/t)；

Q——测定时间内耗电量，单位为千瓦时(kW·h)；

G_y——测定时间内加工出的湿粉丝经过干燥或按比例折算到其含水率为12%～14%的干粉丝的质量，单位为千克(kg)。

5.3.2 吨样品粉丝蒸汽消耗量测定

在满负荷工况下的正常生产中，用与正常生产同步的断流法检测三次，每次 15 min，用蒸汽流量计测定蒸汽消耗量，单位为千克(kg)，用电子秤称量粉丝的质量。

按式(2)计算：

$$E = \frac{X}{G_y} \times 1\,000 \qquad \cdots\cdots(2)$$

式中：

E——吨样品粉丝蒸汽消耗量，单位为千克每吨(kg/t)；

X——测定时间内蒸汽消耗量，单位为千克(kg)；

G_y——测定时间内加工出的湿粉丝经过干燥或按比例折算到其含水率为12%～14%的干粉丝的质量，单位为千克(kg)。

5.3.3 生产率测定

按式(3)计算：

$$S = \frac{G_y}{T} \qquad \cdots\cdots(3)$$

式中：

S——生产率，单位为千克每小时(kg/h)；

G_y——测定时间内加工出的湿粉丝经过干燥或按比例折算到其含水率为12%～14%的干粉丝的质量，单位为千克(kg)；

T——测定时间，单位为小时(h)。

5.3.4 噪声测定

按 GB/T 3768 规定的方法检测。

5.4 可靠性

粉丝机在额定负荷下正常生产作业，考核时间不低于 200 h。使用可靠性按式(4)计算：

$$K = \frac{\sum T_z}{\sum T_g + T_z} \times 100 \qquad \cdots\cdots\cdots\cdots\cdots\cdots(4)$$

式中：

K——使用可靠性，%；

T_z——正常作业时间，单位为小时(h)；

T_g——故障排除时间，单位为小时(h)。

6 检验规则

6.1 出厂检验

6.1.1 粉丝机应经制造厂质量检验部门逐台检验合格，并签发合格证后方可出厂。

6.1.2 出厂检验项目：4.1.7、4.1.8、4.1.9、4.1.10、4.1.11、4.1.12、4.2.1、4.2.2、4.2.3、4.2.4。

6.1.3 判定规则：出厂检验项目全部符合本标准要求判为合格品，若有不符合项，允许经返工后复检，全部项目合格，则判为合格品。

6.2 型式检验

6.2.1 产品正常生产每两年应进行型式检验，若有下列情况之一时，亦应进行型式检验：

a) 新产品投产或老产品转厂生产定型鉴定时；

b) 正式生产后，如结构、材料、工艺有较大改变，可能影响产品质量时；

c) 产品停产一年以上，重新恢复生产时；

d) 出厂检验结果与上次型式检验结果有较大差异时；

e) 国家质量监督部门提出要求时。

6.2.2 检验项目

型式检验项目为本标准全部检验项目。

6.2.3 不合格分类

被检验项目凡不符合第 4 章规定的均称为不合格，按其对产品质量特性影响的重要程度分为 A 类不合格、B 类不合格、C 类不合格，不合格分类见表 2。

表 2 不合格分类

不合格分类	序号	名称	
A	1	安全要求	机筒、机头高温部分防烫伤警示标志
			旋转方向标志及安全警示标志
			安全防护装置
			电器绝缘电阻
			接地电阻
			使用说明书安全规定
			安全卫生
	2	吨样品粉丝耗电量	
	3	吨样品粉丝蒸汽消耗量(用电加热时不测此项)	

表 2（续）

不合格分类	序号	名　　称
B	1	生产率
	2	工作噪声
	3	空运转轴承温升
	4	整机可靠性
	5	螺旋部分硬度
C	1	螺旋部分与机筒的单边径向间隙
	2	整机运转平稳性
	3	整机密封性
	4	温控装置灵敏可靠
	5	漆膜附着力

6.2.4　抽样判定方案

6.2.4.1　采用按 GB/T 2828.1—2003 规定的正常检查一次抽样方案，特殊检查水平 S-1。

6.2.4.2　在生产企业成品库或生产线末端的合格品中随机抽取，正常批量生产时的检验批 N=16 台～25 台，样本大小 n=2。

6.2.4.3　产品质量按表 3 的规定进行抽样判定，表中 AQL 为接收质量限，Ac 为接收数、Re 为拒收数，均按计点法(即不合格项目数)计算。

表 3　抽样判定方案

不合格分类	A 类	B 类	C 类
项目数	3	5	5
检查水平	S-1		
样本字码	A		
样本大小 n	2		
AQL	6.5	40	65
Ac　Re	0　1	2　3	3　4

6.2.4.4　采用逐项考核按分类判定原则，若样本中各类的不合格项目数小于或等于合格判定数 Ac 时，判各类均通过，产品质量为合格。若某类不合格项目数大于或等于该类不合格判定数 Re 时，判该类未通过，产品质量不合格。

7　标志、包装、运输和贮存

7.1　标志

每台粉丝机应在整机外表面的明显部位固定产品标牌，标牌应符合 GB/T 13306 的规定，并标明以下内容：

a)　产品型号、名称；

b)　主要技术规格；

c)　制造厂名称和地址；

d)　制造日期；

e)　出厂编号；

f)　产品执行标准。

7.2 **包装**

7.2.1 每台粉丝机应在适合水陆运输装卸及保证产品不受损坏的条件下选择适当的材料进行包装。

7.2.2 包装箱和捆扎件应牢固可靠，保证在正常情况下不损坏。

7.2.3 包装外部应标明以下内容：

a) 产品型号、名称；

b) 总质量；

c) 箱体外形尺寸(长×宽×高)；

d) 制造厂名称、地址。

7.2.4 粉丝机出厂时，制造厂应提供下列随机文件：

a) 装箱清单；

b) 产品合格证；

c) 使用说明书；

d) 三包凭证；

e) 必备的附件、配件和随机工具清单。

7.3 **运输和贮存**

7.3.1 发运的粉丝机，包括备件、附件和随机工具的装运应保证在正常运输中不致损伤和丢失。

7.3.2 在正常运输和贮存的情况下，制造厂应保证产品及备件、附件、随机工具的防锈有效期自出厂之日起不少于12个月。

7.3.3 贮存场地应通风干燥、无腐蚀气体。露天存放时，底部应垫放支承物，应有防雨淋、日晒、积水和防锈措施。

7.3.4 运输和贮存时应注意防止有毒有害物质对粉丝机的污染。

ICS 97.020
Y 87

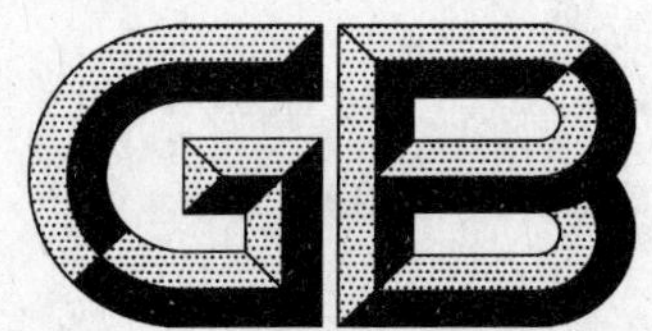

中华人民共和国国家标准

GB/T 24398—2009

植物纤维一次性筷子

Disposable plant fiber chopsticks

2009-09-30 发布　　　　2010-03-01 实施

中华人民共和国国家质量监督检验检疫总局
中国国家标准化管理委员会　发布

前　言

本标准由中国标准化研究院提出并归口。

本标准起草单位:国家环保产品质量监督检验中心、北京万通天宫环保科技开发有限公司、佛山市宝力马植物纤维制品有限公司。

本标准主要起草人:郭丽敏、李文良、白彦坤、刘金鹏、李挥、范斌、王丽霞、李丛芬、乔炜、张岩、田应宫、陈永锦。

植物纤维一次性筷子

1 范围

本标准规定了植物纤维一次性筷子的术语和定义、要求、检验方法、检验规则、包装、标志、运输和贮存。

本标准适用于以植物纤维为主要原料，配以添加剂，经加工制成的一次性筷子。产品主要包括：农作物纤维一次性筷子、竹纤维一次性筷子、木纤维一次性筷子等，不包括用竹子、木材直接加工成型的一次性筷子。

2 规范性引用文件

下列文件中的条款通过本标准的引用而成为本标准的条款。凡是注日期的引用文件，其随后所有的修改单(不包括勘误的内容)或修订版均不适用于本标准，然而，鼓励根据本标准达成协议的各方研究是否可使用这些文件的最新版本。凡是不注日期的引用文件，其最新版本适用于本标准。

GB/T 4789.4　食品卫生微生物学检验　沙门氏菌检验

GB/T 4789.5　食品卫生微生物学检验　志贺氏菌检验

GB/T 4789.10　食品卫生微生物学检验　金黄色葡萄球菌检验

GB/T 4789.11　食品卫生微生物学检验　溶血性链球菌检验

GB/T 4789.15　食品卫生微生物学检验　霉菌和酵母计数

GB/T 5009.11　食品中总砷及无机砷的测定

GB/T 5009.12　食品中铅的测定

GB/T 5009.15　食品中镉的测定

GB/T 5009.20　食品中有机磷农药残留量的测定

GB/T 5009.22　食品中黄曲霉毒素 B_1 的测定

GB/T 5009.27　食品中苯并(a)芘的测定

GB/T 5009.60　食品包装用聚乙烯、聚苯乙烯、聚丙烯成型品卫生标准的分析方法

GB/T 5009.61　食品包装用三聚氰胺成型品卫生标准的分析方法

GB/T 5009.78　食品包装用原纸卫生标准的分析方法

GB/T 5009.145　植物性食品中有机磷和氨基甲酸酯类农药多种残留的测定

GB/T 5009.156　食品用包装材料及其制品的浸泡试验方法通则

GB/T 5009.203　植物纤维类食品容器卫生标准中蒸发残渣的分析方法

GB 9685　食品容器、包装材料用添加剂使用卫生标准

GB 9690　食品容器、包装材料用三聚氰胺-甲醛成型品卫生标准

GB 14934—1994　食(饮)具消毒卫生标准

GB 18006.1—1999　一次性可降解餐饮具通用技术条件

GB/T 18006.2　一次性可降解餐饮具降解性能试验方法

GB 19305　植物纤维类食品容器卫生标准

GB 19790.1—2005　一次性筷子　第1部分：木筷

3 术语和定义

下列术语和定义适用于本标准。

3.1

植物纤维一次性筷子　disposable plant fiber chopsticks

以植物纤维为主要原料，并配以一定的添加剂组成特定配方，经加工制成的仅供一次性使用的筷子。

3.2

农作物纤维一次性筷子　disposable crops fiber chopsticks

以稻秆、麦秆、玉米秆、甘蔗渣、稻壳、花生壳等农作物纤维为主要原料，经加工制成的植物纤维一次性筷子。

3.3

竹纤维一次性筷子　disposable bamboo fiber chopsticks

以竹纤维为主要原料，经加工制成的植物纤维一次性筷子。

3.4

木纤维一次性筷子　disposable wood fiber chopsticks

以木材纤维为主要原料，经加工制成的植物纤维一次性筷子。

4　要求

4.1　原辅材料

4.1.1　应使用无毒、无害、清洁、无污染且符合国家法规和相关标准要求的原材料。

4.1.2　所用添加剂的品种、使用范围及用量应符合 GB 9685 规定。

4.1.3　不得使用以下原材料、助剂、涂料及化学制剂：

a)　未经去污染处理的天然材料及其粗加工品；

b)　失效变质、霉变或被污染的材料；

c)　含有有毒、有害物质的材料；

d)　回收再生材料；

e)　荧光增白剂等。

4.1.4　成品废弃物除应符合本标准要求的降解性能外，还应便于卫生填埋或高温堆肥处理。

4.2　感官

a)　色泽正常，无异味；

b)　质地均匀、表面光滑无毛刺、无破裂、无缺损、无剥离；

c)　表面无油污、尘土、霉变及其他异物；

d)　无扭曲（拧麻花）现象。

4.3　尺寸

尺寸要求见表 1。

表 1　尺寸要求　　单位为毫米

序号	项　目	代　号	允　差
1	长度	l	±1.0
2	小端直径	d_1	±0.2
3	大端直径	d_2	±0.2
4	侧面弯曲	h_1	≤1.0
5	正面弯曲	h_2	≤1.0

4.4　使用性能

使用性能见表 2。

表 2 使用性能

序号	项目	指标
1	耐温试验(120 ℃±5 ℃的油、恒温 30 min;沸水,30 min)	无变形、变色、起皮
2	折断试验	无折断
3	跌落试验(室温下跌落 1 次)	无残缺、无断裂

4.5 理化指标

蒸发残渣、高锰酸钾消耗量和脱色试验要求应符合 GB 19305 的规定;重金属(铅、砷、镉)、荧光性物质、有机磷农药残留量、黄曲霉毒素 B_1、苯并(a)芘和含水量要求应符合 GB 18006.1—1999 中表 2 的规定;甲醛含量要求应符合 GB 9690 的规定。

4.6 微生物指标

大肠菌群、致病菌(沙门氏菌、志贺氏菌、金黄色葡萄球菌、溶血性链球菌)、霉菌要求应符合 GB 19305 的规定。

4.7 生物降解性能

4.7.1 霉菌侵蚀试验要求≥Ⅳ级(即试验结束时样品表面霉菌生长面积超过样品表面积的 50%)。该项检验适合于常规检验。

4.7.2 需氧堆肥试验生物降解率要求≥60%。该项检验作为霉菌侵蚀试验不合格的最终判定依据,霉菌侵蚀试验合格者不再做此项检验。

5 检验方法

5.1 感官

采用目测和鼻嗅方法,对产品按 4.2 的规定进行检验。

5.2 尺寸

5.2.1 量具

a) 钢板尺:长度 300 mm,精度为 0.5 mm;

b) 游标卡尺:长度 150 mm,精度为 0.02 mm。

5.2.2 检验方法

5.2.2.1 长度沿中缝测量。

5.2.2.2 大头端面和小头端面宽度在两端面最宽和最窄处测量。

5.2.2.3 以筷子凹面朝下靠在钢板尺直边上,在最大弯曲处测量其高度。

5.3 使用性能

5.3.1 量具

砝码:500 g。

直尺:1 m。

5.3.2 检验方法

5.3.2.1 耐温性能

取 5 双试样筷子,小端向下放在装满沸水的烧杯中,试样浸入沸水中深度应不少于 100 mm,煮沸 30 min,观察试样有无变形、变色和起皮等异常现象。另取 5 双试样筷子,小端向下放在装满 120 ℃±5 ℃食用油的烧杯中,试样浸入油中深度应不少于 100 mm,恒温 30 min,观察试样有无变形、变色和起皮等异常现象。

5.3.2.2 折断试验

取 1 双试样筷子,将试样按正常饮食习惯用手拿起,然后将 500 g 砝码夹起,保持水平 1 min,观察试样是否折断。每个样品测试 5 双试样筷子。

5.3.2.3 跌落试验

在常温下，将1双试样筷子距平整水泥地面0.8 m高处，水平自由跌落一次，观察试样有无残缺和断裂等现象。每个样品测试5双试样筷子。

5.4 理化指标

5.4.1 取样

采样方法、样品准备及浸泡液的制备按GB/T 5009.156规定执行。

5.4.2 检验方法

5.4.2.1 蒸发残渣

按GB/T 5009.203规定执行，二蒸试验时同时做三氯甲烷空白试验，按式(1)计算：

$$X = (m_1 - m_0) \times 1\,000/200 \quad \cdots\cdots(1)$$

式中：

X——三氯甲烷提取物含量，单位为毫克每升(mg/L)；

m_1——三氯甲烷提取液蒸发残渣的质量，单位为毫克(mg)；

m_0——三氯甲烷空白液的质量，单位为毫克(mg)。

5.4.2.2 高锰酸钾消耗量

按GB/T 5009.60规定执行。

5.4.2.3 重金属铅、砷、镉

按GB/T 5009.12、GB/T 5009.11、GB/T 5009.15规定执行。

5.4.2.4 荧光性物质

按GB/T 5009.78规定执行。

5.4.2.5 甲醛

按GB/T 5009.61规定执行。

5.4.2.6 有机磷农药残留量

按GB/T 5009.20或GB/T 5009.145规定执行。

5.4.2.7 黄曲霉毒素B_1

按GB/T 5009.22规定执行。

5.4.2.8 苯并(a)芘

按GB/T 5009.27规定执行。

5.4.2.9 脱色试验

按GB/T 5009.60规定执行。

5.4.2.10 含水量

按GB 19790.1—2005中6.3.5.1规定执行。

5.5 微生物指标

5.5.1 大肠菌群

按GB 14934—1994中6.2规定执行。

5.5.2 致病菌

制样按GB 14934—1994中6.1规定执行，测定按GB/T 4789.4、GB/T 4789.5、GB/T 4789.10、GB/T 4789.11规定执行。

5.5.3 霉菌

制样按GB 14934—1994中6.1规定执行，测定按GB/T 4789.15规定执行。

5.6 生物降解性能

按GB/T 18006.2规定执行。

6 检验规则

6.1 检验分类

6.1.1 出厂检验

每批产品应进行出厂检验。出厂检验项目为4.2、4.3、4.4中规定的项目。

6.1.2 型式检验

型式检验项目为本标准规定的全部检验项目。正常生产时每年进行一次型式检验。当有下列情况之一时，应进行型式检验：

a) 新产品投产的定型鉴定；

b) 当原材料、生产工艺有重大改变时；

c) 停产三个月以上，重新恢复生产时；

d) 检验与监督检验结果或最近一次型式检验结果有较大差异时；

e) 主管部门或用户提出要求时。

6.2 组批

同一批原材料、同一配方、同一规格、同一工艺连续生产的产品为一批，最大批量不超过200 000双。

6.3 抽样

6.3.1 原则

应在同一批产品中按规定抽取相应试样。

6.3.2 感官、尺寸、使用性能

从提交检验的产品中随机抽取，抽样数量按表3规定执行。

表3 抽样数量

单位为双

批　量	最低取样量
≤36 000	125
36 001～150 000	200
≥150 001	300

6.3.3 理化指标和微生物指标

从提交检验的产品中随机抽取15份带完整最小包装的样品，每份样品最低不少于10双。其中10份用于理化指标检验，5份用于微生物检验。在送实验室检验过程中应确保包装完整。

6.3.4 生物降解性能

从抽取的样本中随机取足够数量的试样。

6.4 判定原则

6.4.1 单项判定

6.4.1.1 感官、尺寸

按表4的要求进行检验和判定。

表4 感官、尺寸要求检验样本数和评定数

单位为双

批　量	样本数	最大可接收数(Ac)	最低拒收数(Re)
≤36 000	20	5	6
36 001～150 000	32	7	8
≥150 001	50	10	11

6.4.1.2 **使用性能**

使用性能如有不合格项时，应在原批中抽取双倍样本分别对不合格项进行复检，复检结果全部合格，则判定该项合格，否则判定该项不合格。

6.4.1.3 **理化性能、微生物指标、生物降解性能**

理化性能、微生物指标、生物降解性能有不合格项时，则判定该项不合格。

6.4.2 **批判定**

所有检验项目全部合格，则判定该批产品合格；其中有一项不合格，则判定该批产品不合格。

7 包装、标志、运输、贮存

7.1 包装

产品应有内、外两层包装。包装应整洁，并符合以下要求：

a) 内包装应密封，其材料应清洁、无毒、无异味，符合食品包装卫生标准，并具防尘、防水性能；

b) 外包装箱应具有抗压、防尘、防潮性能。

7.2 标志

产品的最小包装或外包装箱上应有标志，标志的内容包括：产品名称、规格型号、执行标准号、数量、生产日期、保质期、生产厂名、厂址等，并附“食品用”字样及“防污染、防雨淋、勿压、轻放”等标志。

7.3 运输

7.3.1 不得与有毒有害或有异味的物品混运、混放。

7.3.2 在运输中应轻装轻卸，避免剧烈振动、挤压和日晒雨淋。

7.4 贮存

贮存环境应清洁卫生、通风干燥，防火、防潮、防鼠、防虫；产品存放应距地面 15 cm、距墙 45 cm 以上；不得与有毒有害或有异味的物品混合贮存。

ICS 67.220
X 66

中华人民共和国国家标准

GB/T 24399—2009

黄　豆　酱

Soybean paste

2009-09-30 发布　　　　2010-03-01 实施

中华人民共和国国家质量监督检验检疫总局
中国国家标准化管理委员会　发布

前言

本标准由北京市质量技术监督局提出。

本标准由全国调味品标准化技术委员会归口。

本标准起草单位:北京市食品酿造研究所、佛山市海天调味食品有限公司、烟台欣和味达美食品有限公司、北京六必居食品有限公司。

本标准主要起草人:王家槐、吴鸣、黄文彪、高丽华、鲁绯、侯庆云、邓嫣容、陈宇、酒香婷。

黄 豆 酱

1 范围

本标准规定了黄豆酱的技术要求、试验方法、检验规则及标签、包装、运输、贮存的要求。

本标准适用于以黄豆为主要原料,经微生物发酵酿制的酱类。

2 规范性引用文件

下列文件中的条款通过本标准的引用而成为本标准的条款。凡是注日期的引用文件,其随后所有的修改单(不包括勘误的内容)或修订版均不适用于本标准,然而,鼓励根据本标准达成协议的各方研究是否可使用这些文件的最新版本。凡是不注日期的引用文件,其最新版本适用于本标准。

GB 1352 大豆

GB 1355 小麦粉

GB 2718 酱卫生标准

GB 2760 食品添加剂使用卫生标准

GB/T 5009.3 食品中水分的测定

GB/T 5009.39—2003 酱油卫生标准的分析方法

GB/T 5009.40—2003 酱卫生标准的分析方法

GB 5461 食用盐

GB 5749 生活饮用水卫生标准

GB/T 6682 分析实验室用水规格和试验方法(GB/T 6682—2008,ISO 3696:1987,MOD)

GB 7718 预包装食品标签通则

JJF 1070 定量包装商品净含量计量检验规则

定量包装商品计量监督管理办法 国家质量监督检验检疫总局令[2005]第75号

3 技术要求

3.1 主要原料和辅料

3.1.1 黄豆

应符合 GB 1352 的规定。

3.1.2 生产用水

应符合 GB 5749 的规定。

3.1.3 小麦粉

应符合 GB 1355 的规定。

3.1.4 食用盐

应符合 GB 5461 的规定。

3.1.5 食品添加剂

食品添加剂质量应符合相应的标准和有关规定。

食品添加剂的品种和使用量应符合 GB 2760 的规定。

3.1.6 其他辅料

应符合相应的标准和有关规定。

3.2 感官要求

应符合表1的规定。

表1 感官要求

项目	要求
色泽	红褐色或棕褐色,有光泽
气味	有酱香和酯香,无不良气味
滋味	味鲜醇厚,咸甜适口,无苦、涩、焦糊及其他异味
体态	稀稠适度,允许有豆瓣颗粒,无异物

3.3 理化指标

3.3.1 氨基酸态氮、水分

应符合表2的规定。

表2 氨基酸态氮、水分指标

项目		要求
氨基酸态氮(以氮计)/(g/100 g)	≥	0.50
水分/(g/100 g)	≤	65.0

3.3.2 铵盐

铵盐(以氮计)的含量不得超过氨基酸态氮(以氮计)含量的30%。

3.4 卫生指标

卫生指标应符合GB 2718的规定。

3.5 净含量

应符合《定量包装商品计量监督管理办法》的规定。

4 试验方法

本标准中实验室用水应符合GB/T 6682中三级以上(含三级)水的规格。所用试剂除另有注明外,均为分析纯。

4.1 感官检验

4.1.1 称取50 g试样,置于白色瓷盘中,观察黄豆酱的色泽、气味和体态。

4.1.2 用玻璃棒蘸试样,尝其味。

4.2 理化检验

4.2.1 氨基酸态氮

按GB/T 5009.40—2003中4.1执行。

4.2.2 水分

按GB/T 5009.3执行。

4.2.3 铵盐

4.2.3.1 原理、试剂

同GB/T 5009.39—2003中4.9.1、4.9.2。

4.2.3.2 分析步骤

称取约2.0 g已研磨均匀的试样,置于500 mL蒸馏瓶中,以下按GB/T 5009.39—2003中4.9.3自"加约150 mL水及约1 g氧化镁……"起依法操作。

4.2.3.3 结果计算

试样中铵盐的含量(以氮计)按式(1)计算。

$$X = \frac{(V_1 - V_2) \times c \times 0.014}{m} \times 100 \quad \cdots\cdots(1)$$

式中：

X——试样中铵盐的含量(以氮计)，单位为克每百克(g/100 g)；

V_1——测定用试样消耗盐酸标准滴定溶液的体积，单位为毫升(mL)；

V_2——试剂空白消耗盐酸标准滴定溶液的体积，单位为毫升(mL)；

c——盐酸标准滴定溶液的实际浓度，单位为摩尔每升(mol/L)；

0.014——与1.00 mL盐酸标准滴定溶液[$c(HCl)=1.000$ mol/L]相当的铵盐(以氮计)的质量，单位为克(g)；

m——称取试样的质量，单位为克(g)。

计算结果保留两位有效数字。

4.2.3.4 精密度

在重复性条件下获得两次独立测定结果的绝对差值不得超过算术平均值的10%。

4.3 卫生指标

按GB 2718规定执行。

4.4 净含量

按JJF 1070执行。

5 检验规则

5.1 组批

以同一天生产的同一品种、同一规格的产品为一批。

5.2 抽样

从成品库同批产品的不同部位随机抽取6瓶(袋)分别做感官要求、理化指标、卫生指标检验，留样。

5.3 检验分类

5.3.1 出厂检验

产品出厂前，应由生产企业的质量检验部门按本标准逐批检验。检验合格并签发质量合格证明的产品，方可出厂。

出厂检验项目包括：净含量、感官要求、水分、氨基酸态氮、大肠菌群。

5.3.2 型式检验

型式检验的项目包括：本标准的3.2、3.3、3.4和3.5规定的全部项目。型式检验每半年进行一次。有下列情况之一时，亦应进行：

a) 新产品试制鉴定时；

b) 正式生产后，如原料、工艺有较大变化，可能影响产品质量时；

c) 产品长期停产后，恢复生产时；

d) 国家质量监督机构提出要求时。

5.4 判定规则

5.4.1 大肠菌群和致病菌如有一项不符合要求时，判整批产品不合格。

5.4.2 净含量、感官要求、理化指标及卫生指标(大肠菌群、致病菌除外)如有不符合要求时，可以在同批产品中抽取两倍量的样品复检，以复检结果为准。

6 标签、包装、运输、贮存

6.1 标签

6.1.1 标签的标注内容应符合GB 7718的规定。

6.1.2 外包装箱上除应标明产品名称、制造者的名称和地址外，还应标明单位包装的净含量和总数量。

6.2 包装

包装材料和容器应符合相应的卫生标准和有关规定。

6.3 运输

产品在运输过程中应轻拿轻放，避免日晒、雨淋。运输工具应清洁卫生，不得与有毒、有害、有异味或影响产品质量的物品混装运输。

6.4 贮存

产品应贮存于阴凉、干燥、通风良好的场所，不得与有毒、有害、有异味、易挥发、易腐蚀的物品同处贮存。

ICS 03.120.10
X 01

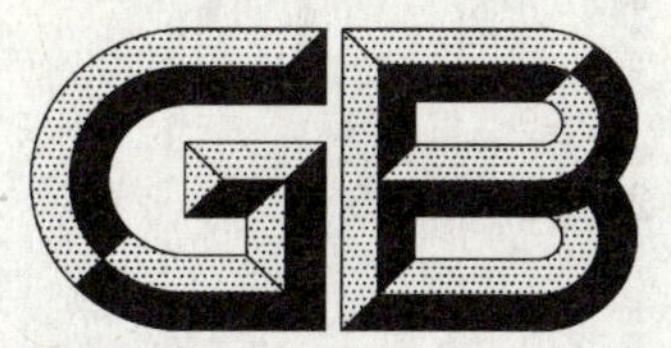

中华人民共和国国家标准

GB/T 24400—2009

食品冷库 HACCP 应用规范

Evaluating rule on the HACCP certification of food freezer

2009-09-30 发布　　　　2010-03-01 实施

中华人民共和国国家质量监督检验检疫总局
中国国家标准化管理委员会　发布

前　言

本标准的附录A、附录B为规范性附录，附录C、附录D为资料性附录。

本标准由中华人民共和国商务部提出并归口。

本标准起草单位：商务部流通产业促进中心、中食恒信（北京）质量认证中心有限公司、江苏雨润食品产业集团有限公司、南昌肉联食品集团公司。

本标准主要起草人：赵箭、龚海岩、孙鑫、秦文、李蓓、于田田、吴军、闵成军、闫建平。

食品冷库 HACCP 应用规范

1 范围

本标准规定了食品冷库建立和实施 HACCP 体系的总要求以及文件、良好操作规范(GMP)、卫生标准操作程序(SSOP)、标准操作规程(SOP)、有害微生物检验和 HACCP 体系的建立规程等要求。

本标准适用于食品冷库企业 HACCP 体系的建立、实施和相关的评价活动。

2 规范性引用文件

下列文件中的条款通过本标准的引用而成为本标准的条款。凡是注日期的引用文件,其随后所有的修改单(不包括勘误的内容)或修订版均不适用于本标准,然而,鼓励根据本标准达成协议的各方研究是否可使用这些文件的最新版本。凡是不注日期的引用文件,其最新版本适用于本标准。

GB/T 6388 运输包装收发货标志

GB/T 19000 质量管理体系 基础和术语 (GB/T 19000—2008,ISO 9000:2005,IDT)

GB/T 19080 食品与饮料行业 GB/T 19001—2000 应用指南(GB/T 19080—2003,ISO 15161:2001,IDT)

食品生产企业危害分析与关键控制点(HACCP)管理体系认证管理规定 国家认证认可监督管理委员会[2002 年]第 3 号公告

Annex to CAC/RCP 1-1969,Rev. 4(2003)《HACCP 体系及其应用准则》

3 术语和定义

GB/T 19000 和 GB/T 19080 确立的以及下列术语和定义适用于本标准。

3.1

控制 control

(动词)采取一切必要的措施,确保和保持与 HACCP 计划所制定的安全指标一致。

3.2

控制 control

(名词)遵循正确的方法和达到安全指标的状态。

3.3

控制措施 control measure

用以防止或消除食品安全危害或将其降低到可接受的水平,所采取的任何措施和活动。

3.4

偏差 deviation

不符合关键限值标准。

3.5

危害分析和关键控制点 hazard analysis and critical control point (HACCP)

对食品安全有显著意义的危害加以识别、评估以及控制食品危害的安全体系。

3.6

危害分析和关键控制点计划 HACCP plan

根据 HACCP 原理所制定的用以确保食品链各考虑环节中对食品有显著意义的危害予以控制的文件。

3.7

监控 monitor

为了确定 CCP 是否处于控制之中，对所实施的一系列对预定控制参数所作的观察或测量进行评估。

3.8

HACCP 原理 principle of the HACCP system

HACCP 包括下列 7 项原理

原理 1 进行危害分析

原理 2 确定关键控制点

原理 3 建立关键限值

原理 4 建立监控关键控制点控制体系

原理 5 当监控表明个别 CCP 失控时所采取的纠偏措施

原理 6 建立验证程序、证明 HACCP 体系工作的有效性

原理 7 建立关于所有适用程序和这些原理及其应用的记录系统

3.9

卫生标准操作程序 sanitation standard operating procedure (SSOP)

为保障食品卫生质量，组织在食品加工过程中应遵守的操作规范，包括以下范围：接触食品（包括原料、半成品、成品）或与食品有接触的物品包括水和冰应符合安全、卫生要求；接触食品的器具、手套和内外包装材料等应清洁、卫生和安全；确保食品免受交叉污染；保证操作人员手的清洗消毒，保持洗手间设施的清洁；防止制冷剂、润滑剂、燃料、清洗消毒用品、冷凝水及其他化学、物理和生物等污染物对食品造成安全危害；正确标注、存放和使用各类有毒化学物质；保证与食品有接触的员工的身体健康和卫生；预防和清除鼠害、虫害。

3.10

标准操作规程 standard operating procedure (SOP)

为保障食品质量，组织在食品加工过程中应遵守的设备操作及物流过程控制的规范。

4 HACCP 体系

4.1 总要求

4.1.1 组织管理层及 HACCP 工作小组应对 HACCP 体系的建立、实施及验证给予全面责任承诺和参与。

4.1.2 HACCP 体系应用前，组织应建立实施 HACCP 体系所必须的前提质量管理文件，加以实施和保持，并持续改进其有效性。

4.1.3 组织应按照本标准的要求建立 HACCP 体系，形成文件。

4.1.4 HACCP 体系应充分体现 3.8 中的 7 项原理。

4.2 文件要求

4.2.1 HACCP 体系前提文件与记录

4.2.1.1 基础前提文件：

a) 良好操作规范；

b) 卫生标准操作程序；

c) 标准操作规程；

d) 职工培训计划；

e) 食品库存标识、质量追溯和食品召回制度；

f) 不合格品控制程序；

g) 设备、设施、仪器的维护、校准、校验和保养程序；

h) 有害微生物检验规程。

4.2.1.2 其他前提文件：

a) 产品标准；

b) 检疫检验规程；

c) 实验室管理制度/委托社会实验室检测的合同或协议；

d) 文件与资料控制程序；

e) 组织使用的其他文件化内容(以书面或电子形式)可包括：

1) 规范；

2) 图纸：厂区及周围地区平面图、冷库库房平面图(物流、人流、制冷系统图)、物流流程图、供水、排水网络图和捕鼠图；

3) 现行法规；

4) 其他支持性文件。

4.2.1.3 前提文件记录表。

4.2.2 HACCP 体系文件与记录

a) HACCP 体系建立规程；

b) HACCP 小组名单及职责分配；

c) 食品描述表；

d) 食品物流流程图；

e) 危害分析表；

f) HACCP 计划表；

g) HACCP 计划记录表。

4.2.3 文件控制

HACCP 体系文件的建立按照附录 A 的逻辑程序进行，组织应对本标准要求的文件予以控制。文件控制应确保所有提出的更改在实施前加以评审，以明确其对食品安全的效果以及对 HACCP 体系的影响。

应编制形成文件的程序，规定以下方面所需的控制：

a) 文件发布前得到批准，以确保文件是充分与适宜的；

b) 必要时对文件进行评审与更新，并再次批准；

c) 确保文件的更改和现行修订状态得到识别；

d) 确保在使用处获得适用文件的有关版本；

e) 确保文件保持清晰、易于识别；

f) 确保相关的外来文件得到识别，并充分控制其分发；

g) 防止作废文件的非预期使用，若因任何原因而保留作废文件时，应确保对这些文件进行适当的标识。

4.2.4 记录控制

组织应建立并保持记录，以提供符合要求和 HACCP 体系有效运行的证据。记录应保持清晰，易于识别和检索。应编制形成文件的程序，规定记录的标识、贮存、保护、检索、保存期限和处理所需的控制。

5 食品良好操作规范

按附录 B 的规定执行。

6 卫生标准操作程序

按《食品生产企业危害分析与关键控制点(HACCP)管理体系认证管理规定》的要求形成文件。

7 标准操作规程

7.1 总则

组织应确保入库食品和包装材料为合格品，并分别制定相应的采购、验收、入库、不合格品控制、包装、标识、贮存和运输等物流控制程序以及设备的操作规范。

7.2 采购

7.2.1 组织应对供方的供货能力、食品质量保证能力进行综合评价，以确定合格供方，建立并保存“供方评价表”和“合格供方明细表”。

7.2.2 组织应对合格供方的能力、业绩和供货质量等进行动态综合评价，并建立和保存相关质量记录。

7.3 验收

7.3.1 应按国家有关规定索取入库食品的相关检疫、检验证明和单据。

7.3.2 应按国家有关规定对进货食品进行质量和温度检验，并做好记录。

7.3.3 包装食品应根据 GB/T 6388 进行验收。

7.4 贮存

7.4.1 应建立食品的台账，记载食品的进出库时间、品种、数量、等级、质量、包装和生产日期等。食品应按垛挂牌。应在食品出入库时或定期核对账目，做到账、货、清单相符。

7.4.2 有强挥发气味的食品应设专库保管，不应混放。对乙烯比较敏感的蔬菜和水果不应与其他蔬菜和水果同储。

7.4.3 冷冻、冷藏食品时应遵守冷加工工艺要求。

7.4.4 应严格掌握库存食品贮存保质期限，定期进行质量抽检，执行先进先出制度。

7.4.5 有特殊要求的食品应符合有关规定的要求。

7.5 运输

应制定食品在冷库内部运输的控制文件。

7.6 仪器设备操作规程

仪器设备的操作按照相应设备的操作规程进行。

7.7 不合格品控制

在食品的采购、入库、贮存和运输中发现的不合格品应按有关不合格品控制程序迅速处理并记录。

8 有害物质检验

8.1 组织应按照食品相关标准要求建立对致病微生物进行检验的程序并达到合格要求。

8.2 组织应建立对其他可能存在的致病微生物进行检验的程序并达到合格要求。

8.3 其他有害物质检验按国家相关规定执行。

9 HACCP 体系的建立规程

9.1 HACCP 体系建立前期程序

9.1.1 组建 HACCP 小组

HACCP 小组负责制定 HACCP 计划以及实施和验证 HACCP 体系。HACCP 小组的人员组成应保证建立有效 HACCP 体系所需要的相关专业知识和经验，应包括组织具体管理 HACCP 体系实施的领导、生产技术人员、工程技术人员、质量管理人员以及其他必要人员，技术力量不足的部分小型组织可以外聘专家。

9.1.2 产品描述，确定产品的预期用途

HACCP 小组的首要任务是对实施 HACCP 体系管理的食品进行描述，描述的内容包括：

a) 食品名称；

b) 食品的原料和主要成分；

c) 食品的理化性质及加工处理方式(如冷却、冷冻)；

d) 包装方式；

e) 贮存条件；

f) 保质期限；

g) 销售方式；

h) 销售区域；

i) 有关食品安全的流行病学资料(必要时)；

j) 产品的预期用途和消费人群。

9.1.3 绘制和确认食品物流流程图

HACCP 小组应详细了解食品的物流过程，在此基础上绘制食品物流流程图，绘制完成后需要现场验证流程图。

9.2 HACCP 体系建立程序

9.2.1 危害分析(原理 1)

9.2.1.1 危害分析

9.2.1.1.1 危害识别和可接受水平的确定

应对食品从验收、入库或加工到贮存、销售的物流流程全过程的每一阶段分析所有合理预期发生的潜在危害。

9.2.1.1.2 危害评估

应对每一个危害发生的可能性及其严重程度进行评价，以确定出对食品安全非常关键的显著危害，并将其纳入 HACCP 计划。

9.2.1.1.3 控制措施的选择和评估

根据 9.2.1.1.2 的危害评估，应选择适应的控制措施，使食品安全危害得到预防、消除或降低至规定的可接受水平。

9.2.1.2 危害类型

进行危害分析时应区分安全问题与一般质量问题。应考虑的涉及安全问题的危害包括：

a) 生物危害：包括有害细菌、真菌及寄生虫等。

b) 化学危害：无意或有意加入的化学品、农药残留、重金属和各类毒素等。

c) 物理危害：任何潜在于食品中的有害异物如玻璃、金属等。

9.2.1.3 列出危害分析表

危害分析表可作为一种逻辑方法使组织明确危害分析的思路。HACCP 小组应考虑对每一危害可采取的控制措施。控制某一个特定危害可能需要一个以上的控制措施，而某一个特定的控制措施也可能控制一个以上的危害。

9.2.2 确定关键控制点(原理 2)

参照附录 C 中判断树的逻辑推理方法，确定 HACCP 系统中的关键控制点(CCP)。对判断树的应用应当灵活，必要时也可采用其他方法。

9.2.3 建立每个 CCP 的关键限值(原理 3)

9.2.3.1 每个 CCP 会有一项或多项控制措施确保预防、消除已确定的显著危害或将其降低至可接受的水平，每一项控制措施要有一或多个相应的关键限值。

9.2.3.2 关键限值的确定应以科学为依据，参考资料可来源于科学刊物、法规性指南、专家、试验研究等，用来确定限值的依据和参考资料应作为 HACCP 体系支持文件的一部分。

9.2.3.3 通常关键限值所使用的指标包括温度、时间、湿度、pH、物理参数和感官指标等。

9.2.4 **建立对每个CCP进行监控的系统(原理4)**

9.2.4.1 通过监控能够发现CCP是否失控,此外,通过监控还能提供必要的信息,以便及时调整食品物流过程,防止超出关键限值。

9.2.4.2 监控系统的设计应确定

a) 监控内容:通过观察和测量评估一个CCP的操作是否在关键限值内。

b) 监控方法:设计的监控措施应能够快速提供结果。

c) 监控设备:如温湿度计、钟表、天平、金属探测仪和化学分析设备等。

d) 监控频率:监控可以是连续的或非连续的。连续监控对许多物理或化学参数都是可行的,非连续监控应确保CCP是在监控之下。

e) 监控人员:可以进行CCP检测的人员包括仪器设备操作者、监督员、维修人员、质量管理人员等。负责CCP检测的人员应接受CCP监控技术的培训。

f) 监控记录:监控人员按照监控的内容、频率要求应及时进行监控活动,准确报告每次监控工作,随时报告偏离关键限值的情况以便及时采取纠偏措施。

9.2.5 **建立纠偏措施(原理5)**

9.2.5.1 在HACCP体系中,应对每一个CCP预先建立相应的纠偏措施,以便在出现偏离时实施。

9.2.5.2 纠偏措施应包括:

a) 确定引起偏离的原因。

b) 确定偏离期采取的处理方法,例如进行隔离和保存并做安全评估、销毁食品等,纠偏措施应保证CCP重新处于受控状态。

c) 记录纠偏措施,包括偏离的描述、对受影响食品的最终处理、采取纠偏措施人员的姓名、必要的评估结果。

9.2.6 **建立验证程序(原理6)**

9.2.6.1 通过验证可确定HACCP体系是否有效运行,验证程序包括对CCP的验证和对HACCP体系的验证。

9.2.6.2 CCP的验证活动:

a) 校准:CCP验证活动包括对监控设备的校准,以确保测量的准确度。

b) 校准记录的复查:复查设备的校准记录、检查日期和校准方法,以及实验结果。

c) 针对性的对食品进行采样检测。

d) CCP记录的复查。

9.2.6.3 HACCP体系的验证:

a) 应足以确认HACCP体系的有效运行,每年至少进行一次或在计划发生故障时、食品或物流过程发生显著改变时或发现了新的危害时进行。

b) 计划的验证内容包括食品物流流程图的准确性;检查CCP是否按HACCP的要求被监控;监控活动是否在HACCP计划中规定的场所执行;监控活动是否按照HACCP计划中规定的频率执行;当监控表明发生了偏离关键限值的情况时,是否执行了纠偏措施;设备是否按照HACCP计划中规定的频率进行了校准;物流过程是否在既定的关键限值内操作;检查记录是否准确和是否按照要求的时间来完成等。

9.2.7 **建立记录档案(原理7)**

HACCP体系须保存的记录应包括:

a) 危害分析表:用于进行危害分析和建立关键限值的任何信息的记录。

b) HACCP计划表:HACCP计划表应包括食品名称、CCP所处的步骤和危害的名称、关键限值、监控程序、纠偏措施、验证程序和记录保持程序。

c) HACCP体系运行记录表:包括监控记录、纠偏措施记录及验证记录。

9.2.8 **食品冷库 HACCP 计划模式表**

食品冷库的 HACCP 计划模式表参见附录 D 的内容。

10 宣传与培训

组织应定期对 HACCP 计划相关人员进行培训并形成记录,确保与 HACCP 体系有关人员上岗前掌握相关的 HACCP 知识。

11 其他

11.1 组织应将实施 HACCP 和组织的基础设施、技术设备的改造结合起来。

11.2 组织在执行 HACCP 体系中应当定期或者根据需要及时对 HACCP 体系进行内部审核和调整。

11.3 本标准中提供了一系列有关 HACCP 计划的表格供组织和评审机构实施和评审 HACCP 体系时参考,这些表格的具体格式可以灵活,内容要结合组织实际情况编写,同时组织可考虑将 HACCP 体系与其他体系整合。

附 录 A
（规范性附录）
HACCP 应用逻辑程序图

HACCP 应用逻辑程序图见图 A.1。

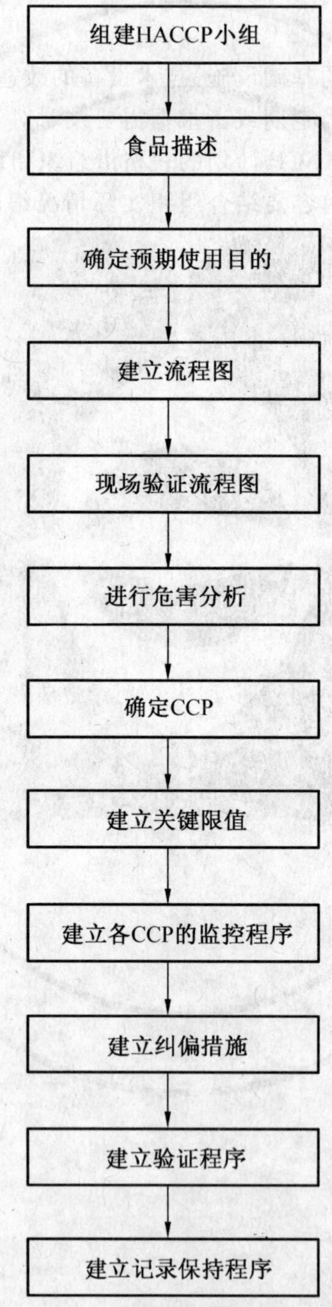

图 A.1 HACCP 应用逻辑程序图

附 录 B
（规范性附录）
良好操作规范

B.1 一般要求

B.1.1 卫生质量方针和目标。

B.1.2 组织机构及其职责。

B.1.3 生产、质量管理人员的要求。

B.1.4 环境卫生的要求。

B.1.5 库房及设施设备卫生的要求。

B.1.6 入库食品卫生的要求。

B.1.7 食品贮存、包装、运输卫生的要求。

B.1.8 有毒有害物品的控制。

B.1.9 检验的要求。

B.1.10 保证卫生质量体系有效运行的要求。

B.1.11 人员培训。

B.2 具体要求

B.2.1 应制定卫生质量方针和目标，形成文件，并贯彻执行。

B.2.2 应建立与生产相适应的、能够保证其食品卫生质量的组织机构，并规定其职责和权限。

B.2.3 冷库工作人员应当符合下列要求：

a) 与生产有接触的人员经体检合格后持健康证明方可上岗；生产、质量管理人员每年进行一次健康检查，必要时做临时健康检查，凡患有肝炎（病毒性肝炎和带菌者）、活动性肺结核、肠伤寒和肠伤寒带菌者、细菌性痢疾和痢疾带菌者、化脓性或渗出性脱屑性皮肤病和其他有碍食品卫生的疾病或疾患的人员，应调离生产岗位；

b) 生产、质量管理人员应保持个人清洁，不应将与生产无关的物品带入库房；工作时不应戴首饰、手表，不应化妆；进入库房时洗手、消毒并穿戴好工作服、帽、鞋，工作服、帽、鞋应当定期清洗消毒；

c) 生产、质量管理人员经过培训并考核合格后方可上岗，特种设备操作人员应经过专业培训，获得合格证书后方能上岗操作。

d) 配备足够数量的、具备相应资格的专业人员从事卫生质量管理工作。

B.2.4 环境卫生应当符合下列要求：

a) 不应建在有碍食品卫生的区域，厂区内不应兼营、生产、存放有碍卫生的其他食品；

b) 厂区路面平整硬化、无积水，厂区无裸露地面；

c) 厂区卫生间应当有冲水、洗手、防蝇、防虫、防鼠设施，墙裙以浅色、平滑、不透水、无毒、耐腐蚀的材料修建，并保持清洁；

d) 生产中产生的废水、废料的排放或处理应符合国家有关规定；

e) 厂区建有与生产能力相适应且符合卫生要求的原料、化学物品、包装材料贮存等辅助设施和废物、垃圾暂存设施；

f) 生产区与生活区隔离。

B.2.5 库房及设施设备的卫生应当符合下列要求：

a) 库房布置应满足物流流程要求，运输线路要短，避免迂回和交叉；

b) 冷藏间应按不同的设计温度分区、分层布置；

c) 冷藏间的分间应按贮藏食品的特性及冷藏温度等要求分间，有异味的贮藏食品应设单间；

d) 库房门用浅色、平滑、易清洗、不透水、耐腐蚀的坚固材料制作，结构严密；

e) 库房的隔热材料不应散发有毒或有异味等对食品有污染的物质；

f) 冷却间、冻结间、冷藏间、冰库和穿堂等处照明的照度不宜低于 20 lx，加工间、包装间等处照明的照度不宜低于 50 lx；

g) 库房供电、供冷和供水应满足生产需要；

h) 在适当的地点设有足够数量的洗手、消毒、烘干手的设备和用品，洗手水龙头应为非手动开关；

i) 穿堂和库房的墙、地、门、顶等不应有冰、霜、水，一旦发现要及时清理。

j) 根据食品加工需要，车间入口处设有鞋、靴和车轮消毒设施；

k) 冷库地下自然通风道应保持畅通，不应积水、有霜，不应堵塞。

l) 应合理利用仓容，不断总结、改进食品堆垛方法，安全、合理安排货位和堆垛高度，堆垛要牢固、整齐，便于盘点、检查、进出库。

m) 更衣室、卫生间等辅助房间宜布置于穿堂附近，多层库宜设置在首层。更衣室和卫生间应当保持清洁卫生，其设施和布局不应对库房造成潜在的污染风险；

n) 应配备温、湿度记录装置，并定期进行校准。

B.2.6 库存食品的卫生应当符合下列要求：

库存食品应符合安全卫生的要求，避免来自空气、土壤、水、饲料、肥料中的农药、兽药或者其他有害物质的污染。

B.2.7 食品包装、贮存、运输过程卫生要求：

a) 用于包装食品的物料应符合卫生标准并且保持清洁卫生，不应含有有害、有毒物质，不易褪色；

b) 包装材料间应干燥通风，内、外包装材料分别存放，不应有污染；

c) 食品运输工具应清洁卫生，食品应当用清洁、无异味的冷藏车运输；

d) 冷藏库、冷冻库应保持库内清洁，定期消毒，有防霉、防鼠、防虫设施。库内食品应当与墙壁、地面保持一定距离。库内不应存放有碍卫生的物品，同一库内不应存放相互污染或者串味的食品。

B.2.8 严格执行有毒有害物质的贮存、使用的管理规定，确保使用的制冷剂、洗涤剂、消毒剂、杀虫剂、燃油、润滑油和化学试剂等有毒有害物质得到有效控制，避免对食品、食品接触表面和包装材料造成污染。

B.2.9 食品的卫生质量检验应当符合下列要求：

a) 对高风险食品宜根据食品特点进行定期的理化及微生物检测；

b) 冷库自身建有实验室的，应制定实验室管理制度和食品检验规程；使用社会实验室承担质量检验工作的，该实验室应通过省级以上计量认证或国家实验室认可，并与冷库签订合同。

B.2.10 应保证卫生质量体系能够有效运行并达到如下要求：

a) 应建立并执行卫生标准操作程序，做好记录，确保加工用水和冰的安全卫生、食品接触表面的卫生、有毒有害物质、虫害防治等处于受控状态；

b) 对影响卫生的关键工序，应制定明确的操作规程并得到连续的监控，同时做好监控记录；

c) 应制定并执行对不合格品入库的控制制度，包括不合格品的标识、记录、评价、隔离处置和可追溯性等内容；

d) 应制定并执行冷库设备、设施的维护程序，保证设备、设施满足生产加工的需要；

e) 应建立内部审核和管理评审制度，每半年进行一次内部审核，每年进行一次管理评审，并做好记录；

f） 应对反映食品卫生质量情况的有关记录制定并执行标记、收集、编目、归档、保存和处理等管理规定，所有质量记录应真实、准确、规范并具有卫生质量的可追溯性，保存期不少于2年。

B.2.11 应制定并实施职工培训计划并做好培训记录，保证不同岗位的人员熟练完成本职工作。

附 录 C
（资料性附录）
判断树以及 CCP 识别顺序图

判断树以及 CCP 识别顺序图见图 C.1。

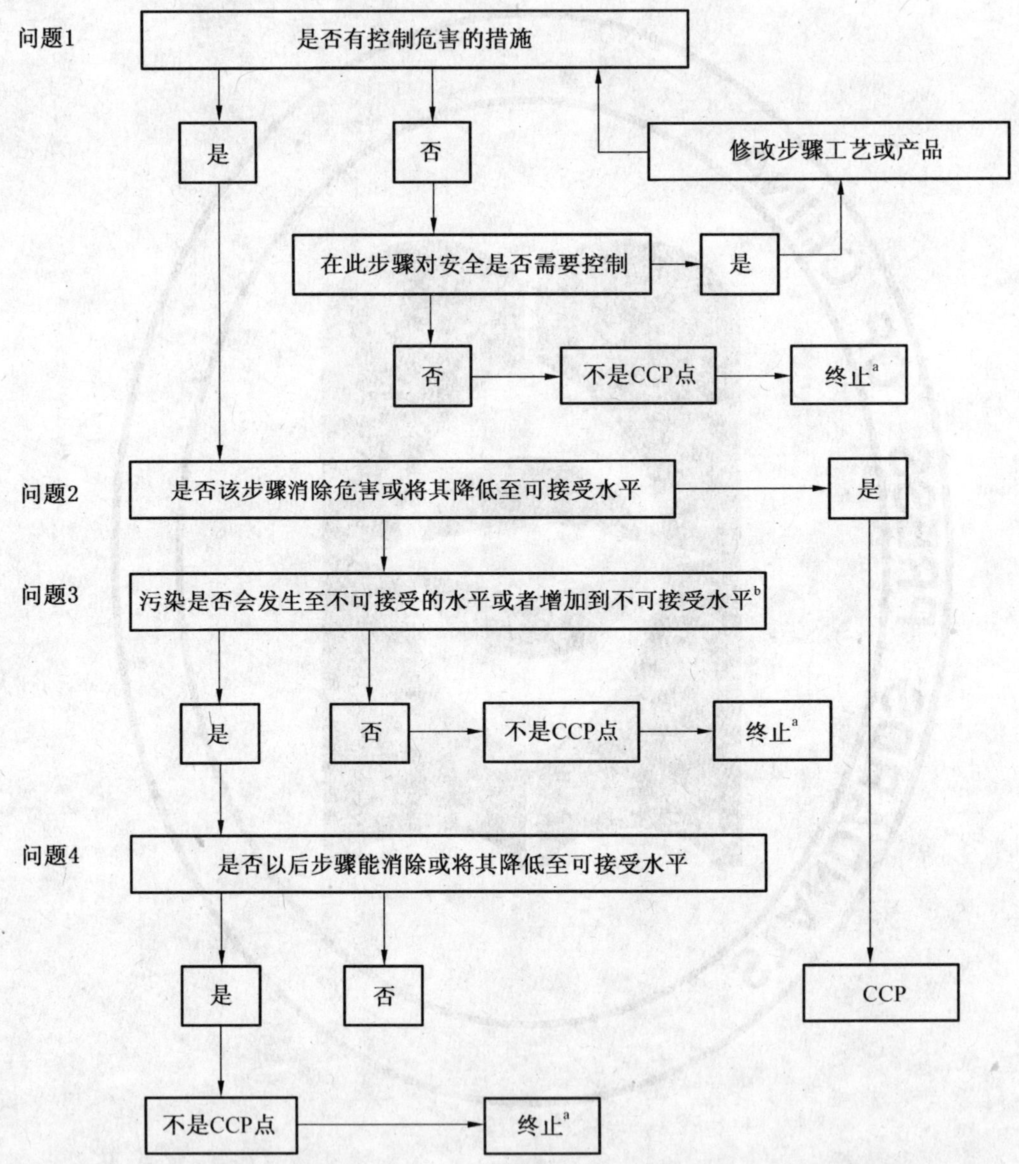

注：本图引自 CAC/RCP 1-1969，Rev.4(2003)的附件。

[a] 按描述的过程进行至下一个危害。

[b] 在识别 HACCP 计划中的 CCP 时，需要在总体目标范围内对可接受水平和不可接受水平做出规定。

图 C.1 判断树以及 CCP 识别顺序图

附　录　D
（资料性附录）
食品冷库 HACCP 计划模式表及 HACCP 小组成员职责表（以冷冻畜禽肉食品为例）

D.1　HACCP 小组成员及职责表参见表 D.1。

表 D.1　HACCP 小组成员及职责表

编制：　　　　　　　　　　　　　审批：　　　　　　　　　　　　　　　日期

姓　名	职　务	组内职务	职　　责

D.2　食品描述表及示例参见表 D.2。

表 D.2　食品描述表

食品:冷冻畜禽肉
1. 食品名称:冷冻畜禽肉 2. 使用方法:消费者购买经熟制后食用 3. 包装:瓦楞纸箱按 GB/T 6543 的规定执行,塑料薄膜按 GB/T 6388 的规定,外包装按国家食品标签通用标准 GB 7718 进行标识,箱底部封牢,箱外用塑料带三道式"＋＋"字形扎捆牢固。 4. 贮存要求及保质期:库内保持清洁卫生,贮存条件为－18 ℃±2 ℃,相对湿度 80%～85%的低温冷库内。保质期根据产品特性规定

编制：　　　　　　　　　　　　　审批：　　　　　　　　　　　　　　日期：

D.3　食品出入库物流流程图参见图 D.1。

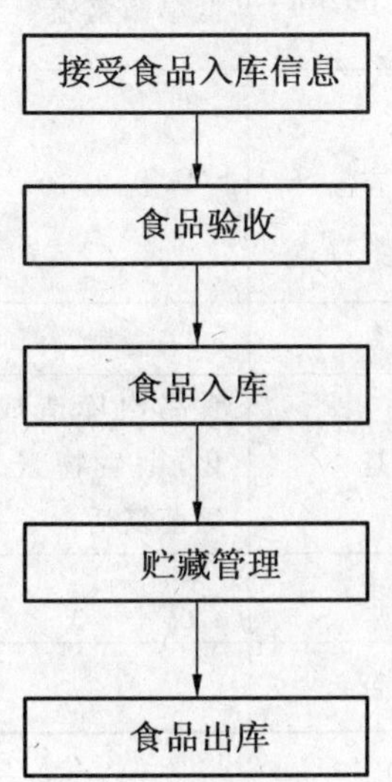

图 D.1　冷冻畜禽食品出入库物流流程图

D.4 危害分析工作表及示例参见表 D.3。

表 D.3 危害分析工作表

<table>
<tr><td colspan="2">1</td><td>2</td><td>3</td><td>4</td><td>5</td><td>6</td></tr>
<tr><td colspan="2">加工工序</td><td>识别本工序被引入的受控或增加的潜在危害</td><td>潜在的危害是否显著?(是/否)</td><td>对第3栏的判定依据</td><td>如果第3栏回答“是”,应采取何种措施预防、消除或降低危害至可以接受的水平</td><td>CCP</td></tr>
<tr><td colspan="2" rowspan="3">接受食品入库信息</td><td>生物危害:无</td><td></td><td></td><td></td><td rowspan="3">否</td></tr>
<tr><td>化学危害:无</td><td></td><td></td><td></td></tr>
<tr><td>物理危害:无</td><td></td><td></td><td></td></tr>
<tr><td rowspan="3">食品准入</td><td rowspan="3">畜禽产品</td><td>生物危害:致病微生物、寄生虫</td><td>是</td><td>感染致病微生物、寄生虫或食品腐烂变质
温度控制不当可能使致病菌增值</td><td>无相关证件食品或腐烂变质者拒收;
控制食品温度</td><td rowspan="3">是
CCP1
否</td></tr>
<tr><td>化学危害:农残、兽残、重金属</td><td>是</td><td>重金属或违禁药物残留超标发生的情况有一定的比例</td><td>1. 供应方提供承诺;
2. 供应方提供重金属或残留物质的检测证明;
3. 组织抽样检测</td></tr>
<tr><td>物理危害:金属物、石砾、异物等</td><td>否</td><td>顾客控制,包装破损发生可能不大</td><td></td></tr>
<tr><td colspan="2" rowspan="3">入库</td><td>生物危害:微生物繁殖</td><td>是</td><td>食品入库冻肉回化,微生物繁殖、耐低温菌复活</td><td>严格控制入库时间</td><td rowspan="3">否</td></tr>
<tr><td>化学危害:无</td><td>否</td><td></td><td></td></tr>
<tr><td>物理危害:无</td><td>否</td><td></td><td></td></tr>
<tr><td colspan="2" rowspan="3">低温贮存</td><td>生物危害:致病菌、耐低温菌</td><td>是</td><td>1. 温度控制不当可能造成病原性微生物、耐低温菌繁殖</td><td>1. 严格控制库温,超过操作限值及时调整;
2. 严格冷库温度控制规定</td><td rowspan="3">是
CCP2</td></tr>
<tr><td>化学危害:无</td><td>否</td><td></td><td>1. 严格控制库温,超过操作限值及时调整;
2. 严格冷库温度控制规定</td></tr>
<tr><td>物理危害:无</td><td>否</td><td></td><td></td></tr>
<tr><td colspan="2" rowspan="3">出库</td><td>生物危害:微生物繁殖</td><td>是</td><td>食品出库造成冻肉回化,微生物繁殖、耐低温菌复活</td><td>严格控制出库时间</td><td rowspan="3">否</td></tr>
<tr><td>化学危害:</td><td>否</td><td></td><td></td></tr>
<tr><td>物理危害:无</td><td>否</td><td></td><td></td></tr>
</table>

D.5 HACCP 计划表及示例参见表 D.4。

表 D.4 HACCP 计划表

CCP	关键限值	监控				纠偏	验证	记录
		对象	方法	频率	监控人员			
食品准入(CCP1)	1. 感官检测；2. 温度检测；3. 顾客承诺书；4. 重金属或农兽药残证明；5. 抽样检测报告	1. 感官指标；2. 食品温度；3. 相关证件；4. 抽样检测报告	1. 感官评价 2. 测量 3. 索证或报告	每批	保管人员	1. 拒绝无相关证件的食品；2. 拒绝接受不符合限值要求的食品	质量管理人员负责如下：1. 入库时抽验温度校准记录；2. 入库时抽验 CCP1 的记录表；3. 入库时抽验食品	1. 监控与纠偏记录表；2. 验证记录表
低温贮存(CCP2)	冷冻库：库温 −18 ℃(昼夜温差不超过 ±1 ℃)	库温	测量或观察温度记录	每日	保管员及动力制冷工	对温度偏离操作限值时应及时调整至满足限值的要求上来：如果温度持续出现偏离关键限值时，应通知动力部人员进行检查抢修，此批食品按评审程序执行	1. 标准温度计或记录仪每年由技术监督局校准一次；2. 质量管理人员每日检查监控温度记录一次	1. 温度记录校准与纠偏记录表；2. 验证记录表

ICS 07.100.30
X 60

中华人民共和国国家标准

GB/T 24401—2009

α-淀粉酶制剂

Alpha-amylase preparation

2009-09-30 发布　　　　　　　　2010-03-01 实施

中华人民共和国国家质量监督检验检疫总局
中国国家标准化管理委员会　发布

前　言

本标准以 QB/T 1805.1—1993《工业用 α-淀粉酶制剂》和 QB/T 2306—1997《耐高温 α-淀粉酶制剂》为基础，首次制定。

本标准的附录 A 为规范性附录，附录 B、附录 C 为资料性附录。

本标准由全国食品工业标准化技术委员会提出。

本标准由全国食品工业标准化技术委员会工业发酵分技术委员会归口。

本标准起草单位：中国食品发酵工业研究院、无锡赛德生物工程有限公司、山东隆大生物工程有限公司、诺维信（中国）生物技术有限公司、江阴市百圣龙生物工程有限公司、邢台新欣翔宇生物工程有限责任公司。

本标准主要起草人：张蔚、吴炳炎、郭庆文、张晶雪、顾建龙、余波、郭新光、胡洪清、杨西江、曹振宇、陆志冲、魏坤。

α-淀粉酶制剂

1 范围

本标准规定了α-淀粉酶制剂的术语和定义、产品分类、要求、试验方法、检验规则和标志、包装、运输、贮存要求。

本标准适用于以淀粉质(或糖质)为原料,经发酵、提纯制得的α-淀粉酶制剂产品的生产、检验和销售。主要用于食品工业、纺织工业等。其他来源的α-淀粉酶制剂可参照相关类别使用,用作饲料添加剂的α-淀粉酶制剂可参照A类产品执行。

2 规范性引用文件

下列文件中的条款通过本标准的引用而成为本标准的条款。凡是注日期的引用文件,其随后所有的修改单(不包括勘误的内容)或修订版均不适用于本标准,然而,鼓励根据本标准达成协议的各方研究是否可使用这些文件的最新版本。凡是不注日期的引用文件,其最新版本适用于本标准。

GB/T 191 包装储运图示标志

GB/T 601 化学试剂 标准滴定溶液的制备

GB/T 6682 分析实验室用水规格和试验方法

GB 8275 食品添加剂 α-淀粉酶制剂

QB/T 1803—1993 工业酶制剂通用试验方法

3 术语和定义

下列术语和定义适用于本标准。

3.1

α-淀粉酶 alpha-amylase

能水解淀粉分子链中的α-1,4-葡萄糖苷键,将淀粉链切断成为短链糊精和少量麦芽糖和葡萄糖,使淀粉粘度迅速下降的酶。

3.2

中温α-淀粉酶活力 activity of medium temperature alpha-amylase

1 g固体酶粉(或1 mL液体酶),于60 ℃、pH值6.0条件下,1 h液化1 g可溶性淀粉,即为1个酶活力单位,以“u/g(u/mL)”表示。

3.3

耐高温α-淀粉酶活力 activity of heat-tolerant alpha-amylase

1 g固体酶粉(或1 mL液体酶),于70 ℃、pH值6.0条件下,1 min液化1 mg可溶性淀粉,即为1个 酶活力单位,以“u/g(u/mL)”表示。

4 产品分类

4.1 按产品的应用领域

A类:食品/饲料工业用酶。

B类:其他工业用酶。

4.2 按产品的适用温度

中温α-淀粉酶制剂和耐高温α-淀粉酶制剂。

4.3 按产品形态

液体剂型酶制剂和固体剂型酶制剂。

5 要求

5.1 外观

固体剂型:白色至黄褐色固体粉末。无霉变、潮解、结块现象,无异味。易溶于水。

液体剂型:黄褐色至深褐色液体,无异味,允许有少量凝聚物。

5.2 理化要求

应符合表1的规定。

表1 α-淀粉酶制剂的理化要求

项目	液体剂型				固体剂型			
	中温 α-淀粉酶制剂		耐高温 α-淀粉酶制剂		中温 α-淀粉酶制剂		耐高温 α-淀粉酶制剂	
	A类	B类	A类	B类	A类	B类	A类	B类
酶活力[a]/[u/mL(或u/g)] ≥	2 000		20 000		2 000		20 000	
pH值(25 ℃)	5.5～7.0		5.8～6.8		—			
容重/(g/mL)	1.10～1.25		1.10～1.25		—			
干燥失重/% ≤	—				8.0			
耐热性存活率/% ≥	—		90		—		90	

注:B类产品不得用于食品工业和饲料工业(蒸馏酒类除外)。

[a] 具体规格可按供需双方合同规定的酶活力规格执行。

5.3 卫生要求

B类产品不做卫生要求,A类产品按GB 8275中卫生要求执行。

6 试验方法

本标准中所用的水,在未注明其他要求时,均指符合GB/T 6682中要求的水。

本标准中所用的试剂,在未注明规格时,均指分析纯(AR)。若有特殊要求另作明确规定。

本标准中所用溶液在未注明用何种溶剂配制时,均指水溶液。

6.1 外观

称取样品10 g(或10 mL),观察、嗅闻作出判断,做好记录。

6.2 酶活力

6.2.1 原理

α-淀粉酶制剂能将淀粉分子链中的α-1,4葡萄糖苷键随机切断成长短不一的短链糊精、少量麦芽糖和葡萄糖,而使淀粉对碘呈蓝紫色的特性反应逐渐消失,呈现棕红色,其颜色消失的速度与酶活性有关,据此可通过反应后的吸光度计算酶活力。

6.2.2 试剂和溶液

6.2.2.1 碘。

6.2.2.2 碘化钾。

6.2.2.3 原碘液:称取11.0 g碘和22.0 g碘化钾,用少量水使碘完全溶解,定容至500 mL,贮存于棕色瓶中。

6.2.2.4 稀碘液：吸取原碘液 2.00 mL，加 20.0 g 碘化钾用水溶解并定容至 500 mL，贮存于棕色瓶中。

6.2.2.5 可溶性淀粉溶液（20 g/L）：称取 2.000 g（精确至 0.001 g）可溶性淀粉（以绝干计）于烧杯中，用少量水调成浆状物，边搅拌边缓缓加入 70 mL 沸水中，然后用水分次冲洗装淀粉的烧杯，洗液倒入其中，搅拌加热至完全透明，冷却定容至 100 mL。溶液现配现用。

注：可溶性淀粉采用酶制剂专用可溶性淀粉。

6.2.2.6 磷酸缓冲液（pH＝6.0）：称取 45.23 g 磷酸氢二钠（$Na_2HPO_4 \cdot 12H_2O$）和 8.07 g 柠檬酸（$C_6H_8O_7 \cdot H_2O$），用水溶解并定容至 1 000 mL。用 pH 计校正后使用。

6.2.2.7 盐酸溶液[c(HCl)＝0.1 mol/L]：按 GB/T 601 配制。

6.2.3 仪器和设备

除实验室常规仪器外还有以下仪器和设备。

6.2.3.1 分光光度计。

6.2.3.2 恒温水浴：精度±0.1 ℃。

6.2.3.3 自动移液器。

6.2.3.4 试管：25 mm×200 mm。

6.2.3.5 秒表。

6.2.4 分析步骤

6.2.4.1 待测酶液的制备

称取 1 g～2 g 酶粉（精确至 0.000 1 g）或准确吸取酶液 1.00 mL，用少量磷酸缓冲液（6.2.2.6）充分溶解，将上清液小心倾入容量瓶中，若有剩余残渣，再加少量磷酸缓冲液（6.2.2.6）充分研磨，最终样品全部移入容量瓶中，用磷酸缓冲液（6.2.2.6）定容至刻度，摇匀。用四层纱布过滤，滤液待用。

注：待测中温 α-淀粉酶酶液酶活力浓度控制在 3.4 u/mL～4.5 u/mL 范围内，待测耐高温 α-淀粉酶活力浓度控制在 60 u/mL～65 u/mL 范围内。

6.2.4.2 测定

吸取 20.0 mL 可溶性淀粉溶液（6.2.2.5）于试管（6.2.3.4）中，加入磷酸缓冲液（6.2.2.6）5.00 mL，摇匀后，置于 60 ℃±0.2 ℃（耐高温 α-淀粉酶制剂置于 70 ℃±0.2 ℃）恒温水浴中预热 8 min。

加入 1.00 mL 稀释好的待测酶液（6.2.4.1），立即计时，摇匀，准确反应 5 min。

立即用自动移液器吸取 1.00 mL 反应液，加到预先盛有 0.5 mL 盐酸溶液（6.2.2.7）和 5.00 mL 稀碘液（6.2.2.4）的试管中，摇匀，并以 0.5 mL 盐酸溶液和 5.00 mL 稀碘液为空白，于 660 nm 波长下，用 10 mm 比色皿迅速测定其吸光度（A）。根据吸光度查附录 A，求得测试酶液的浓度。

6.2.4.3 计算

中温 α-淀粉酶制剂的酶活力按式（1）计算：

$$X_1 = c \times n \tag{1}$$

式中：

X_1——样品的酶活力，u/mL（或 u/g）；

c——测试酶样的浓度，u/mL（或 u/g）；

n——样品的稀释倍数。

所得结果表示至整数。

耐高温 α-淀粉酶制剂的酶活力按式（2）计算：

$$X_2 = c \times n \times 16.67 \tag{2}$$

式中：

X_2——样品的酶活力，u/mL（或 u/g）；

c——测试酶样的浓度,u/mL(或 u/g);

n——样品的稀释倍数;

16.67——根据酶活力定义计算的换算系数。

所得结果表示至整数。

6.2.5 允许差

平行试验相对误差不得超过5%。

6.3 pH 值

按 QB/T 1803—1993 中第9章执行。

6.4 耐高温 α-淀粉酶制剂耐热性存活率

6.4.1 试剂和溶液

6.4.1.1 氢氧化钠溶液[$c(NaOH)=0.1$ mol/L]:按 GB/T 601 配制。

6.4.1.2 糊精溶液:称取糊精 100.0 g 于烧杯中,加水 300 mL,搅匀,加入耐高温 α-淀粉酶制剂(按每克糊精 13 u 酶活力加入),置于电炉上加热至沸腾,冷却,用氢氧化钠溶液(6.4.1.1)调 pH 值至 6.0～7.0,移入 500 mL 容量瓶,稀释,定容,摇匀备用。

6.4.2 仪器和设备

恒温水浴:精度±0.1 ℃。

6.4.3 分析步骤

6.4.3.1 待测酶液的制备

除用糊精溶液(6.4.1.2)代替磷酸缓冲溶液(6.2.2.6)外,其余同 6.2.4.1。

6.4.3.2 热处理

吸取25 mL 待测酶液于 50 mL 比色管中,置于 95 ℃恒温水浴中热处理 60 min,冷却,补水至原酶液体积,摇匀,备用。

6.4.3.3 酶活力测定

按 6.2.4.2 测定制备 6.4.3.1 时所用酶制剂的酶活力;按 6.2.4.2 测定热处理后的待测酶液(6.4.3.2)的酶活力。

6.4.4 计算

耐热性存活率按式(3)计算:

$$X_3 = E_1/E \times 100 \qquad \cdots\cdots(3)$$

式中:

X_3——样品酶耐热性存活率,%;

E_1——样品热处理后实测的酶活力,u/mL(或 u/g);

E——样品热处理前实测的酶活力,u/mL(或 u/g)。

所得结果表示至整数。

6.5 容重

按 QB/T 1803—1993 执行。

6.6 干燥失重

按 QB/T 1803—1993 执行。

7 检验规则

7.1 批次的确定

由生产单位按照其相应的规则负责确定产品的批号,批内产品的品质应均一。

7.2 取样规则和样本量

取样应均匀分布在整个灌装过程中,或均匀分布于灌装后的成品中。

取样时应采用适宜的方法保证取样具有代表性,保证取样部位和取样瓶的清洁。对用于微生物检验的取样，应使用无菌操作。

成品抽样的样本量见表2。取样的样本量可按照估计的批量参照表2执行，或由生产企业和(或)相关方确定。

表2 成品抽样的样本量

批量/桶(或箱)	样本量/瓶(或袋)
≤50	2
51～500	3
>500	4
注1：批取样量不得少于300 mL(或300 g)，不足者应按比例适当加取。 注2：批量是指批中所包含的单位商品数，单位为桶(或箱)。样本量是指样本中所包含的单位样本数，单位为瓶(或袋)。	

7.3 出厂检验

每批产品出厂时，应对外观、酶活力、pH值、容重、干燥失重(固体)，A类产品的菌落总数等逐项进行检验。

7.4 型式检验

产品在正常生产情况下，每年至少进行一次型式检验，遇有下列情况之一时按本标准全部要求进行检验：

——正常生产时，至少每年对产品检验一次；

——正常生产时，如原料、配方或工艺有较大改变，可能影响产品质量时；

——更换设备，或产品长期停产又恢复生产时；

——出厂检验结果与平常记录有较大差别时；

——国家质量监督部门提出要求时。

7.5 判定规则

出厂检验和(或)型式检验合格时，由质量检验部门出具产品合格证。

出厂检验和(或)型式检验不合格时，在原批次基础上加倍取样分析。如仍不合格，判定该产品为不合格品，不得出厂。

8 标志、包装、运输及贮存

8.1 标志

产品的外包装宜使用符合GB/T 191要求的标志。

产品的包装上应贴有牢固的标签。标识内容应包括品名、产地、厂名、卫生许可证号、规格、生产日期、批号或代号、保质期等。A类产品的标签的内容应符合相关规定。

8.2 包装

产品的内包装和(或)包装容器的内涂料应采用国家批准的材料，A类产品应符合相应的食品包装用或食品容器卫生标准的材料。

8.3 运输

产品在运输过程中应轻拿轻放，严防雨淋和曝晒。运输工具应清洁、无毒、无污染。严禁与有毒、有害、有腐蚀性的物质混装混运。

8.4 贮存

产品应贮存在阴凉干燥的环境下。严禁与有毒、有害、有腐蚀性的物质同存。

8.5 保质期

8.5.1 在25 ℃以下，液体酶制剂保质期不少于90 d；固体酶制剂保质期不少于180 d，企业应按上述要求具体标示。

8.5.2 在保质期内，实测酶活力不应低于标示酶活力。

附 录 A
（规范性附录）
吸光度与测试 α-淀粉酶酶浓度对照表

表 A.1 吸光度与测试 α-淀粉酶酶浓度对照表

吸光度(A)	酶浓度(c)/(u/mL)	吸光度(A)	酶浓度(c)/(u/mL)	吸光度(A)	酶浓度(c)/(u/mL)
0.100	4.694	0.131	4.539	0.162	4.385
0.101	4.689	0.132	4.534	0.163	4.380
0.102	4.684	0.133	4.529	0.164	4.375
0.103	4.679	0.134	4.524	0.165	4.370
0.104	4.674	0.135	4.518	0.166	4.366
0.105	4.669	0.136	4.513	0.167	4.361
0.106	4.664	0.137	4.507	0.168	4.356
0.107	4.659	0.138	4.502	0.169	4.352
0.108	4.654	0.139	4.497	0.170	4.347
0.109	4.649	0.140	4.492	0.171	4.342
0.110	4.644	0.141	4.487	0.172	4.338
0.111	4.639	0.142	4.482	0.173	4.333
0.112	4.634	0.143	4.477	0.174	4.329
0.113	4.629	0.144	4.472	0.175	4.324
0.114	4.624	0.145	4.467	0.176	4.319
0.115	4.619	0.146	4.462	0.177	4.315
0.116	4.614	0.147	4.457	0.178	4.310
0.117	4.609	0.148	4.452	0.179	4.306
0.118	4.604	0.149	4.447	0.180	4.301
0.119	4.599	0.150	4.442	0.181	4.297
0.120	4.594	0.151	4.438	0.182	4.292
0.121	4.589	0.152	4.433	0.183	4.288
0.122	4.584	0.153	4.428	0.184	4.283
0.123	4.579	0.154	4.423	0.185	4.279
0.124	4.574	0.155	4.418	0.186	4.275
0.125	4.569	0.156	4.413	0.187	4.270
0.126	4.564	0.157	4.408	0.188	4.266
0.127	4.559	0.158	4.404	0.189	4.261
0.128	4.554	0.159	4.399	0.190	4.257
0.129	4.549	0.160	4.394	0.191	4.253
0.130	4.544	0.161	4.389	0.192	4.248

表 A.1(续)

吸光度(A)	酶浓度(c)/(u/mL)	吸光度(A)	酶浓度(c)/(u/mL)	吸光度(A)	酶浓度(c)/(u/mL)
0.193	4.244	0.228	4.101	0.263	3.974
0.194	4.240	0.229	4.097	0.264	3.971
0.195	4.235	0.230	4.093	0.265	3.968
0.196	4.231	0.231	4.089	0.266	3.964
0.197	4.227	0.232	4.085	0.267	3.961
0.198	4.222	0.233	4.082	0.268	3.958
0.199	4.218	0.234	4.078	0.269	3.954
0.200	4.214	0.235	4.074	0.270	3.951
0.201	4.210	0.236	4.070	0.271	3.948
0.202	4.205	0.237	4.067	0.272	3.944
0.203	4.201	0.238	4.063	0.273	3.941
0.204	4.197	0.239	4.059	0.274	3.938
0.205	4.193	0.240	4.056	0.275	3.935
0.206	4.189	0.241	4.052	0.276	3.932
0.207	4.185	0.242	4.048	0.277	3.928
0.208	4.181	0.243	4.045	0.278	3.925
0.209	4.176	0.244	4.041	0.279	3.922
0.210	4.172	0.245	4.037	0.280	3.919
0.211	4.168	0.246	4.034	0.281	3.916
0.212	4.164	0.247	4.03	0.282	3.913
0.213	4.160	0.248	4.026	0.283	3.922
0.214	4.156	0.249	4.023	0.284	3.919
0.215	4.152	0.250	4.019	0.285	3.915
0.216	4.148	0.251	4.016	0.286	3.912
0.217	4.144	0.252	4.012	0.287	3.909
0.218	4.140	0.253	4.009	0.288	3.906
0.219	4.136	0.254	4.005	0.289	3.903
0.220	4.132	0.255	4.002	0.290	3.900
0.221	4.128	0.256	3.998	0.291	3.897
0.222	4.124	0.257	3.995	0.292	3.894
0.223	4.120	0.258	3.991	0.293	3.891
0.224	4.116	0.259	3.988	0.294	3.888
0.225	4.112	0.260	3.984	0.295	3.885
0.226	4.108	0.261	3.981	0.296	3.881
0.227	4.105	0.262	3.978	0.297	3.878

表 A.1(续)

吸光度(A)	酶浓度(c)/(u/mL)	吸光度(A)	酶浓度(c)/(u/mL)	吸光度(A)	酶浓度(c)/(u/mL)
0.298	3.875	0.333	3.771	0.368	3.670
0.299	3.872	0.334	3.768	0.369	3.668
0.300	3.869	0.335	3.765	0.370	3.665
0.301	3.866	0.336	3.762	0.371	3.662
0.302	3.863	0.337	3.759	0.372	3.659
0.303	3.860	0.338	3.756	0.373	3.656
0.304	3.857	0.339	3.753	0.374	3.654
0.305	3.854	0.340	3.750	0.375	3.651
0.306	3.851	0.341	3.747	0.376	3.648
0.307	3.848	0.342	3.744	0.377	3.645
0.308	3.845	0.343	3.741	0.378	3.643
0.309	3.842	0.344	3.739	0.379	3.640
0.310	3.839	0.345	3.736	0.380	3.637
0.311	3.836	0.346	3.733	0.381	3.634
0.312	3.833	0.347	3.730	0.382	3.632
0.313	3.830	0.348	3.727	0.383	3.629
0.314	3.827	0.349	3.724	0.384	3.626
0.315	3.824	0.350	3.721	0.385	3.623
0.316	3.821	0.351	3.718	0.386	3.621
0.317	3.818	0.352	3.716	0.387	3.618
0.318	3.815	0.353	3.713	0.388	3.615
0.319	3.812	0.354	3.710	0.389	3.612
0.320	3.809	0.355	3.707	0.390	3.610
0.321	3.806	0.356	3.704	0.391	3.607
0.322	3.803	0.357	3.701	0.392	3.604
0.323	3.800	0.358	3.699	0.393	3.602
0.324	3.797	0.359	3.696	0.394	3.599
0.325	3.794	0.360	3.693	0.395	3.596
0.326	3.791	0.361	3.690	0.396	3.594
0.327	3.788	0.362	3.687	0.397	3.591
0.328	3.785	0.363	3.684	0.398	3.588
0.329	3.782	0.364	3.682	0.399	3.585
0.330	3.779	0.365	3.679	0.400	3.583
0.331	3.776	0.366	3.676	0.401	3.580
0.332	3.774	0.367	3.673	0.402	3.577

表 A.1（续）

吸光度(*A*)	酶浓度(*c*)/(u/mL)	吸光度(*A*)	酶浓度(*c*)/(u/mL)	吸光度(*A*)	酶浓度(*c*)/(u/mL)
0.403	3.575	0.438	3.482	0.473	3.397
0.404	3.572	0.439	3.479	0.474	3.394
0.405	3.569	0.440	3.477	0.475	3.392
0.406	3.567	0.441	3.474	0.476	3.389
0.407	3.564	0.442	3.472	0.477	3.387
0.408	3.559	0.443	3.469	0.478	3.385
0.409	3.556	0.444	3.467	0.479	3.383
0.410	3.554	0.445	3.464	0.480	3.380
0.411	3.551	0.446	3.462	0.481	3.378
0.412	3.548	0.447	3.459	0.482	3.376
0.413	3.546	0.448	3.457	0.483	3.373
0.414	3.543	0.449	3.454	0.484	3.371
0.415	3.541	0.450	3.452	0.485	3.369
0.416	3.538	0.451	3.449	0.486	3.366
0.417	3.535	0.452	3.447	0.487	3.364
0.418	3.533	0.453	3.444	0.488	3.362
0.419	3.530	0.454	3.442	0.489	3.359
0.420	3.528	0.455	3.440	0.490	3.357
0.421	3.525	0.456	3.437	0.491	3.355
0.422	3.522	0.457	3.435	0.492	3.353
0.423	3.520	0.458	3.432	0.493	3.350
0.424	3.517	0.459	3.430	0.494	3.348
0.425	3.515	0.460	3.427	0.495	3.346
0.426	3.512	0.461	3.425	0.496	3.344
0.427	3.509	0.462	3.423	0.497	3.341
0.428	3.507	0.463	3.420	0.498	3.339
0.429	3.504	0.464	3.418	0.499	3.337
0.430	3.502	0.465	3.415	0.500	3.335
0.431	3.499	0.466	3.413	0.501	3.333
0.432	3.497	0.467	3.411	0.502	3.330
0.433	3.494	0.468	3.408	0.503	3.328
0.434	3.492	0.469	3.406	0.504	3.326
0.435	3.489	0.470	3.404	0.505	3.324
0.436	3.487	0.471	3.401	0.506	3.321
0.437	3.484	0.472	3.399	0.507	3.319

表 A.1（续）

吸光度(A)	酶浓度(c)/(u/mL)	吸光度(A)	酶浓度(c)/(u/mL)	吸光度(A)	酶浓度(c)/(u/mL)
0.508	3.317	0.543	3.243	0.578	3.175
0.509	3.315	0.544	3.241	0.579	3.173
0.510	3.313	0.545	3.239	0.580	3.171
0.511	3.311	0.546	3.237	0.581	3.169
0.512	3.308	0.547	3.235	0.582	3.168
0.513	3.306	0.548	3.233	0.583	3.166
0.514	3.304	0.549	3.231	0.584	3.164
0.515	3.302	0.550	3.229	0.585	3.162
0.516	3.300	0.551	3.227	0.586	3.160
0.517	3.298	0.552	3.225	0.587	3.158
0.518	3.295	0.553	3.223	0.588	3.157
0.519	3.293	0.554	3.221	0.589	3.155
0.520	3.291	0.555	3.219	0.590	3.153
0.521	3.289	0.556	3.217	0.591	3.151
0.522	3.287	0.557	3.215	0.592	3.149
0.523	3.285	0.558	3.213	0.593	3.147
0.524	3.283	0.559	3.211	0.594	3.146
0.525	3.280	0.560	3.209	0.595	3.144
0.526	3.278	0.561	3.207	0.596	3.142
0.527	3.276	0.562	3.205	0.597	3.140
0.528	3.274	0.563	3.204	0.598	3.139
0.529	3.272	0.564	3.202	0.599	3.137
0.530	3.270	0.565	3.200	0.600	3.135
0.531	3.268	0.566	3.198	0.601	3.133
0.532	3.266	0.567	3.196	0.602	3.131
0.533	3.264	0.568	3.194	0.603	3.130
0.534	3.262	0.569	3.192	0.604	3.128
0.535	3.260	0.570	3.190	0.605	3.126
0.536	3.258	0.571	3.188	0.606	3.124
0.537	3.255	0.572	3.186	0.607	3.123
0.538	3.253	0.573	3.184	0.608	3.121
0.539	3.251	0.574	3.183	0.609	3.119
0.540	3.249	0.575	3.181	0.610	3.118
0.541	3.247	0.576	3.179	0.611	3.116
0.542	3.245	0.577	3.177	0.612	3.114

表 A.1(续)

吸光度(A)	酶浓度(c)/(u/mL)	吸光度(A)	酶浓度(c)/(u/mL)	吸光度(A)	酶浓度(c)/(u/mL)
0.613	3.112	0.648	3.055	0.683	3.004
0.614	3.111	0.649	3.054	0.684	3.003
0.615	3.109	0.650	3.052	0.685	3.001
0.616	3.107	0.651	3.051	0.686	3
0.617	3.106	0.652	3.049	0.687	2.998
0.618	3.104	0.653	3.048	0.688	2.997
0.619	3.102	0.654	3.046	0.689	2.996
0.620	3.101	0.655	3.045	0.690	2.994
0.621	3.099	0.656	3.043	0.691	2.993
0.622	3.097	0.657	3.042	0.692	2.992
0.623	3.096	0.658	3.04	0.693	2.99
0.624	3.095	0.659	3.039	0.694	2.989
0.625	3.094	0.660	3.037	0.695	2.988
0.626	3.092	0.661	3.036	0.696	2.986
0.627	3.089	0.662	3.034	0.697	2.985
0.628	3.087	0.663	3.033	0.698	2.984
0.629	3.086	0.664	3.031	0.699	2.982
0.630	3.084	0.665	3.03	0.700	2.981
0.631	3.082	0.666	3.028	0.701	2.98
0.632	3.081	0.667	3.027	0.702	2.978
0.633	3.079	0.668	3.025	0.703	2.977
0.634	3.078	0.669	3.024	0.704	2.976
0.635	3.076	0.670	3.022	0.705	2.975
0.636	3.074	0.671	3.021	0.706	2.973
0.637	3.073	0.672	3.02	0.707	2.972
0.638	3.071	0.673	3.018	0.708	2.971
0.639	3.070	0.674	3.017	0.709	2.969
0.640	3.068	0.675	3.015	0.710	2.968
0.641	3.066	0.676	3.014	0.711	2.967
0.642	3.065	0.677	3.012	0.712	2.966
0.643	3.063	0.678	3.011	0.713	2.964
0.644	3.062	0.679	3.01	0.714	2.963
0.645	3.060	0.680	3.008	0.715	2.962
0.646	3.058	0.681	3.007	0.716	2.961
0.647	3.057	0.682	3.005	0.717	2.959

表 A.1(续)

吸光度(A)	酶浓度(c)/(u/mL)	吸光度(A)	酶浓度(c)/(u/mL)	吸光度(A)	酶浓度(c)/(u/mL)
0.718	2.958	0.735	2.938	0.752	2.919
0.719	2.957	0.736	2.937	0.753	2.918
0.720	2.956	0.737	2.936	0.754	2.917
0.721	2.955	0.738	2.935	0.755	2.916
0.722	2.953	0.739	2.933	0.756	2.915
0.723	2.952	0.740	2.932	0.757	2.914
0.724	2.951	0.741	2.931	0.758	2.913
0.725	2.95	0.742	2.93	0.759	2.912
0.726	2.949	0.743	2.929	0.760	2.911
0.727	2.947	0.744	2.928	0.761	2.91
0.728	2.946	0.745	2.927	0.762	2.909
0.729	2.945	0.746	2.926	0.763	2.908
0.730	2.944	0.747	2.925	0.764	2.907
0.731	2.943	0.748	2.923	0.765	2.906
0.732	2.941	0.749	2.922	0.766	2.905
0.733	2.94	0.750	2.921		
0.734	2.939	0.751	2.92		

附 录 B
（资料性附录）
中温 α-淀粉酶活力的测定 目视比色法

B.1 原理

α-淀粉酶制剂能将淀粉分子链中的 α-1,4 葡萄糖苷键随机切断成长短不一的短链糊精、少量麦芽糖和葡萄糖，而使淀粉对碘呈蓝紫色的特性反应逐渐消失，呈现棕红色，其颜色消失的速度与酶活性有关，据此计算酶活力。

B.2 试剂

本附录中所用的水，在未注明其他要求时，均指符合 GB/T 6682 中要求的水。

本附录中所用的试剂，在未注明规格时，均指分析纯（AR）。若有特殊要求另作明确规定。

本附录中所用溶液在未注明用何种溶剂配制时，均指水溶液。

B.2.1 原碘液

称取结晶碘 11.0 g、碘化钾 22.0 g，先用少量蒸馏水使碘完全溶解后，再加蒸馏水定容至 500 mL，贮于棕色瓶内。

本溶液在冷藏（4 ℃～8 ℃）条件下的保存期为 2 个月。

B.2.2 稀碘液

取原碘液 2.00 mL，加碘化钾 20.0 g，加蒸馏水溶解定容至 500 mL，贮于棕色瓶内。

B.2.3 2%可溶性淀粉

称取 2.00 g 可溶性淀粉（以绝干计），用少量水调成浆状物，边搅拌边缓缓加入 70 mL 沸水中，然后用水分次冲洗装淀粉的烧杯，洗液倒入其中，搅拌加热至完全透明，冷却定容至 100 mL。此溶液当天配制当天使用。

B.2.4 磷酸氢二钠-柠檬酸缓冲溶液（pH＝6.0）

称取磷酸氢二钠（$Na_2HPO_4 \cdot 12H_2O$）45.23 g 和柠檬酸（$C_6H_8O_7 \cdot H_2O$）8.07 g，用蒸馏水溶解定容至 1 000 mL，配好后应以酸度计校正 pH 值为 6.0。

B.3 待测酶液的制备

称取酶粉 1 g～2 g（精确至 0.1 mg）或量取酶液 1.00 mL，先用少量 40 ℃磷酸氢二钠-柠檬酸缓冲溶液（B.2.4）溶解，并用玻璃棒捣碎，将上层清液小心倾入适当的容量瓶中，沉渣部分再加入少量上述缓冲溶液，如此反复研捣 3 次～4 次，最后全部移入容量瓶中，用缓冲溶液定容至刻度，摇匀，通过四层纱布过滤，再用滤纸滤清，滤液供测定用。

B.4 分析步骤

于白瓷板空穴内滴入 1.5 mL 稀碘液（B.2.2）。取 2%可溶性淀粉 20 mL（B.2.3）和磷酸氢二钠-柠檬酸缓冲溶液（B.2.4）5 mL 于 25 mm×200 mm 试管中，于 60 ℃恒温水浴中预热 4 min～5 min。随后加入预先稀释好的酶液（B.3）0.5 mL，立即计时，充分摇匀，定时用吸管取出反应液 0.5 mL，滴于预先滴有稀碘液的瓷板穴内，当穴内颜色由紫色逐渐变为红棕色，即为反应终点，记录时间。

注 1：酶反应全部时间控制在 2 min～2.5 min 内。

注 2：测定时照明采用日光灯。

B.5 结果计算

酶活力按式（B.1）计算：

$$X = \left(\frac{60}{T} \times 20 \times 2\% \times n\right)/0.5 \qquad \cdots\cdots (\text{B.1})$$

式中：

X——酶活力单位，u/g(或 u/mL)；

T——测定时间，min；

20——吸取可溶性淀粉的体积，mL；

2%——可溶性淀粉溶液浓度；

n——稀释倍数；

0.5——测定时稀酶液吸取量，mL。

结果保留至整数位。

B.6 允许差

平行试验相对误差不得超过5%。

附　录　C
（资料性附录）
α-淀粉酶活力的测定　全自动生化分析仪法

C.1　范围

本方法规定了α-淀粉酶活力的测定方法。

本方法适用于用全自动生化分析仪测定α-淀粉酶制剂中α-淀粉酶的活力。本方法不适用于洗涤剂等产品中α-淀粉酶活力的测定。

样品中所有能够分解底物的淀粉酶在本试验中均会被测定，导致结果偏大。

试样中蛋白酶的存在会使试验结果偏小。但若遵循配制步骤中所述的措施去预防，本方法仍可使用。

C.2　原理

样品中的α-淀粉酶和反应试剂中的α-葡萄糖苷酶能水解底物[4,6-亚乙基(G_7)-*p*-硝基苯基(G_1)-α,D-麦芽庚糖苷(亚乙基-G_7PNP)]形成葡萄糖，并同时产生黄色的*p*-硝基苯酚。

p-硝基苯酚的生成速度可以通过全自动生化分析仪进行检测。反应速度和酶活力成比例。反应过程见图C.1。

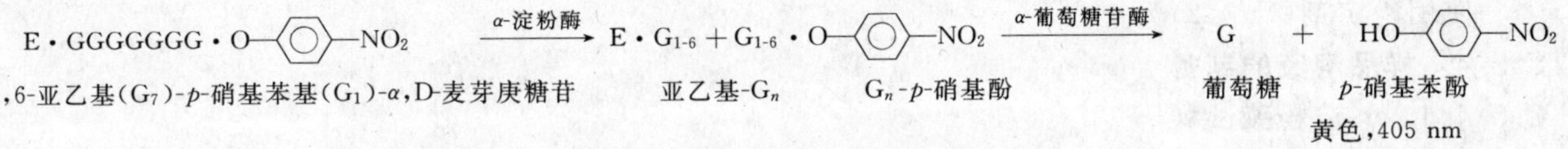

E·GGGGGGG·O—⟨苯环⟩—NO_2 →(α-淀粉酶) E·$G_{1\text{-}6}$ + $G_{1\text{-}6}$·O—⟨苯环⟩—NO_2 →(α-葡萄糖苷酶) G + HO—⟨苯环⟩—NO_2

4,6-亚乙基(G_7)-*p*-硝基苯基(G_1)-α,D-麦芽庚糖苷　　亚乙基-G_n　　G_n-*p*-硝基酚　　葡萄糖　　*p*-硝基苯酚 黄色，405 nm

图 C.1　反应过程

C.3　试剂

本附录中所用的水，在未注明其他要求时，均指符合GB/T 6682中要求的水。

本附录中所用的试剂，在未注明规格时，均指分析纯(AR)。若有特殊要求另作明确规定。

本附录中所用溶液在未注明用何种溶剂配制时，均指水溶液。

C.3.1　氯化钙溶液

称取441.0 g二水合氯化钙到烧杯中。用一定量的水溶解后加入质量分数为15%的聚氧化乙烯十二烷基醚溶液16.5 mL，搅拌均匀。最后用水定容至1 000 mL。

本溶液在冷藏(4 ℃～8 ℃)条件下的保存期为2个月。

C.3.2　稳定剂

取上述配制好的氯化钙溶液2.5 mL，用水定容至250 mL。

本溶液使用前配制。

C.3.3　苯基甲基黄酰氟(PMSF)溶液

称取5.0 g的苯基甲基黄酰氟，用无水乙醇溶解并定容到250 mL。

本溶液在冷藏(4 ℃～8 ℃)条件下的保质期为1年。

C.3.4　α-葡萄糖苷酶试剂和底物

α-葡萄糖苷酶试剂(R-1)和底物(R-2)为市售试剂，如AMYL Roche/Hitachi，118-76473 Roche Diagnostics。使用时参照生产厂家的说明。

C.4　仪器

C.4.1　全自动生化分析仪：要求带有进样/搅拌系统、温度控制系统(37 ℃±0.3 ℃)和检测系统。检测系统要求在405 nm下连续检测吸光度的变化。

C.4.2 分析天平：精度为0.000 1 g。

C.4.3 酸度计：精度为0.01 pH单位。

C.5 分析

C.5.1 标准曲线的制备

称取一定量的已知活力α-淀粉酶标准品，精确到0.000 5 g。用稳定剂(C.3.2)溶解并定容在100 mL的容量瓶中得到标准储备液。标准品称取的量要使标准储备液中α-淀粉酶的活力为60.345 u/mL。

标准曲线的范围宜在2.01 u/mL～6.03 u/mL。在此范围之内方法的使用者可以选择5个不同的浓度配制标准曲线工作溶液。标准曲线的线性相关系数需≥0.995。

根据产品特性的不同，方法的使用者可以选择其他的标准曲线范围，但必须满足以上的标准曲线线性相关系数的要求。

标准储备液使用前配制，同时绘制标准曲线。

C.5.2 标准对照品的制备

如可能，称取另一个批次已知活力的α-淀粉酶作为标准对照。

标准对照溶液的配制方法同标准储备液。稀释液中的酶活力约为25.0 mu/mL。

标准对照溶液使用前配制。

C.5.3 空白

使用稳定剂(C.3.2)为空白。

C.5.4 样品溶液的制备

C.5.4.1 α-淀粉酶试样

称取一定量的酶样品，用稳定剂(C.3.2)溶解和稀释。稀释的倍数要使得最终稀释液的酶活力在标准曲线的范围之内。

样品的最小稀释倍数为20。

C.5.4.2 含有蛋白酶的α-淀粉酶试样

对于含有蛋白酶的样品，分析中应加入苯基甲基黄酰氟溶液(C.3.3)，以避免蛋白酶的干扰。

在制备含有蛋白酶的α-淀粉酶试样时，应按照所使用的容量瓶体积的0.1%体积分数加入苯基甲基黄酰氟溶液。其他配制过程同C.5.4.1。

C.5.5 自动分析步骤和参数

C.5.5.1 步骤

——将200 μL的α-葡萄糖苷酶R-1(C.3.4)转移到比色皿中；

——分别将16 μL的空白、标准、标准对照或样品转移到比色皿中；

——上述两种溶液的混合物在37 ℃保温300 s；

——分别在每个比色皿中加入20 μL的底物R-2(C.3.4)，混合保温180 s后开始测定；

——每隔18 s测定一次吸光度，每个样品共测7次。

C.5.5.2 参数

C.5.5.2.1 保温周期

温度：37 ℃；

时间：300 s；

α-葡萄糖苷酶R-1和试样：200 μL+16 μL。

C.5.5.2.2 酶反应周期

温度：37 ℃；

时间：180 s；

底物 R-2：20μL。

C.5.5.2.3 测定周期

测定模式：动力学法；

波长：405 nm；

曲线类型：非线性；

时间：120 s；

读数：7 次；

间隔：18 s。

C.6 结果的计算和表示

C.6.1 标准曲线的计算

标准曲线应为直线。其中 Y 轴单位为"OD/min"，X 轴单位为标准点的酶活力"mu/mL"。

C.6.2 样品酶活力的计算

从标准曲线上读出样品最终稀释液的酶活力，单位为"mu/mL"。

然后，按照式(C.1)计算样品的酶活力：

$$U=\frac{A\times F\times D}{m\times 1\,000} \qquad \text{(C.1)}$$

式中：

U——样品的酶活力，u/g；

A——由标准曲线得出的样品最终稀释液的活力，mu/mL；

F——溶解样品用的容量瓶体积，mL；

D——稀释倍数；

m——试料的质量，g。

C.6.3 结果的确认

当标准对照的试验值在可接受的范围之内，且标准曲线为稳定上升的直线时，样品的试验结果有效，可计算平均值。

C.6.4 结果的表示

样品的测定结果用算术平均值表示。

C.7 准确度和精密度

本方法的准确度为 99.1%，中间精密度为 1.9%(对于最终产品)。

ICS 67.120.30
X 73

中华人民共和国国家标准

GB/T 24402—2009

豆豉鲮鱼罐头

Canned frying mud carps with fermented soybean

2009-09-30 发布　　　　2010-02-01 实施

中华人民共和国国家质量监督检验检疫总局
中国国家标准化管理委员会　发布

前　言

本标准是在原轻工行业标准 QB/T 3605—1999《豆豉鲮鱼罐头》的基础上制定。

本标准由中国轻工业联合会提出。

本标准由全国食品工业标准化技术委员会罐头分技术委员会归口。

本标准起草单位：中国食品发酵工业研究院、中国罐头工业协会、广东甘竹罐头有限公司、广州鹰金钱企业集团公司、佛山市顺德区粤花罐头食品有限公司。

本标准主要起草人：涂顺明、林海、周灿宇、周辉灵、仇凯、邵云龙。

豆豉鲮鱼罐头

1 范围

本标准规定了豆豉鲮鱼罐头的产品分类及产品代号、技术要求、试验方法、检验规则和标签、包装、运输、贮存要求。

本标准适用于豆豉鲮鱼罐头产品。

2 规范性引用文件

下列文件中的条款通过本标准的引用而成为本标准的条款。凡是注日期的引用文件，其随后所有的修改单(不包括勘误的内容)或修订版均不适用于本标准，然而，鼓励根据本标准达成协议的各方研究是否可使用这些文件的最新版本。凡是不注日期的引用文件，其最新版本适用于本标准。

GB 2712 发酵性豆制品卫生标准

GB 2716 食用植物油卫生标准

GB 2733 鲜、冻动物性水产品卫生标准

GB 2760 食品添加剂使用卫生标准

GB/T 4789.26 食品卫生微生物学检验 罐头食品商业无菌的检验

GB 5461 食用盐

GB 5749 生活饮用水卫生标准

GB 7718 预包装食品标签通则

GB/T 8967 谷氨酸钠(味精)

GB/T 10786 罐头食品的检验方法

GB/T 12457 食品中氯化钠的测定

GB 14939 鱼类罐头卫生标准

QB/T 1006 罐头食品检验规则

QB/T 3600 罐头食品包装、标志、运输和贮存

定量包装商品计量监督管理办法 国家质量监督检验检疫总局第75号令

3 术语和定义

下列术语和定义适用于本标准。

3.1

豆豉鲮鱼罐头 canned frying mud carps with fermented soybean

以鲜(冻)鲮鱼、豆豉等为主要原料，经预处理、装罐、密封、杀菌、冷却而制成的罐头产品。

4 产品分类及产品代号

4.1 产品分类

4.1.1 分类原则

根据鱼块形状分为条装豆豉鲮鱼罐头和段装豆豉鲮鱼罐头两类。

4.1.2 条装豆豉鲮鱼罐头

质量为0.11 kg～0.19 kg的鲜(冻)鲮鱼经油炸等预处理，与豆豉一起装罐、密封、杀菌而制成的罐头产品。

4.1.3 段装豆豉鲮鱼罐头

质量为 0.19 kg 以上的鲜(冻)鲮鱼经油炸、切段等预处理,与豆豉一起装罐、密封、杀菌而制成的罐头产品。

4.2 产品代号

4.2.1 条装豆豉鲮鱼罐头:472。

4.2.2 段装豆豉鲮鱼罐头:472 1。

5 技术要求

5.1 主要原辅材料

5.1.1 鲮鱼

采用鲜(冻)鲮鱼,应符合 GB 2733 的要求。

5.1.2 豆豉

应符合 GB 2712 的要求。

5.1.3 谷氨酸钠

应符合 GB/T 8967 的要求。

5.1.4 食用盐

应符合 GB 5461 的要求。

5.1.5 食用植物油

应符合 GB 2716 的要求。

5.1.6 水

应符合 GB 5749 的要求。

5.2 感官要求

产品的感官要求应符合表 1 的规定。

表 1 感官要求

项 目	要 求	
	优级品	一级品
色 泽	炸鱼呈黄褐色至茶褐色,油为黄褐色	炸鱼呈黄褐色至深茶褐色,油为深黄褐色
滋气味	具有豆豉鲮鱼罐头应有的滋味和气味,不得有异味	
组织形态	质地紧密,软硬及油炸适度。条装:鱼体排列整齐,每条质量 35 g~90 g,允许添秤小块一块。段装:块形较均匀	质地紧密,软硬及油炸较适度。条装:鱼体排列较整齐,每条质量 20 g 以上,允许添秤小块两块。段装:块形大致均匀

5.3 理化指标

产品的理化指标应符合表 2 的规定。

表 2 理化指标

项 目	指 标	
	优级品	一级品
净含量	应符合《定量包装商品计量监督管理办法》的规定	
固形物含量[a]	≥90%	
	其中鱼≥60%,豆豉≥15%	其中鱼≥50%,豆豉≥15%
氯化钠含量	≤6.5%	

a 为固形物含量偏差要求:罐头固形物含量在 245 g 以下的允许偏差为±11%,固形物含量在 246 g~500 g 时的允许偏差为±8.9%,固形物含量在 1 600 g 以上的允许偏差为±4%。

5.4 污染物指标

产品的铅、无机砷、甲基汞、锡、镉的含量应符合 GB 14939 的规定。

5.5 微生物要求

应符合罐头食品商业无菌要求。

5.6 食品添加剂

产品中食品添加剂的使用应符合 GB 2760 的要求。

6 试验方法

6.1 感官要求

按 GB/T 10786 规定的方法检验。

6.2 净含量

按 GB/T 10786 规定的方法测定。

6.3 固形物含量

按 GB/T 10786 规定的方法测定。

6.4 氯化钠

按 GB/T 12457 规定的方法测定。

6.5 铅、无机砷、甲基汞、锡、镉的含量

按 GB 14939 规定的方法测定。

6.6 微生物指标

按 GB/T 4789.26 规定的方法检验。

7 检验规则

应符合 QB/T 1006 的规定。

产品的感官和物理特征不符合本标准技术要求，应记作缺陷，缺陷分类见表 3。

表 3 缺陷分类

缺陷类别	产品的感官和物理特征
严重缺陷	有明显异味； 硫化铁明显污染内容物； 有有害杂质，如碎玻璃、毛发、昆虫
一般缺陷	有一般杂质，如棉线、合成纤维丝等； 有明显焦糊味； 感官性能明显不符合要求，有数量限制的超标； 固形物含量超过允许负偏差

8 标签、包装、运输、贮存

8.1 标签

8.1.1 标签应符合 GB 7718 的有关规定。

8.1.2 标签上应标明固形物含量[以质量(g)计或以质量分数计]。每批产品平均固形物含量不低于标示值。

8.2 包装、运输和贮存

应符合 QB/T 3600 的有关规定。

ICS 67.120.30
X 73

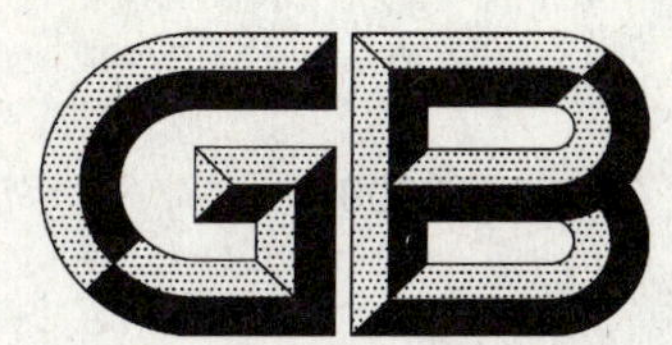

中华人民共和国国家标准

GB/T 24403—2009

金枪鱼罐头

Canned tuna

(CODEX STAN 70—1981, Rev. 1—1995, Codex standard for canned tuna and bonito, NEQ)

2009-09-30 发布　　2010-02-01 实施

中华人民共和国国家质量监督检验检疫总局
中国国家标准化管理委员会　发布

前　言

本标准非等效采用国际食品法典委员会(CAC)CODEX STAN 70—1981，Rev. 1—1995《金枪鱼和鲣鱼罐头》(英文版)。

本标准由中国轻工业联合会提出。

本标准由全国食品工业标准化技术委员会罐头分技术委员会归口。

本标准起草单位：中国食品发酵工业研究院、中国罐头工业协会、辽渔集团远洋食品公司、宁波佳必可食品有限公司。

本标准主要起草人：熊正河、张祖刚、俞一岐、郭淑明、仇凯。

金枪鱼罐头

1 范围

本标准规定了金枪鱼罐头的产品分类及产品代号、技术要求、试验方法、检验规则和标签、包装、运输、贮存要求。

本标准适用于金枪鱼罐头产品的生产、流通和监督检验。

2 规范性引用文件

下列文件中的条款通过本标准的引用而成为本标准的条款。凡是注日期的引用文件，其随后所有的修改单(不包括勘误的内容)或修订版均不适用于本标准，然而，鼓励根据本标准达成协议的各方研究是否可使用这些文件的最新版本。凡是不注日期的引用文件，其最新版本适用于本标准。

GB 2716 食用植物油卫生标准
GB 2733 鲜、冻动物性水产品卫生标准
GB 2760 食品添加剂使用卫生标准
GB/T 4789.26 食品卫生微生物学检验 罐头食品商业无菌的检验
GB 5461 食用盐
GB 5749 生活饮用水卫生标准
GB 7718 预包装食品标签通则
GB 10146 食用动物油脂卫生标准
GB/T 10786 罐头食品的检验方法
GB/T 12457 食品中氯化钠的测定
GB 14939 鱼类罐头卫生标准
QB/T 1006 罐头食品检验规则
QB/T 3600 罐头食品包装、标志、运输和贮存
定量包装商品计量监督管理办法 国家质量监督检验检疫总局第75号令

3 术语和定义

下列术语和定义适用于本标准。

3.1

金枪鱼罐头 canned tuna

以鲔鱼类、鲣鱼类为原料，添加水、食用盐、食用油等辅料，经预处理、装罐、密封、杀菌而制成的罐头。

3.2

段状 solid

经修整后剩余的精肉部分。

3.3

块状或条状 chunk

经修整后大小为各边长不小于1.2 cm的鱼块。

3.4

碎状 flake or grated

修整后自然形成的碎鱼块。

4 产品分类及产品代号

4.1 产品分类

4.1.1 分类原则

根据生产加工及调味方式的不同分为油浸类金枪鱼罐头、清蒸类(原汁、盐水浸)金枪鱼罐头和调味类金枪鱼罐头。

4.1.2 油浸类金枪鱼罐头

金枪鱼或其冻煮鱼肉为原料,经过预处理后,装罐、加食用油(调味)、密封、杀菌、冷却而制成的罐头食品。

4.1.3 清蒸类(原汁、盐水浸)金枪鱼罐头

金枪鱼或其冻煮鱼肉为原料,经过预处理后,装罐、加盐水、密封、杀菌、冷却而制成的罐头食品。

4.1.4 调味类金枪鱼罐头

金枪鱼或其冻煮鱼肉为原料,经过预处理后,装罐、调味、密封、杀菌、冷却而制成的罐头食品,如辣味金枪鱼、五香金枪鱼、蔬菜金枪鱼等。

4.2 产品代号

油浸类金枪鱼罐头产品代号:315;

清蒸类(原汁、盐水浸)金枪鱼罐头产品代号:315 1;

调味类金枪鱼罐头产品代号:476。

5 技术要求

5.1 主要原料

5.1.1 金枪鱼

采用鲜、冻良好的鲔鱼类、鲣鱼类金枪鱼或其冻煮鱼肉,组织紧密,不得使用变质的金枪鱼。应符合 GB 2733 的要求。

5.1.2 食用盐

应符合 GB 5461 的要求。

5.1.3 食用油

应符合 GB 2716 和 GB 10146 的要求。

5.1.4 水

应符合 GB 5749 的要求。

5.2 感官要求

产品的感官要求应符合表 1 的规定。

表 1 感官要求

项 目	要 求
色泽	具有金枪鱼罐头产品应有的色泽
滋气味	具有相应金枪鱼罐头应有的滋味和气味,不得有异味
组织形态	质地紧密,肉嫩,无血凝块,不得有硬骨(硬鱼刺)。段状金枪鱼罐头中允许有少量碎块;块状(条状)金枪鱼罐头中允许有适量碎块

5.3 理化指标

产品的理化指标应符合表 2 的规定。

表 2 理化指标

项目		指标		
		油浸类	清蒸类	调味类
净含量		应符合《定量包装商品计量监督管理办法》的规定		
固形物含量[a]	≥	60%	50%	55%
氯化钠含量	≤	3.5%		

[a] 为固形物含量偏差要求：罐头固形物含量在 245 g 以下的允许偏差为±11%，固形物含量在 246 g～500 g 时的允许偏差为±8.9%，固形物含量在 1 600 g 以上的允许偏差为±4%。

5.4 污染物指标

产品的铅、无机砷、甲基汞、锡、镉、多氯联苯的含量应符合 GB 14939 的规定。

5.5 微生物要求

产品的微生物要求应符合罐头食品商业无菌要求。

5.6 食品添加剂

产品中食品添加剂的使用应符合 GB 2760 的要求。

6 试验方法

6.1 感官要求

按 GB/T 10786 规定的方法检验。

6.2 净含量

按 GB/T 10786 规定的方法测定。

6.3 固形物含量

按 GB/T 10786 规定的方法测定。

6.4 氯化钠

按 GB/T 12457 规定的方法测定。

6.5 铅、无机砷、甲基汞、锡、镉、多氯联苯的含量

按 GB 14939 规定的方法测定。

6.6 微生物指标

按 GB/T 4789.26 规定的方法检验。

7 检验规则

应符合 QB/T 1006 的规定。

产品的感官和物理特征不符合本标准技术要求，应记作缺陷，缺陷分类见表 3。

表 3 缺陷分类

缺陷类别	产品的感官和物理特征
严重缺陷	有明显异味； 硫化铁明显污染内容物； 有有害杂质，如碎玻璃、毛发、昆虫
一般缺陷	有一般杂质，如棉线、合成纤维丝； 有硬骨或硬鱼刺； 固形物含量超过允许负偏差

8 标签、包装、运输、贮存

8.1 标签

8.1.1 应符合 GB 7718 的有关规定。

8.1.2 标签上应标示“开罐后请尽快食用”。

8.1.3 标签上应标明固形物含量[以质量(g)计或以质量分数计]。每批产品平均固形物含量不低于标示值。

8.2 包装、运输和贮存

应符合 QB/T 3600 的有关规定。

ICS 71.100.70
Y 42

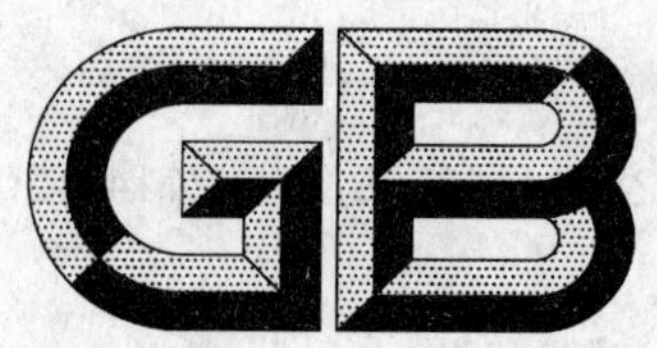

中华人民共和国国家标准

GB/T 24404—2009/ISO 21149:2006

化妆品中需氧嗜温性细菌的检测和计数法

Enumeration and detection of aerobic mesophilic bacteria in cosmetics

(ISO 21149:2006,Cosmetics—Microbiology—Enumeration and detection of aerobic mesophilic bacteria,IDT)

2009-09-30 发布 2009-12-01 实施

中华人民共和国国家质量监督检验检疫总局
中国国家标准化管理委员会 发布

前　言

本标准等同采用ISO 21149:2006《化妆品　微生物学　需氧嗜温性细菌的检测和计数》(英文版)。

本标准等同翻译ISO 21149:2006。

为便于使用,本标准做了下列编辑性修改:

a)　删除国际标准的前言。

本标准的附录A、附录B、附录C、附录D均为资料性附录。

本标准由国家认证认可监督管理委员会提出。

本标准由全国进出口食品安全检测标准化技术委员会(SAC/TC 445)归口。

本标准起草单位:中华人民共和国上海出入境检验检疫局、中华人民共和国天津出入境检验检疫局、中华人民共和国河南出入境检验检疫局。

本标准主要起草人:顾鸣、韩伟、苗丽、赵宏、杨捷琳、靳海彤。

化妆品中需氧嗜温性细菌的检测和计数法

1 范围

本标准规定了化妆品中需氧嗜温性细菌的常规检测和计数方法，可经需氧培养后对琼脂培养基上的菌落数计数，或检查经增菌后有无细菌生长。

本标准可能不适用于某些难溶于水的产品和清洁类用品等样品的检验，可用被证实具有相同效果其他试验方法替代。必要时，可选用本标准的参考文献中列举的确证方法对检测和计数的微生物进行确证。

2 规范性引用文件

下列文件中的条款通过本标准的引用而成为本标准的条款。凡是注日期的引用文件，其随后所有的修改单(不包括勘误的内容)或修订版均不适用于本标准，然而，鼓励根据本标准达成协议的各方研究是否可使用这些文件的最新版本。凡是不注日期的引用文件，其最新版本适用于本标准。

ISO 21148 化妆品 微生物学 微生物检验通则

3 术语和定义

下列术语和定义适用于本标准。

3.1

需氧嗜温性细菌 aerobic mesophilic bacteria

在本标准规定的需氧条件下生长的嗜温性细菌。

注：在该条件下，酵母菌、霉菌等其他类型的微生物也可能生长。

3.2

产品 product

实验室获得用于检测的化妆产品部分。

3.3

样品 sample

检测中用于制备初悬液的产品部分(至少 1 g 或 1 mL)。

3.4

初悬液 initial suspension

一定体积的溶液(稀释剂、中和剂、肉汤或其混合物)制成的样品悬液或溶液。

3.5

样品稀释液 sample dilution

用于制备初悬液的稀释液。

4 原则

4.1 一般性原则

本方法涉及非选择性琼脂培养基上的菌落计数，或是增菌后有无细菌生长。样品中可能抑制细菌生长的物质应被中和，以便于检测存活的细菌。无论何种情况和使用何种方法，对产品抑菌性能的中和效果都应被检查和确认。

4.2 平板计数法

平板计数法包括以下步骤：

——使用特定培养基，制备倾注平板或涂布平板，然后将一定量产品的初悬液或稀释液接种到平板中；

——将平板在有氧条件下 32.5 ℃±2.5 ℃培养 72 h±6 h；

——计数菌落形成单位(CFU)，并计算每 mL 或每 g 产品中需氧嗜温性细菌的数量。

4.3 膜过滤法

膜过滤法包括以下步骤：

——按验证过的步骤(见 13.3.4)，将一定量制备好的样品悬液，通过事先由少量无菌稀释剂润湿的过滤装置进行过滤处理和清洗，然后将过滤膜移至特定琼脂培养基的表面(见 ISO 21148)；

——在有氧条件下，置 32.5 ℃±2.5 ℃培养 72 h±6 h；

——计数菌落形成单位(CFU)，并计算每毫升(mL)或每克(g)产品中需氧嗜温性细菌的数量。

4.4 经增菌处理后检测细菌

增菌后细菌的检测包括以下步骤：

——将一定量初悬液加入到非选择性液体培养基(含有合适的中和剂和/或溶剂)中，置 32.5 ℃±2.5 ℃条件下，至少培养 20 h；

——将一定量的上述增菌液接种到非选择性琼脂培养基上；

——在有氧条件下 32.5 ℃±2.5 ℃、培养 48 h～72 h；

——检查细菌生长情况，结果表达为每份质量或体积的样品中需氧嗜温性细菌"阳性/阴性"。

5 稀释剂、中和剂和培养基

5.1 原则

通常的规格要求在 ISO 21148 中已有详细描述。配制用水为蒸馏水或纯净水在 ISO 21148 中也有详细规定。下列稀释剂、中和剂和培养基适用于需氧嗜温性细菌的检测，其他证实有效的稀释剂、中和剂和培养基也可用于本标准。

5.2 中和稀释剂和稀释剂

5.2.1 原则

稀释剂用于分散样品，如果样品含有抑菌性物质，稀释剂中可添加中和剂。在检测前应该确认中和剂的效果(见第 13 章)；有关合适的中和剂信息在附录 A 有介绍。

5.2.2 中和稀释剂

5.2.2.1 酪蛋白消化物-大豆卵磷脂-吐温 20 培养基(SCDLP 20 肉汤)

5.2.2.1.1 成分

胰酶消化的酪蛋白	20.0 g
大豆卵磷脂	5.0 g
吐温 20	40.0 mL
水	960.0 mL

5.2.2.1.2 制备

将吐温 20 溶于 960 mL 水中，在 49 ℃±2 ℃水浴中加热混匀；然后加入胰酶消化的酪蛋白和大豆卵磷脂，持续加热 30 min 溶解；混合均匀后分装至合适的容器中，置 121 ℃高压灭菌 15 min 后，在室温下调整 pH 值至 7.3±0.2。

5.2.2.2 其他中和稀释剂

适当情况下也会用到其他中和剂，参见附录 A 和附录 B。

5.2.3 稀释剂

5.2.3.1 液体 A

5.2.3.1.1 成分

动物性蛋白胨	1.0 g
水	1 000 mL

5.2.3.1.2 制备

将 1 g 蛋白胨溶于 1.0 L 水中,加热并持续搅拌溶解;混合均匀后分装至合适容器中,置 121 ℃高压灭菌 15 min。灭菌后,在室温下调整 pH 值为 7.1±0.2。

5.2.3.2 其他稀释剂

适当情况下也会用到其他稀释剂,参见附录 C。

5.3 细菌悬液稀释剂(胰蛋白胨盐溶液)

5.3.1 成分

胰蛋白胨	1.0 g
氯化钠	8.5 g
水	1 000 mL

5.3.2 制备

将上述成分溶解在水中,加热并持续搅拌,混合均匀后分装至合适容器中,置 121 ℃高压灭菌 15 min 后,在室温下调整 pH 值至 7.0±0.2。

5.4 培养基

5.4.1 原则

培养基应按如下方法配制,或按照制造商所介绍的方法使用脱水培养基。当合成培养基的成分和(或)使用范围与这里给出的配方相同时也可使用。

5.4.2 计数用培养基

5.4.2.1 大豆酪蛋白消化物琼脂培养基(SCDA)或胰胨大豆琼脂斜面(TSA)

5.4.2.1.1 成分

胰酶消化的酪蛋白	15.0 g
大豆粉木瓜蛋白酶消化物	5.0 g
氯化钠	5.0 g
琼脂	15.0 g
水	1 000 mL

5.4.2.1.2 制备

将上述成分或完全脱水培养基溶解在水中,加热搅拌溶解;然后分装在合适的容器中;置 121 ℃高压灭菌 15 min 后,在室温下调整 pH 值至 7.3±0.2。

5.4.2.2 其他计数用培养基

适当情况下也会用到其他培养基,参见附录 D。

5.4.3 检测用培养基

5.4.3.1 原则

在进行选择时,增菌肉汤和琼脂培养基可用于细菌检测。增菌肉汤用于分散样品并增加初始微生物的数量。若待测样品具有抑菌性时,在增菌肉汤中可添加中和剂。

5.4.3.2 增菌肉汤:Eugon LT 100 肉汤

5.4.3.2.1 原则

这种培养基包含具有中和样品中抑制性物质的成分(卵磷脂和吐温 80)和分散剂(辛基酚聚醚 9)。

5.4.3.2.2 成分

胰酶消化的酪蛋白	15.0 g
大豆粉木瓜蛋白酶消化物	5.0 g
L-胱氨酸	0.7 g
氯化钠	4.0 g
亚硫酸钠	0.2 g
葡萄糖	5.5 g
卵磷脂	1.0 g
吐温 80	5.0 g
辛基酚聚醚 9	1.0 g
水	1 000 mL

5.4.3.2.3 制备

将吐温 80、辛基酚聚醚 9 和卵磷脂先后溶解在沸腾的水中，直至完全溶解；再边加热搅拌边加入其他成分进行溶解；然后将培养基分装在合适的容器中。置 121 ℃高压灭菌 15 min 后，在室温下调整 pH 值至 7.0±0.2。

5.4.3.3 检测用琼脂培养基

5.4.3.3.1 Eugon LT 100 琼脂培养基

5.4.3.3.1.1 成分

胰酶消化的酪蛋白	15.0 g
大豆粉木瓜蛋白酶消化物	5.0 g
L-胱氨酸	0.7 g
氯化钠	4.0 g
亚硫酸钠	0.2 g
葡萄糖	5.5 g
卵磷脂	1.0 g
吐温 80	5.0 g
辛基酚聚醚 9	1.0 g
琼脂	15.0 g
水	1 000 mL

5.4.3.3.1.2 制备

将吐温 80、辛基酚聚醚 9 和卵磷脂先后溶解在沸腾的水中，直至完全溶解；再边加热搅拌边加入其他成分进行溶解，轻轻搅拌避免飞溅；然后将培养基分装在合适的容器中；置 121 ℃高压灭菌 15 min 灭菌后，在室温下调整 pH 值至 7.0±0.2。

5.4.3.3.2 其他检测用琼脂培养基

其他可使用的培养基可参见附录 D。

5.4.4 标准菌株培养用琼脂培养基

使用大豆酪蛋白消化物琼脂培养基(SCDA)或胰胨大豆琼脂斜面(TSA)(5.4.2.1)。

6 仪器设备及玻璃器皿

仪器、设备和玻璃器皿见 ISO 21148。

7 微生物菌种

为了验证中和剂的功效，分别使用了革兰氏阴性和阳性[1][2]的两种标准菌株：

——铜绿假单胞菌 ATCC 9027（等效菌株：CIP 82.118、NCIMB 8626、NBRC 13275、KCTC 2513或其他等效的国家收藏标准菌株）；

——金黄色葡萄球菌 ATCC[3] 6538（等效菌株：CIP[1] 4.83、NCIMB[4] 9518、NBRC[5] 13276、KCTC[2] 1916或其他等效的国家收藏标准菌株）。

其他可供选择的革兰氏阴性菌株有：大肠杆菌 ATCC 8739（等效菌株：CIP 53.126、NCIMB 8545、NBRC 39722、KCTC 2571 或其他等效的国家收藏标准菌株）。

应按照标准菌株供应商提供的操作方法复苏菌种。

菌种应按 EN 12353 要求保存在实验室中。

8 化妆品产品和实验室样品的处理

如果待测的化妆品在室温下保藏的话，在分析前后不需要对产品（3.2）和样品（3.3）进行孵育、冷藏和冷冻处理。

待测化妆品的抽样见 ISO 21148，样品的分析按照 ISO 21148 的要求和下列步骤进行。

9 步骤

9.1 一般建议

使用无菌材料、仪器和无菌操作技术来制备样品、初悬液和稀释液。样品初悬液从完成制备到接种培养基内的时间不能超过 45 min，除非程序或文件中有特别注明。

9.2 初悬液的制备

9.2.1 原则

在检测中，使用至少 1 g 或 1 mL 的混合均匀的产品来制备样品初悬液。

注：S 代表样品准确的质量或体积。

初悬液通常是 1∶10 的样品稀释液。如果存在重度污染和（或）1∶10 的稀释液仍存在抑菌性，就需要更大量的稀释液或增菌肉汤。

9.2.2 水溶性产品

依照方法的要求，将化妆品样品（S）加入到适当体积的中和稀释剂（5.2.2）、稀释剂（5.2.3）或增菌肉汤（5.4.3.2）中。

注：稀释倍数为 d。

9.2.3 非水溶性产品

将化妆品样品（S）加入到装有适量促溶剂（例：吐温 80）的合适容器中。将样品分散在促溶剂中，按照方法的要求，加入适量（例：9 mL）的中和稀释剂（5.2.2）、稀释剂（5.2.3）或增菌肉汤（5.4.3.2）中。

注：稀释倍数为 d。

9.3 计数方法

9.3.1 稀释计数

通常，初悬液是最初始的计数稀释度。依照产品污染的预期程度，如果必要的话，可使用相同的稀释剂将初悬液进行连续稀释，制成系列梯度的稀释液（例：1∶10 稀释度）。

---

1) CIP：法国巴斯德研究所菌种保藏中心。

2) KCTC：韩国典型菌种保藏中心。

3) ATCC：美国标准生物品收藏中心。

4) NCIMB：英国食品工业与海洋细菌菌种保藏中心。

5) NBRC：日本技术评价研究所生物资源中心。

一般计数方法至少需要两个培养皿。但在常规检测中或同一种样品的梯度稀释中或参考以前的结果时，可以只使用一只培养皿。

9.3.2 平板计数法

9.3.2.1 倾注平板法

在直径为 85 mm～100 mm 的培养皿中，加入 1 mL 初悬液和样品稀释液(见第 13 章)，倒入 15 mL～20 mL 琼脂培养基(5.4.2)(保存在不超过 48 ℃的水浴中)。如果使用更大的培养皿，倒入的琼脂培养基的量应相应增加。

小心旋转或倾注平板以使初悬液和(或)样品稀释液与培养基充分混合。在室温下，将培养皿放置于水平面上使平皿中的混合物凝固。

9.3.2.2 涂布平板法

在直径为 85 mm～100 mm 的培养皿中，加入 15 mL～20 mL 混合好的琼脂培养基(5.4.2)(保存在不超过 48 ℃的水浴中)。如果使用较大的培养皿，琼脂培养基的量应相应增加。将培养皿放入微生物箱或培养箱中使其冷却凝固。然后，将不少于 0.1 mL 的初悬液和(或)确认制备好的样品稀释液(见第 13 章)，涂布在培养基的表面。

9.3.2.3 膜过滤法

使用表面孔径小于 0.45 μm 的滤膜。将适量的初悬液和样品稀释液(见第 13 章)(不少于 1 g 或 1 mL的产品为宜)加到滤膜上，立即过滤和洗膜(按照确认的步骤进行，见第 13 章)。将滤膜转移至琼脂培养基的表面(5.4.2)。

9.3.2.4 培养

除非有其他规定，通常倒置平板放入 32.5 ℃±2.5 ℃的培养箱中，培养 72 h±6 h 后，立即计数平板上的菌落数，如果不能立即计数，可将平板保存在冰箱内，但保存时间不得超过 24 h。

注：在某些情况中，产品内存在影响菌落计数的潜在物质时，则可以使用保存于冰箱中的具有相同样品稀释度和琼脂培养基的平行平板与培养过的平板进行比较。

9.4 增菌

9.4.1 原则

使用增菌肉汤(5.4.3.2)制备初悬液(见 9.2)时，选择下列步骤进行确认(见第 13 章)。

9.4.2 样品培养

9.4.2.1 原则

用肉汤(5.4.3.2)制备的初悬液，置 32.5 ℃±2.5 ℃下培养至少 20 h。

9.4.2.2 次培养

使用灭菌移液管，将 0.1 mL～0.5 mL 培养后的初悬液移至装有大约 15 mL～20 mL 的适合的选择性培养基(5.4.2.1)的表面(培养皿直径 85 mm～100 mm)。如果使用较大的培养皿，琼脂培养基的量应相应增加。

9.4.2.3 培养

翻转培养平板(或者等到加入的悬液被琼脂吸收后再翻转)，置 32.5 ℃±2.5 ℃下培养 48 h～72 h。

10 菌落计数(平板计数和膜过滤法)

培养后，计算菌落数：

——培养皿中应有 30 CFU～300 CFU，如果低于 30 CFU，见 12.2.3。

——在滤膜上应有 15 CFU～150 CFU，如果低于 15 CFU，见 12.2.3。

11 生长的检测(增菌法)

增菌液移至琼脂培养板进行培养后，检查琼脂表面，记录有无细菌生长。

12 结果表示

12.1 平板菌落计数的计算方法

计算样品(S)中的细菌数量 N,按式(1)、式(2)、式(3)计算:

$$N = m/(V \times d) \quad \cdots\cdots (1)$$

$$N = c/(V \times d) \quad \cdots\cdots (2)$$

$$N = \overline{X}_c/(V \times d) \quad \cdots\cdots (3)$$

式中:

m——平行样菌落计数的算术平均数;

V——每个平皿中接种物的体积,单位为毫升(mL);

d——在合适计数范围内的最低稀释度的稀释倍数;

c——单个平板上的菌落数;

$\overline{X}_c$——两个连续稀释度的菌落计数的加权平均数。

$\overline{X}_c$ 按式(4)计算:

$$\overline{X}_c = \sum c/(n_1 + 0.1n_2) \quad \cdots\cdots (4)$$

式中:

$\sum c$——两个连续稀释度的所有平板的总菌落数;

n_1——在合适计数范围内的最低稀释度的平板数;

n_2——在合适计数范围内的第二个稀释度的平板数。

计算结果保留两位有效数字。如果最后一位数字小于5,则前一位数字无须更改,如果最后一位数字大于5,则前一位数字加一位。逐步进行,直至得到两位有效数字,注意得到的数字 N。

12.2 说明

12.2.1 应充分考虑平板计数法固有的变异性。当两个结果之间的差异超过50%,或者用 log 表示超过0.3,即认为这两个结果存在差异。

为了计数的精确性,只计数平皿上菌落数在30~300之间或滤膜上菌落在15~150之间的培养皿。按照所采用的方法检查不同稀释倍数下的菌落数(见第13章)。

12.2.2 当平板上菌落数在30~300之间或膜上菌落数在15~150之间,结果表示如下[这里 S 表示样品(9.2)的质量或体积]:

——若 S 至少为1 g或1 mL,且 V 至少为1 mL,那么每毫升或每克样品中需氧嗜温性细菌的数量=N/S;

——若 S 少于1 g或1 mL,且/或 V 低于1 mL,那么样品中需氧嗜温性细菌(注意用于检测的样品的量应计算在 S 和 V 之内)的数量=N。

将结果表示为1.0至9.9之间的数字乘以10的幂指数(见12.3.1、12.3.2、12.3.3和12.3.7)。

12.2.3 当平板上菌落数低于30或者膜上菌落数低于15,结果表示如下:

——若 S 至少为1 g或1 mL,且 V 至少为1 mL,那么每毫升或每克样品中需氧嗜温性细菌的估算数量=N/S;

——若 S 少于1 g或1 mL,且/或 V 低于1 mL,那么样品中需氧嗜温性细菌(注意用于检测的样品的量应计算在 S 和 V 之内)的估算数量=N。

S 表示样品的质量或体积(9.2)。

将结果表示为1.0至9.9之间的数字乘以10的幂指数(见12.3.4、12.3.5和12.3.6)。

12.2.4 当没有观察到有菌落生长时,结果表示如下:

——每毫升或每克样品中需氧嗜温性细菌的数量低于 $1/d \times V \times S$(S 至少为1 g或1 mL);

——样品 S 中需氧嗜温性细菌的数量低于 $1/d \times V$(注意用于检测的样品的量应计算在 S 和 V 之内)(S 少于1 g或1 mL)。

d 为初悬液(9.2)的稀释倍数且 V 为 1(平板技术法和膜过滤法)或 0.1(涂布平板法)(见 12.3.8)。

12.3 举例

12.3.1 例 1 一个稀释度两个平板

$S=1$ g 或 1 mL;$V=1$;计数可得:稀释度为 10^{-1}、38 和 42。

根据式(1):

每毫升或每克样品中需氧嗜温性细菌的数量 $N=m/(V\times d)=40/(1\times10^{-1})=40/0.1=400$ 或 4×10^{2}。

12.3.2 例 2 一个稀释度一个平板

$S=1$ g 或 1 mL;$V=1$;计数可得:稀释度为 10^{-1}、60。

根据式(2):

每毫升或每克样品中需氧嗜温性细菌的数量 $N=c/(V\times d)=60/(1\times10^{-1})=60/0.1=600$ 或 6×10^{2}。

12.3.3 例 3 两个稀释度两个平板

$S=1$ g 或 1 mL;$V=1$;计数可得:稀释度为 10^{-2}、235 和 282;稀释度为 10^{-3}、31 和 39。

根据式(3):

每毫升或每克样品中需氧嗜温性细菌的数量 $N=\overline{X}_c/(V\times d)=(235+282+31+39)/(2+0.1\times2)\times10^{-2}=587/0.022=26\ 682$。

将上述结果进行数字修约,结果为每毫升或每克样品中需氧嗜温性细菌的数量是 27 000 或 2.7×10^{4}。

12.3.4 例 4 一个稀释度两个过滤膜

$S=1$ g 或 1 mL;$V=1$;计数可得:稀释度为 10^{-1}、18 和 22。

根据式(1):

每毫升或每克样品中需氧嗜温性细菌的数量 $N=m/(V\times d)=20/(1\times10^{-1})=20/0.1=200$ 或 2×10^{2}。

12.3.5 例 5 一个稀释度一个过滤膜

$S=1$ g 或 1 mL;$V=1$;计数可得:稀释度为 10^{-1}、65。

根据式(2):

每毫升或每克样品中需氧嗜温性细菌的数量 $N=c/(V\times d)=65/(1\times10^{-1})=65/0.1=650$ 或 6.5×10^{2}。

12.3.6 例 6 两个稀释度两个过滤膜

$S=1$ g 或 1 mL;$V=1$;计数可得:稀释度为 10^{-1}、121 和 105;稀释度为 10^{-2}、15 和 25。

根据式(3):

每毫升或每克样品中需氧嗜温性细菌的数量 $N=\overline{X}_c/(V\times d)=(121+105+15+25)/(2+0.1\times2)\times10^{-1}=266/0.22=1\ 209$。

将上述结果约整为每毫升或每克样品中需氧嗜温性细菌的数量是 1 200 或 1.2×10^{3}。

12.3.7 例 7 一个稀释度两个平板

$S=1$ g 或 1 mL;$V=1$;计数可得:稀释度为 10^{-1}、28 和 22。

根据式(1):

$N=m/(V\times d)=25/(1\times10^{-1})=25/0.1=250$。

每毫升或每克样品中需氧嗜温性细菌的估算数量为 250 或 2.5×10^{2}。

12.3.8 例 8

$S=1$ g 或 1 mL;$V=1$;计数可得:稀释度为 10^{-1}、0 和 0。

根据式(1)：

$$N \leqslant 1/(V \times d)$$
$$\leqslant 1/(1 \times 10^{-1})$$
$$\leqslant 1/0.1$$
$$\leqslant 10。$$

每毫升或每克样品中需氧嗜温性细菌的估算数量低于 10。

12.3.9 例 9

$S=1$ g 或 1 mL；$V=1$；计数可得：稀释度为 10^{-1}、0 和 3。

根据式(1)：

$$N \leqslant m/(V \times d)$$
$$\leqslant 1.5/(1 \times 10^{-1})$$
$$\leqslant 1.5/0.1$$
$$\leqslant 15。$$

每毫升或每克样品中需氧嗜温性细菌的估算数量低于 15。

12.4 增菌后检测

具有生长的情况下(见第 11 章)，结果表示为“样品 S 中存在需氧嗜温性细菌”，然后使用其中一种推荐方法(见 9.3)进行计数。如果没有检测到生长(见第 11 章)，结果表示为“样品 S 中不存在需氧嗜温性细菌”。

13 产品的抑菌性的中和处理

13.1 原则

以下不同试验说明微生物可以在分析条件下生长。常用于证明化妆品抑菌性的两种菌株(见第 7 章)被确认对抑菌物质具有较广泛的敏感性。

13.2 接种物的制备

在试验前，每种菌株都应先接种在大豆酪蛋白琼脂培养基(SCDA)或其他合适(非选择性、非中和性)培养基上，置 32.5 ℃±2.5 ℃培养 18 h～24 h。为了收集细菌培养物，使用灭菌接种环，刮取培养基表面细菌重新悬浮于稀释液中，以获得细菌悬浮液(5.3)，使用分光光度计调整细菌浓度约为 1×10^{8} CFU/mL，此细菌悬液及其稀释液需在 2 h 内使用。

13.3 计数方法的验证

13.3.1 原则

将样品液(初悬液或者因为产品的抑菌性过强或溶解性过低制成的样品稀释液)与每个细菌菌株的稀释液混匀、中和后，将中和液移至培养皿或过滤膜上，经培养后，与不含有样品的对照组进行菌落特性和菌落数的比较。

如果菌落数在不足对照组的 50%(0.3 log)以下，则需要调整内容(稀释剂、中和剂或混合肉汤，参见附录 A)。应充分考虑平板计数法固有的变异性。当两个结果之间的差异超过 50%，或者用 log 表示超过 0.3，即认为这两个结果存在差异。接种的标准菌不生长说明该检测方法无效，除非认为产品的微生物污染是不同的。

13.3.2 倾注平板法的验证

将 9 mL 初悬液和(或)用中和稀释剂稀释的样品稀释液与 1 mL 含有 1 000 CFU/mL～3 000 CFU/mL 的微生物菌悬液混合。移取 1 mL 至培养皿(最好有平行样)中，倒入 15 mL～20 mL 混匀的琼脂培养基(5.4.2)(保存在不超过 48 ℃的水浴中)。平行设立一个使用相同稀释剂和相同微生物菌悬液,但不含有样品的对照平板。置32.5 ℃±2.5 ℃培养24 h～72 h后,计数平板上菌落数,并比较检测平板与对照平板的菌落数。如果计数结果至少是对照平板的50%(0.3 log)以上,可以确认1∶10稀释(使用1 mL初悬液)时的稀释液和计数方法是有效的。

13.3.3 涂布平板法的验证

将9 mL用中和稀释剂(或其他,见5.1)稀释的初悬液与1 mL含有10 000 CFU/mL～30 000 CFU/mL(使用0.5 mL或1 mL涂布时可更少)的微生物菌悬液混合,取至少1 mL涂布在凝固的琼脂培养基表面(5.2)(最好有平行样)。平行制备一个使用相同稀释剂和相同微生物菌悬液但不含有样品的对照平板。置32.5 ℃±2.5 ℃培养24 h～72 h后,计数平板上菌落数,并与对照平板上的菌落数进行比较。如果计数结果至少是对照组的50%(0.3 log)以上,可以确认1∶10稀释(使用1 mL初悬液)时的稀释液和计数方法是有效的。

13.3.4 膜过滤法的验证

将适量初悬液或检测中使用的样品稀释液(见9.3.2.3)与适量的大约100 CFU的微生物标准悬浮液混合。混合液立即膜过滤,并且使用一定量的水(5.1)、稀释剂(5.2.3)或中和稀释剂(5.2.2)洗涤滤膜,将滤膜转移至合适的琼脂培养基(5.4.2)的表面。平行地制备一个相同条件下不含有样品的对照样品,在相同条件下过滤和清洗。置32.5 ℃±2.5 ℃下,培养24 h～72 h后,计数膜上菌落数,并与对照样品的菌落数进行比较。如果计数结果至少是对照组的50%(0.3 log),可以确认膜过滤方法和稀释剂是有效的。

13.4 增菌检测方法的验证

13.4.1 步骤

制备含有每种标准菌株悬液、最终浓度为100 CFU/mL～500 CFU/mL的9 mL细菌悬液稀释液(5.3);为了计数标准菌悬液中最终活的细菌浓度,移取1 mL菌悬液至培养皿中,倾注15 mL～20 mL琼脂培养基(5.4.2)(保存在不超过48 ℃的水浴中)。置32.5 ℃±2.5 ℃条件下,培养20 h～24 h。在试管或烧瓶内加入一定量的增菌肉汤(5.4.3.2),制备与检测时相同条件的样品初悬液双份(至少1 g或1 mL产品),在一个(确认试验)的试管内,无菌接种入0.1 mL标准菌悬液。混匀后,确认试验试管与对照试管均置于32.5 ℃±2.5 ℃条件下,培养20 h～24 h。使用无菌移液管从每个试管或烧瓶中,移取0.1 mL～0.5 mL(与检测条件相同)至含有大约15 mL～20 mL琼脂培养基培养皿(直径85 mm～100 mm)中。置32.5 ℃±2.5 ℃条件下,培养24 h～72 h。

13.4.2 结果的说明

对每个细菌菌株,检查并确认其悬浮液含100 CFU/mL～500 CFU/mL的细菌。

如果有细菌生长的特征,中和检测方法的验证定义如下:

——对金黄色葡萄球菌:培养物颜色为黄色;

——对铜绿假单胞菌:在确认平板上接种物的颜色为绿色到黄色菌落,在对照平板上不生长。

当在对照平板上有细菌生长(污染产品)时,如果接种的细菌在确认平板上可以恢复生长,可以认为中和检测方法验证是有效的。

13.5 验证结果的解释

验证平板上细菌不生长,表明抗菌活性依然存在,并且有必要对方法的条件进行修改。可通过增加营养肉汤的量、保持相同的样品数量或者在营养肉汤中添加足量的失活剂,或者结合适当的修改来进行完善,以保证细菌生长。尽管添加适当的失活剂和增加肉汤量,上述可培养微生物还是有可能不能复壮,这表明本标准材料提供的信息可能不适合这类微生物。

14 检测报告

检测报告应列出以下内容:

1) 产品完整鉴定所需要的全部信息;

2） 使用方法；

3） 结果；

4） 制备初悬液的所有详细操作步骤；

5） 方法中中和剂和培养基使用的描述；

6） 方法的验证，即使分开进行的测试；

7） 本文件中没有指出的或被认为非强制的部分，以及影响结果的任何细节。

附 录 A
（资料性附录）
针对防腐剂抑菌活性的中和剂和漂洗剂

表 A.1 针对防腐剂抑菌活性的中和剂和漂洗剂

防腐剂	中和剂	中和剂及漂洗液配方(膜过滤法)
酚类化合物 对羟基苯甲酸酯， 苯基乙醇， 苯胺	卵磷脂，吐温 80，脂肪酸环氧乙烷聚合物，非离子型表面活性剂	吐温 80，30 g/L＋卵磷脂，3 g/L。 脂肪酸环氧乙烷聚合物，7 g/L＋卵磷脂，20 g/L＋吐温 80，4 g/L。 D/E 中和培养基[a] 漂洗液：蒸馏水；蛋白胨，1 g/L＋氯化钠，9 g/L；吐温 80，5 g/L。
季胺类化合物， 阳离子表面活性剂	卵磷脂，皂角苷，吐温 80，十二烷基硫酸钠，脂肪酸环氧乙烷聚合物	吐温 80，30 g/L＋十二烷基硫酸钠，4 g/L＋卵磷脂，3 g/L。 吐温 80，30 g/L＋皂角苷，30 g/L＋卵磷脂，3 g/L。 D/E 中和培养基[a] 漂洗液：蒸馏水；蛋白胨，1 g/L＋氯化钠，9 g/L；吐温 80，5 g/L。
甲醛 乙醛	甘氨酸，组氨酸	卵磷脂，3 g/L＋吐温 80，30 g/L＋*L*-组氨酸，1 g/L。 吐温 80，30 g/L＋皂角苷，30 g/L＋*L*-组氨酸，1 g/L＋*L*-半胱氨酸，1 g/L。 D/E 中和培养基[a] 漂洗液：吐温 80，3 g/L＋*L*-组氨酸，0.5 g/L。
氧化物	硫代硫酸钠	硫代硫酸钠，5 g/L。 漂洗液：硫代硫酸钠，3 g/L。
异噻唑啉酮，咪唑	卵磷脂，皂角苷，胺，硫醇，亚硫酸氢钠，β-巯基乙醇	吐温 80，30 g/L＋皂角苷，30 g/L＋卵磷脂，3 g/L。 漂洗液：蛋白胨，1 g/L＋氯化钠，9 g/L；吐温 80，5 g/L。
双胍	卵磷脂，皂角苷，吐温 80	吐温 80，30 g/L＋皂角苷，30 g/L＋卵磷脂，3 g/L。 漂洗液：蛋白胨，1 g/L＋氯化钠，9 g/L；吐温 80，5 g/L。
金属盐类(Cu，Zn，Hg)，有机汞类	重硫酸钠， *L*-巯基半胱氨酸 β-巯基乙醇	β-巯基乙醇，0.5 g/L 或 5 g/L。 *L*-半胱氨酸，0.8 g/L 或 1.5 g/L。 D/E 中和培养基[a] 漂洗液：β-巯基乙醇，0.5 g/L。

[a] D/E 中和肉汤(Dey/Engley 中和肉汤)，参见附录 D。

附 录 B
（资料性附录）
其他中和稀释剂

B.1 原则

如果其他的中和稀释剂经过检查和验证也可用于制备样品初悬液，以下所列较适合应用的中和稀释剂配方。有关中和剂的材料可参见附录 A。

B.2 Eugon LT 100 液体肉汤

见 5.4.3.2。

B.3 酪蛋白胨卵磷脂聚山梨醇脂肉汤

B.3.1 成分

酪蛋白胨	1.0 g
卵磷脂	0.7 g
吐温 80	20.0 g
水	980 mL

B.3.2 制备

经加热、搅拌和溶解上述成分，冷却至 25 ℃装入合适的容器中，置 121 ℃高压灭菌 15 min；灭菌后，在室温下调整 pH 值至 7.2±0.2。

B.4 改良 Letheen 肉汤

B.4.1 成分

蛋白胨（肉酶消化产物）	20.0 g
酪蛋白胰酶消化物	5.0 g
牛肉膏	5.0 g
酵母膏	2.0 g
卵磷脂	0.7 g
吐温 80	5.0 g
氯化钠	5.0 g
亚硫酸氢钠	0.1 g
水	1 000 mL

B.4.2 制备

将吐温 80 和卵磷脂先后溶解在沸腾的水中，直至完全溶解。经加热、搅拌加入其他成分进行溶解。然后将培养基分装在合适的容器中，置 121 ℃高压灭菌 15 min 后，在室温下调整 pH 值至 7.2±0.2。

附 录 C
（资料性附录）
其他稀释剂

C.1 原则

如果其他的稀释剂经过检查和验证也可用于制备样品初悬液，以下所列较适合应用的稀释剂配方。

C.2 缓冲蛋白胨水(pH 7)

C.2.1 成分

牛肉胨	1.0 g
氯化钠	4.3 g
磷酸二氢钾	3.6 g
磷酸氢二钠二水化合物	7.2 g
水	1 000 mL

C.2.2 制备

将上述成分溶解在沸腾的水中。混匀，冷却至 25 ℃装入合适容器中，置 121 ℃高压灭菌 15 min 后，在室温下调整 pH 值至 7.1±0.2。

附　录　D
（资料性附录）
其他培养基

D.1　原则

如果其他的稀释剂经过检查和验证也可用于制备样品初悬液。以下所列较适合应用的其他培养基。

D.2　计数用琼脂培养基

D.2.1　Eugon LT 100 琼脂培养基

见 5.4.3.3.1。

D.2.2　LT 100 琼脂

D.2.2.1　成分

胰酶消化的酪蛋白	15.0 g
大豆粉木瓜蛋白酶消化物	5.0 g
氯化钠	5.0 g
卵磷脂	1.0 g
吐温 80	5.0 g
辛基酚聚醚 9	1.0 g
琼脂	15.0 g
水	1 000 mL

D.2.2.2　制备

将吐温 80、辛基酚聚醚 9 和卵磷脂先后溶解在沸腾的水中，直至完全溶解；经加热、轻轻搅拌加入其他成分进行溶解，然后将培养基分装在合适的容器中。置 121 ℃高压灭菌 15 min 后，在室温下调整 pH 值至 7.0±0.2。

D.2.3　添加大豆酪蛋白消化物琼脂培养基（添加 SCD 肉汤琼脂）

D.2.3.1　成分

酪蛋白胨	17.0 g
大豆蛋白胨	3.0 g
氯化钠	5.0 g
磷酸氢二钾	2.5 g
葡萄糖	2.5 g
琼脂	15.0 g
水	1 000 mL

D.2.3.2　制备

将所有成分或干粉培养基先后溶解在沸腾的水中，直至完全溶解。然后将培养基分装在合适的容器中，置 121 ℃高压灭菌 15 min 后，在室温下调整 pH 值至 7.2±0.2。

D.3　增菌肉汤

D.3.1　改良 Letheen 肉汤[5]

见第 B.4 章。

D.3.2 大豆酪蛋白消化物卵磷脂吐温 80 培养基(SCDLP 80 肉汤)

D.3.2.1 成分

酪蛋白胨	17.0 g
大豆蛋白胨	3.0 g
氯化钠	5.0 g
磷酸氢二钾	2.5 g
葡萄糖	2.5 g
卵磷脂	1.0 g
吐温 80	7.0 g
水	1 000 mL

D.3.2.2 制备

将所有成分或干粉培养基先后溶解在沸腾的水中,直至完全溶解。然后将培养基分装在合适的容器中,置 121 ℃高压灭菌 15 min 后,在室温下调整 pH 值至 7.2±0.2。

D.3.3 D/E 中和肉汤(Dey/Engley 中和肉汤)

D.3.3.1 成分

葡萄糖	10.0 g
大豆卵磷脂	7.0 g
$Na_2S_2O_3 \cdot 5H_2O$	6.0 g
吐温 80	5.0 g
酪蛋白胨胰酶消化物	5.0 g
$NaHSO_3$	2.5 g
酵母膏	2.5 g
巯基乙酸钠	1.0 g
溴甲酚紫	0.02 g
水	1 000 mL

D.3.3.2 制备

将所有成分或干粉培养基先后溶解在沸腾的水中,直至完全溶解。然后将培养基分装在合适的容器中,置 121 ℃高压灭菌 15 min 后,在室温下调整 pH 值至 7.6±0.2。

D.4 检测用大豆酪蛋白消化物卵磷脂吐温 80 琼脂培养基(SCDLPA)

D.4.1 成分

酪蛋白胨	15.0 g
大豆蛋白胨	5.0 g
氯化钠	5.0 g
卵磷脂	1.0 g
吐温 80	7.0 g
琼脂	15.0 g
水	1 000 mL

D.4.2 制备

经加热、搅拌溶解上述成分,分装到合适容器中,置 121 ℃高压灭菌 15 min 后冷却,在室温下调整 pH 值至 7.0±0.2。

参 考 文 献

[1] Microbiology Guidelines. 2001 published by the Cosmetic, Toiletry and Fragrance Association.

[2] Microbiological Examination of non-sterile products. 4th edition. 2002 published by the European Pharmacopoeia.

[3] J. P 14. General tests—Microbial limit test. 2001 published by the Japanese Pharmacopoeia.

[4] USP 28. Microbial limit test 61. 2005 published by the U. S. Pharmacopoeia.

[5] Bacteriological Analytical Manual. 8th edition. 1995 published by the U. S. Food and Drug Administration.

[6] SINGER, S. The use of preservative neutralizers in diluents and plating media. Cosmetics and Toiletries. 102. December 1987. p. 55.

[7] EN 1040-6 Chemical disinfectants and antiseptics—Basic bactericidal activity—Test method and requirements (phase 1).

[8] ISO 18415-7 Cosmetics—Microbiology—Detection of specified microorganisms (Staphylococcus aureus, Escherichia coli, Pseudomonas aeruginosa, Candida albicans) and non-specified microorganisms.

[9] ISO 18416-7 Cosmetics—Microbiology—Detection of Candida albicans.

[10] ISO 21150-7 Cosmetics—Microbiology—Detection of Escherichia coli.

[11] ISO 22717:2006 Cosmetics—Microbiology—Detection of Pseudomonas aeruginosa.

[12] ISO 22718:2006 Cosmetics—Microbiology—Detection of Staphylococcus aureus.

[13] EN 12353 Chemical disinfectants and antiseptics—Preservation of microbial strains used for the determination of bactericidal and fungicidal activity.

[14] Guidelines on Microbial Quality Management. 1997 published by the European Cosmetic, Toiletry and Perfumery Association (COLIPA).

[15] ATLAS, R. M. Handbook of Microbiological Media. CRC Press.

ICS 03.080.99
A 20

中华人民共和国国家标准

GB/T 24405.1—2009/ISO/IEC 20000-1:2005

信息技术 服务管理 第1部分:规范

Information technology—Service management—Part 1:Specification

(ISO/IEC 20000-1:2005,IDT)

2009-09-30 发布　　　　2009-12-01 实施

中华人民共和国国家质量监督检验检疫总局
中国国家标准化管理委员会 发布

前　言

GB/T 24405 在《信息技术　服务管理》总标题下，分为如下几部分：

——第 1 部分：规范；

——第 2 部分：实践规则。

本部分是 GB/T 24405 的第 1 部分。

本部分等同采用 ISO/IEC 20000-1:2005《信息技术　服务管理　第 1 部分：规范》。

本部分由全国信息技术标准化技术委员会提出并归口。

本部分起草单位：中国电子技术标准化研究所、山东省标准化研究院、上海宝信软件股份有限公司、上海三零卫士信息安全有限公司、深圳市信息工程协会、中国生产力促进中心协会、北京三零盛安信息系统有限公司、深圳市和发实业有限公司、深圳市希尔科技有限公司、深圳市振瀚信息咨询有限公司、山东浪潮齐鲁软件产业股份有限公司。

本部分主要起草人：韩红强、周平、冯惠、刘辉、朱瑞虹、王曙光、曲发川、欧阳树生、王建纲、金桥、陈长松、曾波、邓超、唐尖兵、杨晓光、杨建军、王宝艾、韩硕祥、杨勤、叶志勇、周楚生、刘燕青、程燕、黄伟、张帆、王柏华。

引　言

GB/T 24405的本部分鼓励采用整合的过程方法，有效地交付受管理的服务，满足业务和顾客要求。一个有效实施本部分的组织须识别和管理众多的相互关联的活动。使用资源并予以管理、将输入转化为输出的活动被认为是一个过程。一个过程的输出常常成为另一个过程的输入。

服务管理过程的协调整合与实施可提供实时的控制、更高的效率和持续改进的机会。实施过程和活动要求将服务台人员、服务支持人员、服务交付人员和运营团队很好地组织和协调。还要求适宜的工具以确保过程有效及高效。

假定本部分各项条款由具有适当资质和能力的人执行。

本部分无意包括一份合同的所有需要的条款。本部分的使用者对标准的正确应用负责。

符合本部分并不能免除法律责任。

信息技术　服务管理
第1部分:规范

1　范围

GB/T 24405的本部分为服务提供方定义了向其顾客交付可接受质量的受管理服务的要求。该部分可用于:

a) 将以其服务进行投标的机构;

b) 要求供应链中的所有服务提供方采用一致的方法的机构;

c) 要确定IT服务管理基准的服务提供方;

d) 独立评估的基础;

e) 需要证明其可提供满足顾客要求的服务的能力的组织;

f) 意欲通过过程的有效应用来监视和提高服务质量,从而改善服务的组织。

本部分规定了一些紧密相关的服务管理过程,如图1所示。

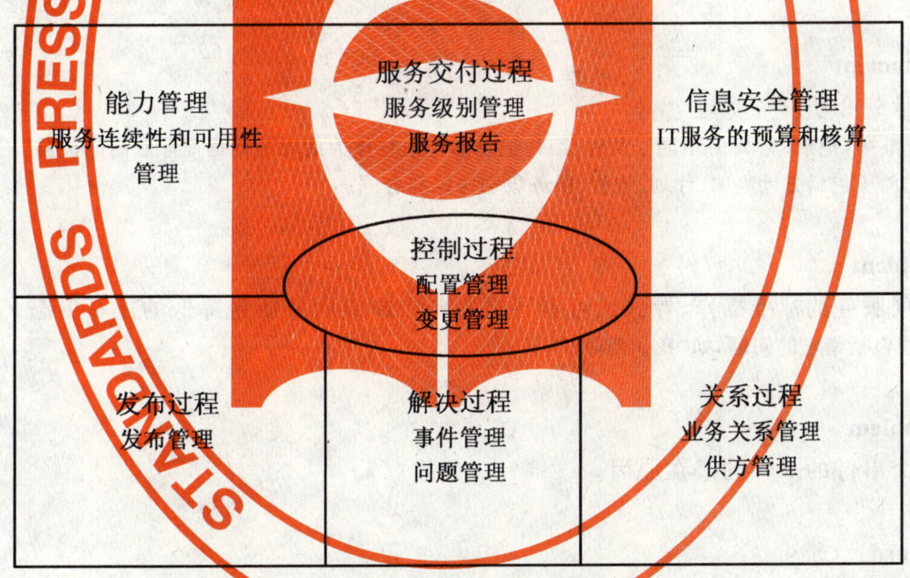

图1　服务管理过程

这些过程之间的关系取决于组织内的应用,而且通常太复杂以至于不能建模,因此,过程之间的关系不在图中表示。

本部分所包含的目标和控制措施并不完备,一个组织可考虑附加一些目标和控制措施来满足其特定业务需求。服务提供方和企业之间的业务关系从本质上决定了如何实施本部分中的要求以满足全部目标。

作为基于过程的标准,本部分的目的并非用于产品评估。然而,开发服务管理工具、产品和系统的组织可以使用本部分及实践规则来帮助他们开发支持最佳实践服务管理的工具、产品和系统。

2　术语和定义

下列术语和定义适用于GB/T 24405的本部分。

2.1

可用性 availability

在规定时刻或规定时间段内，部件或服务执行要求功能的能力。

注：可用性通常用机构使用的实际可用服务时间与约定服务时间的比率来表示。

2.2

基线 baseline

在某个时间点上服务或各个配置项的状态。

2.3

变更记录 change record

包括受影响的配置项及其如何被授权的变更所影响的详细信息的记录。

2.4

配置项 configuration item

处于或将处于配置管理之下的基础设施部件或项。

注：配置项在复杂性、规模和类型方面变化可能很大，配置项可以是整个系统，包括所有的硬件、软件和文档，也可以是单个模块或很小的硬件部件。

2.5

配置管理数据库 configuration management database;CMDB

包含每个配置项所有相关的详细信息和配置项之间重要关系的详细信息的数据库。

2.6

文件 document

信息及其承载介质。

注1：在本标准中，记录(见2.9)不同于文件，因为记录的作用是作为活动的证据而非意图的证据。

注2：文件的例子包括方针声明、计划、规程、服务级别协议和合同。

2.7

事件 incident

不属于某项服务的标准操作、导致或可能导致服务中断或服务质量降低的任一事态。

注：事件可能包括请求的问题，如“我如何做?”。

2.8

问题 problem

一个或多个事件的未知的潜在原因。

2.9

记录 record

阐明所取得的结果或提供所完成活动的证据的文件。

注1：在本标准中，记录不同于文件，因为记录的作用是作为活动的证据而非意图的证据。

注2：记录的例子可包括审核报告、变更请求、事件报告、个人培训记录和发送给顾客的发货单。

2.10

发布 release

经测试且被引入实际运行环境的新配置项和(或)变更的配置项的集合。

2.11

变更请求 request for change

在一项服务或基础设施内，用于记录请求变更任一配置项的详情的表单。

2.12

服务台 service desk

面向顾客的、完成大部分支持工作的支持组。

2.13

服务级别协议　service level agreement;SLA

服务提供方与顾客之间签署的、描述服务和约定服务级别的协议。

2.14

服务管理　service management

为满足业务需求对服务进行的管理。

2.15

服务提供方　service provider

旨在达到本标准要求的组织。

3　管理体系要求

目标:提供一个管理体系,包括方针和框架,以有效管理和实施所有IT服务。

3.1　管理职责

在组织业务与顾客需求环境中,通过引导并采取措施,高层管理者或执行管理者应提供承诺开发、实施和改进其服务管理能力的证据。

管理者应:

a）确定服务管理的方针、目标和计划;

b）通报满足服务管理目标和持续改进要求的重要性;

c）确保顾客需求已得到确定和满足,目的是为了改进顾客满意度;

d）指定负责协调和管理所有服务的管理层成员;

e）确定并提供资源,以便策划、实施、监视、评审和改进服务的交付与管理,例如,补充适当人员、对人员变动进行管理;

f）对服务管理组织和服务的风险进行管理;

g）根据计划的时间间隔进行服务管理评审,以确保连续的适宜性、充分性和有效性。

3.2　文件要求

服务提供方应提供文件和记录,以确保有效地策划、运行和控制服务管理。包括:

a）形成服务管理方针和计划的文件;

b）形成服务级别协议的文件;

c）形成本部分要求的过程和规程的文件;

d）本部分要求的记录。

应确立创建、评审、批准、保持和控制不同类型文件和记录的规程和职责。

注:文件可以存放于任何形式或类型的介质。

3.3　能力、意识和培训

应在定义并保持所有服务管理角色和职责的同时,定义并保持有效地执行它们所要求的能力。

应对人员能力和培训需求进行评审和管理,以使人员能有效地发挥其角色的作用。

高层管理者应确保其雇员意识到他们活动的相关性和重要性、如何致力于完成服务管理目标。

4　策划和实施服务管理

注:称之为“Plan-Do-Check-Act”(PDCA)的方法可适用于所有过程。PDCA模式可简述如下:

a）策划:根据顾客的要求和组织的方针,为提供结果建立必要的目标和过程;

b）实施:实施过程;

c）检查:根据方针、目标和产品要求,对过程和产品进行监视和测量,并报告结果;

d）处置:采取措施,以持续改进过程业绩。

图2所示的模型阐明了第4章至第10章所介绍的过程和过程间的联系。

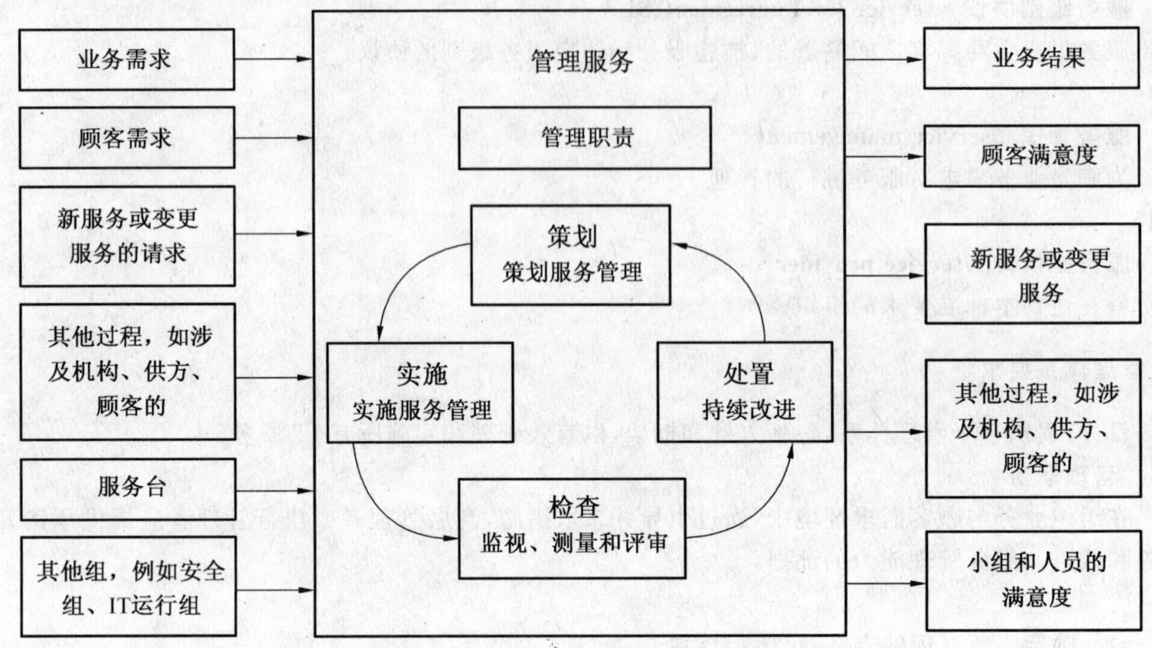

图2 服务管理过程的PDCA方法论

4.1 策划服务管理(策划)

目标:策划服务管理的实施和交付。

应对服务管理进行策划,形成的计划至少应定义:

a) 服务提供方的服务管理范围;
b) 服务管理要完成的目标和要求;
c) 要执行的过程;
d) 管理角色和职责的框架,包括高层责任人、过程责任人和供方的管理;
e) 服务管理过程与协调活动的方式之间的接口;
f) 识别、评估并管理在完成规定目标过程中的问题和风险所采取的方法;
g) 与创建或修改服务的各项目进行接口的方法;
h) 完成规定目标所必要的资源、设施和预算;
i) 支持过程的适当工具;
j) 如何管理、审核并改进服务质量。

为评审、授权、通报、实施并保持这些计划,应具备条理清晰的管理导向和形成文件的职责。

任何针对特定过程生成的计划都应与服务管理计划保持一致。

4.2 实施服务管理和提供服务(实施)

目标:实施服务管理目标和计划。

服务提供方应实施服务管理计划,以管理并交付服务,包括:

a) 资金和预算的分配;
b) 角色和职责的分配;
c) 编制并保持每个过程或过程集合的策略、计划、规程和定义;
d) 服务风险的识别和管理;
e) 团队的管理,例如,补充并培养适当的人员,对人员的连续性进行管理;
f) 设施和预算的管理;
g) 包括服务台和服务运行组在内的团队的管理;

h) 按照计划报告进度;

i) 各服务管理过程的协作。

4.3 监视、测量和评审(检查)

目标:监视、测量和评审正在实现的服务管理目标和计划。

服务提供方应采用适宜的方法来监视并适当的测量服务管理过程。这些方法应证实过程具有达到计划结果的能力。

管理层应根据计划的时间间隔进行评审,以确定服务管理需求是否:

a) 符合服务管理计划、本标准的要求;

b) 得到有效的实施和保持。

考虑拟审核的过程和区域的状况和重要性以及以往审核的结果,应对审核方案进行策划。应规定审核的准则、范围、频次和方法。审核员的选择和审核的实施应确保审核过程的客观性和公正性。审核员不应审核自己的工作。

服务管理的评审、评估与审核的目标,应与诸如审核及评审的结果和已识别的补救措施等一并记录在案。任何重大的不符合及相关事宜都应通报给相关方。

4.4 持续改进(处置)

目标:改进服务交付和管理的有效性和效率。

4.4.1 方针

应发布有关服务改进的方针。任何与标准或服务管理计划的不符合都应进行补救。应清楚定义服务改进活动的角色和职责。

4.4.2 改进的管理

应对所有建议的服务改进进行评估、记录、排定优先顺序并授权。应使用服务改进计划来控制活动。

服务提供方应具有一个适当的过程,来识别、测量、报告并管理处于进行中的改进活动。它应包括:

a) 单个过程的改进,可由过程责任人和相关人员来实施,例如,执行单个纠正和预防措施;

b) 整个组织的改进或多个过程的改进。

4.4.3 活动

服务提供方应执行活动以:

a) 收集并分析数据,为服务提供方的能力建立基线和标杆,以管理和交付服务与服务管理过程;

b) 识别、策划并实施改进;

c) 与所有相关方进行商议;

d) 设定改进质量、成本和资源利用的目标;

e) 考虑来自所有的服务管理过程改进的有关输入;

f) 测量、报告并通报服务改进;

g) 修订服务管理方针、过程、规程和计划中必须修订的内容;

h) 确保所有批准的措施都已交付执行,并达到了预期目标。

5 策划和实施新服务或变更的服务

目标:确保新服务和服务的变更,按各方协商一致的成本和服务质量交付和管理。

对新服务或变更的服务的提议,应考虑由服务交付和管理所产生的成本以及组织上、技术上和商业上的影响。

包括服务的终止在内,新服务或变更服务的实施,应通过正式变更管理来策划和批准。

策划和实施应包括足够的资金和资源,以进行服务交付和管理所需的变更。

该计划应包括:

a) 实施、运行和保持新服务或变更的服务的角色和职责，包括顾客和供方要执行的活动；
b) 现存服务管理框架和服务的变更；
c) 通报给相关方；
d) 新的或变更的合同和协议，以与业务需求的变更保持一致；
e) 人力和招聘的需求；
f) 技能和培训需求，例如，用户、技术支持；
g) 与新服务或变更的服务有关的将要使用的过程、测量、方法和工具，例如，能力管理、财务管理；
h) 预算和时间进度表；
i) 服务验收准则；
j) 以可测量术语表示的运行新服务而产生的预期结果。

在进入实际运行环境之前，新服务或变更的服务应由服务提供方进行验收。

服务提供方应在实施之后，针对策划的内容，报告新服务或已变更服务取得的成果。应通过变更管理过程进行实施后的评审，对实际成果与策划内容进行比较。

6 服务交付过程

6.1 服务级别管理

目标：定义、协商、记录并管理服务级别。

与相应服务级别目标和工作量特性一起提供的整体服务范围，应由相关方进行协商并记录。

所提供的每个服务都应定义、协商并记录在一个或多个服务级别协议(SLAs)中。

SLAs 连同支持服务协议、供方合同及相关规程，都应由所有相关方签署并记录。

SLAs 应处于变更管理过程的控制之下。

SLAs 应由相关方定期评审，而得以保持，从而确保它们得到及时更新，并随时保持有效。

应依目标对服务级别进行监视和报告，显示有关当前和今后趋势的信息。应报告并评审不符合的原因。应记录在这个过程中已识别的改进措施，并为服务改进计划提供输入。

6.2 服务报告

目标：为依据可靠信息做出决策和有效沟通，编制协商一致的、及时的、可靠的、准确的报告。

应清晰地描述每一份服务报告，包括它的标识、目的、读者和数据源的详情。

应生成服务报告以满足已识别要求和顾客需求。服务报告应包括：

a) 与服务级别目标相对应的绩效；
b) 不符合项和问题，比如违背 SLA、安全漏洞；
c) 工作量特征，比如容量、资源利用率；
d) 重大事态之后的绩效报告，例如重大事件和变更；
e) 趋势信息；
f) 满意度分析。

管理决策和纠正措施应充分考虑服务报告中的发现，并应通报给相关方。

6.3 服务连续性和可用性管理

目标：确保向顾客承诺的协商一致的服务连续性和可用性在任何情况下都能得到满足。

可用性和服务连续性的需求应基于业务计划、SLAs 和风险评估来确定。需求应包括访问权和响应次数，以及系统部件的端对端可用性。

应制定可用性和服务连续性计划，并至少每年对其进行一次评审，以确保所有情况下(从正常情况到服务重要损失情况)各方同意的要求得到满足。应对这些计划进行保持，以确保它们反映了业务所要求的协商一致的变更。

当业务环境发生重大变更时，应重新测试可用性及服务连续性计划。

变更管理过程应评估任一变更对于可用性和服务连续性计划的影响。

应对可用性进行测量和记录。应对计划之外的不可用性进行调查并采取适当措施。

注：可能的话，应预报潜在问题并采取预防措施。

当正常的工作访问被阻止时，应具有可用的服务连续性计划、联系人清单和配置管理数据库。服务连续性计划应包括返回正常工作状态。

应依据机构的要求来测试服务连续性计划。

应记录所有的连续性测试，测试失效应在行动计划中明确描述。

6.4 IT服务的预算与核算

目标：服务供应成本的预算和核算。

注：本部分包括 IT 服务的预算和核算。实际上，许多组织会涉及这些服务的计费。然而，既然计费是个可选活动，本标准并不包括它。建议组织在使用计费的地方，对这样做的机制进行全面定义，并让所有相关方理解。所有使用中的核算惯例都应与组织的会计工作实践密切联系。

应具备清楚的策略和过程进行：

a） 包括 IT 资产、共享资源、日常开支、外部供应服务、人员、保险和许可证等的预算和核算；

b） 与服务相关的间接成本和直接成本的分摊；

c） 有效的财务控制和授权。

应对支出进行足够详细的预算，以达到有效的财务控制和业务决策。

服务提供方应监视并报告预算的支出，评审财务预报，从而管理支出。

应通过变更管理过程来对服务变更进行估价和批准。

6.5 能力管理

目标：确保服务提供方在所有时间内具有足够能力来满足当前及将来商定的顾客的业务要求。

能力管理应生成并保持一个能力计划。能力管理应涉及业务要求并包括：

a） 当前和预计的能力与性能需求；

b） 已识别的服务升级的时间进度表、阈值和成本；

c） 预期的服务升级、变更请求、新技术和技能对能力的影响评价；

d） 预计的外部变更影响，例如，政策法规；

e） 能够进行预期分析的数据和过程；

应识别方法、规程和技巧，以监视服务能力、调整服务绩效并提供足够能力。

6.6 信息安全管理

目标：在所有服务活动中有效地管理信息安全。

注：GB/T 22081—2008 提供了有关信息安全管理的指南。

具有适当授权的管理者应批准信息安全方针，并通报给所有适当的相关人员和顾客。

应执行适当的安全控制措施，以：

a） 实施信息安全方针的需求；

b） 对与访问服务或系统相关的风险进行管理。

安全控制措施应形成文件。这些文件应描述控制措施相关的风险、运行的方式、控制的保持。

在实施变更之前，应评估对控制措施的变更的影响。

应基于规定了所有必需的安全需求的正式协议，来安排外部组织访问信息系统和服务。

应尽可能快速地依照事件管理规程报告和记录安全事件。应有适当的规程来确保所有的安全事件的调查，并采取管理措施。

应有适当的机制以使安全事件与故障的类型、数量和影响得以量化和监视。应记录该过程中已识别的改进措施，并作为服务改进计划的输入。

7　关系过程

7.1　概述

关系过程描述的是供方管理和业务关系管理两个方面。

7.2　业务关系管理

目标：基于对顾客及其业务驱动的理解，建立并保持服务提供方与顾客之间的良好关系。

服务提供方应识别并记录服务的利益相关方和顾客。

服务提供方和顾客至少应每年参加一次服务评审，讨论对于服务范围、SLA 合同（若有的话）或业务要求的任何变更。这些会议应形成书面的会议记录。

该服务的其他利益相关方也可受邀参加会议。

对合同的变更，若还有对 SLAs 的变更，应在适当的时候紧接这些会议进行。这些变更应服从变更管理过程。

服务提供方应随时了解业务要求和重大变更，以便准备响应这些要求。

应具备一个投诉过程。正式的服务投诉的定义应与顾客协商一致。所有正式的服务投诉应由服务提供方进行记录，并调查原因，采取措施，予以报告并正式关闭。当投诉不能通过常规渠道解决时，投诉应能升级。

服务提供方应指定专职个人或小组，负责管理顾客满意事宜和整个业务关系过程。应具备从定期的顾客满意度测量获取反馈信息并据此采取措施的过程。在此过程中识别的改进应予记录，并作为改进服务的输入。

7.3　供方管理

目标：管理供方，确保提供无缝的和高质量的服务。

注 1：本标准的范围不包括供方的采购。

注 2：供方可由服务提供方在提供某些部分服务时使用。正是服务提供方需要证实其对供方管理过程的符合性。

图 3 所示的模型给出了服务提供方与供方之间关系的示例。

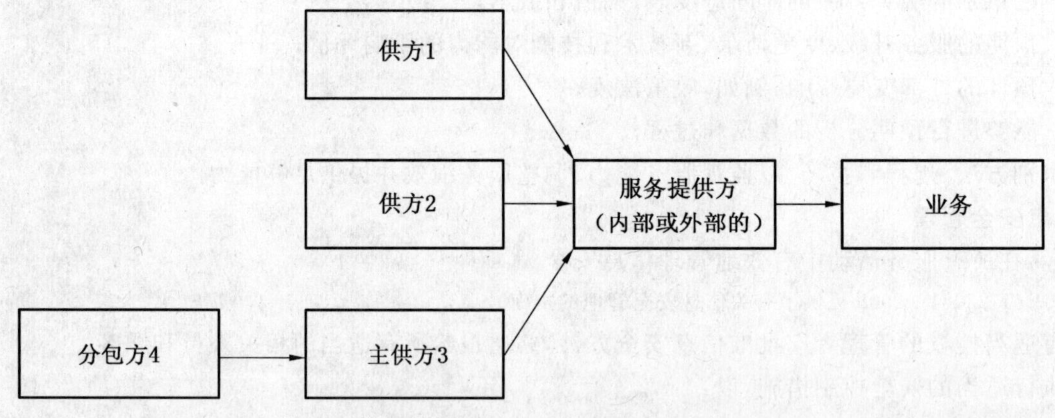

图 3　服务提供方与供方间关系的示例

服务提供方应具有记录在案的供方管理过程，并应指定一名合同经理来负责每个供方。

应就供方所提供服务的需求、范围、服务级别和交流过程与所有方面协商一致，并记录在 SLAs 或其他文件中。

供方的 SLAs 应与机构的 SLAs 密切结合。

由每方使用的过程间的接口应予以记录并协商一致。

主供方与分包方之间的所有职责和关系都应清楚记录。主供方应该能证实该过程，以确保分包方满足合同需求。

应以一个适当的过程来进行每年至少一次的对于合同或正式协议的主要评审，从而确保业务要求和协议责任都得以满足。

对合同的变更，若还有对 SLAs 的变更，应在适当的时候或者在要求的其他时间内，紧随这些评审之后进行。任一变更都应服从变更管理过程。

应具备解决合同纠纷的正式过程。

应以一个适当的过程来处理服务的预期结束、服务的提前结束或向其他方的服务转交。

应监视并评审对服务级别目标的履行。应对该过程中已识别的改进进行记录，并作为服务改进计划的输入。

8 解决过程

8.1 背景

尽管事件管理和问题管理分别是两个单独的过程，但它们密切相关。

8.2 事件管理

目标：尽快恢复协商一致的服务或响应服务请求。

所有的事件都应记录。

应采用规程来管理事件的影响。

该规程应定义所有事件的记录、优先次序、业务影响、分类、更新、升级、解决和正式关闭。

应及时通知顾客有关他们所报告的事件或服务请求的进展情况，如果不能满足他们的服务级别，则应事先警告，并且就此进行协商。

所有涉及事件管理的人员都应有权使用诸如已知错误、问题解决方案和配置管理数据库(CMDB)等相关信息。

应依照已定义过程对重大事件进行分类和管理。

8.3 问题管理

目标：通过对服务事件原因的主动式识别、分析和管理，直至问题关闭，以使对业务的破坏最小化。

所有已识别的问题都应记录。

应采取规程来识别、最小化或避免事件和问题的影响。它们应定义所有问题的记录、分类、更新、升级、解决和关闭。

应采取预防性措施来减少潜在问题，例如，事件大小和类型的随后趋势分析。

为改正潜在问题的诱因而要求进行的变更，应传达给变更管理过程。

应对问题解决的有效性进行监视、评审和报告。

问题管理应负责确保有关已知错误和已改正问题的更新信息能被事件管理得到。

应对这个过程中识别的改进进行记录，并作为服务改进计划的输入。

9 控制过程

9.1 配置管理

目标：定义和控制服务与基础设施的部件，并保持准确的配置信息。

应具备一套综合的方法来策划变更和配置管理。

服务提供方应定义财务资产核算过程的接口。

注：财务资产核算不属于本章范围。

应具备策略来决定什么可以定义为配置项及其组成部件。

应对记录每个项的信息进行定义，而且，信息应包括有效的服务管理所必需的关系和文档。

配置管理应提供识别、控制与追踪服务和基础设施的可识别部件版本的机制。控制的程度应足以满足业务需求、失效的风险和服务关键性。

配置管理应为变更管理过程提供有关被请求变更对服务和基础设施配置所造成的影响的信息。在适当的地方,配置项的变更应是可追踪的和可审核的,例如,软件和硬件的变更与移动。

配置控制规程应确保系统、服务和服务部件的完整性得到保持。

适当的配置项的基线应在向当前环境发布之前就确定。

数字化配置项的原始拷贝,如软件、测试产品、支持文档,应控制在安全的物理库或电子库,并由配置记录引用。

所有的配置项都应是可唯一识别的,并记录在一个严格控制其更新访问的 CMDB 中。应主动管理并验证 CMDB,以确保其可靠性和准确性。配置项的状态、它们的版本、位置、相关的变更与问题、有关文档,对需要这些信息的人应是可得到的。

配置审核规程应包括记录不足之处、启动纠正措施并报告结果。

9.2 变更管理

目标:以受控的方式,确保所有变更得到评估、批准、实施和评审。

应对服务和基础设施的变更进行清晰定义并记录其范围。

所有变更请求都应记录并分类,例如,紧急的、突发的、重大的、轻微的。应评估变更请求的风险、影响和业务利益。

变更管理过程应包括,在变更不成功的情况下以何种方式回退变更或进行补救。

应批准变更,对其进行检查,并以受控方式实施。

应对所有成功的变更及其实施之后所采取的行动进行评审。

应具有控制突发变更的授权和实施的相应策略和规程。

应把变更的预定实施日期作为变更和发布进度安排的基础。变更的日程安排,包括全部被批准实施的变更详情及其建议的实施日期,应予以保持并通报给相关方。

应定期分析变更记录,以检查变更的增长程度、频繁重现的类型、呈现的趋势和其他相关信息。应对从变更分析中所得到的结果和结论进行记录。

应对由变更管理识别的改进进行记录,并作为服务改进计划的输入。

10 发布过程

10.1 发布管理

目标:在实际运行环境的发布中,交付、分发并追踪一个或多个变更。

注:发布管理过程应与配置管理过程和变更管理过程相结合。

描述发布频率和类型的发布策略应形成文件并协商一致。

服务提供方应与企业对服务、系统、软件和硬件的发布进行策划。就如何进行发布的计划,应与所有相关方,例如顾客、用户、操作和支持人员,协商一致并获得授权。

该过程应包括,在发布不成功的情况下以何种方式回退发布或进行补救。

计划应记录发布日期、交付物、涉及的有关变更请求、已知错误和问题。发布管理过程应传递相应的信息给事件管理过程。

应评估变更请求对其发布计划造成的影响。发布管理规程应包括配置信息和变更记录的更新和更改。依照一个已定义的、并与突发变更管理过程相互联系的过程对突发的发布进行管理。

应建立受控的验收测试环境,以便在分发之前对所有发布项进行测试。

应对发布和分发进行设计和实施,以使硬件和软件的完整性在安装、处理、包装和交付过程中得到维护。

应对发布的成功和失败进行测量,测量内容包括发布之后某段时间内与发布有关的事件。分析应包括对业务、IT 运行和支持人力资源的影响评估,并作为服务改进计划的输入。

参 考 文 献

GB/T 8566—2007 信息技术 软件生存周期过程(ISO/IEC 12207:1995,MOD)

GB/Z 18493—2001 信息技术 软件生存周期过程指南(ISO/IEC TR 15271:1998,IDT)

GB/T 19000—2008 质量管理体系 基础和术语(ISO 9000:2005,IDT)

GB/T 19001—2008 质量管理体系 要求(ISO 9001:2008,IDT)

GB/T 19017—2008 质量管理体系 技术状态管理指南(ISO 10007:2003,IDT)

GB/T 22081—2008 信息技术 安全技术 信息安全管理实用规则(ISO/IEC 27002:2005,IDT)

GB/Z 20156—2006 软件工程 软件生存周期过程 用于项目管理的指南(ISO/IEC TR 16326:1999,MOD)

ISO/IEC 15288 系统工程 系统生存周期过程

ISO/IEC TR 19760 系统工程 ISO/IEC 15288 应用指南

ISO/IEC 15504-1 信息技术 过程评估 第1部分:概念和词汇

ISO/IEC 15504-2 信息技术 过程评估 第2部分:执行评估

ISO/IEC 15504-3 信息技术 过程评估 第3部分:执行评估的指南

ISO/IEC 15504-4 信息技术 过程评估 第4部分:过程改进和过程能力确定的使用指南

ISO/IEC 15504-5 信息技术 过程评估 第5部分:过程评估模型的范例

ISO/IEC 20000-2:2005 信息技术 服务管理 第2部分:实践规则

ISO/IEC 90003 软件工程 ISO/IEC 9001:2000 在计算机软件中的应用指南

ICS 43.040.60
T 26

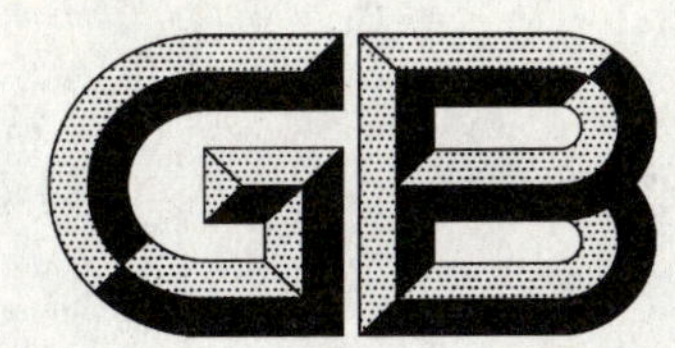

中华人民共和国国家标准

GB 24406—2009

专用小学生校车座椅及其车辆固定件的强度

The strength of seats and their anchorages of special school bus for schoolchildren

2009-09-30 发布　　　　2010-07-01 实施

中华人民共和国国家质量监督检验检疫总局
中国国家标准化管理委员会　发布

前　言

本标准第3章为强制性的，其余为推荐性的。

本标准参考美国联邦机动车安全标准FMVSS 222:1998《校车乘员座椅及碰撞保护》。

请注意本标准的某些内容有可能涉及专利，本标准的发布机构不应承担识别这些专利的责任。

本标准由国家发展和改革委员会提出。

本标准由全国汽车标准化技术委员会(SAC/TC 114)归口。

本标准起草单位：国家客车质量监督检验中心、江苏快乐客车有限公司、中国公路车辆机械有限公司、中国汽车技术研究中心、江苏旷达汽车织物集团有限公司、郑州宇通客车股份有限公司、牡丹汽车股份有限公司。

本标准主要起草人：王欣、张金文、唐京玫、胡芳芳、孙鹰、李弢、李维菁、陈涛、徐文健、周政平、赵卫丽、陶荣华。

专用小学生校车座椅及其车辆固定件的强度

1 范围

本标准规定了专用小学生校车的小学生座椅及其车辆固定件的要求和试验方法。

本标准适用于专用小学生校车(以下简称为“校车”)上专门供小学生乘坐的座椅(以下简称为“座椅”)。

2 规范性引用文件

下列文件中的条款通过本标准的引用而成为本标准的条款。凡是注日期的引用文件,其随后所有的修改单(不包括勘误的内容)或修订版均不适用于本标准,然而,鼓励根据本标准达成协议的各方研究是否可使用这些文件的最新版本。凡是不注日期的引用文件,其最新版本适用于本标准。

GB 13057—2003 客车座椅及其车辆固定件的强度

GB 14167 汽车安全带安装固定点

GB 11552 轿车内部凸出物

GB 24407—2009 专用小学生校车安全技术条件

3 要求

3.1 座椅要求

3.1.1 座椅前倾性能

对后面有其他座椅的座椅,按照 4.2.1 的规定施加力时:

a) 座椅靠背的力-位移曲线应落在图 1 规定的区域内;

b) 座椅靠背的位移不应超过 356 mm;

c) 变形后的座椅不应进入相距其他座椅或护板原始安装位置 102 mm 的范围内;

d) 座椅的任何安装固定点不应分开;

e) 座椅的任何部件不应分开。

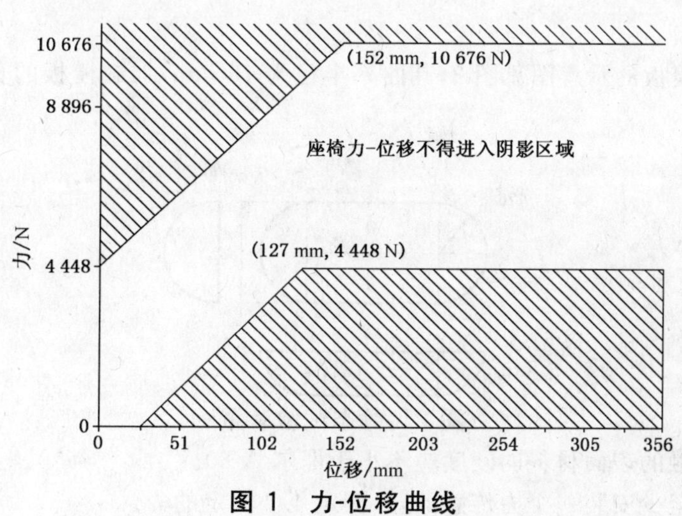

图 1 力-位移曲线

3.1.2 座椅后倾性能

对后面有其他座椅的座椅，按照4.2.2的规定施加力时：

a) 座椅靠背的力-位移曲线应落在图1规定的区域内；

b) 座椅靠背所受的力不应超过9 786 N；

c) 座椅靠背的位移不应超过254 mm；

d) 变形后的座椅不应进入相距其他座椅原始安装位置102 mm的范围内；

e) 座椅的任何安装固定点不应脱开；

f) 座椅的任何部件不应分离。

3.1.3 当座椅上装有汽车安全带固定点时，按GB 14167中规定的M_2类车辆上的安全带固定点的载荷试验后，座椅总成与车身本体不应分离。

3.1.4 座垫保持力

有座垫的座椅，在1 s～5 s内对座垫施加向上的大小相当于座垫重量5倍的力，保持5 s，任何安装点都不应分离。

3.1.5 座椅靠背后部的吸能特性

座椅靠背后部的吸能特性应符合GB 11552规定的要求。

3.1.6 所有构成座椅背面的安装件或附件，在碰撞时都不应对乘员造成任何伤害。如果直径152 mm的球体接触到的任意部分，其曲率半径均为5 mm以上，则可认为满足此要求。

3.1.7 如位于刚性背面上的安装件和附件的任何部位均由邵尔(A)硬度小于50的材料制成，则3.1.5的要求仅适用于该刚性背面。

3.2 座椅固定件要求

3.2.1 车辆的座椅固定件应能承受GB 13057—2003中5.4所规定的试验。

3.2.2 在规定的时间内承受规定的试验力后，允许固定件或其周边区域产生永久变形，包括部分断裂或损坏。

3.2.3 一种车型上有多于一种形式的固定件，每种形式的固定件都应进行试验。

3.2.4 如果相应座椅位置的安全带固定点直接固定在座椅上，且这些安全带固定点的强度符合GB 14167中M_2类车辆上的安全带固定点的要求，应认为座椅固定件符合3.2.1和3.2.2的要求。

3.3 座椅安装要求

试验座椅应安装在代表车身的试验平台上，或者一个刚性的试验平台上。试验平台上试验座椅的固定件应与安装该座椅的车辆固定件相同，或具有相同的特性。

4 试验方法

4.1 试验装置

4.1.1 静态试验装置模板的示意图见图2，其曲率半径为76 mm，加载模板的长度比每次试验中靠背宽度短102 mm。

单位为毫米

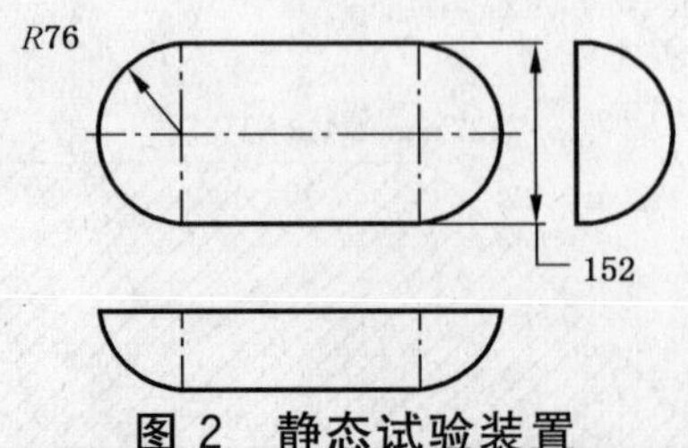

图2 静态试验装置

4.1.2 与座椅部件接触的表面材料的硬度应不小于邵尔A 80。

4.1.3 每个圆柱面应至少安装一个力传感器，以测定4.2规定的力。

4.2 试验程序

4.2.1 座椅前倾性能试验

4.2.1.1 用 4.1 规定的试验装置对座椅靠背后部施力。其纵向中心轴在车辆横向平面内，施力方向水平且位于相应乘坐位置的垂直中心面内，从座椅后部向前，施力高度在被测座椅的后面座椅 R 点上下 102 mm 之间的任意水平面内。

4.2.1.2 通过下模板施加 3 114 N 的力，在 5 s～30 s 内达到规定力。

4.2.1.3 一旦达到规定的力，在 1 s 内立即降到 1 557 N，将下模板保持在此位置，同时放置上模板。将上模板放置在座椅靠背后面，其纵向中心轴在车辆横向平面，施力方向水平且位于相应乘坐位置的垂直中心面内，从座椅后部向前，施力高度在被测座椅的后面座椅 R 点以上 406 mm 的水平面内。对上模板施力，直至座椅靠背受到 44 N 的力。

4.2.1.4 继续对上模板施力，在 5 s～30 s 内使座椅（或护板）变形吸收的能量达到 452 J，在此位置保持 5 s～10 s（通过上模板施力，测量模板铰接点的位移来确定力-位移曲线，初始位置是受力 44 N 的位置）。

4.2.2 座椅后倾性能试验

4.2.2.1 用 4.1 规定的试验装置对座椅靠背前部施力。其纵向中心轴在车辆横向平面内，施力方向水平且位于相应乘坐位置的垂直中心面内，从座椅背部向后，施力高度在座椅 R 点以上 343 mm 的水平面内。向后移动模板，直至力达到 222 N。

4.2.2.2 继续对模板施力，在 5 s～30 s 内使座椅变形吸收的能量达到 316 J，在此位置保持 5 s～10 s，然后在 5 s～30 s 内卸载（通过模板施力，测量模板铰接点的位移来确定力-位移曲线，初始位置是受力 222 N 的位置）。

4.2.3 当座椅上装有汽车安全带固定点时，按 GB 14167 规定的 M_2 类车辆上的安全带固定点的要求施加相应载荷。

4.2.4 座垫性能试验

在 1 s～5 s 内给座垫的中心位置施加向上的相当于座垫重量 5 倍的力，保持 5 s。

4.2.5 座椅靠背后部吸能特性试验

座椅靠背后部的吸能特性试验，应按照 GB 11552 规定的试验方法进行。试验时，除小桌板处于收起位置外，所有安装的附件都应在使用状态。

4.2.6 车辆固定件试验

按 GB 13057—2003 中 5.4 的规定进行试验。

4.2.7 其他

4.2.7.1 在按 4.2.1 和 4.2.2 施力期间，试验装置应尽可能同座椅后部接触，并能在水平面内转动。

4.2.7.2 当座椅有多于一个乘坐位置时，应对每个座位同时施力，因此应有与座位数相等的上模板和下模板。

ICS 43.020
T 59

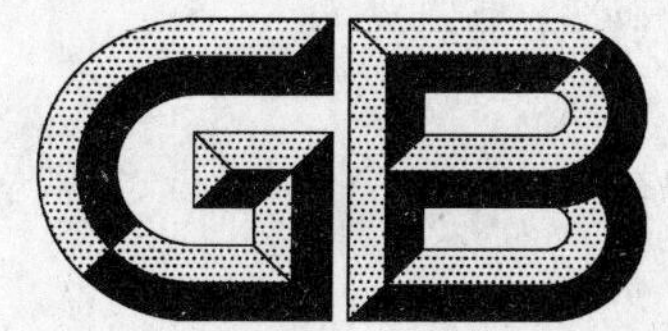

中华人民共和国国家标准

GB 24407—2009

专用小学生校车安全技术条件

The safety technique specifications of special schoolbus for schoolchildren

2009-09-30 发布　　　　2010-07-01 实施

中华人民共和国国家质量监督检验检疫总局
中国国家标准化管理委员会　发布

前　言

本标准第4章为强制性的，其余为推荐性的。

本标准参考美国联邦机动车安全标准FMVSS 222:1998《校车乘员座椅及碰撞保护》、FMVSS 111:2004《后视镜》。

本标准实施的过渡期要求：本标准第4.2条对上部结构强度的规定自2012年1月1日起实施。

本标准的附录A为规范性附录。

请注意本标准的某些内容有可能涉及专利。本标准的发布机构不应承担识别这些专利的责任。

本标准由国家发展和改革委员会提出。

本标准由全国汽车标准化技术委员会(SAC/TC 114)归口。

本标准起草单位：国家客车质量监督检验中心、中国公路车辆机械有限公司、中国汽车技术研究中心、郑州宇通客车股份有限公司、东风旅行车有限公司、江苏快乐客车有限公司、南京依维柯汽车有限公司、牡丹汽车股份有限公司、扬州亚星商用车有限公司、扬州亚星客车股份有限公司、江苏旷达汽车织物集团有限公司。

本标准主要起草人：李弢、王欣、孙鹰、李维菁、周政平、刘仁喜、张金文、陈涛、胡芳芳、陶荣华、唐京玫、邓玉林、陆云龙、陈庆娣、徐文健、彭建斌、赵卫丽、蒋玲。

专用小学生校车安全技术条件

1 范围

本标准规定了专用小学生校车的安全要求。

本标准适用于专用小学生校车。

2 规范性引用文件

下列文件中的条款通过本标准的引用而成为本标准的条款。凡是注日期的引用文件，其随后所有的修改单(不包括勘误的内容)或修订版均不适用于本标准，然而，鼓励根据本标准达成协议的各方研究是否可使用这些文件的最新版本。凡是不注日期的引用文件，其最新版本适用于本标准。

GB/T 2406.1 塑料 用氧指数法测定燃烧行为 第1部分：导则(GB/T 2406.1—2008，ISO 4589-1:1996，IDT)

GB/T 4780 汽车车身术语

GB/T 5454 纺织品 燃烧性能试验 氧指数法(GB/T 5454—1997，neq ISO 4589:1984)

GB 8410 汽车内饰材料的燃烧特性

GB/T 8627—2007 建筑材料燃烧或分解的烟密度试验方法

GB/T 12428 客车装载质量计算方法

GB 13057 客车座椅及其车辆固定件的强度

GB 13094—2007 客车结构安全要求

GB 14166 机动车成年乘员用安全带和约束系统

GB 14167 汽车安全带安装固定点

GB 15083 汽车座椅、座椅固定装置及头枕强度要求和试验方法

GB 15084 机动车辆后视镜的性能和安装要求

GB/T 17578 客车上部结构强度的规定

GB 18986—2003 轻型客车结构安全要求

GB/T 19056 汽车行驶记录仪

GB 24406 专用小学生校车座椅及其车辆固定件的强度

QC/T 633 客车座椅

3 术语和定义

GB/T 4780、GB/T 12428、GB 13094—2007、GB 18986—2003、QC/T 633中确立的以及下列术语和定义适用于本标准。

3.1

校车 school bus

用于运送不少于5名幼儿园、小学、中学等教育机构的学生及其照管人员上下学的客车和乘用车。按乘坐对象分为幼儿校车、小学生校车和其他校车，按车辆属性分为专用校车和非专用校车。

[GB 7258第2号修改单，定义3.2.10]

3.2

小学生校车 school bus for schoolchildren

运送小学生上下学的校车。

[GB 7258第2号修改单，定义3.2.10.2]

3.3

专用校车　special school bus

设计和制造上专门用于运送学生的校车。

[GB 7258 第 2 号修改单,定义 3.2.10.3]

3.4

专用小学生校车　special school bus for schoolchildren

设计和制造上专门运送不少于 10 人的小学生校车。

3.5

护板　fender

具有防护、装饰作用的板件。

4　要求

4.1　一般要求

4.1.1　防火措施

4.1.1.1　发动机舱、燃油箱、燃油供给系统、电气设备与导线、蓄电池、灭火器应分别符合 GB 13094—2007 中 4.4.1～4.4.6 的要求。在排气系统或其他明显的热源周围 100 mm 内不允许有可燃材料,除非将其有效屏蔽。

4.1.1.2　内饰材料的燃烧性能应满足:

4.1.1.2.1　按 GB 8410 规定的方法进行试验时,材料的最大水平燃烧速度≤70 mm/min。

4.1.1.2.2　内饰材料的氧指数 OI≥22%:

a)　针对纺织品及塑料、橡胶类涂附织物,试样应从距离布边 1/10 幅宽的部位剪取,每个试样的尺寸为 150 mm×58 mm。对因尺寸太小无法按照规定尺寸制样的产品不做此条要求。试验方法按 GB/T 5454 的规定执行。

b)　其他塑料材料,试样应按照表 1 规定取样。对因尺寸太小无法按照规定尺寸制样的产品不做此条要求。试验方法按 GB/T 2406.1 的规定执行。

表 1　其他塑料材料取样要求

<table>
<tr><th rowspan="2">类　型</th><th rowspan="2">型　式</th><th colspan="2">长/mm</th><th colspan="2">宽/mm</th></tr>
<tr><th>基本尺寸</th><th>极限偏差</th><th>基本尺寸</th><th>极限偏差</th></tr>
<tr><td rowspan="4">自撑材料</td><td>Ⅰ</td><td rowspan="3">80～150</td><td rowspan="4">—</td><td rowspan="3">10</td><td rowspan="5">±0.5</td></tr>
<tr><td>Ⅱ</td></tr>
<tr><td>Ⅲ</td></tr>
<tr><td>Ⅳ</td><td>70～150</td><td>6.5</td></tr>
<tr><td>非自撑材料</td><td>Ⅴ</td><td>140</td><td>−5</td><td>52</td></tr>
</table>

4.1.1.2.3　塑料类内饰材料烟密度等级(SDR)≤75,试验方法按 GB/T 8627—2007 的规定执行。

4.1.2　安全带

4.1.2.1　每个小学生座位应安装安全带。安全带应符合 GB 14166 的规定,安全带固定点的强度应满足 GB 14167 中 M_2 类车辆的要求。

4.1.2.2　如装有能开启每个座位上安全带的集中控制装置,其操纵件应设置在驾驶员可操作范围内,并且该装置在任何情况下均不应影响每个安全带的正常操作功能。

4.1.3　照管人员座位

专用小学生校车(以下简称为“校车”)应至少安装一个照管人员座位,当座位数超过 40 个时应至少安装两个照管人员座位,照管人员座位的布置应靠近通道,分别位于车辆前部、中部或者后部。照管人员座位应有永久性标识。

4.1.4 行驶记录仪

校车应装有行驶记录仪并满足 GB/T 19056 的要求。

4.1.5 车窗

校车车窗的固定形式应为下半部分固定,也可为全封闭车窗。

4.1.6 装载质量

小学生的装载质量按 48 kg(含随身行李)计算,车组人员的装载质量按 75 kg 计算。

4.1.7 其他

车长小于 6 m 的专用校车的车身应为两厢式车身,且一半以上的发动机长度应位于车辆前风窗玻璃最前点以前。双层客车、铰接客车不应作为校车。

4.2 上部结构强度

上部结构强度应符合 GB/T 17578 的要求。

4.3 座椅

4.3.1 长条座椅(指座垫、靠背均为条形的供两人或多人乘坐的座椅)作为小学生座位使用时,每人座垫宽应不小于 350 mm;单人座椅座垫宽应不小于 400 mm。

4.3.2 座椅深应不小于 350 mm,座垫高应为 280 mm～380 mm(轮罩处的座椅可例外),靠背高度应不小于 710 mm。

4.3.3 小学生座椅及其车辆固定件应满足 GB 24406 的要求。

4.3.4 小学生座椅应纵向布置(与车辆前进的方向相同)。座椅垫面不应前倾,靠近通道的座椅还应在通道一侧设置平行于椅垫面的座椅扶手,扶手距离座垫为 160 mm～180 mm。

4.3.5 驾驶员座椅和照管人员座椅应分别符合 GB 15083 和 GB 13057 的要求。小学生座椅不应是易折叠的单人座椅。

4.3.6 如果校车上设有协助行动不便和/或使用轮椅的学生的装置,则应符合 GB 13094—2007 中附录 A 的要求。

4.4 护板

4.4.1 在座椅 R 点前方,沿纵向水平方向 610 mm 的范围内没有另一座椅的后表面时,应在该座椅位置前安装护板。护板上缘距地板高度应不小于其后座椅高度,下缘距离地板高度应不大于 200 mm,宽度应能包括前排此类座椅椅背对应的宽度。

4.4.2 按 GB 24406 规定的座椅前倾试验方法进行试验后,护板应满足:

a) 护板的变形不应妨碍车门正常开关;

b) 护板的任何安装固定点不应脱开;

c) 护板的任何部件不应分离。

4.5 出口

4.5.1 出口的最少数量

为满足紧急情况下的乘员撤离和车外救助,校车出口的最少数量均应符合表 2 的规定。

表 2 校车出口的最少数量

乘员数	出口的最少数量
10～12	2
13～24	3
25～45	4
46～68	5
69～90	6
91～113	7
＞113	8
注:不论撤离舱口数量有多少,只计为一个应急出口。	

4.5.2 乘客门数量

至少应有两个车门，其中至少一个为乘客门。乘客门的最少数量见表3。

表3 乘客门的最少数量

车长 L/m	$L \leqslant 10$	$10 < L \leqslant 13.7$
乘客门最少数量	1	2

4.5.3 撤离舱口数量

4.5.3.1 乘员数小于33人的校车前围和后围应至少有一个出口，否则应设置一个撤离舱口。

4.5.3.2 乘员数不小于33人(含33人)的校车应设撤离舱口。撤离舱口的最少数量见表4。

表4 撤离舱口的最少数量

乘　员　数	撤离舱口数量
33～75	1
>75	2

4.5.4 出口的位置

4.5.4.1 乘客门应设置在车辆右侧或后围。

4.5.4.2 车辆的左侧、右侧至少各有一个出口。

4.5.4.3 乘客区的前半部和后半部应至少各设一个出口。

4.5.4.4 双引道门应计为两个车门，每个双窗或多窗应计为两个应急窗。

4.5.4.5 若车顶或地板上设有一个撤离舱口，应位于车辆中部范围内(该范围的长度等于车长的1/2)；若设有两个撤离舱口，二者相邻两边之间距离(平行于车辆纵轴线测量)至少2 m。

4.5.5 出口的最小尺寸

各种出口的最小尺寸应符合表5的规定。

表5 出口的最小尺寸

<table>
<tr><th colspan="2">名　称</th><th>最小尺寸</th><th>备　注</th></tr>
<tr><td rowspan="2">乘客门</td><td>净高/mm</td><td>1 500(如门洞宽可达750，则允许门洞高在1 350～1 500)
适合于4.6.1.8的校车:1 100</td><td></td></tr>
<tr><td>净宽/mm</td><td>单引道门:650
双引道门:1 000</td><td>在距地面800 mm～1 100 mm范围内测量；
该尺寸在扶手处可减少100。轮罩凸出处、车门的驱动机构处、风窗立柱的倾角等部位:门洞宽可减少250</td></tr>
<tr><td rowspan="2">应急门</td><td>净高/mm</td><td>1 250
适合于4.6.1.8的校车:1 100</td><td></td></tr>
<tr><td>净宽/mm</td><td>550，如果自门洞最低处向上400以内有轮罩凸出，则在轮罩凸出处，宽度可减至300</td><td>在应急门高度的二分之一处测量</td></tr>
<tr><td rowspan="2">应急窗</td><td rowspan="2">面积/mm²</td><td>4.0×10⁵</td><td>在此面积可内接一个500 mm×700 mm长方形；
对于车辆后围上应急窗，也可以内接一个高350 mm、宽1 550 mm、四角曲率半径不超过250 mm的长方形</td></tr>
<tr><td colspan="2">乘员数小于33人的车辆，应能通过一个长轴500 mm、短轴(旋转轴)330 mm的椭圆体</td></tr>
</table>

表 5(续)

名　称		最小尺寸	备　注
撤离舱口	舱口净面积/mm^2	4.0×10^5	在此面积内可内接一个 500 mm×700 mm、四角曲率半径为 200 mm 的长方形
		乘员数小于 33 人的车辆，应能通过一个长轴 500 mm、短轴(旋转轴)330 mm 的椭圆体	
注：上述尺寸在测量时，允许包括密封条可压缩变形的部分。			

4.5.6　**技术要求**

4.5.6.1　**乘客门技术要求**

乘客门应符合 GB 18986—2003 中 4.4.4～4.4.5 的要求。

4.5.6.2　**应急出口技术要求**

a)　应急门应符合 GB 13094—2007 中 4.5.6 的要求。

b)　乘员数小于 33 人的校车，应急窗应符合 GB 18986—2003 中 4.4.7 的要求；乘员数不小于 33 人(含 33 人)的校车，应急窗应符合 GB 13094—2007 中 4.5.7 的要求。

c)　撤离舱口应符合 GB 13094—2007 中 4.5.8 的要求。

4.5.7　**应急出口的开启**

应急出口的锁止装置应能从车内和车外手动解锁开启，解锁力和开启力应不超过 178 N。

4.5.8　**应急出口标识**

4.5.8.1　每个应急出口处应在车内标示“应急出口”或国际通用符号。

4.5.8.2　乘客门和所有应急出口的应急控制器应在车内用符号或清晰字样标示。

4.5.8.3　在出口的每个应急控制器处或附近，应有关于操作方法的清晰说明。

4.6　**车内布置**

4.6.1　**乘客门引道**

4.6.1.1　从乘客门向车内的延伸空间应允许铅垂平板 1 或铅垂平板 2(见图 1)自由通过。铅垂平板正面的移动方向与乘客出入方向一致。

单位为毫米

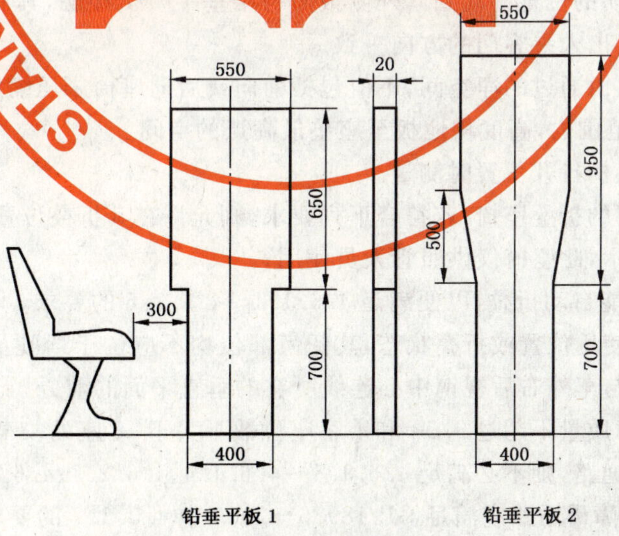

图 1　乘客门引道图示 1

4.6.1.2　当铅垂平板 1(或 2)的中心线从起始位置移过 300 mm，将平板底部接触踏步表面并保持在此位置。

4.6.1.3 用来检查通道空间的圆柱体(见图3)从通道开始沿乘员离开车辆的运动方向移动,直到其中心线达到最上一级踏步外边缘所在的垂直平面或上圆柱接触铅垂平板1(或2)(以先出现为准),并保持在此位置(见图2)。

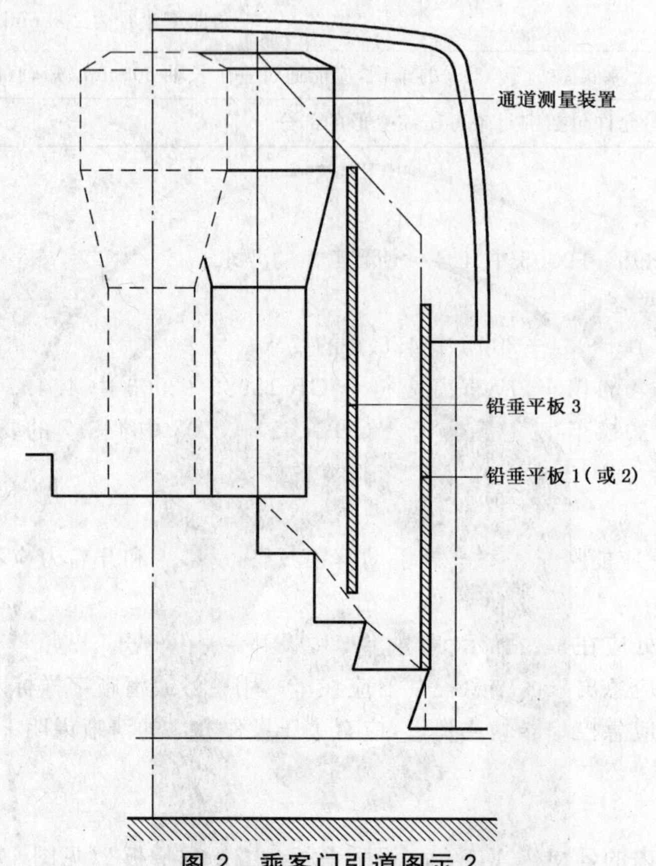

图2 乘客门引道图示2

4.6.1.4 在上述位置的圆柱体同4.6.1.2所述位置的铅垂平板1(或2)之间应允许铅垂平板3自由通过(见图2)。铅垂平板3的形状和尺寸与4.6.5所述的圆柱体的中心截面相同,其厚度不大于20 mm。铅垂平板3从与圆柱体相切的位置移动到其外侧板面与铅垂平板1接触,其底部触及由踏步外边缘形成的平面,移动方向与乘员出入乘客门的方向一致。

4.6.1.5 上述测量装置自由通过的净空间,不应包括前向或后向座椅未压缩座垫前300 mm,或安装在轮罩上的座椅前225 mm范围内,高度从地板至座垫最高点的空间。

4.6.1.6 折叠座椅应在座椅打开位置时测量。

4.6.1.7 对照管人员专用的折叠座椅,若符合下列要求,则允许在其折叠位置测量:

a) 在车上清楚地标示,此座椅仅供照管人员使用;
b) 座椅不使用时应能自动折叠,以便满足4.6.1.1~4.6.1.5的要求;
c) 无论该座椅处于使用位置或折叠状态,其任何部位均不应位于驾驶员座椅(处于最后位置时)座垫上表面中心与车外右后视镜中心连线所在的垂直平面的前方。

4.6.1.8 对于最大设计总质量不超过3.5 t和乘客座位数不大于18座的校车,如果每个座椅均有可抵达至少2个车门的无阻碍通路,则不必满足4.6.1.1~4.6.1.4、4.6.2.1、4.6.3.1、4.6.7.2的要求。

4.6.1.9 4.6.1.8中的无障碍通路应满足GB 18986—2003中4.5.1.7的要求。

4.6.2 应急门引道

4.6.2.1 应急门引道应符合GB 13094—2007中4.6.2的要求。

4.6.2.2 对4.6.1.8规定的校车,至应急门的通路应符合GB 18986—2003中4.5.1.6的要求。

4.6.3 应急窗的通过性

4.6.3.1 每个应急窗应能满足相应的测试量具从通道经应急窗移到车外。

4.6.3.2 测试量具的运动方向应与乘客从车辆撤出的方向一致，其正面(最大端面)应与运动方向保持垂直。

4.6.3.3 乘员数小于33人的校车，测量器具为一个长轴500 mm、短轴(旋转轴)330 mm的椭圆体；乘员数不小于33人(含33人)的校车，测试量具应为尺寸为600 mm×400 mm、圆角半径200 mm的薄板，但若应急窗在车辆后围，其尺寸可改为1 400 mm×350 mm、圆角半径175 mm。

4.6.4 撤离舱口的通过性

4.6.4.1 车顶出口

至少一个车顶出口应满足如下可接近性：用侧面与垂面成20°角、高1 600 mm(边长不限定)的正四棱台测量。保持棱台轴线垂直，当其上底面位于车顶出口的开口区域内、并且不低于车顶外表面高度处时，其下底面应能接触到座椅或相应的支撑件上。支撑件可以折叠或移动，但应能锁止在其所需使用的位置。

4.6.4.2 地板出口

4.6.4.2.1 地板出口上方应有相当于通道高度(见图4)的净空间，并应满足测试量具(600 mm×400 mm、圆角半径200 mm的薄板)从地板上方1 m的高度处畅通无阻地直接到达地面，通过时板面保持水平。

4.6.4.2.2 任何热源或运动部件距地板出口应不小于500 mm。

4.6.5 通道

4.6.5.1 通道应允许测量装置(见图3)自由通过。通过时若同其他柔性物(如座椅安全带)接触，可将其移开。

单位为毫米

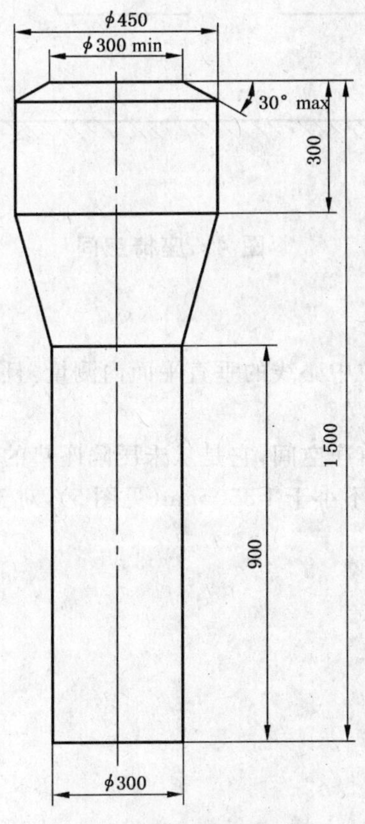

图3 通道测量装置

4.6.5.2 如果座椅前面没有出口，此处的通道应符合 GB 13094—2007 中 4.6.5.2 的要求。

4.6.5.3 通道内允许有台阶，台阶顶部的宽度应不小于通道宽度，通道和引道表面应防滑。

4.6.5.4 对于最大设计总质量不超过 3.5 t 和座位数不大于 18 座的校车，如果每个座椅均有可抵达至少 2 个车门的无阻碍通路，并满足 GB 18986—2003 中 4.5.1.7 的要求，则不需要通道。

4.6.6 踏步

在校车空载状态下，第一级踏步离地高应不大于 350 mm，允许使用伸缩踏步达到要求。其他各级踏步的高度应不大于 250 mm、有效深度（从该台阶前缘到下一个台阶前缘的水平距离）应不小于 200 mm。校车的台阶踏板（包括伸缩踏板）应有防滑功能，台阶踏板前缘应清晰可辨。

4.6.7 小学生座位的乘坐空间

4.6.7.1 座间距

4.6.7.1.1 在座垫上表面最高点所处平面（距地板距离为座垫高 I 的水平面）与地板上方 620 mm 高度范围内水平测量（见图 4），小学生座椅靠背的前面与前排座椅靠背后面之间的距离 H，小学生座椅的座间距应不小于 550 mm。

单位为毫米

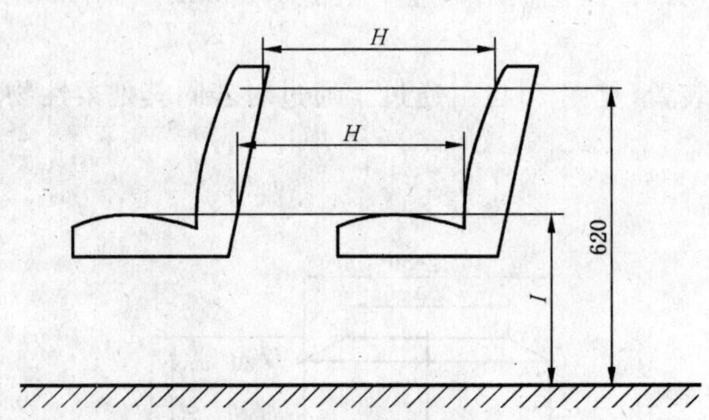

图 4 座椅空间

4.6.7.1.2 所有数据均在通过座位中心线的垂直平面内测量，且座垫和靠背都未被压陷。

4.6.7.2 座位上方的自由空间

4.6.7.2.1 每个座位均应有一垂直净空间，它是从未压陷座垫的最高点所处平面向上不小于 900 mm，以及从就座乘客搁脚的地板处向上不小于 1 350 mm（见图 5），对于轮罩处和适用于 4.6.1.8 的校车，可减为 1 200 mm。

单位为毫米

图 5 座位上方的自由空间

4.6.7.2.2 这个净空间应包括下述的全部水平区域：

a) 横向区域：对单人座椅，座位中心垂直平面两侧各 200 mm 处的纵向垂直平面之间；
对长条座椅，在每个座位中心垂直平面两侧各 175 mm 处的纵向垂直平面之间。

b) 纵向区域：通过座椅靠背上部最后点的横向垂直平面和通过未压缩座垫前端向前 200 mm 的横向垂直平面之间。测量在座位中心垂直平面进行。

4.6.7.2.3 该净空间可以不包括下列区域：

a) 外侧座椅上方邻靠侧围的横截面为 150 mm 高、100 mm 宽的矩形区域[见图 6b)]。

b) 外侧座椅上方邻靠侧围的横截面为一个倒置直角三角形的区域，三角形顶点位于地板上方 650 mm，底边宽 100 mm[见图 6a)]。

c) 外侧座椅的椅脚靠近侧围处，横截面积不超过 2×10^4 mm^2(低地板客车 3×10^4 mm^2)、最大宽度不超过 100 mm(低地板客车 150 mm)的区域[见图 6b)]。

单位为毫米

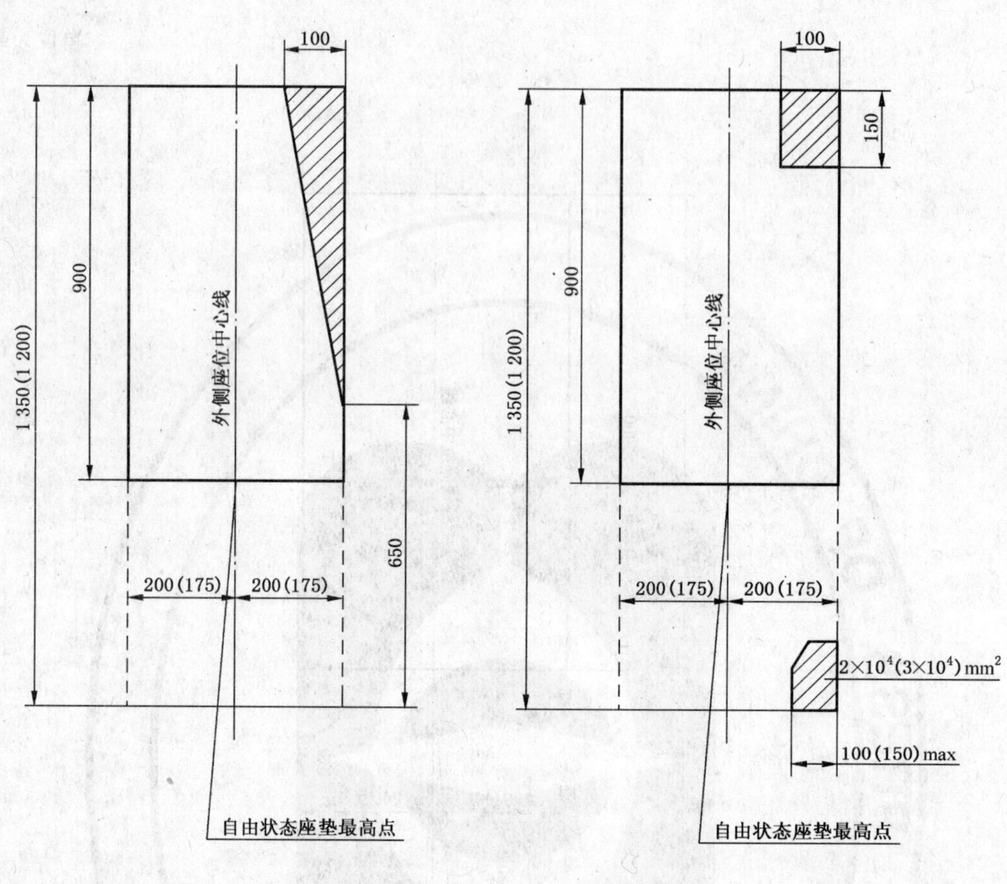

图 6　外侧座椅空间的允许侵入

4.6.7.2.4　该净空间应允许另一座椅靠背及其支撑件和附属装置(例如折叠桌)的侵入。

4.7　车内照明

车内照明符合 GB 13094—2007 中 4.7 的要求。

4.8　扶手

4.8.1　扶手和把手应有足够的强度。

4.8.2　扶手和把手不应有伤害乘客的危险。

4.8.3　扶手和把手的截面应使乘客易于抓紧,每个扶手的表面应防滑。

4.9　活动盖板

活动盖板应符合 GB 13094—2007 中 4.13 的要求。

4.10　视觉娱乐装置

乘客视觉娱乐装置应放在驾驶员正常驾驶位置时的视野以外。

4.11　车厢内通风

如果车厢内不能进行自然通风,应装设强制通风装置。

4.12　驾驶员视野

4.12.1　驾驶员视野应满足附录 A 的要求。

4.12.2　应保证驾驶员能看清后风窗玻璃后下方地面上长 3.6 m、宽 2.5 m 范围内的情况。

4.12.3　驾驶员在正常驾驶状态下应能观察到车内乘员的活动。

4.12.4　检验驾驶员视野的眼点位置的确定应符合 GB 15084 的规定。

附 录 A
（规范性附录）
驾驶员视野的试验方法

A.1 试验条件

A.1.1 校车应保证驾驶员能看清图 A.1 所示圆柱体的整个顶面。

A.1.2 圆柱体 A～O 的高度和直径均为 0.3 m；圆柱体 P 的直径为 0.3 m，高度为 0.91 m。

A.1.3 圆柱体的颜色应与车辆所停靠路面形成强烈的对比。

A.2 试验步骤

将圆柱体放置在 A.2.1～A.2.7 规定的位置上，如图 A.1 所示。图 A.1 中所示距离为一个圆柱体到另一个圆柱体的俯视图的中心距离。

A.2.1 放置圆柱体 G、H 和 I，使它们与一个横向垂直平面相切，该横向垂直平面是与车辆前保险杠最前方表面相切的平面。放置圆柱体 D、E 和 F，使它们的中心位于一个横向垂直平面内，该横向垂直平面在穿过圆柱体 G、H 和 I 中心的横向垂直平面前方 1.8 m 处。放置圆柱体 A、B 和 C，使它们的中心位于一个横向垂直平面内，该横向垂直平面在穿过圆柱体 G、H 和 I 中心的横向垂直平面前方 3.6 m 处。

A.2.2 放置圆柱体 B、E 和 H，使它们的中心位于一个纵向垂直平面上，该纵向垂直平面穿过车辆纵向中心线。

A.2.3 放置圆柱体 A、D 和 G，使它们的中心位于一个纵向垂直平面上，该纵向垂直平面与汽车前保险杠左侧最外侧边缘相切。

A.2.4 放置圆柱体 C、F 和 I，使它们的中心位于一个纵向垂直平面上，该纵向垂直平面与汽车前保险杠右侧最外侧边缘相切。

A.2.5 放置圆柱体 J，使它的中心在一个纵向垂直平面上，该纵向垂直平面在穿过圆柱体 A、D 和 G 的纵垂直平面的左方 0.3 m 处，且 J 的中心在穿过车辆前轮轴中心线的横向垂直平面上。

A.2.6 放置圆柱体 K，使它的中心在一个纵向垂直平面上，该纵向垂直平面在穿过圆柱体 C、F 和 I 的纵向垂直平面的右方 0.3 m 处，且 K 的中心在穿过车辆前轮轴中心线的横向垂直平面上。

A.2.7 放置圆柱体 L、M、N、O 和 P，使它们的中心位于通过车辆后轴中心线的横向垂直平面上。放置圆柱体 L，使它的中心在距离相切于车辆左边最外侧表面(包括后视镜系统)的纵向垂直平面 1.8 m 的纵向垂直平面上。放置圆柱体 M，使它的中心在距离相切于车辆左边最外侧表面的纵向垂直平面 0.3 m 的纵向垂直平面上。放置圆柱体 N，使它的中心在距离相切于车辆右边最外侧表面的纵向垂直平面 0.3 m 的纵向垂直平面上。放置圆柱体 O，使它的中心在距离相切于车辆右边最外侧表面的纵向垂直平面 1.8 m 的纵向垂直平面上。放置圆柱体 P，使它的中心在距离相切于车辆右边最外侧表面的纵向垂直平面 3.6 m 的纵向垂直平面上。

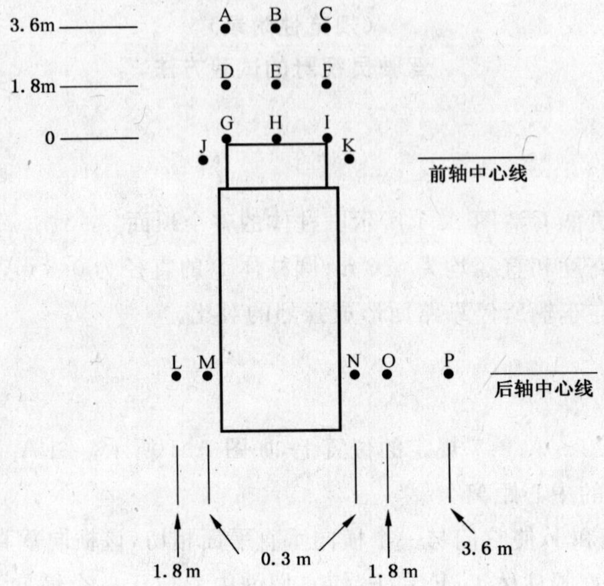

●——试验圆柱。

图 A.1 视野检验中检验圆柱体的位置

参考文献

[1] GB 7258—2004 机动车运行安全技术条件 第2号修改单.

ICS 87.040
G 51

中华人民共和国国家标准

GB 24408—2009

建筑用外墙涂料中有害物质限量

Limit of harmful substances of exterior wall coatings

2009-09-30 发布　　　　　　　　　　　　　　　2010-06-01 实施

中华人民共和国国家质量监督检验检疫总局
中国国家标准化管理委员会　发布

前　言

本标准全部技术内容为强制性。

本标准的附录A、附录B、附录C、附录D、附录E和附录F为规范性附录。

本标准由中国石油和化学工业协会提出。

本标准由全国涂料和颜料标准化技术委员会归口。

本标准负责起草单位：中海油常州涂料化工研究院、广东嘉宝莉化工有限公司、中华制漆（深圳）有限公司、三棵树涂料股份有限公司、深圳市广田环保涂料有限公司、卜内门太古漆油（中国）有限公司、浙江天女集团制漆有限公司、江苏大象东亚制漆有限公司、广东华润涂料有限公司、上海三银制漆有限公司。

本标准参加起草单位：罗门哈斯（中国）投资有限公司、南京天祥涂料有限公司、东莞大宝化工制品有限公司、PPG涂料（上海）有限公司、新欧宝化工（上海）有限公司、上海申得欧有限公司、长兴科技（上海）有限公司、巴斯夫（中国）有限公司、常州光辉化工有限公司、南京龙虎涂料有限公司、深圳市展辰达化工有限公司、南康市大澳涂料有限公司、昆山市世名科技开发有限公司、广东华隆涂料实业有限公司。

本标准主要起草人：彭菊芳、孔志元、王代民、王智、罗启涛、胡基如、熊荣、姚珏铭、杨少武、付绍祥、何生才、徐鹏、李洪金、黄建华、王德模、曾一文、林宣益、徐正林、赵晓霞、邓玲贤、佘宝宁、陈寿生、李金明、吕仕铭、麦全旺。

建筑用外墙涂料中有害物质限量

1 范围

本标准规定了建筑用外墙涂料中对人体和环境有害的有害物质容许限量的要求、试验方法、检验规则和包装标志等内容。

本标准适用于直接在现场涂装、对以水泥基及其他非金属材料为基材的建筑物外表面进行装饰和防护的各类水性外墙涂料和溶剂型外墙涂料。

2 规范性引用文件

下列文件中的条款通过本标准的引用而成为本标准的条款。凡是注日期的引用文件，其随后所有的修改单(不包括勘误的内容)或修订版均不适用于本标准，然而，鼓励根据本标准达成协议的各方研究是否可使用这些文件的最新版本。凡是不注日期的引用文件，其最新版本适用于本标准。

GB/T 1250 极限数值的表示方法和判定方法

GB/T 1725—2007 色漆、清漆和塑料 不挥发物含量的测定(ISO 3251:2003,IDT)

GB/T 3186 色漆、清漆及色漆与清漆用原材料 取样(GB/T 3186—2006,ISO 15528:2000,IDT)

GB/T 6682 分析实验室用水规格和试验方法(GB/T 6682—2008,ISO 3696:1987,MOD)

GB/T 6750—2007 色漆和清漆 密度的测定 比重瓶法(ISO 2811-1:1997,Paints and varnishes—Determination of density—Part 1:Pyknometer method, IDT)

GB/T 9750 涂料产品包装标志

GB/T 18446—2009 色漆和清漆用漆基 异氰酸酯树脂中二异氰酸酯单体的测定(ISO 10283:2007,IDT)

GB/T 23993—2009 水性涂料中甲醛含量的测定 乙酰丙酮分光光度法

3 术语和定义

下列术语和定义适用于本标准。

3.1

挥发性有机化合物(VOC) volatile organic compounds

在 101.3 kPa 标准大气压下，任何初沸点低于或等于 250 ℃的有机化合物。

3.2

挥发性有机化合物含量(VOC 含量) volatile organic compounds content

按规定的测试方法测试产品所得到的挥发性有机化合物的含量。

注 1：水性外墙底漆和面漆以扣除水分后的挥发性有机化合物含量计，以克每升(g/L)表示；溶剂型外墙底漆和面漆挥发性有机化合物的含量，以克每升(g/L)表示。

注 2：水性外墙腻子以不扣除水分的挥发性有机化合物含量计，以克每千克(g/kg)表示。

4 产品分类

产品分为两大类：水性外墙涂料(包括腻子、底漆和面漆)和溶剂型外墙涂料(包括底漆和面漆)。其中溶剂型外墙涂料又分为色漆、清漆和闪光漆三类。

5 要求

产品中有害物质限量应符合表 1 的要求。

表 1　有害物质限量的要求

项　目		限量值					
		水性外墙涂料			溶剂型外墙涂料(包括底漆和面漆)		
		底漆[a]	面漆[a]	腻子[b]	色漆	清漆	闪光漆
挥发性有机化合物(VOC)含量/(g/L)　≤		120	150	15 g/kg	680[c]	700[c]	760[c]
苯含量[c]/%　≤		—			0.3		
甲苯、乙苯和二甲苯含量总和[c]/%　≤		—			40		
游离甲醛含量/(mg/kg)　≤		100			—		
游离二异氰酸酯(TDI 和 HDI)含量总和[d]/%　≤ (限以异氰酸酯作为固化剂的溶剂型外墙涂料)		—			0.4		
乙二醇醚及醚酯含量总和[a,b,c]/%　≤ (限乙二醇甲醚、乙二醇甲醚醋酸酯、乙二醇乙醚、乙二醇乙醚醋酸酯和二乙二醇丁醚醋酸酯)		0.03					
重金属含量/(mg/kg)　≤ (限色漆和腻子)	铅(Pb)	1 000					
	镉(Cd)	100					
	六价铬(Cr^{6+})	1 000					
	汞(Hg)	1 000					

a　水性外墙底漆和面漆所有项目均不考虑稀释配比。

b　水性外墙腻子中膏状腻子所有项目均不考虑稀释配比;粉状腻子除重金属项目直接测试粉体外,其余三项是指按产品明示的施工配比将粉体与水或胶粘剂等其他液体混合后测试。如施工配比为某一范围时,应按照水用量最小、胶粘剂等其他液体用量最大的施工配比混合后测试。

c　溶剂型外墙涂料按产品明示的施工配比混合后测定。如稀释剂的使用量为某一范围时,应按照产品施工配比规定的最大稀释比例混合后进行测定。

d　如果产品规定了稀释比例或由双组分或多组分组成时,应先测定固化剂(含二异氰酸酯预聚物)中的二异氰酸酯含量,再按产品明示的施工配比计算混合后涂料中的含量。如稀释剂的使用量为某一范围时,应按照产品施工配比规定的最小稀释比例进行计算。

6　试验方法

6.1　取样

产品取样应按 GB/T 3186 的规定进行。

6.2　试验方法

6.2.1　水性外墙涂料中挥发性有机化合物含量的测试按本标准中附录 A 和附录 B 的规定进行,其中底漆和面漆产品测试结果的计算按附录 A 中 A.7.2 进行,腻子产品测试结果的计算按附录 A 中A.7.1 进行。

注:所有腻子样品不做水分含量和密度的测试。

6.2.2　水性外墙涂料中乙二醇醚及醚酯总和含量的测试按本标准中附录 A 的规定进行。测试结果的计算按附录 A 中 A.7.3 进行。

6.2.3　溶剂型外墙涂料中挥发性有机化合物(VOC)含量的测试按本标准中附录 C 的规定进行。

6.2.4　游离甲醛的测试按 GB/T 23993—2009 的规定进行。

6.2.5　溶剂型外墙涂料中苯含量、甲苯、乙苯和二甲苯总和含量、乙二醇醚及醚酯总和含量的测试按本标准中附录D的规定进行。

6.2.6 游离二异氰酸酯(TDI和HDI)总和含量的测试按GB/T 18446—2009的规定进行。

6.2.7 铅、镉、汞的测试按本标准中附录E的规定进行;六价铬的测试按本标准中附录F的规定进行。粉状腻子直接用粉体测试。

7 检验规则

7.1 本标准所列的全部要求均为型式检验项目。

7.1.1 在正常生产情况下,每年至少进行一次型式检验。

7.1.2 有下列情况之一时应随时进行型式检验:

——新产品最初定型时;

——产品异地生产时;

——生产配方、工艺、关键原材料来源及产品施工配比有较大改变时;

——停产三个月后又恢复生产时。

7.2 检验结果的判定

7.2.1 检验结果的判定按GB/T 1250中修约值比较法进行,当检验结果修约为0、0.0、0.00等时,结果以一位有效数字报出。

7.2.2 粉状腻子、溶剂型外墙涂料产品报出检验结果时应同时注明产品明示的施工配比。

7.2.3 所有项目的检验结果均达到本标准的要求时,产品为符合本标准要求。

8 包装标志

8.1 产品包装标志除应符合GB/T 9750的规定外,按本标准检验合格的产品可在包装标志上明示。

8.2 对于由双组分或多组分配套组成的外墙涂料产品,包装标志上或产品说明书中应明确各组分施工配比。对于施工时需要稀释的外墙涂料产品,包装标志上或产品说明书中应明确稀释比例。

附 录 A
（规范性附录）
水性外墙涂料中挥发性有机化合物、乙二醇醚及醚酯总和含量的测试——气相色谱法

A.1 范围

本方法规定了水性外墙底漆、面漆以及腻子中挥发性有机化合物（VOC）、乙二醇醚及醚酯总和含量的测试方法。

本方法适用于VOC含量（质量分数）大于或等于0.1%、且小于或等于15%的涂料及其原料的测试。

A.2 原理

试样经稀释后，通过气相色谱分析技术使样品中各种挥发性有机化合物分离，定性鉴定被测化合物后，用内标法测试其含量。

A.3 材料和试剂

A.3.1 载气：氮气，纯度≥99.995%。

A.3.2 燃气：氢气，纯度≥99.995%。

A.3.3 助燃气：空气。

A.3.4 辅助气体（隔垫吹扫和尾吹气）：与载气具有相同性质的氮气。

A.3.5 内标物：试样中不存在的化合物，且该化合物能够与色谱图上其他成分完全分离。纯度（质量分数）至少为99%，或已知纯度。例如：异丁醇、乙二醇单丁醚、乙二醇二甲醚、二乙二醇二甲醚等。

A.3.6 校准化合物

本标准中校准化合物包括甲醇、乙醇、正丙醇、异丙醇、正丁醇、异丁醇、苯、甲苯、乙苯、二甲苯、三乙胺、二甲基乙醇胺、2-氨基-2-甲基-1-丙醇、乙二醇、1,2-丙二醇、1,3-丙二醇、二乙二醇、乙二醇甲醚、乙二醇甲醚醋酸酯、乙二醇乙醚、乙二醇乙醚醋酸酯、乙二醇单丁醚、二乙二醇单丁醚、二乙二醇乙醚醋酸酯、二乙二醇丁醚醋酸酯、2,2,4—三甲基-1,3-戊二醇。纯度（质量分数）至少为99%，或已知纯度。

A.3.7 稀释溶剂：用于稀释试样的有机溶剂，不含有任何干扰测试的物质。纯度（质量分数）至少为99%，或已知纯度。例如：乙腈、甲醇或四氢呋喃等溶剂。

A.3.8 标记物：用于按VOC定义区分VOC组分与非VOC组分的化合物。本标准中为己二酸二乙酯（沸点251 ℃）。

A.4 仪器设备

A.4.1 气相色谱仪，具有以下配置：

A.4.1.1 分流装置的进样口，并且汽化室内衬可更换；

A.4.1.2 程序升温控制器；

A.4.1.3 检测器

可以使用下列三种检测器中的任意一种：

A.4.1.3.1 火焰离子化检测器（FID）。

A.4.1.3.2 已校准并调谐的质谱仪或其他质量选择检测器。

A.4.1.3.3 已校准的傅立叶变换红外光谱仪（FT-IR光谱仪）。

注：如果选用 A.4.1.3.2 或 A.4.1.3.3 检测器对分离出的组分进行定性鉴定，仪器应与气相色谱仪相连并根据仪器制造商的相关说明进行操作。

A.4.1.4 色谱柱：6%腈丙苯基/94%聚二甲基硅氧烷毛细管柱、聚乙二醇毛细管柱。

A.4.2 进样器：微量注射器，容量至少是进样量的两倍。

A.4.3 配样瓶：约 20 mL 的玻璃瓶，具有可密封的瓶盖。

A.4.4 天平：精度 0.1 mg。

A.5 气相色谱测试条件

A.5.1 色谱条件 1

色谱柱(基本柱)：6%腈丙苯基/94%聚二甲基硅氧烷毛细管柱，60 m×0.32 mm×1.0 μm；

进样口温度：250 ℃；

检测器：FID，温度：260 ℃；

柱温：程序升温，80 ℃保持 1 min，然后以 10 ℃/min 升至 230 ℃保持 15 min；

分流比：分流进样，分流比可调；

进样量：1.0 μL。

A.5.2 色谱条件 2

色谱柱(确认柱)：聚乙二醇毛细管柱，30 m×0.25 mm×0.25 μm；

进样口温度：240 ℃；

检测器：FID，温度：250 ℃；

柱温：程序升温，60 ℃保持 1 min，然后以 20 ℃/min 升至 240 ℃保持 20 min；

分流比：分流进样，分流比可调；

进样量：1.0 μL。

注：也可根据所用气相色谱仪的性能及待测试样的实际情况选择最佳的气相色谱测试条件。

A.6 测试步骤

所有试验进行二次平行测定。

A.6.1 密度

密度的测试按 GB/T 6750—2007 的规定进行。试验温度(23±2)℃。

A.6.2 水分含量

水分含量的测试按附录 B 进行。

A.6.3 挥发性有机化合物、乙二醇醚及醚酯总和含量

A.6.3.1 色谱仪参数优化

按 A.5 中的色谱条件，每次都应该使用已知的校准化合物对其进行最优化处理，使仪器的灵敏度、稳定性和分离效果处于最佳状态。

A.6.3.2 定性分析

将标记物(A.3.8)注入气相色谱仪中，记录其在聚二甲基硅氧烷毛细管柱或 6%腈丙苯基/94%聚二甲基硅氧烷毛细管柱上的保留时间，以便按 3.1 给出的 VOC 定义确定色谱图中的积分终点。

定性鉴定试样中有无 A.3.6 中的校准化合物。优先选用的方法是气相色谱仪与质量选择检测器(A.4.1.3.2)或 FT-IR 光谱仪(A.4.1.3.3)联用，并使用 A.5 中给出的气相色谱测试条件。也可利用气相色谱仪，采用火焰离子化检测器(FID)(A.4.1.3.1)和 A.4.1.4 中的色谱柱，并使用 A.5 中给出的气相色谱测试条件，分别记录 A.3.6 中校准化合物在两根色谱柱(所选择的两根柱子的极性差别应尽可能大，例如 6%腈丙苯基/94%聚二甲基硅氧烷毛细管柱和聚乙二醇毛细管柱)上的色谱图；在相同的色谱测试条件下，对被测试样做出色谱图后对比定性。

A.6.3.3 校准

A.6.3.3.1 校准样品的配制：分别称取一定量(精确至 0.1 mg)A.6.3.2 鉴定出的各种校准化合物于配样瓶(A.4.3)中，称取的质量与待测试样中各自的含量应在同一数量级；再称取与待测化合物相同数量级的内标物(A.3.5)于同一配样瓶(A.4.3)中，用稀释溶剂(A.3.7)稀释混合物，密封配样瓶(A.4.3)并摇匀。

A.6.3.3.2 相对校正因子的测试：在与测试试样相同的色谱测试条件下按 A.6.3.1 的规定优化仪器参数。将适当数量的校准化合物注入气相色谱仪中，记录色谱图。按式(A.1)分别计算每种化合物的相对校正因子：

$$R_i = \frac{m_{ci} \times A_{is}}{m_{is} \times A_{ci}} \quad \cdots\cdots\cdots\cdots (A.1)$$

式中：

R_i——化合物 i 的相对校正因子；

m_{ci}——校准混合物中化合物 i 的质量，单位为克(g)；

m_{is}——校准混合物中内标物的质量，单位为克(g)；

A_{is}——内标物的峰面积；

A_{ci}——化合物 i 的峰面积。

R_i 值取两次测试结果的平均值，其相对偏差应小于 5%，结果保留三位有效数字。

A.6.3.3.3 若出现 A.3.6 中校准化合物之外的未知化合物色谱峰，则假设其相对于异丁醇的校正因子为 1.0。

A.6.3.4 试样的测试

A.6.3.4.1 试样的配制：称取搅拌均匀后的试样约 1 g(精确至 0.1 mg)以及与被测物质量近似相等的内标物(A.3.5)于配样瓶(A.4.3)中，加入 10 mL 稀释溶剂(A.3.7)稀释试样，密封配样瓶(A.4.3)并摇匀。

A.6.3.4.2 按校准时的最优化条件设定仪器参数。

A.6.3.4.3 将标记物(A.3.8)注入气相色谱仪中，记录其在聚二甲基硅氧烷毛细管柱或 6%腈丙苯基/94%聚二甲基硅氧烷毛细管柱上的保留时间，以便按 3.1 给出的 VOC 定义确定色谱图中的积分终点。

A.6.3.4.4 将 1 μL 按 A.6.3.4.1 配制的试样注入气相色谱仪中，记录色谱图并记录各种保留时间低于标记物的化合物峰面积(除稀释溶剂外)，然后按式(A.2)分别计算试样中所含的各种化合物的质量分数。

$$w_i = \frac{m_{is} \times A_i \times R_i}{m_s \times A_{is}} \quad \cdots\cdots\cdots\cdots (A.2)$$

式中：

w_i——测试试样中被测化合物 i 的质量分数，单位为克每克(g/g)；

R_i——被测化合物 i 的相对校正因子；

m_{is}——内标物的质量，单位为克(g)；

m_s——测试试样的质量，单位为克(g)；

A_{is}——内标物的峰面积；

A_i——被测化合物 i 的峰面积。

A.7 计算

A.7.1 腻子产品按式(A.3)计算 VOC 含量：

$$w(\mathrm{VOC}) = \sum_{i=1}^{n} w_i \times 1\,000 \qquad \cdots\cdots\cdots\cdots(\mathrm{A.3})$$

式中：

$w(\mathrm{VOC})$——腻子产品的 VOC 含量，单位为克每千克(g/kg)；

w_i——试样中被测化合物 i 的质量分数，单位为克每克(g/g)；

1 000——转换因子。

测试方法检出限：1 g/kg。

A.7.2 涂料产品按式(A.4)计算 VOC 含量：

$$\rho(\mathrm{VOC}) = \frac{\sum_{i=1}^{n} w_i}{1-\rho_s \times \frac{w_w}{\rho_w}} \times \rho_s \times 1\,000 \qquad \cdots\cdots\cdots\cdots(\mathrm{A.4})$$

式中：

$\rho(\mathrm{VOC})$——涂料产品的 VOC 含量，单位为克每升(g/L)；

w_i——试样中被测化合物 i 的质量分数，单位为克每克(g/g)；

w_w——试样中水的质量分数，单位为克每克(g/g)；

ρ_s——试样的密度，单位为克每毫升(g/mL)；

ρ_w——水的密度，单位为克每毫升(g/mL)；

1 000——转换因子。

测试方法检出限：2 g/L。

A.7.3 涂料和腻子产品中乙二醇醚及醚酯总和的计算

A.7.3.1 先按公式(A.2)分别计算乙二醇甲醚、乙二醇甲醚醋酸酯、乙二醇乙醚、乙二醇乙醚醋酸酯和二乙二醇丁醚醋酸酯各自的质量分数 w_i，然后按式(A.5)计算产品中乙二醇醚及醚酯总和：

$$w_e = \sum_{i=1}^{n} w_i \times 100 \qquad \cdots\cdots\cdots\cdots(\mathrm{A.5})$$

式中：

w_e——产品中乙二醇醚及醚酯总和的质量分数，%；

w_i——试样中被测组分 i(乙二醇甲醚、乙二醇甲醚醋酸酯、乙二醇乙醚、乙二醇乙醚醋酸酯和二乙二醇丁醚醋酸酯)的质量分数，单位为克每克(g/g)；

100——转换因子。

A.7.3.2 测试方法检出限：乙二醇甲醚、乙二醇甲醚醋酸酯、乙二醇乙醚、乙二醇乙醚醋酸酯和二乙二醇丁醚醋酸酯检出限均为0.001%。

A.8 精密度

A.8.1 重复性

同一操作者两次测试结果的相对偏差应小于10%。

A.8.2 再现性

不同实验室间测试结果的相对偏差应小于20%。

附　录　B
（规范性附录）
水分含量的测试

本标准中的水分含量采用气相色谱法或卡尔·费休法测试。气相色谱法为仲裁方法。

B.1　气相色谱法

B.1.1　试剂和材料

B.1.1.1　蒸馏水：符合 GB/T 6682 中三级水的要求。

B.1.1.2　稀释溶剂：无水二甲基甲酰胺（DMF），分析纯。

B.1.1.3　内标物：无水异丙醇，分析纯。

B.1.1.4　载气：氢气或氮气，纯度≥99.995%。

B.1.2　仪器设备

B.1.2.1　气相色谱仪：配有热导检测器及程序升温控制器。

B.1.2.2　色谱柱：填装高分子多孔微球的不锈钢柱。

B.1.2.3　进样器：微量注射器，容量至少是进样量的两倍。

B.1.2.4　配样瓶：约 10 mL 的玻璃瓶，具有可密封的瓶盖。

B.1.2.5　天平：精度 0.1 mg。

B.1.3　气相色谱测试条件

色谱柱：柱长 1 m，外径 3.2 mm，填装 177 μm～250 μm 高分子多孔微球的不锈钢柱。

汽化室温度：200 ℃；

检测器：温度 240 ℃，电流 150 mA；

柱温：对于程序升温，80 ℃保持 5 min，然后以 30 ℃/min 升至 170 ℃保持 5 min；对于恒温，柱温为 90 ℃，在异丙醇完全流出后，将柱温升至 170 ℃，待 DMF 出完。若继续测试，再把柱温降到 90 ℃。

注：也可根据所用气相色谱仪的性能及待测试样的实际情况选择最佳的气相色谱测试条件。

B.1.4　测试步骤

所有试验进行二次平行测定。

B.1.4.1　测试水的相对校正因子 *R*

在同一配样瓶（B.1.2.4）中称取 0.2 g 左右的蒸馏水（B.1.1.1）和 0.2 g 左右的异丙醇（B.1.1.3），精确至 0.1 mg，再加入 2 mL 的二甲基甲酰胺（B.1.1.2），密封配样瓶（B.1.2.4）并摇匀。用微量注射器（B.1.2.3）吸取 1 μL 配样瓶（B.1.2.4）中的混合液注入色谱仪中，记录色谱图。按式（B.1）计算水的相对校正因子 R：

$$R=\frac{m_i \times A_w}{m_w \times A_i} \qquad \text{(B.1)}$$

式中：

R——水的相对校正因子；

m_i——异丙醇质量，单位为克（g）；

m_w——水的质量，单位为克（g）；

A_i——异丙醇的峰面积；

A_w——水的峰面积。

若异丙醇和二甲基甲酰胺不是无水试剂，则以同样量的异丙醇和二甲基甲酰胺（混合液），但不加水作为空白样，记录空白样中水的峰面积 B。按式（B.2）计算水的相对校正因子 R：

$$R = \frac{m_i \times (A_w - A_0)}{m_w \times A_i} \quad \cdots\cdots (B.2)$$

式中：

R——水的相对校正因子；

m_i——异丙醇质量，单位为克(g)；

m_w——水的质量，单位为克(g)；

A_i——异丙醇的峰面积；

A_w——水的峰面积；

A_0——空白样中水的峰面积。

R 值取两次测试结果的平均值，其相对偏差应小于5%，结果保留三位有效数字。

B.1.4.2　样品分析

称取搅拌均匀后的试样约0.6 g以及与水含量近似相等的异丙醇(B.1.1.3)于配样瓶(B.1.2.4)中，精确至0.1 mg，再加入2 mL二甲基甲酰胺(B.1.1.2)，密封配样瓶(B.1.2.4)并摇匀。同时准备一个不加试样的异丙醇和二甲基甲酰胺混合液做为空白样。用力摇动装有试样的配样瓶(B.1.2.4)15 min，放置5 min，使其沉淀[为使试样尽快沉淀，可在装有试样的配样瓶(B.1.2.4)内加入几粒小玻璃珠，然后用力摇动；也可使用低速离心机使其沉淀]。用微量注射器(B.1.2.3)吸取1 μL配样瓶(B.1.2.4)中的上层清液，注入色谱仪中，记录色谱图。按式(B.3)计算试样中的水分含量：

$$w_w = \frac{m_i \times (A_w - A_0)}{m_s \times A_i \times R} \times 100 \quad \cdots\cdots (B.3)$$

式中：

w_w——试样中水分含量的质量分数，%；

R——水的相对校正因子；

m_i——异丙醇质量，单位为克(g)；

m_s——试样的质量，单位为克(g)；

A_i——异丙醇的峰面积；

A_w——试样中水的峰面积；

A_0——空白样中水的峰面积。

测定结果保留三位有效数字。

B.1.5　精密度

B.1.5.1　重复性

同一操作者两次测试结果的相对偏差应小于1.6%。

B.1.5.2　再现性

不同实验室间测试结果的相对偏差应小于5%。

B.2　卡尔·费休法

B.2.1　仪器设备

B.2.1.1　卡尔·费休水分滴定仪；

B.2.1.2　天平：精度0.1 mg，1 mg；

B.2.1.3　微量注射器：10 μL；

B.2.1.4　滴瓶：30 mL；

B.2.1.5　磁力搅拌器；

B.2.1.6　烧杯：100 mL；

B.2.1.7　培养皿。

B.2.2 试剂

B.2.2.1 蒸馏水:符合 GB/T 6682 中三级水的要求;

B.2.2.2 卡尔费休试剂:选用合适的试剂(对于不含醛酮化合物的试样,试剂主要成分为碘、二氧化硫、甲醇、有机碱。对于含有醛酮化合物的试样,应使用醛酮专用试剂,试剂主要成分为碘、咪唑、二氧化硫、2-甲氧基乙醇、2-氯乙醇和三氯甲烷)。

B.2.3 实验步骤

B.2.3.1 卡尔费休滴定剂浓度的标定

在滴定仪(B.2.1.1)的滴定杯中加入新鲜卡尔费休溶剂(B.2.2.2)至液面覆盖电极端头,以卡尔费休滴定剂(B.2.2.2)滴定至终点(漂移值$<$10 μg/min)。用微量注射器(B.2.1.3)将 10 μL 蒸馏水(B.2.2.1)注入滴定杯中,采用减量法称得水的质量(精确至 0.1 mg),并将该质量输入到滴定仪(B.2.1.1)中,用卡尔费休滴定剂(B.2.2.2)滴定至终点,记录仪器显示的标定结果。

进行重复标定,直至相邻两次的标定值相差小于 0.01 mg/mL,求出两次标定的平均值,将标定结果输入到滴定仪(B.2.1.1)中。

当检测环境的相对湿度小于 70%时,应每周标定一次;相对湿度大于 70%时,应每周标定两次;必要时,随时标定。

B.2.3.2 样品处理

若待测样品黏度较大,在卡尔费休溶剂中不能很好分散,则需要将样品进行适量稀释。在烧杯(B.2.1.6)中称取经搅拌均匀后的样品 20 g(精确至 1 mg),然后向烧杯(B.2.1.6)内加入约 20%的蒸馏水(B.2.2.1),准确记录称样量及加水量。将烧杯盖上培养皿(B.2.1.7),在磁力搅拌器(B.2.1.5)上搅拌(10~15)min。然后将稀释样品倒入滴瓶(B.2.1.4)中备用。

注:对于在卡尔费休溶剂中能很好分散的样品,可直接测试样品中的水分含量。对于加水 20%后,在卡尔费休溶剂中仍不能很好分散的样品,可逐步增加稀释水量。

B.2.3.3 水分含量的测试

在滴定仪(B.2.1.1)的滴定杯中加入新鲜卡尔费休溶剂(B.2.2.2)至液面覆盖电极端头,以卡尔费休滴定剂(B.2.2.2)滴定至终点。向滴定杯中加入 1 滴按 B.2.3.2 处理后的样品,采用减量法称得加入的样品质量(精确至 0.1 mg),并将该样品质量输入到滴定仪(B.2.1.1)中。用卡尔费休滴定剂(B.2.2.2)滴定至终点,记录仪器显示的测试结果。

平行测试两次,测试结果取平均值。两次测试结果的相对偏差小于 1.5%。

测试 3~6 次后应及时更换滴定杯中的卡尔费休溶剂。

B.2.3.4 数据处理

样品经稀释处理后测得的水分含量按式(B.4)计算:

$$w_w = \frac{w'_w \times (m_s + m_w) - m_w \times 100}{m_s} \qquad \cdots\cdots\cdots\cdots\cdots\cdots\cdots\cdots (B.4)$$

式中:

w_w——样品中实际水分含量的质量分数,%;

$w_w{}'$——测得的稀释样品的水分含量的质量分数的平均值,%;

m_s——稀释时所称样品的质量,单位为克(g);

m_w——稀释时所加水的质量,单位为克(g)。

计算结果保留三位有效数字。

附　录　C
（规范性附录）
溶剂型外墙涂料中挥发性有机化合物(VOC)含量的测试

C.1　原理

试样经气相色谱法测试，如未检测出沸点大于 250 ℃的有机化合物，所测试的挥发物含量即为产品的 VOC 含量。如检测出沸点大于 250 ℃的有机化合物，则对试样中沸点大于 250 ℃的有机化合物进行定性鉴定和定量分析。从挥发物含量中扣除试样中沸点大于 250 ℃有机化合物的含量即为产品的 VOC 含量。

C.2　材料和试剂

C.2.1　载气：氮气，纯度≥99.995%。
C.2.2　燃气：氢气，纯度≥99.995%。
C.2.3　助燃气：空气。
C.2.4　辅助气体(隔垫吹扫和尾吹气)：与载气具有相同性质的氮气。
C.2.5　内标物：试样中不存在的化合物，且该化合物能够与色谱图上其他成分完全分离。纯度至少为 99%(质量分数)，或已知纯度。例如：邻苯二甲酸二甲酯、邻苯二甲酸二乙酯等。
C.2.6　校准化合物：用于校准的化合物，其纯度至少为 99%(质量分数)，或已知纯度。
C.2.7　稀释溶剂：用于稀释试样的有机溶剂，不含有任何干扰测试的物质。纯度至少为 99%(质量分数)，或已知纯度。例如：乙酸乙酯等。
C.2.8　标记物：用于按 VOC 定义区分 VOC 组分与非 VOC 组分的化合物。本标准中为己二酸二乙酯(沸点 251 ℃)。

C.3　仪器设备

C.3.1　气相色谱仪，具有以下配置：
C.3.1.1　分流装置的进样口，并且汽化室内衬可更换。
C.3.1.2　程序升温控制器。
C.3.1.3　检测器
可以使用下列三种检测器中的任意一种：
C.3.1.3.1　火焰离子化检测器(FID)。
C.3.1.3.2　已校准并调谐的质谱仪或其他质量选择检测器。
C.3.1.3.3　已校准的傅立叶变换红外光谱仪(FT-IR 光谱仪)。

注：如果选用 C.3.1.3.2 或 C.3.1.3.3 检测器对沸点大于 250 ℃的有机化合物进行定性鉴定，仪器应与气相色谱仪相连并根据仪器制造商的相关说明进行操作。

C.3.1.4　色谱柱：应能使被测物足够分离，如聚二甲基硅氧烷毛细管柱或相当型号。
C.3.2　进样器：微量注射器，容量至少是进样量的两倍。
C.3.3　配样瓶：约 10 mL 的玻璃瓶，具有可密封的瓶盖。
C.3.4　天平：精度 0.1 mg。

C.4　气相色谱测试条件

色谱柱：聚二甲基硅氧烷毛细管柱，30 m×0.25 mm×0.25 μm；

进样口温度:300 ℃;

检测器:FID,温度:300 ℃;

柱温:起始温度 160 ℃保持 1 min,然后以 10 ℃/min 升至 290 ℃保持 15 min;

载气流速:1.2 mL/min;

分流比:分流进样,分流比可调;

进样量:1.0 μL。

注:也可根据所用仪器的性能及待测试样的实际情况选择最佳的气相色谱测试条件。

C.5 测试步骤

所有试验进行二次平行测定。

C.5.1 密度

按产品明示的施工配比制备混合试样,搅拌均匀后,按 GB/T 6750—2007 的规定测定试样的密度。试验温度:(23±2)℃。

C.5.2 挥发物含量

按产品明示的施工配比制备混合试样,搅拌均匀后,按 GB/T 1725—2007 规定测定试样的不挥发物含量,单位为克每克(g/g)。以 1 减去不挥发物含量得出试样的挥发物含量,单位为克每克(g/g)。称取试样质量(1±0.1)g,试验条件:(105±2)℃/1 h。

C.5.3 挥发性有机化合物(VOC)含量

C.5.3.1 试样中不含沸点大于 250 ℃有机化合物的 VOC 含量的测定

如试样经 C.5.3.2.2 定性分析未发现沸点大于 250 ℃的有机化合物,按式(C.1)计算试样的 VOC 含量:

$$\rho(\mathrm{VOC}) = w \times \rho_s \times 1\,000 \quad \cdots\cdots (\mathrm{C.1})$$

式中:

$\rho(\mathrm{VOC})$——涂料的 VOC 含量,单位为克每升(g/L);

w——试样中挥发物含量的质量分数,单位为克每克(g/g);

ρ_s——试样的密度,单位为克每毫升(g/mL);

1 000——转换因子。

C.5.3.2 试样中含沸点大于 250 ℃有机化合物的 VOC 含量的测定

C.5.3.2.1 色谱仪参数优化

按 C.4 中的色谱测试条件,每次都应该使用已知的校准化合物对仪器进行最优化处理,使仪器的灵敏度、稳定性和分离效果处于最佳状态。

进样量和分流比应相匹配,以免超出色谱柱的容量,并在仪器检测器的线性范围内。

C.5.3.2.2 定性分析

将标记物(C.2.8)注入色谱仪中,测定其在聚二甲基硅氧烷毛细柱上的保留时间。以便按 3.1 给出的 VOC 定义确定色谱图中的积分起点。

按产品明示的施工配比制备混合试样,搅拌均匀后,称取约 2 g 的样品用适量的稀释剂(C.2.7)稀释试样,用进样器(C.3.2)取 1.0 μL 混合均匀的试样注入色谱仪,记录色谱图,并对每种保留时间高于标记物的化合物进行定性鉴定。优先选用的方法是气相色谱仪与质量选择检测器(C.3.1.3.2)或 FT-IR光谱仪(C.3.1.3.3)联用,并使用 C.4 中给出的气相色谱测试条件。

注:对以异氰酸酯作为固化剂的溶剂型外墙涂料,制备好混合试样后应尽快分析。

C.5.3.2.3 校准

C.5.3.2.3.1 如果校准中用到的化合物都可以购买到,应使用下列方法测定其相对校正因子。

C.5.3.2.3.1.1 校准样品的配制:分别称取一定量(精确至 0.1 mg)经 C.5.3.2.2 鉴定出的各种校准

化合物(C.2.6)于配样瓶(C.3.3)中，称取的质量与待测试样中各自的含量应在同一数量级。再称取与待测化合物相近质量的内标物(C.2.5)于同一配样瓶中，用稀释溶剂(C.2.7)稀释混合物，密封配样瓶，并摇匀。

C.5.3.2.3.1.2 相对校正因子的测试：在与测试试样相同的气相色谱测试条件下按C.5.3.2.1的规定优化仪器参数。将适量的校准混合物注入气相色谱仪中，记录色谱图，按式(C.2)分别计算每种化合物的相对校正因子：

$$R_i = \frac{m_{ci} \times A_{is}}{m_{is} \times A_{ci}} \qquad \cdots\cdots(C.2)$$

式中：

R_i——化合物 i 的相对校正因子；

m_{ci}——校准混合物中化合物 i 的质量，单位为克(g)；

m_{is}——校准混合物中内标物的质量，单位为克(g)；

A_{is}——内标物的峰面积；

A_{ci}——有机化合物 i 的峰面积。

测定结果保留三位有效数字。

C.5.3.2.3.2 若出现未能定性的色谱峰或者校准用的有机化合物未商品化，则假设其相对于邻苯二甲酸二甲酯的校正因子为1.0。

C.5.3.2.4 试样的测试

C.5.3.2.4.1 试样的配制：按产品明示的施工配比制备混合试样，搅拌均匀后称取试样约2 g(精确至0.1 mg)以及与被测物相同数量级的内标物(C.2.5)于配样瓶(C.3.3)中，加入适量稀释溶剂(C.2.7)于同一配样瓶中稀释试样，密封配样瓶并摇匀。

注：对以异氰酸酯作为固化剂的溶剂型外墙涂料，制备好混合试样后应尽快分析。

C.5.3.2.4.2 按校准时的最优化条件设定仪器参数。

C.5.3.2.4.3 将标记物(C.2.8)注入气相色谱仪中，记录其在聚二甲基硅氧烷毛细管柱上的保留时间，以便按3.1给出的VOC定义确定色谱图中的积分起点。

C.5.3.2.4.4 将1.0 μL按C.5.3.2.4.1配制的试样注入气相色谱仪中，记录色谱图，并计算各种保留时间高于标记物的化合物峰面积，然后按式(C.3)分别计算试样中所含的各种沸点大于250 ℃有机化合物的质量分数：

$$w_{漆i} = \frac{m_{is} \times A_i \times R_i}{m_s \times A_{is}} \qquad \cdots\cdots(C.3)$$

式中：

$w_{漆i}$——涂料中沸点大于250 ℃化合物 i 的质量分数，单位为克每克(g/g)；

R_i——被测化合物 i 的相对校正因子；

m_{is}——内标物的质量，单位为克(g)；

m_s——试样的质量，单位为克(g)；

A_i——被测化合物 i 的峰面积；

A_{is}——内标物的峰面积。

C.5.3.2.4.5 涂料中沸点大于250 ℃化合物的含量按式(C.4)计算：

$$w_{漆} = \sum_{i=1}^{n} w_{漆i} \qquad \cdots\cdots(C.4)$$

式中：

$w_{漆}$——涂料中沸点大于250 ℃化合物的质量分数，单位为克每克(g/g)。

C.5.3.2.5 涂料中沸点小于或等于250 ℃ VOC的含量按式(C.5)计算：

$$\rho(VOC) = (w - w_{漆}) \times \rho_s \times 1\,000 \quad \text{(C.5)}$$

式中：

$\rho(VOC)$——涂料中沸点小于或等于 250 ℃的 VOC 含量，单位为克每升(g/L)；

w——试样中挥发物含量的质量分数，单位为克每克(g/g)；

$w_{漆}$——试样中沸点大于 250 ℃化合物的质量分数，单位为克每克(g/g)；

ρ_s——试样的密度，单位为克每毫升(g/mL)；

1 000——转换因子。

C.6 精密度

C.6.1 重复性

同一操作者两次测试结果的相对偏差应小于 5%。

C.6.2 再现性

不同实验室间测试结果的相对偏差应小于 10%。

附 录 D
（规范性附录）
溶剂型外墙涂料中苯、甲苯、乙苯、二甲苯、乙二醇醚及醚酯的测试
——气相色谱分析法

D.1 原理

试样经稀释后直接注入气相色谱仪中，经色谱柱分离后，用氢火焰离子化检测器检测，以内标法定量。

D.2 材料和试剂

D.2.1 载气：氮气，纯度≥99.995%。
D.2.2 燃气：氢气，纯度≥99.995%。
D.2.3 助燃气：空气。
D.2.4 辅助气体（隔垫吹扫和尾吹气）：与载气具有相同性质的氮气。
D.2.5 内标物：试样中不存在的化合物，且该化合物能够与色谱图上其他成分完全分离。纯度（质量分数）至少为99%，或已知纯度。例如：正庚烷、正戊烷等。
D.2.6 校准化合物：苯、甲苯、乙苯、二甲苯、乙二醇甲醚、乙二醇甲醚醋酸酯、乙二醇乙醚、乙二醇乙醚醋酸酯和二乙二醇丁醚醋酸酯，纯度（质量分数）至少为99%，或已知纯度。
D.2.7 稀释溶剂：用于稀释试样的有机溶剂，不含有任何干扰测试的物质。纯度（质量分数）至少为99%，或已知纯度。例如：乙酸乙酯、正己烷等。

D.3 仪器设备

D.3.1 气相色谱仪，具有以下配置：
D.3.1.1 分流装置的进样口，并且汽化室内衬可更换。
D.3.1.2 程序升温控制器。
D.3.1.3 检测器：火焰离子化检测器(FID)。
D.3.1.4 色谱柱：应能使被测物足够分离，如聚二甲基硅氧烷毛细管柱、6%腈丙苯基/94%聚二甲基硅氧烷毛细管柱、聚乙二醇毛细管柱，或相当型号。
D.3.2 进样器：微量注射器，容量至少是进样量的两倍。
D.3.3 配样瓶：约10 mL的玻璃瓶，具有可密封的瓶盖。
D.3.4 天平：精度0.1 mg。

D.4 气相色谱测试条件

色谱柱：聚二甲基硅氧烷毛细管柱，30 m×0.25 mm×0.25 μm；
进样口温度：240 ℃；
检测器温度：280 ℃；
柱温：初始温度50 ℃保持5 min，然后以10 ℃/min升至280 ℃保持5 min；
载气流速：1.0 mL/min。
分流比：分流进样，分流比可调；
进样量：1.0

注：也可根据所用仪器的性能及待测试样的实际情况选择最佳的气相色谱测试条件。

D.5 测试步骤

所有试验进行二次平行测定。

D.5.1 色谱仪参数优化

按D.4中的色谱测试条件，每次都应该使用已知的校准化合物对仪器进行最优化处理，使仪器的灵敏度、稳定性和分离效果处于最佳状态。

进样量和分流比应相匹配，以免超出色谱柱的容量，并在仪器检测器的线性范围内。

D.5.2 定性分析

D.5.2.1 按D.5.1的规定使仪器参数最优化。

D.5.2.2 被测化合物保留时间的测定

将1.0 μL含D.2.6所示被测化合物的标准混合溶液注入色谱仪，记录各被测化合物的保留时间。

D.5.2.3 定性分析

按产品明示的施工配比制备混合试样，搅拌均匀后称取约2 g样品并用适量稀释溶剂(D.2.7)稀释试样，用进样器(D.3.2)取1.0 μL混合均匀的试样注入色谱仪，记录色谱图，并与经D.5.2.2测定的标准被测化合物的保留时间对比确定是否存在被测化合物。

注：对以异氰酸酯作为固化剂的溶剂型外墙涂料，制备好混合试样后应尽快分析。

D.5.3 校准

D.5.3.1 校准样品的配制：分别称取一定量(精确至0.1 mg)D.2.6中的各种校准化合物于配样瓶(D.3.3)中，称取的质量与待测试样中所含的各种化合物的含量应在同一数量级；再称取与待测化合物相同数量级的内标物(D.2.5)于同一配样瓶中，用适量稀释溶剂(D.2.7)稀释混合物，密封配样瓶并摇匀。

D.5.3.2 相对校正因子的测试：在与测试试样相同的色谱测试条件下按D.5.1的规定优化仪器参数。将适量的校准化合物注入气相色谱仪中，记录色谱图。按式(D.1)分别计算每种化合物的相对校正因子：

$$R_i = \frac{m_{ci} \times A_{is}}{m_{is} \times A_{ci}} \qquad \text{(D.1)}$$

式中：

R_i——化合物 i 的相对校正因子；

m_{ci}——校准混合物中化合物 i 的质量，单位为克(g)；

m_{is}——校准混合物中内标物的质量，单位为克(g)；

A_{is}——内标物的峰面积；

A_{ci}——被测化合物 i 的峰面积。

测定结果保留三位有效数字。

D.5.4 试样的测试

D.5.4.1 试样的配制：按产品明示的施工配比制备混合试样，搅拌均匀后称取试样约2 g(精确至0.1 mg)以及与被测化合物相同数量级的内标物(D.2.5)于配样瓶(D.3.3)中，加入适量稀释溶剂(D.2.7)于同一配样瓶中稀释试样，密封配样瓶并摇匀。

注：对以异氰酸酯作为固化剂的溶剂型外墙涂料，制备好混合试样后应尽快分析。

D.5.4.2 按校准时的最优化条件设定仪器参数。

D.5.4.3 将1.0 μL按D.5.4.1配制的试样注入气相色谱仪中，记录色谱图，然后按式(D.2)分别计算试样中所含被测化合物(苯、甲苯、乙苯、二甲苯、乙二醇甲醚、乙二醇甲醚醋酸酯、乙二醇乙醚、乙二醇乙醚醋酸酯和二乙二醇丁醚醋酸酯)的含量。

$$w_i = \frac{m_{is} \times A_i \times R_i}{m_s \times A_{is}} \times 100 \qquad \text{(D.2)}$$

式中：

w_i——试样中被测化合物 i 的质量分数，%；

R_i——被测化合物 i 的相对校正因子；

m_{is}——内标物的质量，单位为克(g)；

m_s——试样的质量，单位为克(g)；

A_i——被测化合物 i 的峰面积；

A_{is}——内标物的峰面积。

注：如遇到采用D.4中的色谱测试条件不能有效分离被测物而难以准确定量时，可换用其它类型的色谱柱(见D.3.1.4所列)或色谱测试条件，使被测物有效分离后再定量测定。

D.6 计算

D.6.1 溶剂型外墙涂料中甲苯、乙苯和二甲苯总和的计算

先按公式(D.2)分别计算甲苯、乙苯和二甲苯各自的质量分数 w_i，然后按式(D.3)计算产品中甲苯、乙苯和二甲苯总和：

$$w_b = \sum_{i=1}^{n} w_i \qquad \text{(D.3)}$$

式中：

w_b——产品中甲苯、乙苯和二甲苯总和的质量分数，%；

w_i——试样中被测组分 i(甲苯、乙苯和二甲苯)的质量分数，%。

D.6.2 溶剂型外墙涂料中乙二醇醚及醚酯总和的计算

先按式(D.2)分别计算乙二醇甲醚、乙二醇甲醚醋酸酯、乙二醇乙醚、乙二醇乙醚醋酸酯和二乙二醇丁醚醋酸酯各自的质量分数 w_i，然后按式(D.4)计算产品中乙二醇醚及醚酯总和：

$$w_e = \sum_{i=1}^{n} w_i \qquad \text{(D.4)}$$

式中：

w_e——产品中乙二醇醚及醚酯总和的质量分数，%；

w_i——试样中被测组分 i(乙二醇甲醚、乙二醇甲醚醋酸酯、乙二醇乙醚、乙二醇乙醚醋酸酯和二乙二醇丁醚醋酸酯)的质量分数，%。

D.7 精密度

D.7.1 重复性

同一操作者两次测试结果的相对偏差应小于5%。

D.7.2 再现性

不同实验室间测试结果的相对偏差应小于10%。

附 录 E
（规范性附录）
外墙涂料中铅、镉、汞含量的测试

E.1 原理

待测试样先经 X 射线荧光光谱仪(XRF)定性筛选，根据元素特征谱峰确定待测试样中是否含有被测元素。若试样中含有被测元素，则将干燥后的涂膜，采用适宜的方法除去所有的有机物质，然后采用合适的分析仪器[如原子吸收光谱仪或电感耦合等离子体原子发射光谱仪等]测定处理后试验溶液中的铅、镉、汞含量。

E.2 试剂

分析测试中仅使用确认为分析纯的试剂，所用水符合 GB/T 6682 中三级水的要求。

E.2.1 硝酸：约为 65%(质量分数)，密度约为 1.40 g/mL；不应使用已经变黄的硝酸。

E.2.2 过氧化氢：约为 30%(质量分数)，密度约为 1.10 g/mL。

E.2.3 碳酸镁。

E.2.4 硝酸溶液：1∶1(体积比)。

E.2.5 硝酸溶液：2∶98(体积比)。

E.2.6 铅、镉、汞标准溶液：浓度为 100 mg/L 或 1 000 mg/L。

E.3 仪器和设备

普通实验室仪器设备以及下列一些仪器设备：

E.3.1 X 射线荧光光谱仪：波长色散 X 射线荧光光谱仪(WDXRF)或能量色散 X 射线荧光光谱仪(EDXRF)。

E.3.2 合适的分析仪器(如原子吸收光谱仪或电感耦合等离子体原子发射光谱仪等)。

E.3.3 粉碎设备：粉碎机、剪刀或其他合适的粉碎设备。

E.3.4 电热板：温度可控。

E.3.5 马弗炉：温度能控制在(475±25)℃。

E.3.6 微波消解仪。

E.3.7 天平：精度 0.1 mg。

E.3.8 坩埚：50 mL。

E.3.9 烧杯：50 mL。

E.3.10 滤膜(适用于水溶液)：孔径 0.45 μm。

E.3.11 容量瓶：25 mL、50 mL、100 mL 等。

E.3.12 移液管：1 mL、2 mL、5 mL、10 mL、25 mL 等。

E.3.13 玻璃板或聚四氟乙烯板。

所有的玻璃器皿、样品容器、玻璃板或聚四氟乙烯板等在使用前都需用硝酸溶液(E.2.4)浸泡 24 h，然后用水清洗并干燥。

E.4 试验步骤

E.4.1 定性筛选

E.4.1.1 按照 X 射线荧光光谱仪(E.3.1)的说明书操作仪器，并按仪器厂商的规定预热仪器直至仪器稳定。

E.4.1.2 将待测样品搅拌均匀，按产品明示的施工配比(稀释剂无须加入)制备混合试样，搅拌均匀后，将适量的试样放入仪器的样品室内。选择待测元素的特征分析线(参见表E.1)，定性鉴定试样中有无铅、镉、汞元素。如果试样中铅、镉、汞元素的含量低于定性筛选的检测限(见表E.2)，就无需进行下列步骤的测试，以定性筛选的检出限报出检验结果。

注1：为了使测试结果有效，分析者需参考仪器操作手册或按照仪器厂商所要求的最小的尺寸/质量/厚度来制备试样，一般而言，对于液体样品的最小厚度是15 mm。每个样品的测量时间根据仪器和基体，以及各元素的不同而不同，一般而言，每个样品的测量时间在30 s～300 s。

注2：也可不经过定性筛选的测试，直接进行下列步骤的测试。

E.4.2 涂膜的制备

将待测样品搅拌均匀，按产品明示的施工配比(稀释剂无须加入)制备混合试样，搅拌均匀后，在玻璃板或聚四氟乙烯板(E.3.13)上制备厚度适宜的涂膜。在产品说明书规定的干燥条件下，待涂膜完全干燥[自干漆若烘干，温度不得超过(60±2)℃]后，取下涂膜，在室温下用粉碎设备(E.3.3)将其粉碎，使粉碎后的涂膜尺寸小于5 mm。

注1：对不能被粉碎的涂膜(如弹性或塑性涂膜)，可用干净的剪刀(E.3.3)将涂膜尽可能剪碎。

注2：粉末状样品，直接进行样品处理。

E.4.3 样品处理

对制备的试样进行二次平行测试。

本标准提供了下列消解样品的方法，实验室可根据条件选用。

E.4.3.1 干灰化法(适用于测定铅、镉含量的涂料样品)

称取粉碎后的试样约0.2 g～0.3 g(精确至0.1 mg)放入坩埚(E.3.8)内，将约0.5 g碳酸镁(E.2.3)覆盖在坩埚内的试样上。将坩埚置于通风橱内的电热板(E.3.4)上，逐渐升高电热板的温度(不超过475 ℃)至样品被消解成一个焦块，且挥发的消解产物已被充分排出，只留下干的碳质残渣。然后将坩埚放入(475±25)℃的马弗炉(E.3.5)内，保温直至完全灰化。

在灰化期间应供给足够的空气氧化，但不允许坩埚内的物质在任何阶段发生燃烧。

待盛有灰化物的坩埚冷却至室温后，加入5 mL硝酸(E.2.1)，然后将坩埚内的溶液用滤膜(E.3.10)过滤并转移至50 mL容量瓶(E.3.11)中，用水冲洗坩埚和滤膜，所得到的溶液全部收集于同一容量瓶内，然后用水稀释至刻度。同时做试剂空白试验。

注：本方法不适用于氟碳涂料。

E.4.3.2 湿酸消解法(适用于测定铅、镉含量的涂料样品)

称取粉碎后的试样约0.1 g～0.3 g(精确至0.1 mg)置于50 mL烧杯(E.3.9)中，加入7 mL硝酸(E.2.1)，在烧杯口上加盖一块表面皿，在电热板(E.3.4)上加热使溶液保持微沸15 min左右，继续加热直到产生白烟。将烧杯从电热板上取下，冷却约5 min，缓慢滴加1 mL～2 mL过氧化氢(E.2.2)三次。每次加入后均需等反应平静后再加入。再次将烧杯放置在电热板上加热，至样品消解完全。如样品消解不完全，取下稍冷，再加入适量浓硝酸(E.2.1)和过氧化氢(E.2.2)一到两次，继续加热使样品消解完全。至残余溶液约1 mL左右时，取下烧杯冷却至室温。用约10 mL水稀释，然后用滤膜(E.3.10)将溶液过滤并转移至50 mL容量瓶(E.3.11)中。用水冲洗烧杯和滤膜，所得到的溶液全部收集于同一容量瓶中，然后用水稀释至刻度。同时做试剂空白试验。

E.4.3.3 微波消解法(适用于测定铅、镉、汞含量的涂料样品)

称取粉碎后的试样约0.1 g～0.2 g(精确至0.1 mg)置于微波消解罐中，分别加入5 mL硝酸(E.2.1)，2 mL过氧化氢(E.2.2)。然后将消解罐封闭，按以下温度程序进行消解：约10 min内升至(180±5)℃，维持该温度30 min后降温。消解罐冷却至室温后，打开消解罐，将消解溶液用滤膜(E.3.10)过滤并转移至50 mL的容量瓶(E.3.11)中。用水冲洗微波消解内罐和内盖，将洗涤液收集于同一容量瓶中，同时用水冲洗滤膜，所得到的溶液全部收集于同一容量瓶中，然后用水稀释至刻度。同时做试剂空白试验。

采用上述各种方法消解样品时，可根据样品的实际状况确定适宜的消解条件，确保试样中的有机化合物全部被除去,使被测元素全部溶出。如果处理后的样品有残渣,残渣应用合适的测量手段[例如X射线荧光光谱仪(E.3.10)]测定,确保无被测元素存在。否则应改变消解条件(例如加入较多的酸液和过氧化氢,并延长加热时间)使被测元素完全溶出。

所得到的消解溶液应在当天完成测试,否则应用硝酸(E.2.1)加以稳定,使保存的溶液浓度 $c(HNO_3)$ 约为 1 mol/L。

E.4.4 测试

本标准以原子吸收光谱仪(仪器工作条件见表E.3)为例说明测试过程。实验室也可采用其他合适的分析仪器(E.3.2),并根据仪器制造商的相关说明进行操作和测试,但在试验报告中要注明采用的分析仪器。

E.4.4.1 标准工作溶液的配制

选用合适的容量瓶(E.3.11)和移液管(E.3.12),用硝酸溶液(E.2.5)逐级稀释铅、镉、汞标准溶液(E.2.6),配制下列系列标准工作溶液(也可根据所使用的仪器及测试样品的情况确定标准工作溶液的浓度范围):

铅(mg/L):0.0,2.5,5.0,10.0,20.0,30.0;

镉(mg/L):0.0,0.1,0.2,0.5,1.0;

汞(μg/L):0.0,10.0,20.0,30.0,40.0。

注:系列标准工作溶液应在使用的当天配制。

E.4.4.2 试验溶液中铅、镉、汞含量的测定

用火焰原子吸收光谱仪分别测定铅、镉标准工作溶液的吸光度,用冷蒸汽原子吸收光谱仪测定汞标准工作溶液的吸光度,仪器会以吸光度值对应浓度自动绘制出校正曲线。校正曲线应至少包括一个空白样和三个标准工作溶液,其相关系数应≥0.995,否则应重新制作新的校正曲线。

同时测定试验溶液的吸光度。根据校正曲线和试验溶液的吸光度,仪器自动给出试验溶液中待测元素的浓度值。如果试验溶液中被测元素的浓度超出校正曲线最高点,则应对试验溶液用硝酸溶液(E.2.5)进行适当稀释后再测试。

如果两次测试结果(浓度值)的相对偏差大于10%。需按E.4试验步骤重新进行试验。

E.5 结果的计算

试样中的铅、镉、汞含量,按式(E.1)计算:

$$w=\frac{(\rho-\rho_0)\times V\times F}{m} \qquad \text{(E.1)}$$

式中:

w——试样中铅、镉、汞含量,单位为毫克每千克(mg/kg);

ρ——试验溶液中的铅、镉、汞浓度,单位为毫克每升(mg/L);

ρ_0——空白溶液中的铅、镉、汞浓度,单位为毫克每升(mg/L);

V——试验溶液的体积,单位为毫升(mL);

F——试验溶液的稀释倍数;

m——称取的试样量,单位为克(g)。

E.6 精密度

E.6.1 重复性

同一操作者两次测试结果的相对偏差应小于10%。

E.6.2 再现性

不同试验室间测试结果的相对偏差应小于20%。

表 E.1 被测元素的特征 X 射线

元素	一级射线	二级射线
铅(Pb)	L_2-M_2($L\beta_4$)	L_3-$M_{4.5}$($L\alpha_{1.2}$)
镉(Cd)	K-$L_{2.3}$($K\alpha$)	
汞(Hg)	L_3—$M_{4.5}$($L\alpha_{1.2}$)	

表 E.2 被测元素对 XRF 检出限的要求

元素	检出限/(mg/kg)
铅(Pb)	30
镉(Cd)	15
汞(Hg)	30

表 E.3 火焰原子吸收光谱仪工作条件[a]

元素	测试波长/nm	原子化方法	背景校正
铅(Pb)	283.3	空气-乙炔火焰法	氘灯
镉(Cd)	228.8	空气-乙炔火焰法	氘灯
汞(Hg)	253.7	冷蒸汽法	氘灯

[a] 实验室可根据所用仪器的性能选择合适的工作参数(如测试波长、灯电流、狭缝宽度、空气-乙炔比例、背景校正方式等),使仪器处于最佳测试状况。

附 录 F
（规范性附录）
外墙涂料中六价铬含量的测试

F.1 原理

干燥后的涂膜，使用碱性消解液从试样中提取六价铬化合物。提取液中的六价铬在酸性溶液中与二苯碳酰二肼反应生成紫红色络合物，在波长 540 nm 处用分光光度法测定试验溶液中的六价铬含量。

F.2 试剂和材料

分析测试中仅使用确认为分析纯的试剂，所用水符合 GB/T 6682 中三级水的要求。

F.2.1 硝酸：约为 65%（质量分数），密度约为 1.40 g/mL；不应使已变黄的硝酸。

F.2.2 硫酸：约为 98%（质量分数），密度约为 1.84 g/mL。

F.2.3 氢氧化钠。

F.2.4 无水碳酸钠。

F.2.5 磷酸氢二钾。

F.2.6 磷酸二氢钾。

F.2.7 二苯碳酰二肼。

F.2.8 无水氯化镁。

F.2.9 丙酮。

F.2.10 硝酸溶液：1∶1（体积比）。

F.2.11 硫酸溶液：1∶9（体积比）。

F.2.12 消解液：称取 20.0 g 氢氧化钠（F.2.3）和 30.0 g 无水碳酸钠（F.2.4），用水溶解后移入 1 000 mL的容量瓶中并稀释至刻度，摇匀，转移至塑料瓶中保存。此提取液应在 20 ℃～25 ℃下密封保存，且每月要重新制备。使用前必须检测其 pH 值，且 pH 值应在 11.5 以上（含 11.5），否则应重新制备。

F.2.13 缓冲液：溶解 87.09 g 磷酸氢二钾（F.2.5）和 68.04 g 磷酸二氢钾（F.2.6）于水中，移入 1 000 mL的容量瓶中并稀释至刻度。此缓冲液 pH＝7。

F.2.14 二苯碳酰二肼显色剂：称取 0.5 g 二苯碳酰二肼（F.2.7）溶于 100 mL 丙酮（F.2.9）中，保存于棕色瓶中。溶液退色时，应重新配制。

F.2.15 六价铬标准贮备溶液：浓度为 100 mg/L。

F.2.16 六价铬标准溶液：浓度为 5 mg/L。用移液管（F.3.10）移取 5 mL 六价铬标准贮备溶液（F.2.15）于 100 mL 容量瓶中，用水稀释至刻度。此溶液应在使用的当天配制。

F.3 仪器和设备

普通实验室仪器设备以及下列一些仪器设备

F.3.1 分光光度计，适合于在波长 540 nm 处测量，配有光程为 10 mm 的比色池。

F.3.2 粉碎设备：粉碎机，剪刀等。

F.3.3 不锈钢金属筛：孔径 0.25 mm。

F.3.4 加热搅拌装置：该装置应能使消解液在 90 ℃～95 ℃恒温并连续自动搅拌，搅拌子外层应为聚四氟乙烯或玻璃；也可使用能在 90 ℃～95 ℃恒温的振荡水浴锅。

F.3.5 酸度计:精度为±0.2 pH 单位。

F.3.6 天平:精度 0.1 mg。

F.3.7 滤膜(适用于水溶液):孔径 0.45 μm。

F.3.8 消解器:250 mL 具塞锥形瓶或配有表面皿的 250 mL 烧杯。

F.3.9 容量瓶:25 mL、50 mL、100 mL、1 000 mL 等。

F.3.10 移液管:1 mL、2 mL、5 mL、10 mL、25 mL 等。

F.3.11 量筒:5 mL、10 mL、25 mL、50 mL 等。

F.3.12 烧杯:250 mL。

F.3.13 玻璃板或聚四氟乙烯板。

所有的玻璃器皿、样品容器、玻璃板或聚四氟乙烯板在使用前都需用硝酸溶液(F.2.10)浸泡 24 h,然后用水清洗并干燥。

F.4 试验步骤

F.4.1 涂膜的制备

将待测样品搅拌均匀。按产品说明书规定的比例(稀释剂无须加入)混合各组分样品,搅拌均匀后,在玻璃板或聚四氟乙烯板(F.3.13)上制备厚度适宜的涂膜。在产品说明书规定的干燥条件下,待涂膜完全干燥[自干漆若烘干,温度不得超过(60±2)℃]后,取下涂膜,在室温下用粉碎设备(F.3.2)将其粉碎,并用不锈钢金属筛(F.3.3)过筛后待处理。

注 1:对不能被粉碎的涂膜(如弹性或塑性涂膜),可用干净的剪刀(F.3.2)将涂膜尽可能剪碎,无须过筛直接进行样品处理。

注 2:粉末状样品,直接进行样品处理。

F.4.2 样品处理

对制备的试样进行两次平行测试。

称取粉碎后的试样 2.5 g(精确至 0.1 mg)置于消解器(F.3.8)中,然后加入约 400 mg 无水氯化镁(F.2.8),用量筒(F.3.11)量取 50 mL 消解液(F.2.12)和 0.5 mL 缓冲液(F.2.13)加入消解器内。消解液应完全浸没试样,可加入 1~2 滴润湿剂以增加试样的润湿性。将消解器盖上塞子或表面皿,置于加热搅拌装置(F.3.4)上,搅拌并加热至 90 ℃~95 ℃,然后在此温度下连续搅拌至少 3 h。再将其在持续搅拌下逐渐冷却至室温,用滤膜(F.3.7)过滤至干净的烧杯(F.3.12)中,用水冲洗消解器和滤膜,所得到的溶液全部收集于同一烧杯中(如果用滤膜过滤时滤膜被堵塞,可选用大孔径的滤纸预先过滤样品)。在搅拌状态下将硝酸(F.2.1)滴加于烧杯中,用酸度计(F.3.5)将溶液的酸度控制在 pH=7.5±0.5,得到提取液。同时做试剂空白试验。试样应尽快显色测定。

F.4.3 测试

F.4.3.1 显色及试验溶液的制备

在提取液中滴加硫酸溶液(F.2.11),使其 pH=2±0.5,如果出现絮状沉淀,需再次过滤,然后加入 2 mL显色剂(F.2.14),混匀,并将其全部转移至 100 mL 容量瓶(F.3.9)中,用水稀释至刻度。摇匀,静止 5 min 至 10 min 后尽快测定。

F.4.3.2 系列标准工作溶液的配制

分别吸取 0.0 mL、2.0 mL、4.0 mL、6.0 mL、8.0 mL、10.0 mL 六价铬标准溶液(F.2.16)至 100 mL容量瓶中,加水 50 mL,加 2.0 mL 显色剂(F.2.14),滴加硫酸溶液(F.2.11),使其 pH=2±0.5,用水稀释至刻度。摇匀,静止 5 至 10 min 后尽快测定。此标准溶液系列含六价铬的浓度分别为 0.0 mg/L、0.1 mg/L、0.2 mg/L、0.3 mg/L、0.4 mg/L、0.5 mg/L。

系列标准工作溶液应在使用的当天配制。

标准溶液和提取液的显色反应要同时进行。

F.4.3.3 试样中六价铬含量的测定

分别将适量的系列标准工作溶液放入 10 mm 比色池内，在分光光度计(F.3.1)上于 540 nm 波长处测定其吸光度，以吸光度值对应浓度值绘制校正曲线。校正曲线应至少包括一个空白样和三个标准工作溶液，其校正系数应≥0.99。否则应重新制作新的校正曲线。

在同样条件下，测试试验溶液(F.4.3.1)的吸光度，根据校正曲线计算试验溶液中六价铬的浓度。如果试验溶液中吸光度值超出校正曲线最高点，则应对试验溶液进行适当稀释后再进行测试。

显色后的溶液应在当天测定完毕。

F.5 结果的计算

试样中六价铬的含量，按式(F.1)计算：

$$C = \frac{(c - c_0)V \times F}{m} \qquad \cdots\cdots\cdots\cdots (\text{F.1})$$

式中：

C——试样中六价铬的含量，单位为毫克每千克(mg/kg)；

c——试验溶液的测试浓度，单位为毫克每升(mg/L)；

c_0——空白溶液的测试浓度，单位为毫克每升(mg/L)；

V——试验溶液的定容体积，单位为毫升(mL)；

F——试验溶液的稀释倍数；

m——称取的试样量，单位为克(g)。

F.6 精密度

F.6.1 重复性

同一操作者两次测试结果的相对偏差小于 20%。

F.6.2 再现性

不同试验室间测试结果的相对偏差小于 33%。

ICS 87.040
G 51

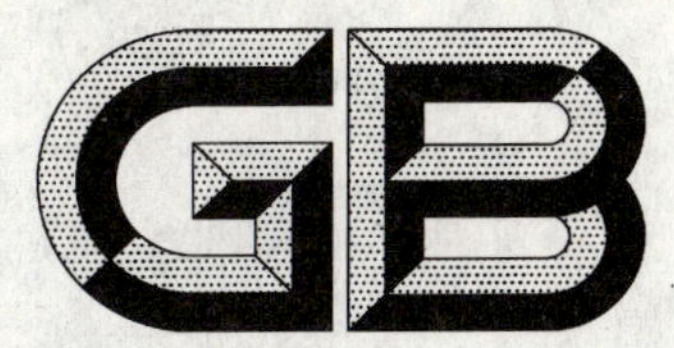

中华人民共和国国家标准

GB 24409—2009

汽车涂料中有害物质限量

Limit of harmful substances of automobile coatings

2009-09-30 发布　　　　2010-06-01 实施

中华人民共和国国家质量监督检验检疫总局
中国国家标准化管理委员会　发布

前　言

本标准全部技术内容为强制性。

本标准附录A、附录B、附录C、附录D、附录E为规范性附录。

本标准由中国石油和化学工业协会提出。

本标准由全国涂料和颜料标准化技术委员会归口。

本标准负责起草单位：中海油常州涂料化工研究院、奇瑞汽车股份有限公司、中国第一汽车集团公司技术中心、巴斯夫涂料国际贸易(上海)有限公司、阿克苏诺贝尔新劲汽车修补漆(苏州)有限公司、湖南湘江关西涂料有限公司、江苏鸿业涂料科技产业有限公司、杭州优立化工有限公司、深圳松辉化工有限公司、漳州市鑫展旺化工有限公司、常州市普兰纳涂料有限公司、江苏柏鹤涂料有限公司、江苏皓月涂料有限公司、深圳市华测检测技术股份有限公司。

本标准主要起草人：唐瑛、陈月珍、李大鸣、张国忠、宋华、李峰、付琴、杨鹏飞、余新利、王松现、张定德、詹建新、薛芳、包柏青、蒋春、郭勇。

汽车涂料中有害物质限量

1 范围

本标准规定了乘用车、商用车、挂车、汽车列车用原厂涂料、修补涂料和零部件涂料中对人体和环境有害的物质容许限量的要求、试验方法、检验规则、包装标志等内容。

本标准适用于除腻子、特殊功能性涂料以外的各类汽车涂料。

注：本标准中特殊功能性涂料指聚丙烯底材附着力促进剂(PP 水)、主要功能为防(抗)石击性的涂料[不含辅助防(抗)石击功能的涂料]、消除新旧涂膜接合处痕迹的辅助材料(接驳口水)等。

2 规范性引用文件

下列文件中的条款通过本标准的引用而成为本标准的条款。凡是注日期的引用文件，其随后所有的修改单(不包括勘误的内容)或修订版均不适用于本标准，然而，鼓励根据本标准达成协议的各方研究是否可使用这些文件的最新版本。凡是不注日期的引用文件，其最新版本适用于本标准。

GB/T 1250 极限数值的表示方法和判定方法

GB/T 1725—2007 色漆、清漆和塑料 不挥发物含量的测定(ISO 3251:2003,IDT)

GB/T 3186 色漆、清漆和色漆与清漆用原材料 取样(GB/T 3186—2006,ISO 15528:2000,IDT)

GB/T 6682—2008 分析试验室用水规格和试验方法(ISO 3696:1987,MOD)

GB/T 6750—2007 色漆和清漆 密度的测定 比重瓶法(ISO 2811-1:1997,Paints and varnishes—Determination of density—Part 1:Pyknometer method,IDT)

GB/T 9750 涂料产品包装标志

3 术语和定义

下列术语和定义适用于本标准。

3.1

实色漆 solid color paints

不含金属、珠光等效应颜料的色漆。

3.2

底色漆 base coats

表面需涂装罩光清漆的色漆。

3.3

本色面漆 solid color paints without clearcoat

表面不需涂装罩光清漆的实色漆。

3.4

挥发性有机化合物 volatile organic compounds (VOC)

在 101.3 kPa 标准大气压下，任何初沸点低于或等于 250 ℃的有机化合物。

3.5

挥发性有机化合物含量 volatile organic compounds content

按规定的测试方法测试产品所得到的挥发性有机化合物的含量。

4 产品分类

本标准中汽车涂料分为两类：A 类为溶剂型涂料，分为热塑型、单组分交联型和双组分交联型；B 类为水性(含电泳涂料)、粉末和光固化涂料。

5 要求

产品中有害物质限量应符合表1和表2的要求。

表1 A类涂料中有害物质限量的要求

涂料品种		挥发性有机化合物(VOC)含量 g/L	限用溶剂含量 %	重金属含量(限色漆) mg/kg
热塑型	底漆、中涂、底色漆(效应颜料漆、实色漆)、罩光清漆、本色面漆	≤770	苯≤0.3 甲苯、乙苯和二甲苯总量≤40 乙二醇甲醚、乙二醇乙醚、乙二醇甲醚醋酸酯、乙二醇乙醚醋酸酯、二乙二醇丁醚醋酸酯总量≤0.03	Pb≤1 000 Cr^{6+}≤1 000 Cd≤100 Hg≤1 000
单组分交联型	底漆	≤750		
	中涂	≤550		
	底色漆(效应颜料漆、实色漆)	≤750		
	罩光清漆、本色面漆	≤580		
双组分交联型	底漆、中涂	≤670		
	底色漆(效应颜料漆、实色漆)	≤750		
	罩光清漆	≤560		
	本色面漆	≤630		

注1:涂料供应商应提供组分配比和能保证施涂的稀释比例范围,测试挥发性有机化合物含量和限用溶剂含量项目时按组分配比和最大稀释比例配制后进行测试。

注2:进行重金属项目测试可不加稀释剂。

注3:汽车发动机、排气管等部位使用的耐高温涂料归入底漆类别;单组分交联型中用于3C1B(三涂-烘干)涂装工艺喷涂的第1、2道涂料归入底色漆类别。

注4:某个产品作为不同涂料品种使用,应执行最严要求。如双组分交联型涂料中既能作为实色漆也能作为本色面漆使用的产品,应执行本色面漆的指标。

表2 B类涂料中有害物质限量

涂料品种	限用溶剂含量 %	重金属含量(限色漆) mg/kg
水性涂料(含电泳涂料)	乙二醇甲醚、乙二醇乙醚、乙二醇甲醚醋酸酯、乙二醇乙醚醋酸酯、二乙二醇丁醚醋酸酯总量≤0.03	Pb≤1 000 Cr^{6+}≤1 000 Cd≤100 Hg≤1 000
粉末、光固化涂料	—	

注:对于水性涂料(含电泳涂料),涂料供应商应提供施工配比。进行限用溶剂含量测试时:不加水,将各组分和溶剂(如产品规定施涂时需加溶剂,试验时需要加入)混匀后进行测试。进行重金属含量测试时:水性涂料(含电泳涂料)不加水和溶剂,粉末涂料可直接进行测试,光固化涂料按产品规定条件固化后测试。

6 试验方法

6.1 取样

产品取样应按GB/T 3186的规定进行。

6.2 **试验方法**

6.2.1 挥发性有机化合物含量(VOC)的测试按本标准中附录A的规定进行。

6.2.2 溶剂型涂料中限用溶剂的测试按本标准中附录B的规定进行。

6.2.3 水性涂料中限用溶剂的测试按本标准中附录C的规定进行。

6.2.4 重金属(Pb、Cd和Hg)的测试按本标准中附录D的规定进行。

6.2.5 重金属(Cr^{6+})的测试按本标准中附录E的规定进行。

7 检验规则

7.1 本标准所列的全部要求均为型式检验项目。

7.1.1 在正常生产情况下,每年至少进行一次型式检验。

7.1.2 有下列情况之一时应随时进行型式检验:

——新产品最初定型时;

——产品异地生产时;

——生产配方、工艺、关键原材料及施工配比有较大改变时;

——停产三个月后又恢复生产时。

7.2 检验结果的判定

7.2.1 检验结果的判定按GB/T 1250中修约值比较法进行。当修约后的检验结果为0、0.0、0.00时,结果以1位有效数字报出。

7.2.2 报出检验结果时应同时注明产品明示的施工配比。

7.2.3 所有项目的检验结果均达到本标准的要求时,产品为符合本标准要求。

8 包装标志

产品包装标志除应符合GB/T 9750的规定外,按本标准检验合格的产品可在包装标志上明示。对于由双组分配套组成的涂料,包装标志或说明书上应明确各组分配比。溶剂型涂料在包装标志或说明书上应注明涂料品种和能保证施工的稀释比例范围。

附 录 A
(规范性附录)
挥发性有机化合物(VOC)含量的测试

A.1 原理

试样经气相色谱法测试,如未检测出沸点大于250 ℃的有机化合物,所测试的挥发物含量即为产品的VOC含量。如检测出沸点大于250 ℃的有机化合物,则对试样中沸点大于250 ℃的有机化合物进行定性鉴定和定量分析。从挥发物含量中扣除试样中沸点大于250 ℃有机化合物的含量即为产品的VOC含量。

A.2 材料和试剂

A.2.1 载气:氮气,纯度≥99.995%。
A.2.2 燃气:氢气,纯度≥99.995%。
A.2.3 助燃气:空气。
A.2.4 辅助气体(隔垫吹扫和尾吹气):与载气具有相同性质的氮气。
A.2.5 内标物:试样中不存在的化合物,且该化合物能够与色谱图上其他成分完全分离。纯度至少为99%(质量分数),或已知纯度。例如:邻苯二甲酸二甲酯、邻苯二甲酸二乙酯等。
A.2.6 校准化合物:用于校准的化合物,其纯度至少为99%(质量分数),或已知纯度。
A.2.7 稀释溶剂:用于稀释试样的有机溶剂,不含有任何干扰测试的物质。纯度至少为99%(质量分数),或已知纯度。例如:乙酸乙酯等。
A.2.8 标记物:用于按VOC定义区分VOC组分与非VOC组分的化合物。本标准中规定为己二酸二乙酯(沸点251 ℃)。

A.3 仪器设备

A.3.1 气相色谱仪,具有以下配置:
A.3.1.1 分流装置的进样口,并且汽化室内衬可更换。
A.3.1.2 程序升温控制器。
A.3.1.3 检测器

可以使用下列三种检测器中的任意一种:
A.3.1.3.1 火焰离子化检测器(FID)。
A.3.1.3.2 已校准并调谐的质谱仪或其他质量选择检测器。
A.3.1.3.3 已校准的傅立叶变换红外光谱仪(FT-IR光谱仪)。

注:如果选用A.3.1.3.2或A.3.1.3.3检测器对沸点大于250 ℃的有机化合物进行定性鉴定,仪器应与气相色谱仪相连并根据仪器制造商的相关说明进行操作。

A.3.1.4 色谱柱:应能使被测物足够分离,如聚二甲基硅氧烷毛细管柱或相当型号。
A.3.2 进样器:容量至少为进样量的两倍。
A.3.3 配样瓶:约10 mL的玻璃瓶,具有可密封的瓶盖。
A.3.4 天平:精度0.1 mg。

A.4 气相色谱测试条件

色谱柱:聚二甲基硅氧烷毛细管柱,30 m×0.25 mm×0.25 μm;

进样口温度：300 ℃；

检测器：FID，温度：300 ℃；

柱温：起始温度 160 ℃保持 1 min，然后以 10 ℃/min 升至 290 ℃保持 15 min；

载气流速：1.2 mL/min；

分流比：分流进样，分流比可调；

进样量：1.0 μL。

注：也可根据所用仪器的性能及待测试样的实际情况选择最佳的气相色谱测试条件。

A.5 测试步骤

所有试验进行二次平行测定。

A.5.1 密度

按产品明示的施工配比制备混合试样，搅拌均匀后，按 GB/T 6750—2007 的规定测定试样的密度。试验温度：(23±2)℃。

A.5.2 挥发物含量

按产品明示的施工配比制备混合试样，搅拌均匀后，按 GB/T 1725—2007 的规定测定试样的不挥发物含量，单位为克每克(g/g)，以 1 减去不挥发物含量得出试样的挥发物含量，单位为克每克(g/g)。称取试样质量(1±0.1)g，试验条件：(120±2)℃/1 h。

A.5.3 挥发性有机化合物(VOC)含量

A.5.3.1 试样中不含沸点大于 250 ℃有机化合物的 VOC 含量的测定

如试样经 A.5.3.2.2 定性分析未发现沸点大于 250℃的有机化合物，按式(A.1)计算试样的 VOC 含量。

$$\rho(\mathrm{VOC}) = w \times \rho_s \times 1\,000 \qquad \cdots\cdots(\mathrm{A.1})$$

式中：

$\rho(\mathrm{VOC})$——涂料产品的 VOC 含量，单位为克每升(g/L)；

w——测试试样中挥发物含量的质量分数，单位为克每克(g/g)；

ρ_s——试样的密度，单位为克每毫升(g/mL)；

1 000——转换因子。

A.5.3.2 试样中含沸点大于 250℃有机化合物的 VOC 含量的测定

A.5.3.2.1 色谱仪参数优化

按 A.4 中的色谱测试条件，每次都应该使用已知的校准化合物对仪器进行最优化处理，使仪器的灵敏度、稳定性和分离效果处于最佳状态。

进样量和分流比应相匹配，以免超出色谱柱的容量，并在仪器检测器的线性范围内。

A.5.3.2.2 定性分析

将标记物(A.2.8)注入色谱仪中，测定其在聚二甲基硅氧烷毛细柱上的保留时间。以便按 3.4 给出的 VOC 定义确定色谱图中的积分起点。

按产品明示的施工配比制备混合试样，搅拌均匀后，称取约 2g 的样品用适量的稀释剂(A.2.7)稀释试样，用进样器(A.3.2)取 1.0 μL 混合均匀的试样注入色谱仪，记录色谱图，并对每种保留时间高于标记物的化合物进行定性鉴定。优先选用的方法是气相色谱仪与质量选择检测器(A.3.1.3.2)或 FT-IR 光谱仪(A.3.1.3.3)联用，并使用 A.4 中给出的气相色谱测试条件。

注：对于双组分交联型涂料，各组分混合后应尽快分析。

A.5.3.2.3 校准

A.5.3.2.3.1 如果校准中用到的化合物都可以购买到，应使用下列方法测定其相对校正因子。

A.5.3.2.3.1.1 校准样品的配制：分别称取一定量(精确至 0.1 mg)经 A.5.3.2.2 鉴定出的各种校准

化合物(A. 2. 6)于配样瓶(A. 3. 3)中,称取的质量与待测试样中各自的含量应在同一数量级。再称取与待测化合物相近质量的内标物(A. 2. 5)于同一配样瓶中,用稀释溶剂(A. 2. 7)稀释混合物,密封配样瓶,并摇匀。

A. 5. 3. 2. 3. 1. 2 相对校正因子的测试:在与测试试样相同的气相色谱测试条件下按 A. 5. 3. 2. 1 的规定优化仪器参数。将适量的校准混合物注入气相色谱仪中,记录色谱图,按式(A. 2)分别计算每种化合物的相对校正因子:

$$R_i = \frac{m_{ci} \times A_{is}}{m_{is} \times A_{ci}} \qquad \cdots\cdots\cdots\cdots(A. 2)$$

式中:

R_i——化合物 i 的相对校正因子;

m_{ci}——校准混合物中化合物 i 的质量,单位为克(g);

m_{is}——校准混合物中内标物的质量,单位为克(g);

A_{is}——内标物的峰面积;

A_{ci}——化合物 i 的峰面积。

测定结果保留三位有效数字。

A. 5. 3. 2. 3. 2 若出现未能定性的色谱峰或者校准用的有机化合物未商品化,则假设其相对于邻苯二甲酸二甲酯的校正因子为 1.0。

A. 5. 3. 2. 4 试样的测试

A. 5. 3. 2. 4. 1 试样的配制:按产品明示的施工配比制备混合试样,搅拌均匀后称取试样约 2 g(精确至 0.1 mg)以及与被测物相同数量级的内标物(A. 2. 5)于配样瓶(A. 3. 3)中,加入适量稀释溶剂(A. 2. 7)于同一配样瓶中稀释试样,密封配样瓶并摇匀。

注:对于双组分交联型涂料,各组分混合后应尽快分析。

A. 5. 3. 2. 4. 2 按校准时的最优化条件设定仪器参数。

A. 5. 3. 2. 4. 3 将标记物(A. 2. 8)注入气相色谱仪中,记录其在聚二甲基硅氧烷毛细管柱上的保留时间,以便按 3. 4 给出的 VOC 定义确定色谱图中的积分起点。

A. 5. 3. 2. 4. 4 将 1.0 μL 按 A. 5. 3. 2. 4. 1 配制的试样注入气相色谱仪中,记录色谱图,并计算各种保留时间高于标记物的化合物峰面积,然后按式(A. 3)分别计算试样中所含的各种沸点大于 250 ℃化合物的质量分数。

$$w_{漆i} = \frac{m_{is} \times A_i \times R_i}{m_s \times A_{is}} \qquad \cdots\cdots\cdots\cdots(A. 3)$$

式中:

$w_{漆i}$——试样中沸点大于 250 ℃化合物 i 的质量分数,单位为克每克(g/g);

R_i——被测化合物 i 的相对校正因子;

m_{is}——试样内标物的质量,单位为克(g);

m_s——试样的质量,单位为克(g);

A_i——被测化合物 i 的峰面积;

A_{is}——内标物的峰面积。

A. 5. 3. 2. 4. 5 试样中沸点大于 250 ℃化合物的含量按式(A. 4)计算。

$$w_{漆} = \sum_{i=1}^{n} w_{漆i} \qquad \cdots\cdots\cdots\cdots(A. 4)$$

式中:

$w_{漆}$——试样中沸点大于 250 ℃化合物的质量分数,单位为克每克(g/g)。

A. 5. 3. 2. 5 试样中沸点小于或等于 250 ℃ VOC 的含量按式(A. 5)计算。

$$\rho(\mathrm{VOC}) = (w - w_{漆}) \times \rho_s \times 1\,000 \qquad \cdots\cdots\cdots\cdots(A. 5)$$

式中：

$\rho(\mathrm{VOC})$——试样中沸点小于或等于 250 ℃的 VOC 含量，单位为克每升(g/L)；

w——试样中挥发物含量的质量分数，单位为克每克(g/g)；

$w_{漆}$——试样中沸点大于 250 ℃化合物的质量分数，单位为克每克(g/g)；

ρ_s——试样的密度，单位为克每毫升(g/mL)；

1 000——转换因子。

A.6 精密度

A.6.1 重复性

同一操作者两次测试结果的相对偏差应小于 5%。

A.6.2 再现性

不同实验室间测试结果的相对偏差应小于 10%。

附　录　B
（规范性附录）
溶剂型涂料中苯、甲苯、乙苯、二甲苯、乙二醇醚及醚酯的测试
——气相色谱分析法

B.1　原理

试样经稀释后直接注入气相色谱仪中，经色谱柱分离后，用氢火焰离子化检测器检测，以内标法定量。

B.2　材料和试剂

B.2.1　载气：氮气，纯度≥99.995%。
B.2.2　燃气：氢气，纯度≥99.995%。
B.2.3　助燃气：空气。
B.2.4　辅助气体（隔垫吹扫和尾吹气）：与载气具有相同性质的氮气。
B.2.5　内标物：试样中不存在的化合物，且该化合物能够与色谱图上其他成分完全分离。纯度至少为99%（质量分数），或已知纯度。例如：正庚烷、正戊烷等。
B.2.6　校准化合物：苯、甲苯、乙苯、二甲苯、乙二醇甲醚、乙二醇甲醚醋酸酯、乙二醇乙醚、乙二醇乙醚醋酸酯和二乙二醇丁醚醋酸酯，纯度至少为99%（质量分数），或已知纯度。
B.2.7　稀释溶剂：用于稀释试样的有机溶剂，不含有任何干扰测试的物质。纯度至少为99%（质量分数），或已知纯度。例如：乙酸乙酯、正己烷等。

B.3　仪器设备

B.3.1　气相色谱仪，具有以下配置：
B.3.1.1　分流装置的进样口，并且汽化室内衬可更换。
B.3.1.2　程序升温控制器。
B.3.1.3　检测器：火焰离子化检测器（FID）。
B.3.1.4　色谱柱：应能使被测物足够分离，如聚二甲基硅氧烷毛细管柱、6%腈丙苯基/94%聚二甲基硅氧烷毛细管柱、聚乙二醇毛细管柱，或相当型号。
B.3.2　进样器：容量至少为进样量的两倍。
B.3.3　配样瓶：约 10 mL 的玻璃瓶，具有可密封的瓶盖。
B.3.4　天平：精度 0.1 mg。

B.4　气相色谱测试条件

色谱柱：聚二甲基硅氧烷毛细管柱，30 m×0.25 mm×0.25 μm；
进样口温度：240 ℃；
检测器温度：280 ℃；
柱温：初始温度 50 ℃保持 5 min，然后以 10 ℃/min 升至 280 ℃保持 5 min；
载气流速：1.0 mL/min；
分流比：分流进样，分流比可调；
进样量：1.0 μL。

注：也可根据所用仪器的性能及待测试样的实际情况选择最佳的气相色谱测试条件。

B.5 测试步骤

所有试验进行二次平行测定。

B.5.1 色谱仪参数优化

按B.4中的色谱测试条件，每次都应该使用已知的校准化合物对仪器进行最优化处理，使仪器的灵敏度、稳定性和分离效果处于最佳状态。

进样量和分流比应相匹配，以免超出色谱柱的容量，并在仪器检测器的线性范围内。

B.5.2 定性分析

B.5.2.1 按B.5.1的规定使仪器参数最优化。

B.5.2.2 被测化合物保留时间的测定

将1.0 μL含B.2.6所示被测化合物的标准混合溶液注入色谱仪，记录各被测化合物的保留时间。

B.5.2.3 定性分析

按产品明示的施工配比制备混合试样，搅拌均匀后称取约2 g样品并用适量稀释溶剂(B.2.7)稀释试样，用进样器(B.3.2)取1.0 μL混合均匀的试样注入色谱仪，记录色谱图，并与经B.5.2.2测定的标准被测化合物的保留时间对比确定是否存在被测化合物。

注：对于双组分交联型涂料，各组分混合后应尽快分析。

B.5.3 校准

B.5.3.1 校准样品的配制：分别称取一定量(精确至0.1 mg)B.2.6中的各种校准化合物于配样瓶(B.3.3)中，称取的质量与待测试样中所含的各种化合物的含量应在同一数量级；再称取与待测化合物相同数量级的内标物(B.2.5)于同一配样瓶中，用适量稀释溶剂(B.2.7)稀释混合物，密封配样瓶并摇匀。

B.5.3.2 相对校正因子的测试：在与测试试样相同的色谱测试条件下按B.5.1的规定优化仪器参数。将适量的校准化合物注入气相色谱仪中，记录色谱图。按式(B.1)分别计算每种化合物的相对校正因子：

$$R_i = \frac{m_{ci} \times A_{is}}{m_{is} \times A_{ci}} \quad \cdots\cdots\cdots\cdots\cdots\cdots\cdots\cdots\cdots\cdots (B.1)$$

式中：

R_i——化合物 i 的相对校正因子；

m_{ci}——校准混合物中化合物 i 的质量，单位为克(g)；

m_{is}——校准混合物中内标物的质量，单位为克(g)；

A_{is}——内标物的峰面积；

A_{ci}——化合物 i 的峰面积。

测定结果保留三位有效数字。

B.5.4 试样的测试

B.5.4.1 试样的配制：按产品明示的施工配比制备混合试样，搅拌均匀后称取试样约2 g(精确至0.1 mg)以及与被测化合物相同数量级的内标物(B.2.5)于配样瓶(B.3.3)中，加入适量稀释溶剂(B.2.7)于同一配样瓶中稀释试样，密封配样瓶并摇匀。

注：对于双组分交联型涂料，各组分混合后应尽快分析。

B.5.4.2 按校准时的最优化条件设定仪器参数。

B.5.4.3 将1.0 μL按B.5.4.1配制的试样注入气相色谱仪中，记录色谱图，然后按公式(B.2)分别计算试样中所含被测化合物(苯、甲苯、乙苯、二甲苯、乙二醇甲醚、乙二醇甲醚醋酸酯、乙二醇乙醚、乙二醇乙醚醋酸酯和二乙二醇丁醚醋酸酯)的含量。

$$w_i = \frac{m_{is} \times A_i \times R_i}{m_s \times A_{is}} \times 100 \quad \cdots\cdots\cdots\cdots\cdots\cdots\cdots\cdots\cdots\cdots (B.2)$$

式中：

w_i——试样中被测化合物 i 的质量分数，%；

R_i——被测化合物 i 的相对校正因子；

m_{is}——试样中内标物的质量，单位为克(g)；

m_s——试样的质量，单位为克(g)；

A_i——被测化合物 i 的峰面积；

A_{is}——内标物的峰面积。

注：如遇到采用B.4中的色谱测试条件不能有效分离被测物而难以准确定量时，可换用其他类型的色谱柱(见B.3.1.4所列)或更佳的色谱测试条件，使被测物有效分离后再定量测定。

B.6 计算

B.6.1 甲苯、乙苯和二甲苯总和的计算

先按式(B.2)分别计算甲苯、乙苯和二甲苯各自的质量分数 w_i，然后按式(B.3)计算产品中甲苯、乙苯和二甲苯总和：

$$w_b = \sum_{i=1}^{n} w_i \qquad \cdots\cdots(B.3)$$

式中：

w_b——产品中甲苯、乙苯和二甲苯总和的质量分数，%；

w_i——试样中被测组分 i(甲苯、乙苯和二甲苯)的质量分数，%。

B.6.2 乙二醇醚及醚酯总和的计算

先按式(B.2)分别计算乙二醇甲醚、乙二醇甲醚醋酸酯、乙二醇乙醚、乙二醇乙醚醋酸酯和二乙二醇丁醚醋酸酯各自的质量分数 w_i，然后按式(B.4)计算产品中乙二醇醚及醚酯总和：

$$w_e = \sum_{i=1}^{n} w_i \qquad \cdots\cdots(B.4)$$

式中：

w_e——产品中乙二醇醚及醚酯总和的质量分数，%；

w_i——试样中被测组分 i(乙二醇甲醚、乙二醇甲醚醋酸酯、乙二醇乙醚、乙二醇乙醚醋酸酯和二乙二醇丁醚醋酸酯)的质量分数，%。

B.7 精密度

B.7.1 重复性

同一操作者两次测试结果的相对偏差应小于5%。

B.7.2 再现性

不同实验室间测试结果的相对偏差应小于10%。

附 录 C
（规范性附录）
水性涂料中乙二醇醚及醚酯类含量的测试——气相色谱法

C.1 范围

本方法规定了采用气相色谱测定水性涂料中乙二醇醚及醚酯类含量的测试方法。

C.2 原理

试样经稀释后，直接注入气相色谱仪中，经色谱分离技术使被测化合物分离，用氢火焰离子化检测器检测，采用内标法定量。

C.3 材料和试剂

C.3.1 载气：氮气，纯度≥99.995%。

C.3.2 燃气：氢气，纯度≥99.995%。

C.3.3 助燃气：空气。

C.3.4 辅助气体（隔垫吹扫和尾吹气）：与载气具有相同性质的氮气。

C.3.5 内标物：试样中不存在的化合物，且该化合物能够与色谱图上其他成分完全分离。纯度至少为99%（质量分数），或已知纯度。例如：异丁醇、乙二醇单丁醚、乙二醇二甲醚、二乙二醇二甲醚等。

C.3.6 校准化合物

本标准中校准化合物包括乙二醇甲醚、乙二醇甲醚醋酸酯、乙二醇乙醚、乙二醇乙醚醋酸酯、乙二醇单丁醚、二乙二醇单丁醚、二乙二醇乙醚醋酸酯、二乙二醇丁醚醋酸酯。纯度至少为99%（质量分数），或已知纯度。

C.3.7 稀释溶剂：用于稀释试样的有机溶剂，不含有任何干扰测试的物质。纯度至少为99%（质量分数），或已知纯度。例如：乙腈、甲醇或四氢呋喃等溶剂。

C.4 仪器设备

C.4.1 气相色谱仪，具有以下配置：

C.4.1.1 分流装置的进样口，并且汽化室内衬可更换。

C.4.1.2 程序升温控制器。

C.4.1.3 火焰离子化检测器（FID）。

C.4.1.4 色谱柱：应能使被测组分足够分离。如聚二甲基硅氧烷毛细管柱或6%腈丙苯基/94%聚二甲基硅氧烷毛细管柱、聚乙二醇毛细管柱或相似型号。

C.4.2 进样器：容量至少为进样量的两倍。

C.4.3 配样瓶：约20 mL的玻璃瓶，具有可密封的瓶盖。

C.4.4 天平：精度0.1 mg。

C.5 气相色谱测试条件

C.5.1 示例1

色谱柱（基本柱）：6%腈丙苯基/94%聚二甲基硅氧烷毛细管柱，60 m×0.32 mm×1.0 μm；

进样口温度：250 ℃；

检测器：FID，温度：260 ℃；

柱温:程序升温,80 ℃保持 1 min,然后以 10 ℃/min 升至 230 ℃保持 15 min;

载气流速:1.0 mL/min;

分流比:分流进样,分流比可调;

进样量:1.0 μL。

C.5.2 示例 2

色谱柱(确认柱):聚乙二醇毛细管柱,30 m×0.25 mm×0.25 μm;

进样口温度:240 ℃;

检测器:FID,温度:250 ℃;

柱温:程序升温,60 ℃保持 1 min,然后以 1 ℃/min 升至 240 ℃保持 20 min;

载气流速:1.0 mL/min;

分流比:分流进样,分流比可调;

进样量:1.0 μL。

注:也可根据所用气相色谱仪的性能及待测试样的实际情况选择最佳的气相色谱测试条件。

C.6 测试步骤

所有试验进行二次平行测定。

C.6.1 色谱仪参数优化

按 C.5 中的色谱条件,每次都应使用已知的校准化合物对其进行最优化处理,使仪器的灵敏度、稳定性和分离效果处于最佳状态。

C.6.2 产品的定性分析

C.6.2.1 按 C.6.1 所示使仪器参数最优化。

C.6.2.2 被测化合物保留时间的测定:注入 1.0 μL 含 C.3.6 所示被测化合物的标准溶液,记录各被测化合物的保留时间。

C.6.2.3 定性检验样品中的被测化合物:取约 1 g 左右的样品用稀释溶剂乙腈(C.3.7)稀释,取 1.0 μL 注入色谱仪中,确定是否存在被测物。

C.6.3 校准

C.6.3.1 称取一定量(精确至 0.1 mg)各种校准化合物于样品瓶中,称取的量与待测产品中各自的含量应相当。再称取与待测化合物相近数量的内标物(C.3.5)于同一样品瓶中,使用稀释溶剂乙腈(C.3.7)稀释混合,密封样品瓶并摇匀,然后在与测试试样的相同条件下进行分离和测定。

C.6.3.2 相对校正因子的测试:在与测试试样相同的色谱条件下按 C.6.1 的规定优化仪器参数。将适当数量的校准化合物注入气相色谱仪中,记录色谱图。按下列式(C.1)分别计算相对校正因子:

$$R_i = \frac{m_{ci} \times A_{is}}{m_{is} \times A_{ci}} \qquad \cdots\cdots\cdots\cdots (\text{C.1})$$

式中:

R_i——化合物 i 的相对校正因子;

m_{ci}——校准混合物中被测化合物 i 的质量,单位为克(g);

m_{is}——校准混合物中内标物的质量,单位为克(g);

A_{is}——内标物的峰面积;

A_{ci}——化合物 i 的峰面积。

相对偏差小于 5%,结果保留三位有效数字。

C.6.4 试样的测试

C.6.4.1 试样配制:称取约 1 g 的试样(称准至 0.1 mg)以及与被测物质量近似相同的内标物于样品瓶中,用适量稀释溶剂乙腈(C.3.7)稀释试样,密封试样瓶并混匀。

C.6.4.2 按校准时的最优化条件设定仪器参数。

C.6.4.3 化合物含量测定：将 1.0 μL 按 C.6.4.1 配制的试样注入气相色谱仪中，记录被测物的峰面积，然后用式(C.2)计算涂料中被测物的质量分数。

$$w_i = \frac{m_{is} \times A_i \times R_i}{m_s \times A_{is}} \quad \cdots\cdots\cdots\cdots (C.2)$$

式中：

w_i——试样中乙二醇醚及醚酯类含量的质量分数，单位为克每克(g/g)；

R_i——被测化合物 i 的相对校正因子；

m_{is}——试样中内标物的质量，单位为克(g)；

m_s——试样的质量，单位为克(g)；

A_{is}——内标物的峰面积；

A_i——被测化合物 i 的峰面积。

C.6.4.4 按公式(C.2)分别计算乙二醇甲醚、乙二醇甲醚醋酸酯、乙二醇乙醚、乙二醇乙醚醋酸酯和二乙二醇丁醚醋酸酯各自的质量分数 w_i，然后按式(C.3)计算产品中乙二醇醚及醚酯总和：

$$w_e = \sum_{i=1}^{n} w_i \times 100 \quad \cdots\cdots\cdots\cdots (C.3)$$

式中：

w_e——产品中乙二醇醚及醚酯总和的质量分数，%；

w_i——试样中被测组分 i(乙二醇甲醚、乙二醇甲醚醋酸酯、乙二醇乙醚、乙二醇乙醚醋酸酯和二乙二醇丁醚醋酸酯)的质量分数，单位为克每克(g/g)；

100——转换因子。

C.6.4.5 测试方法检出限：乙二醇甲醚、乙二醇甲醚醋酸酯、乙二醇乙醚、乙二醇乙醚醋酸酯和二乙二醇丁醚醋酸酯检出限均为 0.001%。

C.7 精密度

C.7.1 重复性(*r*)

同一操作者两次测试结果的相对偏差应小于 10%。

C.7.2 再现性(*R*)

不同实验室间测试结果的相对偏差应小于 20%。

附 录 D
（规范性附录）
铅、镉、汞含量的测试

D.1 原理

待测试样先经 X 射线荧光光谱仪(XRF)定性筛选，根据元素特征谱峰确定待测试样中是否含有被测元素。若试样中含有被测元素，则将干燥后的涂膜，采用适宜的方法除去所有的有机物质，然后采用合适的分析仪器[如原子吸收光谱仪或电感耦合等离子体原子发射光谱仪等]测定处理后试验溶液中的铅、镉、汞含量。

D.2 试剂

分析测试中仅使用确认为分析纯的试剂，所用水符合 GB/T 6682—2008 中三级水的要求。

D.2.1 硝酸：约为 65%(质量分数)，密度约为 1.40 g/mL；不应使用已经变黄的硝酸。

D.2.2 过氧化氢：约为 30%(质量分数)，密度约为 1.10 g/mL。

D.2.3 碳酸镁。

D.2.4 硝酸溶液：1∶1(体积分数)。

D.2.5 硝酸溶液：2∶98(体积分数)。

D.2.6 铅、镉、汞标准溶液：浓度为 100 mg/L 或 1 000 mg/L。

D.3 仪器和设备

普通实验室仪器设备以及下列一些仪器设备：

D.3.1 X 射线荧光光谱仪：波长色散 X 射线荧光光谱仪(WDXRF)或能量色散 X 射线荧光光谱仪(EDXRF)。

D.3.2 合适的分析仪器(如原子吸收光谱仪或电感耦合等离子体原子发射光谱仪等)。

D.3.3 粉碎设备：粉碎机，剪刀或其他合适的粉碎设备等。

D.3.4 电热板：温度可控。

D.3.5 马弗炉：温度能控制在(475±25)℃。

D.3.6 微波消解仪。

D.3.7 天平：精度 0.1 mg。

D.3.8 坩埚：50 mL。

D.3.9 烧杯：50 mL。

D.3.10 滤膜(适用于水溶液)：孔径 0.45 μm。

D.3.11 容量瓶：25 mL、50 mL、100 mL 等。

D.3.12 移液管：1 mL、2 mL、5 mL、10 mL、25 mL 等。

D.3.13 玻璃板或聚四氟乙烯板。

所有的玻璃器皿、样品容器、玻璃板或聚四氟乙烯板等在使用前都需用硝酸溶液(D.2.4)浸泡 24 h，然后用水清洗并干燥。

D.4 试验步骤

D.4.1 定性筛选

D.4.1.1 按照 X 射线荧光光谱仪(D.3.1)的说明书操作仪器，并按仪器厂商的规定预热仪器直至仪器稳定。

D.4.1.2 将待测样品搅拌均匀，按产品明示的施工配比（稀释剂无须加入）混合样品，搅拌均匀后，将适量的试样放入仪器的样品室内。选择待测元素的特征分析线（参见表 D.1），定性鉴定试样中有无铅、镉、汞元素。如果试样中铅、镉、汞元素的含量低于定性筛选的检测限（见表 D.2），就无需进行下列步骤的测试，以定性筛选的检出限报出检验结果。

注1：为了使测试结果有效，分析者需参考仪器操作手册或按照仪器厂商所要求的最小的尺寸/质量/厚度来制备试样，一般而言，对于液体样品的最小厚度是 15 mm。每个样品的测量时间根据仪器和基体，以及各元素的不同而不同，一般而言，每个样品的测量时间在 30 s～300 s。

注2：也可不经过定性筛选的测试，直接进行下列步骤的测试。

D.4.2 涂膜的制备

将待测样品搅拌均匀，按产品明示的施工配比（稀释剂无须加入）混合样品，搅拌均匀后，在玻璃板或聚四氟乙烯板（D.3.13）上制备厚度适宜的涂膜。在产品说明书规定的干燥条件下，待涂膜完全干燥［自干漆若烘干，温度不得超过（60±2）℃］后，取下涂膜，在室温下用粉碎设备（D.3.3）将其粉碎，使粉碎后的试样粒径不超过 5 mm。

注1：对不能被粉碎的涂膜（如弹性或塑性涂膜），可用干净的剪刀（D.3.3）将涂膜尽可能剪碎。

注2：粉末状样品，直接进行样品处理。

D.4.3 样品处理

对制备的试样进行二次平行测试。

本标准提供了下列消解样品的方法，实验室可根据条件选用。

D.4.3.1 干灰化法（适用于测定铅、镉含量的涂料样品）

称取粉碎后的试样约 0.2 g～0.3 g（精确至 0.1 mg）放入坩埚（D.3.8）内，将约 0.5 g 碳酸镁（D.2.3）覆盖在坩埚内的试样上。将坩埚置于通风橱内的电热板（D.3.4）上，逐渐升高电热板的温度［不超过 475 ℃］至样品被消解成一个焦块，且挥发的消解产物已被充分排出，只留下干的碳质残渣。然后将坩埚放入（475±25）℃的马弗炉（D.3.5）内，保温直至完全灰化。

在灰化期间应供给足够的空气氧化，但不允许坩埚内的物质在任何阶段发生燃烧。

待盛有灰化物的坩埚冷却至室温后，加入 5 mL 硝酸（D.2.1），然后将坩埚内的溶液用滤膜（D.3.10）过滤并转移至 50 mL 容量瓶（D.3.11）中，用水冲洗坩埚和滤膜，所得到的溶液全部收集于同一容量瓶内，然后用水稀释至刻度。同时做试剂空白试验。

注：本方法不适用于氟碳涂料。

D.4.3.2 湿酸消解法（适用于测定铅、镉含量的涂料样品）

称取粉碎后的试样约 0.1 g～0.3 g（精确至 0.1 mg）置于 50 mL 烧杯（D.3.9）中，加入 7 mL 硝酸（D.2.1），在烧杯口上加盖一块表面皿，在电热板（D.3.4）上加热使溶液保持微沸 15 min 左右，继续加热直到产生白烟。将烧杯从电热板上取下，冷却约 5 min，缓慢滴加 1 mL～2 mL 过氧化氢（D.2.2）三次。每次加入后均需等反应平静后再加入。再次将烧杯放置在电热板上加热，至样品消解完全。如样品消解不完全，取下稍冷，再加入适量浓硝酸（D.2.1）和过氧化氢（D.2.2）一到两次，继续加热使样品消解完全。至残余溶液约 1 mL 左右时，取下烧杯冷却至室温。用约 10 mL 水稀释，然后用滤膜（D.3.10）将溶液过滤并转移至 50 mL 容量瓶（D.3.11）中。用水冲洗烧杯和滤膜，所得到的溶液全部收集于同一容量瓶中，然后用水稀释至刻度。同时做试剂空白试验。

D.4.3.3 微波消解法（适用于测定铅、镉、汞含量的涂料样品）

称取粉碎后的试样约 0.1 g～0.2 g（精确至 0.1 mg）置于微波消解罐中，分别加入 5 mL 硝酸（D.2.1），2 mL 过氧化氢（D.2.2）。然后将消解罐封闭，按以下温度程序进行消解：约 10 min 内升至（180±5）℃，维持该温度 30 min 后降温。消解罐冷却至室温后，打开消解罐，将消解溶液用滤膜（D.3.10）过滤并转移至 50 mL 的容量瓶（D.3.11）中。用水冲洗微波消解内罐和内盖，将洗涤液收集于同一容量瓶中，同时用水冲洗滤膜，所得到的溶液全部收集于同一容量瓶中，然后用水稀释至刻度。同时做试剂空白试验。

采用上述各种方法消解样品时，可根据样品的实际状况确定适宜的消解条件，确保试样中的有机化合物全部被除去，而被测元素全部溶出。如果处理后的样品有残渣，残渣应用合适的测量手段[例如X射线荧光光谱仪(D.3.10)]测定，确保无被测元素存在。否则应改变消解条件(例如加入较多的酸液和过氧化氢，并延长加热时间)使被测元素完全溶出。

所得到的消解溶液应在当天完成测试，否则应用硝酸(D.2.1)加以稳定，使保存的溶液浓度$c(HNO_3)$约为1 mol/L。

D.4.4 测试

本标准以原子吸收光谱仪(仪器工作条件见表D.3)为例说明测试过程。实验室也可采用其他合适的分析仪器(D.3.2)，并根据仪器制造商的相关说明进行操作和测试，但在试验报告中要注明采用的分析仪器。

D.4.4.1 标准工作溶液的配制

选用合适的容量瓶(D.3.11)和移液管(D.3.12)，用硝酸溶液(D.2.5)逐级稀释铅、镉、汞标准溶液(D.2.6)，配制下列系列标准工作溶液(也可根据所使用的仪器及测试样品的情况确定标准工作溶液的浓度范围)：

铅(mg/L)：0.0，2.5，5.0，10.0，20.0，30.0；

镉(mg/L)：0.0，0.1，0.2，0.5，1.0；

汞(μg/L)：0.0，10.0，20.0，30.0，40.0。

注：系列标准工作溶液应在使用的当天配制。

D.4.4.2 试验溶液中铅、镉、汞含量的测定

用火焰原子吸收光谱仪分别测定铅、镉标准工作溶液的吸光度，用冷蒸汽原子吸收光谱仪测定汞标准工作溶液的吸光度，仪器会以吸光度值对应浓度自动绘制出校正曲线。校正曲线应至少包括一个空白样和三个标准工作溶液，其相关系数应≥0.995，否则应重新制作新的校正曲线。

同时测定试验溶液的吸光度。根据校正曲线和试验溶液的吸光度，仪器自动给出试验溶液中待测元素的浓度值。如果试验溶液中被测元素的浓度超出校正曲线最高点，则应对试验溶液用硝酸溶液(D.2.5)进行适当稀释后再测试。

如果两次测试结果(浓度值)的相对偏差大于10%。需按D.4试验步骤重新进行试验。

D.5 结果的计算

试样中的铅、镉、汞含量，按式(D.1)计算：

$$w=\frac{(\rho-\rho_0)\times V\times F}{m} \qquad \cdots\cdots(D.1)$$

式中：

w——试样中铅、镉、汞含量，单位为毫克每千克(mg/kg)；

ρ——试验溶液中的铅、镉、汞浓度，单位为毫克每升(mg/L)；

ρ_0——空白溶液中的铅、镉、汞浓度，单位为毫克每升(mg/L)；

V——试验溶液的体积，单位为毫升(mL)；

F——试验溶液的稀释倍数；

m——称取的试样量，单位为克(g)。

D.6 精密度

D.6.1 重复性

同一操作者两次测试结果的相对偏差应小于10%。

D.6.2 再现性

不同实验室间测试结果的相对偏差应小于20%。

表 D.1 被测元素的特征 X 射线

元　　素	一级射线	二级射线
铅(Pb)	L_2-M_2($L\beta_4$)	L_3-$M_{4,5}$($L\alpha_{1,2}$)
镉(Cd)	K-$L_{2,3}$(Kα)	
汞(Hg)	L_3-$M_{4,5}$($L\alpha_{1,2}$)	

表 D.2 被测元素对 XRF 检出限的要求

元　　素	检出限/(mg/kg)
铅(Pb)	30
镉(Cd)	15
汞(Hg)	30

表 D.3 火焰原子吸收光谱仪工作条件[a]

元　　素	测试波长/nm	原子化方法	背景校正
铅(Pb)	283.3	空气-乙炔火焰法	氘灯
镉(Cd)	228.8	空气-乙炔火焰法	氘灯
汞(Hg)	253.7	冷蒸汽法	氘灯

[a] 实验室可根据所用仪器的性能选择合适的工作参数(如测试波长、灯电流、狭宽度、空气-乙炔比例、背景校正方式等),使仪器处于最佳测试状况。

附 录 E
（规范性附录）
六价铬含量的测试

E.1 原理

干燥后的涂膜，使用碱性消解液从试样中提取六价铬化合物。提取液中的六价铬在酸性溶液中与二苯碳酰二肼反应生成紫红色络合物，在波长 540 nm 处用分光光度法测定试验溶液中的六价铬含量。

E.2 试剂和材料

分析测试中仅使用确认为分析纯的试剂，所用水符合 GB/T 6682 中三级水的要求。

E.2.1 硝酸：约为 65%（质量分数），密度约为 1.40 g/mL；不应使已变黄的硝酸。

E.2.2 硫酸：约为 98%（质量分数），密度约为 1.84 g/mL。

E.2.3 氢氧化钠。

E.2.4 无水碳酸钠。

E.2.5 磷酸氢二钾。

E.2.6 磷酸二氢钾。

E.2.7 二苯碳酰二肼。

E.2.8 无水氯化镁。

E.2.9 丙酮。

E.2.10 硝酸溶液：1∶1（体积比）。

E.2.11 硫酸溶液：1∶9（体积比）。

E.2.12 消解液：称取 20.0 g 氢氧化钠（E.2.3）和 30.0 g 无水碳酸钠（E.2.4），用水溶解后移入 1 000 mL 的容量瓶中并稀释至刻度，摇匀，转移至塑料瓶中保存。此提取液应在 20 ℃～25 ℃下密封保存，且每月要重新制备。使用前必须检测其 pH 值，且 pH 值应在 11.5 以上（含 11.5），否则应重新制备。

E.2.13 缓冲液：溶解 87.09 g 磷酸氢二钾（E.2.5）和 68.04 g 磷酸二氢钾（E.2.6）于水中，移入 1 000 mL 的容量瓶中并稀释至刻度。此缓冲液 pH＝7。

E.2.14 二苯碳酰二肼显色剂：称取 0.5 g 二苯碳酰二肼（E.2.7）溶于 100 mL 丙酮（E.2.9）中，保存于棕色瓶中。溶液退色时，应重新配制。

E.2.15 六价铬标准贮备溶液：浓度为 100 mg/L。

E.2.16 六价铬标准溶液：浓度为 5 mg/L。用移液管（E.3.10）移取 5 mL 六价铬标准贮备溶液（E.2.15）于 100 mL 容量瓶中，用水稀释至刻度。此溶液应在使用的当天配制。

E.3 仪器和设备

普通实验室仪器设备以及下列一些仪器设备。

E.3.1 分光光度计，适合于在波长 540 nm 处测量，配有光程为 10 mm 的比色池。

E.3.2 粉碎设备：粉碎机，剪刀等。

E.3.3 不锈钢金属筛：孔径 0.25 mm。

E.3.4 加热搅拌装置：该装置应能使消解液在 90 ℃～95 ℃恒温并连续自动搅拌，搅拌子外层应为聚四氟乙烯或玻璃；也可使用能在 90 ℃～95 ℃恒温的振荡水浴锅。

E.3.5 酸度计：精度为±0.2pH 单位。

E.3.6　天平：精度 0.1 mg。

E.3.7　滤膜(适用于水溶液)：孔径 0.45 μm。

E.3.8　消解器：250 mL 具塞锥形瓶或配有表面皿的 250 mL 烧杯。

E.3.9　容量瓶：25 mL、50 mL、100 mL、1 000 mL 等。

E.3.10　移液管：1 mL、2 mL、5 mL、10 mL、25 mL 等。

E.3.11　量筒：5 mL、10 mL、25 mL、50 mL 等。

E.3.12　烧杯：250 mL。

E.3.13　玻璃板或聚四氟乙烯板。

所有的玻璃器皿、样品容器、玻璃板或聚四氟乙烯板在使用前都需用硝酸溶液(E.2.10)浸泡 24 h，然后用水清洗并干燥。

E.4　试验步骤

E.4.1　涂膜的制备

将待测样品搅拌均匀。按产品说明书规定的比例(稀释剂无须加入)混合各组分样品，搅拌均匀后，在玻璃板或聚四氟乙烯板(E.3.13)上制备厚度适宜的涂膜。在产品说明书规定的干燥条件下，待涂膜完全干燥[白干漆若烘干，温度不得超过(60±2)℃]后，取下涂膜，在室温下用粉碎设备(E.3.2)将其粉碎，并用不锈钢金属筛(E.3.3)过筛后待处理。

注 1：对不能被粉碎的涂膜(如弹性或塑性涂膜)，可用干净的剪刀(E.3.2)将涂膜尽可能剪碎，无须过筛直接进行样品处理。

注 2：粉末状样品，直接进行样品处理。

E.4.2　样品处理

对制备的试样进行两次平行测试。

称取粉碎后的试样 2.5 g(精确至 0.1 mg)置于消解器(E.3.8)中，然后加入约 400 mg 无水氯化镁(E.2.8)，用量筒(E.3.11)量取 50 mL 消解液(E.2.12)和 0.5 mL 缓冲液(E.2.13)加入消解器内。消解液应完全浸没试样，可加入 1～2 滴润湿剂以增加试样的润湿性。将消解器盖上塞子或表面皿，置于加热搅拌装置(E.3.4)上，搅拌并加热至 90 ℃～95 ℃，然后在此温度下连续搅拌至少 3 h。再将其在持续搅拌下逐渐冷却至室温，用滤膜(E.3.7)过滤至干净的烧杯(E.3.12)中，用水冲洗消解器和滤膜，所得到的溶液全部收集于同一烧杯中(如果用滤膜过滤时滤膜被堵塞，可选用大孔径的滤纸预先过滤样品)。在搅拌状态下将硝酸(E.2.1)滴加于烧杯中，用酸度计(E.3.5)将溶液的酸度控制在 pH=7.5±0.5，得到提取液。同时做试剂空白试验。试样应尽快显色测定。

E.4.3　测试

E.4.3.1　显色及试验溶液的制备

在提取液中滴加硫酸溶液(E.2.11)，使其 pH=2±0.5，如果出现絮状沉淀，需再次过滤，然后加入 2 mL 显色剂(E.2.14)，混匀，并将其全部转移至 100 mL 容量瓶(E.3.9)中，用水稀释至刻度。摇匀，静止 5 min 至 10 min 后尽快测定。

E.4.3.2　系列标准工作溶液的配制

分别吸取 0.0 mL，2.0 mL，4.0 mL，6.0 mL，8.0 mL，10.0 mL 六价铬标准溶液(E.2.16)至 100 mL 容量瓶中，加水 50 mL，加 2.0 mL 显色剂(E.2.14)，滴加硫酸溶液(E.2.11)，使其 pH=2±0.5，用水稀释至刻度。摇匀，静止 5 min～10 min 后尽快测定。此标准溶液系列含六价铬的浓度分别为 0.0 mg/L，0.1 mg/L，0.2 mg/L，0.3 mg/L，0.4 mg/L，0.5 mg/L。

系列标准工作溶液应在使用的当天配制。

标准溶液和提取液的显色反应要同时进行。

E.4.3.3　试样中六价铬含量的测定

分别将适量的系列标准工作溶液放入 10 mm 比色池内，在分光光度计(E.3.1)上于 540 nm 波长处测定其吸光度，以吸光度值对应浓度值绘制校正曲线。校正曲线应至少包括一个空白样和三个标准工作溶液，其校正系数应≥0.99。否则应重新制作新的校正曲线。

在同样条件下，测试试验溶液(E.4.3.1)的吸光度，根据校正曲线计算试验溶液中六价铬的浓度。如果试验溶液中吸光度值超出校正曲线最高点，则应对试验溶液进行适当稀释后再进行测试。

显色后的溶液应在当天测定完毕。

E.5 结果的计算

试样中六价铬的含量，按式(E.1)计算：

$$C = \frac{(c - c_0)V \times F}{m} \qquad \cdots\cdots (E.1)$$

式中：

C——试样中六价铬的含量，单位为毫克每千克(mg/kg)；

c——试验溶液的测试浓度，单位为毫克每升(mg/L)；

c_0——空白溶液的测试浓度，单位为毫克每升(mg/L)；

V——试验溶液的定容体积，单位为毫升(mL)；

F——试验溶液的稀释倍数；

m——称取的试样量，单位为克(g)。

E.6 精密度

E.6.1 重复性

同一操作者两次测试结果的相对偏差小于20%。

E.6.2 再现性

不同实验室间测试结果的相对偏差小于33%。

ICS 87.040
G 51

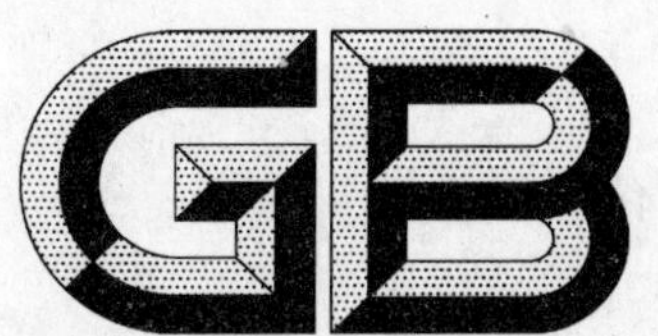

中华人民共和国国家标准

GB 24410—2009

室内装饰装修材料
水性木器涂料中有害物质限量

Indoor decorating and refurbishing materials—
Limit of harmful substances of water based woodenware coatings

2009-09-30 发布 2010-06-01 实施

中华人民共和国国家质量监督检验检疫总局
中国国家标准化管理委员会 发布

前 言

本标准全部技术内容为强制性。

本标准的附录 A 为规范性附录。

本标准由中国石油和化学工业协会提出。

本标准由全国涂料和颜料标准化技术委员会归口。

本标准起草单位：中海油常州涂料化工研究院、广东华润涂料有限公司、卜内门太古漆油(中国)有限公司、广东嘉宝莉化工有限公司、立邦涂料(广州)有限公司、拜耳材料科技贸易(上海)有限公司、巴斯夫(中国)有限公司、江苏大象东亚制漆有限公司、新欧宝化工(上海)有限公司、三棵树涂料股份有限公司、南京天祥涂料有限公司、上海中南建筑材料公司、中华制漆(深圳)有限公司、金鱼涂料集团石家庄市油漆厂、深圳市展辰达化工有限公司、恒昌石油化工有限公司、南康市大澳涂料有限公司、昆山市世名科技开发有限公司、广东华隆涂料实业有限公司。

本标准主要起草人：赵玲、于滨、孔志元、刘红、陈小文、许有为、贺丹丹、施国萍、俞云表、杨少武、曾一文、罗启涛、李洪金、王大期、王智、希国栋、陈寿生、张强、方学平、吕仕铭、麦全旺。

室内装饰装修材料
水性木器涂料中有害物质限量

1 范围

本标准规定了室内装饰装修用水性木器涂料和木器用水性腻子中对人体和环境有害的物质容许限量的要求、试验方法、检验规则、包装标志、涂装安全及防护等内容。

本标准适用于室内装饰装修和工厂化涂装用水性木器涂料以及木器用水性腻子。

2 规范性引用文件

下列文件中的条款通过本标准的引用而成为本标准的条款。凡是注日期的引用文件，其随后所有的修改单(不包括勘误的内容)或修订版均不适用于本标准，然而，鼓励根据本标准达成协议的各方研究是否可使用这些文件的最新版本。凡是不注日期的引用文件，其最新版本适用于本标准。

GB/T 1250 极限数值的表示方法和判定方法

GB/T 3186 色漆、清漆和色漆与清漆用原材料 取样(GB/T 3186—2006,ISO 15528:2000,IDT)

GB/T 6750 色漆和清漆 密度的测定 比重瓶法(GB/T 6750—2007,ISO 2811-1:1997,IDT)

GB/T 9750 涂料产品包装标志

GB 18582—2008 室内装饰装修材料 内墙涂料中有害物质限量

3 术语和定义

下列术语和定义适用于本标准。

3.1

挥发性有机化合物(VOC) volatile organic compounds

在101.3 kPa标准大气压下，任何初沸点低于或等于250 ℃的有机化合物。

3.2

挥发性有机化合物含量 volatile organic compounds content

按规定的测试方法测试产品所得到的挥发性有机化合物的含量。

注1：涂料产品以扣除水分后的挥发性有机化合物的含量计，以克每升(g/L)表示。

注2：腻子产品以不扣除水分的挥发性有机化合物的含量计，以克每千克(g/kg)表示。

4 要求

产品中有害物质限量应符合表1的要求。

表1 有害物质限量的要求

项 目	限 量 值	
	涂 料[a]	腻 子[b]
挥发性有机化合物含量 ≤	300 g/L	60 g/kg
苯系物含量(苯、甲苯、乙苯和二甲苯总和)/(mg/kg) ≤	300	
乙二醇醚及其酯类含量(乙二醇甲醚、乙二醇甲醚醋酸酯、乙二醇乙醚、乙二醇乙醚醋酸酯、二乙二醇丁醚醋酸酯总和)/(mg/kg) ≤	300	

表 1(续)

项 目			限 量 值	
			涂 料[a]	腻 子[b]
游离甲醛含量/(mg/kg)	≤		100	
可溶性重金属含量(限色漆和腻子)/(mg/kg)	≤	铅 Pb	90	
		镉 Cd	75	
		铬 Cr	60	
		汞 Hg	60	

a 对于双组分或多组分组成的涂料,应按产品规定的配比混合后测定。水不作为一个组分,测定时不考虑稀释配比。

b 粉状腻子除可溶性重金属项目直接测定粉体外,其余项目是指按产品规定的配比将粉体与水或胶粘剂等其他液体混合后测定。如配比为某一范围时,水应按照水用量最小的配比量混合后测定,胶粘剂等其他液体应按照其用量最大的配比量混合后测定。

5 试验方法

5.1 取样

产品取样应按 GB/T 3186 规定进行。

5.2 试验方法

5.2.1 挥发性有机化合物含量的测试按本标准中附录 A 规定进行。涂料产品测试结果的计算按附录 A 中 A.7.2 进行;腻子产品测试结果的计算按附录 A 中 A.7.1 进行。

注:所有腻子样品不做水分含量和密度的测试。

5.2.2 苯系物含量(苯、甲苯、乙苯和二甲苯总和)的测试按本标准中附录 A 的规定进行。测试结果的计算按附录 A 中 A.7.3 进行。

5.2.3 乙二醇醚及其酯类含量(乙二醇甲醚、乙二醇甲醚醋酸酯、乙二醇乙醚、乙二醇乙醚醋酸酯、二乙二醇丁醚醋酸酯总和)的测试按本标准中附录 A 的规定进行。测试结果的计算按附录 A 中 A.7.4 进行。

5.2.4 游离甲醛含量的测试按 GB 18582—2008 中附录 C 的规定进行。

5.2.5 可溶性重金属含量(铅、镉、铬和汞)的测试按 GB 18582—2008 中附录 D 的规定进行。结果是以每千克漆膜中所含可溶性重金属的毫克数表示。粉状腻子直接用粉体测试。

注:也可使用其他合适的分析仪器如电感耦合等离子体原子发射光谱法(ICP-OES)等测定处理后试验溶液中的可溶性铅、镉、铬、汞的含量,并根据仪器制造商的相关说明进行操作和测试,但在试验报告中要注明采用的分析仪器。

6 检验规则

6.1 本标准所列的全部要求均为型式检验项目。

6.1.1 在正常生产情况下,每年至少进行一次型式检验。

6.1.2 有下列情况之一时应随时进行型式检验:

——新产品最初定型时;

——产品异地生产时;

——生产配方、工艺及原材料有较大改变时;

——停产三个月后又恢复生产时。

6.2 检验结果的判定

6.2.1 检验结果的判定按 GB/T 1250 中修约值比较法进行。当修约后的检验结果为 0 时，结果以一位有效数字报出。

6.2.2 双组分(或多组分)组成的涂料和粉状腻子报出检验结果时应同时注明配制比例。

6.2.3 所有项目的检验结果均达到本标准的要求时，产品为符合本标准要求。

7 包装标志

7.1 产品包装标志除应符合 GB/T 9750 的规定外，按本标准检验合格的产品可在包装标志上明示。

7.2 对于由双组分或多组分配套组成的涂料或腻子，包装标志上或产品说明书中应明确各组分施工配比。

8 涂装安全及防护

8.1 涂装时应保证室内通风良好。

8.2 涂装时施工人员应穿戴好必要的防护用品。

8.3 涂装完成后继续保持室内空气流通。

附　录　A
（规范性附录）
挥发性有机化合物、苯系物、乙二醇醚及其酯类含量的测试——气相色谱法

A.1　范围

本方法规定了水性木器涂料和水性腻子中挥发性有机化合物（VOC）、苯系物（苯、甲苯、乙苯和二甲苯总和）、乙二醇醚及其酯类（乙二醇甲醚、乙二醇甲醚醋酸酯、乙二醇乙醚、乙二醇乙醚醋酸酯、二乙二醇丁醚醋酸酯总和）含量的测试方法。

A.2　原理

试样经稀释后，通过气相色谱分析技术使样品中各种挥发性有机化合物分离，定性鉴定被测化合物后，用内标法测试其含量。

A.3　材料和试剂

A.3.1　载气：氮气，纯度≥99.995%。

A.3.2　燃气：氢气，纯度≥99.995%。

A.3.3　助燃气：空气。

A.3.4　辅助气体（隔垫吹扫和尾吹气）：与载气具有相同性质的氮气。

A.3.5　内标物：试样中不存在的化合物，且该化合物能够与色谱图上其他成分完全分离。纯度至少为99%（质量百分数），或已知纯度。例如：异丁醇、乙二醇单丁醚、二乙二醇二甲醚等。

A.3.6　校准化合物

本标准中校准化合物包括：苯、甲苯、乙苯、二甲苯、乙二醇甲醚、乙二醇甲醚醋酸酯、乙二醇乙醚、乙二醇乙醚醋酸酯、二乙二醇丁醚醋酸酯、丙酮、乙醇、异丙醇、三乙胺、异丁醇、1-丁醇、丙二醇单甲醚、二丙二醇单甲醚、乙酸正丁酯、二甲基乙醇胺、甲基异戊基酮、丙二醇正丁醚、乙二醇单丁醚、1,2-丙二醇、乙二醇、N-甲基吡咯烷酮、二丙二醇正丁醚、二乙二醇单丁醚、丙二醇苯醚、二乙二醇、乙二醇苯醚。校准化合物纯度至少为 99%（质量分数），或已知纯度。

A.3.7　稀释溶剂：用于稀释试样的有机溶剂，不含有任何干扰测试的物质。纯度至少为 99%（质量分数），或已知纯度。例如：乙腈、甲醇或四氢呋喃等溶剂。

A.3.8　标记物：用于按 VOC 定义区分 VOC 组分与非 VOC 组分的化合物。本标准中为己二酸二乙酯（沸点 251 ℃）。

A.4　仪器设备

A.4.1　气相色谱仪，具有以下配置：

A.4.1.1　分流装置的进样口，并且汽化室内衬可更换；

A.4.1.2　程序升温控制器；

A.4.1.3　检测器

可以使用下列三种检测器中的任意一种：

A.4.1.3.1　火焰离子化检测器（FID）；

A.4.1.3.2　已校准并调谐的质谱仪或其他质量选择检测器；

A.4.1.3.3　已校准的傅立叶变换红外光谱仪（FT-IR 光谱仪）。

注：如果选用 A. 4.1.3.2 或 A. 4.1.3.3 检测器对分离出的组分进行定性鉴定，仪器应与气相色谱仪相连并根据仪器制造商的相关说明进行操作。

A.4.1.4　色谱柱：6%腈丙苯基/94%聚二甲基硅氧烷毛细管柱、聚乙二醇毛细管柱；

A.4.2　进样器：容量至少应为进样量的两倍；

A.4.3　配样瓶：约 20 mL 的玻璃瓶，具有可密封的瓶盖；

A.4.4　天平：精度 0.1 mg。

A.5　气相色谱测试条件

A.5.1　色谱条件 1

色谱柱(基本柱)：6%腈丙苯基/94%聚二甲基硅氧烷毛细管柱，60 m×0.32 mm×1.0 μm；

进样口温度：250 ℃；

检测器：FID，温度：260 ℃；

柱温：程序升温，80 ℃保持 1 min，然后以 10 ℃/min 升至 230 ℃保持 15 min；

分流比：分流进样，分流比可调；

进样量：1.0 μL。

A.5.2　色谱条件 2

色谱柱(确认柱)：聚乙二醇毛细管柱，30 m×0.25 mm×0.25 μm；

进样口温度：240 ℃；

检测器：FID，温度：250 ℃；

柱温：程序升温，60 ℃保持 1 min，然后以 20 ℃/min 升至 240 ℃保持 20 min；

分流比：分流进样，分流比可调；

进样量：1.0 μL。

注：也可根据所用气相色谱仪的性能及待测试样的实际情况选择最佳的气相色谱测试条件。

A.6　测试步骤

A.6.1　密度

密度的测试按 GB/T 6750 进行。

A.6.2　水分含量

水分含量的测试按 GB 18582—2008 中附录 B 进行。

A.6.3　挥发性有机化合物、苯系物(苯、甲苯、乙苯和二甲苯总和)、乙二醇醚及其酯类(乙二醇甲醚、乙二醇甲醚醋酸酯、乙二醇乙醚、乙二醇乙醚醋酸酯、二乙二醇丁醚醋酸酯总和)含量

A.6.3.1　色谱仪参数优化

按 A.5 中的色谱条件，每次都应该使用已知的校准化合物对其进行最优化处理，使仪器的灵敏度、稳定性和分离效果处于最佳状态。

A.6.3.2　定性分析

定性鉴定试样中有无 A.3.6 中的校准化合物。优先选用的方法是气相色谱仪与质量选择检测器(A.4.1.3.2)或 FT-IR 光谱仪(A.4.1.3.3)联用，并使用 A.5 中给出的气相色谱测试条件。也可利用气相色谱仪，采用火焰离子化检测器(FID)(A.4.1.3.1)和 A.4.1.4 中的色谱柱，并使用 A.5 中给出的气相色谱测试条件，分别记录 A.3.6 中校准化合物在两根色谱柱(所选择的两根柱子的极性差别应尽可能大，例如 6%腈丙苯基/94%聚二甲基硅氧烷毛细管柱和聚乙二醇毛细管柱)上的色谱图；在相同的色谱测试条件下，对被测试样做出色谱图后对比定性。

A.6.3.3　校准

A.6.3.3.1　校准样品的配制：分别称取一定量(精确至 0.1 mg)A.6.3.2 鉴定出的各种校准化合物于配样瓶(A.4.3)中，称取的质量与待测试样中各自的含量应在同一数量级；再称取与待测化合物相同数量级的内标物(A.3.5)于同一配样瓶(A.4.3)中，用稀释溶剂(A.3.7)稀释混合物，密封配样瓶

(A.4.3)并摇匀。

A.6.3.3.2 相对校正因子的测试：在与测试试样相同的色谱测试条件下按A.6.3.1的规定优化仪器参数。将适当数量的校准化合物注入气相色谱仪中，记录色谱图。按式(A.1)分别计算每种化合物的相对校正因子：

$$R_i = \frac{m_{ci} \times A_{is}}{m_{is} \times A_{ci}} \quad \cdots\cdots(A.1)$$

式中：

R_i——化合物 i 的相对校正因子；

m_{ci}——校准混合物中化合物 i 的质量，单位为克(g)；

m_{is}——校准混合物中内标物的质量，单位为克(g)；

A_{is}——内标物的峰面积；

A_{ci}——化合物 i 的峰面积。

R_i 值取两次测试结果的平均值，其相对偏差应小于5%，保留三位有效数字。

A.6.3.3.3 若出现A.3.6条中校准化合物之外的化合物色谱峰，则假设其相对于异丁醇的校正因子为1.0。

A.6.3.4 试样的测试

A.6.3.4.1 试样的配制：称取搅拌均匀后的试样1 g(精确至0.1 mg)以及与被测物质量近似相等的内标物(A.3.5)于配样瓶(A.4.3)中，加入10 mL稀释溶剂(A.3.7)稀释试样，密封配样瓶(A.4.3)并摇匀。

A.6.3.4.2 按校准时的最优化条件设定仪器参数。

A.6.3.4.3 将标记物(A.3.8)注入气相色谱仪中，记录其在6%腈丙苯基/94%聚二甲基硅氧烷毛细管柱上的保留时间，以便按3.1给出的VOC定义确定色谱图中的积分终点。

A.6.3.4.4 将1 μL按A.6.3.4.1配制的试样注入气相色谱仪中，记录色谱图并记录各种保留时间低于标记物的化合物峰面积(除稀释溶剂外)，然后按下列公式分别计算试样中所含的各种化合物的质量分数。

$$w_i = \frac{m_{is} \times A_i \times R_i}{m_s \times A_{is}} \quad \cdots\cdots(A.2)$$

式中：

w_i——测试试样中被测化合物 i 的质量分数，单位为克每克(g/g)；

R_i——被测化合物 i 的相对校正因子；

m_{is}——内标物的质量，单位为克(g)；

m_s——测试试样的质量，单位为克(g)；

A_{is}——内标物的峰面积；

A_i——被测化合物 i 的峰面积。

平行测试两次，m_i 值取两次测试结果的平均值。

A.7 计算

A.7.1 腻子产品按式(A.3)计算VOC含量：

$$w(\mathrm{VOC}) = \sum w_i \times 1\,000 \quad \cdots\cdots(A.3)$$

式中：

$w(\mathrm{VOC})$——腻子产品的VOC含量，单位为克每千克(g/kg)；

w_i——测试试样中被测化合物 i 的质量分数，单位为克每克(g/g)；

1 000——转换因子。

测试方法检出限:1 g/kg。

A.7.2 涂料产品按式(A.4)计算 VOC 含量:

$$\rho(\mathrm{VOC})=\frac{\sum w_i}{1-\rho_s\times\frac{w_w}{\rho_w}}\times\rho_s\times 1\,000 \qquad \text{(A.4)}$$

式中:

$\rho(\mathrm{VOC})$——涂料产品的 VOC 含量,单位为克每升(g/L);

w_i——测试试样中被测化合物 i 的质量分数,单位为克每克(g/g);

w_w——测试试样中水的质量分数,单位为克每克(g/g);

ρ_s——试样的密度,单位为克每毫升(g/mL);

ρ_w——水的密度(23 ℃),单位为克每毫升(g/mL);

1 000——转换因子。

测试方法检出限:2 g/L。

A.7.3 涂料和腻子产品中苯系物(苯、甲苯、乙苯和二甲苯总和)的计算

先按式(A.2)分别计算苯、甲苯、乙苯和二甲苯各自的质量分数 m_i,然后按式(A.5)计算产品中苯、甲苯、乙苯和二甲苯的总和:

$$w_b=\sum w_i\times 10^6 \qquad \text{(A.5)}$$

式中:

w_b——产品中苯、甲苯、乙苯和二甲苯总和的含量,单位为毫克每千克(mg/kg);

w_i——测试试样中被测组分 i(苯、甲苯、乙苯和二甲苯)的质量分数,单位为克每克(g/g);

10^6——转换因子。

测试方法检出限:四种苯系物总和 50 mg/kg。

A.7.4 涂料和腻子产品中乙二醇醚及其酯类(乙二醇甲醚、乙二醇甲醚醋酸酯、乙二醇乙醚、乙二醇乙醚醋酸酯、二乙二醇丁醚醋酸酯总和)的计算

先按式(A.2)分别计算乙二醇甲醚、乙二醇甲醚醋酸酯、乙二醇乙醚、乙二醇乙醚醋酸酯、二乙二醇丁醚醋酸酯各自的质量分数 m_i,然后按式(A.6)计算产品中乙二醇甲醚、乙二醇甲醚醋酸酯、乙二醇乙醚、乙二醇乙醚醋酸酯、二乙二醇丁醚醋酸酯的总和:

$$w_{mz}=\sum w_i\times 10^6 \qquad \text{(A.6)}$$

式中:

w_{mz}——产品中乙二醇甲醚、乙二醇甲醚醋酸酯、乙二醇乙醚、乙二醇乙醚醋酸酯、二乙二醇丁醚醋酸酯总和的含量,单位为毫克每千克(mg/kg);

w_i——测试试样中被测组分 i(乙二醇甲醚、乙二醇甲醚醋酸酯、乙二醇乙醚、乙二醇乙醚醋酸酯、二乙二醇丁醚醋酸酯)的质量分数,单位为克每克(g/g);

10^6——转换因子。

测试方法检出限:五种乙二醇醚及其酯类总和 50 mg/kg。

A.8 精密度

A.8.1 重复性

同一操作者两次测试结果的相对偏差小于10%。

A.8.2 再现性

不同实验室间测试结果的相对偏差小于20%。

ICS 83.080.20
G 32

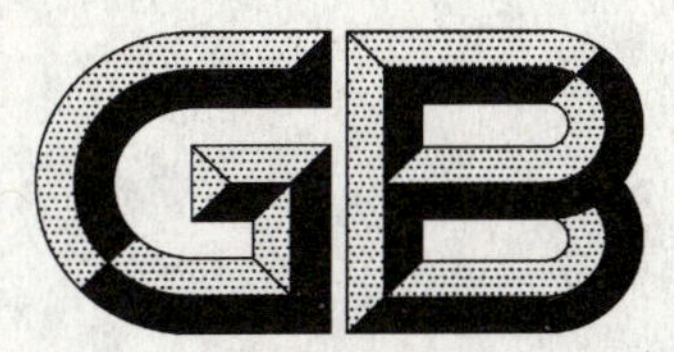

中华人民共和国国家标准

GB/T 24411—2009

摩擦材料用酚醛树脂

Phenolic resin for friction materials

2009-09-30 发布　　2010-02-01 实施

中华人民共和国国家质量监督检验检疫总局
中国国家标准化管理委员会　发布

前　言

本标准的附录 A 为规范性附录。

本标准由中国石油和化学工业协会提出。

本标准由全国塑料标准化技术委员会塑料树脂通用方法和产品分会(SAC/TC15/SC4)归口。

本标准起草单位:山东圣泉化工股份有限公司。

本标准参加起草单位:国家合成树脂质量监督检验中心、杭州杭城摩擦材料有限公司、湖南博云汽车制动材料有限公司、国家非金属矿制品质量监督检验中心。

本标准主要起草人:唐路林、张志敏、李枝芳、王健东、黄顺民、贺云果、焦红斌。

摩擦材料用酚醛树脂

1 范围

本标准规定了摩擦材料用酚醛树脂产品分类、分级、型号、技术要求、试验方法、检验规则以及包装、标志、运输、储存、合格证书和安全的要求。

本标准适用于以甲醛、苯酚为主要原料合成生产的摩擦材料用酚醛树脂。

2 规范性引用文件

下列文件中的条款通过本标准的引用而成为本标准的条款。凡是注日期的引用文件，其随后所有的修改单(不包括勘误的内容)或修订版均不适用于本标准。然而，鼓励根据本标准达成协议的各方研究是否可使用这些文件的最新版本。凡是不注日期的引用文件，其最新版本适用于本标准。

GB/T 601—2002 化学试剂 标准滴定溶液的制备

GB/T 603—2002 化学试剂 试验方法中所用制剂及制品的制备

GB/T 606—2003 化学试剂 水分测定通用方法 卡尔·费休法

GB/T 2035—2008 塑料术语及其定义

GB/T 2794—1995 胶粘剂黏度的测定

GB/T 2916—2007 塑料 氯乙烯均聚和共聚树脂 用空气喷射筛装置的筛分析

GB/T 3723—1999 工业用化学品采样安全通则

GB/T 6678—2003 化工产品采样总则

GB/T 6680—2003 液体化工产品采样通则

GB/T 6682—2008 分析实验室用水规格和试验方法

GB/T 9722—2006 化学试剂 气相色谱法通则

HG/T 2501—1993 酚醛树脂 pH 值的测定

3 术语和定义

GB/T 2035—2008 确立的以及下列术语和定义适用于本标准。

3.1

热固性酚醛树脂 resol resin

含有大量活性羟甲基的可溶可熔酚醛树脂，羟甲基可使树脂进一步反应变得不熔。

3.2

热塑性酚醛树脂 novolak resin

线性酚醛树脂 novolak

甲醛与苯酚摩尔比小于 1∶1，通常保持热塑性的酚醛树脂，它同适量能提供桥键的化合物(例如甲醛或六次甲基四胺)加热时能生成不熔物。

3.3

游离酚含量 free phenol content

酚醛树脂中残留的酚的质量占树脂总质量的百分数。

3.4

聚合时间 curing time

在规定的试验条件下，酚醛树脂在热力板上从加热开始至凝胶所需的时间。

3.5

流动度 pellet flow

在规定的试验条件下，酚醛树脂在加热的玻璃板上流动的长度。

4 分类与型号

4.1 产品分类

4.1.1 摩擦材料用酚醛树脂，按产品状态分两类：摩擦材料用固体树脂，摩擦材料用液体树脂，应符合表1的要求。

表1 摩擦材料用酚醛树脂按状态的分类

产品分类	分类代号
摩擦材料用固体树脂	PF-FM1
摩擦材料用液体树脂	PF-FM2

4.1.2 产品按性质(改性剂)分五类：纯树脂、腰果油改性树脂、丁腈橡胶改性树脂、环氧树脂改性树脂、其他改性树脂，应符合表2的要求。

表2 摩擦材料用酚醛树脂按性质的分类

产品分类	分类代号	
摩擦材料用纯树脂	PF-FM10	PF-FM20
摩擦材料用腰果油改性树脂	PF-FM11	PF-FM21
摩擦材料用丁腈橡胶改性树脂	PF-FM12	PF-FM22
摩擦材料用环氧树脂改性树脂	PF-FM13	PF-FM23
摩擦材料用其他改性树脂	PF-FM14	PF-FM24

4.2 型号

产品型号由酚醛树脂代号、产品用途代号、产品状态代号和产品性质代号组成，表示如下：

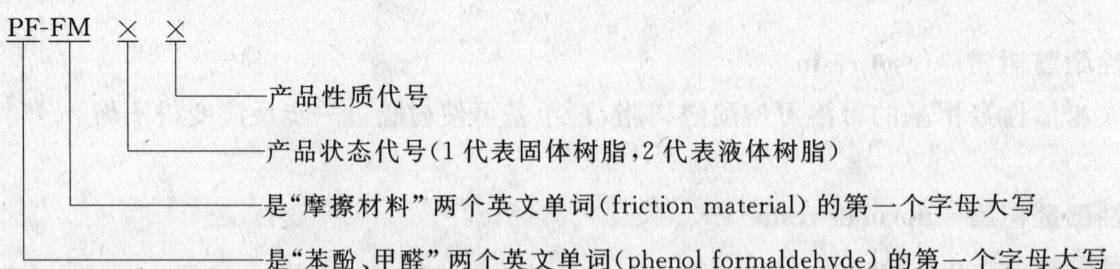

示例：摩擦材料用丁腈橡胶改性固体树脂，可表示为：PF-FM12

5 技术要求

5.1 摩擦材料用固体树脂要求应符合表3的规定。

表 3　摩擦材料用固体树脂要求

型号	外观	技术指标										
		聚合时间(150 ℃)/s	流动度/mm	游离酚含量(质量分数)/%		水分(质量分数)/%		灰分(质量分数)/%		六次甲基四胺含量(质量分数)/%	筛余物(筛孔尺寸 0.075 mm)(质量分数)/%	
		20～110	12.5～90.0	≤5.0		≤1.7		≤5.0		5.0～14.0	≤10	
				优等品	合格品	优等品	合格品	优等品	合格品		优等品	合格品
PF-FM10	白色至黄色粉末	具体范围由供需双方商定	具体范围由供需双方商定	≤3.0	≤5.0	≤1.2	≤1.7	≤2.0	≤5.0	具体范围由供需双方商定	≤5	≤10
PF-FM11	浅黄色至棕红色粉末											
PF-FM12	白色至黄色粉末											
PF-FM13	白色至黄色粉末											

5.2　摩擦材料用液体树脂要求应符合表 4 的规定。

表 4　摩擦材料用液体树脂要求

型号	外观	技术指标								
		黏度(25 ℃)/(mPa·s)	水分(质量分数)/%	固含量(质量分数)/%	游离酚含量(质量分数)/%		游离醛含量(质量分数)/%		pH 值	水溶性(质量分数)(25 ℃)/%
					优等品	合格品	优等品	合格品		
PF-FM20	棕红/棕黄色半透明液体,无明显可见杂质	由供需双方商定	≤30.0	≥55.0	≤7.0	≤10.0	≤1.0	≤2.0	≥7.0	≥200
PF-FM23	粘稠液体,无明显可见杂质	由供需双方商定	≤10.0	≥30.0	≤7.0	≤10.0	—	—	—	—

6　试验方法

下列试验方法中所用制剂和水在没有注明的条件下均指分析纯试剂和 GB/T 6682—2008 中规定的三级水或同等纯度的水。

试验中所有标准溶液、制剂及制品,在没有注明其他要求时,均按 GB/T 601—2002,GB/T 603—2002 规定制备。

6.1　水分的测定

采用 GB/T 606－2003 中规定的方法进行测定。

6.2　黏度的测定

在(25±0.5)℃采用 GB/T 2794—1995 中规定的方法进行测定。

6.3 **筛余物的测定**

仲裁法采用 GB/T 2916—2007 中规定的方法进行测定。

6.4 **pH 值的测定**

采用 HG/T 2501—1993 中规定的方法进行测定。

6.5 **其他性能的测定**

外观、聚合时间、流动度、游离酚、灰分、六次甲基四胺含量、黏度、固含量、游离醛、水溶性按附录 A 规定的方法测定。

7 检验规则

7.1 检验分类

检验分为出厂检验和型式检验。

7.1.1 出厂检验

出厂检验项目见表 5。

表 5 出厂检验项目

树脂分类	检 验 项 目
固体	外观、筛余物、游离酚、聚合时间、流动度、水分
液体	外观、黏度、水分、固含量、游离酚、水溶性、pH 值

7.1.2 型式检验

型式检验项目为全部检验项目。

当有下列情况之一时，应进行型式检验：

a) 试制新产品；

b) 产品长期停产后，恢复生产时；

c) 材料、工艺有较大变动，可能影响产品性能时；

d) 出厂检验与上次型式检验有较大差异时；

e) 国家质量监督检验机构提出进行型式检验的要求时；

f) 企业正常连续生产一年时。

7.2 检验样品应在树脂合成后(24～72)h 内进行，产品需经生产方检验合格并附有合格证明后方可出厂。产品出厂检验为逐批检验。

7.3 抽样

7.3.1 工厂生产酚醛树脂时的抽样，应按反应釜为单位，或多釜混合后的产品数量组成的均一体为一检验批。

7.3.2 已被分装的树脂，视分装单元数量，采用随机取样法，采样安全注意事项按 GB/T 3723—1999 的规定，采样单元数按 GB/T 6678—2003 中 7.4.1 的规定。

7.3.3 液体样品抽取试样量不得少于 250 mL，保留样不得少于 100 mL，分别装入干燥洁净的留样瓶中，保存备查；对于黏度较大的树脂可以用不锈钢取样器进行取样，黏度在 100 mPa·s(25 ℃)以下的用玻璃管取样。

7.3.4 固体样品(包括粉状树脂)取样时自袋内上、中、下取具有代表性的样品按四分法缩分，混匀装入洁净干燥的塑料样品袋中，立即封口。样品每批抽样试样量不得少于 200 g，保留样不得少于 100 g 保存备查。

7.3.5 装样的袋(瓶)上应粘贴标签，标明型号、批号、生产日期。

7.3.6 固体留样在室温下保存 2 个月，液体留样在 10 ℃以下保存 2 个月。

7.4 合格判定与复检规则

7.4.1 出厂检验的各项检验结果均应符合该类型树脂技术要求的规定，判为合格。如果检验结果有任何一项性能指标不符合要求，应自该批产品的包装件中，按两倍量于原取样量的标准重新取样，对不合格项目进行复检，以复检结果判定产品等级。

7.4.2 型式检验各项检验结果均应符合该类型树脂技术要求的规定，方可判为合格；如果检验结果有任何一项性能指标不符合要求，应自该批产品的包装件中，按两倍量于原取样量的标准重新取样，对不合格项目进行复检，以复检结果判定产品等级。

7.5 合格评定形式

合格评定可采用供货方声明、使用方认定或第三方认证的形式进行。当供需双方发生质量异议时，可协商解决，也可由仲裁单位按本标准的规定仲裁。

8 包装、标志、运输、贮存和合格证书

8.1 包装

液体酚醛树脂装入洁净、干燥的铁桶或塑料桶中，拧紧桶盖确保密封良好，防止树脂渗出和水分渗入。铁桶每桶净含量 200 kg、240 kg 或其他净含量，桶盖垫圈应用不受树脂溶解的材料；塑料桶桶盖要拧紧，严防树脂渗出和水分渗入；粉状酚醛树脂用内衬塑料袋的编织袋或三复合牛皮纸袋包装；塑料内袋扎口或用其他相当方式封口；外袋应牢固缝合。缝线整齐，针距均匀，无漏缝和跳线的现象。封口要严密，防止吸潮，并用封口胶带贴牢，也可根据用户要求进行包装。

8.2 标志

8.2.1 产品标志

在产品包装的合格证上对产品进行标志，内容包括：商标、产品名称、生产厂名、厂址、产品型号、生产日期、批号、净含量等。

8.2.2 包装标志

包装上标有醒目的标志，注明商标、公司名称、地址，袋装产品还有防雨、防晒、防突出尖锐物刺穿等防护性标志。

8.3 运输

运输时不得与高温物体接触，不得曝晒或雨淋，不得与强酸、强碱性物质接触。水溶性液体树脂为非危险品，铁桶运输应在桶底加垫隔离物，防止铁桶运输过程中发生泄漏，敞车运输必须盖上篷布，车厢内要清洁、干燥。

8.4 贮存

8.4.1 酚醛树脂应贮存在干燥、阴凉、遮风避雨的仓库内，袋装固体酚醛树脂堆放在防潮架上，堆放平整，垛高最多不超过 7 层。

8.4.2 热固性液体树脂，供需双方可议定保质期，树脂应在保质期内使用。保质期内不能用完的液体树脂，应存放于温度 10 ℃以下冷库内。

8.4.3 固体树脂应在 30 ℃以下相对湿度 70%以下贮存，贮存期 6 个月。

8.5 合格证书

产品出厂应附有质量合格证书，内容包括：产品名称、型号、生产日期、批号、检验结果等。

9 安全

使用过程中佩戴好劳保用品，尽量避免树脂与皮肤、眼睛的接触，避免吸入呼吸道。

附 录 A
（规范性附录）
外观、聚合时间、流动度、游离酚含量、六次甲基四胺含量、黏度、固含量、游离醛含量、水溶性、凝胶时间的检测方法

A.1 外观

目测，无明显可见杂质。

A.2 聚合时间测定

A.2.1 试剂

六次甲基四胺：分析纯。

A.2.2 仪器

A.2.2.1 聚合热力板：(见图 A.1)表面温度保持在(150±1)℃，尺寸为 200 mm×200 mm×50 mm 的 45＃钢板(下面使用电炉加热)中心槽直径为 50 mm，槽深 1 mm。

A.2.2.2 秒表：精度 0.2 s。

A.2.2.3 研钵。

A.2.2.4 分析天平：精密度 0.01 g。

A.2.2.5 刮刀：钢质，宽约 10mm，长(100～150)mm。

A.2.2.6 数显温度计：(0～300)℃，分度值 0.1 ℃。

单位为毫米

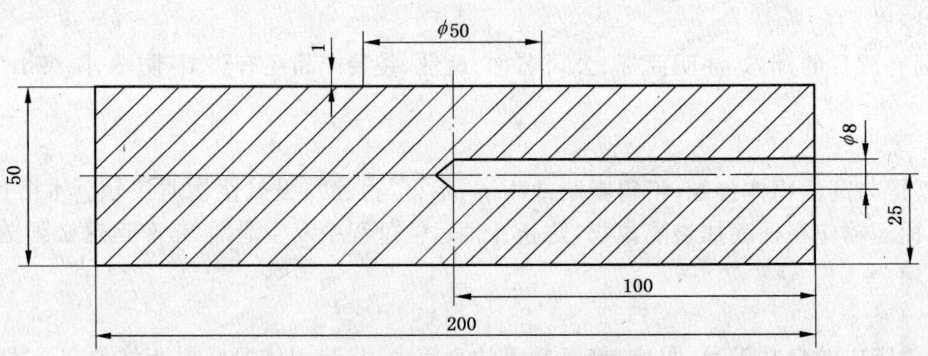

图 A.1 聚合热力板侧视图

A.2.3 操作步骤

A.2.3.1 试样制备

称取树脂样品 9.0 g(精确至 0.01 g)，六次甲基四胺 1.0 g(精确至 0.01 g)，置于研钵中研磨均匀后作为试样。或者直接称取已加入六次甲基四胺的样品 1.0 g(精确至 0.01 g)。

A.2.3.2 测定

先把刮刀放在聚合热力板上预热，然后称取 1.0 g(精确至 0.01 g)试样，用刮刀使其均匀分布于预先加热到(150±1)℃聚合热力板的直径为 50 mm 的中心槽内，放上试样后按动秒表，开始计时，用刮刀从左至右再从右至左向上拉丝，直至拉不成丝，立即停止计时，记下所用时间即为酚醛树脂的聚合时间。

注：a. 划抹时要以每秒 2 下的统一速率进行。

b. 样品保持在中心槽范围内。

c. 平行测定两次。

A.2.4 结果与表示

平行测定两次取算术平均值作为测定结果，结果保留至整数位。

A.2.5 重复性

在重复性条件下获得的两次独立测定结果的绝对差值不大于5 s。

A.3 游离酚含量的测定

A.3.1 化学法

A.3.1.1 原理

酚醛树脂中的游离酚，用水蒸汽蒸馏与水一起馏出，用溴化法测定。

A.3.1.2 试剂与材料

A.3.1.2.1 95%乙醇：分析纯。

A.3.1.2.2 溴酸钾-溴化钾溶液：

称取 $KBrO_3$ 7.83 g 和 KBr 37.5 g 用蒸馏水在1 000 mL容量瓶中定容。

A.3.1.2.3 盐酸：分析纯。

A.3.1.2.4 碘化钾：20%溶液。

A.3.1.2.5 硫代硫酸钠：0.1 mol/L 标准滴定液。

A.3.1.2.6 淀粉指示剂：10 g/L。

A.3.1.2.7 溴液：

另取25 mL溴酸钾-溴化钾溶液，加入5 mL盐酸混匀。

A.3.1.2.8 硫酸纸。

A.3.1.3 仪器、设备

仪器的组装示意图，见图A.2。

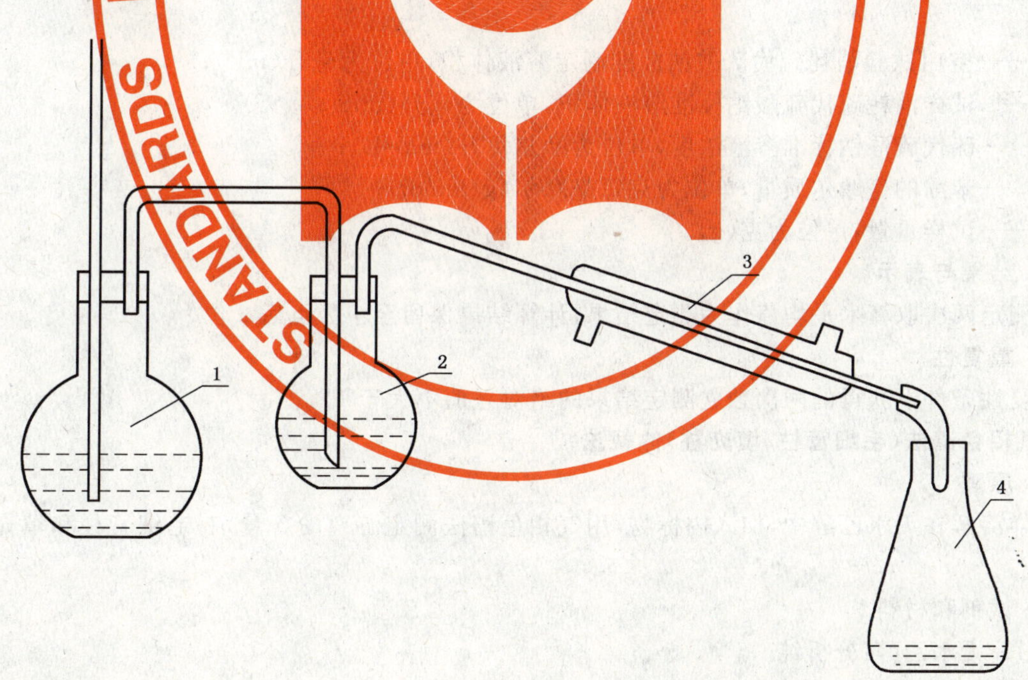

1——蒸汽发生瓶；
2——圆底烧瓶；
3——冷凝器；
4——接受器。

图A.2 苯酚测定装置

A.3.1.3.1　平底烧瓶：1 000 mL。

A.3.1.3.2　容量瓶：1 000 mL。

A.3.1.3.3　冷凝器(蛇形)：长 600 mm。

A.3.1.3.4　玻璃连接管。

A.3.1.3.5　电炉：1 000 W。

A.3.1.3.6　移液管：100 mL、50 mL、10 mL、5 mL。

A.3.1.3.7　分析天平：精密度 0.000 1 g。

A.3.1.3.8　碘量瓶：500 mL。

A.3.1.3.9　烧杯：100 mL。

A.3.1.4　操作步骤

用已知质量的硫酸纸称取试样约(1～2)g(精确至 0.000 1 g)，放入平底烧瓶中，加入 95%乙醇(25±0.5)mL，溶解试样，再加入蒸馏水 100 mL，用水蒸汽蒸馏，将馏出液收于 1 000 mL 容量瓶中，当馏出液达到约 600 mL 时用小烧杯接出几滴馏出液并滴加 2 滴溴液，若馏出物与溴液相遇不发生浑浊即停止蒸馏，若发生浑浊则继续蒸馏，直至馏出物与溴液相遇不发生浑浊为止；然后用蒸馏水将馏出液稀释至刻度并摇匀。

移取馏出液 100 mL 于 500 mL 碘瓶中，再移入溴酸钾-溴化钾混合液 50 mL，盐酸 5 mL，摇匀静置 10 min，加入 10 mL 20%的碘化钾溶液暗处静置 5 min，用 0.1 mol/L 的硫代硫酸钠标准滴定溶液滴定，近终点时加入淀粉指示剂 2 mL，继续滴定至蓝色消失为终点，同时进行空白试验。

A.3.1.5　结果计算

游离酚含量以质量分数 w_1 计，数值以%表示，按式(A.1)计算：

$$w_1=\frac{(V_1-V_2)\cdot c\times 0.015\,68\times 1\,000}{100\times m}\times 100 \qquad \text{(A.1)}$$

式中：

V_1——空白试验消耗硫代硫酸钠标准滴定溶液体积，单位为毫升(mL)；

V_2——试样消耗硫代硫酸钠标准溶液体积，单位为毫升(mL)；

c——硫代硫酸钠标准溶液浓度，单位为摩尔每升(mol/L)；

0.015 68——苯酚的毫摩尔质量，单位为克每毫摩尔(g/mmol)；

m——试样重量，单位为克(g)。

A.3.1.6　结果与表示

平行测定两次取算术平均值作为测定结果，计算结果保留至小数点后 2 位。

A.3.1.7　重复性

在重复性条件下获得的两次独立测定结果的绝对差值不大于 1%。

A.3.2　气相色谱法(毛细管柱/填充柱)仲裁法

A.3.2.1　原理

将试样溶解在无水乙醇中，加入内标物，用气相色谱法测定游离酚含量，有毛细管柱和填充柱两种方法。

A.3.2.2　试剂和材料

A.3.2.2.1　无水乙醇：分析纯。

A.3.2.2.2　内标物：m-甲酚(间甲酚)化学纯。

A.3.2.2.3　苯酚：色谱纯。

A.3.2.2.4　载气：高纯氮气(含量不小于 99.999%)。

A.3.2.2.5　燃气：高纯氢气(含量不小于 99.999%)。

A.3.2.2.6　净化空气。

A.3.2.3　仪器、设备

A.3.2.3.1　气相色谱仪：配有氢火焰离子化检测器，灵敏度和稳定性符合 GB/T 9722—2006 的规定。

A.3.2.3.2　色谱柱：

a）　毛细管柱：内径 0.53 mm，柱长 15 m；

b）　填充柱：内径 3 mm，柱长 2 m。

A.3.2.3.3　柱型号及填料：

a）　毛细管柱型号：HP-5　柱填料：5％二苯基 95％二甲基聚硅氧烷；

b）　填充柱填料：6.5％ PBOB ＋0.5％ H_3PO_4白色硅藻土载体，粒径：80～100 目。

A.3.2.3.4　微量进样器：1.0 μL。

A.3.2.3.5　色谱数据工作站/数据处理机。

A.3.2.3.6　空气压缩机/无油空气发生器。

A.3.2.3.7　比色管 50 mL，烧杯 100 mL。

A.3.2.3.8　分析天平：精密度 0.000 1 g。

A.3.2.3.9　分析天平：精密度 0.01 g。

A.3.2.3.10　封闭式电炉：1 000 W。

A.3.2.4　操作步骤

A.3.2.4.1　色谱仪分离条件

a）　汽化温度 180 ℃

b）　色谱柱

毛细管柱：柱温 100 ℃　升温速率 30 ℃/min　终止温度 130 ℃　载气流速 10 mL/min

填充柱：柱温 150 ℃　载气流速 30 mL/min

c）　检测器：检测温度 200 ℃氢气流速 35 mL/min　空气流速(350～400)mL/min

A.3.2.4.2　测相对校正因子用标样的配制

称取 m-甲酚(0.12±0.02)g(精确至 0.000 1 g)置于编号为 1＃、2＃、3＃、4＃、5＃、6＃的 50 mL 比色管中，分别称取色谱纯苯酚 0.02 g、0.06 g、0.12 g、0.18 g、0.24 g、0.30 g(精确至 0.000 1 g)置于 1＃～6＃50 mL 比色管中，用无水乙醇稀释至刻度摇匀，待测相对校正因子 $F(2/1)$。

A.3.2.4.3　试样的配制

称取试样(1.0～2.0)g(精确至 0.01 g)置于 100 mL 烧杯中，加入无水乙醇 25 mL 在封闭式电炉上低温加热溶解试样，转移至 50 mL 比色管中，称取 m-甲酚(0.12±0.02)g(精确至 0.000 1 g)于 50 mL 比色管中，用无水乙醇稀释至刻度摇匀，待测。

A.3.2.4.4　测定

按 A.3.2.4.1 色谱条件启动色谱仪，待仪器稳定后，用清洁的微量进样器，吸取样品 0.4 μL 迅速注入色谱仪中，待各组分出峰完毕采用内标法计算游离酚百分含量。

A.3.2.5　测量结果的表述

游离酚含量以质量分数 w_2 计，数值以％表示，按式(A.2)计算：

$$w_2 = \frac{A_2}{A_1} \times \frac{m_1}{m_0} \times F(2/1) \times 100 \qquad \text{(A.2)}$$

式中：

m_0——试样质量，单位为克(g)；

m_1——内标质量，单位为克(g)；

A_1——内标峰面积，单位为皮安秒(pA・s)；

A_2——试样峰面积，单位为皮安秒(pA・s)；

$F(2/1)$——相对校正因子。

A.3.2.6　结果与表示

平行测定两次取算术平均值作为测定结果,计算结果保留至小数点后 2 位。

A.3.2.7　重复性

在重复性条件下获得的两次独立测定结果的绝对差值不大于 0.2%。

A.4　流动度测定

A.4.1　原理

成型树脂片在一定温度和倾斜角度下,流动 20 min 的流程。

A.4.2　仪器

A.4.2.1　鼓风恒温干燥箱:(0～300)℃,可控制温度(125±1)℃。

A.4.2.2　流动度测定板(见图 A.3)。

单位为毫米

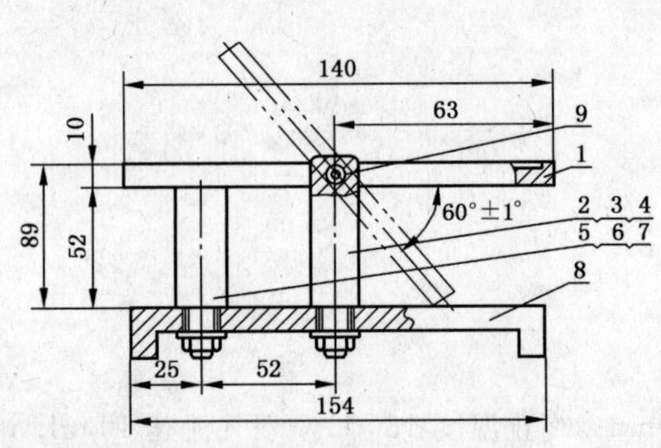

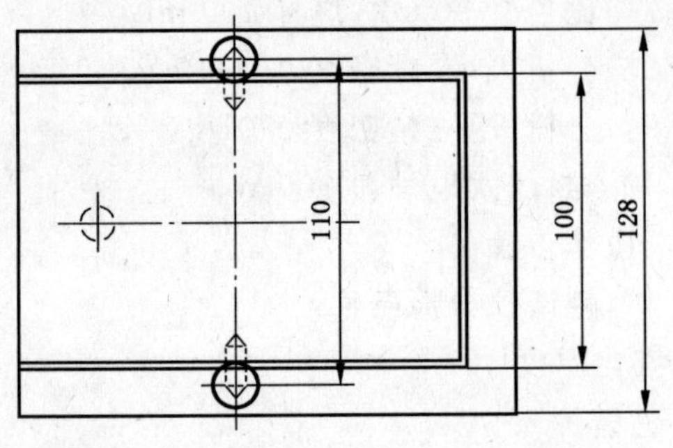

1——倾斜板；
2——支柱；
3——垫圈 8；
4——螺母 M8；
5——支撑；
6——垫圈 8；
7——螺母 M8；
8——底板；
9——销子。

图 A.3　流动度测定板

A.4.2.3　制样机(见图 A.4)。

A.4.2.4　游标卡尺。

A.4.2.5　分析天平:精密度 0.01 g。

A.4.2.6　玻璃板:尺寸同烘箱相适应。长(100～150)mm,宽(60～120)mm,厚度(2.7～3)mm。玻璃板应绝对清洁、平滑、没有划痕。为确认在试验中料锭未发生位移,可在玻璃板上画出起始线。

单位为毫米

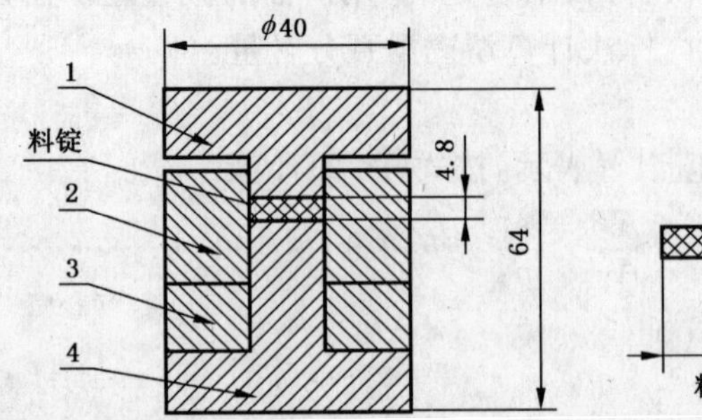

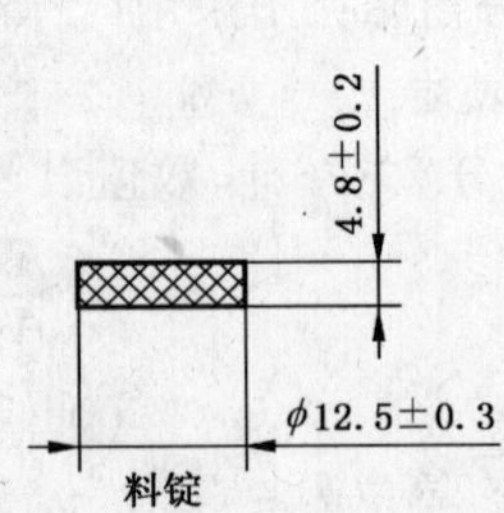

1——上模；
2——套筒；
3——哈夫圈；
4——底模。

图 A.4　制样机

A.4.3 样品的制备

准确称取树脂样品 9.25 g、六次 0.75 g 于小磨粉机中磨粉。

A.4.4 操作步骤

称取含六次的树脂试样 0.5 g(精确至 0.01 g)注入制样机内制成厚度(4.8±0.2)mm,直径为(12.5±0.3)mm 的小片,然后将小片放于已在恒温干燥箱内恒温 30 min 且温度达到(125±1)℃、处于水平位置的流动度测定板上,两个样品至少间隔 10 mm,保持 3 min,然后迅速打开干燥箱门将流动度测定仪在 5 s 内倾斜至 60 度角,保持 20 min 后从恒温干燥箱内取出流动度测定板,冷却后用游标卡尺测量每小片的流程(包括小片直径),精确至 1 mm,为流动度测定结果。

注:树脂粉具有高的表观密度(例如含有无机添加剂)时,可以称取 0.50 g 以上的树脂,以便制得要求厚度(4.8±0.2)mm的料锭。

A.4.5 结果与表示

平行测定两次取算术平均值作为测定结果,计算结果保留至整数位。

A.4.6 重复性

在重复性条件下获得的两次独立测定结果的绝对差值不大于 3 mm。

A.5 筛余物测定

A.5.1 手筛法

A.5.1.1 仪器

A.5.1.1.1 分样筛:符合检测规定孔径的分样筛,筛孔尺寸:0.150 mm、0.106 mm、0.075 mm(即为:100 目、140 目、200 目)。

A.5.1.1.2 分析天平:精度为 0.01 g。

A.5.1.1.3 小毛刷。

A.5.1.2 操作步骤

A.5.1.2.1 将适合的筛子准确称量,并记下数值为 m_1。

A.5.1.2.2 准确称量树脂粉 10.0 g(精确至 0.01 g),并将树脂均匀地洒在规定孔径的分样筛上,用手轻轻振动筛子,使树脂粉从筛子上落下,然后用小毛刷轻轻的刷扫筛子里的树脂粉,直至分样筛下面在半分钟内无树脂粉落下为止,把筛子外面的树脂粉扫掉然后称量筛子和筛子内剩余树脂的总质量。

A.5.1.3 结果计算

筛分筛余物以质量分数 w_3 计,数值以%表示,按式(A.3)计算:

$$w_3 = \frac{(m_2 - m_1)}{m_0} \times 100 \quad \cdots\cdots(A.3)$$

式中:

m_1——筛子质量,单位为克(g);

m_2——未通过筛子的树脂及筛子质量,单位为克(g);

m_0——树脂质量,单位为克(g)。

A.5.1.4 结果与表示

平行测定两次取算术平均值作为测定结果,计算结果保留至小数点后 1 位。

A.5.1.5 重复性

在重复性条件下获得的两次独立测定结果的绝对差值不大于 0.4%。

A.5.2 真空筛法(仲裁法)

采用 GB/T 2916—2007 中规定的方法进行测定。

A.6 六次甲基四胺含量的测定

A.6.1 适用范围

本标准规定了三种酚醛树脂中六次甲基四胺含量的测定方法。三种方法是相当的。凯氏定氮法不适用于含其他氮化合物的酚醛树脂。高氯酸法和盐酸法不适用于含有其他酸性或碱性物质的酚醛树脂。如果树脂中含有可被高氯酸氧化的添加剂,则只能使用盐酸法。

A.6.2　试验设备

实验室一般玻璃器具。

A.6.3　凯氏定氮法

警告:为了安全起见,凯氏定氮法必需在通风良好的通风橱内进行。

A.6.3.1　一般规定

本条规定了酚醛树脂中以六次甲基四胺计的总氮含量的测定方法。本方法适用于六次甲基四胺含量(质量分数)≥0.5%的酚醛树脂。

A.6.3.2　原理

在催化剂存在下,样品中的六次甲基四胺在浓硫酸中降解转变为硫酸氢氨。硫酸氢氨与氢氧化钠反应生成硫酸钠和氨。氨被蒸出并收集在盐酸溶液中。过量的盐酸在指示剂存在下用氢氧化钠标准溶液滴定。

A.6.3.3　试剂

A.6.3.3.1　浓硫酸。

A.6.3.3.2　凯氏混合催化剂:由 97 g 十水硫酸钠($Na_2SO_4 \cdot 10H_2O$)、1.5 g 五水硫酸铜($Cu_2SO_4 \cdot 5H_2O$)和 1.5 g 硒(Se)组成。

A.6.3.3.3　氢氧化钠:30%(质量分数)溶液。

A.6.3.3.4　盐酸:$c(HCl) = 0.10$ mol/L。

A.6.3.3.5　氢氧化钠标准溶液:$c(NaOH) = 0.10$ mol/L。

A.6.3.3.6　混合指示剂溶液:溶解 60 mg 甲基红和 40 mg 次甲基蓝于 100 mL 乙醇中。

A.6.3.4　仪器

A.6.3.4.1　凯氏定氮瓶:250 mL 或 300 mL,用于消解。

A.6.3.4.2　蒸馏装置:可购买到各种类型的产品。

A.6.3.4.3　滴定管:50 mL,分度值 0.1 mL。

A.6.3.4.4　分析天平:精度 0.000 1 g。

A.6.3.4.5　碳化硅砂:用作沸石。

A.6.3.5　操作步骤

A.6.3.5.1　消解

称取(1~2)g(称准至 0.000 1 g)酚醛树脂于凯氏瓶中,加 5 g 混合催化剂和 25 mL 浓硫酸。小心加热直到混合物从黑色或琥珀色变得透明,透明后升温煮沸至 5 min 以上颜色不再变化。冷却至室温,混合物刚好不凝固。小心加入 100 mL 蒸馏水并将溶液定量转移到通有冷凝水的蒸馏装置的长颈瓶内,加几颗碳化硅砂防止暴沸,加两滴混合指示剂溶液,加 30% 氢氧化钠溶液直到发生碱性反应,溶液变黑。然后用水蒸气蒸出反应产生的氨并收集在盛有 50 mL 盐酸的接收瓶中,继续蒸馏直至收集到大约 300 mL 水。

A.6.3.5.2　滴定

蒸馏结束后,向接收瓶内加几滴混合指示剂,用氢氧化钠标准溶液滴定过量的盐酸。

A.6.3.6　结果计算

六次甲基四胺含量以质量分数 w_4 计,数值以%表示,按式(A.4)计算:

$$w_4 = \frac{c(V_0 - V_1) \times 35.025}{1\,000 m_0} \times 100 \qquad \cdots\cdots(A.4)$$

式中:

V_0——接收瓶中盐酸溶液的体积,单位为毫升(mL);

V_1——反滴定消耗氢氧化钠溶液的体积，单位为毫升(mL)；

m_0——检测样品的质量，单位为克(g)；

c——盐酸标准溶液的浓度，单位为摩尔每升(mol/L)；

35.025——与 1 mL 0.10 mol/L 的盐酸相当的六次甲基四胺的摩尔质量，单位为克每摩尔(g/mol)。

A.6.3.7 再现性

六次甲基四胺含量(质量分数)的再现性为不大于 0.30%。

A.6.3.8 结果与表示

平行检测两个样品，如果结果相差大于 5%，重测。如果结果相差不大于 5%，计算两个结果的算术平均值为测量结果，计算结果保留至小数点后 2 位。

A.6.4 高氯酸法

A.6.4.1 一般规定

本条规定了直接滴定树脂中六次甲基四胺含量的方法。检测结果可能受到酸性或碱性添加剂的影响，这种情况下推荐使用凯氏定氮法；如果存在可被高氯酸氧化的添加剂，则使用盐酸法。

本方法适用于六次甲基四胺含量(质量分数)≥0.3%的酚醛树脂。

A.6.4.2 原理

用高氯酸滴定六次甲基四胺中的一个叔胺基。

A.6.4.3 试剂

A.6.4.3.1 六次甲基四胺：分析纯。

A.6.4.3.2 丙酮：分析纯。

A.6.4.3.3 高氯酸：70%(体积分数)溶液。

警告：有机物存在下高氯酸是危险的，因为过量的高氯酸会发生爆炸。

A.6.4.4 仪器

A.6.4.4.1 磁力搅拌器。

A.6.4.4.2 滴定管：15 mL，分度值 0.1 mL，带聚四氟乙烯活塞。

A.6.4.4.3 烧杯：100 mL。

A.6.4.4.4 容量瓶：1 000 mL。

A.6.4.4.5 分析天平：精度为 0.000 1 g。

A.6.4.4.6 pH 计。

A.6.4.5 操作步骤

A.6.4.5.1 高氯酸丙酮溶液的制备和标定

移取 8 mL 高氯酸于 1 000 mL 容量瓶内，用丙酮稀释至 1 000 mL。

用六次甲基四胺校准制备的溶液，如下：

称取(0.15～0.17)g(精确至 0.000 1 g)六次甲基四胺于 100 mL 烧杯中，加(30～40)mL 丙酮。按 A.6.4.5.2 滴定。

注：溶液颜色变深并不影响滴定结果。

滴定度 T 按式(A.5)计算：

$$T=\frac{m_1}{V_2} \qquad \text{(A.5)}$$

式中：

m_1——六次甲基四胺的质量，单位为克(g)；

V_2——使 pH 值刚好低于 0 所需的高氯酸丙酮溶液的体积，单位为毫升(mL)。

A.6.4.5.2 滴定

称取 A.6.4.5.1 滴定度测量用六次甲基四胺 100 倍质量的酚醛树脂于 100 mL 烧杯中，精确至

0.0001 g。加(30～40)mL 丙酮并放入一个磁力转子。将烧杯放在磁力搅拌器上，插入玻璃电极，打开磁力搅拌器和 pH 计。待树脂溶解后慢慢滴加 A.6.4.5.1 制备的高氯酸丙酮溶液至 pH 值突然降到 0 以下。由于树脂溶于丙酮比六次甲基四胺快得多，pH 值可能因为正在溶解的残余六次甲基四胺而回升到 0 以上。继续滴定直到 pH 值稳定在略低于 0 的位置。

A.6.4.6 结果计算

六次甲基四胺含量以质量分数 w_5 计，数值以%表示，按式(A.6)计算：

$$w_5 = \frac{V_2 T \times 100}{m_0} \times 100 \qquad \text{(A.6)}$$

式中：

V_2——滴定消耗高氯酸丙酮溶液的体积，单位为毫升(mL)；

T——高氯酸丙酮溶液的滴定度，单位为克每毫升(g/mL)；

m_0——样品质量，单位为克(g)。

A.6.4.7 结果与表示

平行检测两个样品。如果结果相差大于 5%，重测。如果结果相差不大于 5%，计算两个结果的算术平均值为测量结果。计算结果保留至小数点后 2 位。

A.6.5 盐酸法

A.6.5.1 一般规定

本条规定了一种用盐酸直接滴定酚醛树脂中六次甲基四胺含量的方法。有酸性或碱性添加剂存在时可能对结果有影响。在这种情况下，推荐使用凯氏定氮法。

本方法适用于六次甲基四胺含量≥0.3%的树脂。

A.6.5.2 原理

按照树脂体系溶解性的不同，有两种方法：

方法 A：树脂溶于丁醇和乙二醇的混合溶剂，六次甲基四胺含量用 0.1 mol/L 的盐酸进行电位滴定。如果树脂中含有不溶于混合溶剂的改性剂，可加入助溶剂进行溶解，如丙酮。

方法 B：树脂溶于丙酮和水的混合溶剂，六次甲基四胺含量用 0.2 mol/L 的盐酸进行电位滴定。

A.6.5.3 试剂

A.6.5.3.1 丁醇-乙二醇混合溶剂：7∶3(体积比)(方法 A)；或丙酮-水混合溶剂：9∶1(体积比)，(方法 B)。

A.6.5.3.2 盐酸溶液：$c(HCl)=0.1$ mol/L，用丁醇-乙二醇混合溶剂制备(方法 A)；或 $c(HCl)=0.2$ mol/L，用丙酮-水混合溶剂制备(方法 B)。

A.6.5.3.3 丙酮：分析纯。

A.6.5.4 仪器

A.6.5.4.1 酸式滴定管：50 mL。

A.6.5.4.2 烧杯：100 mL。

A.6.5.4.3 分析天平：精密度 0.000 1 g。

A.6.5.5 操作步骤

A.6.5.5.1 方法 A

称取 1.0 g(精确至 0.000 1 g)树脂于 100 mL 烧杯中，加 50 mL 丁醇-乙二醇混合溶剂并在室温溶解。必要时在恒温水浴中溶解(不高于 40 ℃)。

使用酸式滴定管用 0.1 mol/L 的盐酸按电位滴定法进行滴定。

A.6.5.5.2 方法 B

称取(1.9～2.1)g(精确至 0.000 1 g)树脂于 100 mL 烧杯中，加 40 mL 丙酮-水混合溶剂在室温溶解。

使用酸式滴定管用 0.2 mol/L 的盐酸溶液按电位滴定法进行滴定(滴定终点时 pH 值接近 3.2)。

A.6.5.6 结果计算

六次甲基四胺含量以质量分数 w_6 和 w_7 计,数值以%表示,分别按式(A.7)、式(A.8)计算:

方法 A:

$$w_6 = \frac{V \times 140.1 \times c_1}{1\,000 \times m_0} \times 100 \quad \cdots\cdots(A.7)$$

方法 B:

$$w_7 = \frac{V \times 140.1 \times c_2}{1\,000 \times m_0} \times 100 \quad \cdots\cdots(A.8)$$

式中:

V——滴定消耗盐酸的体积,单位为毫升(mL);

m_0——试样的质量,单位为克(g);

c_1——0.1 mol/L 的盐酸标准溶液的浓度,单位为摩尔每升(mol/L);

c_2——0.2 mol/L 的盐酸标准溶液的浓度,单位为摩尔每升(mol/L);

140.1——六次甲基四胺的摩尔质量,单位为克每摩尔(g/mol)。

A.6.5.7 结果与表示

平行检测两个样品,如果结果相差大于 5%,重测;如果结果相差不大于 5%,计算两个结果的算术平均值。计算结果保留至小数点后 2 位。

A.7 固含量的测定

A.7.1 仪器

A.7.1.1 恒温鼓风干燥箱(室温~300 ℃)。

A.7.1.2 分析天平:精度 0.01 g。

A.7.1.3 分析天平:精度 0.000 1 g。

A.7.1.4 铝箔盒或其他金属材质(下底直径:40 mm,上底直径:60 mm,高度 20 mm)。

A.7.2 操作步骤

称取(1.5~2.5)g(精确至 0.000 1 g)树脂样品于铝箔盒中,把小盒轻轻摇动,使树脂均匀分布在盒底,然后将小盒放在 150 ℃的恒温鼓风干燥箱中,干燥 2 h,然后取出小盒放入干燥器中冷却至室温,在分析天平上称其质量。

A.7.3 结果计算

酚醛树脂固含量以质量分数 w_8 计,数值以%表示,按式(A.9)计算:

$$w_8 = \frac{m_2}{m_1} \times 100 \quad \cdots\cdots(A.9)$$

式中:

m_1——干燥前试样质量,单位为克(g);

m_2——干燥后试样质量,单位为克(g)。

A.7.4 结果与表示

平行测定两次取算术平均值作为测定结果,计算结果保留至小数点后 2 位。

A.7.5 重复性

在重复性条件下获得的两次独立测定结果的绝对差值不大于 1%。

A.8 水溶性的测定

A.8.1 设备

A.8.1.1 250 mL 锥形瓶。

A.8.1.2 精密温度计:(0～50)℃,分度值0.1。

A.8.1.3 分析天平:精密度0.01 g。

A.8.1.4 滴定管:50 mL。

A.8.2 操作步骤

A.8.2.1 用分析天平称取(10～20)g(精确至0.01 g)树脂于250 mL锥形瓶。

A.8.2.2 使用滴定管,将蒸馏水滴入树脂中,一边滴定一边摇匀,同时将温度计置于树脂与蒸馏水的混合溶液中,观察温度变化,并保持温度在25 ℃以下。

A.8.2.3 当滴下一滴蒸馏水可以观察到溶液开始出现部分混浊,转而又变清的时候,保持温度在(25±0.1)℃(可以加热或者冷却),继续滴加蒸馏水一直到溶液彻底变混浊,记录所使用的蒸馏水量V。

A.8.2.4 结果计算

水溶性以质量分数w_9计,数值以%表示,按式(A.10)计算:

$$w_9 = \frac{V \cdot \rho_{水}}{m} \times 100 \qquad \text{(A.10)}$$

式中:

V——试样消耗蒸馏水的体积,单位为毫升(mL);

$\rho_{水}$——蒸馏水的密度,假定25 ℃时水的密度1 g/mL;

m——试样的质量,单位为克(g)。

A.8.2.5 结果表示

平行测定两次取算术平均值作为测定结果,计算结果保留至小数点后2位。

A.8.2.6 重复性

在重复性条件下获得的两次独立测定结果的绝对差值不大于3%。

A.9 游离醛

A.9.1 适用范围

酚醛树脂水溶液或有机溶液电位滴定法(盐酸羟胺法):适用于游离醛含量小于或等于15%的树脂。对游离醛含量在(15～30)%之间的树脂,有必要相应地调整标准溶液的浓度。

A.9.2 盐酸羟胺法原理

甲醛与盐酸羟胺反应生成肟和盐酸。生成的盐酸用氢氧化钠溶液反滴定(电位滴定)。

肟化反应:$CH_2O + NH_2OH \cdot HCl \longrightarrow CH_2NOH + HCl + H_2O$

A.9.3 试剂

A.9.3.1 盐酸羟胺:10%溶液,用氢氧化钠调pH值至3.5。

A.9.3.2 氢氧化钠标准溶液:$c(NaOH) = 1$ mol/L和$c(NaOH) = 0.1$ mol/L。

A.9.3.3 盐酸标准溶液:$c(HCl) = 1$ mol/L和$c(HCl) = 0.1$ mol/L。

A.9.3.4 甲醇:分析纯。

A.9.3.5 异丙醇:分析纯。

A.9.4 仪器设备

A.9.4.1 分析天平:精密度0.01 g。

A.9.4.2 pH计:灵敏度0.1,玻璃电极和标准甘汞参比电极或复合电极。

A.9.4.3 磁力搅拌器。

A.9.4.4 滴定管:10 mL和25 mL,后者用于游离醛大于5%。

A.9.5 采样

按GB/T 6680—2003规定采取有代表性的样品作为待测试样。

A.9.6 操作步骤

A.9.6.1 检测温度:(25±1)℃。

A.9.6.2 称样量：根据甲醛含量称取(1～5)g(精确至0.000 1 g)样品于250 mL烧杯中(见表A.1)。

表A.1 称取样品质量

甲醛含量(质量分数)/%	样品质量/g
<2	5.0±0.2
2～4	3.0±0.2
>4	1～2

A.9.6.3 向烧杯中加入50 mL甲醇或50 mL异丙醇-水(体积比3：1)混合物，置于磁力搅拌器上搅拌至树脂完全溶解，温度保持在(25±1)℃。

A.9.6.4 将pH计的电极插入溶液中，用0.1 mol/L盐酸溶液或1 mol/L盐酸溶液(用于高碱性树脂)调节pH值至3.5。

A.9.6.5 用移液管移取25 mL盐酸羟胺溶液，在(25±1)℃搅拌(10±1)min。

A.9.6.6 用1 mol/L(或0.1 mol/L，用于甲醛含量低的树脂)氢氧化钠溶液快速滴定到pH=3.5。

A.9.6.7 空白试验

用与检测过程相同的试剂(但不加样品)同时做空白试验。

A.9.7 结果计算

游离甲醛含量以质量分数 w_{10} 计，数值以%表示，按式(A.11)计算：

$$w_{10}=\frac{0.030\,03c(V_1-V_0)}{m}\times 100\% \qquad \text{(A.11)}$$

式中：

c——所用氢氧化钠溶液的摩尔浓度，单位为摩尔每升(mol/L)；

V_0——滴定空白消耗氢氧化钠溶液的体积，单位为毫升(mL)；

V_1——滴定试样消耗氢氧化钠溶液的体积，单位为毫升(mL)；

m——样品质量，单位为g；

0.030 03——甲醛的毫摩尔质量，单位为克每毫摩尔(g/mmol)。

A.9.8 结果与表示

平行测定两次取算术平均值作为测定结果，计算结果保留至小数点后2位。

A.9.9 重复性

在重复性条件下获得的两次独立测定结果的绝对差值不大于1%。

A.10 灰分

A.10.1 设备

a) 天平：分析天平(精度0.000 1 g)；

b) 瓷坩埚：30 mL瓷坩埚；

c) 干燥器：以(氧化)硅胶为干燥剂的干燥器；

d) 高温炉：能使炉内温度恒温在500 ℃以上的高温炉；

e) 烘箱。

A.10.2 操作步骤

向预先在(850±50)℃或(950±50)℃时加热至恒重的瓷坩埚内加入约1 g试样。将坩埚放入135 ℃的烘箱中加热1 h，去除一部分挥发组份。在高温炉中加热炭化，再以更高温度(850±50)℃或(950±50)℃加热直至恒重后，转移到干燥器中冷却至室温。

A.10.3 计算

灰分以质量分数 w_{11} 计，数值以%表示，按式(A.12)计算：

$$w_{11} = \frac{m_1}{m} \times 100 \quad \cdots\cdots(\text{A.12})$$

式中：

m_1——坩埚内残余物的质量，单位为克(g)；

m——试样的质量，单位为克(g)。

A.10.4　结果与表示

平行测定两次取算术平均值作为测定结果，并保留至小数点后一位数字。

A.10.5　重复性

在重复性条件下获得的两次独立测定结果的绝对差值不大于 0.2%，否则应重新称样测试。

ICS 83.080.20
G 32

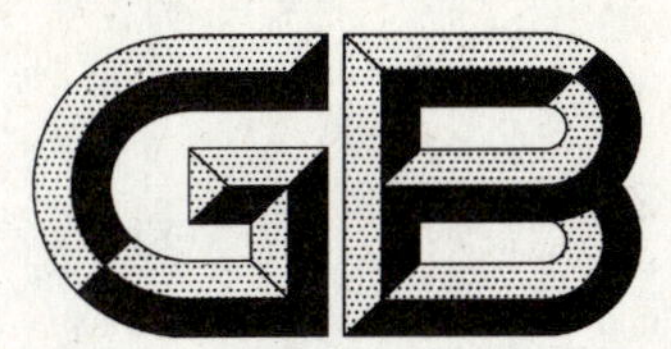

中华人民共和国国家标准

GB/T 24412—2009

磨料磨具用酚醛树脂

Phenolic resins for abrasives

2009-09-30 发布　　2010-02-01 实施

中华人民共和国国家质量监督检验检疫总局
中国国家标准化管理委员会　发布

前　言

本标准的附录A为规范性附录。

本标准由中国石油和化学工业协会提出。

本标准由全国塑料标准化技术委员会塑料树脂通用方法和产品分会(SAC/TC 15/SC 4)归口。

本标准起草单位:山东圣泉化工股份有限公司。

本标准参加起草单位:国家合成树脂质量监督检验中心、深圳市二砂深联有限公司、江苏三菱磨料磨具有限公司、湖北玉立砂带集团股份有限公司。

本标准主要起草人:唐路林、张志敏、李枝芳、王建东、赖天忠、胡廷振。

磨料磨具用酚醛树脂

1 范围

本标准规定了磨料磨具用酚醛树脂的分类、分级、型号、技术要求、试验方法、检验规则、标志、包装、运输、储存、合格证书和安全的要求。

本标准适用于以甲醛、苯酚为主要原料合成生产的磨料磨具用酚醛树脂。

2 规范性引用文件

下列文件中的条款通过本标准的引用而成为本标准的条款。凡是注日期的引用文件，其随后所有的修改单(不包括勘误的内容)或修订版均不适用于本标准，然而，鼓励根据本标准达成协议的各方研究是否可使用这些文件的最新版本。凡是不注日期的引用文件，其最新版本适用于本标准。

GB/T 601—2002 化学试剂 标准滴定溶液的制备

GB/T 603—2002 化学试剂 试验方法中所用制剂及制品的制备

GB/T 606—2003 化学试剂 水分测定通用方法 卡尔·费休法

GB/T 2035—2008 塑料术语及其定义

GB/T 2794—1995 胶粘剂黏度的测定

GB/T 2916—2007 塑料 氯乙烯均聚和共聚物树脂 用空气喷射筛装置的筛分析

GB/T 3723—1999 工业用化学品采样安全通则

GB/T 6678—2003 化工产品采样总则

GB/T 6680—2003 液体化工产品采样通则

GB/T 6682—2008 分析实验室用水规格和试验方法

GB/T 9722—2006 化学试剂 气相色谱法通则

HG/T 2501—1993 酚醛树脂 pH 值的测定

3 术语和定义

GB/T 2035—2008 确立的以及下列术语和定义适用于本标准。

3.1

热固性酚醛树脂 resol resin

含有大量活性羟甲基的可溶可熔酚醛树脂，羟甲基可使树脂进一步反应变得不熔。

3.2

热塑性酚醛树脂 novolak resin

线性酚醛树脂 novolak

甲醛与苯酚摩尔比小于 1∶1 通常保持热塑性的酚醛树脂，它同适量能提供桥键的化合物(例如甲醛或六次甲基四胺)加热时能生成不熔物。

3.3

游离酚含量 free phenol content

酚醛树脂中残留的酚的质量占树脂总质量的百分数。

3.4

聚合时间 curing time

在规定的检测条件下，酚醛树脂在热力板上从加热开始一直到凝胶所需的时间。

3.5

凝胶时间　gel time

在规定的检测条件下，酚醛树脂从甲阶段转化到达乙阶段所用的时间。

3.6

流动度　pellet flow

在规定的试验条件下，酚醛树脂在加热的玻璃板上流动的长度。

4　分类和型号

4.1　分类

4.1.1　磨料磨具用酚醛树脂按基本形状和结构特征的分类及分类代号见表1。

表1　磨料磨具用酚醛树脂按基本形状和结构特征的分类

产品分类	分类代号
固结磨具	PF-F
涂附磨具	PF-P

4.1.2　固结磨具用酚醛树脂根据产品状态分为固体固结磨具和液体固结磨具两大类，见表2。

表2　固结磨具用酚醛树脂按产品状态的分类

产品分类	分类代号	
	固体树脂	液体树脂
固结磨具	PF-F1	PF-F2

4.1.3　固体固结磨具用酚醛树脂根据用途分为一般用途砂轮树脂、切割砂轮树脂、重负荷砂轮树脂三类，见表3。

表3　固体固结磨具用酚醛树脂按用途的分类

固体固结磨具树脂用途	分类代号
固结磨具用固体一般用途砂轮树脂	PF-F10
固结磨具用固体切割用砂轮树脂	PF-F11
固结磨具用固体重负荷用砂轮树脂	PF-F12

4.1.4　液体固结磨具用酚醛树脂又分为通用型砂轮润湿剂、浸渍玻纤网格布树脂两类，应符合表4的要求。

表4　液体固结磨具用酚醛树脂按用途的分类

液体固结磨具树脂用途	分类代号
通用型砂轮湿润剂	PF-F20
浸渍玻纤网格布树脂	PF-F21

4.1.5　涂附磨具用酚醛树脂根据具体用途分为基体处理树脂、砂布底复胶树脂、砂纸复胶树脂、无纺布磨具树脂四类，应符合表5的要求。

表5　涂附磨具用液体酚醛树脂按用途的分类

涂附磨具树脂用途	分类代号
基体处理树脂	PF-P20
砂布底复胶树脂	PF-P21
砂纸复胶树脂	PF-P22
无纺布磨具树脂	PF-P23

4.2 型号

固结磨具产品编制方式表示如下：

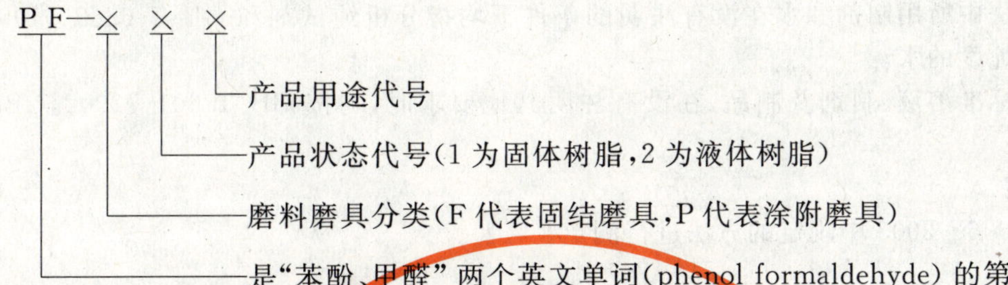

示例：固结磨具一般用途砂轮固体树脂，可表示为：PF-F10

5 技术要求

磨料磨具用酚醛树脂性能应分别符合表 6、表 7、表 8 的规定。

表 6 固结磨具用固体树脂指标要求

型号	技术指标									
	外观	聚合时间(150℃)/s	流动度/mm	游离酚含量(质量分数)/%		水分(质量分数)/%		筛余物(筛孔尺寸 0.075mm)(质量分数)/%		六次甲基四胺含量(质量分数)/%
				优等品	合格品	优等品	合格品	优等品	合格品	
PF-F10	白色至黄色粉末	具体范围由供需双方商定	具体范围由供需双方商定	≤3.0	≤5.0	≤1.2	≤1.7	≤5	≤10	具体范围由供需双方商定
PF-F11										
PF-F12				≤1.5	≤3.0	≤1.0	≤1.5	≤3	≤5	

表 7 固结磨具用液体树脂指标要求

型 号	技术指标										
	外观	黏度(25℃)/(mPa·s)	游离酚含量(质量分数)/%	水溶性(质量分数)(25℃)/%	pH 值	水分(质量分数)/%		固含量(质量分数)(150℃)/%		游离醛含量(质量分数)/%	
						优等品	合格品	优等品	合格品	优等品	合格品
PF-F20	无明显杂质，棕红、棕黄色液体	具体范围由供需双方商定	5.0～22.0	≤500	6～9	≤15	≤20	≥65	≥60	≤1.2	≤1.5
PF-F21			≤8.0	—	1～7	≤8	≤15	≥70	≥65	—	—

表 8 涂附磨具用液体树脂指标要求

型号	技术指标										
	外观	黏度(25℃)/(mPa·s)	固含量(质量分数)(135℃，1h)/%	水溶性(质量分数)(25℃)/%		水分(质量分数)/%	游离酚含量(质量分数)/%	游离醛含量(质量分数)/%		pH 值	凝胶时间(130℃)/min
				优等品	合格品			优等品	合格品		
PF-P20	无明显杂质棕红、棕黄色液体	具体范围供需双方商定	≥45	≥2 000	≥1 000	≤55	≤15	≤1.5	≤2.0	6.0～10.0	≤8.0
PF-P21			≥60	≥80	≥50	≤25	≤10	≤1.0	≤2.0	6.5～9.0	≤10.0
PF-P22						≤20					
PF-P23				≥300	≥200	≤35	≤6	≤2.0	≤3.0	6.0～10.0	≤8.0

6 试验方法

下列试验方法中所用制剂和水在没有注明的条件下均指分析纯试剂和 GB/T 6682—1992 中规定的三级水或同等纯度的水。

试验中所有标准溶液、制剂及制品，在没有注明其他要求时，均按 GB/T 601—2002，GB/T 603—2002 规定制备。

6.1 水分的测定

采用 GB/T 606—2003 中规定的方法进行测定。

6.2 黏度的测定

在(25±0.5)℃采用 GB/T 2794—1995 中规定的方法进行测定。

6.3 筛余物的测定(仲裁法)

采用 GB/T 2916—2007 中规定的方法进行测定。

6.4 pH 值的测定

采用 HG/T 2501—1993 中规定的方法进行测定。

6.5 其他性能测定

外观、聚合时间、流动度、游离酚含量、六次甲基四胺含量、黏度、固含量、游离醛含量、水溶性、凝胶时间按附录 A 规定的方法测定。

7 检验规则

7.1 检验分类

检验分为出厂检验和型式检验。

7.1.1 出厂检验

出厂检验项目见表 9。

表 9 出厂检验项目

产　品	出厂检验项目
固体树脂	外观、筛余物、游离酚含量、聚合时间、流动度、水分
液体树脂	外观、黏度、水分、固含量、游离酚含量、水溶性、凝胶时间

7.1.2 型式检验

型式检验项目为全部检验项目。

7.1.3 型式检验时机

当有下列情况之一时，应进行型式检验：

a) 试制新产品；

b) 产品长期停产后，恢复生产时；

c) 材料、工艺有较大变动，可能影响产品性能时；

d) 出厂检验与上次型式检验有较大差异时；

e) 国家质量监督检验机构提出进行型式检验的要求时；

f) 企业正常连续生产一年时。

7.2 检验样品应在树脂合成后(24～72)h 内进行，产品需经生产方检验合格并附有合格证明后方可出厂。产品出厂检验为逐批检验。

7.3 抽样

7.3.1 工厂生产酚醛树脂时的抽样，应按反应釜为单位，或多釜混合后的产品数量组成的均一体为一检验批。

7.3.2 已被分装的树脂，视分装单元数量，采用随机取样法，采样安全注意事项按 GB/T 3723—1999

的规定,采样单元数按 GB/T 6678—2003 中 7.4.1 的规定。

7.3.3 液体样品抽取试样量不得少于 250 mL,保留样不得少于 100 mL,分别装入干燥洁净的留样瓶中,保存备查;对于黏度较大的树脂可以用不锈钢取样器进行取样,黏度在 100 mPa·s(25 ℃)以下的用玻璃管取样。

7.3.4 固体样品(包括粉状树脂)取样时自袋内上、中、下取具有代表性的样品按四分法缩分,混匀装入洁净干燥的塑料样品袋中,立即封口。样品每批抽样试样量不得少于 200 g,保留样不得少于 100 g 保存备查。

7.3.5 装样的袋(瓶)上应粘贴标签,标明型号、批号、生产日期。

7.3.6 固体留样在室温下保存 2 个月,液体留样在 10 ℃以下保存 2 个月。

7.4 合格判定与复检规则

7.4.1 出厂检验的各项检验结果均应符合该类型树脂技术要求的规定,判为合格。如果检验结果有任何一项性能指标不符合要求,应自该批产品的包装件中,按两倍量于原取样量的标准重新取样,对不合格项目进行复检,以复检结果判定产品等级。

7.4.2 型式检验各项检验结果均应符合该类型树脂技术要求的规定,方可判为合格;如果检验结果有任何一项性能指标不符合要求,应自该批产品的包装件中,按两倍量于原取样量的标准重新取样,对不合格项目进行复检,以复检结果判定产品等级。

7.5 合格评定形式

合格评定可采用供货方声明、使用方认定或第三方认证的形式进行。当供需双方发生质量异议时,可协商解决,也可由仲裁单位按本标准的规定仲裁。

8 包装、标志、运输、贮存和合格证书

8.1 包装

液体酚醛树脂装入洁净、干燥的铁桶或塑料桶中。铁桶每桶净含量 200 kg、240 kg 或其他净含量,桶盖要拧紧,严防树脂渗出和水分渗入;粉状酚醛树脂用内衬塑料袋的编织袋或三复合牛皮纸袋包装;塑料内袋扎口或用其他相当方式封口;外袋应牢固缝合。缝线整齐,针距均匀,无漏缝和跳线的现象。封口要严密,防止吸潮,并用封口胶带贴牢,也可根据用户要求进行包装。

8.2 标志

8.2.1 产品标志

在产品包装的合格证上对产品进行标志,内容包括:商标、产品名称、生产厂名、厂址、产品型号、生产日期、批号、净含量等。

8.2.2 包装标志

包装上标有醒目的标志,注明商标、公司名称、地址,袋装产品还有防雨、防晒、防突出尖锐物刺穿等防护性标志。

8.3 运输

酚醛树脂运输工具和装卸工具应干净、平整,无突出尖锐物,以免刺穿、刮破包装,不得抛掷以免损坏包装物。运输时不得与高温物体接触,不得曝晒或雨淋,不得与强酸、强碱性物质接触。水溶性液体树脂为非危险品,铁桶运输应在桶底加垫隔离物,防止铁桶运输过程中发生泄漏,敞车运输必须盖上篷布,车厢内要清洁、干燥。

8.4 贮存

8.4.1 酚醛树脂应贮存在干燥、阴凉、遮风避雨的仓库内,袋装固体酚醛树脂堆放在防潮架上,堆放平整,垛高最多不超过 7 层。

8.4.2 热固性液体树脂，供需双方可议定保质期，树脂应在保质期内使用。保质期内不能用完的液体树脂，应存放于温度 10 ℃以下冷库内。

8.4.3 固体树脂应在 30 ℃以下相对湿度 70%以下贮存，贮存期 6 个月。

8.5 合格证书

产品出厂应附有质量合格证书，内容包括：产品名称、型号、生产日期、批号、检验结果等。

9 安全

使用过程中佩戴好劳保用品，尽量避免树脂与皮肤、眼睛的接触，避免吸入呼吸道。

附 录 A
（规范性附录）
外观、聚合时间、流动度、游离酚含量、六次甲基四胺含量、黏度、固含量、游离醛含量、水溶性、凝胶时间的检测方法

A.1 外观

目测，无明显可见杂质。

A.2 聚合时间测定

A.2.1 试剂

六次甲基四胺：分析纯。

A.2.2 仪器

A.2.2.1 聚合热力板：表面温度保持在(150±1)℃，尺寸为200 mm×200 mm×50 mm的45＃钢板(下面使用电炉加热)中心槽直径为50 mm，槽深1 mm，见图A.1。

A.2.2.2 秒表：精度0.2 s。

A.2.2.3 研钵。

A.2.2.4 分析天平：精密度0.01 g。

A.2.2.5 刮刀：钢质，宽约10 mm，长(100～150)mm。

A.2.2.6 数显温度计：(0～300)℃，分度值0.1 ℃。

单位为毫米

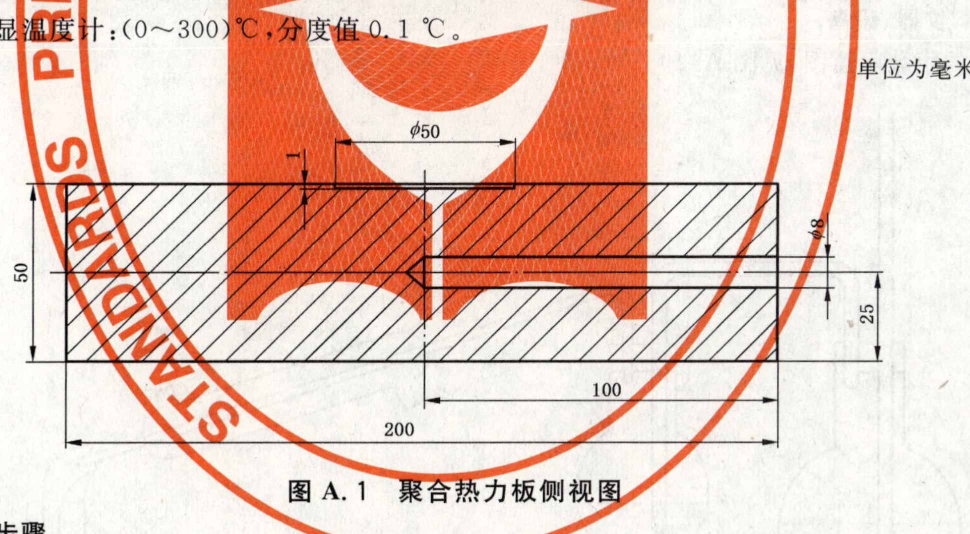

图A.1 聚合热力板侧视图

A.2.3 操作步骤

A.2.3.1 试样制备

称取树脂样品9.0 g(精确至0.01 g)，六次甲基四胺1.0 g(精确至0.01 g)，置于研钵中研磨均匀后作为试样。或者直接称取已加入六次甲基四胺的样品1.0 g(精确至0.01 g)。

A.2.3.2 测定

先把刮刀放在聚合热力板上预热，然后称取1.0 g(精确至0.01 g)试样，用刮刀使其均匀分布于预先加热到(150±1)℃聚合热力板的直径为50 mm的中心槽内，放上试样后按动秒表，开始计时，用刮刀从左至右再从右至左向上拉丝，直至拉不成丝，立即停止计时，记下所用时间即为酚醛树脂的聚合时间。

注1：划抹时以每秒2下的统一速率进行。

注2：样品保持在中心槽范围内。

注3：平行测定两次。

A.2.4 结果与表示

平行测定两次取算术平均值作为测定结果，结果保留至整数位。

A.2.5 重复性

在重复性条件下获得的两次独立测定结果的绝对差值不大于5 s。

A.3 游离酚含量的测定

A.3.1 化学法

A.3.1.1 原理

酚醛树脂中的游离酚，用水蒸汽蒸馏与水一起馏出，用溴化法测定。

A.3.1.2 试剂与材料

A.3.1.2.1 95%乙醇：分析纯。

A.3.1.2.2 溴酸钾-溴化钾溶液：

称取 $KBrO_3$ 7.83 g 和 KBr 37.5 g 用蒸馏水在 1 000 mL 容量瓶中定容。

A.3.1.2.3 盐酸：分析纯。

A.3.1.2.4 碘化钾：20%溶液。

A.3.1.2.5 硫代硫酸钠：0.1 mol/L 标准滴定液。

A.3.1.2.6 淀粉指示剂：10 g/L。

A.3.1.2.7 溴液：

另取 25 mL 溴酸钾-溴化钾溶液，加入 5 mL 盐酸混匀。

A.3.1.2.8 硫酸纸。

A.3.1.3 仪器、设备

仪器的组装示意图，见图 A.2。

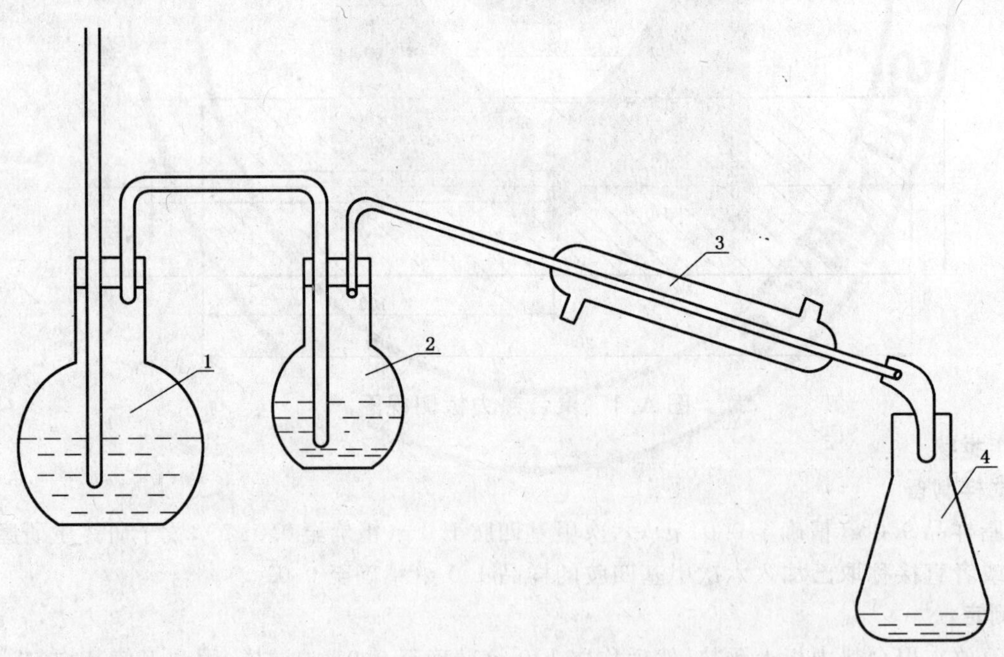

1——蒸汽发生瓶；
2——圆底烧瓶；
3——冷凝器；
4——接受器。

图 A.2 苯酚测定装置

A.3.1.3.1　平底烧瓶:1 000 mL。

A.3.1.3.2　容量瓶:1 000 mL。

A.3.1.3.3　冷凝器(蛇形):长 600 mm。

A.3.1.3.4　玻璃连接管。

A.3.1.3.5　电炉:1 000 W。

A.3.1.3.6　移液管:100 mL、50 mL、10 mL、5 mL。

A.3.1.3.7　分析天平:精密度 0.000 1 g。

A.3.1.3.8　碘量瓶:500 mL。

A.3.1.3.9　烧杯:100 mL。

A.3.1.4　操作步骤

用已知质量的硫酸纸称取试样约(1～2)g(精确至 0.000 1 g),放入平底烧瓶中,加入 95%乙醇(25±0.5)mL,溶解试样,再加入蒸馏水 100 mL,用水蒸汽蒸馏,将馏出液收于 1 000 mL 容量瓶中,当馏出液达到约 600 mL 时用小烧杯接出几滴馏出液并滴加 2 滴溴液,若馏出物与溴液相遇不发生浑浊即停止蒸馏,若发生浑浊则继续蒸馏,直至馏出物与溴液相遇不发生浑浊为止;然后用蒸馏水将馏出液稀释至刻度并摇匀。

移取馏出液 100 mL 于 500 mL 碘瓶中,再移入溴酸钾-溴化钾混合液 50 mL,盐酸 5 mL,摇匀静置 10 分钟,加入 10 mL 20%的碘化钾溶液暗处静置 5 分钟,用 0.1 mol/L 的硫代硫酸钠标准滴定溶液滴定,近终点时加入淀粉指示剂 2 mL,继续滴定至蓝色消失为终点,同时进行空白试验。

A.3.1.5　结果计算

游离酚含量以质量分数 w_1 计,数值以%表示,按式(A.1)计算:

$$w_1 = \frac{(V_1 - V_2) \cdot c \times 0.015\,68 \times 1\,000}{100 \times m} \times 100 \quad \cdots\cdots\cdots\cdots (A.1)$$

式中:

V_1——空白试验消耗硫代硫酸钠标准滴定溶液体积,单位为毫升(mL);

V_2——试样消耗硫代硫酸钠标准溶液体积,单位为毫升(mL);

c——硫代硫酸钠标准溶液浓度,单位为摩尔每升(mol/L);

0.015 68——苯酚的毫摩尔质量,单位为克每毫摩尔(g/mmol);

m——试样质量,单位为克(g)。

A.3.1.6　结果与表示

平行测定两次取算术平均值作为测定结果,计算结果保留至小数点后 2 位。

A.3.1.7　重复性

在重复性条件下获得的两次独立测定结果的绝对差值不大于 1%。

A.3.2　气相色谱法(毛细管柱/填充柱)仲裁法

A.3.2.1　原理

将试样溶解在无水乙醇中,加入内标物,用气相色谱法测定游离酚含量,有毛细管柱和填充柱两种方法。

A.3.2.2　试剂和材料

A.3.2.2.1　无水乙醇:分析纯。

A.3.2.2.2　内标物:m-甲酚(间甲酚)化学纯。

A.3.2.2.3　苯酚:色谱纯。

A.3.2.2.4　载气:高纯氮气(含量不小于 99.999%)。

A.3.2.2.5　燃气:高纯氢气(含量不小于 99.999%)。

A.3.2.2.6　净化空气。

A.3.2.3　仪器、设备

A.3.2.3.1　气相色谱仪：配有氢火焰离子化检测器，灵敏度和稳定性符合 GB/T 9722—2006 的规定。

A.3.2.3.2　色谱柱。

a)　毛细管柱：内径 0.53 mm，柱长 15 m；

b)　填充柱：内径 3 mm，柱长 2 m。

A.3.2.3.3　柱型号及填料：

a)　毛细管柱型号：HP-5　柱填料：5%二苯基 95%二甲基聚硅氧烷；

b)　填充柱填料：6.5% PBOB+0.5% H_3PO_4 白色硅藻土载体，粒径：(80～100)目；

A.3.2.3.4　微量进样器：1.0 μL。

A.3.2.3.5　色谱数据工作站/数据处理机。

A.3.2.3.6　空气压缩机/无油空气发生器。

A.3.2.3.7　比色管 50 mL，烧杯 100 mL。

A.3.2.3.8　分析天平：精密度 0.000 1 g。

A.3.2.3.9　分析天平：精密度 0.01 g。

A.3.2.3.10　封闭式电炉：1 000 W。

A.3.2.4　操作步骤

A.3.2.4.1　色谱仪分离条件

a)　汽化温度 180 ℃；

b)　色谱柱；

毛细管柱：柱温 100 ℃　升温速率 30 ℃/min　终止温度 130 ℃　载气流速 10 mL/min；

填充柱：柱温 150 ℃　载气流速 30 mL/min；

c)　检测器：检测温度 200 ℃　氢气流速 35 mL/min　空气流速(350～400)mL/min。

A.3.2.4.2　测相对校正因子用标样的配制

称取 m-甲酚(0.12±0.02)g(精确至 0.000 1 g)置于编号为 1#、2#、3#、4#、5#、6#的 50 mL 比色管中，分别称取色谱纯苯酚 0.02 g、0.06 g、0.12 g、0.18 g、0.24 g、0.30 g(精确至 0.000 1 g)置于 1#～6# 50 mL 比色管中，用无水乙醇稀释至刻度摇匀，待测相对校正因子 $F(2/1)$。

A.3.2.4.3　试样的配制

称取试样(1.0～2.0)g(精确至 0.01 g)置于 100 mL 烧杯中，加入无水乙醇 25 mL 在封闭式电炉上低温加热溶解试样，转移至 50 mL 比色管中，称取 m-甲酚(0.12±0.02)g(精确至 0.000 1 g)于50 mL 比色管中，用无水乙醇稀释至刻度摇匀，待测。

A.3.2.4.4　测定

按 A.3.2.4.1 色谱条件启动色谱仪，待仪器稳定后，用清洁的微量进样器，吸取样品 0.4 μL 迅速注入色谱仪中，待各组分出峰完毕采用内标法计算游离酚百分含量。

A.3.2.5　测量结果的表述

游离酚含量以质量分数 w_2 计，数值以%表示，按式(A.2)计算：

$$w_2 = \frac{A_2}{A_1} \times \frac{m_1}{m_0} \times F(2/1) \times 100 \quad \cdots\cdots\cdots\cdots (A.2)$$

式中：

m_0——试样质量，单位为克(g)；

m_1——内标质量，单位为克(g)；

A_1——内标峰面积，单位为皮安秒(pA·s)；

A_2——试样峰面积;单位为皮安秒(pA·s);

$F(2/1)$——相对校正因子。

A.3.2.6　**结果与表示**

平行测定两次取算术平均值作为测定结果,计算结果保留至小数点后2位。

A.3.2.7　**重复性**

在重复性条件下获得的两次独立测定结果的绝对差值不大于0.2%。

A.4　流动度测定

A.4.1　**原理**

成型树脂片在一定温度和倾斜角度下,流动20 min的流程。

A.4.2　**仪器**

A.4.2.1　鼓风恒温干燥箱:(0～300)℃,可控制温度(125±1)℃。

A.4.2.2　流动度测定板(见图A.3)。

A.4.2.3　制样机(见图A.4)。

A.4.2.4　游标卡尺。

A.4.2.5　分析天平:精密度0.01 g。

A.4.2.6　玻璃板:尺寸同烘箱相适应。长(100～150)mm,宽(60～120)mm,厚度(2.7～3)mm。玻璃板应绝对清洁、平滑、没有划痕。为确认在试验中料锭未发生位移,可在玻璃板上画出起始线。

单位为毫米

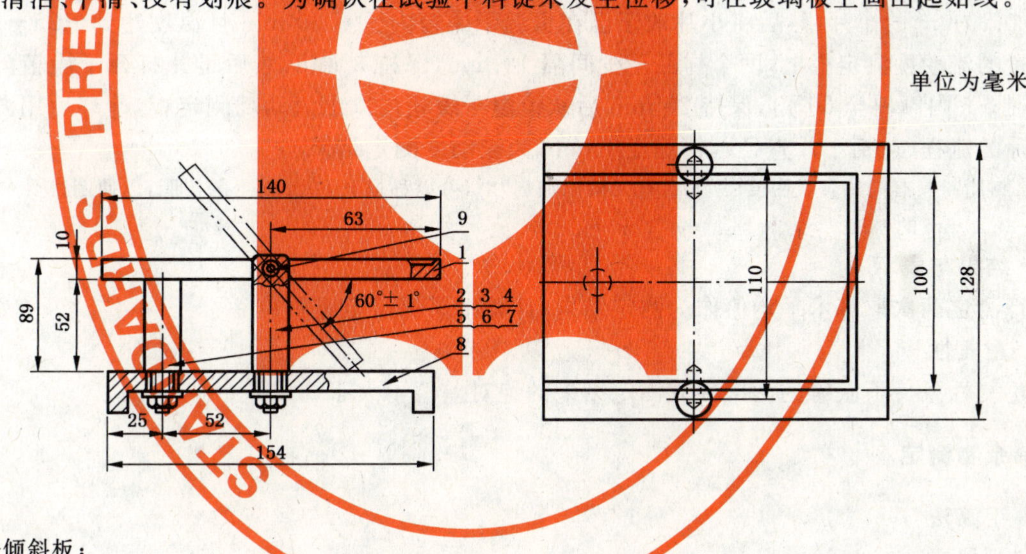

1——倾斜板;

2——支柱;

3——垫圈8;

4——螺母M 8;

5——支撑;

6——垫圈8;

7——螺母M 8;

8——底板;

9——销子。

图A.3　流动度测定板

单位为毫米

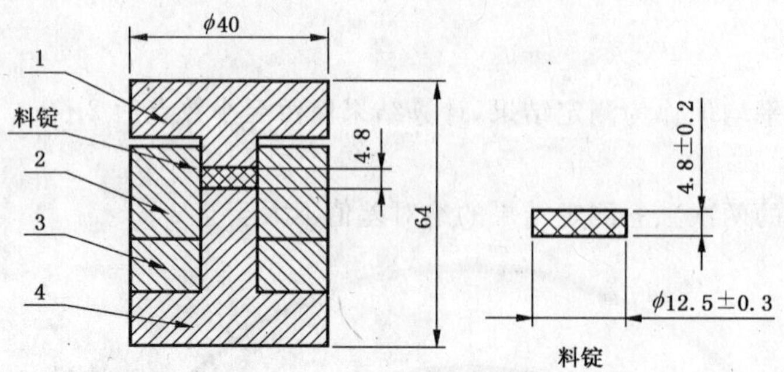

1——上模；
2——套筒；
3——哈夫圈；
4——底模。

图 A.4 制样机

A.4.3 样品的制备

准确称取树脂样品 9.25 g、六次 0.75 g 于小磨粉机中磨粉。

A.4.4 操作步骤

称取含六次的树脂试样 0.5 g(精确至 0.01 g)注入制样机内制成厚度(4.8±0.2)mm，直径为(12.5±0.3)mm 的小片，然后将小片放于已在恒温干燥箱内恒温 30 min 且温度达到(125±1)℃、处于水平位置的流动度测定板上，两个样品至少间隔 10 mm，保持 3 min，然后迅速打开干燥箱门将流动度测定仪在 5 s 内倾斜至 60°角，保持 20 min 后从恒温干燥箱内取出流动度测定板，冷却后用游标卡尺测量每小片的流程(包括小片直径)，精确至 1 mm，为流动度测定结果。

注：树脂粉具有高的表观密度(例如含有无机添加剂)时，可以称取 0.50 g 以上的树脂，以便制得要求厚度(4.8±0.2)mm 的料锭。

A.4.5 结果与表示

平行测定两次取算术平均值作为测定结果，计算结果保留至整数位。

A.4.6 重复性

在重复性条件下获得的两次独立测定结果的绝对差值不大于 3 mm。

A.5 筛余物测定

A.5.1 手筛法

A.5.1.1 仪器

A.5.1.1.1 分样筛：符合检测规定孔径的分样筛，筛孔尺寸：0.150 mm、0.106 mm、0.075 mm(即 100 目、140 目、200 目)。

A.5.1.1.2 分析天平：精度为 0.01 g。

A.5.1.1.3 小毛刷。

A.5.1.2 操作步骤

A.5.1.2.1 将适合的筛子准确称量，并记下数值为 m_1。

A.5.1.2.2 准确称量树脂粉 10.0 g(精确至 0.01 g)，并将树脂均匀地洒在规定孔径的分样筛上，用手轻轻振动筛子，使树脂粉从筛子上落下，然后用小毛刷轻轻的刷扫筛子里的树脂粉，直至分样筛下面在半分钟内无树脂粉落下为止，把筛子外面的树脂粉扫掉然后称量筛子和筛子内剩余树脂的总质量。

A.5.1.3 结果计算

筛分筛余物以质量分数 w_3 计，数值以%表示，按式(A.3)计算：

$$w_3 = \frac{(m_2 - m_1)}{m_0} \times 100 \qquad \cdots\cdots (A.3)$$

式中：

m_1——筛子质量，单位为克(g)；

m_2——未通过筛子的树脂及筛子质量，单位为克(g)；

m_0——树脂质量，单位为克(g)。

A.5.1.4 结果与表示

平行测定两次取算术平均值作为测定结果，计算结果保留至小数点后1位。

A.5.1.5 重复性

在重复性条件下获得的两次独立测定结果的绝对差值不大于0.4%。

A.5.2 真空筛法(仲裁法)

采用GB/T 2916—2007中规定的方法进行测定。

A.6 六次甲基四胺含量的测定

A.6.1 适用范围

本标准规定了三种酚醛树脂中六次甲基四胺含量的测定方法。三种方法是相当的。凯氏定氮法不适用于含其他氮化合物的酚醛树脂。高氯酸法和盐酸法不适用于含有其他酸性或碱性物质的酚醛树脂。如果树脂中含有可被高氯酸氧化的添加剂，则只能使用盐酸法。

A.6.2 试验设备

实验室一般玻璃器具。

A.6.3 凯氏定氮法

警告：为了安全起见，凯氏定氮法必需在通风良好的通风橱内进行。

A.6.3.1 一般规定

本条规定了酚醛树脂中以六次甲基四胺计的总氮含量的测定方法。本方法适用于六次甲基四胺含量(质量分数)≥0.5%的酚醛树脂。

A.6.3.2 原理

在催化剂存在下，样品中的六次甲基四胺在浓硫酸中降解转变为硫酸氢氨。硫酸氢氨与氢氧化钠反应生成硫酸钠和氨。氨被蒸出并收集在盐酸溶液中。过量的盐酸在指示剂存在下用氢氧化钠标准溶液滴定。

A.6.3.3 试剂

A.6.3.3.1 浓硫酸。

A.6.3.3.2 凯氏混合催化剂：由97 g十水硫酸钠($Na_2SO_4 \cdot 10H_2O$)、1.5g五水硫酸铜($Cu_2SO_4 \cdot 5H_2O$)和1.5 g硒(Se)组成。

A.6.3.3.3 氢氧化钠：30%(质量分数)溶液。

A.6.3.3.4 盐酸：$c(HCl) = 0.10$ mol/L。

A.6.3.3.5 氢氧化钠标准溶液：$c(NaOH) = 0.10$ mol/L。

A.6.3.3.6 混合指示剂溶液：溶解60 mg甲基红和40 mg次甲基蓝于100 mL乙醇中。

A.6.3.4 仪器

A.6.3.4.1 凯氏定氮瓶：250 mL或300 mL，用于消解。

A.6.3.4.2 蒸馏装置：可购买到各种类型的产品。

A.6.3.4.3 滴定管：50 mL，分度值0.1 mL。

A.6.3.4.4 分析天平：精度0.000 1 g。

A.6.3.4.5 碳化硅砂：用作沸石。

A.6.3.5 操作步骤

A.6.3.5.1 消解

称取(1～2)g(称准至0.000 1 g)酚醛树脂于凯氏瓶中,加5 g混合催化剂和25 mL浓硫酸。小心加热直到混合物从黑色或琥珀色变得透明,透明后升温煮沸至5分钟以上颜色不再变化。冷却至室温,混合物刚好不凝固。小心加入100 mL蒸馏水并将溶液定量转移到通有冷凝水的蒸馏装置的长颈瓶内,加几颗碳化硅砂防止暴沸,加两滴混合指示剂溶液,加30%氢氧化钠溶液直到发生碱性反应,溶液变黑。然后用水蒸气蒸出反应产生的氨并收集在盛有50 mL盐酸的接收瓶中,继续蒸馏直至收集到大约300 mL水。

A.6.3.5.2 滴定

蒸馏结束后,向接收瓶内加几滴混合指示剂,用氢氧化钠标准溶液滴定过量的盐酸。

A.6.3.6 结果计算

六次甲基四胺含量以质量分数 w_4 计,数值以%表示,按式(A.4)计算:

$$w_4 = \frac{c(V_0 - V_1) \times 35.025}{1\,000 m_0} \times 100 \quad \cdots\cdots\cdots\cdots (A.4)$$

式中:

V_0——接收瓶中盐酸溶液的体积,单位为毫升(mL);

V_1——反滴定消耗氢氧化钠溶液的体积,单位为毫升(mL);

m_0——检测样品的质量,单位为克(g);

c——盐酸标准溶液的浓度,单位为摩尔每升(mol/L);

35.025——与1 mL 0.10 mol/L的盐酸相当的六次甲基四胺的摩尔质量,单位为克每摩尔(g/mol)。

A.6.3.7 再现性

六次甲基四胺含量(质量分数)的再现性为不大于0.30%。

A.6.3.8 结果与表示

平行检测两个样品,如果结果相差大于5%,重测。如果结果相差不大于5%,计算两个结果的算术平均值为测量结果,计算结果保留至小数点后2位。

A.6.4 高氯酸法

A.6.4.1 一般规定

本条规定了直接滴定树脂中六次甲基四胺含量的方法。检测结果可能受到酸性或碱性添加剂的影响,这种情况下推荐使用凯氏定氮法;如果存在可被高氯酸氧化的添加剂,则使用盐酸法。

本方法适用于六次甲基四胺含量(质量分数)不小于0.3%的酚醛树脂。

A.6.4.2 原理

用高氯酸滴定六次甲基四胺中的一个叔胺基。

A.6.4.3 试剂

A.6.4.3.1 六次甲基四胺:分析纯。

A.6.4.3.2 丙酮:分析纯。

A.6.4.3.3 高氯酸:70%(体积分数)溶液。

警告:有机物存在下高氯酸是危险的,因为过量的高氯酸会发生爆炸。

A.6.4.4 仪器

A.6.4.4.1 磁力搅拌器。

A.6.4.4.2 滴定管:15 mL,分度值0.1 mL,带聚四氟乙烯活塞。

A.6.4.4.3 烧杯:100 mL。

A.6.4.4.4 容量瓶:1 000 mL。

A.6.4.4.5 分析天平:精度为0.000 1 g。

A.6.4.4.6　pH 计。

A.6.4.5　操作步骤

A.6.4.5.1　高氯酸丙酮溶液的制备和标定

移取 8 mL 高氯酸于 1 000 mL 容量瓶内，用丙酮稀释至 1 000 mL。

用六次甲基四胺校准制备的溶液，如下：

称取(0.15～0.17)g(精确至 0.000 1 g)六次甲基四胺于 100 mL 烧杯中，加(30～40)mL 丙酮。按 A.6.4.5.2 条滴定。

注：溶液颜色变深并不影响滴定结果。

滴定度 T 按式(A.5)计算：

$$T = \frac{m_1}{V_2} \quad \cdots\cdots\cdots\cdots (A.5)$$

式中：

m_1——六次甲基四胺的质量，单位为克(g)；

V_2——使 pH 值刚好低于 0 所需的高氯酸丙酮溶液的体积，单位为毫升(mL)。

A.6.4.5.2　滴定

称取 A.6.4.5.1 条滴定度测量用六次甲基四胺 100 倍质量的酚醛树脂于 100 mL 烧杯中，精确至 0.000 1 g。加(30～40)mL 丙酮并放入一个磁力转子。将烧杯放在磁力搅拌器上，插入玻璃电极，打开磁力搅拌器和 pH 计。待树脂溶解后慢慢滴加 A.6.4.5.1 制备的高氯酸丙酮溶液至 pH 值突然降到 0 以下。由于树脂溶于丙酮比六次甲基四胺快得多，pH 值可能因为正在溶解的残余六次甲基四胺而回升到 0 以上。继续滴定直到 pH 值稳定在略低于 0 的位置。

A.6.4.6　结果计算

六次甲基四胺含量以质量分数 w_5 计，数值以%表示，按式(A.6)计算：

$$w_5 = \frac{V_2 T \times 100}{m_0} \times 100 \quad \cdots\cdots\cdots\cdots (A.6)$$

式中：

V_2——滴定消耗高氯酸丙酮溶液的体积，单位为毫升(mL)；

T——高氯酸丙酮溶液的滴定度，单位为克每毫升(g/mL)；

m_0——样品质量，单位为克(g)。

A.6.4.7　结果与表示

平行检测两个样品。如果结果相差大于 5%，重测。如果结果相差不大于 5%，计算两个结果的算术平均值为测量结果。计算结果保留至小数点后 2 位。

A.6.5　盐酸法

A.6.5.1　一般规定

本条规定了一种用盐酸直接滴定酚醛树脂中六次甲基四胺含量的方法。有酸性或碱性添加剂存在时可能对结果有影响。在这种情况下，推荐使用凯氏定氮法。

本方法适用于六次甲基四胺含量≥0.3%的树脂。

A.6.5.2　原理

按照树脂体系溶解性的不同，有两种方法：

方法 A：树脂溶于丁醇和乙二醇的混合溶剂，六次甲基四胺含量用 0.1 mol/L 的盐酸进行电位滴定。如果树脂中含有不溶于混合溶剂的改性剂，可加入助溶剂进行溶解，如丙酮。

方法 B：树脂溶于丙酮和水的混合溶剂，六次甲基四胺含量用 0.2 mol/L 的盐酸进行电位滴定。

A.6.5.3　试剂

A.6.5.3.1　丁醇-乙二醇混合溶剂：7∶3(体积比)(方法 A)；或丙酮-水混合溶剂：9∶1(体积比)

(方法 B)。

A.6.5.3.2　盐酸溶液：$c(HCl)=0.1$ mol/L，用丁醇-乙二醇混合溶剂制备(方法 A)；或 $c(HCl)=0.2$ mol/L，用丙酮-水混合溶剂制备(方法 B)。

A.6.5.3.3　丙酮：分析纯。

A.6.5.4　仪器

A.6.5.4.1　酸式滴定管：50 mL。

A.6.5.4.2　烧杯：100 mL。

A.6.5.4.3　分析天平：精密度 0.000 1 g。

A.6.5.5　操作步骤

A.6.5.5.1　方法 A

称取 1.0 g(精确至 0.000 1 g)树脂于 100 mL 烧杯中，加 50 mL 丁醇-乙二醇混合溶剂并在室温溶解。必要时在恒温水浴中溶解(不高于 40 ℃)。

使用酸式滴定管用 0.1 mol/L 的盐酸按电位滴定法进行滴定。

A.6.5.5.2　方法 B

称取(1.9～2.1)g(精确至 0.000 1 g)树脂于 100 mL 烧杯中，加 40 mL 丙酮-水混合溶剂在室温溶解。

使用酸式滴定管用 0.2 mol/L 的盐酸溶液按电位滴定法进行滴定(滴定终点时 pH 值接近 3.2)。

A.6.5.6　结果计算

六次甲基四胺含量以质量分数 w_6 和 w_7 计，数值以%表示，分别按式(A.7)、式(A.8)计算：

方法 A：

$$w_6=\frac{V\times 140.1\times c_1}{1\,000\times m_0}\times 100 \qquad \text{(A.7)}$$

方法 B：

$$w_7=\frac{V\times 140.1\times c_2}{1\,000\times m_0}\times 100 \qquad \text{(A.8)}$$

式中：

V——滴定消耗盐酸的体积，单位为毫升(mL)；

m_0——试样的质量，单位为克(g)；

c_1——0.1 mol/L 的盐酸标准溶液的浓度，单位为摩尔每升(mol/L)；

c_2——0.2 mol/L 的盐酸标准溶液的浓度，单位为摩尔每升(mol/L)；

140.1——六次甲基四胺的摩尔质量，单位为克每摩尔(g/mol)。

A.6.5.7　结果与表示

平行检测两个样品，如果结果相差大于 5%，重测；如果结果相差不大于 5%，计算两个结果的算术平均值。计算结果保留至小数点后 2 位。

A.7　固含量的测定

A.7.1　仪器

A.7.1.1　恒温鼓风干燥箱(室温—300 ℃)。

A.7.1.2　分析天平：精度 0.01 g。

A.7.1.3　分析天平：精度 0.000 1 g。

A.7.1.4　铝箔盒或其他金属材质(下底直径：40 mm，上底直径：60 mm，高度 20 mm)。

A.7.2　操作步骤

称取(1.5～2.5)g(精确至 0.000 1 g)树脂样品于铝箔盒中，把小盒轻轻摇动，使树脂均匀分布在盒底，然后将小盒放在150 ℃的恒温鼓风干燥箱中，干燥2 h，然后取出小盒放入干燥器中冷却至室温，在分析天平上称其重量。

A.7.3 结果计算

酚醛树脂固含量以质量分数 w_8 计，数值以%表示，按式(A.9)计算：

$$w_8 = \frac{m_2}{m_1} \times 100 \qquad \text{(A.9)}$$

式中：

m_1——干燥前试样重量，单位为克(g)；

m_2——干燥后试样重量，单位为克(g)。

A.7.4 结果与表示

平行测定两次取算术平均值作为测定结果，计算结果保留至小数点后2位。

A.7.5 重复性

在重复性条件下获得的两次独立测定结果的绝对差值不大于1%。

A.8 水溶性的测定

A.8.1 设备

A.8.1.1 250 mL锥形瓶。

A.8.1.2 精密温度计：(0～50)℃，分度值0.1。

A.8.1.3 分析天平：精密度0.01 g。

A.8.1.4 滴定管：50 mL。

A.8.2 操作步骤

A.8.2.1 用分析天平称取(10～20)g(精确至0.01 g)树脂于250 mL锥形瓶。

A.8.2.2 使用滴定管，将蒸馏水滴入树脂中，一边滴定一边摇匀，同时将温度计置于树脂与蒸馏水的混合溶液中，观察温度变化，并保持温度在25 ℃以下。

A.8.2.3 当滴下一滴蒸馏水可以观察到溶液开始出现部分混浊，转而又变清的时候，保持温度在(25±0.1)℃(可以加热或者冷却)，继续滴加蒸馏水一直到溶液彻底变混浊，记录所使用的蒸馏水量 V。

A.8.2.4 结果计算

水溶性以质量分数 w_9 计，数值以%表示，按式(A.10)计算：

$$w_9 = \frac{V \cdot \rho_{水}}{m} \times 100 \qquad \text{(A.10)}$$

式中：

V——试样消耗蒸馏水的体积，单位为毫升(mL)；

$\rho_{水}$——蒸馏水的密度，假定25 ℃时水的密度1 g/mL；

m——试样的质量，单位为克(g)。

A.8.2.5 结果表示

平行测定两次取算术平均值作为测定结果，计算结果保留至小数点后2位。

A.8.2.6 重复性

在重复性条件下获得的两次独立测定结果的绝对差值不大于3%。

A.9 游离醛

A.9.1 适用范围

酚醛树脂水溶液或有机溶液电位滴定法(盐酸羟胺法)：适用于游离醛含量小于或等于15%的树脂。对游离醛含量在(15～30)%之间的树脂，有必要相应地调整标准溶液的浓度。

A.9.2 盐酸羟胺法原理

甲醛与盐酸羟胺反应生成肟和盐酸。生成的盐酸用氢氧化钠溶液反滴定(电位滴定)。

肟化反应:$CH_2O + NH_2OH \cdot HCl \rightarrow CH_2NOH + HCl + H_2O$

A.9.3 试剂

A.9.3.1 盐酸羟胺:10%溶液,用氢氧化钠调 pH 值至 3.5。

A.9.3.2 氢氧化钠标准溶液:c(NaOH)= 1 mol/L 和 c(NaOH)= 0.1 mol/L。

A.9.3.3 盐酸标准溶液:c(HCl)= 1 mol/L 和 c(HCl)= 0.1 mol/L。

A.9.3.4 甲醇:分析纯。

A.9.3.5 异丙醇:分析纯。

A.9.4 仪器设备

A.9.4.1 分析天平:精密度 0.01 g。

A.9.4.2 pH 计:灵敏度 0.1,玻璃电极和标准甘汞参比电极或复合电极。

A.9.4.3 磁力搅拌器。

A.9.4.4 滴定管:10 mL 和 25 mL,后者用于游离醛大于 5%。

A.9.5 采样

按 GB/T 6680—2003 规定采取有代表性的样品作为待测试样。

A.9.6 操作步骤

A.9.6.1 检测温度:(25±1)℃。

A.9.6.2 称样量:根据甲醛含量称取(1~5)g(精确至 0.000 1 g)样品于 250 mL 烧杯中(见表 A.1)。

表 A.1 称取样品质量

甲醛含量(质量分数)/%	样品质量/g
<2	5.0±0.2
2~4	3.0±0.2
>4	1~2

A.9.6.3 向烧杯中加入 50 mL 甲醇或 50 mL 异丙醇-水(体积比 3∶1)混合物,置于磁力搅拌器上搅拌至树脂完全溶解,温度保持在(25±1)℃。

A.9.6.4 将 pH 计的电极插入溶液中,用 0.1 mol/L 盐酸溶液或 1 mol/L 盐酸溶液(用于高碱性树脂)调节 pH 值至 3.5。

A.9.6.5 用移液管移取 25 mL 盐酸羟胺溶液,在(25±1)℃搅拌(10±1)min。

A.9.6.6 用 1 mol/L(或 0.1 mol/L,用于甲醛含量低的树脂)氢氧化钠溶液快速滴定到 pH=3.5。

A.9.6.7 空白试验

用与检测过程相同的试剂(但不加样品)同时做空白试验。

A.9.7 结果计算

游离甲醛含量以质量分数 w_{10} 计,数值以%表示,按式(A.11)计算:

$$w_{10} = \frac{0.030\,03\,c(V_1 - V_0)}{m} \times 100 \qquad \text{(A.11)}$$

式中:

c——所用氢氧化钠溶液的摩尔浓度,单位为摩尔每升(mol/L);

V_0——滴定空白消耗氢氧化钠溶液的体积,单位为毫升(mL);

V_1——滴定试样消耗氢氧化钠溶液的体积,单位为毫升(mL);

m——样品质量,单位为克(g);

0.030 03——甲醛的毫摩尔质量,单位为克每毫摩尔(g/mmol)。

A.9.8 结果与表示

平行测定两次取算术平均值作为测定结果，计算结果保留至小数点后2位。

A.9.9 重复性

在重复性条件下获得的两次独立测定结果的绝对差值不大于1%。

A.10 凝胶时间的测定

A.10.1 设备

A.10.1.1 凝胶活性时间测定仪(油浴缸、硅油、搅拌装置、试管夹)。

A.10.1.2 检测用试管：77 mm×10 mm。

A.10.1.3 校准温度计。

A.10.1.4 不锈钢棒：130 mm×1.2 mm。

A.10.1.5 一次性注射器：2.5 mL。

A.10.1.6 秒表。

A.10.2 操作步骤

A.10.2.1 设置凝胶时间测定仪至所要求的稳定温度，100 ℃、120 ℃或130 ℃，用经过校准的温度计进行测量。

A.10.2.2 将搅拌棒放入试管后固定于油浴中，确保试管露出油表面部分不超过15 mm。

A.10.2.3 让试管在油浴中保持至少5 min以确保温度均衡。

A.10.2.4 用一次性注射器向试管底部加入所需样品量0.5 mL。当第一滴样品加入试管时立刻启动秒表。

A.10.2.5 连续搅拌1 min后，改为每15 s的后5 s用不锈钢棒搅拌。

A.10.2.6 当样品黏度明显增大时，调整为连续搅拌。

A.10.2.7 直至树脂从不锈钢棒上脱落或将不锈钢棒迅速提离试管，不会有细丝被带出管外。

A.10.2.8 当观察到上述现象时停止计时并记录下时间。

A.10.3 结果与表示

从加入树脂到出现凝胶所需要的时间即为树脂的凝胶时间，平行测定两次取算术平均值作为测定结果，并保留至小数点后1位数字。

A.10.4 重复性

在重复性条件下获得的两次独立测定结果的绝对差值不大于20 s。

ICS 83.080.20
G 32

中华人民共和国国家标准

GB/T 24413—2009

铸造用酚脲烷树脂

Phenolic urethane resin for foundry

2009-09-30 发布　　2010-02-01 实施

中华人民共和国国家质量监督检验检疫总局
中国国家标准化管理委员会　发布

前　言

本标准的附录 A、附录 B、附录 C 和附录 D 为规范性附录。

本标准由中国石油和化学工业协会提出。

本标准由全国塑料标准化技术委员会塑料树脂通用方法和产品分会归口。

本标准主要起草单位：济南圣泉集团股份有限公司。

本标准参与起草单位：中国重型汽车集团有限公司、潍柴动力股份有限公司、广西柳州工程机械厂、华中科技大学。

本标准主要起草人：祝建勋、曹岳山、田普昌、赵荣霜、李远才、许增彬、初中江、唐惠。

铸造用酚脲烷树脂

1 范围

本标准规定了铸造用酚脲烷树脂的分类和命名、要求、试验方法、检验规则、标志、包装、运输和贮存。

本标准适用于苯酚和高含量甲醛在特殊催化剂和添加剂的作用下，按一定的工艺条件合成出的线型酚醛树脂（Ⅰ组分），其与聚异氰酸酯（Ⅱ组分）构成的双组分铸造用酚脲烷树脂。

2 规范性引用文件

下列文件中的条款通过本标准的引用而成为本标准的条款。凡是注日期的引用文件，其随后所有的修改单（不包括勘误的内容）或修订版均不适用于本标准，然而，鼓励根据本标准达成协议的各方研究是否可使用这些文件的最新版本。凡是不注日期的引用文件，其最新版本适用于本标准。

GB/T 601　化学试剂　标准滴定溶液的制备

GB/T 2684—2009　铸造用砂及混合料试验方法

GB/T 2794—1995　胶粘剂粘度的测定

GB/T 6678—2003　化工产品采样总则

GB/T 6680—2003　液体化工产品采样通则

GB/T 6682　分析实验室用水规格和试验方法

GB/T 8170　数值修约规则与极限数值的表示和判定

GB/T 12007.5—1989　环氧树脂密度测定方法　比重瓶法

HG/T 2765.4　蓝胶指示剂、变色硅胶和无钴变色硅胶

JB/T 9224　检定铸造粘结剂用标准砂

3 分类和命名

3.1 分类表示方法

3.1.1 铸造用酚脲烷树脂按硬化方式不同分类及分类代号见表1。

表1　铸造用酚脲烷树脂按硬化方式的分类

产品分类	分类代号
铸造用酚脲烷冷芯盒树脂	PUC
铸造用酚脲烷自硬树脂	PUN

3.1.2 铸造用酚脲烷冷芯盒树脂按使用条件不同分类及分类代号见表2。

表2　铸造用酚脲烷冷芯盒树脂按使用条件的分类

产品分类	分类代号	
	Ⅰ组分	Ⅱ组分
普通型	PUC-1（Ⅰ）	PUC-1（Ⅱ）
抗湿型	PUC-2（Ⅰ）	PUC-2（Ⅱ）
高强度型	PUC-3（Ⅰ）	PUC-3（Ⅱ）

3.1.3 铸造用酚脲烷自硬树脂按使用条件不同分类及分类代号见表3。

表 3　铸造用酚脲烷自硬树脂按使用条件的分类

产品分类	分类代号	
	Ⅰ组分	Ⅱ组分
普通型	PUN-1(Ⅰ)	PUN-1(Ⅱ)
高强度型	PUN-2(Ⅰ)	PUN-2(Ⅱ)

3.2　命名表示方法

3.2.1　铸造用酚脲烷冷芯盒树脂的命名表示方法如下：

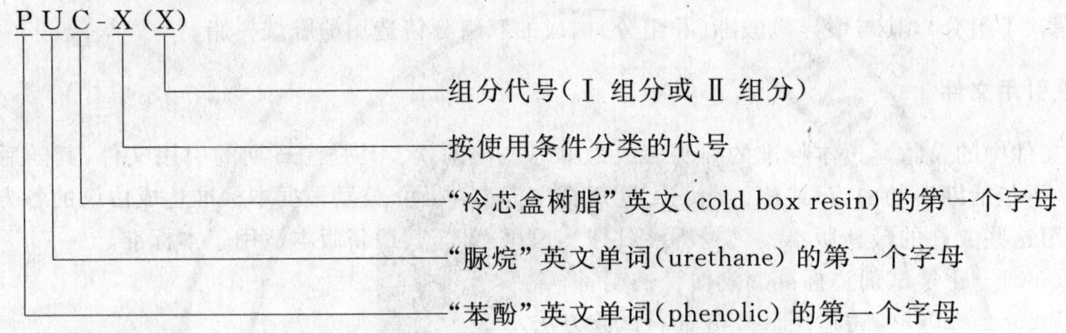

示例：普通型铸造用酚脲烷冷芯盒树脂Ⅰ组分，可表示为：PUC-1(Ⅰ)

3.2.2　铸造用酚脲烷自硬树脂的命名表示方法如下：

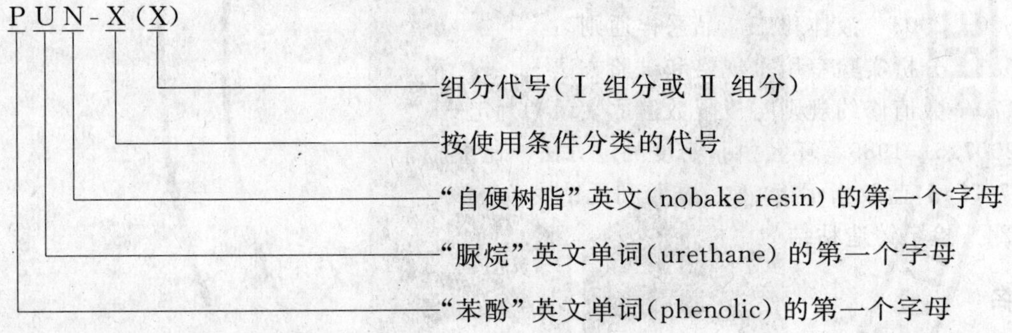

示例：普通型铸造用酚脲烷自硬树脂Ⅰ组分，可表示为：PUN-1(Ⅰ)

4　要求

4.1　铸造用酚脲烷冷芯盒树脂的技术要求

4.1.1　铸造用酚脲烷冷芯盒树脂的理化性能应符合表 4 的要求。

表 4　铸造用酚脲烷冷芯盒树脂的理化性能要求

序号	项　目	PUC-1(Ⅰ)		PUC-2(Ⅰ)		PUC-3(Ⅰ)		PUC-1(Ⅱ)	PUC-2(Ⅱ)	PUC-3(Ⅱ)
		优级品	合格品	优级品	合格品	优级品	合格品			
1	外观	淡黄色至棕红色液体						深棕红色液体		
2	密度(25 ℃)/(g·cm^{-3})	1.00～1.10						1.05～1.15		
3	黏度(25 ℃)/(mPa·s)	＜220		220～350				＜35	35～80	
4	游离甲醛质量分数/% ≤	0.3	0.5	0.3	0.5	0.3	0.5	—		
5	异氰酸根质量分数/%	—						21.0～23.8	＞23.8～25.8	

4.1.2　铸造用酚脲烷冷芯盒树脂的硬化性能应符合表 5 的要求。

表 5 铸造用酚脲烷冷芯盒树脂Ⅰ组分与Ⅱ组分混合后的硬化性能要求

序号		项目		PUC-1(Ⅰ)+ PUC-1(Ⅱ)	PUC-2(Ⅰ)+ PUC-2(Ⅱ)	PUC-3(Ⅰ)+ PUC-3(Ⅱ)
1	1.1	抗拉强度	即时/MPa ≥	0.8	1.0	1.2
	1.2		24 小时高干/MPa ≥	2.0	2.2	2.2
	1.3		24 小时高湿/MPa ≥	0.8	1.2	1.0
2		发气量/(mL·g^{-1})		根据用户要求协商确定		
3		抗压强度/MPa		根据用户要求协商确定		

注 1：高干条件：规格为 240 mm 玻璃干燥器内放入新的或经烘干的变色硅胶，温度控制在 20 ℃±2 ℃。

注 2：高湿条件：规格为 240 mm 玻璃干燥器内放入水，温度控制在 20 ℃±2 ℃。

4.2 铸造用酚脲烷自硬树脂的技术要求

4.2.1 铸造用酚脲烷自硬树脂的理化性能应符合表 6 的要求。

表 6 铸造用酚脲烷自硬树脂的理化性能要求

序号	项目	PUN-1(Ⅰ)		PUN-2(Ⅰ)		PUN-1(Ⅱ)	PUN-2(Ⅱ)
		优级品	合格品	优级品	合格品		
1	外观	淡黄色至棕红色液体				深棕红色液体	
2	密度(25 ℃)/(g·cm^{-3})	1.00～1.10				1.05～1.15	
3	黏度(25 ℃)/(mPa·s)	<220		220～350		≤80	
4	游离甲醛质量分数/% ≤	0.3	0.5	0.3	0.5	—	
5	异氰酸根质量分数/%	—				19.8～22.8	>22.8～23.5

4.2.2 铸造用酚脲烷自硬树脂的硬化性能应符合表 7 的要求。

表 7 铸造用酚脲烷自硬树脂Ⅰ组分与Ⅱ组分混合后的硬化性能要求

序号	项目	PUN-1(Ⅰ)+PUN-1(Ⅱ)	PUN-2(Ⅰ)+PUN-2(Ⅱ)
1	24 小时抗拉强度/MPa ≥	1.8	2.0
2	发气量/(mL·g^{-1})	根据用户要求协商确定	

5 试验方法

除非另有说明，在分析中仅使用确认为分析纯的试剂和符合 GB/T 6682 所规定的三级水。所用标准溶液，均按 GB/T 601 规定制备。

检验结果的数据修约按 GB/T 8170 的规定执行。

5.1 外观

目测。

5.2 密度的测定

按 GB/T 12007.5—1989 规定的方法测定，测定温度条件为 25 ℃±0.1 ℃。

5.3 黏度的测定

按 GB/T 2794—1995 中 5.1 规定的方法测定，测定温度条件为 25 ℃±0.1 ℃。

5.4 游离甲醛的测定

见附录 A。

5.5 异氰酸根的测定

见附录 B。

5.6 铸造用酚脲烷冷芯盒树脂强度的测定

见附录C。

5.7 铸造用酚脲烷自硬树脂抗拉强度的测定

见附录D。

5.8 发气量的测定

按GB/T 2684—2009中5.9规定的方法测定,测定温度条件为850 ℃。

6 检验规则

6.1 检验分类

检验分为出厂检验和型式检验。

6.1.1 出厂检验

表5中规定的发气量和抗压强度、表7中规定的发气量为根据用户要求协商确定的检验项目,其他项目为出厂检验项目。

6.1.2 型式检验

本标准规定的全部技术要求项目为型式检验项目。

有下列情况之一时,应进行型式检验:

a) 试制新产品时;

b) 材料、工艺有较大变动,可能影响产品性能时;

c) 出厂检验与上次型式检验有较大差异时;

d) 产品长期停产后,恢复生产时;

e) 国家质量监督检验机构提出进行型式检验的要求时。

6.2 组批规则

以同一反应釜生产的产品为一批。

6.3 采样

采样时按GB/T 6680—2003中1.5.7和2.1.3规定的方法执行;采样单元数应符合GB/T 6678—2003中6.6.1的规定。采样数量不少于1 000 mL。将所取样品混匀,装入清洁干燥的磨口瓶内,粘贴上标签,标签的内容包括:产品名称、批号、采样日期及采样人姓名,一瓶由检验部门进行检验,另一瓶密封保存备查。

6.4 判定规则与复检

产品出厂时应由生产厂质量检验部门按本标准的规定进行检验,保证每批出厂的产品均符合本标准要求。检验结果中如有一项指标不符合本标准的要求时,应重新自两倍量的包装件中采样进行复检。复检结果仍有一项指标不符合本标准的要求,则判该批产品为不合格。

7 标志、包装、运输和贮存

7.1 标志

7.1.1 每个外包装上应有清晰、牢固的标志,其内容包括:产品名称、标准号、生产厂名称、地址、联系电话、注册商标、净含量、生产日期、批号。

7.1.2 每个包装好的产品应附有产品出厂合格证,其内容包括:产品名称、标准号、批号、净含量等。

7.1.3 本品为非危险品。

7.2 包装

7.2.1 铸造用酚脲烷树脂以密封的200 L铁桶包装,每桶净含量200 kg。

7.2.2 若需要其他包装方式,则按照合同执行。

7.3 运输

铸造用酚脲烷树脂用汽车、火车、轮船等交通工具运输,运输工具和装卸工具应干净、平整、无尖锐物,以免损坏包装。运输过程中应防潮、防雨、防暴晒、严禁进水。

7.4 贮存

7.4.1 铸造用酚脲烷树脂贮存在干燥、阴凉、通风的仓库内,防潮、防雨、严禁进水。

7.4.2 在规定的运输、贮存条件下,自生产之日起贮存期为 180 d。

附 录 A
（规范性附录）
游离甲醛的测定

A.1 原理

甲醛与盐酸羟胺发生肟化作用，该反应中生成的盐酸，用氢氧化钠溶液采用电位测定法，以滴定消耗氢氧化钠的量来计算试样中甲醛含量。

$$CH_2O+NH_2OH\cdot HCl\longrightarrow CH_2NOH+HCl+H_2O$$

A.2 试剂和材料

A.2.1 甲醇：不含醛类和酮类杂质；

A.2.2 盐酸标准滴定溶液：$c(HCl)=0.05$ mol/L；

A.2.3 10%(g/g)盐酸羟胺溶液：用 NaOH 溶液调节 pH 为 3.5；

A.2.4 氢氧化钠标准滴定溶液：$c(NaOH)=0.05$ mol/L。

A.3 仪器

A.3.1 分析天平：精度 0.000 1 g；

A.3.2 磁力搅拌器；

A.3.3 酸度计：精度 0.01 pH；

A.3.4 单标线吸量管：容量 25 mL，A 类；

A.3.5 滴定管：25 mL，分度值 0.1 mL，A 类。

A.4 操作步骤

在试验温度为 23 ℃±1 ℃条件下，称取样品 2.5 g～3.0 g(精确到 0.000 1 g)置于 250 mL 烧杯中，加入 50 mL 甲醇(A.2.1)，打开磁力搅拌器(A.3.2)，搅拌到树脂溶解且温度稳定在 23 ℃±1 ℃。

将酸度计电极浸入溶液中，用 0.05 mol/L 的盐酸标准滴定溶液(A.2.2)调节 pH 到 3.5，再用单标线吸量管(A.3.4)移取盐酸羟胺溶液(A.2.3)25 mL 于烧杯中，搅拌 10 min。

用 0.05 mol/L 氢氧化钠标准滴定溶液(A.2.4)快速滴定，直到 pH 值为 3.5 时为终点。

同时做空白试验。空白试验应与测定平行进行，并采用相同的分析步骤，取相同量的所有试剂(标准滴定溶液的用量除外)，但空白试验不加试料。

A.5 结果表示

游离甲醛含量以质量分数 X_1 计，数值以%表示，按式(A.1)计算：

$$X_1=\frac{(V_1-V_0)c_1\times 0.030\,03}{m_0}\times 100 \qquad \text{(A.1)}$$

式中：

V_1——滴定试样消耗的氢氧化钠标准滴定溶液(A.2.4)的体积的数值，单位为毫升(mL)；

V_0——滴定空白消耗的氢氧化钠标准滴定溶液(A.2.4)的体积的数值，单位为毫升(mL)；

c_1——氢氧化钠标准滴定溶液浓度的准确数值，单位为摩尔每升(mol/L)；

m_0——试样的质量的数值，单位为克(g)；

0.030 03——与 1.00 mL 氢氧化钠标准滴定溶液[$c(NaOH)=1.000$ mol/L]相当的，以克表示的甲醛的质量。

计算结果表示到小数点后一位。取两次平行测定结果的算术平均值作为试样的游离甲醛含量。

A.6 重复性

在重复性条件下获得的两次独立测定结果的绝对差值不大于0.1%。

附 录 B
（规范性附录）
异氰酸根的测定

B.1 原理

异氰酸酯与六氢吡啶反应生成脲，过量的六氢吡啶用盐酸标准溶液进行滴定，测定异氰酸根含量。

B.2 试剂和材料

B.2.1 六氢吡啶氯苯溶液：0.2 mol/L；在 1 000 mL 容量瓶中称取 17 g 六氢吡啶，用氯苯溶解并稀释至刻度；

B.2.2 无水乙醇；

B.2.3 溴酚蓝指示液：称取 0.1 g 溴酚蓝，溶于 7.45 mL 0.02 mol/L NaOH 溶液中，用蒸馏水稀释至 250 mL；

B.2.4 盐酸标准滴定溶液：$c(HCl)=0.1$ mol/L。

B.3 仪器

B.3.1 分析天平：精度 0.000 1 g；

B.3.2 单标线吸量管：容量 20 mL，A 类；

B.3.3 滴定管：50 mL，分度值 0.1 mL，A 类。

B.4 操作步骤

准确称取试样 0.3 g～0.5 g(精确到 0.000 1 g)于 250 mL 碘量瓶中，用单标线吸量管(B.3.2)移取 20 mL 六氢吡啶氯苯溶液(B.2.1)，摇匀。放置 30 min，加入 100 mL 无水乙醇(B.2.2)，再加 4～5 滴溴酚蓝指示液(B.2.3)，用 0.1 mol/L 盐酸标准溶液(B.2.4)滴定至蓝色消失呈黄色即为终点。

同时做空白试验。空白试验应与测定平行进行，并采用相同的分析步骤，取相同量的所有试剂(标准滴定溶液的用量除外)，但空白试验不加试料。

B.5 结果表示

异氰酸根含量以质量分数 X_2 计，数值以%表示，按式(B.1)计算：

$$X_2=\frac{(V_2-V_3)c_2\times 0.042\ 02}{m_1}\times 100 \qquad \text{(B.1)}$$

式中：

V_2——滴定空白消耗的盐酸标准滴定溶液(B.2.4)的体积的数值，单位为毫升(mL)；

V_3——滴定试样消耗的盐酸标准滴定溶液(B.2.4)的体积的数值，单位为毫升(mL)；

c_2——盐酸标准滴定溶液浓度的准确数值，单位为摩尔每升(mol/L)；

m_1——试样的质量的数值，单位为克(g)；

0.042 02——与 1.00 mL 盐酸标准滴定溶液[$c(NaOH)=1.000$ mol/L]相当的，以克表示的异氰酸根的质量。

计算结果表示到小数点后一位。取两次平行测定结果的算术平均值作为试样的异氰酸根含量。

B.6　重复性

在重复性条件下获得的两次独立测定结果的绝对差值不大于0.2%。

附 录 C
（规范性附录）
铸造用酚脲烷冷芯盒树脂强度的测定

C.1 试剂和材料

C.1.1 标准砂：应符合 JB/T 9224 的规定；

C.1.2 三乙胺：化学纯；

C.1.3 变色硅胶：应符合 HG/T 2765.4 的规定。

C.2 仪器

C.2.1 水泥胶砂搅拌机：容量 2 kg；

C.2.2 台秤：最大量程 10 kg，精度 5 g；

C.2.3 天平：精度 0.01 g；

C.2.4 冷芯盒射芯机：射砂容量 2 L，配置三乙胺雾化及计量装置，具备自动制样功能。附抗拉强度“8”字形试样芯盒和抗压强度圆柱形试样芯盒，芯盒的开模方式及排气塞的位置应符合图 C.1、图 C.2 的要求；

C.2.5 空气压缩机；

C.2.6 常温风冷型冷冻式干燥机：空气处理量不低于 0.5 m^3/min；

C.2.7 玻璃干燥器：240 mm；

C.2.8 液压强度试验机：活塞直径 22.6 mm，活塞面积 4 cm^2，最大推力 235 N。附有抗拉强度范围为 0 MPa～0.8 MPa 低压表及 0 MPa～5.0 MPa 高压表，配置高压附件。

单位为毫米

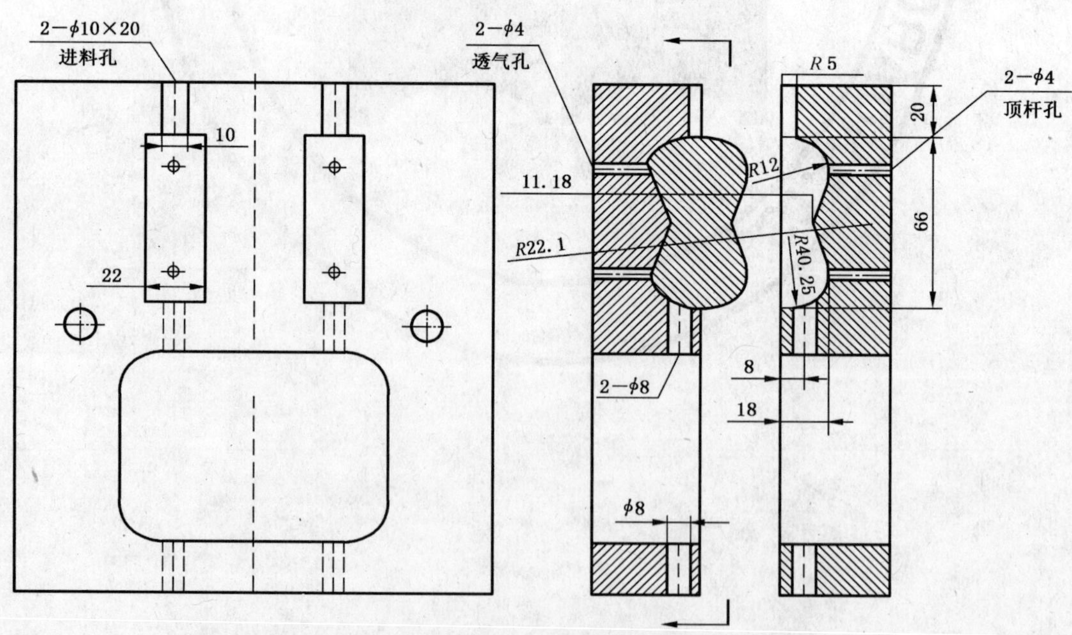

图 C.1 抗拉模具的开模方式及排气塞的位置

单位为毫米

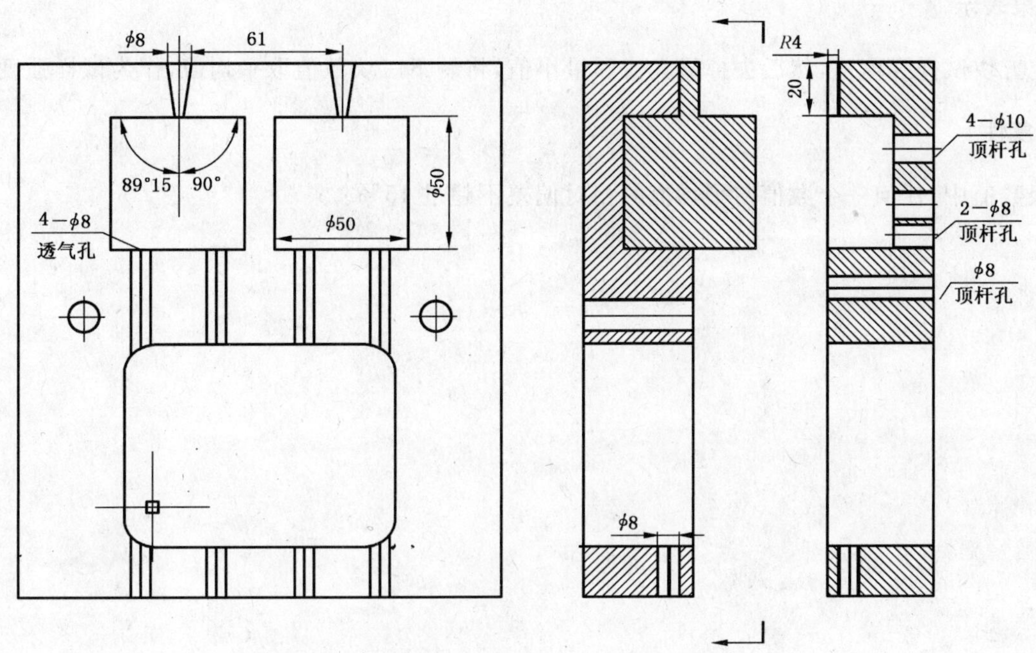

图 C.2 抗压模具的开模方式及排气塞的位置

C.3 操作步骤

C.3.1 混合料的制备

控制环境条件温度为 20 ℃±5 ℃，相对湿度不大于 65%。

称取砂温为 20 ℃±2 ℃的标准砂(C.1.1)2 000 g 放入水泥胶砂搅拌机(C.2.1)中，开动搅拌机立即放入铸造用酚脲烷冷芯盒树脂Ⅰ组分 16.0 g，搅拌 1 min 后立即加入铸造用酚脲烷冷芯盒树脂Ⅱ组分 16.0 g 搅拌 1 min；将混合料再混制 1 min 后出料。

C.3.2 制样

按表 C.1 中的制样条件，对冷芯盒射芯机(C.2.4)设定操作参数，开启空气压缩机(C.2.5)及常温风冷型冷冻式干燥机(C.2.6)供气，使射芯机压力达到 0.5 MPa～0.8 MPa，待压力稳定后，将混好的混合料装入砂斗，以三乙胺(C.1.2)为催化剂固化。

表 C.1 冷芯盒树脂强度测定的制样条件

强度类型	射砂压力/MPa	射砂时间/s	吹胺压力/MPa	加胺预定量/mL	加胺次数/次	吹胺时间/s	清洗时间/s	清洗压力/MPa
抗拉强度	0.2	2	0.16	0.2	3	5	15	0.5±0.05
抗压强度	0.2	2	0.18	0.2	5	9	15	0.5±0.05

C.3.3 强度测定

测定试块脱模后 15 s 内的即时强度；其余试块按要求放入高干干燥器(C.2.7，放入新的或经烘干的变色硅胶(C.1.3)，温度控制在 20 ℃±2 ℃。)或高湿干燥器(C.2.7，放入水，温度控制在 20 ℃±2 ℃。)中，经 24 h 后测定。

测定强度时，将试样放在液压强度试验机(C.2.8)夹具中，逐渐加载，直到试样断裂，其强度从压力表上读出。当抗压强度高于试验机正常测量范围时，应在高压附件上测定。

C.4 结果表示

测定五块试样强度值，然后去掉最大值和最小值，将剩下三块数值取平均值，作为试样强度值。

C.5 重复性

三个数值中，任何一个数值与平均值的相对偏差不超过15%。

附 录 D
（规范性附录）
铸造用酚脲烷自硬树脂抗拉强度的测定

D.1 试剂和材料

D.1.1 标准砂：应符合 JB/T 9224 的规定；

D.1.2 质量分数为 25%对苯丙基吡啶二甲苯溶液：对苯丙基吡啶和二甲苯均为化学纯。

D.2 仪器

D.2.1 分析天平：精度 0.01 g；

D.2.2 台秤：最大量程 10 kg，精度 5 g；

D.2.3 水泥胶砂搅拌机：容量 2 kg；

D.2.4 “8”字型标准试块模具（模具内“8”字形标准尺寸按 GB/T 2684 执行，模具材质为木模）；

D.2.5 液压强度试验机：活塞直径 22.6 mm，活塞面积 4 cm^2，最大推力 235 N。附有抗拉强度范围为 0 MPa～0.8 MPa 低压表及 0 MPa～5.0 MPa 高压表，配置高压附件。

D.3 操作步骤

D.3.1 混合料的制备

控制环境条件温度为 20 ℃±5 ℃，相对湿度不大于 65%。

称取砂温 20 ℃±2 ℃的标准砂（D.1.1）1 000 g，放入水泥胶砂搅拌机（D.2.3）中，开动搅拌机，缓慢加入 7.0 g 事先已配制好的混合液（铸造用酚脲烷自硬树脂Ⅰ组分与占其质量分数为 3.0%的对苯丙基吡啶二甲苯溶液（D.1.2）的混合液），搅拌 1 min 后立即加入铸造用酚脲烷自硬树脂Ⅱ组分 7.0 g，搅拌 1 min 后出料。

D.3.2 制样

将上述混合料倒入“8”字型芯盒（D.2.4）中，人工压实，确保用力均匀一致，达到（或大于）开模强度时，打开芯盒，成型完毕。试料应在混砂后 30 s 内成型。

D.3.3 放置硬化

将已打好的试样在温度：20 ℃±2 ℃，相对湿度：50%±5%条件下，自然硬化 24 h。

D.3.4 强度测定

将自然硬化 24 h 后的试样放在液压强度试验机（D.2.5）夹具中，逐渐加载，直到试样断裂，其抗拉强度从压力表上读出。

D.4 结果表示

测定五块试样强度值，然后去掉最大值和最小值，将剩下三块数值取平均值，作为试样强度值。

D.5 重复性

三个数值中，任何一个数值与 24 小时强度平均值的相对偏差不超过 15%。

ICS 37.040.25
G 81

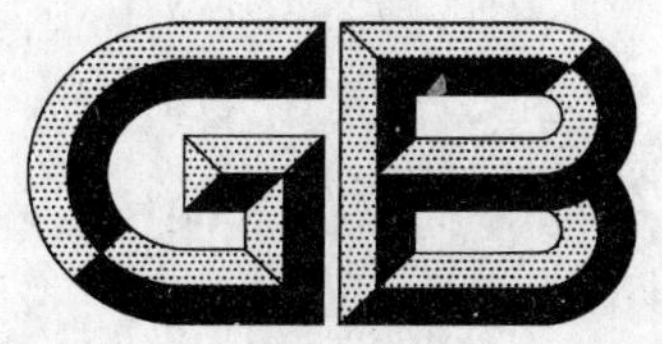

中华人民共和国国家标准

GB/T 24414—2009

银盐(CTP)版

Silver halid diffusion CTP plates

2009-09-30 发布 2010-02-01 实施

中华人民共和国国家质量监督检验检疫总局
中国国家标准化管理委员会 发布

前　言

本标准由中国石油和化学工业协会提出。

本标准由全国感光材料标准化技术委员会(SAC/TC 102)归口。

本标准起草单位:中国科学院理化技术研究所、广东中科银实业有限公司。

本标准主要起草人:胡秀杰、陈萍、周树云、吴伟星、朱武信。

银盐(CTP)版

1 范围

本标准规定了银盐(CTP)版的要求、试验方法、检验规则、包装及标志、贮存和运输。

本标准适用于以铝版基为支持体、卤化银为感光层、以绿激光(532 nm)或紫激光(405 nm、410 nm)为曝光光源的银盐(CTP)版。

2 规范性引用文件

下列文件中的条款通过本标准的引用而成为本标准的条款。凡是注日期的引用文件,其随后所有的修改单(不包括勘误的内容)或修订版均不适用于本标准,然而,鼓励根据本标准达成协议的各方研究是否可使用这些文件的最新版本。凡是不注日期的引用文件,其最新版本适用于本标准。

GB/T 191 包装储运图示标志

GB/T 6388 运输包装收发货标志

GB/T 6544 瓦楞纸板

GB/T 17155—1997 胶印印版 尺寸

3 要求

3.1 产品性能

产品性能应符合表1规定的指标。

表 1

序 号	项 目			单 位	指 标
1	表面粗糙度参数 Ra	控制范围		μm	0.40～0.70
		同版内偏差≤			0.15
2	氧化层质量	控制范围		g/m²	2.0～4.0
		同版内偏差≤			0.25
3	涂层质量	控制范围		g/m²	3.0～6.0
		同版内偏差≤			0.15
4	成像性能	感度	绿激光	μJ/cm²	1～10
			紫激光		2～20
5		分辨力		lpi	175(2%～98%的网点齐全)
6	着墨性能			—	合格
7	亲水性能			—	合格

3.2 表观质量

版面(正、反)应平整、涂层应均匀,无划伤、折痕、气泡、脏点、脱涂等用肉眼直视可发现的弊病。

3.3 尺寸规格

3.3.1 根据用户的需求裁切多种规格。

3.3.2 版材宽度、长度的裁切精度均为±1 mm,两对角线长度的差值≤1 mm。

注:版材宽度指平行于印刷滚筒轴线边的尺寸;版材长度指与版材宽度相垂直边的尺寸。

3.3.3 根据用户特殊的需要，亦可裁切更高精度要求的尺寸。

4 试验方法

4.1 试验环境

安全照明：绿激光 CIP 版材采用红色安全灯，紫激光 CIP 版材采用黄色安全灯；

温、湿度：应符合 GB/T 17155—1997 中附录 A 的规定。

4.2 试验药品

本标准使用的化学试剂均为化学纯。

本标准中使用的各种溶液供一次性使用。

本标准规定的显影液为银盐 CTP 版显影液、护版液为银盐 CTP 版护版液。

4.3 表面粗糙度 *Ra* 的测定

取一块全宽试样，用 50 ℃左右的水除去涂层，再用清水冲洗干净，经干燥后冷却至室温。用精度 0.01 μm 的粗糙度测定仪在距版边 10 cm 以上部位均匀测试五处，将五处的算术平均值作为该试样的 *Ra* 值，以测得的最大值减最小值为同版内偏差。

4.4 氧化层质量的测定

4.4.1 处理液配制

在 1 000 mL 烧杯中，加入 500 mL～800 mL 蒸馏水，再加入 20 g 重铬酸钾，溶解后加入质量分数 85％的磷酸 35 mL，然后用蒸馏水稀释至 1 000 mL，搅拌均匀后备用。

4.4.2 氧化层质量的测定

取一块全宽试样，距边 10 cm 以上部位，均匀裁切大于 10 cm×10 cm 的试样三块，用 4.3 同样的方法除去版面涂层后，用质量分数 20％的氢氧化钠溶液涂在版材背面，1 min 后，用质量分数 10％的硝酸溶液中和残存的碱液，用蒸馏水冲净，经干燥恒重后再精确裁切成 10 cm×10 cm 的试片（精确至 1 mm）。用精度为 0.1 mg 的天平称量试片并记录试片重 m_1，将称好的试片浸入 4.4.1 的处理液中，温度控制在 95 ℃～100 ℃，浸 5 min 后取出，用清水冲净，干燥并冷却至室温，再次准确称量并记录试片重 m_2。按式(1)计算每张试片单位面积的氧化层质量。

$$M_1 = (m_1 - m_2)/A \qquad \cdots\cdots(1)$$

式中：

M_1——版材氧化层单位面积质量，单位为克每平方米(g/m^2)；

m_1——未除去版材氧化层的试片质量，单位为克(g)；

m_2——除去版材氧化层后的试片质量，单位为克(g)；

A——试片面积，此处，$A=0.01$，单位为平方米(m^2)。

取三块试片测试结果的算术平均值作为该版材氧化层单位面积质量。

取三块试片中氧化层单位面积质量的最大值与最小值之差为同版内偏差。

4.5 涂层质量的测定

取一块全宽试样，距边 10 cm 以上部位，精确裁切成 10 cm×10 cm 的试片（精确至 1 mm），用精度为 0.1 mg 的天平称量试片并记录试片重 m_3，用 4.3 同样的方法除去版面涂层后，用清水冲净，干燥并冷却至室温，再次准确称量并记录试片重 m_4。按式(2)计算每张试片涂层的单位面积质量。

$$M_2 = (m_3 - m_4)/A \qquad \cdots\cdots(2)$$

式中：

M_2——版材涂层单位面积质量，单位为克每平方米(g/m^2)；

m_3——未除去版材涂层的试片质量，单位为克(g)；

m_4——除去版材涂层后的试片质量，单位为克(g)；

A——试片面积，此处，$A=0.01$，单位为平方米(m^2)。

取三块试片测试结果的算术平均值作为该版材涂层单位面积质量。

取三块试片中涂层单位面积质量的最大值与最小值之差为同版内偏差。

4.6 成像性能的测定

4.6.1 试样冲洗加工工艺

试样冲洗加工工艺按表 2 进行。

表 2

程　序	温度 ℃	时间 s	加工药液
扫描制版	—	—	—
显影	20±1.0	10～20(依制版机速度而定)	银盐 CTP 版显影液
水洗	35～50(依冲版机机型而定)	—	—
护版	20～45(依冲版机机型而定)	—	银盐 CTP 版护版液
干燥	—	—	—

4.6.2 感度测定

使用银盐版绿激光或紫激光曝光仪进行测量，激光实际输出功率 P 一般几个毫瓦(如 7.5 mW)，可通过曝光值和灰板密度 D 进行调整。将曝光仪内置的包括网点和分辨线条的标板图式，在 t(如 61.5 s，1 270 dpi)时间内扫描在某固定的扫描面积 A(如 4 172 cm^2)上，扫描完成后，采用合适的显影液，在一定的显影条件下(20 ℃，20 s)显影制版，记录网点分辨最好(2%～98%网点出齐)时的曝光值(Power laser)(如 90)和灰板密度值 D(如 1.75)，通过式(3)和式(4)计算可得出版材的感度：单位面积的激光能量($\mu J/cm^2$)。式(3)是不加灰板，曝光值为 100 时，感度的计算公式。银盐 CTP 版的感度很高，一般曝光时均需加灰板，灰板密度为 D 时感度按式(4)计算。

$$S_1 = (P \times t)/A \qquad \cdots\cdots(3)$$

$$S = S_1 \times (\text{曝光值}/100) \times 10^{-D} \qquad \cdots\cdots(4)$$

式中：

S——感度，单位为微焦每平方厘米($\mu J/cm^2$)；

t——扫描时间，单位为秒(s)；

P——激光器输出功率，单位为微瓦(μW)；

A——相应扫描时间所扫描面积，单位为平方厘米(cm^2)；

D——灰板密度。

4.6.3 分辨力的测定

用 4.6.2 中规定的银盐直接制版机内置测试模板对试样进行扫描制版，按 4.6.1 的冲洗加工工艺冲洗加工后，用 30 倍放大镜观察每英寸能分辨的最细线对组数，作为分辨力的值，单位是线对/英寸。满足 3.1 中表 1 规定的分辨力设置时，2%～98%的网点应齐全。

4.7 着墨性能和亲水性能

选取一定尺寸的版材(318 mm×381 mm～605 mm×745 mm)，在 4.6.2 规定的银盐直接制版机上进行扫描制版，按 4.6.1 的冲洗加工工艺冲洗加工后，用脱脂纱布在版材上提墨，用清水冲洗后观察着墨情况，版材图像部分应全部着墨，着墨性能合格；版材空白部分应完全不着墨，亲水性能合格。

4.8 表观质量的测定

对绿激光 CTP 版材在红色安全灯下、对紫激光 CIP 版材在黄色安全灯下目视观察版面表面，其质量应符合 3.2 的规定。

4.9 尺寸的测定

版材的宽度、长度用标定过的分度值为 1 mm 的钢板尺测量，其尺寸符合 3.3 的规定。

5 检验规则

5.1 出厂检验规则

本产品由生产厂的质量检验部门按表3规定的检验项目、检验批量和检验频率进行检验，检验达到本标准第3章的规定，并附有合格证方可出厂。

表3

检验项目	检验批量	检验频率
表面粗糙度 *Ra* 值	每铝卷号为一批	每批测一次
版基氧化层质量	每铝卷号为一批	每批测一次
涂层质量	每铝卷号为一批	每批测一次
成像性能	每批号涂布液为一批	每批测一次
着墨性能	每批号涂布液为一批	每批测一次
亲水性能		每批测一次
表观质量	—	逐张检验
尺寸	每台设备每班出产相同规格的产品为一批	每批测三张

5.2 产品验收

经销商或用户有权按本标准规定进行产品验收，经检验合格的产品，应予接收。若经检验有不合格项目，则应加倍取样进行复检，以复检结果为准，若仍有不合格项目，经销商或用户有权提出退换货要求。

6 包装及标志

每两张银盐版之间用一张中性防潮纸隔开，20张至50张为一个包装，上下各放一张卡板纸，装入产品合格证(合格证上应标注批号、检验人员及检验日期等)，然后用涂塑黑纸包严，并用胶带贴封，放入一瓦楞纸盒(其技术指标应符合GB/T 6544的规定)内，并放入产品说明书。瓦楞纸盒用胶带贴封，并用打包带打好。盒外贴产品标签，标明生产厂名、详细地址、邮政编码及电话、产品名称、型号、规格、数量、生产日期、保证期以及“小心轻放”、“防潮”、“防晒”、“防热”、“防震”、“防止辐射”等字样和标志。标志应符合GB/T 191、GB/T 6388的规定。

7 贮存和运输

7.1 产品的贮存应符合下列要求：

——贮存室温度不高于25 ℃，相对湿度不高于65%；

——产品应保持原封装，距地面和墙壁均15 cm以上，堆放高度不超过1.2 m。

7.2 产品在运输和装卸过程中不得受日晒、雨淋和剧烈震动、挤压。

7.3 保证期

产品自生产之日起，在本标准规定的条件下贮存和运输，保证期为12个月。

ICS 71.100.01;87.060.10
G 56

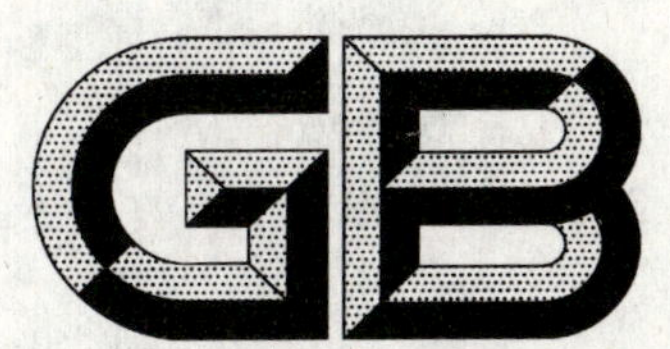

中华人民共和国国家标准

GB/T 24415—2009

2-萘胺-4,8-二磺酸(氨基C酸)

2-Naphthylamine-4,8-disulfonic acid (Amino C acid)

2009-09-30 发布　　2010-02-01 实施

中华人民共和国国家质量监督检验检疫总局
中国国家标准化管理委员会　发布

前　言

本标准由中国石油和化学工业协会提出。

本标准由全国染料标准化技术委员会(SAC/TC 134)归口。

本标准起草单位:南通大伦化工有限公司、沈阳化工研究院。

本标准主要起草人:王勤、蒲爱军。

2-萘胺-4,8-二磺酸(氨基C酸)

1 范围

本标准规定了2-萘胺-4,8-二磺酸(氨基C酸)产品的要求、采样、试验方法、检验规则以及标志、标签、包装、运输、贮存。

本标准适用于2-萘胺-4,8-二磺酸的产品质量控制。

结构式:

SO_3H / $-NH_2$ / SO_3H

分子式:$C_{10}H_9NO_6S_2$

相对分子质量:303.31(按2007年国际相对原子质量)

CAS RN:131-27-1

2 规范性引用文件

下列文件中的条款通过本标准的引用而成为本标准的条款。凡是注日期的引用文件,其随后所有的修改单(不包括勘误的内容)或修订版均不适用于本标准,然而,鼓励根据本标准达成协议的各方研究是否可使用这些文件的最新版本。凡是不注日期的引用文件,其最新版本适用于本标准。

GB/T 601 化学试剂 标准滴定溶液的制备

GB/T 603 化学试剂 试验方法中所用制剂及制品的制备(GB/T 603—2002,ISO 6353-1:1982,NEQ)

GB/T 1250—1989 极限数值的表示方法和判定方法

GB/T 2381—2006 染料及染料中间体 不溶物质含量的测定

GB/T 6678—2003 化工产品采样总则

GB/T 6682 分析实验室用水规格和试验方法(GB/T 6682—2008,ISO 3696—2008:1987,MOD)

3 要求

2-萘胺-4,8-二磺酸的质量应符合表1的规定。

表1 2-萘胺-4,8-二磺酸的质量要求

项目		指标		
		干品		潮品
		一等品	合格品	
外观		灰色(或略带浅红色)粉末		浅绛红色膏状物
2-萘胺-4,8-二磺酸(氨基值)的质量分数/%	≥	80.00	70.00	40.00
2-萘胺-4,8-二磺酸纯度(HPLC)/%	≥	98.00	97.00	—
水不溶物的质量分数/%	≤	0.20	0.40	—

4 采样

以批为单位采样,生产厂以一次拼混均匀的产品为一批。潮品从每批产品的100%桶中取样。干品按 GB/T 6678—2003 中 7.6 规定的单元数采样。采样时用不锈钢采样器采取包括上、中、下三部分样品,干品不得少于 500 g,潮品不得少于 1 000 g。将采取的样品仔细混合均匀后,分装于两个清洁干燥带磨口塞的广口瓶中。瓶上粘贴标签,注明:产品名称、批号、生产厂名称和采样日期。一瓶供检验,一瓶保存备查。

5 试验方法

警告——使用本标准的人员应有正规实验室工作的实践经验。本标准并未指出所有可能的安全问题。使用者有责任采取适当的安全和健康措施,并保证符合国家有关法规规定的条件。

5.1 一般规定

除非另有规定,仅使用确认为分析纯的试剂和 GB/T 6682 中规定的三级水。试验中所用标准滴定溶液,制剂及制品,在没有注明其他要求时,均按 GB/T 601 和 GB/T 603 的规定制备与标定。检验结果的判定按 GB/T 1250—1989 中的 5.2 修约值比较法进行。

5.2 外观的评定

在自然光线下采用目视评定。

5.3 2-萘胺-4,8-二磺酸(氨基值)的测定

5.3.1 方法提要

采用重氮化法。

利用芳香族伯胺在低温及过量无机酸存在下与亚硝酸钠作用生成重氮盐的原理进行测定。

5.3.2 试剂和溶液

a) 盐酸溶液:盐酸与水体积比=1:1;

b) 溴化钾溶液:100 g/L;

c) 亚硝酸钠标准滴定溶液:$c(NaNO_2)=0.25$ mol/L,标定时用淀粉-碘化钾试纸判定终点;

d) 淀粉-碘化钾试纸。

5.3.3 分析步骤

称取试样约 2.5 g(膏状物称取约 5 g)(精确至 0.000 1 g)于 500 mL 烧杯中,加 300 mL 水,搅拌溶解后,加入 20 mL 盐酸溶液,加入 20 mL 溴化钾溶液,控制试样溶液温度 0 ℃~5 ℃,在搅拌下用亚硝酸钠标准滴定溶液滴定。滴定时将滴定管尖端插入液面下,近终点时,将滴定管提出液面,用少量水将尖端洗涤,再逐滴加入,以淀粉-碘化钾试纸检验终点。当试液点在试纸上呈微蓝色并保持 5 min 不消失,即为终点。同时做空白试验。

5.3.4 结果计算

2-萘胺-4,8-二磺酸(氨基值)以质量分数 w_1 计,数值以%表示,按式(1)计算:

$$w_1=\frac{[(V-V_0)/1\,000]cM}{m}\times 100 \qquad \cdots\cdots(1)$$

式中:

V——试样消耗亚硝酸钠标准滴定溶液的体积数值,单位为毫升(mL);

V_0——空白消耗亚硝酸钠标准滴定溶液的体积数值,单位为毫升(mL);

c——亚硝酸钠标准滴定溶液浓度的实际数值,单位为摩尔每升(mol/L);

M——2-萘胺-4,8-二磺酸的摩尔质量数值,单位为克每摩尔(g/mol)[$M(C_{10}H_9NO_6S_2)=303.31$];

m——试样质量的数值,单位为克(g)。

计算结果表示到小数点后两位。

5.3.5 允许差

两次平行测定结果之差应不大于0.3%(质量分数),取其算术平均值作为测定结果。

5.4 2-萘胺-4,8-二磺酸纯度(HPLC)测定

5.4.1 原理

采用反相高效液相色谱法,在C_{18}柱上,以甲醇与缓冲液的体积比=28:72为流动相,分离2-萘胺-4,8-二磺酸及其有机杂质,经紫外检测器检测,用峰面积归一化法测定2-萘胺-4,8-二磺酸的纯度。

5.4.2 仪器设备

a) 液相色谱仪:输液泵-流量范围(0.1～5.0)mL/min,在此范围内其流量稳定性为±1%;
检测器-多波长紫外分光检测器或具有同等性能的紫外分光检测器;

b) 色谱柱:长为150 mm,内径为4.6 mm的不锈钢柱,固定相为ODS C_{18},粒径5 μm;

c) 色谱工作站或积分仪;

d) 超声波发生器;

e) 微量注射器:平头,25 μL。

5.4.3 试剂和溶液

a) 水:经0.45 μm水膜过滤;

b) 甲醇:色谱纯;

c) 缓冲液:2 g/L四丁基溴化铵和6 g/L磷酸二氢钠混合水溶液。

5.4.4 色谱分析条件

a) 流动相:甲醇与缓冲液的体积比=28:72;

b) 波长:230 nm;

c) 流量:1.0 mL/min;

d) 柱温:室温;

e) 进样量:5 μL。

可根据仪器设备不同,选择最佳分析条件,流动相应摇匀后用超声波发生器进行脱气。

5.4.5 分析步骤

称取试样约25 mg(精确至0.1 mg)于100 mL容量瓶中,加水溶解并定容,置于超声波发生器充分溶解,取出摇匀备用。

待仪器运行稳定后,用微量注射器吸取试样溶液注入进样阀,待最后一个组分流出完毕(见色谱图1),进行结果处理。

5.4.6 结果计算

2-萘胺-4,8-二磺酸纯度以w_2计,数值以%表示,按式(2)计算:

$$w_2 = \frac{A}{\sum A_i} \times 100 \qquad (2)$$

式中:

A——2-萘胺-4,8-二磺酸的峰面积数值;

$\sum A_i$——试样中各组分的峰面积数值之和。

计算结果表示到小数点后两位。

5.4.7 允许差

两次平行测定结果之差应不大于0.2%,取其算术平均值作为测定结果。

5.4.8 色谱图

见图1。

5.5 水不溶物的测定

称取约2 g(精确至0.000 1 g)试样,置于250 mL烧杯中,加100 mL水,搅拌使之溶解或加热使全

溶，过滤，用 80 ℃～90 ℃水洗使滤液不呈酸性为止。100 ℃～105 ℃干燥 2 h。其他按 GB/T 2381—2006 中的规定进行。

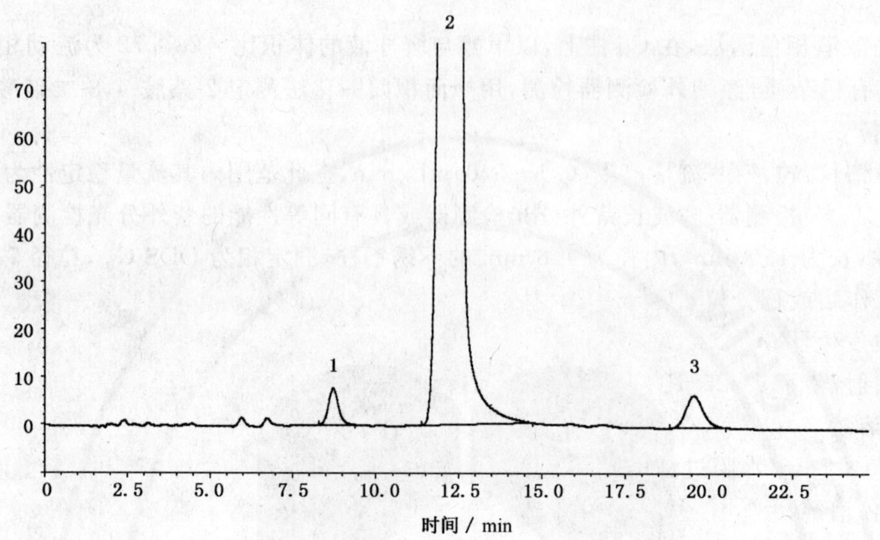

1——未知物；

2——2-萘胺-4,8-二磺酸；

3——未知物。

图 1　2-萘胺-4,8-二磺酸色谱示意图

6　检验规则

6.1　检验分类

表 1 中规定的全部项目均为出厂检验项目。

6.2　出厂检验

2-萘胺-4,8-二磺酸应由生产厂的质量检验部门根据本标准的要求进行检验，生产厂应保证所有出厂的产品都符合本标准的要求。

6.3　复验

如果检验结果中有一项指标不符合本标准的规定时，干品应重新自两倍量的包装中取样进行检验（潮品应重新按本标准第 4 章要求取样进行检验），重新检验的结果即使只有一项指标不符合本标准的要求，则整批产品不能验收。

7　标志、标签、包装、运输和贮存

7.1　标志、标签

2-萘胺-4,8-二磺酸的每个包装上都应涂上牢固、清晰的标志，注明：产品名称规格、注册商标、产品生产许可证编号及标志（如适用）、净含量、生产厂名称、厂址、标准编号、批号、生产日期。也可将批号、生产日期打印在标签上，并和产品质量检验合格的证明一起放入包装桶内的塑料袋外面。

7.2　包装

2-萘胺-4,8-二磺酸用内衬塑料袋的塑料编织袋或内衬塑料袋的铁桶或塑料桶包装，每袋（桶）净含量 25 kg 或 50 kg。其他包装可与用户协商确定。

7.3 运输

运输中应防止曝晒、潮湿和雨淋，不得强力挤压和碰撞。

7.4 贮存

2-萘胺-4,8-二磺酸应贮存在阴凉、干燥、通风的库房内，防止受潮受热，远离火源。

ICS 71.100.40
G 71

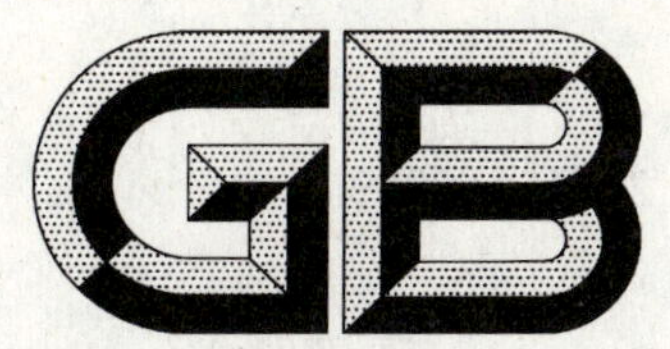

中华人民共和国国家标准

GB/T 24416—2009

二环戊基二甲氧基硅烷

Di-cyclopentyl-di-methoxysilane

2009-09-30 发布　　　　2010-02-01 实施

中华人民共和国国家质量监督检验检疫总局
中国国家标准化管理委员会　发布

前 言

本标准的附录A为资料性附录。

本标准由中国石油和化学工业协会提出。

本标准由全国橡胶与橡胶制品标准化技术委员会化学助剂分技术委员会归口。

本标准负责起草单位:江西西林科新材料有限公司。

本标准主要起草人:廖维林、熊斌、崔国娣、陈魏、王甡。

二环戊基二甲氧基硅烷

1 范围

本标准规定了二环戊基二甲氧基硅烷的要求、试验方法、检验规则、标志、包装、运输和贮存。

本标准适用于以四甲氧基硅烷、双环戊二烯为主要原料而合成的二环戊基二甲氧基硅烷。

分子式：$C_{12}H_{24}O_2Si$

结构式：

O—CH_3
Si（两侧各连一个环戊基）
O—CH_3

相对分子质量：228.40（按2007年国际相对原子质量）

2 规范性引用文件

下列文件中的条款通过本标准的引用而成为本标准的条款。凡是注日期的引用文件，其随后所有的修改单（不包括勘误的内容）或修订版均不适用于本标准，然而，鼓励根据本标准达成协议的各方研究是否可使用这些文件的最新版本。凡是不注日期的引用文件，其最新版本适用于本标准。

GB 190　危险货物包装标志

GB/T 1664　增塑剂外观色度的测定

GB/T 4472—1984　化工产品密度、相对密度测定通则

GB/T 6283　化工产品中水分含量的测定　卡尔·费休法（通用方法）

GB/T 6488　液体化工产品　折光率的测定（20 ℃）

GB/T 6680　液体化工产品采样通则

GB/T 6682　分析实验室用水规格和试验方法（GB/T 6682—2008，ISO 3696：1987 MOD）

GB/T 8170　数值修约规则与极限数值的表示和判定

GB/T 9722　化学试剂　气相色谱法通则

3 要求

二环戊基二甲氧基硅烷应符合表1所示的技术要求。

表1　二环戊基二甲氧基硅烷的技术要求

项　　目		指　　标
外观		无色透明液体
色度（铂-钴色号）	≤	10
纯度/%	≥	99.70
水分的质量分数/%	≥	0.10
甲醇含量/%	≤	0.01
折光率（20 ℃）		1.458 1～1.478 1
密度（d^{20}）/（g/cm^3）		0.969～0.989

4 试验方法

除非另有说明，在分析中仅使用确认为分析纯的试剂和GB/T 6682中规定的三级水。

本标准中试验数据的表示方法和修约规则应符合GB/T 8170中的有关规定。

警示：二环戊基二甲氧基硅烷为易燃品，进行分析时应注意安全。

4.1 外观的测定

在自然光下目测。

4.2 色度的测定

按GB/T 1664之规定进行测定。

4.3 纯度及甲醇含量的测定

4.3.1 方法提要

用气相色谱法，在选定的工作条件下，样品经气化通过毛细管色谱柱，使其中各组分得到分离，用氢火焰离子化检测器(FID)检测，用校正面积归一化法计算各组分的含量。

4.3.2 试剂及材料

4.3.2.1 氮气：体积分数不低于99.99%；

4.3.2.2 氢气：体积分数不低于99.99%；

4.3.2.3 空气：经活性炭和分子筛净化。

4.3.3 仪器

4.3.3.1 气相色谱仪：配有氢火焰离子化检测器(FID)，整机灵敏度和稳定性应符合GB/T 9722中的有关规定。对样品中0.001%(质量分数)的组分所产生的峰高应大于噪声的两倍。

4.3.3.2 色谱数据处理机或色谱工作站。

4.3.3.3 进样器：1 μL或10 μL微量注射器。

4.3.4 色谱操作条件

色谱操作条件如表2规定。

表2 色谱操作条件

色谱柱	OV-17熔融石英毛细管柱
柱长×柱内径×液膜厚度	30 m×0.32 mm×0.5 μm
柱箱温度/℃	200
气化室温度/℃	250
检测器温度/℃	250
柱前压/kPa	120
燃气(氢气)流量/(mL/min)	40～50
助燃气(空气)流量/(mL/min)	500
补充气(氮气)流量/(mL/min)	10～30
载气流量/(mL/min)	1～1.5
分流比	(50～60)：1
进样量/μL	0.2～0.3

4.3.5 操作步骤

按照色谱操作条件调整仪器，基线稳定后，用微量注射器进样，测量各峰面积，按校正面积归一化法进行计算。

4.3.6 典型色谱图见图1、各组分保留时间和推荐的校正因子见表3

图1 二环戊基二甲氧基硅烷产品典型色谱图

表3 二环戊基二甲氧基硅烷色谱图组分相对保留时间及推荐的校正因子
（校正因子的测定参见附录A）

峰号	相对保留时间/min	组 分 名	推荐的校正因子（相对于二环戊基二甲氧基硅烷）
1	0.91	甲醇	0.77
2	2.13	环戊酮	1
3	2.53	杂质	1
4	2.64	二环戊基二甲氧基硅烷	1

4.3.7 结果计算

4.3.7.1 计算公式

采用校正面积归一法，以质量分数 X_s 表示的被测组分含量，数值以%表示，按式(1)计算：

$$X_s = \frac{f_s A_s}{\sum f_i A_i} \times 100 \qquad \cdots\cdots(1)$$

式中：

f_s——试样中被测组分的校正因子；

A_s——试样中被测组分的峰面积；

f_i——试样中各组分的校正因子；

A_i——试样中各组分的峰面积。

4.3.7.2 试样中被测组分实际含量的计算

试样中被测组分的实际含量应为色谱数据处理机或色谱工作站计算出的数值(纯度)减去试样中的水分的质量分数。数值以%表示，按式(2)计算：

$$X_s' = \frac{X_s}{100} \times (100 - X_1) \qquad \cdots\cdots(2)$$

式中：

X_s'——试样中二环戊基二甲氧基硅烷的实际含量；

X_1——试样中水分的质量分数。

4.3.7.3 **允许差**

取两次平行测定结果的算术平均值为测定结果，计算结果表示到小数点后两位。

纯度两次平行测定结果之差值不得大于 0.2%。

4.4 水分的测定

按 GB/T 6283 之规定进行测定。

4.5 折光率的测定

按 GB/T 6488 之规定进行测定。

4.6 密度的测定

按 GB/T 4472—1984 中 2.3.2 韦氏天平法之规定进行测定。

5 检验规则

5.1 检验分类

表 1 中规定的全部项目为出厂检验项目。

5.2 生产厂检验

本产品应由生产厂的质量检验部门按本标准检验合格后方可出厂，并应附有一定格式的质量证明书，其内容包括：产品名称、本标准号、生产厂名称、地址、生产日期、批号等。

5.3 组批规则

本产品以同次精馏的产品为一批。

5.4 采样

按 GB/T 6680 规定采样。取样量不得少于 1 000 mL，分装于两个清洁干燥的玻璃瓶中，密封瓶口，贴标签并注明：产品名称、采样日期、批号、采样人。一瓶用于检验，另一瓶保存以备复查。

5.5 复检

出厂检验结果中如有一项指标不符合本标准要求时，应从同批产品中重新自两倍量的包装件中采样进行复检，复检结果中即使只有一项指标不符合本标准要求，也判该批产品为不合格产品。

6 标志、包装、运输和贮存

6.1 标志

本产品为易燃品，每个包装容器上应有清晰的符合 GB 190 中规定的易燃品标志。

每个包装容器上还应有清晰牢固的如下内容的标志：产品名称、生产厂名称、本标准号、生产日期、批号、净含量、商标、详细地址及联系电话。

6.2 包装

本产品应使用镀锌马口桶包装，每桶净含量 180 kg。也可根据用户要求采用其他包装方式。本产品在灌装时应注意流速，并有接地装置，防止静电积聚。装完后充氮密封，隔绝空气。

6.3 运输

本产品在运输时应防止猛烈撞击，轻装、轻卸，防止包装及容器损坏。同时应防雨、防晒，应备有遮蓬。

6.4 贮存

本产品应贮存于通风、阴凉、干燥的库房内，仓库温度不宜超过 30 ℃，防止阳光直射，远离火种及热源，保持容器密封，应与氧化剂分开存放。

在符合本标准规定的运输、贮存条件下，自生产之日起贮存期为 6 个月。

本产品超过贮存期后，按本标准规定检验合格后仍可使用。

附 录 A
（资料性附录）
二环戊基二甲氧基硅烷相对校正因子的测定

A.1 方法提要

配制与产品成分接近的含甲醇的二环戊基二甲氧基硅烷标准样品，按与测定样品相同的试验条件对标准样品进行测定，记录各组分的响应面积值，根据各组分的质量分数及各组分响应面积值计算甲醇相对于二环戊基二甲氧基硅烷的响应值之比即为其相对质量校正因子。其他已知和未知组分相对校正因子均采用二环戊基二甲氧基硅烷的相对校正因子。

A.2 试剂

A.2.1 甲醇[67-56-1]：色谱纯。

A.2.2 二环戊基二甲氧基硅烷[126990-35-0]：蒸馏后纯度大于99.92%未检出甲醇的样品。

A.3 校正因子的测定

在已知质量的100 mL容量瓶中加入二环戊基二甲氧基硅烷至标线附近，称量（精确至0.000 2 g），再用微量注射器加入甲醇100 μL立即称量（精确至0.000 2 g），充分摇匀。配制成校准用标准样品，按与测定样品相同的试验条件进行测定。标准样品有效期为0.5 d。

A.4 校正因子的计算

甲醇相对于二环戊基二甲氧基硅烷的校正因子按式（A.1）计算：

$$f_i = \frac{m_i b_i A_s}{m_s b_s A_i} \qquad \text{(A.1)}$$

式中：

m_i——标准样品中甲醇的质量的数值，单位为克(g)；

b_i——甲醇的纯度；

A_s——二环戊基二甲氧基硅烷的峰面积；

m_s——标准样品中二环戊基二甲氧基硅烷的质量的数值，单位为克(g)；

b_s——二环戊基二甲氧基硅烷的纯度；

A_i——甲醇的峰面积。

A.5 校正因子的定期测定

校正因子应定期测定，按鉴定周期或仪器状态发生变化时更换。

ICS 67.040
C 53

中华人民共和国国家标准

GB/T 24417—2009

聚氯乙烯保鲜膜中己二酸二异壬酯的测定 气相色谱法

Determination of diisononyl adipate in PVC wrap films—Gas chromatographic method

2009-09-30 发布　　2009-12-01 实施

中华人民共和国国家质量监督检验检疫总局
中国国家标准化管理委员会　发布

前言

本标准附录A、附录B均为资料性附录。

本标准由全国食品工业标准化技术委员会(SAC/TC 64)提出。

本标准由全国食品工业标准化技术委员会食品通用检测技术分技术委员会(SAC/TC 64/SC 8)归口。

本标准起草单位:大连市产品质量监督检验所、大连标准检测技术研究中心。

本标准主要起草人:姜俊、佟克兴、李海燕、姜子波、张敬波、周丽丽、周慧敏、霍晓敏。

聚氯乙烯保鲜膜中己二酸二异壬酯的测定
气相色谱法

1 范围

本标准规定了用气相色谱法测定聚氯乙烯(PVC)保鲜膜中己二酸二异壬酯(DINA)。

本标准适用于聚氯乙烯保鲜膜中己二酸二异壬酯的测定。

本方法的检出限为0.03 g/100 g,本方法的最低定量限为0.1 g/100 g。

2 规范性引用文件

下列文件中的条款通过本标准的引用而成为本标准的条款。凡是注日期的引用文件,其随后所有的修改单(不包括勘误的内容)或修订版均不适用于本标准,然而,鼓励根据本标准达成协议的各方研究是否可使用这些文件的最新版本。凡是不注日期的引用文件,其最新版本适用于本标准。

GB/T 6379.1 测量方法与结果的准确度(正确度与精密度) 第1部分:总则与定义

GB/T 6379.2 测量方法与结果的准确度(正确度与精密度) 第2部分:确定标准测量方法重复性与再现性的基本方法

3 方法提要

试样中的己二酸二异壬酯经正己烷提取后,用气相色谱-氢火焰检测器进行检测,采用外标法定量。

4 试剂和材料

4.1 正己烷:色谱纯。

4.2 己二酸二异壬酯(diisononyl adipate):纯度≥99%。

4.3 己二酸二异壬酯标准储备液(10 mg/mL):称取己二酸二异壬酯1 g(精确至0.000 1 g),用正己烷溶解后定容至100 mL。标准贮备液在4 ℃以下避光保存,保存期为3个月。

4.4 己二酸二异壬酯标准工作液:根据需要分别吸取不同体积的标准储备液,用正己烷稀释成浓度分别为0、0.02、0.10、0.40、1.00、2.00 mg/mL的标准系列工作液。该标准工作液即配即用。

4.5 有机滤膜:0.45 μm。

5 仪器与设备

5.1 气相色谱仪:配有氢火焰检测器。

5.2 分析天平:感量0.1 mg。

5.3 超声波清洗器。

6 试样制备

将实验室样品剪成小于1 cm^2 的碎片后混合均匀,分出50 g作为试样,贮存于洁净的玻璃容器中备用。

7 分析步骤

7.1 提取

称取已制备好的试样约 1 g(准确至 0.001 g)于 50 mL 玻璃容量瓶中,加入正己烷定容至刻度,超声提取 20 min,冷却至室温后再定容至刻度,样液经 0.45 μm 有机滤膜过滤,供气相色谱测定。

7.2 测定

7.2.1 色谱条件

a) 色谱柱:HP-5[1]石英毛细管柱 30 m×0.32 mm×0.25 μm(或相当者);

b) 色谱柱温度:初始温度 150 ℃,以 10 ℃/min 速率升至 255 ℃保持 4 min,再以 25 ℃/min 速率升至 280 ℃保持 5 min;

c) 进样口温度:260 ℃;

d) 检测器温度:280 ℃;

e) 载气:高纯氮,流速 2.5 mL/min;

f) 空气流速:400 mL/min;

g) 氢气流速:45 mL/min;

h) 进样量:1 μL;

i) 进样方式:不分流进样。

7.2.2 定量及定性测定

在仪器最佳工作条件下,对标准工作溶液(4.4)分别进样,以峰面积为纵坐标、标准溶液浓度为横坐标绘制标准工作曲线,用标准工作曲线对样品进行定量,样品溶液中待测物的响应值均应在仪器测定的线性范围内。在上述色谱条件下己二酸二异壬酯色谱图参见附录 A。

如果对定性结果有疑议,则需进一步用气相色谱/质谱联用仪进行确证,质谱确证条件参见附录 B。

7.3 平行实验

按以上步骤,对同一试样进行平行试验测定。

7.4 空白试验

除不称取试样外,均按上述步骤同时完成空白试验。

8 结果计算

按式(1)计算样品中己二酸二异壬酯含量:

$$X = \frac{c \times V}{m \times 1\,000} \times 100 \qquad \cdots\cdots(1)$$

式中:

X——样品中己二酸二异壬酯含量,单位为克每百克(g/100 g);

c——由标准曲线得出的样液中己二酸二异壬酯的浓度,单位为毫克每毫升(mg/mL);

V——样液定容体积,单位为毫升(mL);

m——样品质量,单位为克(g)。

计算结果保留三位有效数字。

9 精密度

9.1 一般规定

本标准的精密度数据是按照 GB/T 6379.1 和 GB/T 6379.2 的规定确定的,重复性和再现性的值

1) 试验用色谱柱型号仅供参考,并不涉及商业目的,鼓励标准使用者尝试采用不同厂家或型号的色谱柱。

以95%的可信度来计算。

9.2 重复性

在重复性条件下，获得的两次独立测试结果的绝对差值不超过重复性限(r)，如果差值超过重复性限，应舍弃试验结果并重新完成两次单个试验的测定，含量范围及重复性方程见表1。

表1 含量范围及重复性和再现性方程

己二酸二异壬酯含量范围/(g/100 g)	重复性限 r	再现性限 R
0.1～20	$r=0.0338m+0.0289$	$R=0.0951m-0.0531$
注：m 为两次测定结果的算术平均值。		

9.3 再现性

在再现性条件下，获得的两次独立测试结果的绝对差值不超过再现性限(R)，如果差值超过再现性限，应舍弃试验结果并重新完成两次单个试验的测定，含量范围及再现性方程见表1。

10 回收率

标准添加浓度为0.1 g/100 g～20.0 g/100 g时，回收率在96.8%～106.2%之间。

附　录　A
（资料性附录）
色谱图示例

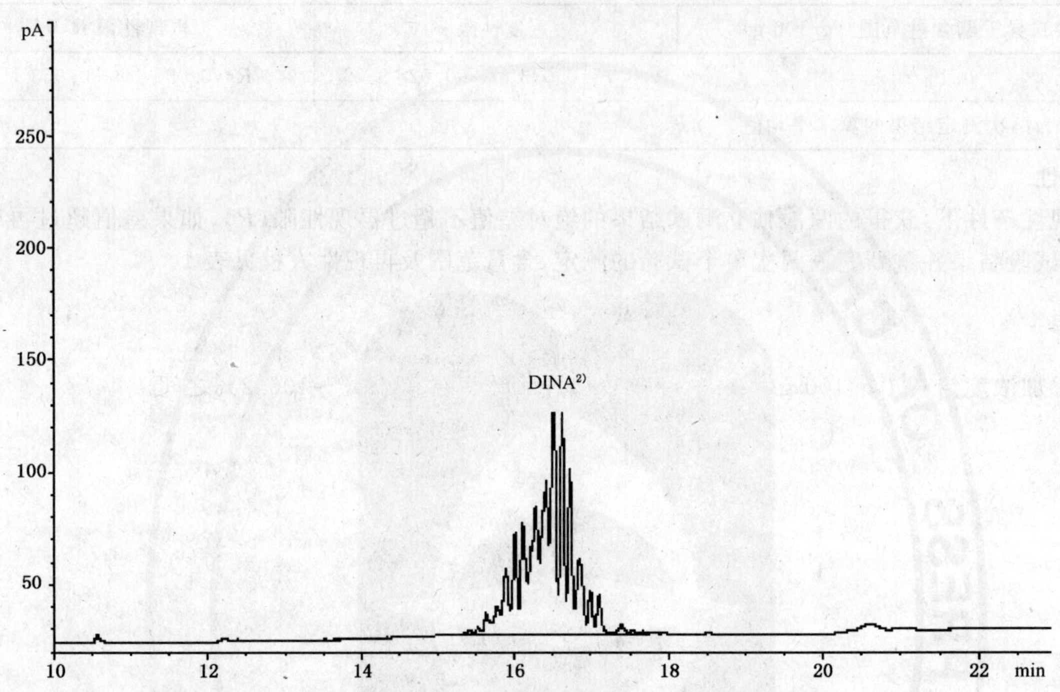

图 A.1　200 μg/mL 的己二酸二异壬酯标准溶液的气相色谱图

2)　DINA 的保留时间为 15.35 min～17.76 min。

附 录 B
（资料性附录）
气相色谱/质谱确证参考条件

B.1 气相色谱/质谱确证参考条件

色谱柱：HP-5MS 弹性石英毛细管柱 30 m×0.25 mm×0.25 μm（或相当者）；

色谱柱温度：初始温度 120 ℃，以 10 ℃/min 速率升至 270 ℃保持 3.5 min，再以 30 ℃/min 速率升至 280 ℃保持 5 min；

进样口温度：260 ℃；

接口温度：280 ℃；

离子源(EI)温度：230 ℃；

四极杆温度：150 ℃；

载气流速：1.0 mL/min；

进样量：1 μL；

进样方式：不分流进样；

选择离子：255，256，273。

B.2 标准物质谱图

20 μg/mL 的 DINA 标准溶液的选择离子监测总离子流图和选择离子质谱图分别见图 B.1 和图 B.2。

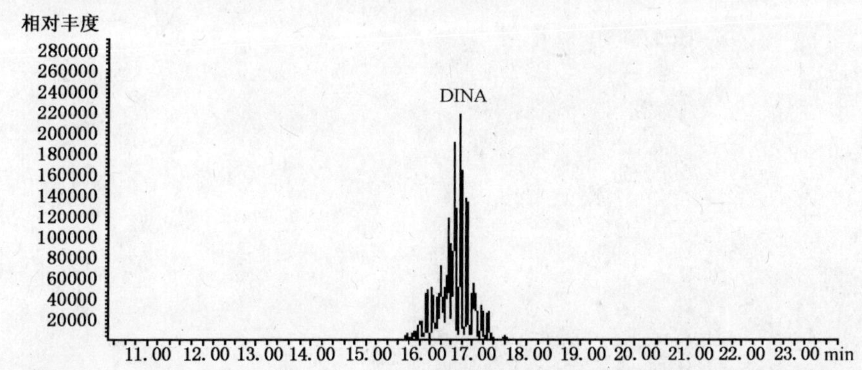

图 B.1 20 μg/mL 的 DINA 标准溶液的选择离子监测总离子流图

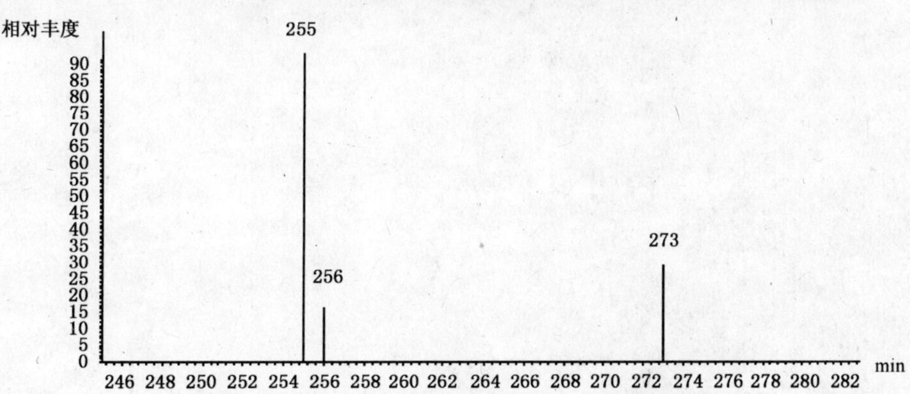

图 B.2 DINA 标准溶液的选择离子质谱图

ICS 03.220.40;93.140
R 63

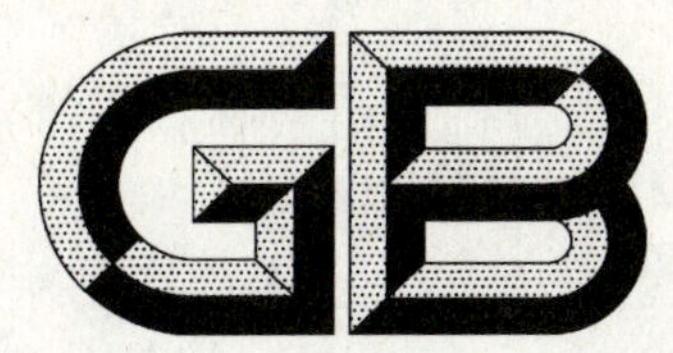

中华人民共和国国家标准

GB 24418—2009

中国海区可航行水域桥梁助航标志

Aids to navigation on the bridge over maritime navigable waters, China

2009-09-30 发布　　2010-02-01 实施

中华人民共和国国家质量监督检验检疫总局
中国国家标准化管理委员会　发布

前 言

本标准的全部技术内容为强制性。

本标准对应于国际航标协会《可航行水域固定桥梁标识的建议》中 A 区域原则，本标准与国际航标协会《可航行水域固定桥梁标识的建议》一致性程度为非等效。

本标准的附录 A、附录 B 均为资料性附录。

本标准由中华人民共和国海事局提出。

本标准由中华人民共和国交通部航测标准化技术委员会归口。

本标准主要起草单位：中华人民共和国海事局、广东海事局、上海海事局。

本标准主要起草人：金胜利、张性平、聂乾震、杨有良、吴海明、杨罗桂、周懿宗、黄纯。

中国海区可航行水域桥梁助航标志

1 范围

本标准规定了中国海区可航行水域桥梁助航标志的种类、功能、形状、尺寸、颜色、灯质和设置规则。

本标准适用于在中国海区及其港口、通海河口可航行水域的桥梁(包括跨越可航行水域的铁路、道路、管路和渡槽等固定建筑物)上所设置的助航标志。

2 规范性引用文件

下列文件中的条款通过本标准的引用而成为本标准的条款。凡是注日期的引用文件,其随后所有的修改单(不包括勘误的内容)或修订版均不适用于本标准,然而,鼓励根据本标准达成协议的各方研究是否可使用这些文件的最新版本。凡是不注日期的引用文件,其最新版本适用于本标准。

GB 4696 中国海区水上助航标志

3 术语和定义

下列术语和定义适用于本标准。

3.1

桥梁助航标志 aids to navigation on bridges

为保障桥梁和船舶航行安全,具有示位、警告危险和指示交通等功能,设置于桥梁上的视觉、音响和无线电航标。

4 视觉航标

4.1 标志分类

视觉航标包括双向通航桥孔标志、通航桥孔左侧标志、通航桥孔右侧标志、单向通航桥孔标志、桥孔禁航标志和桥墩警示标志。

4.2 双向通航桥孔标志

4.2.1 双向通航桥孔标志设置在双向通航桥孔的桥桁上,标示桥孔下航道的中线。

4.2.2 双向通航桥孔标志形状和颜色如图 1 所示。

图 1

4.2.3 双向通航桥孔标志的特征应符合表 1 的规定。

表 1

双向通航桥孔标志特征		
日间标识	颜色	白色底,绿色箭头
	形状	正方形标牌,两平行上下箭头
夜间标识	灯质	绿色,定光
	形状	显形两平行上下箭头

4.3 通航桥孔左、右侧标志

4.3.1 通航桥孔左、右侧标志设置在通航桥孔桥桁上,标示桥孔下航道的左、右侧边界。

4.3.2 通航桥孔左、右侧标志形状、颜色和灯质如图 2 所示。

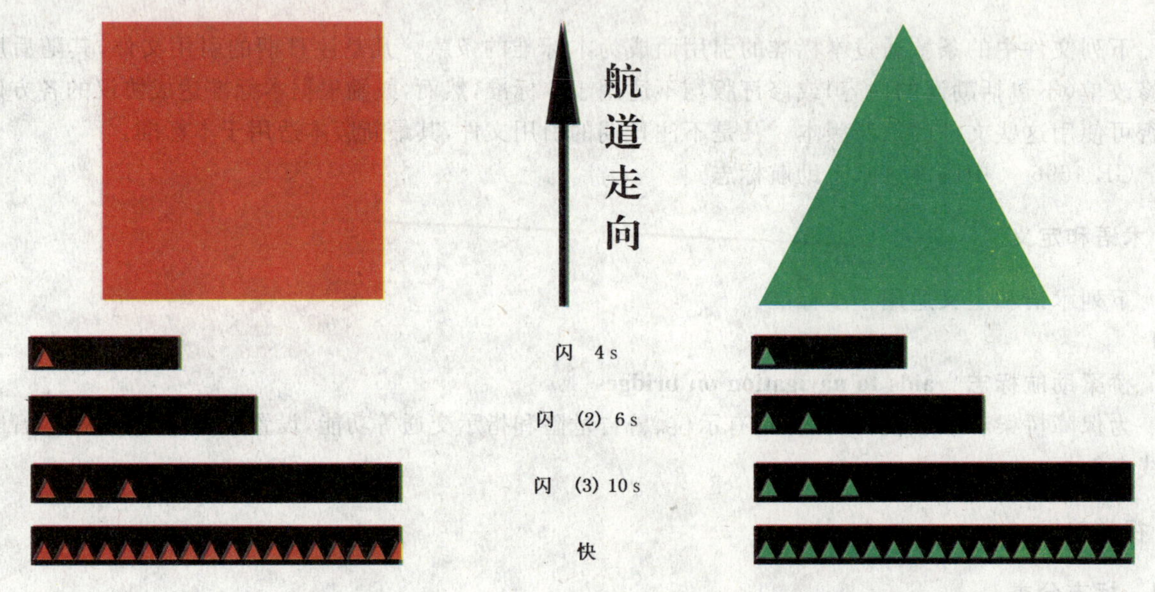

图 2

4.3.3 通航桥孔左、右侧标志的特征应符合表 2 的规定。

表 2

特征		通航桥孔左侧标志	通航桥孔右侧标志
日间标识	颜色	红色	绿色
	形状	实心正方形标牌	尖端向上的实心正三角形标牌
夜间标识	灯质	红光,单闪,周期 4 s	绿光,单闪,周期 4 s
		红光,联闪 2 次,周期 6 s	绿光,联闪 2 次,周期 6 s
		红光,联闪 3 次,周期 10 s	绿光,联闪 3 次,周期 10 s
		红光,连续快闪	绿光,连续快闪

4.4 单向通航桥孔标志

4.4.1 单向通航桥孔标志设置在单向通航的桥孔通航侧的桥桁上,标示桥孔下航道的中线,表示该桥孔为单向通航桥孔。

4.4.2 单向通航桥孔标志形状、颜色如图 3 所示。

图 3

4.4.3 单向通航桥孔标志的特征应符合表 3 的规定。

表 3

单向通航桥孔标志特征		
日间标识	颜色	白色底,绿色箭头
	形状	正方形标牌,向上箭头
夜间标识	灯质	绿色,定光
	形状	显形向上箭头

4.5 桥孔禁航标志

4.5.1 桥孔禁航标志设置在桥桁上,表示禁止驶入。

4.5.2 桥孔禁航标志形状、颜色如图 4 所示。

图 4

4.5.3 桥孔禁航标志的特征应符合表 4 的规定。

表 4

桥孔禁航标志特征		
日间标识	颜色	黄色底,红色交叉
	形状	正方形标牌,"×"形
夜间标识	灯质	定光,红色
	形状	"×"形

4.6 桥墩警示标志

4.6.1 桥墩警示标志设置在通航桥孔桥墩或桥墩的防撞设施上,标示桥墩或桥墩防撞设施。

4.6.2 桥墩警示标志形状、颜色和灯质如图 5 所示。

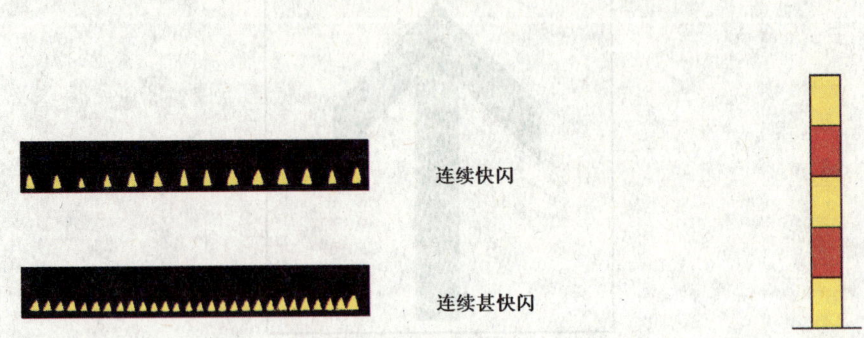

图 5

4.6.3 桥墩警示标志的特征应符合表 5 的规定。

表 5

桥墩警示标志特征		
日间标识	颜色	黄色与红色相间
	形状	杆形
夜间标识	灯质	连续快闪,黄光
		连续甚快闪,黄光

4.7 **视觉航标**

视觉航标标志标牌尺寸参见附录 A。

5 音响航标

5.1 可以用一座或多座雾号向航行者警告接近桥梁。

5.2 如果在同一桥梁上的不同位置安装雾号,则它们的信号特征应相互区别。

6 无线电航标

6.1 无线电航标可用来标示通航桥孔的航道中线,设置在通航桥孔中央位置或附近。

6.2 应考虑无线电航标的技术局限,注意其回波信号不能遮蔽其他目标的回波。

7 设置规则

7.1 下列设置规则应与 GB 4696 等标准配套执行,并结合桥区水域的通航环境和相关规定经综合安全评估后进行设置。

7.2 双向通航桥孔应在桥梁两面设置双向通航桥孔标志,通航桥孔左、右侧标志和桥墩警示标志;单向通航桥孔应在桥孔通航侧设置单向通航桥孔标志,通航桥孔左、右侧标志和桥墩警示标志,在禁止驶入一侧设置桥孔禁航标志和桥墩警示标志;桥梁助航标志设置示例参见附录 B。

通航桥孔跨度较小时,且已经设置桥墩警示标志的,经过安全评估后,可不设通航桥孔左、右侧标志。

7.3 桥梁建筑物颜色与视觉航标标牌颜色之间应有明显的反差。

7.4 桥梁助航标志的安装不得影响桥孔的通航净空。

7.5 通行 5 000 吨级及以上船舶的通航桥孔,其标牌的日间显形距离应不小于 1 n mile,夜间显形距离不小于 0.5 n mile;其他通航桥孔的标牌日间显形距离应不小于 0.5 n mile。

7.6 通行 5 000 吨级及以上船舶的通航桥孔,其视觉航标灯光射程应不小于 3 n mile;其他通航桥孔的视觉航标灯光射程应不小于 1 n mile。

8 海区可航行水域桥梁助航标志的编号

同一座桥梁上的桥梁助航标志应顺航道走向，自左向右进行连续编号。桥梁助航标志名称编制规则为：桥梁名称＋阿拉伯数字编号。

附 录 A
（资料性附录）
海区可航行水域桥梁助航标志标牌尺寸

A.1 双向通航桥孔中央标志

A.1.1 两箭杆距离不小于正方形标牌边长的30%，箭杆长不小于边长的95%，箭杆宽为边长的10%。

A.1.2 箭羽与箭杆成45°，箭羽长应为边长的40%，箭羽宽度与箭杆相等，应为边长的10%。

A.1.3 双向通航桥孔中央标志尺寸如图A.1所示。

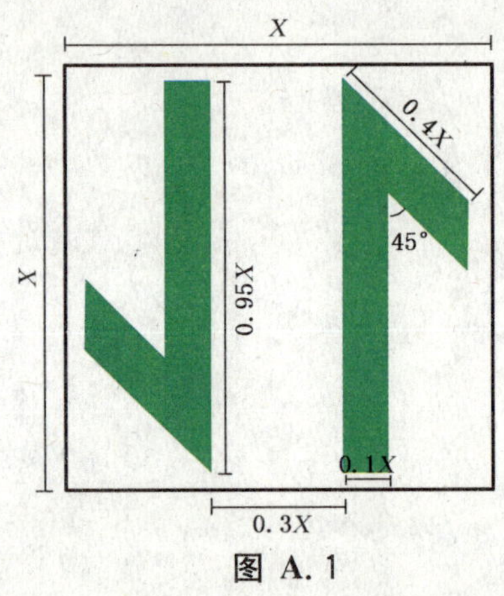

图 A.1

A.2 通航桥孔左、右侧标志

A.2.1 通航桥孔右侧标志三角形标牌边长应为通航桥孔左侧标志正方形标牌边长的120%。

A.2.2 通航桥孔左、右侧标志尺寸如图A.2所示。

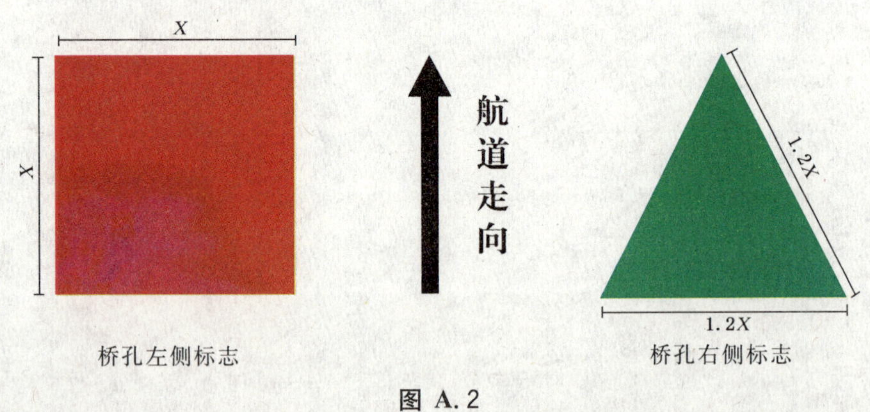

图 A.2

A.3 单向通航桥孔标志

A.3.1 箭羽与箭杆成45°，箭羽和箭杆宽度相同，应为正方形标牌边长的12%，箭杆长不小于边长的95%，箭羽长为边长的40%。

A.3.2 单向通航桥孔标志尺寸如图A.3所示。

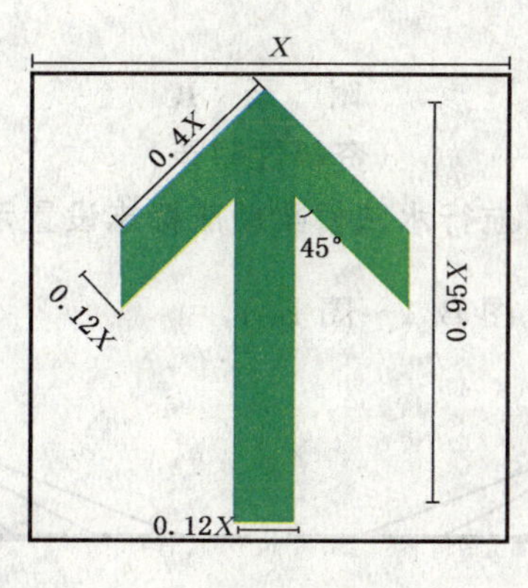

图 A.3

A.4 桥孔禁航标志

A.4.1 两交叉色带互相垂直，且均与正方形标牌底边成45°，色带宽相等，均应为边长的12%。

A.4.2 桥孔禁航标志尺寸如图 A.4 所示。

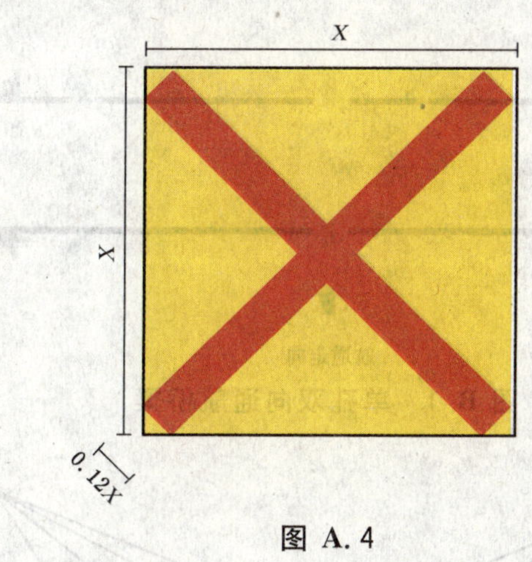

图 A.4

A.5 桥墩警示标志

A.5.1 各色带的高度应相等，且宽度应为高度的50%～100%。

A.5.2 桥墩警示标志尺寸如图 A.5 所示。

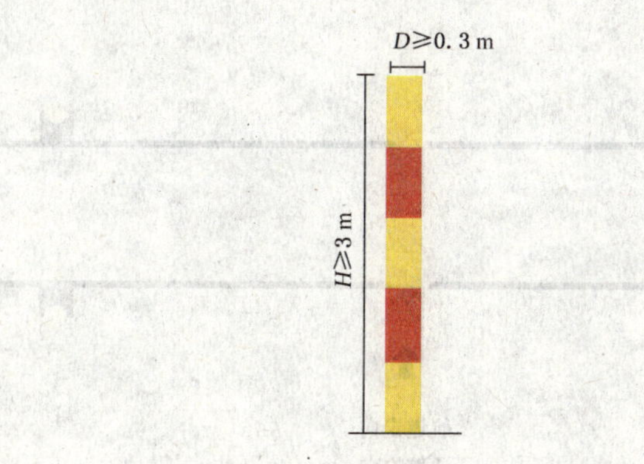

图 A.5

附　录　B
（资料性附录）
海区可航行水域桥梁助航标志设置示意图

海区通航桥梁助航标志的设置见图 B.1～图 B.4。

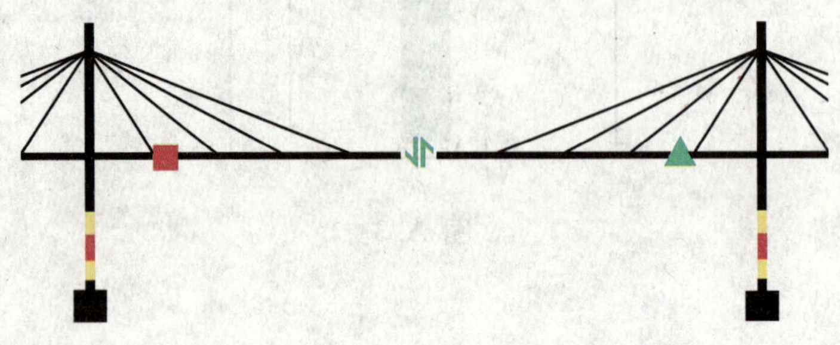

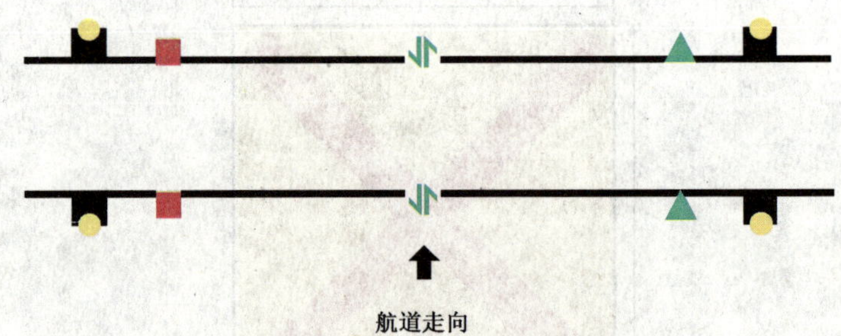

图 B.1　单孔双向通航桥梁

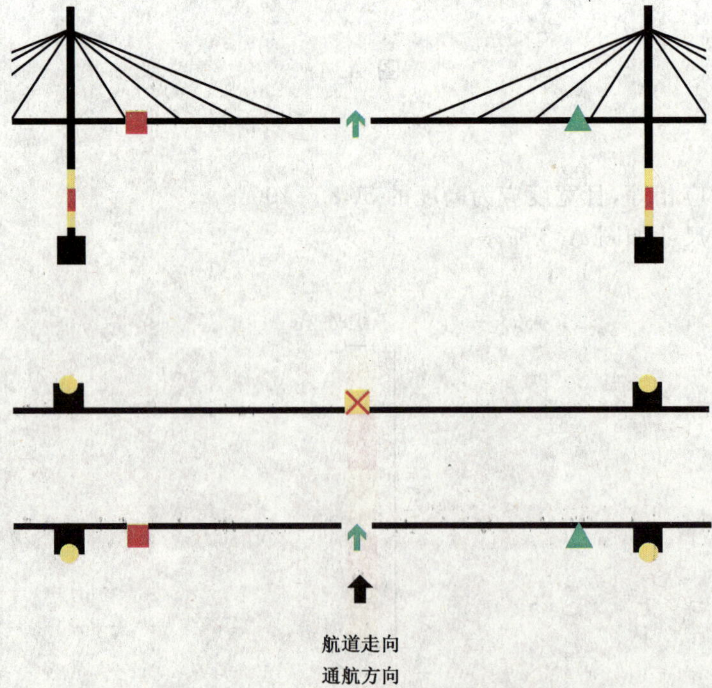

图 B.2　单孔单向通航桥梁

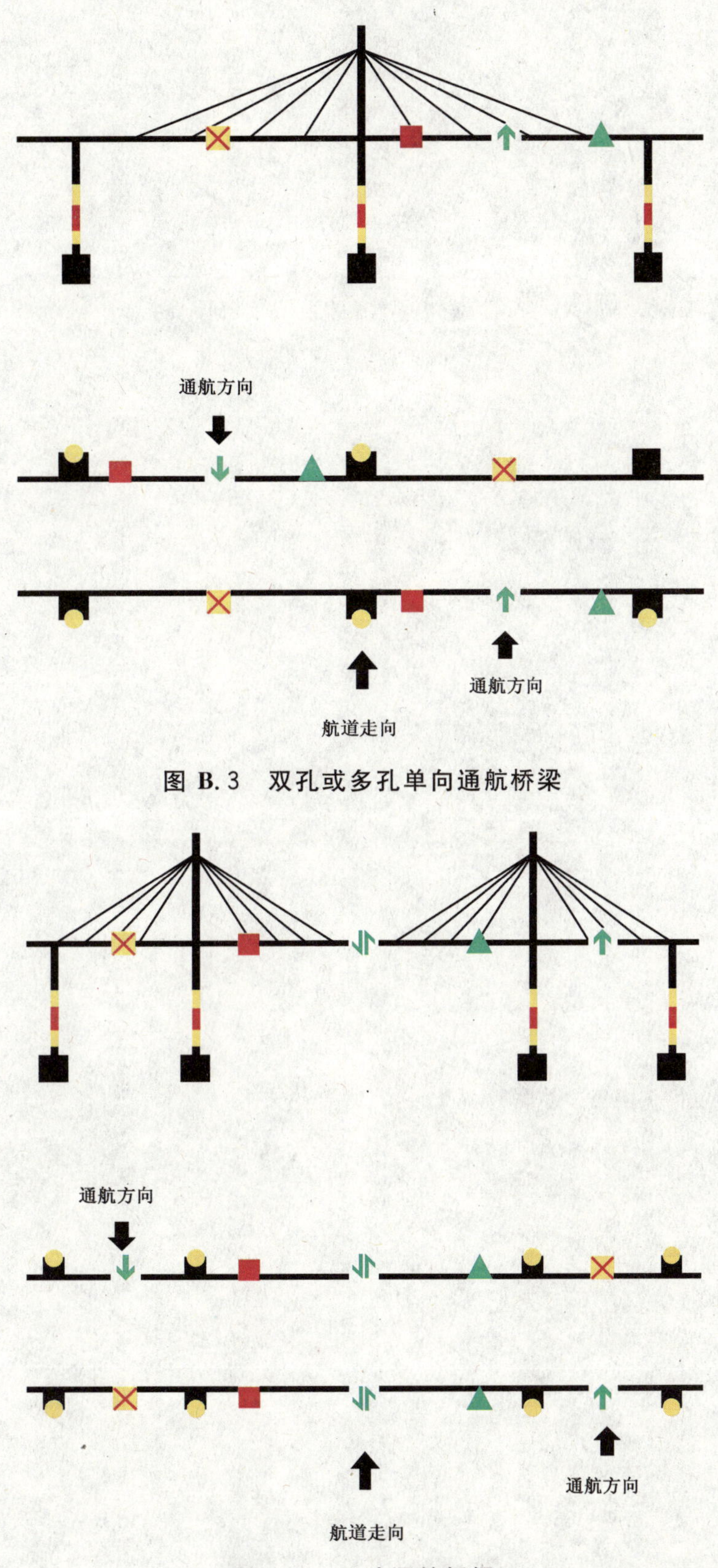

图 B.3 双孔或多孔单向通航桥梁

图 B.4 三孔通航桥梁

ICS 03.220.20
R 10

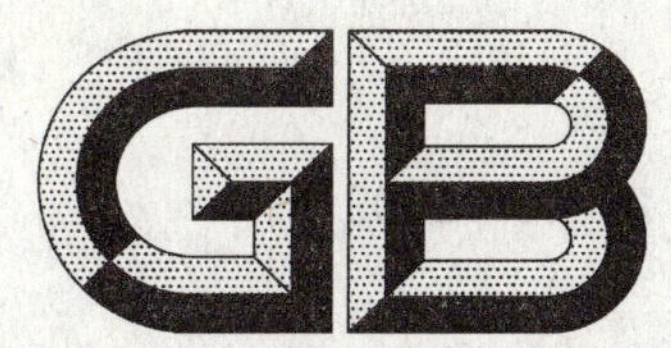

中华人民共和国国家标准

GB/T 24419—2009

中华人民共和国
国际道路运输车辆国籍识别标志

Nationality identification for international road transportation vehicle of the People's Republic of China

2009-09-30 发布　　　　2010-02-01 实施

中华人民共和国国家质量监督检验检疫总局
中国国家标准化管理委员会　发布

前　言

本标准由中华人民共和国交通运输部提出。

本标准由中华人民共和国交通运输部公路司归口。

本标准起草单位：交通部公路科学研究院、新疆维吾尔自治区道路运输管理局、广西壮族自治区道路运输管理局、黑龙江省口岸汽车运输管理办公室。

本标准主要起草人：谢家举、刘美银、许宝利、张红卫、刘建农、董金松、任存新、张楠、黄伟江、付健、宋健、李文阁、李肖灏、栾玉斌。

中华人民共和国
国际道路运输车辆国籍识别标志

1 范围

本标准规定了中华人民共和国国际道路运输车辆国籍识别标志(以下简称“车辆国籍识别标志”)的分类、式样、编号规定、技术要求、试验方法、检验规则、包装和运输及安装与放置要求等。

本标准适用于我国从事国际道路运输的客货运输车辆。

2 规范性引用文件

下列文件中的条款通过本标准的引用而成为本标准的条款。凡是注日期的引用文件,其随后所有的修改单(不包括勘误的内容)或修订版均不适用于本标准,然而,鼓励根据本标准达成协议的各方研究是否可使用这些文件的最新版本。凡是不注日期的引用文件,其最新版本适用于本标准。

GB/T 2260 中华人民共和国行政区划代码

GB/T 3880.1 一般工业用铝及铝合金板、带材 第1部分:一般要求

GB/T 3880.2 一般工业用铝及铝合金板、带材 第2部分:力学性能

GB/T 15514 中华人民共和国口岸及相关地点代码

GA 666—2006 机动车号牌用反光膜

3 车辆国籍识别标志分类

3.1 车辆国籍识别标志“CHN”为“中国”英文“China”的缩写。

3.2 车辆国籍识别标志分为长期性车辆国籍识别标志和一次性车辆国籍识别标志两类。

4 车辆国籍识别标志式样

4.1 长期性车辆国籍识别标志

4.1.1 长期性车辆国籍识别标志宜为铝质标志牌,其内容及要求应符合表1的规定。

表1 长期性车辆国籍识别标志内容与要求

项目		要求
外形		椭圆形
尺寸(长轴×短轴)/(mm×mm)		240×145
正面	内容	国籍标志“CHN”
	位置	“CHN”字符水平方向、垂直方向居中
	字体	“CHN”字符为 Arial Black 字体
	字号及间距	“CHN”字符字号为180,字符间距为12 mm
	颜色	正面应使用反光膜,反光膜的背景颜色为红色,字体与边框颜色为黄色
	式样	符合4.1.2的规定

4.1.2 长期性车辆国籍识别标志正面式样见图1。

单位为毫米

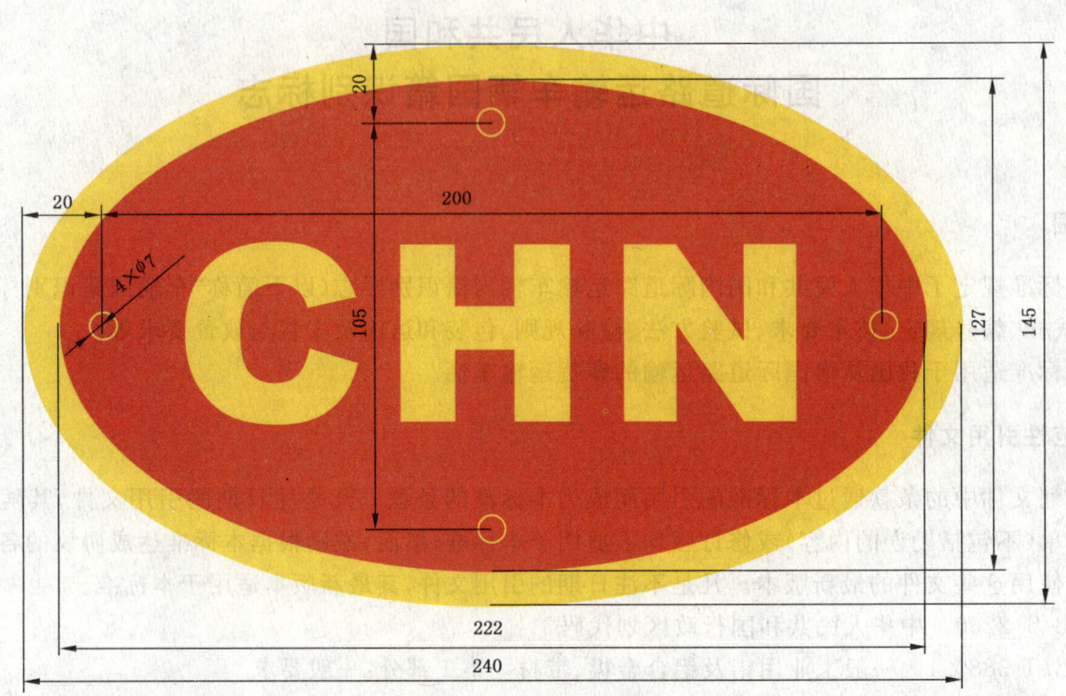

图 1 铝质标志牌正面式样

4.1.3 长期性车辆国籍识别标志的喷涂要求

长期从事国际道路客货运输的车辆，可将长期性车辆国籍识别标志式样放大 3 倍后喷涂。

注：长期性车辆国籍识别标志式样中的安装孔在喷涂时不作要求。

4.2 一次性车辆国籍识别标志

4.2.1 一次性车辆国籍识别标志为纸质标志卡。纸质标志卡正面内容及要求应符合表 2 的规定。

表 2 纸质标志卡正面内容与要求

项目		要求
外形		长方形
尺寸(长×宽)/(mm×mm)		240×145
纸质标志卡正面	内容	国籍标志“CHN”
	位置	“CHN”字符水平、垂直分别居中，见图 2
	字体	“CHN”字符为 Arial Black 字体
	字号及字间距	“CHN”字符字号为 180，字符间距为 12 mm
	颜色	长轴、短轴分别为 240 mm、145 mm 的椭圆和长、宽分别为 240 mm、145 mm 的矩形之间没有使用反光膜区域的颜色为白色，其余部分使用反光膜部分背景颜色为红色、字体与边框颜色为黄色
	式样	符合 4.2.2 规定
	其他	其他未说明尺寸参数与长期性车辆国籍识别标志参数相同

4.2.2 纸质标志卡正面式样见图 2。

单位为毫米

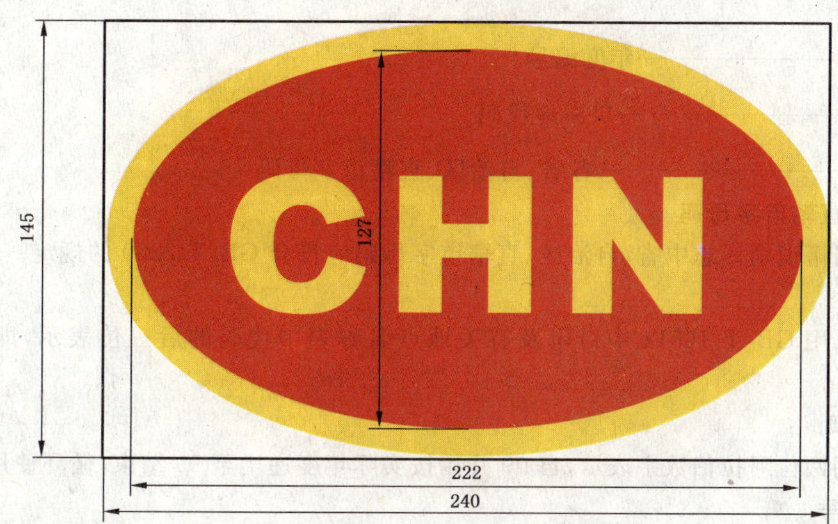

图 2 纸质标志卡正面式样

4.2.3 纸质标志卡背面应符合表 3 的规定。

表 3 纸质标志卡背面内容与要求

<table>
<tr><th colspan="2">项目</th><th>要求</th></tr>
<tr><td colspan="2">外形及尺寸(长×宽)/(mm/mm)</td><td>长方形,170×100</td></tr>
<tr><td colspan="2">数量</td><td>1</td></tr>
<tr><td rowspan="2">纸质标志卡
背面</td><td>内容与式样</td><td>内容符合 4.2.4 规定。
规格要求:
文字、符号的字体和字号:黑体,4 号;
表格尺寸:第 1 行～第 5 行行高(mm):14;第 1 列宽(mm):26;第 3 行第 2 列～5 列宽(mm)分别为:43、16、43、27。表格边框为 1.5 磅黑色,内部边框为 0.5 磅黑色</td></tr>
<tr><td>使用要求</td><td>印制于标志卡背面,水平及垂直分别居中</td></tr>
</table>

4.2.4 纸质标志卡背面式样见图 3。

<table>
<tr><td>编　号</td><td colspan="5"></td></tr>
<tr><td>车籍单位</td><td colspan="5"></td></tr>
<tr><td>车牌号</td><td></td><td>车型</td><td></td><td>吨(座)位</td><td></td></tr>
<tr><td>区域路线</td><td colspan="5">自　　　　　　　　　　至</td></tr>
<tr><td>有效期限</td><td colspan="5">自　　年　　月　　日起至　　年　　月　　日止</td></tr>
<tr><td>签发机关</td><td colspan="5">(公章)
年　　月　　日</td></tr>
</table>

图 3 纸质标志卡背面式样

5 车辆国籍识别标志编号规定

5.1 车辆国籍识别标志编号内容

一次性车辆国籍识别标志编号内容如下:

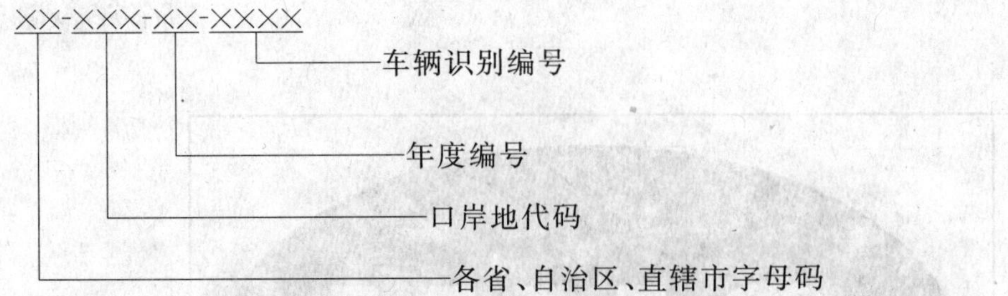

5.2 省、自治区、直辖市字母码

一次性车辆国籍识别标志中省、自治区、直辖市字母码应符合 GB/T 2260 的规定。

5.3 口岸地代码

口岸地代码采用 GB/T 15514 中口岸及有关地点名称表中代码的后三位表示，即除 CN 之外的代码。

5.4 年度编号规则

年度编号采用两位阿拉伯数字表示，自 00 开始按实际年度递增至 99 结束，循环使用。

5.5 车辆识别编号

车辆识别编号为 4 位，由数字或数字与字母组合而成，其中字母“O”和“I”不可使用，具体组合方式见表 4。

表 4 编号用字母和数字组合方式

序号	数字和字母组合方式
1	每一位都是数字
2	第一位是字母，其余是数字
3	第二位是字母，其余是数字
4	第一位和第二位是字母，其余是数字

6 技术要求

6.1 材料

6.1.1 基材

6.1.1.1 长期性车辆国籍识别标志宜采用厚度为 1.0 mm～2.0 mm 的铝质材料，材料应符合 GB/T 3880.1 和 GB/T 3880.2 的规定。

6.1.1.2 一次性车辆国籍识别标志应采用 250 g 白卡纸，打印后可用塑封膜塑封。

6.1.2 表面材料

车辆国籍识别标志应使用符合 GA 666 相关规定的反光膜。

6.2 车辆国籍识别标志外观

车辆国籍识别标志的外观要求如下：

a) 车辆国籍识别标志的正面应清晰、整齐、平滑、光洁、着色均匀，不应有明显的皱纹、气泡、颗粒杂质等缺陷或损伤；
b) 长期性车辆国籍识别标志的字符和加强筋边缘不应有断裂；
c) 车辆国籍识别标志反光面不同反光区域的反光效果应均匀；
d) 长期性车辆国籍识别标志背面应有生产厂家名称和批号。

6.3 尺寸

各部尺寸应符合第 4 章要求，误差不大于±1 mm。长期性车辆国籍识别标志周边应有凸起值为 1.0 mm～1.3 mm 的加强筋，字符应凸出牌面 1.0 mm～1.3 mm，且与加强筋高度相同。

6.4 逆反射性能

车辆国籍识别标志反光面的逆反射系数值应不低于 GA 666—2006 中 4.3 的规定。

6.5 色度性能

车辆国籍识别标志反光面颜色的色度性能应符合 GA 666—2006 中 4.4 的规定。

6.6 附着性能

长期性车辆国籍识别标志反光膜应与基材附着牢固,按 7.6 规定的方法试验时反光膜背胶的剥离强度应不小于 30 N。

6.7 耐温性能

长期性车辆国籍识别标志按 7.7 规定的方法试验后,不得有开裂、剥落、碎裂或者翘曲现象。

6.8 耐盐水腐蚀性能

长期性车辆国籍识别标志按 7.8 规定的方法试验后,其表面和基材不应出现褪色、变色、掉色、软化、皱纹、起泡、开裂、起层、卷边或被浸蚀的痕迹。

6.9 抗溶剂性能

长期性车辆国籍识别标志按 7.9 规定的方法试验后,其表面不应出现褪色、变色、掉色、软化、皱纹、起泡、开裂、起层、卷边或被浸蚀的痕迹。

6.10 耐弯曲性能

长期性车辆国籍识别标志按 7.10 规定的方法试验后,其表面不应有裂缝、剥落、层间分离等损坏现象。

6.11 耐冲击性能

长期性车辆国籍识别标志按 7.11 规定的方法试验后,其表面除冲击点外不应有破裂、层间脱落等现象。

6.12 抗风沙性能

长期性车辆国籍识别标志应能抵御风沙,按 7.12 规定的试验方法试验后表面不应有破损、凹陷、剥落、掉色、划痕等缺陷。

7 试验方法

7.1 材料检查

在照度大于 150 lx 的白天环境中,目视检查车辆国籍识别标志的材质。

7.2 外观测试

在照度大于 150 lx 的白天环境中,目测检查车辆国籍识别标志的外观。

7.3 尺寸测量

用长度测量工具测量车辆国籍识别标志的尺寸。

7.4 逆反射性能试验

车辆国籍识别标志反光面的逆反射性能按照 GA 666—2006 中 5.3 规定的方法进行测试。

7.5 色度性能试验

车辆国籍识别标志反光面颜色的色度性能按 GA 666—2006 中 5.4 规定的方法进行测试。

7.6 附着性能试验

长期性车辆国籍识别标志反光膜的附着性能按 GA 666—2006 中 5.10 规定的方法进行测试。

7.7 耐温性能试验

7.7.1 将长期性车辆国籍识别标志置于(60±2)℃的烘箱中 7 h 后,取出放置在常温中 1 h,检查并记录试验结果。

7.7.2 将长期性车辆国籍识别标志置于人工降温(−40±3)℃条件下 15 h 后取出,放置在常温中 1 h,检查并记录试验结果。

7.8 耐盐水腐蚀性能试验

将长期性车辆国籍识别标志置于浓度为(5±1)%(质量百分比)的氯化钠溶液中 24 h后,取出擦干放置在常温中 1 h,检查并记录试验结果。

7.9 抗溶剂性能试验

将长期性车辆国籍识别标志分别浸入 SAE40、－20 号柴油和 70 号以上汽油中 30 min 后,取出擦干放置在常温中 1 h,检查并记录试验结果。

7.10 耐弯曲性能试验

将长期性车辆国籍识别标志正面向外,绕在直径为 20 mm 的圆钢棒上弯曲 90°后,检查并记录试验结果。

7.11 耐冲击性能试验

将长期性车辆国籍识别标志放置在坚固的平台上,用质量为 0.25 kg 实心钢球,从 2 m 高处自由落下至标志牌正面一次,落点尽可能在长期性车辆国籍识别标志平整部位,检查并记录试验结果。

7.12 抗风沙性能试验

将长期性车辆国籍识别标志与水平成 45°放置,正面朝向鼓风机,长期性车辆国籍识别标志与鼓风机距离 1 m。鼓风机在 1 min 内将 2 L 干燥的沙子吹向长期性车辆国籍识别标志正面,沙粒大小为 30 目,风速 15 m/s。重复进行 10 次后,检查并记录试验结果。

8 检验规则

8.1 检验分类

8.1.1 出厂检验

每件产品均应进行出厂检验,出厂检验由生产企业的质检部门依据表 5 规定的出厂检验项目进行。

8.1.2 型式检验

凡属下列情况之一时,应进行型式试验:

a) 新产品或老产品转产或转厂的试制定型;

b) 停产后复产;

c) 车辆国籍识别标志使用的基材和反光膜型号以及生产工艺发生变化;

d) 国家有关产品质量监督检测机构或交通管理部门提出要求。

8.2 检验项目

出厂检验和型式检验的检验项目见表 5。

表 5 车辆国籍识别标志检验项目表

序号	检验项目	出厂检验	型式检验
1	材料检查	△	△
2	外观测试	△	△
3	尺寸测量	△	△
4	逆反射性能试验		△
5	色度性能试验		△
6	附着性能试验		△
7	耐温性能试验		△
8	耐盐水腐蚀性能试验		△
9	抗溶剂性能试验		△

表 5（续）

序号	检验项目	出厂检验	型式检验
10	耐弯曲性能试验		△
11	耐冲击性能试验		△
12	抗风沙性能		△
注：“△”为检验项目。			

9 包装和运输

9.1 每面长期性车辆国籍识别标志装入一个包装袋，包装袋之间应加柔软衬垫，包装袋应注明标志牌种类、生产厂名称和地址等信息。

9.2 每 50 面长期性车辆国籍识别标志为一整包装箱，应采用防潮纸板箱或木箱加封包装。箱内应有检验合格证及装箱单。

9.3 包装箱需标明：

——制造厂名称和地址；

——车辆国籍识别标志的数量；

——出厂日期。

9.4 在运输过程中应防雨防潮。

10 安装与放置要求

10.1 长期从事国际道路运输的客货车辆每车应使用一副标志牌，固定在车前、车后显著位置，保持清晰、完整。

10.2 长期性车辆国籍识别标志放大号可在车辆左右两侧的适当位置进行喷涂，每侧仅限一个。

10.3 短期从事国际道路运输的客货车辆每车使用一面纸质标识卡，放置于驾驶室前风挡玻璃右侧。

ICS 03.100.01
A 02

中华人民共和国国家标准

GB/T 24420—2009

供应链风险管理指南

Supply chain risk management guideline

2009-09-30 发布

2009-12-01 实施

中华人民共和国国家质量监督检验检疫总局
中国国家标准化管理委员会 发布

前　言

本标准在GB/T 24353—2009《风险管理　原则与实施指南》的指导下，参考了国际航空航天质量标准(IAQS)9134、美国机动车工程师协会标准SAE ARP 9134和欧洲航空航天工业协会标准AECMA EN 9134《供应链风险管理指南》等标准的技术内容。

本标准的附录A、附录B、附录C、附录D为资料性附录。

本标准由中国标准化研究院提出。

本标准由全国风险管理标准化技术委员会(SAC/TC 310)归口。

本标准起草单位：中国标准化研究院、深圳市标准技术研究院、中国航空综合技术研究所、第一会达风险管理科技有限公司、北京理工大学、中国科学院科技政策与管理科学研究所。

本标准主要起草人：高晓红、汪邦军、咸奎桐、吕多加、刘铁忠、杨颖、赵涛、李建平、刘永鑫。

引　言

随着经济全球化的发展，组织越来越依赖于复杂的供应链网络，每个组织都置身于可能会危害供应链业务的不同种类的风险之中。在环境多变、需求多样、竞争激烈的大背景下，供应链的多参与主体、跨地域、多环节的特征，使供应链容易受到来自外部环境和供应链上各实体内部不利因素的影响，形成供应链风险。因此，尽早识别并管理这些供应链风险尤为必要。

通过明确供应链环境信息、充分识别供应链风险，同时，运用科学的手段和工具对其进行分析、评价和应对，供应链风险管理能有效地识别和管理与现有的供应商或新的供应商开展业务时所发生的风险，并确定必要的控制水平。组织可结合采购产品和供应商的风险因素，以及自身的风险管理目标来进行供应链风险管理，从而保证供应链的持续稳定。

供应链风险意识应当是整个组织文化的一部分。

本标准可作为一个“备忘录”，以补充使用者现有的风险管理方法。因此，本标准的使用者可以决定是否对选定的或列入目录的供应链合作者使用本标准，而且可根据需要，自行选择风险因素以及相关的评价要素。

供应链风险管理指南

1 范围

本标准给出了供应链风险管理的通用指南,包括供应链风险管理的步骤,以及识别、分析、评价和应对供应链风险的方法和工具。

本标准中的供应链风险管理适用于各类组织保护其在供应链上进行的任何产品的采购。

本标准适用于组织内部和外部与采购过程相关的人员。

2 规范性引用文件

下列文件中的条款通过本标准的引用而成为本标准的条款。凡是注日期的引用文件,其随后所有的修改单(不包括勘误的内容)或修订版均不适用于本标准,然而鼓励根据本标准达成协议的各方研究是否可使用这些文件的最新版本。凡是不注日期的引用文件,其最新版本适用于本标准。

GB/T 19000—2008 质量管理体系 基础和术语

GB/T 23694 风险管理 术语

3 术语和定义

GB/T 23694 中确立的以及下列术语和定义适用于本标准。

3.1

供应链 supply chain

生产及流通过程中,涉及将产品提供给最终用户所形成的网链结构。

注:供应链可包括供应商、制造商、物流商、内部配送中心、分销商、批发商以及联系最终用户的其他实体。

3.2

供应商 supplier

提供产品的组织或者个人。

注1:供方可以是组织内部的或外部的。

注2:在合同情况下供方有时称为"承包方"。

注3:本标准中的"供应商"在 GB/T 19000—2008 的 3.3.6 中称为"供方"。

3.3

风险 risk

不确定性对目标实现的影响。

注1:影响是对预期的偏离,包括积极的和(或)负面的。

注2:目标有不同的方面,例如财务、健康和安全及环境目标,可应用于不同层次,例如战略、组织、项目、产品和过程。

注3:GB/T 23694 中将风险定义为:某一事件发生的概率和其后果的组合。

3.4

风险管理 risk management

指导和控制组织与**风险**(3.3)相关问题的协调活动。

3.5

供应链风险 supply chain risk

有关**供应链**(3.1)的不确定性对目标实现的影响。

3.6

供应链风险管理　supply chain risk management

指导和控制组织与供应链风险(3.5)相关问题的协调活动。

4　供应链风险管理过程

4.1　概述

供应链风险管理过程由4.2到4.5所描述的活动组成,即:明确供应链环境信息、风险评估、风险应对以及监督和检查,供应链风险管理的过程如图1所示。

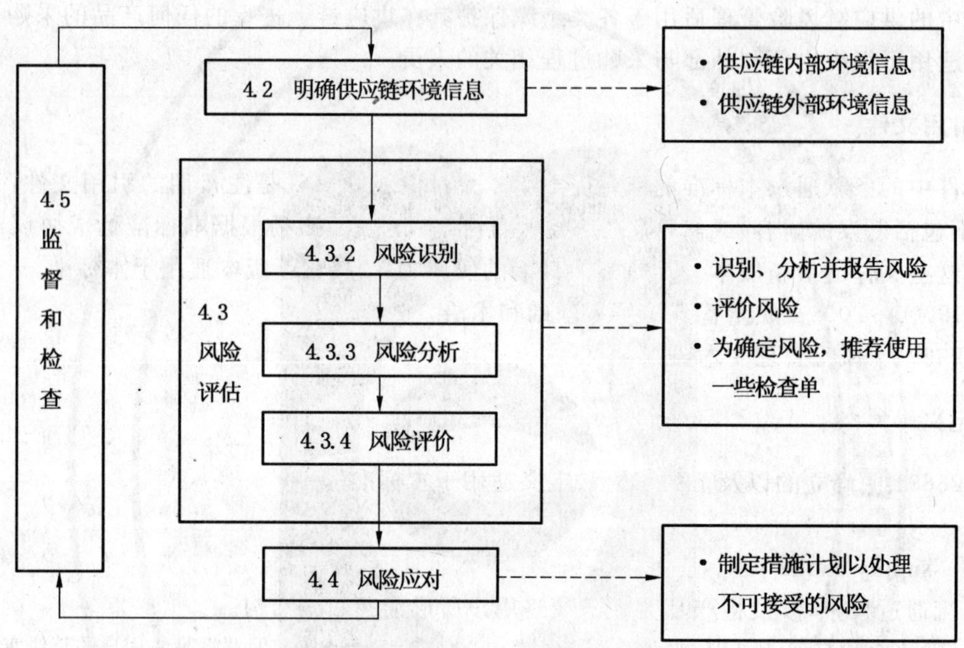

图1　供应链风险管理过程

4.2　明确供应链环境信息

组织进行供应链风险管理时,首先要明确供应链的内、外部环境信息。

a)　内部环境信息可包括:

——供应链的资金、时间、人力、过程、系统和技术等方面的能力;

——供应链信息系统、信息流和决策过程;

——供应链风险的内部利益相关者及其价值观和风险偏好;

——组织的方针、目标以及现有的实现目标的策略;

——企业供应链管理的历史数据;

——组织采用的风险准则;

——组织结构、任务和责任等。

b)　外部环境信息可包括:

——国际的、国内的、地区的和本地的文化、政治、法律、法规、金融、技术、经济、自然环境和竞争环境等;

——影响到组织供应链管理目标的关键因素及其趋势,如:法律法规、监管要求的变化,环保组织的要求,新的利益相关者的产生等;

——供应链风险的外部利益相关者及其价值观和风险偏好;

——供应商的资质、信用、支付能力、管理状况、合作历史等。

4.3 风险评估

4.3.1 概述

供应链风险评估是供应链风险识别、供应链风险分析和供应链风险评价的总过程。

4.3.2 风险识别

风险识别是分析供应链的各个过程环节、每一个参与主体及其所处的环境,找出可能影响供应链的风险因素,识别风险源,掌握每个风险事件的特征、原因、相互关系以及潜在的后果。

风险识别的目的是根据可能促进、妨碍、降低或延迟目标实现的事件,生成一个供应链风险的列表。表1和表2是供应链风险列表的示例。

表1 供应商风险因素示例

风险因素	风险因素的解释
质量	按照顾客质量要求交付产品和服务的能力
环境和安全	对可能影响项目或方案的环境、健康和安全等因素的管理能力
工作环境	对可能影响产品符合性的温度、湿度、照明、清洁、防静电等工作环境因素的管理能力
地理、政治和道德	对可能影响项目或方案的社会、地理、政治、经济和道德因素的管理能力
财务	对影响项目或方案的财务因素的管理能力
顾客满意	影响顾客期望的因素
人力资源	影响质量和顾客信心的人力资源因素
改进活动	持续改进的能力
准时交付	根据顾客的进度要求提供产品和服务的能力
制造能力和潜力	按合同要求提供制造服务的能力
次级供应链控制	对供应链中所有次级供应商的管理和控制能力
设计能力和潜力	提供与合同要求一致的设计服务的能力

表2 产品风险因素示例

风险因素	风险因素的解释
安全等级	与政府主管部门的要求一致
涉及的特殊过程	参数受成分、几何尺寸影响的过程,或结果不能依靠检验进行确认的过程
设计复杂性	设计满足顾客要求的创新方案的能力
制造复杂性	制造满足设计意图的部件的能力

待评价的供应链风险因素及评价要素并不局限于表1和表2所列出的,使用时可根据需要进行增删。

识别供应链风险需要及时和准确的信息。所需要的信息包括企业供应链管理的历史数据(尤其是风险事故记录)、通过调查研究和信息情报搜集获得的企业外部信息等。

组织采用的风险识别工具和技术应当适合于其目标、能力以及组织所面对的风险。附录A给出了航空工业用“风险因素及管理表格”识别风险的示例。

4.3.3 风险分析

风险分析要考虑供应链风险的原因和风险源、风险的后果及这些后果发生的可能性,影响后果和可能性的因素,以及供应链风险的其他特性。

可通过对历史事件的结果建模确定后果,也可通过对实验研究或可获得的数据外推确定后果。

表 3 是供应链风险后果和影响评价的示例。

表 3 供应链风险后果和影响评价示例

等级		确定风险的影响或后果		
		表现	计划进度	损失(C)
1	极低	极小或没有影响	极小或没有影响	极小或没有影响
2	低	可接受但会降低正面绩效表现(如盈利等)	需要更多资源,但能按时完成计划	$C<5\%$
3	中	可接受但会大大降低正面绩效表现(如盈利等)	关键计划目标的轻微延误,不能按时完成计划	$5\%\leqslant C<7\%$
4	高	可接受但导致无正面绩效表现	关键计划目标的较大延误,或关键实施路径受到影响	$7\%\leqslant C<10\%$
5	极高	不可接受	不能实现主要团队或主要项目的关键计划目标	$C\geqslant 10\%$

表 4 是供应链风险后果发生的可能性评价示例。

表 4 供应链风险的可能性评价示例

等级	风险事件发生的可能性
1	不可能
2	不太可能
3	可能
4	非常可能
5	确定

4.3.4 风险评价

风险评价是将风险分析过程中确定的供应链风险等级与明确供应链环境信息时设定的风险准则进行比较,产生评价结果的过程。

在某些条件下,风险评价能够导致进行进一步分析的决定。风险评价还可能导致维持现有的风险控制,不采取任何其他措施的决定。这种决策受组织的风险偏好或风险态度和已经制定的风险准则的影响。

附录 B 给出了供应商和产品风险综合评估得分表的示例。根据此表,可计算出最终的风险大小,并确定附录 C 中图 C.1 所示的产品和供应商风险因素的评价值,从而得到供应链风险的综合评价结果。

4.4 风险应对

4.4.1 概述

风险应对是根据风险评价的结果,做出关于哪个风险需要应对的决策,并选择和执行改变供应链风险的可能的措施。制定风险应对措施可能是一个循环的过程,包括:

——评估可能的风险应对措施,决定剩余风险是否可以承受;

——如果不可承受,制定新的风险应对措施;

——评估新的风险应对措施的效果,直到剩余风险可以承受。

4.4.2 选择风险应对措施

风险应对措施可包括:

——多个供货源;

——缓冲库存；

——终止供货合同；

——增加多个供应商；

——购买商业保险；

——提高质量标准；

——加强产品接收检验；

——培训；

——维持现状等。

4.4.3 制定风险应对计划

需制定相应的计划，以实施风险应对措施。风险应对计划应当与组织的管理过程整合，并与适当的利益相关者讨论。风险应对计划的内容可包括：

——预期的利益；

——性能指标测量及其约束条件；

——负责批准计划的人员和负责执行计划的人员；

——建议的活动；

——报告和监测要求；

——资源需求；

——执行时间表等。

4.5 监督和检查

监督和检查是列入计划的供应链风险管理过程的组成部分。组织应清楚地确定监督和检查的责任，提供一套针对供应链风险应对计划执行情况的绩效考核办法，并与组织的绩效管理、考核及对内对外报告活动相结合。

组织的监督和检查过程应当包括供应链风险管理过程的所有方面，其目的包括：

——跟踪在不采取措施的情况下可以接受的风险的后果；

——分析事件、变化和趋势并从中吸取教训；

——发现外部和内部环境的变化，包括风险本身的变化、可能导致的风险应对措施及其实施优先次序的改变；

——保证风险控制和应对措施计划及其实施的有效性；

——识别新出现的风险。

监督和检查可能包括常规检查、监视已知的风险、定期或随机的检查。定期或随机的检查都应当列入计划。

应记录监督和检查的结果，并在适当情况下对内或对外报告，以保证供应链风险管理的连续性、适用性、充分性和有效性，实现持续改进。

4.6 沟通和记录

在供应链风险管理过程的每一个阶段都应当与内部和外部利益相关者进行沟通和协商，包括组织内部和外部与采购过程相关的人员。

沟通的内容可包括：

——明确供应链环境信息；

——利益相关者的关注点；

——如何充分地识别供应链风险；

——供应链风险评估的结果；

——供应链风险应对措施的效果等。

在供应链风险管理过程中，记录是实施和改进供应链风险管理的基础。供应链风险管理的记录可包括：

——供应商基本信息；

——产品基本信息；

——供应链风险基本信息，包括供应链风险事件描述、风险评估结果等；

——供应链风险应对措施、实施计划及效果等。

附录D是供应链风险管理记录的示例。

附 录 A
（资料性附录）
供应链风险因素及管理表格示例

A.1 供应商风险因素识别

表 A.1 以航空工业为例，给出了用“风险因素及管理表格”识别供应商风险因素的示例。

表 A.1 供应商风险因素及管理表格示例

风险因素	评估要素	风险识别工具	降低风险的控制工具
质量	· 质量体系认可与认证 ➢ 航空顾客（JISQ AS/EN 9100 系列标准，管理当局的要求等） ➢ 非航空顾客 · 特殊过程批准与认证（顾客、国家航空航天和国防承包商认可项目等） · 供应商以前在要识别的类似产品上的经验 · 当前航空顾客推荐 · 合同评审过程 · 质量绩效指标（例如，报废率、拒收率、质量管理体系评分结果、顾客审核结果等）	· 待评估风险要素检查单，例如： ➢ 用 SJAC AS/EN 9101 进行评审的评分结果 ➢ 其他补充要素检查单	· 供应商认同的具有供应商强制性指标和纠正措施要求的持续改进计划 · 质量保证计划 · 针对已识别的薄弱环节和特殊要求方面的培训 · 相关零件选择 · 增加产品接收检验 · 识别固化的过程参数 · 现场支援（包括在限定的时间内有人在现场） · 首件检验 · 过程波动管理 · 相对于物料需求计划的无计划要求的交付 · 多个供货源 · 缓冲库存
地理、政治和道德	· 政治体制 · 向特定国家转让政府资助的设计和制造技术的限制 · 政府进出口限制 · 政府对出口信用的援助和担保处理 · 关税制度 · 政府规定的贸易计算的政策 · 发生自然灾害的可能性 · 相对于发达国家的国家经济状况（通货膨胀率、人均国民生产总值、人均工资、经济增长率、出口水平、利息率、能量费用等） · 到工厂调查道德状况是否服从国际劳工组织的相关条款	· 覆盖待评估因素的专用检查单 · 不同的网络和政府资源	· 风险降低计划 · 多个供货源 · 缓冲库存 · 现场监督和支持 · 当地语言的翻译 · 采购合同上儿童保护的特殊条款 · 带有恢复计划的供应商停产（儿童保护）

表 A.1（续）

风险因素	评估要素	风险识别工具	降低风险的控制工具
财务	· 成立日期与历史 · 主要的股东 · 签订关系（持股、合并） · 资本转让或破产 · 周转 · 资本周转率 · 经营业绩 · 利税前收入 · 投资 · 自我融资能力 · 研究与开发经费占经营收入的百分比 · 债务 · 依赖顾客的程度 · 合法的公司结构	· 考虑全部要素的检查单 · 各种外部数据库（例如，因特网、财务情报机构） · 年度报告	· 风险降低计划 · 多个供货源 · 缓冲库存
最终顾客满意	· JISQ AS/EN 9100 附带的调查，例如： ➢ 质量漏检的数量 ➢ 影响产品供应的顾客质量抱怨数量 · 所有职能之间的常规交流 · 响应的水平和效果 ➢ 顾客质量抱怨 ➢ 发生质量漏检 · 让步率	· 考虑一些要素的检查单，例如： ➢ 用 SJAC AS/EN 9101 进行评审的评分结果 ➢ 其他要素的补充检查单 · 现行指标的识别或检查	· 供应商认同的具有供应商强制性指标和整改要求持续改进计划（例如顾客期望） · 增加监督与检查（产品、过程、产品接收检查） · 带有恢复计划的供应商停产
人力资源	· JISQ AS/EN 9100 附带的调查，例如： ➢ 供应商各职能的管理层与操作层的人员比率，例如： ——商用（销售和售后） ——研究或工程技术 ——生产（管理、工艺工程技术、产品装配…） ——采购 ——信息系统 ——质量（质量保证、方法、检验、试验、调查与询问） · 其他业绩指标，例如，疾病、事故、罢工、培训计划、能力矩阵 · 最近三年内员工发展（临时或固定的人事合同期、离职、新招募员工数量、平均工龄、平均年龄） · 各职能部门的员工的技能和教育水平 · 相关员工掌握顾客语言或英语的百分比	· 包括一些待评估要素的检查单，例如： ➢ 用 SJAC AS/EN 9101 进行评审的评分结果 ➢ 其他要素的补充检查单 · 检查组织机构图	· 经供应商同意的改进计划 · 资源计划 · 现场调查帮助 · 缓冲库存 · 多个供货源

表 A.1(续)

风险因素	评估要素	风险识别工具	降低风险的控制工具
改进活动	· JISQ AS/EN 9100 附带的调查 · 检查现有的内部供应商的关键业绩指标 · 现有的对全部已识别的过程的持续改进计划和政策(订货至交货的时间、质量、降低成本、顾客满意度等) · 现有的质量模式,比如欧洲质量奖、全面质量管理、六西格玛、波音先进质量管理体系等 · 产生经营效益的活动,例如,持续使用精益工具和技术、5S(整理、整顿、清扫、清洁、素养)、降低成本	· 包括一些待评估要素的检查单,例如: ➢ 用 SJAC AS/EN 9101 进行评审的评分结果 ➢ 其他要素的补充检查单 · 对最近 3 年的持续改进计划的效果和将来目标的评估 · 过程能力测量	· 在已识别的薄弱环节的特殊培训(例如,根本原因分析) · 需要时,协助供应商实施持续改进计划 · 强制性的战略计划 · 监督改进计划的有效性
准时交付	· 当前的交付业绩 · 现有的通过精益技术缩短订货至交货时间的活动 · 基础设施和交通条件的获得性 · 供应商内部交付指标 · 应用包括人工、计算机化的内部生产管理系统 ➢ 管理变革 ➢ 优先排序系统 ➢ 能力计划(每项操作、每个零件号、每台机器、每项工作等) ➢ 报警过程 ➢ 带程序的恢复计划过程 · 次级供应商和资源管理系统,包括资源报警程序 · 生产检查计划系统 · 顾客报警程序 · 由其他顾客执行的物流评审结果 · 用于新产品介绍的资料	· 生产控制特定检查单 · 识别并检查包括评估要素的供应商程序 · 交付业绩的测量	· 针对已识别的薄弱环节的专门培训 · 缓冲库存 · 复查计划 · 考虑基础设施和交通条件的订货至交货的时间 · 现场支援(包括在限定的时间内有人在现场) · 免费发行的材料(由顾客提供) · 供应商同意的带有供应商强制性指标和纠正措施要求的持续改进计划 · 多个供货源
制造能力和潜力	能力: · 识别每个部件号的关键流程并使之处于可控状态 · 利用统计过程控制得到的过程能力 · 设备和设施类型 · 特殊过程能力	· 应用 SJAC AS/EN 9103 检查结果的控制图 · 包括所有评估要素的特殊检查单 · 可利用的过程、设施和设备的清单	· 已识别的薄弱环节的特殊培训 · 供应商同意的具有供应商强制性指标和整改要求的持续改进计划 · 与过程能力有关的供应商抽样检验 · 顾客专用的与过程能力有关的现场检查计划或加严接收检验 · 现场支援 · 多个供货源

表 A.1（续）

风险因素	评估要素	风险识别工具	降低风险的控制工具
制造能力和潜力	潜力： · 与产品采购有关的设备、设施和过程足够有效 · 利用关键路径法识别每一部件号从订货至交货的时间 · 识别过程的瓶颈	· 包括所有评估要素的特殊检查单 · 可利用的过程、设施和设备的清单	· 与认可的潜力匹配的定单 · 瓶颈和关键路径的强制措施计划 · 帮助缩短采购提前期 · 多个供货源
次级供应链控制	· JISQ AS/EN 9100 附带的调查 · 供应库范围内的文件管理 · 首件检验接收的过程 · 某一已识别的程序或项目的次级监控过程(接收检验、现场审核、频次、风险管理、指标等) · 供应链串联过程及直接供应商执行的检查期间所包括的活动(系统、过程、产品) · 纠正措施过程以及对次级供应商的跟踪 · 记录过程的可追溯性 · 以质量资源为焦点的持续改进计划	· 包括风险评估要素的检查单，例如： ➢ 用 SJAC AS/EN 9101 进行评审的评分结果 ➢ 其他要素的补充检查单	· 对已识别的薄弱环节和特殊要求的特殊培训 · 次级供应商的直接供应商要求的质量保证计划 · JISQ AS/EN 9100 的要求与供应商执行的适当的审核一起向下传递 · 直接供应商现场检查(系统、过程和产品) · 次级供应商强制性要求 · 供应商同意的带供应商强制性指标和纠正措施要求的持续改进计划
设计能力和潜力	· JISQ AS/EN 9100 附带的调查 · 在主要节点上相关专家不同评价的确认 · 设计能力分类 · 在用的电子数据处理工具，以及顾客、供应商和供应链之间数据交换 · 现有工具的能力 · 有与顾客要求有关的过程和工具的确认与鉴定 · 应用交叉职能开发团队(并行工程) · 每一设计活动提前期的关键路径(节点的识别、检查) · 瓶颈的识别 · 执行纠正措施的过程 · 取得教训的过程	· 用 SJAC AS/EN 9101 进行评审的评分结果 · 包括所有待评估要素的特殊检查单	· 供应商同意的带有供应商强制性指标和纠正措施要求的持续改进计划 · 在已识别的薄弱环节的专门培训 · 现场支援 · 供应商组织顾客参与一定的检查 · 相关设计活动的选择 · 针对要求的鉴定试验的互检 · 质量保证计划 · 设计资源备用计划

A.2 产品风险因素识别

表 A.2 以航空工业为例，给出了用“风险因素及管理表格”识别产品风险因素的示例。

表 A.2　产品风险因素及管理表格示例

风险因素	评估要素	风险识别工具	降低风险的控制工具
安全等级	· 根据顾客要求，对部件的分类控制 · 顾客批准的状态（例如，同意制造某种部件的类别）	· 过程审核检查单	· 安全等级过程改进 · 限定恢复期限 · 大修检验 · 翻新 · 采购分类计划限制
涉及的特殊过程	· 每一个特殊过程 · 员工技能、经验和资质 · 特殊过程文件，包括鉴定文件 · 参数控制证据 · 设备 · 由其他顾客签署的特殊过程批准文件（如证书、报告）	· 覆盖所有待评估要素的检查单，包括批准文件的评价 · 关键过程指标	· 培训 · 现场帮助 · 采购限制 · 服务计划 · 质量检验计划 · 统计过程控制 · 固化过程参数
设计复杂性	· 设计和开发计划 · 包括的技术 · 材料选择及资源 · 设计成熟度 · 以前的经验 · 子组件数量 · 与现有已设计产品的相似性 · 该设计的可制造性	· 设计过程审核 · 失效模式和影响分析（FMEA） · 经验教训 · 实验设计（DOE） · 对现行开发计划的评审 · 容差分析	· 包括试验，更新设计和开发计划 · 并行工程 · 对顾客要采用的技术要求的评审 · 包括六西格玛设计的成本和时间框架的业绩要求
制造复杂性	· 设备 · 过程文件，包括鉴定文件 · 控制参数 · 已有的和专家的经验 · 设备生产控制系统 · 材料使用的知识 · 设计复杂性	· 覆盖所有待评估要素的检查单 · 能力和稳定性方面的过程指标	· 封闭生产计划 · 生产计划改进 · 统计过程控制（SPC）、六西格玛 · 新过程开发 · 多个供货源 · 新材料试加工 · 并行工程 · 新设备投资 · 物流与产品流优化

附　录　B
（资料性附录）
风险评估得分表示例

B.1　供应链风险得分表

表 B.1 和表 B.2 分别是航空工业供应商风险评估表和产品风险评估表，这些风险评估表通过计算各风险因素的得分，得到与供应商或产品有关的总的风险评价。两张表的结果可界定供应商和产品综合风险水平。

表 B.1　供应商风险评估示例

供应商：		风险水平（r）				权重	结果	最大可能结果	No. ____
供应商风险评估（SRA）		1	2	3	4	w	R	M	风险记录是否
A	准时交付								
A1	交付业绩								
A2	缩短采购提前期								
A3	基础设施和运输								
A4	供应商内部交付指标								
A5	内部生产管理系统								
A6	多级供应和原料来源								
A7	物料需求计划（MRP）								
A8	顾客警告								
A9	由其他顾客执行的物流评审								
A10	用于新产品介绍的资料								
	总风险								
B	质量								
B1	质量体系批准与认证								
B2	航空								
B3	非航空								
B4	特殊过程认证								
B5	供应商以前在类似产品上的经历								
B6	当前航空顾客推荐								
B7	合同评审过程								
B8	质量绩效指标								
	总风险								
C	财务								

表 B.1（续）

供应商：		风险水平(r)				权重	结果	最大可能结果	No. ______
	供应商风险评估(SRA)	1	2	3	4	*w*	*R*	*M*	风险记录是否
C1	成立日期和历史								
C2	主要的股东								
C3	合同关系								
C4	资本转让或破产								
C5	周转								
C6	资本周转率								
C7	经营业绩								
C8	利税前收入								
C9	投资								
C10	自我融资能力								
C11	研究和开发经费占经营收入的百分比								
C12	债务								
C13	对顾客的依赖程度								
C14	合法的公司结构								
	总风险								
D	改进活动								
D1	JISQ AS/EN 9100 附带的调查								
D2	内部关键业绩指标检查								
D3	现有的持续改进计划								
D4	现有的质量管理模式								
D5	提高经营效益的活动								
	总风险								
E	环境和安全								
E1	ISO 14001 认证								
E2	包括的危险产品								
E3	工厂安全级别								
E4	过去几年的事故率及其趋势								
E5	安全政策								
E6	健康和安全教育								
	总风险								
F	人力资源								
F1	JISQ AS/EN 9100 附带的调查								

表 B.1（续）

供应商：		风险水平(r)				权重	结果	最大可能结果	No. ______
供应商风险评估(SRA)		1	2	3	4	w	R	M	风险记录是否
F2	业绩矩阵，例如疾病、罢工、教育								
F3	过去 3 年的员工发展								
F4	各职能部门的员工的技术和教育水平								
F5	相关员工说顾客语言或英语的百分比								
	总风险								
G	最终顾客满意								
G1	JISQ AS/EN 9100 附带的调查								
G2	质量漏检数								
G3	顾客抱怨数								
G4	各职能之间的沟通								
G5	让步率								
G6	响应水平和效果								
	总风险								
H	地理、政治和道德								
H1	政治制度								
H2	转让政府资助的设计和制造技术的限制								
H3	政府进出口限制								
H4	出口信用的援助和担保								
H5	关税制度								
H6	政府规定的贸易结算的政策								
H7	发生自然灾害的可能性								
H8	国家经济状况								
H9	调查工厂是否服从国际劳工组织的相关条款								
H10	使用的语言								
	总风险								
I	设计能力和潜力								
I1	JISQ AS/EN 9100 附带的调查								
I2	每个主要节点上相关专家不同评价的确认								
I3	设计能力分类								
I4	在用的电子数据处理工具，以及顾客、供应商和供应链之间数据交换								
I5	现有工具的能力								

表 B.1（续）

供应商：		风险水平(r)				权重	结果	最大可能结果	No. ____
供应商风险评估(SRA)		1	2	3	4	w	R	M	风险记录是否
I6	与顾客要求有关的过程和工具的确认与鉴定								
I7	应用交叉职能开发团队(并行工程)								
I8	关键路径得出的设计活动所决定的提前期								
I9	瓶颈的识别								
I10	实现纠正措施的过程								
I11	取得教训的过程								
	总风险								
J	制造能力和潜力								
J1	关键过程识别并处于控制状态								
J2	机械能力(SPC)								
J3	与产品采购有关的设备、设施和过程足够有效								
J4	利用关键路径法识别每一部件号从订货至交货的时间								
J5	过程的瓶颈识别								
	总风险								
K	次级供应链控制								
K1	JISQ AS/EN 9100 附带的调查								
K2	供应链内的文件管理								
K3	首件检验接收的过程								
K4	次级监控过程								
K5	供应链层叠过程								
K6	整改活动过程和后续工作								
K7	记录过程的可追溯性								
K8	持续改进计划								
	总风险								
							R	M	

$$供应商风险评估得分(SRAS)=\frac{R\times 20}{M}=$$

注：公式中的数值 20 为最大可能风险，根据使用者的习惯，还可取值为 100，1 000 等。

D	C	B	A
非常高	高	中等	低

风险管理负责人确认栏		
代表	签名	日期

表 B.2 产品风险评估示例

产品：		风险水平(r)				权重	结果	最大可能结果	No. ______
产品风险评估(PRA)		1	2	3	4	w	R	M	风险记录是否
A	安全等级								
A1	安全等级过程职责								
A2	分类的部件制造								
A3	根据顾客要求对分类部件的控制								
A4	顾客批准的状态								
	总风险								
B	涉及的特殊过程								
B1	每个特殊过程								
B2	员工的技术、经验和资质								
B3	特殊过程文件,包括鉴定文件								
B4	参数控制证据								
B5	设备								
B6	由其他顾客签署的特殊过程批准文件								
	总风险								
C	设计复杂性								
C1	设计和开发计划								
C2	包括的技术								
C3	材料选择及资源								
C4	设计成熟度								
C5	以前的经验								
C6	子组件数量								
C7	与现有已设计产品的相似性								
C8	该设计的可制造性								
	总风险								
D	制造复杂性								
D1	设备								
D2	过程文件,包括鉴定文件								
D3	控制参数								
D4	已有的和专家的经验								
D5	设备生产控制系统								
D6	有关所使用材料的知识								
D7	设计复杂性								

表 B.2（续）

产品：		风险水平(*r*)				权重	结果	最大可能结果	No.______
产品风险评估(PRA)		1	2	3	4	*w*	*R*	*M*	风险记录 是否
	总风险								
							R	*M*	

产品风险评估得分(PRAS)$=\frac{R\times 20}{M}=$

注：公式中的数值 20 为最大可能风险，根据使用者的习惯，还可取值为 100，1 000 等。

D	C	B	A
非常高	高	中等	低

风险管理负责人确认栏		
代表	签名	日期

B.2 风险评估得分表的使用

B.2.1 出于跟踪的目的赋以该表一个唯一的编号。

B.2.2 对每一评估要素或条目，定义风险水平 *r* 为从 1(低)到 4(非常高)。

B.2.3 给每一要素或条目定义一个适当的权重 *w*。

B.2.4 将风险水平乘以每个评估要素或部分的权重计算出“结果”。

B.2.5 用风险水平的最大值乘以其权重，得到每一评估要素或部分的最大可能结果。

B.2.6 根据风险记录表(见附录 D)的填写情况，在相应栏目内标注“是”或“否”。

B.2.7 将评估要素或条目的风险相加，计算总风险($R=\sum r\cdot w$)，并与最大可能风险比较(例如：20，100，1 000)。

B.2.8 定义每个等级的界限后进行分级(例如：低、中等、高、非常高)。

B.3 风险评估得分表应用示例

表 B.3 以产品风险的“安全等级”要素为例，介绍风险评估得分表的应用。

表 B.3 风险评估得分表示例

产品		风险水平				权重	结果	最大可能结果	No. 001
产品风险评估(PRA)		1	2	3	4	*w*	*R*	*M*	风险登记 是 否
A	安全等级								
A1	安全等级过程			3		2	6	8	是
A2	分类的部件制造	1				0.5	0.5	2	
A3	根据顾客要求对分类部件的控制				4	1	4	4	是

表 B.3（续）

产品		风险水平				权重	结果	最大可能结果	No.001
	产品风险评估(PRA)	1	2	3	4	w	R	M	风险登记 是 否
A4	顾客批准的状态	1				1	1	4	
	总风险					4.5	11.5	18	

$$产品风险评估得分(PRAS)=\frac{R\times 20}{M}=\frac{11.5\times 20}{18}=12.7$$

注：最大可能风险取值为20。

□D	■C	□B	□A
非常高 15＜PRAS＜20	高 11＜PRAS＜15	中等 7＜PRAS＜11	低 5＜PRAS＜7

风险管理负责人确认栏		
代表	签名	日期

附 录 C
（资料性附录）
供应商和产品风险综合评价示意图

根据附录B提供的风险评估得分表，可确定图C.1中的产品和供应商风险因素的评价值（低、中、高、很高），从而得到供应链风险的综合评价结果。

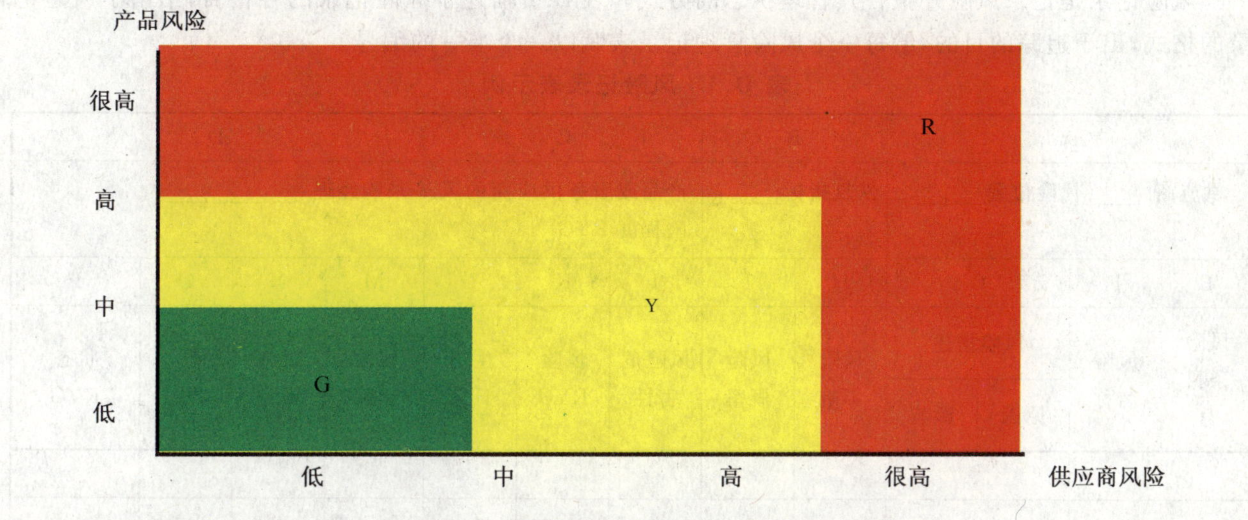

图C.1 供应商和产品风险综合评价示意图

图C.1可用作某一特定供应商及其提供产品的风险程度的指示器。图C.1中的R（红色）区域、Y（黄色）区域和G（绿色）区域可用来代表不同的风险程度。R区域表示具有很高危害性的、需要立即引起重视的风险，Y区域和G区域分别表示危害性相对较低的风险。对于R区域需要进行较多的检查。

附 录 D
（资料性附录）
风险记录表示例

D.1 风险记录

风险记录是记录风险并报告其管理状态的方式。表D.1描述了风险记录的各栏目，给出了风险记录的格式，出于追踪的目的，给每一个风险管理记录表赋以一个唯一的编号。

表 D.1 风险记录表示例

<table>
<tr><td colspan="4">A</td><td colspan="2">B</td><td colspan="2">C</td><td colspan="5">D</td></tr>
<tr><td colspan="4">供应商______风险位置______</td><td colspan="2">恢复指标______</td><td colspan="2">产品或服务供应商的风险程度 RYG</td><td colspan="5">采购经理____________</td></tr>
<tr><td>E</td><td>F</td><td colspan="2">G</td><td>H</td><td>I</td><td>J</td><td>K</td><td>L</td><td>M</td><td>N</td><td>O</td><td>P</td></tr>
<tr><td rowspan="2">风险条目号</td><td rowspan="2">风险名称</td><td colspan="2">风险描述</td><td rowspan="2">风险影响</td><td rowspan="2">风险概率</td><td rowspan="2">风险危害性</td><td rowspan="2">风险RYG</td><td rowspan="2">生成日期</td><td rowspan="2">风险责任人</td><td rowspan="2">措施计划</td><td rowspan="2">计划状态</td><td rowspan="2">状态RYG</td></tr>
<tr><td>原因</td><td>影响</td></tr>
<tr><td></td><td></td><td></td><td></td><td></td><td></td><td></td><td></td><td></td><td></td><td></td><td></td><td></td><td></td></tr>
<tr><td></td><td></td><td></td><td></td><td></td><td></td><td></td><td></td><td></td><td></td><td></td><td></td><td></td><td></td></tr>
<tr><td></td><td></td><td></td><td></td><td></td><td></td><td></td><td></td><td></td><td></td><td></td><td></td><td></td><td></td></tr>
<tr><td></td><td></td><td></td><td></td><td></td><td></td><td></td><td></td><td></td><td></td><td></td><td></td><td></td><td></td></tr>
</table>

D.2 风险记录栏目描述

D.2.1 栏目A——供应商及风险位置

栏目A记录供应商的公司名称以及风险存在的位置（当供应商在不只一个地方经营时，这一点尤其重要）。

D.2.2 栏目B——供应恢复指标

栏目B记录在供应商失去生产能力的情况下，恢复产品或服务供应所需要花费的时间。该指标表示一项供应失败导致的总的影响，从时间角度讲，就是恢复一项供应（找到新的供应商）所需要的时间。

D.2.3 栏目C——产品和供应商的风险程度（红色、黄色、绿色）

栏目C记录由附录B所确定的产品供应商的风险程度及相应的颜色。

D.2.4 栏目D——采购经理

栏目D记录采购经理的姓名。采购经理主要负责日常订货并对相应的供应商进行管理，还负责更新和状态汇报。

D.2.5 栏目E——风险条目号

栏目E是用来识别每一个特定的风险的唯一的字符串。

D.2.6 栏目F——风险名称

风险名称应简要描述风险的类型或区域。例如，如果发现某供应商的制造设备缺乏足够的保养，则名称可简要表述为"缺乏保养"或仅仅是"按计划保养"。

D.2.7 栏目 G——风险描述

为了全面理解风险，应描述出风险的原因和影响。该栏目分成两个部分。利用上述关于保养的例子，风险描述可为：

——原因：制造设备没有按计划保养。

——影响：生产设备失效导致产品供应中断，而关键机器的修理可能会花费 3 周的时间。

D.2.8 栏目 H——风险影响

可用一个主观因素作为比较某一风险与其他风险对供应的影响的基准。将数字 1、2、3、4 填入该栏目，分别代表低、中等、高或非常高水平的影响。出于进行成本计算和对比的目的，必要时这些因素也可被量化为精确的影响范围。

D.2.9 栏目 I——风险概率

风险概率是对风险发生的概率的一个主观评价。将数字 1、2、3、4 填入该栏目，分别代表低、中等、高或非常高的可能性。

D.2.10 栏目 J——风险的危害程度

栏目 J 是上述风险影响与风险概率因素相乘而得到的数据。风险的危害程度可用于比较风险的优先顺序，也可用于指示风险的紧迫程度。

D.2.11 栏目 K——风险 RYG

风险的 RYG 指标用来表示风险的优先等级，红色(Red)表示具有很高危害性的、需要立即引起重视的风险，黄色(Yellow)、绿色(Green)分别表示相对低的危害性、需要的重视程度也相对较低的风险。

D.2.12 栏目 L——生成日期

栏目 L 记录风险首次被识别并记入风险记录表的日期。

D.2.13 栏目 M——风险责任人

风险责任人是被指定制定并管理风险行动计划的人。尽管降低风险、应对意外事故计划与执行的职责一般由供应商自己负责，但风险责任人需要对供应商的行动予以监督与审批。

D.2.14 栏目 N——措施计划

栏目 N 是对消除风险或把风险降低到可接受程度的计划和措施的总结。根据任务的大小(成本、员工数量、时间跨度等)，该措施计划可作为一个项目公布。

D.2.15 栏目 O——计划状态

栏目 O 简要记录活动计划的实现、延迟原因和恢复活动。

D.2.16 栏目 P——状态 RYG

与风险 RYG 相对应，分别用 R、Y、G 表示相应的措施计划的状态。

参 考 文 献

[1] ARP/EN 9134 Supply Chain Risk Management Guidelines

[2] GB/T 24353—2009 风险管理 原则与实施指南

[3] GB/T 18354—2006 物流术语

[4] ISO 28000—2007 供应链安全管理规范

[5] GB/T 20000.4—2003 标准化工作指南 第4部分:标准中涉及安全的内容

[6] JISQ AS/EN 9100 Quality Management Systems—Aerospace—Requirements

[7] SJAC AS/EN 9101 Quality Management Systems Assessment

[8] SJAC AS/EN 9103 Variation Management of Key Characteristics

ICS 01.040.03
A 00

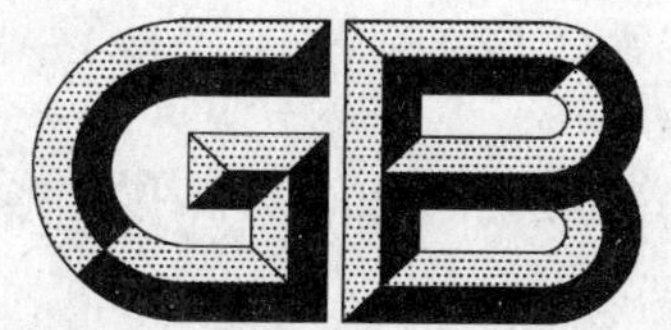

中华人民共和国国家标准

GB/T 24421.1—2009

服务业组织标准化工作指南
第1部分:基本要求

**Guidelines for standardization of organizations in service sector—
Part 1: Basic requirements**

2009-09-30 发布　　2009-11-01 实施

中华人民共和国国家质量监督检验检疫总局
中国国家标准化管理委员会　发布

前　言

GB/T 24421《服务业组织标准化工作指南》分为四个部分：

——第1部分：基本要求；

——第2部分：标准体系；

——第3部分：标准编写；

——第4部分：标准实施及评价。

本部分为GB/T 24421的第1部分。

本部分由全国服务标准化技术委员会(SAC/TC 264)提出并归口。

本部分起草单位：江苏省质量技术监督局、江苏省标准化研究院。

本部分主要起草人：蒋顺祥、蔡振华、揭水通、顾长青、杭敏华、钱荣富、陈为庆、侯月丽、柳成洋、曹俐莉。

服务业组织标准化工作指南
第1部分:基本要求

1 范围

GB/T 24421 的本部分规定了服务业组织标准化工作的术语和定义、基本原则、任务和内容、管理要求。

本部分适用于服务业组织的标准化工作。

2 规范性引用文件

下列文件中的条款通过 GB/T 24421 本部分的引用而成为本部分的条款。凡是注日期的引用文件,其随后所有的修改单(不包括勘误的内容)或修订版均不适用于本部分,然而,鼓励根据本部分达成协议的各方研究是否可使用这些文件的最新版本。凡是不注日期的引用文件,其最新版本适用于本部分。

GB/T 15624.1 服务标准化工作指南 第1部分:总则

GB/T 19000 质量管理体系 基础和术语(GB/T 19000—2008,ISO 9000:2005,IDT)

GB/T 24421.2 服务业组织标准化工作指南 第2部分:标准体系

GB/T 24421.3 服务业组织标准化工作指南 第3部分:标准编写

GB/T 24421.4 服务业组织标准化工作指南 第4部分:标准实施及评价

3 术语和定义

GB/T 15624.1、GB/T 19000 确立的以及下列术语和定义适用于 GB/T 24421 的本部分。

3.1

服务业组织 organizations in service sector

向顾客提供服务的组织。

4 基本原则

服务业组织开展标准化工作应遵循:

a) 体现行业特点,突出地域特色,促进行业健康有序发展;

b) 提高服务质量,规范服务行为,满足顾客的需求;

c) 关注安全、环境和卫生,维护顾客和员工权益;

d) 全面协调开展工作,实施统一管理;

e) 坚持全员参与和持续改进。

5 任务和内容

5.1 任务

5.1.1 贯彻执行相关法律、法规和方针政策。

5.1.2 制定标准化工作计划或规划。

5.1.3 建立和完善标准体系。

5.1.4 实施国家标准、行业标准、地方标准,制定和实施本组织的标准。

5.1.5 参与国际、国内服务业标准化活动，采用国际标准和国外先进标准。

5.1.6 对标准的实施进行监督和评价。

5.2 内容

5.2.1 标准体系建立

5.2.1.1 服务业组织应根据自身特点、经营管理需要和保障服务质量，确定标准体系框架，完善体系内容，循序渐进，保证体系有效运行。

5.2.1.2 标准体系科学合理，体系内标准应相互协调，现行有效。

5.2.1.3 标准体系的结构、要求与管理应符合 GB/T 24421.2 的规定。

5.2.2 标准制定

5.2.2.1 应按照规定的程序制定标准。

5.2.2.2 制定标准时应优先考虑采用国际标准和国外先进标准。

5.2.2.3 制定标准时应与国内现行的其他相关标准协调一致。

5.2.2.4 应根据需要对已发布实施的标准适时进行复审和修订。

5.2.2.5 服务标准化对象和要素的选取以及内容的编写应符合 GB/T 24421.3 的规定。

5.2.3 标准的实施、监督、评价和改进

5.2.3.1 实施标准应以提高服务质量，规范服务行为，满足顾客的需求和期望，保障安全和保护环境为目标。

5.2.3.2 凡纳入标准体系的标准，应认真实施。

5.2.3.3 在实施标准时，应制定实施计划，确定实施范围、实施人员、实施进度和要求。

5.2.3.4 应对服务标准的实施情况进行监督和检查，对不符合标准的行为应及时纠正。

5.2.3.5 应对标准的实施效果进行评价，坚持不断改进。

5.2.3.6 服务标准的实施、监督、评价和改进应符合 GB/T 24421.4 的规定。

6 管理要求

6.1 机构管理

6.1.1 应设立相应的标准化工作机构，并提供必要的工作条件。

6.1.2 应明确标准化机构及其各部门、各岗位在标准化工作中的职责。

6.2 人员管理

6.2.1 在本组织最高管理层中，应明确标准化工作的领导及其职责。

6.2.2 应根据实际情况和需要，配备相应的专职或兼职标准化工作人员，并明确其职责。

6.2.3 应加强标准化从业人员的教育与培训，提高其业务技能。

6.3 工作管理

6.3.1 应制定与本组织相适应的标准化工作制度，并形成规范性文件。

6.3.2 应对本组织所开展的标准化活动进行策划、安排以及加强对各环节的管理。

6.4 信息管理

6.4.1 应建立相应的收集渠道，广泛收集与本行业相关的国内外标准化信息。

6.4.2 应对收集的信息资料进行归类整理，建立标准化信息库，并及时更新。

6.4.3 应加强对信息的研究分析和综合利用，结合对照本组织实际情况，提出标准化措施建议。

6.4.4 应对服务标准体系建立、服务标准制定、实施、评价和改进过程中的重要事件及其结果进行记录，并予以保存。

ICS 01.040.03
A 00

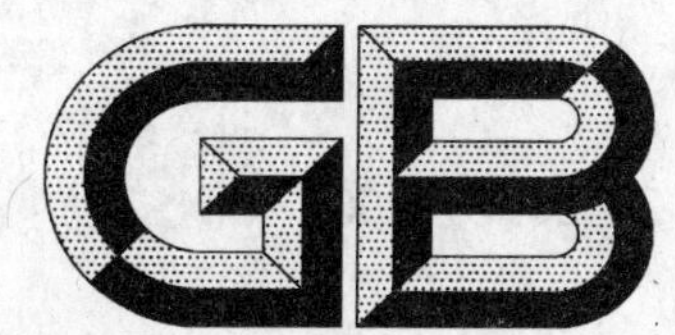

中华人民共和国国家标准

GB/T 24421.2—2009

服务业组织标准化工作指南 第2部分:标准体系

Guidelines for standardization of organizations in service sector—
Part 2:Standard system

2009-09-30 发布 2009-11-01 实施

中华人民共和国国家质量监督检验检疫总局
中国国家标准化管理委员会 发布

前　言

GB/T 24421《服务业组织标准化工作指南》分为四个部分：

——第 1 部分：基本要求；

——第 2 部分：标准体系；

——第 3 部分：标准编写；

——第 4 部分：标准实施及评价。

本部分是 GB/T 24421 的第 2 部分。

本部分由全国服务标准化技术委员会(SAC/TC 264)提出并归口。

本部分起草单位：北京市质量技术监督局、北京市质量技术监督标准化研究所、北京首都农业集团有限公司、北京市社会福利行业协会。

本部分主要起草人：陈言楷、宋国建、宋丰华、刘菡洁、刘雪涛、彭嘉琳、马晓蕾、柳成洋、曹俐莉。

服务业组织标准化工作指南
第2部分:标准体系

1 范围

GB/T 24421的本部分规定了服务业组织标准体系的术语和定义,总体结构与要求,以及服务通用基础标准体系、服务保障标准体系、服务提供标准体系的构成与要求。

本部分适用于服务业组织标准体系的建立与管理。

2 规范性引用文件

下列文件中的条款通过本部分的引用而成为本部分的条款。凡是注日期的引用文件,其随后所有的修改单(不包括勘误的内容)或修订版均不适用于本部分,然而,鼓励根据本部分达成协议的各方研究是否可使用这些文件的最新版本。凡是不注日期的引用文件,其最新版本适用于本部分。

GB/T 1(所有部分) 标准化工作导则

GB 2894 安全标志及其使用导则

GB/T 10001(所有部分) 标志用公共信息图形符号

GB/T 13016 标准体系表编制原则和要求

GB/T 13017 企业标准体系表编制指南

GB/T 20000(所有部分) 标准化工作指南

GB/T 20001(所有部分) 标准编写规则

3 术语和定义

下列术语和定义适用于GB/T 24421的本部分。

3.1

服务通用基础标准 service general and basic standard

在服务业组织内被普遍使用,具有广泛指导意义的规范性文件。

注:服务通用基础标准是其他标准制定和实施的基础,不受服务业组织的行业类型、运行模式、技术水平等因素的限制。

3.2

服务保障标准 service guarantee standard

为支撑服务有效提供而制定的规范性文件。

3.3

服务提供标准 service provision standard

为满足顾客的需要,规范供方与顾客之间直接或间接接触活动过程的规范性文件。

4 标准体系总体结构与要求

4.1 标准体系总体结构

服务业组织的标准体系由服务通用基础标准体系、服务保障标准体系、服务提供标准体系三大子体系组成。服务通用基础标准体系是服务保障标准体系、服务提供标准体系的基础,服务保障标准体系是服务提供标准体系的直接支撑,服务提供标准体系促使服务保障标准体系的完善。该标准体系是服务业组织其他体系，如质量管理体系、环境管理体系等的基础和融合体，服务业组织应根据自身的特点，研究建立协调配合、科学合理的标准体系，并有效运行。其体系关系见图1。

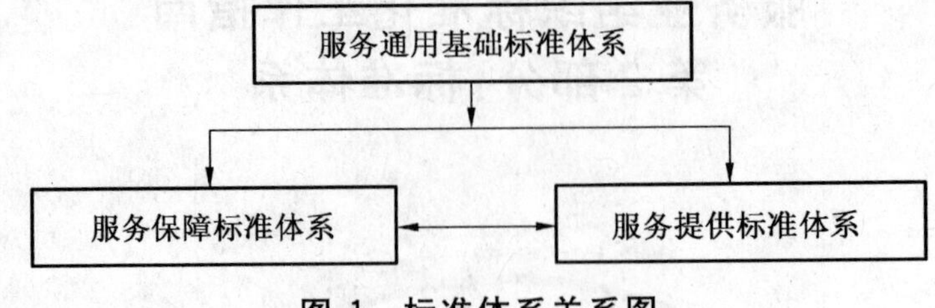

图1 标准体系关系图

4.2 总体要求

4.2.1 标准体系内的标准应符合国家有关法律法规要求。

4.2.2 标准体系内的标准应优先采用国家标准、行业标准和地方标准。

4.2.3 结合服务业组织的需要，制定标准，不断完善标准体系。

4.2.4 标准体系内的标准应相互协调。

4.2.5 标准体系可依据本部分，结合服务业组织实际情况进行删减和扩充。

4.2.6 标准体系内的标准应符合国家对服务标准的分类和编写要求。

4.2.7 标准体系表编制应符合 GB/T 13016 和 GB/T 13017。

5 服务通用基础标准体系

5.1 结构

服务业组织服务通用基础标准体系结构见图2。

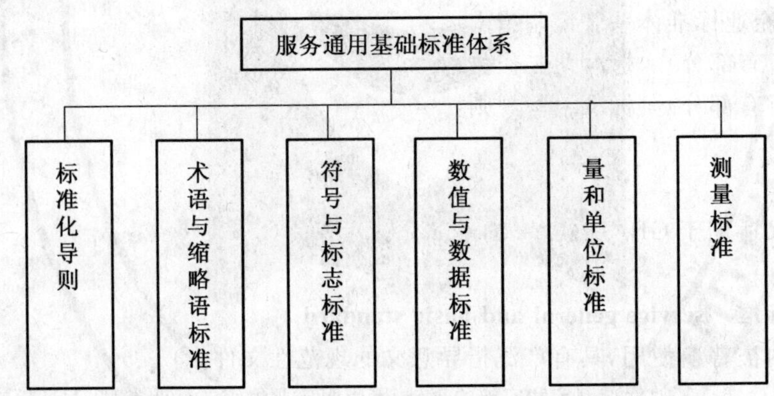

图2 服务通用基础标准体系结构图

5.2 标准化导则

5.2.1 适用于本组织、本行业标准化工作的相关国家标准、行业标准、地方标准，如GB/T 1、GB/T 20001、GB/T 13016、GB/T 20000 等。

5.2.2 服务业组织制定的标准化工作相关标准。

5.3 术语与缩略语标准

5.3.1 适用于本组织、本行业的术语和缩略语国家标准、行业标准、地方标准。

5.3.2 服务业组织制定的用于组织内部信息沟通用的概念定义和(或)术语含义标准，其内容应包括中文名称、英文名称、术语定义。

5.3.3 服务业组织可将组织内常用的较长词句缩短省略成较短的语词并将对照关系制定成缩略语标准。

注：缩略语一般分为中文缩略语和英文缩略语，如“政协”是“中国人民政治协商会议和地方各级政治协商会议”的缩略语，“ISO”是“International Organization for Standardization”的缩略语。

5.4 符号与标志标准

5.4.1 适用于本组织、本行业的符号与标志相关国家标准、行业标准、地方标准，如 GB/T 10001、GB 2894等。

5.4.2 服务业组织对符号与标志的样式、颜色、字体、结构及其含义制定的规范性文件。

5.5 数值与数据标准

5.5.1 服务业组织运行和管理活动涉及的数值和数据相关国家标准、行业标准、地方标准。

5.5.2 服务业组织对各种数值和数据的判定与表示制定的标准等。

5.6 量和单位标准

5.6.1 服务业组织运行和管理活动中采用的量和单位相关国家标准。

5.6.2 服务业组织对量和单位的选用和确定制定的标准等。

5.7 测量标准

5.7.1 服务业组织运行和管理活动中使用的测量方法和测量设备相关国家标准、行业标准、地方标准。

5.7.2 服务业组织制定的测量相关标准，包括但不限于：

a) 测量方法、依据和程序技术规范；

b) 测量设备使用技术规范；

c) 测量设备检定规程及校准、安装和使用程序；

d) 测量设备使用人员的资质和技能要求；

e) 测量量值的计量基准和标准，测量、校准时间间隔；

f) 测量控制的监测点和范围；

g) 测量记录、统计方法；

h) 测量标志、证书等使用要求。

6 服务保障标准体系

6.1 结构

服务业组织服务保障标准体系结构见图 3。

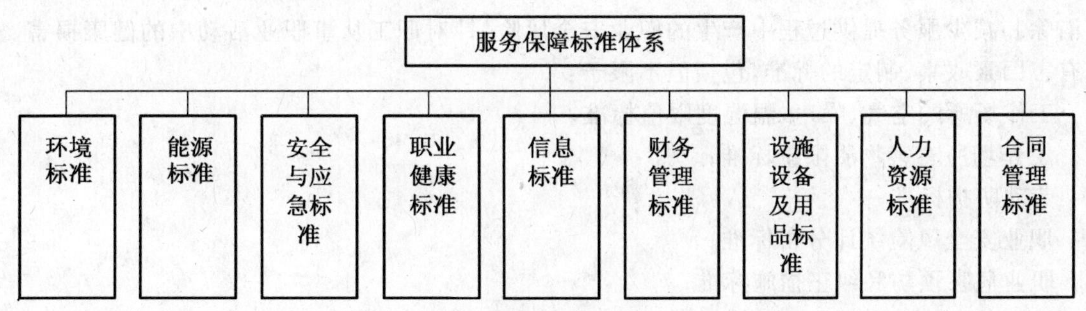

图 3 服务保障标准体系结构图

6.2 环境标准

服务业组织应收集、制定的环境条件和环境保护标准，包括但不限于：

a) 落实国家法律法规和标准要求应采取的管理措施；

b) 环境质量、监测方法、环境保护措施标准；

c) 经营和管理活动中废气、废水、废渣和有毒有害物质等的限量和处理标准；

d) 环境目标、实施、运行和持续改进的管理要求；

e) 服务提供所需的温度、湿度、光线、空气质量、卫生、清洁度、噪声、场地面积等基本条件的要求；

f) 服务业组织场所日常环境管理标准。

6.3 能源标准

用能和节能工作收集、制定的标准，包括但不限于：

a) 能源产品标准,如煤、电、油、气体燃料、热力、水等产品质量标准;
b) 能源设备及其系统的经济运行标准,如能源的转换设备、供能输送设备、用能终端设备的耗能定额标准以及设备经济运行规范等;
c) 节能材料标准,如节能材料及能量传导材料技术标准;
d) 节能调整和改造标准;
e) 能源管理各种记录的保存和使用标准;
f) 能源计量和能耗的分析标准;
g) 经济运行及评价标准。

6.4 安全与应急标准

以保护顾客生命和财产安全为目的收集、制定的标准,包括但不限于:

a) 安全目标的设定与管理标准;
b) 安全标志、报警信号、危险因素分类等安全标准;
c) 突发事件分类标准,应对预案、上报程序、检查与处置程序标准;
d) 识别风险、评估风险、控制风险的管理标准;
e) 安全管理、安全防护等管理标准;
f) 安全人员配备及安全培训标准;
g) 设施、设备安全标准,如电器、压力容器、锅炉、电梯等特种设备使用安全标准,无障碍基础设施标准;
h) 各类风险控制与应急的工作预案和处理程序;
i) 安全监测技术与评价、控制技术标准,如食物中毒、火灾、医疗事故等监测、评价与防范规范;
j) 落实国家法律法规和标准要求应采取的管理措施;
k) 需要顾客注意的风险控制及应急技术要求;
l) 预防、补救和纠正措施标准;
m) 安全与应急信息沟通形式、流程及其管理的标准。

6.5 职业健康标准

以消除和减少服务提供过程中产生的职业安全风险,针对职工从事职业活动中的健康损害、安全危险及其有害因素收集、制定的标准,包括但不限于:

a) 工作场所的空气、噪声、温湿度限值标准;
b) 工作场所有害物质限量标准;
c) 劳动防护标准;
d) 职业安全风险统计分析标准;
e) 职业危害预防和纠正措施标准;
f) 职业安全培训标准;
g) 职业禁忌病的诊断与管理标准。

6.6 信息标准

6.6.1 信息通用标准,包括但不限于:

a) 信息术语与编码标准;
b) 软件与设备标准;
c) 存储技术与管理标准;
d) 网络技术与信息安全。

6.6.2 信息应用标准,包括但不限于:

a) 数据元与代码标准;
b) 文件格式标准;

c) 业务流程与应用标准；

d) 信息交换标准；

e) 数据处理标准。

6.6.3 信息管理标准，包括但不限于：

a) 信息分类与控制要求，适用范围和有效性管理；

b) 信息发放、回收、借阅、销毁的要求；

c) 信息的评审与更新批准要求；

d) 信息的识别和检索；

e) 信息使用的追溯要求。

6.7 财务管理标准

按法律法规和标准的要求，对财务活动中的成本核算和收支等方面进行管理，收集、制定标准，包括但不限于：

a) 筹资、投资管理标准，筹集资金比例评估与核算、投资项目评估与管理、成本管理；

b) 营运资金管理标准，流动资产和流动负债的管理；

c) 利润分配管理标准；

d) 财务决策管理，财务计划分析与控制。

6.8 设施、设备及用品标准

6.8.1 选购标准，包括但不限于：

a) 设施、设备及用品的需求评估及采购计划管理；

b) 设施、设备及用品的技术要求；

c) 进货验收的质量检验项目与检验方法；

d) 设施、设备及用品的供方管理，审批程序、购置程序管理。

6.8.2 储运标准，包括但不限于：

a) 设施、设备及用品的储运方式、方法、条件等标准；

b) 设施、设备及用品入、出库管理、盘点查库管理标准；

c) 易腐、易燃、易爆物品和有毒、有害、放射性物品的储运管理标准。

6.8.3 安装调试标准，包括但不限于：

a) 安装验收技术条件，对安装完工后的试运行技术要求和方法的规定；

b) 验收程序、抽样及试验方法；

c) 安装、交付管理要求。

6.8.4 使用与维护保养标准，包括但不限于：

a) 设施、设备使用中的操作、运行要求；

b) 设施、设备维护保养技术要求；

c) 设施、设备维护保养管理要求，包括设施、设备维护保养计划，日常管理，自检和巡回检查管理。

6.8.5 停用改造与报废标准，包括但不限于：

a) 设施、设备失效评判标准；

b) 设备、设施停用改造管理要求；

c) 设备、设施报废评判与处置管理。

6.9 人力资源标准

服务业组织对人员配备与管理的相关标准，包括但不限于：

a) 人员资质要求；

b) 人员的聘用标准；

c) 人员教育和培训标准；

d) 人员工作绩效考核标准。

6.10 合同管理标准

服务业组织将顾客需求形成文件或口头协定，达成一致并组织实施整个过程的相关标准，包括但不限于：

a) 合同的分类与格式要求；

b) 合同的评估要求，如需求评估、能力评估、经济性与合法性评估；

c) 合同签订、授权或委托的权限和程序要求；

d) 合同实施管理要求。

7 服务提供标准体系

7.1 结构

服务业组织服务提供标准体系结构见图4。

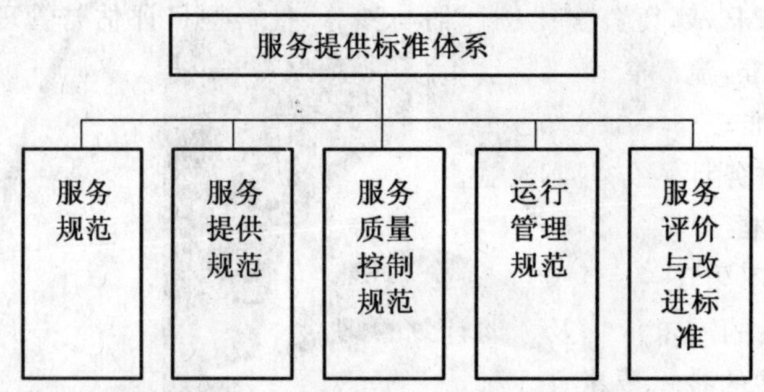

图4 服务提供标准体系结构图

7.2 服务规范

服务业组织为满足顾客需求，根据服务项目的环节、类别等属性而规定的特性要求，特性要求是定量的或定性的。服务规范应从功能性、安全性、时间性、舒适性、经济性、文明性等六个方面对服务应达到的水平和要求进行规范。

根据一般服务流程可收集、制定以下服务规范：

a) 接待、受理服务要求；

b) 服务组织、实施要求；

c) 服务验收与结算要求；

d) 售后服务要求。

7.3 服务提供规范

服务实现过程中，对服务提供的要求、提供的方法、程序所制定的标准，包括但不限于：

a) 提供服务的方法和手段，如服务提供过程中所要求的各项设施、设备及用品的配备数量和结构；

b) 服务流程和环节划分的方法和要求，以及各环节的操作规范、工作内容和输入输出要求；

c) 服务的沟通与确认要求。

7.4 服务质量控制规范

服务提供过程中，识别、分析对服务质量有重要影响的关键过程，并加以控制而收集、制定的标准，包括但不限于：

a) 服务提供的评价方法，控制措施标准；

b) 对顾客抱怨等不满意的处置标准；

c) 不合格服务的纠正与管理，如分析、识别、评审和处置等控制办法；

d) 预防性措施的要求及评价标准；

e） 质量争议处置的管理规范。

7.5 运行管理规范

结合服务业组织运行管理的要求，收集、制定的标准，包括但不限于：

a） 落实国家法律法规和标准要求应采取的管理措施；

b） 服务提供过程中的各种因素的平衡要求，如经济效益最大化与社会效益保障，需求与生产能力，技术水平与资金规模等；

c） 营销的组织与管理要求，客户关系管理要求；

d） 服务资源调剂与组织的一般要求；

e） 服务人员的有序组织和配备要求；

f） 设施、设备与用品的配置标准；

g） 工作现场各类信息沟通要求和反馈渠道要求；

h） 工作现场整理、整顿、清理、清扫要求。

7.6 服务评价与改进标准

对服务的有效性、适宜性和顾客满意进行评价，并对达不到预期效果的服务进行改进而收集、制定的标准，包括但不限于：

a） 评价的基本条件、原则和依据；

b） 评价的组织机构和人员；

c） 评价的程序和方法；

d） 评价内容和要求；

e） 检验和验证；

f） 数据分析、处理和评价；

g） 改进的原则与方法；

h） 服务产品的开发与设计。

ICS 01.040.03
A 00

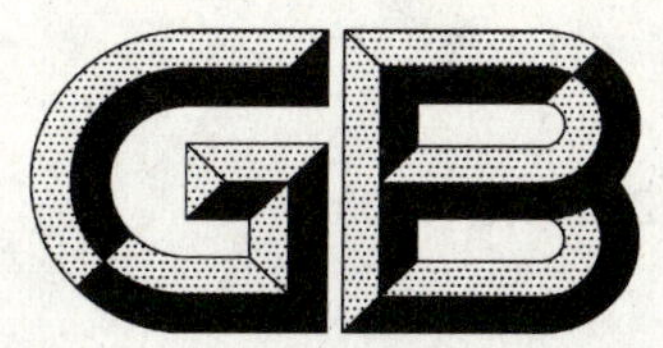

中华人民共和国国家标准

GB/T 24421.3—2009

服务业组织标准化工作指南 第3部分:标准编写

Guidelines for standardization of organizations in service sector—Part 3:Drafting of standards

2009-09-30 发布　　2009-11-01 实施

中华人民共和国国家质量监督检验检疫总局
中国国家标准化管理委员会　发布

前言

GB/T 24421《服务业组织标准化工作指南》分为四个部分：

——第1部分：基本要求；

——第2部分：标准体系；

——第3部分：标准编写；

——第4部分：标准实施及评价。

本部分为GB/T 24421的第3部分。

本部分的附录A为资料性附录。

本部分由全国服务业标准化技术委员会(SAC/TC 264)提出并归口。

本部分起草单位：辽宁省标准化研究院、沈阳标准化研究院。

本部分主要起草人：李忠权、吴仁昌、刘希杰、王德海、于占华、勾颖、高淑英、赵克令、李华楠、王安、韩先一、柳成洋、曹俐莉。

服务业组织标准化工作指南 第3部分:标准编写

1 范围

GB/T 24421 的本部分规定了服务业组织标准编写的基本要求、标准的构成及其服务要求的编写。

本部分适用于服务业组织标准的编写。

2 规范性引用文件

下列文件中的条款通过 GB/T 24421 的本部分的引用而成为本部分的条款。凡是注日期的引用文件,其随后所有的修改单(不包括勘误的内容)或修订版均不适用于本部分,然而,鼓励根据本部分达成协议的各方研究是否可使用这些文件的最新版本。凡是不注日期的引用文件,其最新版本适用于本部分。

GB/T 1.1 标准化工作导则 第1部分:标准的结构和编写规则(GB/T 1.1—2000,ISO/IEC Directives,Part 3,1997,NEQ)

GB/T 15624.1 服务标准化工作指南 第1部分:总则

GB/T 19001 质量管理体系 要求(GB/T 19001—2008,ISO 9001:2008,IDT)

GB/T 24001 环境管理体系 要求及使用指南(GB/T 24001—2004,ISO 14001:2004,IDT)

GB/T 28001 职业健康安全管理体系 规范

GB/T 24421.1 服务业组织标准化工作指南 第1部分:基本要求

3 基本要求

3.1 标准的编写应符合 GB/T 1.1 和 GB/T 24421.1 的规定。

3.2 服务标准的策划和制定应遵守国家安全、卫生、环境和保护消费者合法权益等有关法律法规的规定。

3.3 标准编写时应充分识别服务提供过程中包括老年人、儿童、不同文化背景顾客及患病残疾或行动受限等顾客潜在的期望和需求。

3.4 应识别服务提供过程,以及每个服务提供过程所需要提供的不同服务内容。

3.5 应识别关键的服务要素,包括服务提供者、供方、雇员、合同、支付、交付、服务环境、设备、预防性措施和沟通等,并对每个服务要素予以规定。

3.6 应优先采用相应的国际标准和国外先进标准,充分考虑 GB/T 19001、GB/T 24001、GB/T 28001 等有关标准,并与之协调。

3.7 标准应结构合理、层次分明、内容具体、具有可操作性和可检查性。

3.8 文字表达应准确、严谨、简明、易懂,术语、符号、代号应统一。

4 标准构成

服务业组织标准的一般构成要素见图1,每项服务标准中应至少包含一项服务要求,本部分仅对服务要求的编写做出规定,其他要素的编写应符合 GB/T 1.1 的规定。

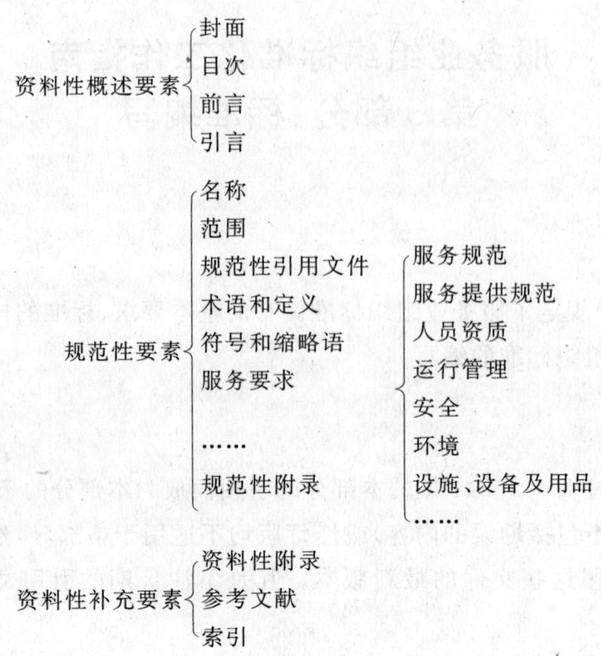

图 1 标准构成要素

5 服务要求的编写

5.1 服务规范

5.1.1 服务规范应规定服务应达到的水平和要求，服务规范宜描述服务提供过程结果的质量要求，质量要求包括明示的、通常隐含的或必须履行的期望或需求。

5.1.2 服务业组织可将服务规范和服务提供规范的要求规定在一项标准中。

5.1.3 为了突出某些方面的质量要求时，宜将相关的服务规范单独形成标准。

5.1.4 特性要求可以是定量的(可测量的)或者是定性的(可进行比较的)，服务业组织在编写服务规范时，宜充分考虑如下方面的质量特性要求：

a) 功能性：服务业组织应根据自身的服务性质规定预期交付给顾客的服务特性的要求和目标，例如，媒体主要有从四方面规定功能性的要求：监测社会环境、协调社会关系、提供娱乐和传承文化等；

b) 经济性：经济性是指用较少的输入获得同质量的服务，从顾客层面是指获得服务所需的费用的合理性，从组织的层面是指资源投入和服务提供过程成本的合理性，服务业组织应从这两个方面规定相应的要求和目标；

c) 安全性：服务业组织应根据识别的现在的和潜在的安全风险规定安全性方面的要求，例如，消防、人身财产安全、保密和健康卫生等方面的要求和工作目标。规定这些要求时应特别着重于保护易受伤害的群体；

d) 舒适性：舒适性是顾客对服务设施、服务环境、服务人员和服务提供活动的一种综合感受，服务业组织应规定相关的要求和目标，这些要求有时无法直接规定，可以通过对服务人员、服务设施、服务用品和服务环境等方面的要求体现舒适性的要求；

e) 时间性：服务业组织应规定按与顾客约定的或组织承诺的时间完成服务提供活动的要求和目标，应规定等待时间、服务提供过程的时间(包括开始和结束时间)、顾客意见反馈处理的时间及工作效率等；

f) 文明性:文明性属于服务提供过程中为满足精神需求而规定的要求和目标。服务业组织应通过对服务行为的规定体现文明性的要求,使接受服务者获得自由、亲切、受尊重、友好、自然和谅解的气氛,同时,员工保障和社会责任方面的要求也体现了文明性的要求。

5.2 服务提供规范

5.2.1 为确保服务提供过程满足服务规范的要求,应制定服务提供规范,规定服务的方法和手段。

5.2.2 在编写服务提供规范时,宜考虑如下方面的基本内容:

a) 服务流程:应将服务提供的过程按服务流程分成各个工作阶段,明确各个工作阶段间不同部门的接口,描述各工作阶段的服务行为,包括工作步骤、各工作环节的输入输出要求、工作内容和操作规范等;

b) 职责:应规定部门机构设置、最低人员配备、工种类别和工种执业资质的要求、部门职责及岗位职责和权限的要求等内容;

c) 预防性措施:应制定相应的标准和配置相应的设施,以处理服务中断或紧急情况,应确保顾客及时获得有关的信息,包括事件的性质、风险、联络信息、明确的指引、恢复服务所需的时间和临时的解决方案等;

d) 与顾客沟通的安排:应明确沟通的方法、内容、频率、态度政策和行为守则,包括顾客满意度测量的要求等。

5.3 人员资质

5.3.1 应从教育与培训、技能与经验及健康与素养等方面规定从业人员的资质要求。

5.3.2 在编写人员资质相关要求时,宜考虑如下方面的基本内容:

a) 教育与培训:与岗位职责相应的最低教育和专业培训背景要求;

b) 技能与经验:完成岗位工作应具备的最低能力和与从事岗位相关的工作经历要求;

c) 健康与素养:健康卫生要求和服务过程中的仪容仪表、责任和礼貌、时刻关注顾客的需要、遵守行业或组织的道德规范等。

5.4 运行管理

5.4.1 应规定对各项运行管理活动的要求,包括计划、组织、领导和控制等方面的要求。

5.4.2 在编写运行管理的相关要求时,宜考虑如下方面的基本内容:

a) 方针目标管理:最高管理者应正式发布的组织的方针,组织应在方针的框架下制定目标,目标应是可测量的,并与方针保持一致。为保证方针和目标的实现,应制定相关的管理规定,如,目标考核的管理规定;

b) 信息管理:对信息的收集、加工、传输、处理、存储和利用等方面的要求;

c) 沟通的管理:除了应与顾客进行沟通外,还应进行内部沟通以及与其他相关方(如供方)的外部沟通,应明确沟通的方法、沟通的频率和信息共享的要求;

d) 财务管理:按有关法律法规的要求,规定财务活动、成本核算和定额管理等方面的要求;

e) 人力资源管理:规定人员聘用、人员培训和业绩考核等方面的要求;

f) 能源管理:规定对能源消耗统计分析、能源的合理利用、能源设备的管理和节能措施的实施等方面的要求;

g) 市场营销管理:规定对市场信息、市场预测、营销策划和营销评价等方面的要求;

h) 合同管理:规范合同格式、合同评审和合同变更管理的要求;

i) 采购管理:规定对供方的管理和采购活动控制等方面的要求;

j) 评价:规定对服务及服务提供过程的监视和测量,体系评价和顾客满意等方面的管理要求;

k) 持续改进:规定改进目标和寻找改进机会的过程,以持续改进组织总体业绩,包括规定数据分析、纠正、纠正措施和预防措施实施的要求。

5.5 安全

5.5.1 应制定与服务结果及服务提供过程相关的安全管理规定。

5.5.2 在编写安全相关要求时，宜考虑如下方面的基本内容：

a) 安全保障措施，包括对个人、物品、投资、金融信息和顾客个人信息的保障措施；

b) 服务场所的安全要求；

c) 服务用品使用的安全要求；

d) 服务设施的安全要求；

e) 服务从业人员的安全要求等。

5.6 环境

5.6.1 为保证向顾客提供适宜的环境及保护环境、文化和人类遗产，应制定环境相关要求，规定组织应具备的环境条件和环境保护的要求。

5.6.2 在编写环境相关要求时，宜考虑如下方面的基本内容：

a) 环境条件：规定服务提供所需的温度、湿度、光线、空气质量、清洁卫生、噪声限值、场地面积等基本条件和管理的要求；

b) 环境因素：规定环境因素的识别和评价要求，环境因素的识别通常应考虑向大气的排放、向水体的排放、向土地的排放、原材料和自然资源的使用、能源使用、能量释放和废物等；

c) 环境运行控制：规定对环境因素实施控制的要求以提高组织的环境绩效，控制的要求包括废物处理、减少资源和能源的消耗、减少废气排放、噪声和视觉污染等；

d) 环境意识：规定增强员工、顾客和其他相关方环境意识的要求。

5.7 设施、设备及用品

5.7.1 应规定设施、设备和用品相关的购置、验收、使用、存放、维护保养和报废处置等方面的要求。

5.7.2 设施、设备和用品包括：

a) 建筑物、工作场所和相关的设施；

b) 服务提供过程设备(硬件和软件)；

c) 支持性服务(如运输、通讯或信息系统)；

d) 各类用品。

5.7.3 在编写设施、设备和用品相关要求时，宜考虑如下方面的基本内容：

a) 提供服务所需的设施、设备和用品的数量、等级及安全技术要求；

b) 运行管理所需的设施、设备和用品的数量、等级及安全技术要求；

c) 设施、设备的操作和维护保养等要求；

d) 用品的使用和管理要求。

附　录　A
（资料性附录）
服务要求编写示例

各类服务要求编写的示例见表A.1。表A.1所给出的示例并没有涉及所有服务业组织的类型，也并不是所有服务业组织都需要的，仅供参考，不同规模和类型的服务业组织应结合自身特点编制适宜的标准。

表A.1　服务要求编写示例

服务要求	标准相关要求示例
服务规范	**快递服务** …… **3.1　时效性** 快件投递时间不应超出快递服务组织承诺的服务时限，同城快递服务时限不超过24小时。 **3.2　准确性** 快递服务组织应将快件投递到约定的收件地址和收件人。 **3.3　安全性** 快递服务的安全性主要包括： a)　快件不应对国家、组织、公民的安全构成危害； b)　快递服务组织应通过各种安全措施保护快件和服务人员的安全，同时在向顾客提供服务时不应给对方造成危害； c)　除依法配合国家安全、公安等机关需要外，快递服务组织不应泄漏和挪用寄件人、收件人和快件的相关信息。 **3.4　方便性** 快递服务组织在设置服务场所、安排营业时间、提供上门服务等方面应便于为顾客服务。 ……
服务提供规范	**导游服务提供规范** …… **2.1　准备工作** 2.1.1　统一着工作服装，佩戴服务证卡。 2.1.2　认真阅读接待计划和有关资料，详细准确地了解团队的服务项目和要求及人员状况等情况。 2.1.3　熟悉导游路线及景点和植物、花卉等导游内容。 2.1.4　准备好导游所需的必备品，如话筒、导游旗等。 **2.2　迎接游客** 导游员应提前10分钟达到接团地点，热情迎接游客，并向游客说明有关注意事项和收费标准及收费方式，得到游客认可后进行导游。 **2.3　导游服务** 2.3.1　导游员在导游过程中，要自觉维护国家利益和民族尊严，不得有损害国家利益和民族尊严的言行。导游员要按照本园景点的具体特点进行讲解。讲解内容应繁简适度，应包括景点的历史背景、特色、地位、价值等方面的内容。讲解的语言应生动、富有表达力。 2.3.2　在导游过程中不得擅自增减或中止导游活动，应特别关照老、弱、病、残的旅游者；特殊情况，可按游客需要更改导游路线。 2.3.3　导游员在导游过程中，应随时清点人数，以防游客走失。并向游客真实说明和明确警示可能发生危及游客人身及财物安全的情况和游艺项目的安全情况，并采取防止危害发生的措施。

表 A.1（续）

服务要求	标准相关要求示例
服务提供规范	2.3.4 导游员进行导游活动时，应向游客介绍本地商品的特色，不得以各种方式索要小费。 不得欺骗、胁迫游客消费和与经营者串通欺骗、胁迫游客消费。 2.3.5 导游员在导游活动中，要始终以饱满的热情，礼貌的态度和标准的普通话为游客导游。 2.3.6 在导游服务过程中如果出现意外事件时，导游员应立即作出反应，采取应急措施，并安慰游客，不要惊慌，妥善安排好游客并向有关部门报告。 2.4 **导游结束** 2.4.1 导游行程结束时，导游员应征求游客对接待服务工作的意见和建议(可发放游客满意度调查表)，并致欢送辞，对导游过程中的合作表示感谢，欢迎再次光临。 2.4.2 导游员应作好总结，填写相关记录。
人员资质	**楼层领班岗位要求** …… 2.4 **资质要求** 2.4.1 **教育** 旅游、饭店管理专业大专以上毕业或同等学力。 2.4.2 **经验** 有从事客房服务2年以上的工作经历。 2.4.3 **能力要求** 2.4.3.1 根据不同情况，及时处理日常服务、卫生、安全等方面出现的问题，具有一定的应变能力。 2.4.3.2 具有为满足客人合理要求，维护饭店星级标准而与其他部门配合的能力。 2.4.3.3 有调查研究、改进工作方法、处理工作人员意见的能力。 2.4.3.4 具有按照宾馆的准则，处理宾馆投诉的能力。 2.4.4 **外语要求** 能正确使用礼貌英语，能用外语进行简单会话。 2.4.5 **身体要求** 身体健康、五官端正、精力充沛。 2.4.6 **品德要求** 树立"宾客至上、服务第一"的观念，对宾客礼貌热情、细心周到、严以律己、以身作则、严格管理、乐于助人、做好员工表率、平等待人、处理公道、不谋私得。 2.4.7 **培训要求** 2.4.7.1 专业知识：客房区域内的设备设施、房务工作有关工程的操作程序和质量标准、服务礼仪、各类安全消防设施和灭火器材的使用、家电、卫生等相关知识，以及电器、家具、设备的名称、性能、用途、使用和保养知识。 2.4.7.2 其他相关知识： ……
运行管理	示例一 **员工内部调动程序** …… 2.1 **申请** 2.1.1 由需要用人的部门填写缺员申请报告，交人力资源部审核。 2.1.2 要求调动员工写出书面申请，员工所在的部门签署意见。 2.1.3 人力资源部向用人部门推荐。

表 A.1（续）

<table>
<tr><th>服务要求</th><th>标准相关要求示例</th></tr>
<tr><td>运行管理</td><td>2.2 考试考核
2.2.1 用人部门与人力资源部共同对推荐的人选进行考试、考核；
2.2.2 考试考核合格，用人部门同意使用，签署同意使用意见。
2.3 办理手续
2.3.1 开具员工内部调动通知书，通知员工所在的部门办理内部调动手续；
2.3.2 通知用人部门认真考核，作好员工管理工作；
2.3.3 通知计财部调整工资关系，作好员工内部调动电脑处理工作。
……</td></tr>
<tr><td></td><td>示例二
服务质量评价管理规定
……
3 服务质量评定准则
3.1 服务质量特性
……
3.2 服务质量评定频次
3.2.1 各服务窗口，每天由岗位负责人对本岗位服务质量特性进行自检，发现问题作好记录。
3.2.2 各服务项目主管部门负责人，每周组织相关人员对所管辖范围的服务窗口的服务质量特性进行巡检，并将巡检的结果作好记录。
3.2.3 各服务项目主管部门每月对所管辖范围的服务窗口的服务质量进行汇总，做综合评价。
3.3 服务质量评定方法
3.3.1 园务管理部应将各服务项目的《服务质量提供规范》、《服务质量控制规范》下发到各服务项目的主管部门和各服务窗口。
3.3.2 各服务项目岗位负责人依据《服务质量控制规范》规定的评定标准，每天对本岗位的服务质量特性进行自检，评定打分，并填写《服务质量评价记录》。到月末将每天评定结果进行汇总，将服务质量特性的打分结果分别进行统计，然后再加权平均，评价月份服务质量考核结果，并填写《 服务质量评价报表》上报主管部门。
3.3.3 各服务项目的主管部门依据《服务质量控制规范》规定的评定标准，每周组织相关人员对所管辖的服务窗口的服务质量特性巡检，并将检查结果进行评定打分，并填写《服务质量评价记录》。到月末将每周各服务窗口服务质量的巡检结果进行汇总，对服务质量特性的打分结果分别进行统计，然后再加权平均，评价各服务窗口的服务质量。
3.3.4 游客中心每月末将收集游客反馈信息，包括游客投诉信息、游客意见或建议信息等进行整理，上报到与信息相关的部门。
3.3.5 各服务项目的主管部门每月末应将各服务窗口上报的《 服务质量评价报表》与每周巡检评价汇总评价的最终结果及游客反馈信息（投诉、表扬、意见等）结合在一起进行综合评价，评价结果即是服务质量最终结果。
……</td></tr>
<tr><td>安全</td><td>景区安全工作管理规定
1 范围
……
3.1 安全要求
3.1.1 旅游区域内早 8:00 时至晚 17:00 时禁止自行车行进。游客自行车在园门外存放。骑自行车上班及务工人员的自行车一律存放到办公区或南门外存车棚。</td></tr>
</table>

表 A.1(续)

服务要求	标准相关要求示例
安全	3.1.2 园内业户的机动车及进、送货车限早8:00时前或晚17:00时后进出,8:00时～17:00时时段内不准停留在旅游区内。 3.1.3 各种机动车辆进入旅游区内一律限速10公里/小时。 3.1.4 禁止驾驶员酒后开车,违者一次待岗处理。 3.1.5 通勤车驾驶员在行车中禁止吸烟或与他人闲聊、打电话及进行一切有碍驾驶的行为。 3.1.6 禁止职工在通勤车内吸烟。 3.1.7 禁止职工动用器具进行打闹、开玩笑。工作需要携带的锹、镐等用具要肩扛前行,禁止拖、抱工具行走,以防伤人。 3.1.8 禁止私自接电线或更换保险丝,确需接电须提出申请由行政科安排专业人员操作。 3.1.9 园内各游船要配备救生衣,游客要着救生衣划船,违者对经营业户罚款200元/次。 3.1.10 各科室负责人为本部门安全第一责任人;各班组要设安全员;游艺桥区要设专职安全员、护桥员和救生员。 3.1.11 园内餐饮、食杂业户禁止经营过期、变质食物,严防食物中毒事件发生,如违规,造成后果由业户自行承担外,按经营科处罚规定执行。 3.1.12 各工种要严格按操作规程操作。严禁违章作业。对违章作业造成后果者除承担责任外并给予纪律处分,直至解聘。 3.1.13 园内各游艺设施要定期检查,对发现的问题要限期解决。 3.1.14 根据不同岗位工作,各部门要开展安全教育。对临时工要进行岗前安全教育并提出安全要求,对不遵守安全规定和安全管理者一律辞退。 3.1.15 湖中禁止野浴。 **3.2 安全检查** **3.2.1 定期检查与不定期检查** 定期检查为元旦前、春节前及重要节假日前,入冬后对全园进行综合安全大检查,对检查中发现的问题提出整改要求。不定期检查随时进行。 **3.2.2 检查内容** 安全生产情况、安全防火状况,游乐设施安全运行的性能保持状态是否良好,各岗位员工落实岗位安全责任制情况,游乐设施操作人员是否按规程操作,各种安全文件、规章制度及软件是否齐全,特殊岗位人员是否持证上岗;各种特种设备是否经过年度市特检部门安全检测等。 **3.2.3 检查地点** 园区范围内所有涉及安全生产的建筑设施,包括办公区、林区、施工现场,游览区、观赏区及车辆和各种机械设备等。 **3.3 安全管理保障措施** 3.3.1 贯彻执行国家有关安全的方针、法律、法规及上级有关规定。 3.3.2 特殊工种人员必须持证上岗,并建立安全岗位责任制,制定安全操作规程。 3.3.3 各游乐场所要设立游客须知。 3.3.4 在必要游区内设置安全警示标志。 3.3.5 建立园旅游安全预案及应急预案。 3.3.6 对员工及经营业户进行必要的安全教育。 3.3.7 各种游乐、游具设施必须符合国家有关安全规定要求。 3.3.8 特种设备、车辆必须按国家有关规定每年进行一次安全检测。 3.3.9 游艺桥区设护桥员、救生员。 3.3.10 设立医疗室,对受到一般轻微伤害的游客免费给予治疗。 3.3.11 在重要节假日期间设一台应急救护车。 3.3.12 按劳动保护规定按时发放劳保用品。

表 A.1（续）

<table>
<tr><th>服务要求</th><th>标准相关要求示例</th></tr>
<tr><td>安全</td><td>3.3.13 建立健全各项安全管理规章、制度，各工作岗位都要有明确安全规定及安全保障。
3.3.14 对游览区及林区要定人定片加强巡查，严防事故及火险隐患的发生。
3.3.15 游乐、游具禁止带故障运行，对存在故障和损坏的游艺设施要及时进行维修。
3.3.16 建立值班值宿制度，做到每天24小时在岗在位，及时处理安全问题。

4 相关记录

……</td></tr>
<tr><td>环境</td><td>植物园噪声控制程序
……

5 控制要求
5.1 后勤保障部按《法律、法规及其他要求控制程序》中的有关噪声法规要求，搜集各噪声源的噪声限值信息要求，了解其运行过程，以进行降低噪声的控制和管理。
5.2 对游艺设施、设备的噪声加强管理与控制，应采取有效的噪声污染防治措施。重点噪声源必须配备相应噪声污染防治设施，保证这些设施的正常使用，达到隔声、减振、消声的效果。
5.3 对相关方噪声源、噪声产生施加影响。
按照园区承包商环境/职业健康安全行为要求的通报要求进行减少和降低噪声的控制，包括：
a) 园区内各承包商不得设置高音喇叭、不得设置“卡拉OK”游乐项目；
b) 汽车、摩托车交通运输工具不得在园区内鸣喇叭；
c) 承包商的游乐设施必须经“安全监察部门”检查合格，其中噪声一项必须合格才能投人经营；
d) 餐饮业及商店的冰箱、空调、排油烟机、排风机设备必须符合产品出厂的噪声分贝值，噪声异常和超值的，应限期采取措施或更换；
e) 建设项目承包商在承包协议中，应明确对环境污染要求，包括建筑设备及施工过程的噪声控制。
5.4 体系办协同后勤保障部，对噪声控制的效果进行监督检查。
……</td></tr>
<tr><td>设施、设备及用品</td><td>景区机械设备、建筑及游艺设施管理规定
……

2 控制要求

2.1 机械设备、建筑及游艺设施的日常管理
2.1.1 后勤保障部应建立机械设备、建筑及游艺设施档案，由专人统一管理。
2.1.2 对机械设备外借进行控制，设备外借须经主管主任批准，其他任何人不得擅自外借园内设备。
2.1.3 设备要由经过训练的专业人员使用、保养与维护，其他人不得随意使用。
2.1.4 特种设备操作人员应持国家有关部门下发的合格证持证上岗。
2.2 机械设备、建筑及游艺设施的保养与维护
2.2.1 机械设备的保养与维护
2.2.1.1 日常保养，每次使用前的检查和使用后的清理。
2.2.1.2 一级保养，定期更换零部件，把老化的不能保证其性能的零部件用可靠的部件更换，保证其正常使用。
2.2.1.3 二级保养，在使用一定年限或行走一定里程后，机械和设备进行全面的检修或大修。
2.2.2 建筑设施的保养与维护
2.2.2.1 维修班要定期进行设施检查，发现损毁、丢失等情况，维修班长及时组织维修并填写维修记录。</td></tr>
</table>

表 A.1（续）

<table>
<tr><th>服务要求</th><th>标准相关要求示例</th></tr>
<tr><td>设施、设备及用品</td><td>2.2.2.2　定期组织建筑物使用过程、用电情况、周围环境影响的安全检查，及时发现和排除隐患。
2.2.2.3　管护人员发现设施破损和安全隐患要及时上报，维修班长要及时组织抢修。
2.2.2.4　维修班在施工中应遵守安全生产有关规定，严格按技术操作规程施工，避免发生责任事故。
2.2.2.5　维修工应对所使用的工具、设备予以妥善保管。
2.2.2.6　每年冬春两季对建筑及其设施进行全面检查、维修和保养。
2.2.3　游艺设施的保养与维护
2.2.3.1　必须经常检查设备的安全性能，包括设备本身的安全性、用电安全和周围环境相关性。
2.2.3.2　安排专职巡检员负责游艺设施的日常巡检并填写巡检记录，发现损毁缺件、丢失情况，及时上报维修班长，由维修班长负责组织维修、更换并填写记录。
2.2.3.3　安全检查领导小组每周进行一次安全检查，发现隐患及时与维修班取得联系，维修班必须在当日或次日内完成抢修任务。
2.2.3.4　护桥员及儿童乐园管理人员发现设施损坏，应立即停止设施运行，并上报维修班及时排除隐患。
2.2.3.5　在施工中应严格遵守安全生产有关规定，杜绝责任事故的发生。
2.2.3.6　维修工应对所使用的工具、设备予以妥善保管。
2.2.3.7　每年冬季对所有游艺设施进行全面检修和保养，修复和更换已经破损的部件。修复可根据该设备的损坏程度分为小修、中修、大修：
a)　小修：某一个小零件或设备结构松动需要调整；
b)　中修：要更换或修复设备的主要零部件或数量较多的其他零部件，以达到设备规定的技术参数；
c)　大修：需要将设备全部解体、更换和修复全部损坏的零件，恢复设备原有性能及形状。设备中修、大修须申报主管领导批准。
2.2.4　游艺设施的报废管理
对于使用年久，难以再行修复，失去使用价值的设备，申请报废处理，报废等有关事宜按国家有关规定执行。
……</td></tr>
</table>

ICS 01.040.03
A 00

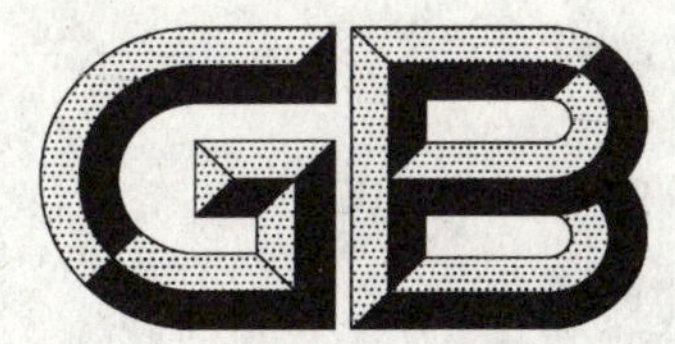

中华人民共和国国家标准

GB/T 24421.4—2009

服务业组织标准化工作指南 第4部分:标准实施及评价

Guidelines for standardization of organizations in service sector—
Part 4:Standard actualize and appraise

2009-09-30 发布　　2009-11-01 实施

中华人民共和国国家质量监督检验检疫总局
中国国家标准化管理委员会　发布

前　言

GB/T 24421《服务业组织标准化工作指南》分为四个部分：

——第 1 部分：基本要求；

——第 2 部分：标准体系；

——第 3 部分：标准编写；

——第 4 部分：标准实施及评价。

本部分为 GB/T 24421 第 4 部分。

本部分由全国服务标准化技术委员会(SAC/TC 264)提出并归口。

本部分主要起草单位：河北省质量技术监督局、河北省标准化研究院、石家庄市第六医院。

本部分主要起草人：郭永志、胡书宏、陈玉刚、戴永军、杜义敏、魏胜娟、郑伟、柳成洋、曹俐莉。

服务业组织标准化工作指南
第4部分:标准实施及评价

1 范围

GB/T 24421的本部分给出了服务业组织标准实施、标准实施评价及标准体系评价的要求。

本部分适用于服务业组织标准实施,并对标准实施和标准体系进行评价。

2 规范性引用文件

下列文件中的条款通过GB/T 24421的本部分的引用而成为本部分的条款。凡是注日期的引用文件,其随后所有的修改单(不包括勘误的内容)或修订版均不适用于本部分,然而,鼓励根据本部分达成协议的各方研究是否可使用这些文件的最新版本。凡是不注日期的引用文件,其最新版本适用于本部分。

GB/T 24421.1 服务业组织标准化工作指南 第1部分:基本要求

GB/T 24421.2 服务业组织标准化工作指南 第2部分:标准体系

GB/T 24421.3 服务业组织标准化工作指南 第3部分:标准编写

3 标准实施

3.1 基本原则

3.1.1 系统性原则

服务业组织标准实施应坚持系统性原则,统筹兼顾,有计划、有步骤地进行。实施标准的过程中应关注相关标准间的协调性,所有服务标准应作为一个整体实施,以保证标准实施的总体效果。

3.1.2 有效性原则

服务业组织标准实施应坚持有效性原则,把保证安全、保护环境、促进服务业组织和整个行业健康发展作为首要目标。实施标准,应因地制宜,注重实效,实现效益最大化。

3.1.3 持续性原则

服务业组织标准实施应坚持持续性原则。实施标准应使各个环节符合标准要求,并不断改进实施方法,提升实施效果。

3.2 实施方法

根据标准的特性不同,一般可选择下列实施方法:

a) 过程法:按照服务过程实现的时间顺序来实施标准的方法。针对服务流程制定的有关标准,一般可采用这种方法进行实施。采用过程法实施标准要注意各阶段之间的相互衔接。

b) 要素法:按照服务要素来分别实施标准的方法。当标准是按服务活动或结果的各个要素给出要求时,可采用要素法实施标准。要素法实施标准应注意各要素之间的关联性。

注:在采用上述方法实施标准的同时,往往还可以采用符合性评价的方法来保证标准的实施。

3.3 实施程序

3.3.1 计划

标准实施前应制定工作计划或方案,内容包括实施标准的范围、方式、内容、步骤、负责人员、时间安排、应达到的要求和目标等。

3.3.2 准备

3.3.2.1 组织准备

应建立相应的组织机构，统一组织标准实施工作。对重要标准或标准体系的实施，应建立由服务业组织决策层管理者牵头、各有关单位负责人参加的领导机构和相应的工作机构，配备必要的标准化工作人员，研究实施标准的具体措施，协调解决标准实施的有关问题；对单一的、较简单的标准的实施，也至少应设专人或部门负责标准实施工作。

3.3.2.2 人员准备

实施标准涉及的关键岗位，应配备具有相应资质和技能的工作人员。

实施标准前，应认真组织宣贯工作，使相关人员对实施标准的重要性有一个正确而全面的认识，掌握标准的有关内容，了解标准实施的关键点和难点，对内容较复杂或技术含量较高的标准，应专门进行专业培训。

3.3.2.3 物资准备

应配备相应的设施设备、服务用品、工具、资金及与实施标准相适应的环境条件。

3.3.2.4 技术准备

实施一项新标准，当涉及服务技术的改进时，应进行相应的技术准备，必要时应进行技术攻关和技术改造。

3.3.3 实施

应按计划组织标准的实施，使标准规定的各项要求在服务过程的各个环节上加以实现，并满足以下要求：

a) 对服务活动涉及的设施设备、服务用品、工具及相应的环境条件等，应通过一定的方法确认其达到标准要求后，投入使用；对于服务人员，应通过考核确认其达到标准要求后，准予上岗；

b) 对服务标准规定的服务质量要求、服务提供要求等应转化为各个岗位的具体工作要求，加以实施；

c) 对于安全、环保等方面的标准要求，应落实到具体关键点上，并有相应的保证措施。

d) 对实施过程中遇到的各种问题应采取有效措施加以解决，以保证标准各项要求的贯彻落实。

3.3.4 信息反馈与改进

在实施标准的过程中，应认真做好各项记录，并将各环节形成的数据和有关情况及时反馈至标准实施的组织协调部门，以便及时调整和改进标准实施工作。当发现标准中存在不完善等问题时，应及时向标准批准发布部门反馈情况。

3.3.5 实施评价

按4.1和4.2的规定进行。

4 标准实施评价及标准体系评价

4.1 评价原则

标准实施评价及标准体系评价应坚持以下原则：

a) 客观公正的原则；

b) 科学严谨的原则；

c) 全面准确的原则。

4.2 标准实施评价

4.2.1 评价准备

4.2.1.1 组织准备

应成立标准实施评价工作组，并明确其职责、权限。评价工作组组成人员的数量应视评价工作的复杂程度确定。

4.2.1.2 人员准备

评价人员应具有相应的标准化知识和相应的专业知识,熟悉标准及实施的有关要求,能熟练运用评价方法。

4.2.1.3 物资准备

应备齐必要的测量设备、工具、试验用品以及评价用记录表等。

4.2.1.4 确定评价方案

对标准实施进行评价前,应制定周密的评价方案,以保证评价结果的准确性。

评价方案应包括以下内容:

a) 给出评价工作的总体安排;

b) 确定评价方法。对于涉及面广、内容复杂的标准,可采用抽样的方式进行,所抽取的指标或事项应反映标准实施的总体情况;对于内容简单或较重要的标准,应采取逐项检查的方法。对具体项目可采取测量、过程再现或通过标准实施痕迹(包括各种记录、报告等)检查等方法实施评价。

c) 建立评价指标体系。指标体系应能尽可能反映标准要求,准确衡量标准实施效果。应根据指标体系和评价要求确定合理的抽样方案、判定规则。

4.2.2 评价内容

4.2.2.1 符合性评价

根据标准的各项规定,确认实施过程的各个环节是否达到标准的要求。对于服务设施设备、环境条件、服务流程以及服务质量等方面具有定量指标的标准要求,应采用测量、试验等方法得出定量的数据;标准中的定性规定,可采用比较的方法进行衡量,并给出标准实施是否合格的结论。

4.2.2.2 实施效果评价

应按评价方案确定的反映标准实施效果的指标体系、抽样方案、判定规则进行评价。通过验证、核实指标体系中的各项指标,确定标准实施效果达到的程度,给出相应的结论性意见。

4.2.3 评价报告

评价报告一般应包括评价的依据、评价人员、评价时间、评价简要过程、各分项指标评价结果、总体结论、存在问题和处理建议等内容。

4.3 标准体系评价

4.3.1 评价依据和基本条件

4.3.1.1 评价依据

标准体系评价依据 GB/T 24421.1、24421.2、24421.3 等相关标准及有关部门发布的评价细则、办法等。

4.3.1.2 基本条件

被评价的服务业组织应满足以下要求:

a) 建立了满足本组织服务、经营、管理要求的标准体系,并在标准体系文件批准发布后,进行了有效实施;

b) 设有专门的标准化管理机构,配备专职或兼职人员,标准化职责明确;

c) 全体员工应经过标准化专业知识培训,熟悉企业方针、目标和本部门、本岗位的职责、权限,掌握本岗位工作所执行的各项标准要求;

d) 最高管理者、中层管理者以及关键部门和岗位的工作人员,应熟悉国家有关的法律、法规和规章,掌握服务业组织标准体系文件的有关内容。

4.3.2 组织机构和人员

4.3.2.1 评价的组织机构

标准体系评价应由相应的评价组织来完成。评价组织应由熟悉标准化工作和相关业务工作的人员组成,评价任务和职责明确。

4.3.2.2 评价人员

评价人员至少应具备的条件:

a) 熟悉国家有关标准化方针、政策和法律、法规,并掌握服务业组织标准化工作指南系列国家标准和相关专业知识;

b) 熟悉被评价组织的行业特点,能识别和预见该组织在服务、经营、管理过程中存在的问题;

c) 具有大专以上学历和中级以上职称,具有一定工作经验,有组织管理和综合评审能力,能够解决评价过程中出现的实际问题;

d) 遵纪守法,坚持原则,实事求是,保守被评价组织的商业秘密。

4.3.3 评价的程序和方法

4.3.3.1 评价的程序

a) 成立评价组织;

b) 制定评价计划或方案,确定评价方法、指标体系和判定规则;

c) 评价准备;

d) 评价实施;

e) 编写评价报告;

f) 评价结果处置。

4.3.3.2 评价的方法

标准体系评价一般采用下列方法:

a) 查看记录和报告;

b) 过程验证;

c) 观察、提问;

d) 满意度测评。

4.3.4 评价内容和要求

4.3.4.1 标准体系文件评价

标准体系文件评价包括以下内容:

a) 体系完整性评价:主要经营活动的标准覆盖情况;

b) 体系规范性评价:标准体系框架、标准体系表、标准明细表、标准汇总表和标准文本;

c) 体系协调性评价:标准与相关法律法规之间的协调性,标准之间的协调性;

d) 体系有效性评价:满足经营活动需要的情况,保证体系正常运行及持续改进的有关措施。

4.3.4.2 标准实施评价

对标准体系内的各项标准的实施情况进行评价,按4.2进行。

4.3.4.3 标准体系实施效果评价

4.3.4.3.1 效益评价

应对服务业组织通过建立和实施标准体系,提高服务效率、降低服务成本、增强市场竞争力、提高经济效益和社会效益等方面进行评价。

4.3.4.3.2 服务质量评价

服务质量评价包括以下两个方面:

a) 服务质量特性评价:对服务质量的功能性、安全性、时间性、文明性、经济性进行评价。

b) 满意度测评:通过发放调查问卷、电话访问或网上调查等方式进行顾客满意度测评。调查的内容应全面反映服务质量要求,调查的范围应尽可能广泛。通过对调查反馈的信息进行统计计算,给出满意度测评结果。

4.3.5 数据分析、处理和评价报告

对评价过程获得的数据进行分析、处理，给出各评价单项的评价结果，汇总各单项评价结果，给出标准体系评价结论，出具评价报告。

评价报告一般应包括以下内容：

a） 评价报告的名称、编号；

b） 评价的时间、地点、参加人员；

c） 评价的目的、范围；

d） 评价的简要过程、对被评价组织的肯定、发现的问题及改进建议；

e） 评价结论。

ICS 01.140
A 14

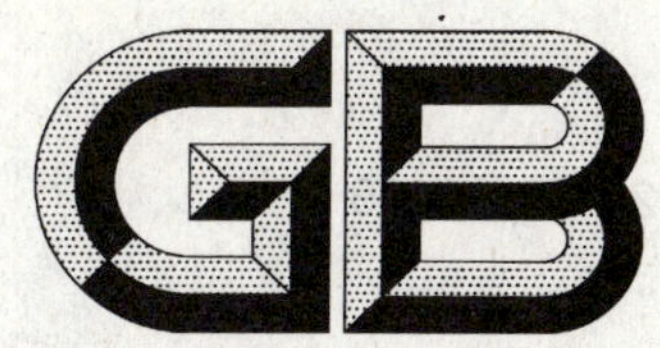

中华人民共和国国家标准

GB/T 24422—2009

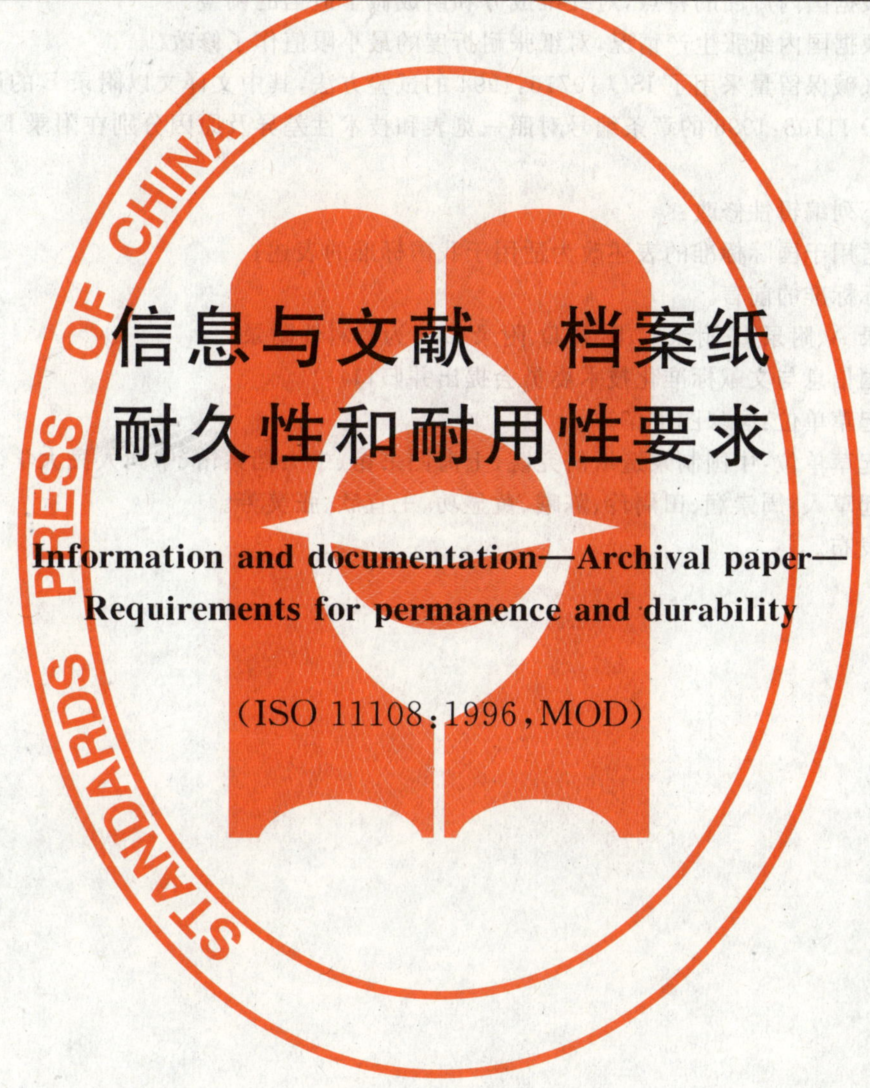

信息与文献 档案纸 耐久性和耐用性要求

Information and documentation—Archival paper—Requirements for permanence and durability

(ISO 11108:1996,MOD)

2009-09-30 发布　　2010-02-01 实施

中华人民共和国国家质量监督检验检疫总局
中国国家标准化管理委员会　发布

前言

本标准修改采用 ISO 11108:1996《信息与文献　档案纸　耐久性和耐用性要求》(英文版)。

本标准与 ISO 11108:1996 相比,存在下列技术差异:

——本标准根据国内产品的特点,对纤维成分和组成做了适当的调整。

——本标准根据国内纸张生产情况,对纸张耐折度的最小限值作了修改。

本标准的纸张碱保留量采用了 ISO 10716:1994 的试验方法,其中文译文以附录 B 的形式出现。

本标准与 ISO 11108:1996 的章条编号对照一览表和技术性差异及原因分别在附录 D 和附录 E 中列出。

本标准做了下列编辑性修改:

——将一些适用于国际标准的表述改为适用于我国标准的表述;

——删除国际标准的前言。

本标准的附录 A、附录 B、附录 C、附录 D、附录 E 均为资料性附录。

本标准由全国信息与文献标准化技术委员会提出并归口。

本标准负责起草单位:国家图书馆。

本标准参加起草单位:中国制浆造纸研究院、上海图书馆、中央档案馆、中国人民大学。

本标准主要起草人:周崇润、田周玲、陈曦、黄显功、王宜欣、张美芳。

本标准首次发布。

信息与文献　档案纸 耐久性和耐用性要求

1　范围

本标准规定了档案纸的性能要求。

本标准适用于需永久保存和经常使用的文献、记录及出版物用纸。

注1：由于作为永久性保存的文献和出版物，具有较高的历史、法律和其他重要价值，因而需要采用档案纸。档案纸不是指一般用途而言，而是一专门术语。"档案纸"这一术语并非意味着那些只有在档案中使用的纸张才是"档案纸"。

注2：本标准与GB/T 24423—2009《信息与文献　文献用纸　耐久性要求》的关系在附录A中说明。

2　规范性引用文件

下列文件中的条款通过本标准的引用而成为本标准的条款。凡是注日期的引用文件，其随后所有的修改单(不包括勘误的内容)或修订版均不适用于本标准，然而，鼓励根据本标准达成协议的各方研究是否可使用这些文件的最新版本。凡是不注日期的引用文件，其最新版本适用于本标准。

GB/T 450　纸和纸板试样的采取及试样纵横向、正反面的测定(GB/T 450—2008，ISO 186:2002，MOD)

GB/T 451.2　纸和纸板定量的测定(GB/T 451.2—2002，eqv ISO 536:1995)

GB/T 455　纸和纸板撕裂度的测定(GB/T 455—2002，eqv ISO 1974:1990)

GB/T 457　纸和纸板耐折度的测定(GB/T 457—2008，ISO 5626:1993，MOD)

GB/T 1545　纸、纸板和纸浆　水抽提液酸度或碱度值的测定(GB/T 1545—2008，ISO 6588:1981，MOD)

GB/T 1546　纸浆　卡伯值的测定(GB/T 1546—2004，ISO 302:1991，MOD)

GB/T 4687　纸、纸板、纸浆及相关术语(GB/T 4687—2007，ISO 4046:2002，MOD)

GB/T 10739　纸、纸板和纸浆试样处理和试验的标准大气条件(GB/T 10739—2002，eqv ISO 187:1990)

ISO 10716　纸和纸板　碱保留量的测定方法

3　术语和定义

下列术语和定义适用于本标准。

3.1

档案纸　archival paper

具有高度耐久性和耐用性的纸张。

3.2

耐久性　permanence

长期保持化学和物理稳定性的能力。

3.3

耐用性　durability

在使用中的耐磨和耐撕裂的能力。

3.4

碱保留量　alkali reserve

用于中和纸张中由于自然老化或大气污染产生的酸性物质的化合物(如碳酸钙)的含量。

4　性能要求

4.1　采样及处理

用于测试的纸样应按 GB/T 450 规定的方法采取试样,试样应无明显的缺陷,如大的污点、孔眼和皱折。试样的处理应和试验应在 GB/T 10739 规定的标准大气条件下进行。

4.2　纤维成分

该纸张应由一定量的棉纤维、棉短绒纤维、麻类纤维、韧皮纤维或它们的混合物配以全漂化学木浆抄造而成,并应注明纤维的含量配比,同时应当具有理想的工作性能。

注：理想的工作性能不仅是指档案纸本身的性能,还包括纸张的印刷适性及其他必要的使用性能。

4.3　定量

纸张的定量应不少于 70 g/m^2。

注：未给出纸张定量的上限,但本标准界定的纸张不包括定量超过 225 g/m^2 的纸张。

4.4　撕裂度

纸张的纵向和横向撕裂度均应不小于 350 mN。

4.5　耐折度

当使用肖伯尔耐折度测定仪进行测试时,纸张的纵向和横向的耐折度均应不少于 2.18。当使用 MIT 耐折度测定仪进行测定时,纸张的纵向和横向的耐折度均应不少于 1.95。

注：耐折度为 2.18 时所对应的耐折次数为 150 次;耐折度为 1.95 时所对应的耐折次数为 90 次。

4.6　水抽提液的 pH 值

试样冷水抽提液的 pH 值应在 7.5～10.0 的范围内。

4.7　碱保留量

纸张应至少具有相当于 0.4 mol/kg 酸的碱保留量。

注：当以碳酸钙为碱保留物时,每千克纸张中碳酸钙的含量不小于 20 g。

4.8　抗氧化性

纸张的卡伯值应低于 5.0。

注：本标准中取换算成消耗 50%高锰酸钾的常数 $f=1.000$。

5　试验方法

5.1　纸张定量的测定应按 GB/T 451.2 的规定进行。

5.2　撕裂度的测定应按 GB/T 455 的规定进行。

5.3　耐折度的测定应按 GB/T 457 的规定进行。

5.4　冷水抽提液的 pH 值的测定应按 GB/T 1545 的规定进行。

5.5　纸张碱保留量的测定应按 ISO 10716 的规定进行,测定方法见本标准的附录 C。

5.6　纸张中卡伯值的测定应按 GB/T 1546 的规定及附录 B 中修正的方法进行。

6　报告

检验报告应包括以下几点：

a)　被检验纸张的准确标识；

b)　测试的日期和地点；

c)　按 4.1 所述检验纸样的目视观察结果；

d) 按 GB/T 451.2 规定的办法测定的纸张定量；

e) 按 5.2～5.6 所述各项测试结果，各项测试结果的表示应符合相关标准的规定；

f) 与纸张耐久性和耐用性有重要关系的其他观察结果；

g) 关于纸张是否满足本标准要求的说明，对不满足本标准要求的情况，需写明确切的理由。

附　录　A
（资料性附录）
档案纸与 GB/T 24423—2009 所定义的耐久纸的关系

任何根据本标准生产的纸张都将符合 GB/T 24423—2009《信息与文献　文献用纸　耐久性要求》的要求。因此，生产商或出版商可以使用 GB/T 24423—2009 附录 A 规定的认可符号及认可声明对档案纸及其出版物进行标识。该认可符号及认可声明也可用于档案纸及其出版物的广告、包装、推销、评论及出版物目录中。

不过，应首先让人们知道，档案纸是按照本标准制造的，上述做法并非值得特别推荐。

附 录 B
（资料性附录）
关于测定卡伯值的特别说明

由于在本标准中卡伯值测定的目的是确定卡伯值是否小于5，所以测定时，样品的质量应选择其卡伯值在5左右，并且试验灵敏度为最大的数值范围内。对于绝干浆，样品的质量应选为10 g，对于纸张，样品质量同样也应为10 g。如果纸张卡伯值在3～7的范围内，测定结果比较准确。如果纸张卡伯值大于7或小于3，测定结果可能不准确，但对于本标准仍然可以视为有效的。为了取得准确的测试结果，也可以调整样品质量重新测定。

注：GB/T 1546是对纸浆的测试，在本标准中用于纸张的测定，测定方法未作改动。对于含淀粉的涂布纸，测定时用目视观测滴定终点比较困难，可以使用电子终点观测计进行滴定终点的观测。

附 录 C
（资料性附录）
纸张碱保留量的试验方法

C.1 取样

试样的采取宜按 GB/T 450 的规定进行。

C.2 原理

在含有一定量的 HCl 溶液中浸渍样品，然后加热悬浮液至沸腾，用 NaOH 溶液滴定未反应完的 HCl。

C.3 化学试剂

C.3.1 蒸馏水或去离子水。

C.3.2 0.10 mol/L HCl 标准溶液。

C.3.3 0.10 mol/L NaOH 标准溶液。

C.3.4 甲基红指示剂溶液（在 100 mL 乙醇溶液中溶解 0.2 g 甲基红）。

C.4 试验步骤

C.4.1 将试样切成或撕成 15 mm×15 mm 的小块，取大约 5.0 g 备用。

C.4.2 称取两份 1 g 样品，准确至 0.001 g，其中一份用于绝干物含量的测定，绝干物含量的测定应按 GB/T 462 的规定进行。

C.4.3 将试样移至洁净的 250 mL 或 300 mL 的锥形瓶中，加入 100 mL 蒸馏水（为浸没样品可加入更多的蒸馏水），将混合物煮沸 5 min，稍加冷却，然后用移液管加入 20 mL 的 HCl 溶液（C.3.2）。

C.4.4 再次煮沸混合物并至少冷却 15 min。加入 3 滴甲基红溶液（C.3.4）作指示剂，用 NaOH 溶液（C.3.3）滴定至淡黄色。

注 1：当达到终点时，若所需 NaOH 溶液的量少于 5.0 mL，则宜采用较少量的 HCl 重复此步骤。

注 2：若痕量的粉红色指示剂被纤维表面所吸收，短时间煮沸悬浮液使粉红色解吸。通常再加一滴 NaOH 可使淡黄色恢复。

注 3：若样品是染色的，终点就不易检测到，此时可采用电化学滴定的方法。由于玻璃电极对悬浮物的存在很敏感，若发现悬浮物的干扰，宜在滴定前将悬浮液过滤。若在测试过程中有此改动，宜在试验报告中加以说明。

C.4.5 采用同样步骤进行平行试验。

C.4.6 采用同样步骤进行空白试验。

C.5 结果计算

按式（C.1）计算碱保留量，X 以 mol/kg 表示：

$$X = \frac{V_0 - V_1}{V_0} \times \frac{V_2 \cdot c(\mathrm{HCl})}{m} \qquad \cdots\cdots\cdots\cdots(\mathrm{C.1})$$

式中：

V_0——空白滴定中所消耗的 NaOH 量，mL；

V_1——样品滴定中所消耗的 NaOH 量，mL；

V_2——所用的 HCl 溶液量（一般为 20 mL），mL；

$c(\mathrm{HCl})$——HCl 溶液的浓度，mol/L；

m——绝干样品质量，g。

以两次测定的平均值表示测定结果，测定结果应计算至小数点后第一位。

注：重复测定的误差宜在 0.07 mol/kg 之内，若不是这种情况，宜再用 2 份以上的样品进行重复试验。

附 录 D
（资料性附录）
本标准章条编号与 ISO 11108:1996 章条编号对照

表 D.1 给出了本标准章条编号与 ISO 11108:1996 章条编号对照一览表。

表 D.1 本标准章条编号与 ISO 11108:1996 章条编号对照

本标准章条编号	对应的国际标准章条编号
1	1
2	2
3	3
4	4
5.1	4.3 的部分内容
5.2	4.4 的部分内容
5.3	4.5 的部分内容
5.4	4.6 的部分内容
5.5	4.7 的部分内容
5.6	4.8 的部分内容
6	5
附录 A	附录 A
附录 B	—
附录 C	—
附录 D	—
附录 E	—

附 录 E
（资料性附录）
本标准与 ISO 11108:1996 技术性差异及原因

表 E.1 给出了本标准与 ISO 11108:1996 技术性差异及原因。

表 E.1 本标准与 ISO 11108:1996 技术性差异及原因

本标准章条编号	技术性差异	原　因
2	删除“ISO 5127:1983 文献与情报工作—词汇—第一部分：基本概念”	其中的内容与本标准的主要内容关系不大
4.1	增加“试样的处理和试验应在 GB/T 10739 规定的标准大气条件下进行。”	避免重复
4.2	将“纸张应主要由棉纤维、棉短绒纤维、大麻纤维、亚麻纤维或它们的混合物制造”修改为“该纸张应由一定量的棉纤维、棉短绒纤维、麻类纤维、韧皮纤维或它们的混合物配以全漂化学木浆抄造而成，并应注明纤维的含量配比，同时应当具有理想的工作性能”。	根据国内纸张生产实际情况修改
4.3	删除“按 ISO 536 的方法测定。” 删除“撕裂度试验应按 ISO 1974 所述的方法进行。”	根据标准编写要求，分别安排在 4.1、5.1
4.5	耐折度均应不少于 2.42 修改为耐折度均应不少于 2.18；耐折度均应不少于 2.18 修改为耐折度均应不少于 1.95； 删除“纸样应按 ISO187 规定在温度 23 ℃及 50%相对湿度的环境下处理”。 删除“耐折度的测定及测定结果计算方法见 ISO 5626”	根据国内纸张生产实际情况修改。 根据标准编写要求，安排在 4.1。 根据标准编写要求，安排在 5.3
4.6	删除“按 ISO 6588 所述的方法测定”	根据标准编写要求，安排在 5.4
4.7	删除“按 ISO 10716 所述的方法测定”	根据标准编写要求，安排在 5.5
4.8	删除“按 ISO 302 所规定的方法及 ISO 9706 附录 B 中的修正法测定卡伯值”	根据标准编写要求，安排在 5.6
5	增加试验方法一章	根据标准编写要求及我国标准的编写惯例

ICS 01.140
A 14

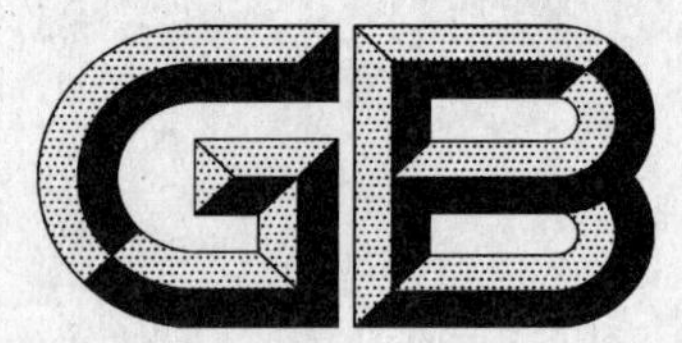

中华人民共和国国家标准

GB/T 24423—2009

信息与文献 文献用纸 耐久性要求

Information and documentation—Paper for documents—Requirements for permanence

(ISO 9706:1994,MOD)

2009-09-30 发布 2010-02-01 实施

中华人民共和国国家质量监督检验检疫总局
中国国家标准化管理委员会 发布

前　言

本标准修改采用ISO 9706:1994《信息与文献　文献用纸　耐久性要求》(英文版)。

本标准与ISO 9706:1994的章条编号对照一览表和技术性差异及原因分别在附录D和附录E中列出。

本标准中的碱保留量采用了ISO 10716:1994的试验方法,其中文译文以附录C的形式出现。

本标准做了下列编辑性修改:

——将一些适用于国际标准的表述改为适用于我国标准的表述;

——删除国际标准的前言;

——删除国际标准的附录C;

——将国际标准附录B中关于认可符号及认可声明的使用方面的部分内容移到正文中。

本标准的附录A为规范性附录,附录B、附录C、附录D、附录E为资料性附录。

本标准由全国信息与文献标准化技术委员会提出并归口。

本标准负责起草单位:国家图书馆。

本标准参加起草单位:中国纸浆造纸研究院、上海图书馆、中央档案馆、中国人民大学。

本标准主要起草人:周崇润、田周玲、陈曦、黄显功、王宣欣、张美芳。

本标准为首次发布。

引　言

图书馆员和档案工作者发现:在图书馆和档案馆典型的贮存条件下,50年前的纸质文献已经开始出现明显的变质现象。过去1500年的历史表明,以较高纯度的纤维抄造的纸张具有相当高的耐久性。现代科技研究的结果也证明,纸张变质的主要原因是在造纸原材料和配料中含有促进纤维降解的化合物,如松香、明矾等酸性物质。

本标准的目的在于提供具有高耐久性纸张的标识和确认方法。所谓高耐久性纸张,是指在一种受保护的环境中长期贮存,而影响其稳定性和使用性能的指标仅有极少或几乎没有变化的纸张。ISO 11799《信息与文献　档案和图书的文献存储要求》,已经由国际标准化组织的信息与文献标准化技术委员会制定并发布。

本标准以定量测试为基础,对于每项测试,均给出限定值。由本标准确定的、适用于需要长期保存的文献、记录及出版物的纸张,其检测报告中均列出所述各项性能的测试值,所有的测定值都在限定值之内。

为了使以本标准界定的纸张能够以合理的成本大量生产,限定值经过了严格选择,从而使印刷厂、出版社、办公室人员等能够把这种纸张用于各种需要长期保存于图书馆、档案馆的文献、记录及出版物中。

凡符合本标准要求的待售纸张以及使用这种纸张的文献,可用一个认可符号和认可声明来标识。该符号和声明如附录A所述。

信息与文献　文献用纸耐久性要求

1　范围

本标准规定了文献用纸的耐久性要求。

本标准适用于需长期保存的文献、记录及出版物用纸。本标准不适用于纸板。

注：术语“纸张”和“纸板”在 GB/T 4687—2007 中定义。

2　规范性引用文件

下列文件中的条款通过本标准的引用而成为本标准的条款。凡是注日期的引用文件，其随后所有的修改单(不包括勘误的内容)或修订版均不适用于本标准，然而，鼓励根据本标准达成协议的各方研究是否可使用这些文件的最新版本。凡是不注日期的引用文件，其最新版本适用于本标准。

GB/T 450　纸和纸板试样的采取及试样纵横向、正反面的测定(GB/T 450—2008，ISO 186:2002，MOD)

GB/T 451.2　纸和纸板定量的测定(GB/T 451.2—2002，eqv ISO 536:1995)

GB/T 455　纸和纸板撕裂度的测定(GB/T 455—2002，eqv ISO 1974:1990)

GB/T 1545　纸、纸板和纸浆　水抽提液酸度或碱度的测定(GB/T 1545—2008，ISO 6588:1981，MOD)

GB/T 1546　纸浆　卡伯值的测定(GB/T 1546—2004，ISO 302:1981，MOD)

GB/T 4687　纸、纸板、纸浆及相关术语(GB/T 4687—2007，ISO 4046:2002，MOD)

GB/T 10739　纸、纸板和纸浆试样处理和试验的标准大气条件(GB/T 10739—2002，eqv ISO 187:1990)

ISO 10716　纸和纸板　碱保留量的测定方法

3　术语和定义

下列术语和定义适用于本标准。

3.1

文献用纸　document paper

记录有信息的纸张。

3.2

耐久性　permanence

长期保持化学和物理稳定性的能力。

3.3

耐久纸　permanent paper

在图书馆、档案馆和其他保存环境中经长期贮存，其使用性能仅有极少或几乎没有变化的纸张。

注：对文献的使用包括(但不仅限于)移动、阅读、检测文献及为了传播而进行的复制或者进行载体的转换。

3.4

碱保留量　alkali reserve

用于中和纸张中由于自然老化或大气污染产生的酸性物质的化合物(如碳酸钙)的含量。

4 原理

严格地讲，试验纸张耐久性的唯一方法是将纸张在相应条件下长期贮存，可能需要几百年。实际上，人们只能根据对历史文献的观察及对与纸张耐久性相关因素的认识和了解来确定耐久性，这些因素是以纸张的性能及纸张的组成成分的形式表示的。

在本标准中，有下列几种性能要求：

——最低强度，由撕裂度试验测定；

——最低中和酸性的物质(如碳酸钙)含量，由碱保留量度量；

——最高易氧化物质含量，由卡伯值测定；

——最高和最低的纸张冷水抽提液 pH 值。

5 性能要求

5.1 采样要求

用于测试的纸样应按 GB/T 450 规定的方法采取试样。试样应无明显的缺陷，如大的污点、孔眼和皱折。

5.2 强度性能

对于定量大于 70 g/m² 的纸张，纸张纵向和横向撕裂度应不小于 350 mN。对于定量在 25 g/m²～70 g/m² 范围内的纸张，其撕裂度应不小于 F，单位为 mN，按式(1)进行计算：

$$F = aG - b \qquad \cdots\cdots(1)$$

式中：

F——纸张撕裂度，mN；

G——为纸张定量，g/m²；

a——6 mN·m²/g；

b——70 mN。

纸样应按 GB/T 450 所述在 23 ℃温度及 50%相对湿度条件下进行温湿处理。

5.3 碱保留量

纸张应至少具有相当于 0.4 mol/kg 酸的碱保留量。

注：当以碳酸钙为碱保留物质时，每千克纸张中碳酸钙的含量不小于 20 g。

5.4 抗氧化性

纸张的卡伯值应小于 5.0。

注：本标准中取换算成消耗 50%高锰酸钾的常数 $f=1.000$。

5.5 水抽提液的 pH 值

试样冷水抽提液的 pH 值应在 7.5～10.0 的范围内。

6 试验方法

6.1 撕裂度的测定应按 GB/T 455 的规定进行。

6.2 纸张中卡伯值的测定应按 GB/T 1546 的规定及附录 B 中修正的方法进行。

6.3 水抽提液 pH 值的测定应按 GB/T 1545 的规定进行。

6.4 纸张碱保留量的测定应按 ISO 10716 的规定进行，测定方法见本标准的附录 C。

7 报告

检验报告应包括以下内容：

a) 被检验纸张的准确标识；

b) 测试的日期和地点；

c) 被检验样品的目视观察结果；

d) 按 GB/T 451.2 规定的方法测定的纸张定量；

e) 按 6.1～6.4 所述各项测试结果，应以相关标准所述方法表示；

f) 对纸张耐久性有重要影响的其他因素；

g) 关于纸张是否满足本标准要求的说明，对不满足本标准要求的情况，需写明确切的理由。

8 标识、贮存

8.1 对于由指定实验室认可的满足本标准的纸张及其出版物，其生产商或出版商可使用附录 A 规定的认可符号及认可声明进行标识。认可符号及认可声明也可用于上述纸张或其出版物的广告、包装、推销、评论及出版物目录中。

8.2 纸张及其出版物应妥善保管，避免遭受阳光、雨、雪和地面潮气的影响。

附 录 A
（规范性附录）
认可符号及声明

认可符号应采用一个代表无穷大的数学符号∞置于一个圆圈之内并使之位于国际标准号——ISO 9706之上的图形（见图 A.1）。

图 A.1 认可符号

认可声明应采用下文表述：“该纸张符合 ISO 9706 的要求”。

认可符号及认可声明应置于国家关于文献的技术信息规定的使用位置。另外，认可符号及认可声明可置于纸的包装的任何位置。

注：如果某文献的复印件是以含有认可符号和（或）认可声明的文献为原件复制的，而复印件使用的是不符合本国家标准的纸张，宜注意避免误解。

附　录　B
（资料性附录）
关于测定卡伯值的特别说明

由于在本标准中卡伯值测定的目的是确定卡伯值是否小于5，测定时样品的质量应选择其卡伯值在5左右，并且试验灵敏度为最大的数值范围内。对于绝干浆，样品的质量应选为10 g，对于纸张，样品质量同样也应为10 g。如果纸张卡伯值在3～7的范围内，测定结果比较准确。如果纸张卡伯值大于7或小于3，测定结果可能不准确，但对于本标准仍然可以视为有效。为取得准确的测试结果，也可以调整样品质量重新测定。

注：GB/T 1546是对纸浆的测试，在本标准中用于纸张的测定，测定方法未作改动。对于含淀粉的涂布纸，测定时用目视观测滴定终点比较困难，可以使用电子终点观测计进行滴定终点的观测。

附 录 C
（资料性附录）
纸张碱保留量的试验方法

C.1 取样

试样的采取宜按 GB/T 450 的规定进行。

C.2 原理

在含有一定量的 HCl 溶液中浸渍样品，然后加热悬浮液至沸腾，用 NaOH 溶液滴定未反应完的 HCl。

C.3 化学试剂

C.3.1 蒸馏水或去离子水。

C.3.2 0.10 mol/L HCl 标准溶液。

C.3.3 0.10 mol/L NaOH 标准溶液。

C.3.4 甲基红指示剂溶液（在 100 mL 乙醇溶液中溶解 0.2 g 甲基红）。

C.4 试验步骤

C.4.1 将试样切成或撕成 15 mm×15 mm 的小块，取大约 5.0 g 备用。

C.4.2 称取两份 1 g 样品，准确至 0.001 g，其中一份用于绝干物含量的测定，绝干物含量的测定应按 GB/T 462 的规定进行。

C.4.3 将试样移至洁净的 250 mL 或 300 mL 的锥形瓶中，加入 100 mL 蒸馏水（为浸没样品可加入更多的蒸馏水），将混合物煮沸 5 min，稍加冷却，然后用移液管加入 20 mL 的 HCl 溶液（C.3.2）。

C.4.4 再次煮沸混合物并至少冷却 15 min。加入 3 滴甲基红溶液（C.3.4）作指示剂，用 NaOH 溶液（C.3.3）滴定至淡黄色。

注 1：当达到终点时，若所需 NaOH 溶液的量少于 5.0 mL，则宜采用较少量的 HCl 重复此步骤。

注 2：若痕量的粉红色指示剂被纤维表面所吸收，短时间煮沸悬浮液使粉红色解吸。通常再加一滴 NaOH 可使淡黄色恢复。

注 3：若样品是染色的，终点就不易检测到，此时可采用电化学滴定的方法。由于玻璃电极对悬浮物的存在很敏感，若发现悬浮物的干扰，宜在滴定前将悬浮液过滤。若在测试过程中有此改动，宜在试验报告中加以说明。

C.4.5 采用同样步骤进行平行试验。

C.4.6 采用同样步骤进行空白试验。

C.5 结果计算

按式（C.1）计算碱保留量，X 以 mol/kg 表示：

$$X=\frac{V_0-V_1}{V_0}\times\frac{V_2\cdot c(\mathrm{HCl})}{m} \qquad \cdots\cdots(\mathrm{C}.1)$$

式中：

V_0——空白滴定中所消耗的 NaOH 量，mL；

V_1——样品滴定中所消耗的 NaOH 量，mL；

V_2——所用的 HCl 溶液量(一般为 20 mL),mL;

c(HCl)——HCl 溶液的浓度,mol/L;

m——绝干样品质量,g。

以两次测定的平均值表示测定结果,测定结果应计算至小数点后第一位。

注:重复测定的误差宜在 0.07 mol/kg 之内,若不是这种情况,宜再用 2 份以上的样品进行重复试验。

附　录　D
（资料性附录）
本标准章条编号与 ISO 9706:1994 章条编号对照

表 D.1 给出了本标准章条编号与 ISO 9706:1994 章条编号对照一览表。

表 D.1　本标准章条编号与 ISO 9706:1994 章条编号对照

本标准章条编号	对应的国际标准章条编号
1	1
2	2
3	3
4	4
5	5
6	—
6.1	5.2 的部分内容
6.2	5.4 的部分内容
6.3	5.5 的部分内容
6.4	5.3 的部分内容
7	6
8	—
8.1	附录 B 的部分内容
8.2	7 的部分内容
附录 A	附录 B
附录 B	附录 A
附录 D	—
附录 E	—

附　录　E
（资料性附录）
本标准与 ISO 9706:1994 技术性差异及其原因

表 E.1 给出了本标准与 ISO 9706:1994 的技术性差异及其原因的一览表

表 E.1　本标准与 ISO 9706:1994 的技术性差异及其原因

本标准章条编号	技术性差异	原　因
2	删除"ISO 5127:1983 文献与情报工作　词汇　第一部分:基本概念"	其中的内容与本标准的主要内容关系不大
5.2	"r=6G—70"修改为"r=aG—b";"6——常数,mN·m^2/g"修改为"a——6 mN·m^2/g;""70——常数,mN"修改为"b——70 mN"。 删除"撕裂度试验应按 ISO 1974 所述的程序进行"	按中国的公式表述方法进行修改 根据标准编写要求,安排在 6.1
5.3	删除"按 ISO 10716 所述的方法测定"	根据标准编写要求,安排在 6.4
5.4	删除"其测定方法按 ISO 302 的规定及本国际标准附录 A 中修正的方法进行"	根据标准编写要求,安排在 6.2
5.5	删除"按 ISO 6588 所述的方法测定"	根据标准编写要求,安排在 6.3
6	删除原章的内容; 增加 5.2、5.3、5.4、5.5 中删除的内容	根据国家标准编写要求编辑
7	删除"附加说明"的内容。 增加第 6 章中被删除的内容	其内容已在引言中说明。 根据国家标准编写要求编辑
8	增加"标识、贮存"一章	根据国家标准编写要求
8.1	增加在附录 B 中被删除的内容	根据国内情况
8.2	增加保管的要求	根据国内相关标准的编写要求

ICS 01.140.20
A 14

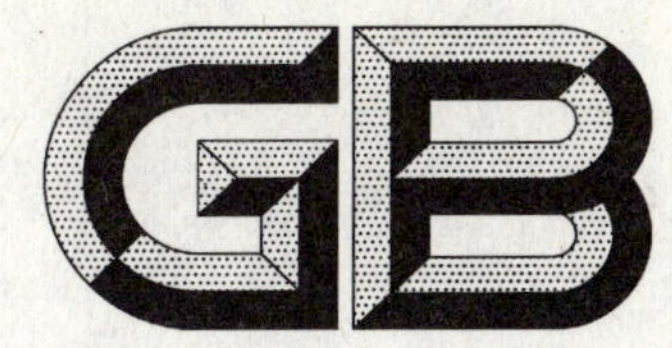

中华人民共和国国家标准

GB/T 24424—2009

馆藏说明

Holdings statements

(ISO 10324:1997, Information and documentation—Holdings statements—Summary level, NEQ)

2009-09-30 发布　　2010-02-01 实施

中华人民共和国国家质量监督检验检疫总局
中国国家标准化管理委员会　发布

前　言

本标准与 ISO 10324:1997《信息与文献　馆藏说明(简要级)》(Information and documentation—Holdings statements—Summary level)的一致性程度为非等效。

本标准与 ISO 10324 的主要差异为,在国际标准规定 3 个级次馆藏说明的基础上,增加第 4 级馆藏说明,并增加了相关的概念,调整了馆藏说明内容表。

本标准的附录 A 为规范性附录,附录 B、附录 C 和附录 D 均为资料性附录。

本标准由全国信息与文献标准化技术委员会(SAC/TC 4)提出并归口。

本标准主要起草单位:国家图书馆、中国科学院文献情报中心、北京师范大学图书馆、北京大学图书馆。

本标准主要起草人:贺燕、曹迁、魏宇清、侯旭红、朱学军、刘春玥。

馆 藏 说 明

1 范围

本标准规定了连续出版物或非连续出版物馆藏说明的数据元、数据元的内容、排列顺序与格式，以及馆藏说明中数据项范围与内容的要求，适用于一个或多个图书馆或文献机构的馆藏说明。

本标准适用于任何物理载体的馆藏说明。

本标准适用于手工目录和机读目录馆藏说明的著录。因机读记录没有提供馆藏说明的显示格式，本标准中数据元的顺序等可能与机读记录不同，但适用于机读记录。

本标准要求馆藏说明与其书目款目的标识相对应，但书目款目的标识方法不属于本标准的范围。

本标准没有专门规定机读数据格式中馆藏说明数据元的描述方法，没有规定存储、显示或转换馆藏说明所用的载体。

本标准不属于编目条例的体系。

2 规范性引用文件

下列文件中的条款通过本标准的引用而成为本标准的条款。凡是注日期的引用文件，其随后所有的修改单(不包括勘误的内容)或修订版均不适用于本标准，然而，鼓励根据本标准达成协议的各方研究是否可使用这些文件的最新版本。凡是不注日期的引用文件，其最新版本适用于本标准。

GB/T 7408—2005　数据元与交换格式　信息交换　日期和时间表示法(ISO 8601:2000,IDT)

ISO 832:1994　信息与文献　书目著录与参考文献　书目术语的缩写规则

3 术语和定义

下列术语和定义适用于本标准。

3.1

馆藏说明　holdings statement

对于某特定书目款目馆藏地与相关信息的记录。

注：在本标准中，馆藏说明只反映现有馆藏，而不反映已被注销的或准备收藏的文献，对于连续性单元，馆藏可以是开放的。

3.2

组合馆藏说明　composite statement

馆藏说明由下列有关信息构成：

a)　在一个馆藏说明中，记录一个馆藏地或分馆藏地收藏同一书目款目或书目单元的两个或多个复本信息；

b)　在一个馆藏说明中，记录两个或多个分馆藏地的复本信息。

3.3

特定复本馆藏说明　copy-specific statement

一个款目对应单一馆藏地的单一复本的馆藏说明。

3.4

简要馆藏说明　summary holdings statement

通常用最高级别的编次和/或年代对馆藏的简要说明。

3.5

详细馆藏说明　detailed holdings statement

通过一组数据元素标识和记录某机构所藏书目单元每个部分的馆藏。

3.6

混合馆藏说明　mixed holding statement

详细馆藏说明和简要馆藏说明的组合。

3.7

书目款目　bibliographic item

款目　item

一个书目单元或一组书目单元，无论是否连续，也不论是以何种载体形态出版发行，均作为一个实体处理。

注：在本标准中，书目款目是由款目标识表示的实体。书目款目可以是一本书、一套地图集、带乐章的音乐总谱、一张高密度数字光盘、一套多载体配套资料、一种缩微期刊、一盒附带小册子的录像带、一种不断出版补充资料的活页出版物、一种期刊、一种报纸。有些书目款目是由一个或多个基本书目单元组成；有些则是由一个基本书目单元和一个或多个辅助书目单元组成。

3.8

书目单元　bibliographic unit

构成一个完整书目款目或其中一个部分的独立书目实体。一个书目单元可以是一个基本书目单元，也可以是一个辅助书目单元，它可以是单一部分、多部分或连续性的单元。一个书目单元可以对应或不对应一个物理单元。如：一本单卷出版物、一种连续出版物、一套多部分组成的著作、一种附带的小册子、一种附带的连续发行并不断更新内容的活页出版物。

每一个书目单元常常是单独命名，在一个书目款目内各相关的书目单元并无排序，构成书目单元的顺序大都由所采用的书目著录规则决定。

3.9

基本书目单元　basic bibliographic unit

揭示馆藏的主要书目单元。如：一本书、一套10卷本百科全书、一个计算机文件、一张地图。由若干同等书目单元组成的书目款目有多个基本书目单元。如：多载体配套资料或带乐章的音乐总谱。

3.10

辅助书目单元　secondary bibliographic unit

对基本书目单元或另一个辅助书目单元起补充或互补作用的书目单元。如：图书中夹袋内的袖珍地图、报纸的增刊、单独出版的连续出版物索引、一套活页出版物的后续补充资料、作为音像资料附件的小册子。辅助书目单元本身可以是单一部分单元，多部分单元或连续性单元。

3.11

单一部分单元　single-part unit

一个独立的物理单元中完整的基本书目单元或辅助书目单元，如一本书、一张光盘、一张地图等。单一部分单元可以任何物理形态或载体出现。

3.12

多部分单元　multipart unit

由数量有限的若干独立物理单元所组成的基本书目单元或辅助书目单元。如：一套丛书，一套地图集。多部分单元可以任何物理形态或载体出现。

3.13

连续性单元　serial unit

按先后顺序定期或不定期连续发行和计划继续发行的基本书目单元或辅助书目单元。

3.14

非连续性单元　non-serial unit

书目单元是单一部分单元或多部分单元，并且准备在有限的时间内全部出版完毕。

3.15

物理单元　physical unit

构成书目单元整体或部分的物理实体。

3.16

数据项　data area

项　area

由一个或多个数据元组成的馆藏说明项。

3.17

数据元　data element

元　element

馆藏说明中可以标识和定义数据的基本单元。

3.18

款目标识项　item identification area

馆藏说明中带有书目款目标识的数据项。

3.19

款目标识　item identifier

馆藏说明中唯一能标识书目款目的数据元。如:国际标准连续出版物号、国际标准书号、记录控制号、全部或一部分的书目描述。

3.20

馆藏地数据项　location data area

包括一个书目单元的收藏机构、收藏地点、复本标识与索取号信息的数据项。

3.21

收藏机构标识　institution identifier

馆藏地数据项中标识收藏机构的数据元。如一个图书馆、组织、书库、团体或一个具体收藏单位名称或代码的数据元。

3.22

分馆藏地标识　sublocation identifier

馆藏地数据项中标识该收藏机构的分部或书库的数据元。

3.23

索取号　call number

馆藏地数据项中标识一个书目款目或一个书目单元在馆藏中物理位置的数据元。

3.24

复本标识　copy identifier

馆藏地数据项中标识书目单元复本的数据元。

3.25

著录日期项　date of report area

标识馆藏说明建立或最后更新日期的数据项。

3.26

一般馆藏项　general holdings area

包括书目单元类型、载体形态、采访状态、保留政策及其馆藏完整性信息的数据项。

3.27

单元类型标识　type of unit designator

一般馆藏项中标识书目单元类型的数据元。

3.28

载体形态标识　physical form designator

一般馆藏项中标识书目单元物理形态或材质类型的数据元。如:缩微品、录像资料、印刷本、盲文本、合订本、平装本、地图、计算机文件、录音资料、模型等。

3.29

完整性标识　completeness designator

一般馆藏项中标识收藏机构对某种连续性单元或多部分单元已出版部分收藏情况的数据元。

3.30

采访状态标识　acquisition status designator

一般馆藏项中标识收藏机构是否已获得或将获得某种书目单元的数据元。

3.31

保留标识　retention designator

一般馆藏项中标识收藏机构所藏书目单元保存期限的数据元。

3.32

馆藏范围项　extent of holdings area

包括单元名称、单元数量、编次、年代和特定范围附注信息的数据项。

3.33

单元名称　name of unit

馆藏范围项中标识书目单元本身的名称或标题，或者是编目人员为达到识别目的而自拟的名称或标题的数据元。

3.34

单元数量　extent of unit

馆藏范围项中标识收藏机构所藏无顺序标识书目单元各组成部分数量的数据元。

3.35

编次　enumeration

馆藏范围项中标识出版者在多部分单元或连续性单元上使用的一种顺序(数字或字母)的数据元，以识别单个书目单元或物理分册，以及反映各分册与整体书目单元之间的层次关系。

3.36

等级编次　hierarchical enumeration

按逻辑划分成两个或多个纵向等级结构的编次。如一部著作可分成若干卷，每卷又可分成若干部分。

3.37

交替编次　alternative enumeration

多部分单元或连续性单元在等级编次以外使用的一种附加的辅助编次。如：v. 10：no. 6＝no. 60。

3.38

年代　chronology

馆藏范围项中标识出版者用于多部分或连续性单元上的日期，以帮助识别该出版物出版或印刷的日期。

3.39

缺期　gap

多部分单元或连续性单元已出版部分在馆藏中的间断或中断。

3.40

非缺期中断　non-gap break

多部分单元或连续性单元因未出版或出版者给出的顺序标识不连贯而造成的中断。

3.41

特定范围附注　specific extent note

对馆藏范围项进行说明的信息，是馆藏范围项最后的数据元。

3.42

馆藏附注项　holdings note area

对馆藏进行补充说明的数据项。凡在馆藏说明的其他地方或在相应书目记录的各项中未曾记录而又有必要加以补充说明的内容可在此记录。这些信息有助于对馆藏说明作进一步解释。

3.43

编次标识 caption

出版者为了区分连续性单元或多部分单元中的每个部分，用一个单词、短语或缩略语作为标识的单元名称。编次标识通常出现在编次前面，可以记录成缩写形式，例如：v.（卷）、no.（期）等。

3.44

日期范围 date of coverage

出版者在书目单元上标注的日期或时间，以确定其所对应的年代范围。

3.45

印刷日期 date of printing

由出版者给出的，在书目单元上标注的、明确书目单元生产日期的标识。

3.46

出版日期 date of publication

出版者给出的书目单元的发行日期。

3.47

重印日期 date of reprinting

出版者给出的对以前已经出版的书目单元再重新生产的日期。

3.48

显示 display

以人们可直接读取的形式显示的数据样式。

3.49

压缩级 compress

以编次和/或年代的形式记录一系列馆藏中的第一部分和最后部分。

3.50

逐条级 itemize

详细记录馆藏书目单元的每一部分，无压缩。

3.51

标识符号 punctuation mark

非数字、非字母，作为分隔符且具有特定意义的符号。

3.52

专著 monograph

见非连续性单元(non-serial unit)。

3.53

多卷专著 multivolume monograph

见非连续性单元(non-serial unit)、多部分单元(multipart unit)。

3.54

附加资料 accompanying material

见辅助书目单元(secondary bibliographic unit)。

3.55

关闭馆藏 closed holdings statement

编次和/或年代以最后一期的编次和年代结束，而不是连字符。

3.56

开放馆藏 open-ended holdings statement

编次和/或年代以连字符结束，表示收藏机构还在接受这个文献。该文献馆藏说明可用 3 级、4 级馆藏说明。见 4.3。

3.57

合并编号 combined numbering

由出版者选择两个或更多部分合并在一起出版，采用组合(或复合)的编次号码。例如“number3/4”。

4 馆藏说明结构

4.1 数据项

馆藏说明包括款目标识项、馆藏地数据项、著录日期项、一般馆藏项、馆藏范围项和馆藏附注项 6 个数据项。应根据馆藏说明的等级确定数据项是必备或任选。数据项顺序和各项之间的标识符号在本标准中未作专门规定。任选数据项的空缺并不一定说明该数据项没有信息，任选数据项的存在并不一定说明该项著录是完整的，缺少馆藏范围项不一定表明入藏的文献就是完整的。

4.2 数据元

在每个数据项中，数据元应按本标准所规定的格式、标识符号和顺序显示。应根据馆藏说明的等级确定数据元是必备或任选。任选数据元的空缺并不一定说明该数据元没有信息，任选数据元的存在并不一定说明该数据元著录是完整的。

本标准要求馆藏范围项著录已入藏的文献，尚缺文献记录在馆藏附注项。馆藏范围项不影响对尚缺文献的记录。

4.3 等级

本标准规定馆藏说明分为 4 级。

1 级：此级别包括款目标识项和馆藏地数据项。适用于单一部分单元。对多部分单元或连续性单元，未标识馆藏范围。

2 级：此级别包括款目标识项、馆藏地数据项和著录日期项。如有必要，可任选一般馆藏项补充说明收藏机构一般馆藏的总原则。

3 级：对馆藏范围进行简要说明。馆藏说明可以是开放的或关闭的。此级别包括款目标识项、馆藏地数据项和著录日期项，以及适合的馆藏范围项。如果需要编次和/或年代，只著录最高级。如有必要，可任选一般馆藏项补充说明收藏机构一般馆藏的总原则。

4 级：对馆藏范围进行详细说明。详细的馆藏说明可以是逐条的或是压缩的，可以是开放的或关闭的。此级别包括款目标识项、馆藏地数据项和著录日期项，以及适合的馆藏范围项；编次和/或年代应著录最详细的级别(包括所有等级)。如有必要，可任选一般馆藏项补充说明收藏机构一般馆藏的总原则。

本标准馆藏范围项允许 3 级和 4 级混合著录，即在同一个馆藏说明中一部分著录为 3 级，另一部分著录为 4 级。

4.4 标识符号与分隔符

本标准对一般馆藏项和馆藏范围项中的标识符号与分隔符作了规定，对各数据项之间使用的分隔符，以及馆藏地数据项、著录日期项和馆藏附注项中的标识符号未作规定。

馆藏说明中宜采用一致的标识符或格式化系统，各相邻数据项之间要明确地分隔，可以使用标识符(如句点、连字符、双连字符)或格式化符号(如缩排)。

4.5 馆藏说明的构成

馆藏说明反映款目标识项中由款目标识所代表的书目款目的馆藏。如实体对应有两个或两个以上书目记录，要求分别作馆藏说明。只要辅助书目单元不是一条独立的记录，本标准允许对基本书目单元和辅助书目单元合并著录馆藏说明。

一个馆藏说明可能包括一个款目标识项。在按 1 级著录时，馆藏地数据项可以重复著录。如果馆藏说明中包含多个馆藏地，按 2 级、3 级或 4 级著录，著录日期项、一般馆藏项、馆藏范围项和馆藏附注项将根据每项需要重复著录。

如果一个书目款目标识多个书目单元，同时馆藏说明按 3 级或 4 级著录，一般馆藏项和馆藏范围项可根据需要重复著录。

4.6 不同物理载体

当不同物理载体的文献只有一个款目标识，本标准允许在一个馆藏说明中，著录该文献不同物理载体的有关信息，一般馆藏项和馆藏范围项在必要时可重复著录。如果不同物理载体的文献有各自独立的款目标识，本标准要求在与其相对应的馆藏说明中分别著录馆藏。

4.7 多馆藏地/多复本

本标准对一个馆藏说明中多馆藏地与多复本的著录问题作了规定。

5 数据项与数据元

5.1 馆藏说明内容表

馆藏说明内容表见表1。

表1 馆藏说明内容

数据项/数据元	1级	2级	3级	4级	可重复性
款目标识项	M	M	M	M	NR
馆藏地数据项	M	M	M	M	R
收藏机构标识	M	M	M	M	NR
分馆藏地标识	O	O	O	O	R
复本标识	O	O	O	O	R
索取号	O	O	O	O	R
著录日期项	O	M	M	M	R
一般馆藏项[a]	NA	O	O	O	R
单元类型标识	NA	M	M	M	NR
载体形态标识	NA	M	M	M	NR
完整性标识	NA	M	M	M	NR
采访状态标识	NA	M	M	M	NR
保留标识	NA	M	M	M	NR
馆藏范围项	NA	NA	M[b]	M[b]	R
单元名称	NA	NA	MA	MA	R
单元数量	NA	NA	MA	MA	R
编次	NA	NA	MA	MA	R
年代	NA	NA	MA	MA	R
特定范围附注	NA	NA	MA	MA	R
馆藏附注项	O	O	O	O	R
M——必备；MA——有则必备；O——任选；NA——在该级别不使用； R——可重复；NR——不可重复。					

a 在2级、3级、4级馆藏说明时，若使用的一般馆藏项用代码表示，则其所有数据元均为必备。

b 在3级、4级使用馆藏范围项时，作为数据项主要组成要素的单元名称、单元数量、编次或年代，至少要有一个是必备的。

5.2 款目标识项

款目标识项包含书目款目的标识。本标准对款目标识的结构与符号未做专门规定。如果款目标识是一个记录控制号，应将收藏机构或系统的标准代码直接置于款目标识之前的圆括号内。款目标识可以是一个国际标准连续出版物号(ISSN)、国际标准书号(ISBN)、国际标准音乐号(ISMN)、国际标准音像编码(ISRC)、CODEN 代码、一个记录控制号、书目记录的一部分或全部。

示例1：童第周文集 / 中国科学院发育生物研究所《童第周文集》编辑委员会编. -- 北京 ：学术期刊出版社，1989. -- 719 页 ；26 厘米

(一条完整的书目记录)

示例2：ISBN 7-80045-072-4

（国际标准书号）

示例 3：ISSN 0479-8023

（国际标准连续出版物号）

示例 4：(NLC)011998001234

（中国国家图书馆一个书目记录控制号）

5.3 馆藏地数据项

5.3.1 说明

馆藏地数据项一般依次由收藏机构标识、分馆藏地标识、复本标识和索取号等数据元构成，特殊组合除外。本标准对各数据元之间的标识符号未作规定。

5.3.2 收藏机构标识

本标准对收藏机构标识的构成未作规定，可以是机构简称或机构代码[1)]。如收藏机构标识中包含分馆藏地标识，分馆藏地标识不能作为一个独立的数据元。

示例 1：国家图书馆，简称为“国图”，代码为“NLC”。

示例 2：北京大学图书馆，代码为“PUL”。

示例 3：Library of Congress，简称为“LC”，代码为“DLC”。

5.3.3 分馆藏地标识

本标准对分馆藏地标识的构成未作规定，但分馆藏地标识必须与其收藏机构标识一起使用。在某些收藏机构标识体系里，分馆藏地标识可能不是一个独立的元素，而是收藏机构标识的一部分，或是索取号的一部分（见 5.3.5）。只有在著录同一机构中按等级标识馆藏地时，分馆藏地标识才可重复使用。

示例 1：国家图书馆北区中文图书阅览区经典图书区

（在同一收藏机构国家图书馆中按等级标识馆藏地）

示例 2：PUL 人文社科区

（北京大学图书馆人文社科区，收藏机构标识和分馆藏地标识）

示例 3：DLC Law Lib.

（美国国会图书馆法律馆，收藏机构标识和分馆藏地标识）

示例 4：PITB

（匹茨堡大学商学图书馆，分馆藏地标识是收藏机构标识的一部分）

5.3.4 复本标识

本标准对复本标识的著录方法未作规定。复本标识应与收藏机构标识和/或分馆藏地标识一起使用。若复本标识是索取号的一部分，本数据元可省略。

复本标识可以用来著录馆藏中一个或多个复本情况。一个组合馆藏说明可用于记录：

a) 一个馆藏地或分馆藏地所收藏的一个书目单元的两个或多个复本；

b) 两个或多个分馆藏地的复本合并记录在一个馆藏说明中。

如果同一文献的各个复本在收藏机构中的分馆藏地标识不同，应分别著录复本标识及其分馆藏地标识。

复本可用多种方式描述。

示例 1：c. 2

示例 2：c. 2-5

示例 3：cop. 1，4

示例 4：4 copies

（记录复本总数的复本标识）

示例 5：829358-03

（条码号作为复本标识）

示例 6：DLC c. l-2 (a，ta，0，0，8) v. l-10

（两个复本的组合馆藏说明）

示例 7：DLC c. 1 (a，ta，0，0，7) v. 1-5

---

1) 待国家标准颁布实施后采用。

DLC c.2 (a,ta,0,0,7) v.3-10

(带有重复馆藏地数据项的特定复本馆藏说明)

5.3.5 索取号

本标准对索取号中的标点、大小写、空格等著录未作规定。索取号可以包括收藏机构标识、分馆藏地标识、排架位置标识、复本标识、分类标识、卷(册)标识等,收藏机构的排架位置或保存位置可代替索取号。

示例 1:ZWJC/2007/E712/10

(国家图书馆的索取号,分馆藏地标识作为索取号的一部分)

示例 2:56.5072/205.4/2:1

(中国科学院图书馆的索取号)

示例 3:F131.39/74(1)

(北京大学图书馆的索取号)

示例 4:PQ2637.I53A713 1990

(基于美国国会图书馆分类体系的索取号)

示例 5:843.912 S2 c.2

(基于杜威分类法的索取号,复本标识作为索取号的一部分)

示例 6:MIC89-3629

(连续排列的缩微品排架号)

示例 7:REF M557.B757 P7 c.1

(分馆藏地缩写及复本标识都是索取号的一部分)

示例 8:FOLIO A

(特大藏品位置名称)

5.4 著录日期项

著录日期应遵照 GB/T 7408—2005 中 5.2.1.1 基本格式的规定。

年代不详时用“0000”表示,月份或日期不详时各用“00”表示。如果整个日期都不详,8 位数字全用 0 代替。当一个馆藏说明含有一个以上书目单元时,本项可重复。

示例 1:19981001

(1998 年 10 月 1 日)

示例 2:19990600

(1999 年 6 月)

示例 3:19960000

(1996 年)

示例 4:00000000

(日期不详)

5.5 一般馆藏项

5.5.1 说明

一般馆藏项依次由单元类型标识、载体形态标识、完整性标识、采访状态标识和保留标识 5 个数据元组成。各个数据元可以用代码表示。如果代码不能确切表达其含义,也可用文字描述。用代码表示时,5 个数据元均需著录,其顺序依照表 1 规定的顺序著录。用文字表述时,可只著录那些适用的数据元。

数据元采用代码还是文字表述应考虑使用对象,因代码无语言问题,更适合在国际上使用,也更适用于机读馆藏信息的描述。而文字描述对最终使用对象更为明确。

一般馆藏项中的数据应置于圆括号内,并用逗号分隔,逗号前后不空格。

示例 1:(0,ta,1,4,8)

示例 2:(0,zu,1,4,8)

示例 3:(印刷本,新近收到,长期保留)

示例 4:(缩微品)

5.5.2 单元类型标识

单元类型标识说明了一般馆藏项和馆藏范围项书目单元的构成。

用代码表示时应选用下列代码：

代码：	定义：
0(零)	无法获得：不适用
a	基本书目单元
c	辅助书目单元：补编、专辑、附加资料、其他辅助书目单元
d	辅助书目单元：索引

用文字表述时，当适用的代码为"0"、"a"或在馆藏范围项中已著录了单元名称，一般可省略其单元类型标识。

5.5.3 载体形态标识

若书目单元的载体形态不包括在下列类型中，可用"zz"或自然语言表述(如平装、合订)。若以自然语言表述，可优先考虑相关编目规则和 GB/T 3792 中出现的相关用语。

用代码表示时应选用下列代码：

代码	定义
hh	缩微品
ha	缩微品，窗孔卡
hb	缩微品，匣式缩微胶卷
hc	缩微品，盒式缩微胶卷
hd	缩微品，开盘缩微胶卷
he	缩微品，缩微平片
hf	缩微品，盒式缩微平片
hg	缩微品，不透明缩微平片
hz	缩微品，其他类型
mm	多载体形态
tt	印刷品
ta	印刷品，普通印刷品
tb	印刷品，大字体印刷品
tc	印刷品，盲文
tz	印刷品，其他类型
vv	视频资料
va	电影制品
vb	视频投影：幻灯插片、透明软片、幻灯卷片
vc	磁带录像资料
ma	地图
mb	地球仪
ra	乐谱，印刷本
rb	录音资料
ca	计算机文件
ga	图卡
km	多载体配套资料
zu	载体形态不确定
zz	其他载体形态

用文字表述时，普通印刷型文献的载体形态可省略，但馆藏文献包含印刷型及其他类型载体时除外。当文字描述与单元数量数据中的载体形态标识重复时，载体形态通常可省略。

5.5.4 完整性标识

馆藏完整性标识揭示了文献收藏机构馆藏范围的一般原则，所用代码应根据该机构对其馆藏的评估进行选择。完整性标识表示在著录馆藏说明时的馆藏状态。

用代码表示时应选用下列代码：

代码	定义
0	无法获得，或限制保留
1	完整(已收藏 95%～100%)
2	不完整(已收藏 50%～94%)
3	极不完整，或零散(已收藏文献低于 50%)
4	不适用

上述代码 1、2、3 对应的百分比仅为一般性原则，并非硬性规定。

连续性单元：长期保留的连续性单元可选用代码“1、2、3”。当无法获得馆藏的完整性信息，或限制保留时，则选用代码“0”。如用文字表述，当适用的代码为“0”时，完整性标识可以省略。

非连续性单元：代码“0、1、2、3”适用于多部分单元，单一部分单元则用代码“4”。如用文字表述，当适用的代码为“0、1、4”时，完整性标识可以省略。

示例：如果某连续出版物共发行了 80 卷，该机构收藏了其中的 60 卷(约占 75%)，用代码“2”表示，代表“不完整”。当著录机构无法获得馆藏的完整性信息时，则选“0”。

5.5.5 采访状态标识

采访状态标识表示在著录馆藏说明时的文献获得状态。

用代码表示时应选用下列代码：

代码	定义
0	无法获得，或有限保留；不适用
1	其他
2	收到完整或停止出版
3	订购中
4	新近收到
5	尚未收到

“收到完整或停止出版”表示该出版物已全部出版，或者该出版物已不再出版。

“新近收到”指按照惯例在著录馆藏说明时已收到的新出版的文献。

“尚未收到”指不管何种原因，文献收藏机构尚未收到新出版的文献。不等同于“完整或停止出版”。

连续性单元：对未停止出版的连续出版物，应选代码“3、4、5”。对已停止出版的连续出版物，则选用代码“2”。如用文字表述，当适用的代码为“0”或“1”时，采访状态标识可省略。

非连续性单元：代码“2”只适用于已收到的单一部分单元，或各部分均已完整的多部分单元。代码“3”用于正在订购，但目前尚来收到的非连续出版物。如用文字表述，当适用的代码为“0”、“1”或“2”时，采访状态标识可省略。

5.5.6 保留标识

保留标识著录馆藏说明时的文献保留政策，主要适用于连续出版物。

用代码表示时应选用下列代码：

代码	定义
0	无法获得
1	其他
2	保留，用最新资料替代除外
3	保留样本
4	保留到被缩微品或其他载体制品替代
5	保留到被累积本、修订本替代

6　　　　　　　　有限保留(所有部分均不永久保留)

7　　　　　　　　不予保留(所有部分均不保留)

8　　　　　　　　永久保留(所有部分均永久保留)

“有限保留”指文献收藏机构所报道书目单元仅在一定时间范围(如,三个月、当年)内保留或仅保留特定的卷、期(如,保留三期、最新两卷),但使用特定替代标识者(2、3、4、5)除外。更多保留数量的详细信息可在馆藏附注项中说明。

“不予保留”指文献收藏机构所报道书目单元概不保留(如,流通后注销)。

“永久保留”指文献收藏机构所报道书目单元的所有部分均永久保留。

连续性单元:如果某种连续出版物已停止出版,则选用代码“8”,否则不予著录。如用文字表述,当适用的代码为“0”或“1”时,保留标识可省略。

非连续性单元:只使用代码“2、4、5、8”,否则不予著录。如用文字表述,当适用的代码为“8”时,保留标识可省略。

5.6 馆藏范围项

5.6.1 说明

馆藏范围项由单元名称、单元数量、编次、年代和特定范围附注组成。对多部分文献本项可重复著录,并按表1规定的顺序排列。馆藏范围项可按逐条级、压缩级或二者结合的形式著录。

馆藏范围项中的标识符号使用规则见表2。

表2 馆藏范围项中所用标识符号一览表

符号	名称	作用	实例
:	冒号	将一级和二级书目单元分开。冒号前后无空格	v. 1:pt. 1
,	逗号	表示馆藏范围中的缺期。逗号前后无空格	v. 1,v. 5 1978,1982
/	斜线	表示组合期号、组合年代或跨年度年代。 斜线前后无空格	v. 1/2 no. 1/2 1969/1970
=	等号	将交替编号系统分开。等号前后无空格	v. 2:no. 5=fasc. 15
-	连字符	表示同等级文献继续收藏或用于起讫编次或年代之间。连字符前后无空格	v. 1-3 v. 1- 1951-1965
〈 〉	尖括号	将特定范围附注括起。尖括号前后各有一个空格	#〈水浸〉#
;	分号	将二级以下不同级别的两个书目单元分开。分号前后无空格	v. 1:no. 3;pt. 6
?	问号	表示年代中最后一位或两位数字不详	1950-197? 18??
“”	引号	将书目单元名称括起。引号前后各有一个空格	#“索引”#
[ ]	方括号	将不确定的编次或年代括起。方括号前后各有一个空格。 将不完整部分的编次置于方括号内,任选	#[1981/1982]#
( )	圆括号	当编次和年代同时著录时,将年代置于圆括号内。 圆括号前后无空格	v. 1(1983)
+	加号	将基本书目单元与其接续的基本书目单元或辅助的书目单元分开。任选。加号前后各有一个空格	小册子#+#1录音带
#	空格	将一个数据项中的数据元分开	v. 1-9#10#〈表〉# 11#〈索引〉#
注:表中所有标识符号应使用单字节符号。			

5.6.2 总则

5.6.2.1 数据元的选择

单元名称、单元数量、编次、年代4个数据元中至少要有一种数据元在馆藏范围项中著录。

著录辅助书目单元的馆藏时，需著录单元名称。对于单卷辅助书目单元，单元名称可以是表示馆藏范围项的唯一数据元。

一个书目单元缺少连续性标识时，需著录单元数量，这种情况多发生在非连续性单元中。

编次数据元用于表示带有连续性标识的书目单元的馆藏范围。大多数连续性单元都著录编次数据元。

年代一般与连续性单元的编次密切相关，作为编次的附加成分。在某些情况下，无编次标识，可用年代表示馆藏范围。

可用下列任一数据元详细说明馆藏范围：单元名称（适用于一些单卷辅助书目单元），单元数量（适用于无顺序标识的书目单元），编次（适用于除日期外的其他顺序标识的书目单元），年代（适用于无编次顺序标识的书目单元），以及编次与年代。

5.6.2.2 逐条级与压缩级馆藏说明

逐条级馆藏说明列举馆藏书目单元的各个部分，各部分之间以"空格"分隔。

压缩级馆藏说明列举该系列馆藏全部书目单元的第一部分和最后部分，第一部分和最后部分以"连字符"分隔。

示例1：逐条级馆藏说明

v.1 v.2 v.3 v.4 v.5

1 2 3 4 5

v.4:no.1(1993:Jan.) v.4:no.2(1993:Mar.) v.4:no.3(1993:May)

v.7:no.1(1995:spring),v.7:no.3(1995:fall) v.7:no.4(1995:winter)

注：著录形式不显示丢失期的信息

示例2：压缩级馆藏说明

v.1-5

1-5

v.4:no.1(1993:Jan.)-v.4:no.3(1993:May)

示例3：逐条级与压缩级二者结合的馆藏说明

v.1 〈1992 rev.ed〉 v.2-v.5 v.6 〈1994 rev.ed〉 v.7-v.10

注：该例子最早一卷出版于1988年，卷1和卷6已分别在1992和1994年再版

5.6.2.3 辅助书目单元

如果辅助书目单元包含在与款目标识相关的书目记录中，馆藏范围项著录辅助书目单元的馆藏信息。如果没有基本书目单元，馆藏范围项可仅著录辅助书目单元信息。

示例1："教师指南"2v.

示例2：v.1-19

或 v.1-19 ＋ "补编"v.1-12

示例3：一配套资料

或 1本小册子 ＋ 1盒录音带 ＋ 1本指南

示例4：7章乐谱

5.6.2.4 编次与年代

多部分单元和连续性单元的编次和年代应按逻辑顺序准确著录，即：从最低编次到最高编次，从最早的日期到最近的日期，或两者都著录。当顺序发生变化时，应在馆藏说明的书目描述中加以说明。编次和年代之间存在着对应关系，当不能选择具有对应关系的编次和年代时，应选择最准确的编次和最大时间范围的年代著录。

既有编次又有年代，两者应同时著录，编次在前，相应年代置于其后的圆括号内。

示例：v.1(1950)-v.10(1959)

编次和年代可分开著录，年代应置于其后的圆括号内。

示例 1：v. 1-5(1901-1905)

示例 2：v. 2-6(1945-1949)，v. 8-14(1951-1957)，v. 17-20(1960-1963)

对多部分单元和连续性单元著录最高级的编次与年代，若有缺期，馆藏范围只能被中断。

示例 1：v. 10(1910)，v. 14(1914)-v. 23(1923)

(连续性单元)

示例 2：v. 1 v. 2 v. 3 v. 4，v. 6

或 v. 1-4，6

(多部分单元)

因缺期而引起馆藏中断的多部分单元和连续性单元，如采用 3 级馆藏说明著录，只需著录最高级的编次和年代。即，著录馆藏最早和最近的日期或最低和最高的编次，或两者都著录。如采用 4 级馆藏说明著录，则需加注记录缺期的详细情况。

示例：一种期刊每卷有 6 期，第 3 卷无一期入藏，而第 7 卷有两期入藏。

如果按 3 级著录，缺期应在第 2 卷与第 4 卷之间，而不是在第 6 卷和第 8 卷之间。

v. 1(1950)-v. 2(1951)，v. 4(1953)-v. 8(1957)

也可将不完整部分的编次可著录在方括号内。

v. 1(1950)-v. 2(1951)，v. 4(1953)-v. 6(1955)，[v. 7](1956)-v. 8(1957)

如果按 4 级著录详细馆藏说明时，则应将缺期的详细情况表示出来。

v. 1(1950)-v. 2(1951)，v. 4(1953)-v. 6(1955)，v. 7：no. 1-2(1956)，v. 8(1957)

或

v. 1(1950)-v. 2(1951)，v. 4(1953)-v. 8(1957)(缺 v. 7：no. 3-6)

或

v. 1(1950)-v. 8(1957)(缺 v. 3，v. 7：no. 3-6)

如果著录一定范围的编次或者年代，该范围内的缺期以逗号标识。

示例 1：v. 5-6(1950-1951)，v. 10(1955)，v. 12(1957)

示例 2：1912-1950，1954-

数据元应该以正向方式著录与显示，即强调“有”而不是“无”。著录缺期只针对收藏范围内的馆藏，不收藏部分不认为是缺期。

5.6.2.5 补编和索引

独立于基本书目单元带有编号的补编或索引，如没有与其相关的独立款目标识，在馆藏说明中，用顺序号著录补编或索引，其隶属于该基本书目单元下的款目标识。单元类型标识代码分别为“a”(基本书目单元)，“c”(辅助书目单元：补编)，“d”(辅助书目单元：索引)。

示例：三个馆藏说明隶属于同一个款目标识：

a：v. 1(1982)- (基本书目单元)

c：no. 1-3 (补编)

d：A-L M-Z (索引)

如果补编或索引序号与基本书目单元下某卷或某期相关，在馆藏说明中，用该出版物编次与年代的等级结构著录补编或索引，并隶属于该基本书目单元下的款目标识。单元类型标识补编代码为“c”，索引代码为“d”。

示例：c：1995：suppl. 2

d：v. 106：index(1995)

无独立款目标识的补编与索引，通常被视为辅助书目单元，在 3 级馆藏说明中不著录，仅在 4 级馆藏说明中著录。

有独立款目标识的补编与索引，应作为该款目标识的基本书目单元著录。由于补编与索引均为各自书目记录的基本书目单元，因此二者的代码均为“a”。

5.6.3 单元名称

著录基本书目单元或辅助书目单元，若著录配套资料的一部分、附加资料或补编等的馆藏范围时，应标识其单元名称，单元名称主要用于非连续性单元。

单元名称置于引号内，它可由书目单元的题名或能描述该文献的简要标识组成。

关于单元名称的著录规则本标准未作规定，建议采用实用性强的现有标准，如编目规则。

示例 1："电子商务（WindowsNT 平台）技能培训教程"

（是基本书目单元名称为《电子商务职业技能培训教程：电子商务应用（Windows NT 平台）：操作员级》的附加资料）

示例 2："自问-自答-自学索引"

（是基本书目单元名称为《大学英语难点突破》一书的索引名称）

示例 3："Statistical update for 1982"

"Supplement 1"

（是基本书目单元名称为"First Supplement to the Guide"的补编）

示例 4："Teacher's Guide" ＋ 1 sound cassette

（将 cassette 著录为辅助书目单元）

5.6.4 单元数量

单元数量主要适用于无顺序标识的非连续性单元。连续性单元常常采用连续性标识（编次或年代）。单元数量著录文献各个部分数量的总和，其后用一个专用名词表示文献特定类型。对于多部分组成的书目单元，总数可以是一个估计数。如果是单一部分单元，并且已给出单元名称，则单元数量可省略。

一个单一部分基本书目单元的数量不是必备的，可用 2 级馆藏说明著录。如果这个单一部分基本书目单元有一个或更多的辅助书目单元，则必须在 3 级和 4 级馆藏说明中著录。

示例 1：2 盒录音带

示例 2：1 张缩微平片

示例 3：179 个表

示例 4：约 1 000 条

示例 5："Appendix"

（仅有单元名称的单一书目单元，无需单元数量）

示例 6：1 v. ＋ "Songs" 1 sound cassette

（带有辅助书目单元的单一部分单元。由于存在辅助书目单元，必须著录基本书目单元的单元数量）

如果书目有连续性标识，则作为编次著录，不作为单元数量著录。

示例 7：v. 1-20，50-59

（并非 30 卷）

5.6.5 编次

5.6.5.1 说明

连续性单元以编次或年代著录，或编次和年代两者同时著录。有些连续性单元仅有年代顺序标识，而没有编次。则不予著录。

带编次的多部分非连续性单元，如多卷集著作等，其馆藏可使用编次著录。

对连续性单元和多部分单元的编次可以通过单册卷期标识著录，后面紧跟单册顺序标识。

示例 1：Band 5　　　　著录为：Bd. 5

示例 2：third series　　著录为：ser. 3

示例 3：v. 1(1966)-

示例 4：v. 1(1951)-v. 16(1966)

5.6.5.2 编次等级

如果书目单元有编次等级，3 级馆藏说明著录最高级编次；4 级馆藏说明和 3、4 级组合馆藏说明著录时，应先著录最高级编次，著录最高级以下编次时，用冒号"："将最高级与次一级编次分开，用分号"；"将 2 级以下的每个编次分开。

示例 1：v. 1：no. 1

示例 2：v. 1：pt. 2；no. 1

示例 3：Bd. 1：T. 1；Nr. 3

不论最高级编次标识是否有数字编号，次一级编次都要与最高级编次标识同时著录。

示例 1：ser. 1：v. 1

（第一级是数字编号，“ser. 1”）

示例 2：n. s. ：v. 1

（第一级是非数字编号“new series”）

如果在馆藏说明中同时著录最高级和较低级编次时，应在每一个分段馆藏起讫处重复著录所有级别编次。

示例 1：v. 1：no. 3-v. 29：no. 4

示例 2：1：10-4：24

示例 3：v. 2：pt. 1：no. 1-v. 5：pt. 2：no. 3，v. 5：pt. 2：no. 5

5.6.5.3 编次标识

与编次密切相关的卷期标识应按出版物上的形式著录。编次与卷期标识之间无空格，卷期标识缩写应按 ISO 832：1994 的规定。如果一个连续出版物或一个书目单元的部分没有卷期标识，则不予著录。

示例 1：volume 5　　著录为：v. 5 或 5

示例 2：tome 10　　著录为：t. 10 或 10

本标准规定中文连续出版物上出现的“卷”用“v.”表示，“期”、“册”等用“no.”表示，并置于编次之前。

示例 1：volume 5　　著录为：v. 5

示例 2：number 2　　著录为：no. 2

示例 3：第一卷　　著录为：v. 1

示例 4：第一卷第三册　　著录为：v. 1：no. 3

为使表述更为清楚，连字符后的卷期标识可以重复。

示例：Ser. 1：v. 1-ser. 3：v. 25

在多部分单元逐条级馆藏说明中，如果出现卷期标识，在每个单元前必须重复。

示例：v. 1 v. 1A v. 1B v. 2 v. 2A v. 3 v. 4 Index

（索引没有卷期标识）

5.6.5.4 顺序标识

a) 馆藏继续，连字符“-”应置于最后。

示例 1：v. 1-

示例 2：Bd. 1-

b) 馆藏文献是单卷，不用连字符“-”。

示例：v. 5(1970)

c) 馆藏终止，在起讫编次之间用连字符“-”标识，终止的编次标识后面无标识符号。

示例：v. 1-105

d) 文献上的顺序标识用的是某种符号，而又有相对等的数字，应将其转换为阿拉伯数字。

示例：v. 1-5

（原来是用 * 号表示卷数）

e) 所有数字信息均应转换为阿拉伯数字，序数应转换为基数。

示例 1：第一卷　　著录为：v. 1

示例 2：第一卷第二册　　著录为：v. 1：no. 2

示例 3：第壹卷第叁册　　著录为：v. 1：no. 3

示例 4：v. VII　　著录为：v. 7

示例 5：First　　著录为：1st or 1

示例 6：Six　　著录为：6

f) 字母、大小写字符按出版物上的形式照录。

示例 1：23a

示例 2：No. 36B

示例 3：v. B

g) 书目单元有组合编次时，用斜线“/”分隔。

示例 1：v. 2/3

示例 2：no. 5/6

5.6.5.5 多种编次

当一种连续性单元或多部分单元的组成部分，各自都有自己的编次体系时，应按基本书目单元相应的编次进行著录。

当一种连续性单元或多部分单元，除有一种常规的编次体系外，还有其他编次体系，可著录一种或多种交替编次体系，置于常规编次之后，并用等号“＝”分隔。

有交替编次时，不同编次体系之间应存在着相互对应的关系。

示例 1：v. 1-3＝no. 1-36

示例 2：ser. 1：v. 1-ser. 1：v. 4，ser. 1：v. 6＝no. 1-16，no. 21-24

5.6.6 年代

5.6.6.1 说明

连续性单元的编次和年代应同时著录。如果仅有编次，则著录编次；如果仅有年代，则著录年代。如果仅有年代序列标识，就用年代标注馆藏说明。当仅有年代标识馆藏说明时，年代不必著录在括号内。

多部分非连续性单元只有年代，可只著录年代。非连续性单元既有年代又有编次，则只著录编次。

在馆藏说明中有必要著录第一级和次一级的年代，应该在每一个分段馆藏起讫处重复著录所有级别的年代。

文献无年代，则不必著录。如果一种连续出版物的某些期的年代遗漏，著录年代时，可将年代置于方括号“[ ]”内。

5.6.6.2 年代等级

著录 3 级馆藏说明时，只著录最高级的数据——年代。要著录最高级以下等级时，用冒号“：”将最高级与次一级分开，用分号“；”将第 2 级与第 3 级分开。

示例 1：1982：Feb

示例 2：1982：2；3

5.6.6.3 日期

书目单元有多种日期时，应按下列顺序依次选择著录：

起讫日期

出版日期

版权日期

印刷日期

重印日期不应著录在馆藏说明中，可在书目记录中注明。

a) 馆藏继续，在年代的最后用连字符“-”标识。

示例 1：1969-

示例 2：Bd. 1(1968)-

b) 文献只入藏 1 年，则不用连字符“-”。

示例：1969

c) 一个书目单元的年代是跨年度或跨一个以上年度，用斜线“/”表示。

示例 1：1969/1970

（本例表示两年度）

示例 2：1980/1982

（本例表示三年度）

d) 停止入藏，在起讫年代之间用连字符“-”标识，终止年后无标识符号。

示例 1：1969-1975

示例 2：v. 1(1951)-v. 8(1958)

示例 3：t. 2(1952)-t. 8(1958)

e) 无法确定其确切的年代，在不详的数字位置上用问号“?”表示，百位数也不详时，不著录日期。

示例 1：1967

示例 2：18??

f) 季、月、日等均按出版物上的形式照录。日期缩写应按 ISO 832:1994 的规定。

示例 1：1969:Jan

示例 2：1987:Jul

g) 馆藏说明中一律用公元年著录。当出版物使用多种纪年时，应选择公元纪年标识。如出版物未使用公元年，应转换为公元年。

示例：1931

(原题：民国 20 年)

5.6.7 特定范围附注

馆藏范围项中的任何数据元之后都可有一个特定范围附注。这个附注或与其前面紧接着的数据有关，或与整个馆藏范围项有关。但书目记录中的常规书目描述信息不能作为特定范围附注著录。特定范围附注置于尖括号“〈〉”中。

示例 1：1 盒式录像带〈VHS〉

(在书目信息中没有特别注明盒式录像带的类型)

示例 2：1 张唱片〈高密〉

(在书目信息中没有特别注明唱片的类型)

示例 2：v. 1-9 v. 10〈表〉v. 11〈索引〉

(该多卷集被数字顺序标识，第 9 卷和第 10 卷有专门名字作为附加信息，这些书名并未反映在书目记录中)

示例 3：v. 1-6〈合订本〉v. 7-10〈非合订本〉

(标识多卷集的装订状况)

5.7 馆藏附注项

与一个独立的馆藏地数据项有关的所有附注均应合并著录于一个馆藏附注项。

附注项可包括存储限定、物理状态等信息。

在馆藏说明其他项中已包含的信息在此不再重复。书目记录中的常规书目描述信息在此不再著录，除非为了明确书目记录中的含糊信息。

当馆藏范围项中的附注信息含义不清或不适合，或无馆藏范围项时，本项可包括有关特定馆藏范围的附注。

如果需要详细列举一个款目中未收藏的部分，或显示一个非缺期中断，可以在馆藏附注项中说明。

示例 1：v. 5 因水浸而破损严重

示例 2：未流通

示例 3：v. 16 缺藏

示例 4：v. 1 缺第 345 页

示例 5：v. 3 极易破损

示例 6：于 1978 年 3 月 3 日转换成安全胶片

示例 7：原件底片

示例 8：v. 8 未出版

示例 9：只保留最新版

附　录　A
（规范性附录）
书目款目分类表

- 书目款目
  - 基本书目单元（可重复著录）
    - 非连续性单元
      - 单一部分单元
      - 多部分单元
    - 连续性单元
  - 辅助书目单元（可重复著录）
    - 非连续性单元
      - 单一部分单元
      - 多部分单元
    - 连续性单元

示例 1：书目款目：图书

　　基本书目单元：图书（非连续性单元，单卷）

示例 2：书目款目：带有袖珍地图附件的图书

　　基本书目单元：图书（非连续性单元，单卷）

　　辅助书目单元：地图（非连续性单元，单卷）

示例 3：书目款目：报纸

　　基本书目单元：报纸（连续性单元）

示例 4：书目款目：多卷著作

　　基本书目单元：多卷专著（非连续性单元，多部分组成）

附 录 B
（资料性附录）
馆藏说明显示格式

显示格式分为连续著录格式和分段著录格式两种：

a） 连续著录格式

书目款目标识项

馆藏地数据项--著录日期项--(一般馆藏项)馆藏范围项＋ -- ＋--

(一般馆藏项)馆藏范围项--馆藏附注项

b） 分段著录格式

书目款目标识项

馆藏地数据项

著录日期项

(一般馆藏项)馆藏范围项

(一般馆藏项)馆藏范围项

.

.

.

馆藏附注项

附 录 C
（资料性附录）
示 例

1. 非连续出版物示例

下例中的书目款目标识均采用有关代码表示，如：书目数据控制号、ISBN 等。馆藏机构用××× 表示。

示例 1：

印刷型单卷本，复本在同一馆藏地。

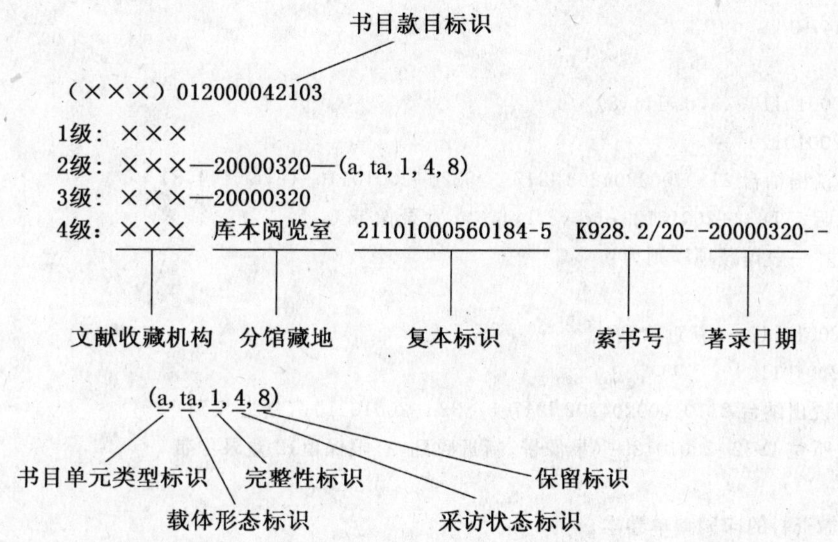

如果用文字描述“一般馆藏项”，则为：

1 级：×××

2 级：×××—20000320—(新近收到)

3 级：×××—20000320

4 级：×××库本阅览室 21101000560184-5--K928.2/20--20000320--(新近收到)

示例 2：印刷型单卷本。

1 级：×××

2 级：×××—20010728—(a,ta,1,4,8)

3 级：×××—20010728

4 级：×××--I2II/W932--20010728--(a,ta,1,4,8)

如果用文字描述“一般馆藏项”，则为：

1 级：×××

2 级：×××--20010728—(新近收到)

3 级：×××--20010728

4 级：×××--I211/W932--20010728--(新近收到)

示例 3：印刷型单卷本，不同复本收藏在不同馆藏地。

ISBN 7-108-00965-X

1 级：×××

2 级：×××--20010513--(a,ta,1,4,8)

3 级：×××--20010513

4 级：×××库本阅览室 21101000565841 I207.22/341--20010513--(a,ta,1,4,8)

4 级：×××小说出纳台 21101000196722 I207.22/341--20010513--(a,ta,1,4,8)

如果用文字描述“一般馆藏项”,则为：

1 级：×××

2 级：×××--20010513--(新近收到)

3 级：×××—20010513

4 级：×××库本阅览室 21101000565841 I207.22/341--20010513--(新近收到)

4 级：×××小说出纳台 21101000196722 I207.22/341--20010513--(新近收到)

示例 4:印刷型单卷本,其录像带也同时收藏。

ISBN 7-206-03447-0

1 级：×××

2 级：×××--20010110--(a,ta,1,4,8)

3 级：×××--20010110

4 级：×××小说出纳台 21101000204202 I247.5/532d--20010110--(a,ta,1,4,8)

4 级：×××视听室 D-32--20010129--(c,vc,1,4,6)2 盒录像带

如果用文字描述“一般馆藏项”,则为：

1 级：×××

2 级：×××--20010110—(新近收到)

3 级：×××--20010110

4 级：×××小说出纳台 21101000204202 I247.5/532d--20010110--(新近收到)

4 级：×××视听室 D-32--20010129--(录像带,新近收到,有限保留)2 盒录像带

示例 5:带有附加资料的印刷型单卷本。

ISBN 7-301-02868-7

1 级：×××

2 级：×××--19990829--(a,ta,1,4,8)

3 级：×××--19990829

4 级：×××数学学院分馆 90100010001530 TP312/25--19990829—(c,ta,1,4,8)“源程序”1 本 ＋ 1 张光盘

如果用文字描述“一般馆藏项”,则为：

1 级：×××

2 级：×××--19990829--(新近收到)

3 级：×××--19990829

4 级：×××数学学院分馆 90100010001530 TP312/25--19990829--(新近收到)“源程序”1 本 ＋ 1 张光盘

示例 6:同一多卷专著的两套复本在不同馆藏地,馆藏范围不同。

ISBN 7-5036-2048-X

1级：×××

2 级：×××--19990223--(a,ta,1,4,8)

3 级：×××--19990223

4 级：×××库本阅览室 21101000204202-8 D923.409/6--19990223--(a,ta,1,4,8)v.1-7

4 级：×××总出纳台 21101000231624-7,21101000231630--19990223—(a,ta,2,4,6)v.1-4,v.7

如果用文字描述“一般馆藏项”,则为：

1 级：×××

2 级：×××--19990223--(新近收到)

3 级：×××--19990223

4 级：×××库本阅览室 21101000204202-8 D923.409/6--19990223--(新近收到)v.1-7

4 级：×××总出纳台 21101000231624-7,21101000231630--19990223--(不完整,新近收到,有限保留)v.1-4,v.7

示例 7:一套多卷专著的各部分分别收藏在两个馆藏地。

ISBN 7-80105-390-7

1 级：×××

2 级：×××--19981023--(a,ta,1,4,8)

3 级：×××--19981023

4 级：×××人文社科区 21101000347424-5 F299.2/34(1)--19981023--(a,ta,2,4,8)

4 级：×××光华管理学院资料室 70010000263018-9 F299.2/34(2)--19981023—(a,ta,2,4,8)

如果用文字描述"一般馆藏项",则为:

1 级：×××

2 级：×××--19981023--(新近收到)

3 级：×××--19981023

4 级：×××人文社科区 21101000347424-5 F270/482(上)--19981023--(不完整,新近收到)

4 级：×××光华管理学院资料室 70010000263018-9 F270/482(下)--19981023--(不完整,新近收到)

示例 8:同一个机构收藏的同一缩微品的原件,流通复制件。

(×××)011997100805

1 级：×××

2 级：×××--19970111--(a,ta,1,4,8)

3 级：×××--19970111

4 级：×××古籍特藏室 MIC489--19970111--(a,hd,1,4,8)--附注:保留原件

4 级：×××工具书区 MIC590--19970111--(a,hd,1,4,6)--附注:流通负片

如果用文字描述"一般馆藏项",则为:

1 级：×××

2 级：×××--19970111--(新近收到)

3 级：×××--19970111

4 级：×××古籍特藏室 MIC489--19970111--(缩微胶卷,新近收到)--附注:保留原件

4 级：×××工具书区 MIC590--19970111--(缩微胶卷,新近收到,有限保留)—附注:流通负片

示例 9:补编。该补编为多卷出版物,第 26 卷和第 27 卷合订在一起;第 28 卷的第 3-4 部分和第 29 卷的第 4 部分遗失(注:未收藏基本书目单元)。

ISBN 7-5333-0550-7

1 级：×××

2 级：×××--19960111--(c,ta,2,4,8)

3 级：×××--19960111

4 级：×××古籍特藏室 21101001520489-516--19960111--(c,ta,2,4,8)"补编"v.1-27〈装订成 26 册〉v.28-29--附注:v.28:no.3-4 和 v.29:no.4 遗失

如果用文字描述"一般馆藏项",则为:

1 级：×××

2 级：×××--19960111--(新近收到)

3 级：×××--19960111

4 级：×××古籍特藏室 21101001520489-516--19960111--(补编,不完整,新近收到)"补编"v.1-27〈装订成 26 册〉v.28-29--附注:v.28:no.3-4 和 v.29:no.4 遗失

示例 10：不同年代馆藏收藏的载体形式不同

ISBN 7-900065-48-2

1 级：×××

2 级：×××--19960606--(a,mm,1,4,8)

3 级：×××--19960606--1989-

4 级：×××--19960606--(a,mm,1,4,8)--1989- --附注：1989 年为印刷品，1997 年- 1998 年为光盘版，1990 年开始为光盘版和网络版

如果用文字描述“一般馆藏项”，则为：

ISBN 7-900068-48-2

1 级：×××

2 级：×××--19960606--(多载体形态)

3 级：×××--19960606--1989-

4 级：×××--19960606--(多载体形态)--1989- --附注：1989 年为印刷品，1997 年- 1998 年为光盘版，1990 年开始为光盘版和网络版

示例 11：一套多部的盒式录像带

(SYS)841-5228

1 级：×××

2 级：×××--19940525--(a,vc,2,0,8)

3 级：×××--19940525--no. 1-3,5

4 级：×××--19940525--(a,vc,2,0,8)--no. 1 no. 2 no. 3,no. 5--附注：VHS. 不流通

如果用文字描述“一般馆藏项”，则为：

(SYS)841-5228

1 级：×××

2 级：×××--19940525--(不完整)

3 级：×××--19940525--no. 1-3,5

4 级：×××--19940525--(不完整)--no. 1 no. 2 no. 3,no. 5--附注：VHS. 不流通

示例 12：一套音乐 CD，既可以成套流通，又可以单独流通

(SYS)891-7006

1 级：×××音像视听阅览室

2 级：×××音像视听阅览室—19940204--(a,rb,1,0,8)

3 级：×××音像视听阅览室—19940204--v. 1-3

4 级：×××音像视听阅览室--19940204--(a,rb,1,0,8)--v. 1 v. 2 v. 3--附注：可成套流通也可单独流通

如果用文字描述“一般馆藏项”，则为：

(SYS)891-7006

1 级：×××音像视听阅览室

2 级：×××音像视听阅览室--19940204--(音乐 CD)

3 级：×××音像视听阅览室--19940204--v. 1-3

4 级：×××音像视听阅览室--19940204--(音乐 CD)--v. 1 v. 2 v. 3--附注：可成套流通也可单独流通

2. 连续出版物示例

以下例子中的书目款目标识采用 ISSN 或 CN。馆藏机构用×××表示。

示例 1：仍在出版的连续出版物

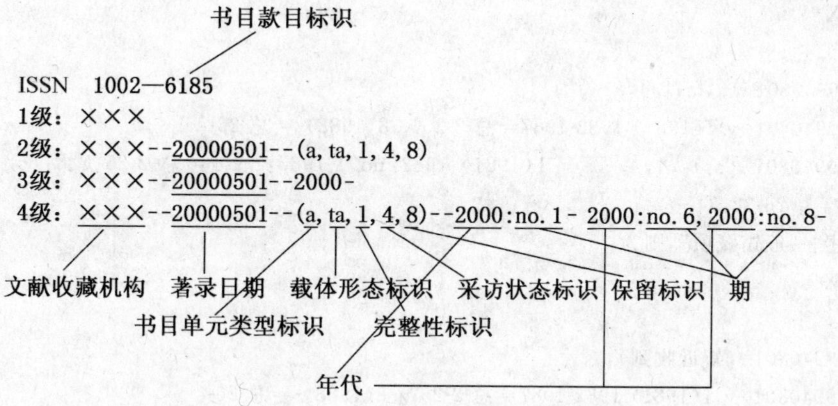

书目款目标识

ISSN　1002—6185
1级：×××
2级：×××--20000501--(a, ta, 1, 4, 8)
3级：×××--20000501--2000-
4级：×××--20000501--(a, ta, 1, 4, 8)--2000:no. 1- 2000:no. 6, 2000:no. 8-

文献收藏机构　著录日期　载体形态标识　采访状态标识　保留标识　期
书目单元类型标识　完整性标识
年代

如果用文字描述“一般馆藏项”，则为：

1 级：×××

2 级：×××--20000501--(新近收到)

3 级：×××--20000501—2000-

4 级：×××--20000501--(新近收到)--2000:no. 1-2000:no. 6,2000:no. 8-

示例 2:停止出版的连续出版物

ISSN 1004-2067

1 级：×××

2 级：×××--20000413--(a,ta,1,2,8)

3 级：×××--20000413--试刊号(1990)-1993(1993)

4 级：×××--20000413--(a,ta,1,2,8)--试刊号(1990) 1991:no. 2-1993:no. 12(1993)

如果用文字描述“一般馆藏项”，则为：

ISSN 1004-2067

1 级：×××

2 级：×××--20000413--(停止出版)

3 级：×××--20000413--试刊号(1990)-1993(1993)

4 级：×××--20000413--(停止出版)--试刊号(1990) 1991:no. 2-1993:no. 12(1993)

示例 3:收到完整的连续出版物

ISSN 1005-2984

1 级：×××

2 级：×××--20000413--(a,ta,1,2,8)

3 级：×××--20000413—no. 1(1956)-no. 2(1957) 1958(1958)-1965 (1965)＝总 3-18

4 级：×××--20000413-(a,ta,1,2,8)--no. 1(1956)-no. 2(1957) 1958:no. 1(1958)-1965:no. 2(1965)＝总 3-18(缺 1960:no. 1)

如果用文字描述“一般馆藏项”，则为：

ISSN 1005-2984

1 级：×××

2 级：×××--20000413--(收到完整)

3 级：×××--20000413--no. 1(1956)-no. 2(1957) 1958(1958)-1965(1965)＝总 3-18

4 级：×××--20000413-(收到完整)--no. 1(1956)-no. 2(1957) 1958:no. 1(1958)-1965:no. 2(1965)＝总 3-18(缺 1960:no. 1)

示例 4:有交替编号的连续出版物

ISSN 1000-467X

1 级:×××

2 级:×××--19940801--(a,ta,1,4,8)

3 级:×××--19940801--v.1(1981) 1982-1987=总 2-25 v.8(1988)-=总 26-

4 级:×××--19940801--(a,ta,1,4,8)--v.1(1981) 1982:no.1-1987:no.4=总 2-25 v.8:no.1(1988)-v.9:no.3 (1989),v.10:no.1-=总 26-32,34-

如果用文字描述"一般馆藏项",则为:

ISSN 1000-467X

1 级:×××

2 级:×××--19940801--(新近收到)

3 级:×××--19940801--v.1(1981) 1982-1987=总 2-25 v.8(1988)-=总 26-

4 级:×××--19940801--(新近收到)--v.1(1981) 1982:no.1-1987:no.4=总 2-25 v.8:no.1(1988)-v.9:no.3 (1989),v.10:no.1-=总 26-32,34-

示例 5:馆藏不完整的连续出版物

ISSN 1004-4140

1 级:×××

2 级:×××--20001106--(a,ta,2,2,8)

3 级:×××--20001106--no.1(1947)-4(1947) 复刊 no.5(1946)-no.20(1949)

4 级:×××--20001106--(a,ta,2,2,8)--no.1(1947)-no.4(1947) 复刊 no.5(1946)-no.16(1948),no.18(1949)-no.20(1949)

如果用文字描述"一般馆藏项",则为:

ISSN 1004-4140

1 级:×××

2 级:×××--20001106--(不完整,停止出版)

3 级:×××--20001106--no.1(1947)-4(1947) 复刊 no.5(1946)-no.20(1949)

4 级:×××--20001106--(不完整,停止出版)--no.1(1947)-no.4(1947) 复刊 no.5(1946)-no.16(1948),no.18 (1949)-no.20(1949)

示例 6:带有增刊的连续出版物

ISSN 1008—553X

1 级:×××

2 级:×××--19960301--(a,ta,1,4,8)

3 级:×××--19960301--1988-

4 级:×××--19960301--(a,ta,1,4,8)--1988:no.1- +"增刊"(1997)

如果用文字描述"一般馆藏项",则为:

ISSN 1008—863X

1 级:×××

2 级:×××--19960301--(新近收到)

3 级:×××--19960301--1988-

4 级:×××--19960301--(新近收到)--1988:no.1- +"增刊"(1997)

示例 7:带有补编的连续出版物

ISSN 1008-9160

1 级:×××

2 级:×××--19960606--(a,ta,1,2,8)

3 级:×××--19960606—v.11(1935)-14(1938)

4 级：×××--19960606--(a,ta,1,2,8)--v. 11：no. 1,3-4(1935),v. 12(1936)-v. 13(1937),v. 14：no. 2-6(1938-1939) ＋"补编"(1940)

如果用文字描述"一般馆藏项"，则为：

ISSN 1008—9160

1 级：×××

2 级：×××--19960606--(出版完整)

3 级：×××--19960606--v. 11(1935)-l4(1938)

4 级：×××--19960606--(出版完整)--v. 11：no. 1,3-4(1935),v. 12(1936)-v. 13(1937),v. 14：no. 2-6(1938-1939) ＋"补编"(1940)

示例 8：带有索引的连续出版物

ISSN 1007-6174

1 级：×××

2 级：×××--20010711--(a,ta,1,4,8)

3 级：×××--20010711—v. 26 ＋"索引"(1982)

4 级：×××--20010711--(a,ta,1,4,8)--v. 26：no. 1-24 ＋"索引"(1982)--附注：no. 23〈水浸〉

如果用文字描述"一般馆藏项"，则为：

ISSN 1007—6174

1 级：×××

2 级：×××--20010711--(新近收到)

3 级：×××--20010711--v. 26 ＋"索引"(1982)

4 级：×××--20010711--(新近收到)--v. 26：no. 1-24 ＋"索引"(1982)--附注：no. 23〈水浸〉

示例 9：多载体的连续出版物

ISSN 1007-8061

1 级：×××

2 级：×××--20010816--(a,vv,1,4,8)

3 级：×××--20010816—v. 1(1996)-

4 级：×××--20010816--(a,vv,1,4,8)--v. 1：no. 4(1996)-v. 5：no. 3(1998),v. 6：no. 1(1999)-

如果用文字描述"一般馆藏项"，则为：

ISSN 1007-8061

1 级：×××

2 级：×××--20010816--(视频资料，新近收到)

3 级：×××--20010816--v. 1(1996)-

4 级：×××--20010816--(视频资料，新近收到)--v. 1：no. 4(1996)-v. 5：no. 3(1998),v. 6：no. 1(1999)-

示例 10：带附注的连续出版物

ISSN 1005—2348

1 级：×××

2 级：×××--20000710--(a,ta,1,4,8)

3 级：×××--20000710--1999-＝总 1-

4 级：×××--20000710--(a,ta,1,4,8)--1999：no. 1-＝总 1- --附注：每期杂志附一张光盘

如果用文字描述"一般馆藏项"，则为：

ISSN 1005—2348

1 级：×××

2 级：×××--20000710--(新近收到)

3 级：×××--20000710—1999-＝总 1-

4 级：×××--20000710--(新近收到)--1999：no：1-＝总 1- --附注：每期杂志附一张光盘

示例 11：限制保存的连续出版物

ISSN 1000-5366

1 级：×××

2 级：×××--20010512--(a,ta,0,0,6)

3 级：×××--20010512--v.1(2001)-

4 级：×××--20010512---(a,ta,0,0,6)--v.1:no.1(2001:3)-v.5:no.2(2005:6),v.6:no.3(2006:9)-

如果用文字描述“一般馆藏项”，则为：

ISSN 1000—5366

1 级：×××

2 级：×××--20010512--(有限保留)

3 级：×××--20010512—v.1(2001)-

4 级：×××--20010512--(有限保留)--v.1:no.1(2001:3)-v.5:no.2(2005:6), v.6:no.3(2006:9)-

示例 12：多馆藏地的连续出版物

CN11-0101

1 级：×××

2 级：×××--20010716--(a,ta,1,4,8)

3 级：×××--20010716—1960＝总 1967-2057

4 级：××× 期刊出纳台 cop.1 Q/TB1/001--20010716--(a,ta,1,4,8)--1960:1-3＝总 1967-2057(缺 1960:1;25＝总 1991,1960:1;29-31＝总 1994-1996,1960:2;5＝总 2001)

4 级：××× 中文期刊阅览室 cop.2 Q/TB1/001--20010716--(a,ta,1,4,8)--1960:1-3＝总 1966-2052(缺 1960:1;25＝总 1991,1960:1;29-31＝总 1994-1996,1960:2;5＝总 2001,1960:2;15-21＝总 2011-2017,1960:2;28＝总 2024,1960:3;1＝总 2026,1960:3;20-27＝总 2045-2052)

如果用文字描述“一般馆藏项”，则为：

CN11-0101

1 级：×××

2 级：×××--20010716--(新近收到)

3 级：×××--20010716—1960:1-3＝总 1967-2057

4 级：×××期刊出纳台 cop.1 Q/TB1/001--20010716--(新近收到)--1960:1-3＝总 1967-2057(缺 1960:1;25＝总 1991,1960:1;29-31＝总 1994-1996,1960:2;5＝总 2001)

4 级：××× 中文期刊阅览室 cop.2 Q/TB1/001--20010716--(新近收到)--1960:1-3＝总 1966-2052(缺 1960:1;25＝总 1991,1960:1;29-31＝总 1994-1996,1960:2;5＝总 2001,1960:2;15-21＝总 2011-2017,1960:2;28＝总 2024,1960:3;l＝总 2026,1960:3;20-27＝总 2045-2052)

示例 13：多复本的连续出版物

ISSN 1007-9440

1 级：×××

2 级：×××--19960301--(a,ta,1,2,8)

3 级：×××--19960301—no.1(1938)-no.3(1941) 新 no.1(1946)-

4 级：××× 中文文献阅览室 cop.1-2 Q/F2/005 --19960301--(a,ta,1,2,8)--no.1(1938)-no.3(1941) 新 no.1(1946)-(缺 no.4)

如果用文字描述“一般馆藏项”，则为：

ISSN 1007-9440

1 级：×××

2 级：×××--19960301--(收到完整)

3 级：×××--19960301--no.1(1938)-no.3(1941) 新 no.1(1946)-

4 级：×××中文文献阅览室 cop.1-2 Q/F2/005--19960301—(收到完)--no.1(1938)-no.3(1941) 新 no.1(1946)-(缺 no.4)

附 录 D
（资料性附录）
本标准使用规则

D.1 1级的馆藏

只著录机构标识符，不著录保留政策和馆藏的完整性。

D.2 2级、3级和4级的馆藏

a) 确定书目款目的基本书目单元和辅助书目单元。

示例：

款目	单元
无附件的期刊	1个基本书目单元
单卷专著	1个基本书目单元
多卷专著	1个基本书目单元
地图册	1个基本书目单元
带有袖珍缩微胶片的图书	1个基本书目单元 ＋ 1个辅助书目单元
由5个部分组成的配套资料	5个基本书目单元
乐谱和两个乐章	3个基本书目单元
带有一期增刊的杂志	1个基本书目单元 ＋ 1个辅助书目单元
带有程序附注的录像带	1个基本书目单元 ＋ 1个辅助书目单元
唱片	1个基本书目单元
连续更新的活页出版物	1个基本书目单元 ＋ 1个辅助书目单元
定期修订的多卷专著	1个基本书目单元

b) 确定每个书目单元是否为连续性书目单元、多部分书目单元或单一书目单元。

c) 根据数据元的描述规则，对每个书目单元的一般馆藏（2级）或馆藏范围（3级、4级）进行著录。

参 考 文 献

[1] ISO 10324:1997 Information and documentation—Holdings statements—Summary level

[2] ANSI/NISO Z39.71:2006 Holdings statements for bibliographic items

ICS 21.060.10
J 13

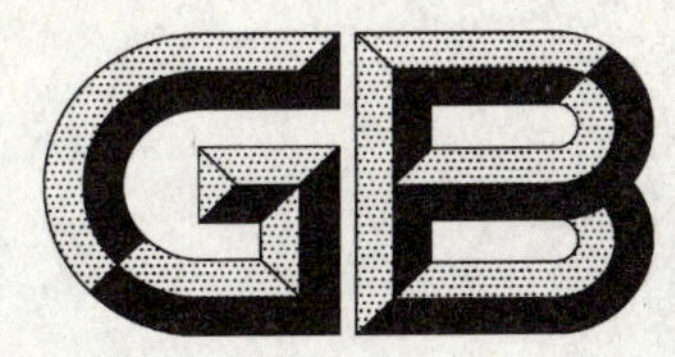

中华人民共和国国家标准

GB/T 24425.1—2009

普通型钢丝螺套

General type wire thread inserts

2009-10-15 发布　　　　2010-03-01 实施

中华人民共和国国家质量监督检验检疫总局
中国国家标准化管理委员会　发布

前　言

本部分是国家标准“钢丝螺套”系列标准之一，该系列包括：

a） GB/T 24425.1—2009　普通型钢丝螺套

b） GB/T 24425.2—2009　普通型盲孔用钢丝螺套

c） GB/T 24425.3—2009　锁紧型钢丝螺套

d） GB/T 24425.4—2009　锁紧型盲孔用钢丝螺套

e） GB/T 24425.5—2009　钢丝螺套用内螺纹

f） GB/T 24425.6—2009　钢丝螺套技术条件

本部分是 GB/T 24425 的第 1 部分。

本部分的附录 A 是资料性附录。

本部分由中国机械工业联合会提出。

本部分由全国紧固件标准化技术委员会(SAC/TC 85)归口。

本部分负责起草单位：中机生产力促进中心、沈阳市黎明机械构件制造厂。

本部分参加起草单位：上海球明标准件有限公司。

本部分由全国紧固件标准化技术委员会秘书处负责解释。

本部分系首次发布。

普通型钢丝螺套

1 范围

GB/T 24425 的本部分规定了螺纹公称直径为 2 mm～39 mm、螺距为 0.4 mm～4 mm 的对称型面普通型钢丝螺套。

本部分规定的钢丝螺套，旋入 GB/T 24425.5 规定的用于 6H 的内螺纹，所形成内螺纹的公差带为 6H(GB/T 197)。

本部分规定的钢丝螺套适用于提高低强度材料机体(如：铝合金、镁合金、铜合金、铸铁及非金属)螺孔的强度，提高螺钉的疲劳强度，修复损坏的螺孔。

注：本部分使用的“螺纹公称直径”和“钢丝螺套规格”是指钢丝螺套旋入 GB/T 24425.5 规定的内螺纹后，所形成内螺纹的螺纹公称直径和螺纹规格。

2 规范性引用文件

下列文件中的条款通过 GB/T 24425 的本部分的引用而成为本标准的条款。凡是注日期的引用文件，其随后所有的修改单(不包括勘误的内容)或修订版均不适用于本部分，然而，鼓励根据本部分达成协议的各方研究是否可使用这些文件的最新版本。凡是不注日期的引用文件，其最新版本适用于本部分。

GB/T 197 普通螺纹 公差(GB/T 197—2003，ISO 965-1:1998，ISO general purpose metric screw threads—Tolerances—Part 1:Principles basic data，MOD)

GB/T 1237 紧固件标记方法(GB/T 1237—2000，eqv ISO 8991:1986)

GB/T 24425.5 钢丝螺套用内螺纹

GB/T 24425.6 钢丝螺套技术条件

3 尺寸

3.1 钢丝螺套自由状态下的型式尺寸按图 1、表 1 和表 2 的规定。

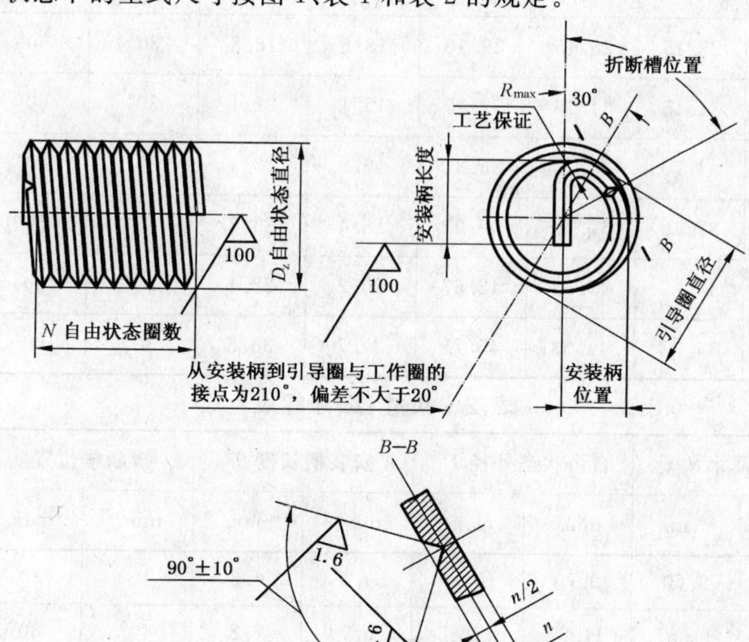

图 1 型式尺寸

表 1　尺寸(粗牙螺纹)

单位为毫米

钢丝螺套规格	引导尺寸 d_y		自由状态外径 D_z		安装柄长度 T		折断槽位置 α		安装柄转接圆弧 $R_{max.}$
	min.	max.	min.	max.	min.	max.	min.	max.	
M2	—	—	2.53	2.70	1.2	1.6	40°	90°	0.3
M2.5	—	—	3.20	3.70	1.5	2.0	40°	90°	0.3
M3	—	—	3.80	4.35	1.8	2.4	40°	90°	0.4
M4	—	—	5.05	5.60	2.4	3.2	40°	90°	0.5
M5	—	—	6.25	6.80	2.9	4.0	40°	90°	0.6
M6	7.28	7.58	7.58	7.95	3.5	4.8	40°	90°	0.7
M7	8.28	8.58	8.58	9.20	4.0	5.5	40°	80°	0.8
M8	9.55	9.85	9.85	10.35	4.7	6.3	40°	80°	1.0
M10	11.82	12.10	12.10	12.80	5.8	7.9	40°	80°	1.2
M12	14.20	14.50	14.50	15.00	6.9	9.5	30°	70°	1.6
M14	16.47	16.87	16.87	17.87	8.1	11.0	30°	70°	2.0
M16	18.47	18.87	18.87	19.90	9.1	12.5	30°	70°	2.0
M18	21.00	21.40	21.40	22.00	10.4	14.2	30°	70°	3.0
M20	23.01	23.46	23.46	24.40	11.4	15.7	30°	60°	3.0
M22	25.01	25.61	25.61	26.90	12.4	17.2	30°	60°	3.0
M24	27.55	28.15	28.15	29.10	13.6	18.8	30°	60°	3.0
M27	30.55	31.15	31.15	32.40	15.1	21.1	30°	60°	3.0
M30	34.10	34.70	34.70	35.81	16.9	23.4	30°	60°	3.0
M33	37.09	37.70	37.70	39.01	18.4	25.7	30°	60°	3.0
M36	40.63	41.33	41.33	42.67	20.2	28.1	30°	60°	3.0
M39	43.63	44.33	44.33	45.75	21.7	30.3	30°	60°	3.0

表 2　尺寸(细牙螺纹)

单位为毫米

钢丝螺套规格	引导尺寸 d_y		自由状态外径 D_z		安装柄长度 T		折断槽位置 α		安装柄转接圆弧 $R_{max.}$
	min.	max.	min.	max.	min.	max.	min.	max.	
M8×1	9.38	9.70	9.70	10.25	4.5	6.3	40°	80°	1.0
M10×1.25	11.57	11.87	11.87	12.65	5.7	7.8	40°	80°	1.2
M10×1	11.38	11.68	11.68	12.65	5.5	7.8	40°	80°	1.0

表 2（续）

单位为毫米

钢丝螺套规格	引导尺寸 d_y		自由状态外径 D_z		安装柄长度 T		折断槽位置 α		安装柄转接圆弧 $R_{max.}$
	min.	max.	min.	max.	min.	max.	min.	max.	
M12×1.5	14.02	14.40	14.40	15.00	6.8	9.4	30°	70°	1.6
M12×1.25	13.85	14.27	14.27	15.00	6.7	9.3	30°	70°	1.2
M12×1	13.78	14.18	14.18	15.00	6.5	9.3	30°	70°	1.2
M14×1.5	16.12	16.52	16.52	17.70	7.8	10.9	30°	70°	1.6
M14×1.25	16.05	16.45	16.45	17.70	7.7	10.8	30°	70°	1.2
M16×1.5	18.12	18.52	18.52	19.90	8.8	12.4	30°	70°	2.0
M18×2	20.67	21.07	21.07	22.00	10.1	14.0	30°	70°	3.0
M18×1.5	20.14	20.54	20.54	22.00	9.8	13.9	30°	60°	3.0
M20×2	22.67	23.12	23.12	24.20	11.1	15.5	30°	60°	3.0
M20×1.5	22.32	22.77	22.77	24.20	10.8	15.4	30°	60°	3.0
M22×2	24.67	25.27	25.27	26.80	12.1	17.0	30°	60°	3.0
M22×1.5	24.32	24.92	24.92	26.80	11.8	16.9	30°	60°	3.0
M24×2	26.67	27.27	27.27	29.10	13.1	18.5	30°	60°	3.0
M24×1.5	26.32	27.92	27.92	29.10	12.8	18.4	30°	60°	3.0
M27×2	29.67	30.27	30.27	32.40	14.6	20.8	30°	60°	3.0
M27×1.5	29.32	29.92	29.92	32.40	14.3	20.7	30°	60°	3.0
M30×2	32.67	33.27	33.27	35.81	16.1	23.0	30°	60°	3.0
M30×1.5	32.32	32.92	32.92	35.81	15.8	22.9	30°	60°	3.0
M33×2	35.67	36.27	36.27	39.01	17.6	25.3	30°	60°	3.0
M33×1.5	35.32	35.92	35.92	39.01	17.3	25.2	30°	60°	3.0
M36×3	39.75	40.45	40.45	42.67	19.6	27.8	30°	60°	3.0
M36×2	38.87	39.57	39.57	42.67	19.1	27.5	30°	60°	3.0
M39×3	42.75	43.45	43.45	45.75	21.1	30.1	30°	60°	3.0
M39×2	41.87	42.57	42.57	45.75	20.6	29.8	30°	60°	3.0

3.2 钢丝螺套安装柄位置尺寸 $E=d_{y实际}/2$。

3.3 钢丝螺套自由状态圈数和装配状态长度均应从与安装柄成90°的位置起计算。

3.4 钢丝螺套的长度应按自由状态的整圈数选取（N，见表 3 和表 4）。

3.5 钢丝螺套旋入内螺纹后的安装长度（L，见表 3 和表 4）是通过两端头并垂直于轴线的两平面间距离。

3.6 以螺纹公称直径（d）的倍数表示的钢丝螺套公称长度与自由状态圈数和安装后长度的对照见附录 A。

3.7 根据用户要求，允许不制出折断槽。

表 3　自由状态圈数 N 和安装后长度 L（粗牙螺纹）

钢丝螺套规格	自由状态圈数 $N\pm1/4$ 圈																		
	4	5	6	7	8	9	10	11	12	13	14	15	16	17	18	19	20	21	22
	安装后长度 L(参考)/mm																		
M2	2.096	2.539	2.983	3.427	3.871	4.315	4.759	5.203	5.647	6.091	6.535	6.978	7.422	7.866	8.310	8.754	9.198	9.642	10.086
M2.5	2.439	2.959	3.478	3.998	4.518	5.038	5.557	6.077	6.597	7.116	7.636	8.156	8.676	9.195	9.715	10.235	10.755	11.274	11.794
M3	2.701	3.277	3.852	4.428	5.003	5.578	6.154	6.729	7.304	7.880	8.455	9.030	9.606	10.181	10.757	11.332	11.907	12.483	13.058
M4	3.694	4.477	5.261	6.044	6.828	7.611	8.395	9.178	9.962	10.745	11.528	12.312	13.095	13.879	14.662	15.446	16.229	17.013	17.796
M5	4.199	5.089	5.979	6.869	7.759	8.649	9.539	10.429	11.318	12.208	13.098	13.988	14.878	15.768	16.658	17.548	18.437	19.327	20.217
M6	5.135	6.218	7.302	8.386	9.469	10.553	11.637	12.720	13.804	14.888	15.971	17.055	18.139	19.222	20.306	21.389	22.473	23.557	24.640
M7	5.217	6.321	7.425	8.530	9.634	10.738	11.842	12.947	14.051	15.155	16.259	17.364	18.468	19.572	20.676	21.781	22.885	23.989	25.093
M8	6.386	7.732	9.079	10.425	11.772	13.118	14.465	15.811	17.158	18.504	19.851	21.197	22.544	23.890	25.237	26.583	27.930	29.276	30.622
M10	7.508	9.085	10.662	12.239	13.816	15.392	16.969	18.546	20.123	21.700	23.277	24.854	26.431	28.008	29.585	31.162	32.739	34.316	35.893
M12	8.781	10.626	12.471	14.316	16.161	18.007	19.852	21.697	23.542	25.387	27.232	29.078	30.923	32.768	34.613	36.458	38.303	40.149	41.994
M14	10.144	12.280	14.417	16.553	18.689	20.825	22.961	25.097	27.233	29.369	31.505	33.641	35.778	37.914	40.050	42.186	44.322	46.458	48.594
M16	10.142	12.277	14.413	16.548	18.683	20.819	22.954	25.090	27.225	29.361	31.496	33.631	35.767	37.902	40.038	42.173	44.309	46.444	48.579
M18	12.451	15.064	17.676	20.289	22.902	25.515	28.127	30.740	33.353	35.966	38.578	41.191	43.804	46.417	49.029	51.642	54.255	56.867	59.480
M20	12.557	15.196	17.835	20.474	23.113	25.752	28.391	31.031	33.670	36.309	38.948	41.587	44.226	46.865	49.505	52.144	54.783	57.422	60.061
M22	12.686	15.357	18.028	20.700	23.371	26.042	28.714	31.385	34.057	36.728	39.399	42.071	44.742	47.414	50.085	52.756	55.428	58.099	60.771
M24	14.971	18.114	21.257	24.400	27.543	30.686	33.829	36.971	40.114	43.257	46.400	49.543	52.686	55.829	58.971	62.114	65.257	68.400	71.543
M27	15.115	18.294	21.473	24.651	27.830	31.009	34.188	37.367	40.545	43.724	46.903	50.082	53.260	56.439	59.618	62.797	65.976	69.154	72.333
M30	17.511	21.189	24.867	28.544	32.222	35.900	39.578	43.256	46.933	50.611	54.289	57.967	61.644	65.322	69.000	72.678	76.356	80.033	83.711
M33	17.432	21.090	24.748	28.406	32.064	35.722	39.380	43.039	46.697	50.355	54.013	57.671	61.329	64.987	68.645	72.303	75.961	79.619	83.277
M36	19.857	24.021	28.185	32.349	36.513	40.677	44.841	49.006	53.170	57.334	61.498	65.662	69.826	73.990	78.155	82.319	86.483	90.647	94.811
M39	19.974	24.167	28.360	32.554	36.747	40.941	45.134	49.327	53.521	57.714	61.908	66.101	70.294	74.488	78.681	82.875	87.068	91.261	95.455

表 4 自由状态圈数 N 和安装后长度 L(细牙螺纹)

钢丝螺套规格	自由状态圈数 $N\pm1/4$ 圈																		
	4	5	6	7	8	9	10	11	12	13	14	15	16	17	18	19	20	21	22
	安装后长度 L(参考)/mm																		
M8×1	5.186	6.283	7.380	8.476	9.573	10.670	11.766	12.863	13.959	15.056	16.153	17.249	18.346	19.442	20.539	21.636	22.732	23.829	24.926
M10×1.25	6.450	7.813	9.175	10.538	11.900	13.263	14.625	15.988	17.350	18.713	20.075	21.438	22.800	24.163	25.525	26.888	28.250	29.613	30.975
M10×1	5.267	6.383	7.500	8.616	9.733	10.850	11.966	13.083	14.200	15.316	16.433	17.549	18.666	19.783	20.899	22.016	23.133	24.249	25.366
M12×1.5	7.674	9.292	10.911	12.529	14.148	15.766	17.385	19.003	20.622	22.240	23.859	25.477	27.096	28.714	30.333	31.951	33.570	35.188	36.807
M12×1.25	6.480	7.850	9.220	10.590	11.960	13.330	14.700	16.070	17.440	18.810	20.180	21.550	22.920	24.290	25.660	27.030	28.400	29.770	31.140
M12×1	5.295	6.418	7.542	8.665	9.789	10.913	12.036	13.160	14.284	15.407	16.531	17.655	18.778	19.902	21.025	22.149	23.273	24.396	25.520
M14×1.5	7.826	9.483	11.140	12.796	14.453	16.110	17.766	19.423	21.079	22.736	24.393	26.049	27.706	29.362	31.019	32.676	34.332	35.989	37.645
M14×1.25	6.618	8.022	9.427	10.831	12.235	13.640	15.044	16.449	17.853	19.258	20.662	22.067	23.471	24.875	26.280	27.684	29.089	30.493	31.898
M16×1.5	7.813	9.467	11.120	12.773	14.426	16.080	17.733	19.386	21.040	22.693	24.346	26.000	27.653	29.306	30.960	32.613	34.266	35.919	37.573
M18×2	10.229	12.386	14.543	16.700	18.858	21.015	23.172	25.329	27.486	29.644	31.801	33.958	36.115	38.272	40.430	42.587	44.744	46.901	49.058
M18×1.5	7.789	9.436	11.083	12.731	14.378	16.025	17.672	19.320	20.967	22.614	24.261	25.909	27.556	29.203	30.850	32.498	34.145	35.792	37.439
M20×2	10.244	12.405	14.566	16.727	18.889	21.050	23.211	25.372	27.533	29.694	31.855	34.016	36.177	38.338	40.499	42.660	44.821	46.982	49.143
M20×1.5	7.784	9.431	11.077	12.723	14.369	16.015	17.661	19.307	20.953	22.599	24.245	25.892	27.538	29.184	30.830	32.476	34.122	35.768	37.414
M22×2	10.356	12.546	14.735	16.924	19.113	21.302	23.491	25.680	27.869	30.059	32.248	34.437	36.626	38.815	41.004	43.193	45.382	47.571	49.761
M22×1.5	7.848	9.510	11.172	12.834	14.496	16.158	17.820	19.482	21.144	22.806	24.468	26.130	27.792	29.454	31.116	32.778	34.440	36.102	37.764
M24×2	10.345	12.531	14.717	16.903	19.089	21.275	23.461	25.647	27.834	30.020	32.206	34.392	36.578	38.764	40.950	43.136	45.323	47.509	49.695
M24×1.5	7.803	9.454	11.105	12.756	14.406	16.057	17.708	19.359	21.010	22.661	24.311	25.962	27.613	29.264	30.915	32.565	34.216	35.867	37.518
M27×2	10.323	12.503	14.684	16.865	19.046	21.226	23.407	25.588	27.768	29.949	32.130	34.310	36.491	38.672	40.853	43.033	45.214	47.395	49.575
M27×1.5	7.824	9.480	11.136	12.792	14.448	16.104	17.760	19.416	21.072	22.728	24.384	26.040	27.695	29.351	31.007	32.663	34.319	35.975	37.631
M30×2	10.243	12.404	14.564	16.725	18.886	21.047	23.207	25.368	27.529	29.690	31.850	34.011	36.172	38.332	40.493	42.654	44.815	46.975	49.136
M30×1.5	7.765	9.406	11.047	12.688	14.329	15.971	17.612	19.253	20.894	22.535	24.176	25.818	27.459	29.100	30.741	32.382	34.023	35.665	37.306
M33×2	10.234	12.392	14.550	16.709	18.867	21.026	23.184	25.342	27.501	29.659	31.818	33.976	36.134	38.293	40.451	42.610	44.768	46.926	49.085
M33×1.5	7.724	9.356	10.987	12.618	14.249	15.880	17.511	19.142	20.773	22.404	24.035	25.667	27.298	28.929	30.560	32.191	33.822	35.453	37.084
M36×3	15.150	18.337	21.525	24.712	27.900	31.087	34.275	37.462	40.650	43.837	47.024	50.212	53.399	56.587	59.774	62.962	66.149	69.337	72.524
M36×2	10.278	12.448	14.617	16.787	18.956	21.126	23.295	25.465	27.634	29.804	31.973	34.143	36.312	38.482	40.651	42.821	44.991	47.160	49.330
M39×3	15.097	18.271	21.445	24.619	27.793	30.967	34.142	37.316	40.490	43.664	46.838	50.012	53.186	56.361	59.535	62.709	65.883	69.057	72.231
M39×2	10.229	12.386	14.543	16.700	18.857	21.015	23.172	25.329	27.486	29.643	31.800	33.958	36.115	38.272	40.429	42.586	44.743	46.901	49.058

4 技术条件

钢丝螺套的型面尺寸、技术要求、验收检查以及标志与包装按 GB/T 24425.6 的规定。

5 标记

5.1 标记方法

钢丝螺套标记的内容与顺序为：

钢丝螺套 标准编号 钢丝螺套规格-自由状态圈数(无折断槽的钢丝螺套在自由状态圈数后加字母 W)

其他按 GB/T 1237 的规定。

5.2 标记示例

钢丝螺套规格为 M10、自由状态圈数为 8 圈带折断槽的普通型钢丝螺套的标记：

钢丝螺套 GB/T 24425.1 M10-8

钢丝螺套规格为 M10×1、自由状态圈数为 12 圈的无折断槽的普通型钢丝螺套的标记：

钢丝螺套 GB/T 24425.1 M10×1-12W

附　录　A
（资料性附录）
钢丝螺套公称长度与自由状态圈数和安装后长度的对照

表 A.1　钢丝螺套公称长度与自由状态圈数和安装后长度的对照表（粗牙螺纹）

钢丝螺套规格	公称长度[a]	自由状态圈数 N		安装后长度/mm	
		min.	max.	min.	max.
M2	1*d*	3.0	3.4	1.60	1.80
	1.5*d*	5.3	5.6	2.60	2.80
	2*d*	7.6	7.9	3.60	3.80
	2.5*d*	9.9	10.2	4.60	4.80
	3*d*	12.2	12.4	5.60	5.80
M2.5	1*d*	3.3	3.8	2.05	2.275
	1.5*d*	5.9	6.3	3.30	3.525
	2*d*	8.5	8.8	4.55	4.775
	2.5*d*	11.1	11.4	5.80	6.025
	3*d*	13.6	13.9	7.05	7.275
M3	1*d*	3.6	4.3	2.50	2.75
	1.5*d*	6.3	7.1	4.00	4.25
	2*d*	9.0	9.8	5.50	5.75
	2.5*d*	11.8	12.6	7.00	7.25
	3*d*	14.5	15.3	8.50	8.75
M4	1*d*	3.6	4.2	3.30	3.65
	1.5*d*	6.3	6.9	5.30	5.65
	2*d*	9.1	9.5	7.30	7.65
	2.5*d*	11.8	12.2	9.30	9.65
	3*d*	14.4	14.9	11.30	11.65
M5	1*d*	4.0	4.7	4.20	4.60
	1.5*d*	6.8	7.6	6.70	7.10
	2*d*	9.6	10.6	9.20	9.60
	2.5*d*	12.4	13.5	11.70	12.10
	3*d*	15.2	16.4	14.20	14.60
M6	1*d*	3.8	4.5	5.00	5.50
	1.5*d*	6.5	7.3	8.00	8.50
	2*d*	9.2	10.2	11.00	11.50
	2.5*d*	12.0	13.0	14.00	14.50
	3*d*	14.6	15.8	17.00	17.50

表 A.1（续）

钢丝螺套规格	公称长度[a]	自由状态圈数 N		安装后长度/mm	
		min.	max.	min.	max.
M7	$1d$	4.7	5.4	6.00	6.50
	$1.5d$	7.9	8.8	9.50	10.00
	$2d$	11.0	12.1	13.00	13.50
	$2.5d$	14.2	15.4	16.50	17.00
	$3d$	17.3	18.7	20.00	20.50
M8	$1d$	4.4	4.9	6.75	7.375
	$1.5d$	7.3	8.0	10.75	11.375
	$2d$	10.3	11.1	14.75	15.375
	$2.5d$	13.3	14.1	18.75	19.375
	$3d$	16.4	17.2	22.75	23.375
M10	$1d$	4.7	5.2	8.50	9.25
	$1.5d$	7.8	8.4	13.50	14.25
	$2d$	11.0	11.6	18.50	19.25
	$2.5d$	14.2	14.8	23.50	24.25
	$3d$	17.3	18.0	28.50	29.25
M12	$1d$	4.8	5.4	10.25	11.125
	$1.5d$	8.1	8.7	16.25	17.125
	$2d$	11.3	12.0	22.25	23.125
	$2.5d$	14.6	15.3	28.25	29.125
	$3d$	17.8	18.6	34.25	35.125
M14	$1d$	4.9	5.5	12.00	13.00
	$1.5d$	8.3	8.9	19.00	20.00
	$2d$	11.6	12.3	26.00	27.00
	$2.5d$	14.9	15.6	33.00	34.00
	$3d$	18.2	19.0	40.00	41.00
M16	$1d$	6.0	6.5	14.00	15.00
	$1.5d$	9.8	10.3	22.00	23.00
	$2d$	13.6	14.2	30.00	31.00
	$2.5d$	17.4	18.0	38.00	39.00
	$3d$	21.0	21.9	46.00	47.00
M18	$1d$	5.2	6.1	15.50	16.75
	$1.5d$	8.6	9.5	24.50	25.75
	$2d$	12.1	13.0	33.50	34.75
	$2.5d$	15.5	16.5	42.50	43.75
	$3d$	18.9	20.0	51.50	52.75

表 A.1（续）

钢丝螺套规格	公称长度[a]	自由状态圈数 N		安装后长度/mm	
		min.	max.	min.	max.
M20	1*d*	6.0	6.8	17.50	18.75
	1.5*d*	9.7	10.7	27.50	28.75
	2*d*	13.5	14.6	37.50	38.75
	2.5*d*	17.3	18.4	47.50	48.75
	3*d*	21.2	22.3	57.50	58.75
M22	1*d*	6.7	7.6	19.50	20.75
	1.5*d*	10.9	11.9	30.50	31.75
	2*d*	15.1	16.1	41.50	42.75
	2.5*d*	19.3	20.4	52.50	53.75
	3*d*	23.5	24.6	63.50	64.75
M24	1*d*	6.0	6.7	21.00	22.50
	1.5*d*	9.8	10.6	33.00	34.50
	2*d*	13.6	14.4	45.00	46.50
	2.5*d*	17.4	18.3	57.00	58.50
	3*d*	21.3	22.2	69.00	70.50
M27	1*d*	6.9	7.7	24.00	25.50
	1.5*d*	11.1	12.2	37.50	39.00
	2*d*	15.5	16.7	51.00	52.50
	2.5*d*	19.3	20.4	64.50	66.00
	3*d*	23.9	24.7	78.00	79.50
M30	1*d*	6.5	7.1	26.50	28.25
	1.5*d*	10.6	11.3	41.50	43.25
	2*d*	14.4	15.4	56.50	58.25
	2.5*d*	18.7	19.2	71.50	73.25
	3*d*	22.8	23.4	86.50	88.25
M33	1*d*	7.3	8.2	29.50	31.25
	1.5*d*	11.8	12.9	46.00	47.75
	2*d*	16.3	17.6	62.50	64.25
	2.5*d*	20.8	21.3	79.00	80.75
	3*d*	25.3	25.8	95.50	97.25
M36	1*d*	6.9	7.5	32.00	34.00
	1.5*d*	11.2	11.9	50.00	52.00
	2*d*	15.5	16.3	68.00	70.00
	2.5*d*	19.7	20.3	86.00	88.00
	3*d*	24.0	24.6	104.00	106.00

表 A.1(续)

钢丝螺套规格	公称长度[a]	自由状态圈数 N		安装后长度/mm	
		min.	max.	min.	max.
M39	1*d*	7.7	8.3	35.00	37.00
	1.5*d*	12.3	13.0	54.50	56.50
	2*d*	17.0	17.7	74.00	76.00
	2.5*d*	21.6	22.1	93.50	95.50
	3*d*	26.2	26.8	113.00	115.00

[a] d 表示螺钉公称直径。

表 A.2 钢丝螺套公称长度与自由状态圈数和安装后长度的对照表(细牙螺纹)

钢丝螺套规格	公称长度[a]	自由状态圈数 N		安装后长度 L/mm	
		min.	max.	min.	max.
M8×1	1*d*	5.7	6.4	7.00	7.50
	1.5*d*	9.3	10.2	11.00	11.50
	2*d*	12.9	14.0	15.00	15.50
	2.5*d*	16.5	17.7	19.00	19.50
	3*d*	20.1	21.5	23.00	23.50
M10×1.25	1*d*	5.7	6.4	8.75	9.375
	1.5*d*	9.3	10.2	13.75	14.375
	2*d*	12.9	14.0	18.75	19.375
	2.5*d*	16.6	17.8	23.75	24.375
	3*d*	20.2	21.6	28.75	29.375
M10×1	1*d*	7.6	7.8	9	9.5
	1.5*d*	12.1	12.3	14	14.5
	2*d*	16.3	16.8	19	19.5
	2.5*d*	20.7	21.3	24	24.5
	3*d*	25.3	25.8	29	29.5
M12×1.5	1*d*	6.2	6.7	10.5	11.25
	1.5*d*	9.8	10.2	16.5	17.25
	2*d*	13.5	14.0	22.5	23.25
	2.5*d*	15.7	16.2	28.5	29.25
	3*d*	20.7	21.1	34.5	35.25
M12×1.25	1*d*	7.1	7.9	10.75	11.375
	1.5*d*	11.5	12.5	16.75	17.375
	2*d*	15.8	17.0	22.50	23.375
	2.5*d*	20.2	21.6	28.75	29.375
	3*d*	24.5	26.1	34.75	35.375

表 A.2（续）

钢丝螺套规格	公称长度[a]	自由状态圈数 N		安装后长度 L/mm	
		min.	max.	min.	max.
M12×1	1d	9.3	9.7	11	11.5
	1.5d	14.5	14.9	17	17.5
	2d	19.5	19.9	23	23.5
	2.5d	25.1	25.6	29	29.5
	3d	30.5	30.9	35	35.5
M14×1.5	1d	6.9	7.7	12.50	13.25
	1.5d	11.1	12.1	19.50	20.25
	2d	15.4	16.5	26.50	27.25
	2.5d	19.6	20.9	33.50	34.25
	3d	23.8	25.3	40.50	41.25
M14×1.25	1d	9.4	10.6	13.2	15.2
M16×1.5	1d	8.1	8.9	14.50	15.25
	1.5d	13.0	14.0	22.50	23.25
	2d	17.8	19.0	30.50	31.25
	2.5d	22.6	24.1	38.50	39.25
	3d	27.5	29.1	46.50	47.25
M18×2	1d	7.1	7.5	16	17
	1.5d	11.2	11.6	25	26
	2d	15.1	15.5	34	35
	2.5d	19.1	19.5	43	44
M18×1.5	1d	9.4	10.2	16.50	17.25
	1.5d	14.8	15.9	25.50	26.25
	2d	20.3	21.6	34.50	35.25
	2.5d	25.8	27.4	43.50	44.25
	3d	31.2	33.1	52.50	53.25
M20×2	1d	8	8.5	18	19
	1.5d	12.5	13.0	28	29
	2d	16.8	17.3	38	38
M20×1.5	1d	10.6	11.4	18.50	19.25
	1.5d	16.7	17.8	28.50	29.25
	2d	22.7	24.1	38.50	39.25
	2.5d	29.8	30.4	48.50	49.25
	3d	34.9	36.7	58.50	59.25

表 A.2（续）

钢丝螺套规格	公称长度[a]	自由状态圈数 N		安装后长度 L/mm	
		min.	max.	min.	max.
M22×2	1d	8.7	9.2	20	21
	1.5d	13.6	14.1	31	32
	2d	18.4	18.9	42	43
M22×1.5	1d	11.8	12.7	20.50	21.25
	1.5d	18.5	19.7	31.50	32.35
	2d	25.2	26.6	42.50	43.25
	2.5d	31.8	33.5	53.50	54.25
	3d	38.5	40.5	64.50	65.25
	2.5d	17.4	18.8	57.00	58.50
	3d	21.3	22.2	69.00	70.50
M24×2	1d	9.4	10.3	22.00	23.00
	1.5d	14.8	16.0	34.00	35.00
	2d	20.0	21.8	46.00	47.00
	2.5d	25.8	27.5	58.00	59.00
	3d	31.2	33.2	70.00	71.00
M24×1.5	1d	12.9	13.4	22.5	23.25
	1.5d	19.8	20.3	34.5	35.25
M27×2	1d	10.7	11.2	25	26
	1.5d	17.8	18.3	40.5	41.5
M27×1.5	1d	14.7	15.2	25.5	26.25
	1.5d	22.8	23.3	39	39.75
M30×2	1d	12.3	12.8	28	29
	1.5d	19.0	19.5	43	44
M30×1.5	1d	16.5	17.0	28.5	29.25
	1.5d	25.3	25.8	43.5	44.25
M33×2	1d	13.7	14.2	31	32
	1.5d	21.2	21.7	47.5	48.5
M33×1.5	1d	18.5	19.0	31.5	32.25
	1.5d	28.6	29.1	48	18.75
M36×3	1d	9.9	10.4	33	34.5
	1.5d	15.3	15.8	51	52.5
M36×2	1d	14.1	14.6	34	35
	1.5d	21.9	22.4	52	53

表 A.2（续）

钢丝螺套规格	公称长度[a]	自由状态圈数 N		安装后长度 L/mm	
		min.	max.	min.	max.
M39×3	1d	10.8	11.3	36	37.5
	1.5d	16.8	17.3	55.5	57
M39×2	1d	16.3	16.8	37	38
	1.5d	25	25.5	56.5	57.5

[a] d 表示螺纹公称直径。

ICS 21.060.10
J 13

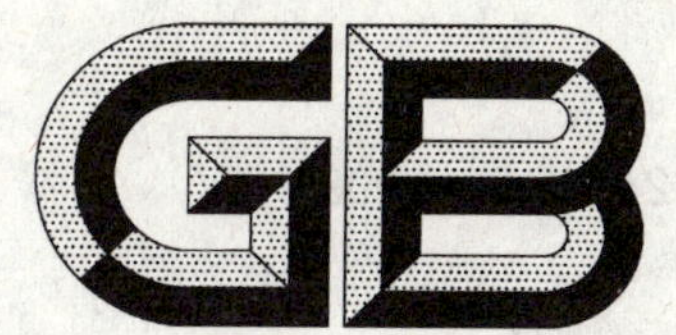

中华人民共和国国家标准

GB/T 24425.2—2009

普通型盲孔用钢丝螺套

General type wire thread inserts for blind hole

2009-10-15 发布　　2010-03-01 实施

中华人民共和国国家质量监督检验检疫总局
中国国家标准化管理委员会　发布

前　言

本部分是国家标准“钢丝螺套”系列标准之一，该系列包括：

a） GB/T 24425.1—2009　普通型钢丝螺套；

b） GB/T 24425.2—2009　普通型盲孔用钢丝螺套；

c） GB/T 24425.3—2009　锁紧型钢丝螺套；

d） GB/T 24425.4—2009　锁紧型盲孔用钢丝螺套；

e） GB/T 24425.5—2009　钢丝螺套用内螺纹；

f） GB/T 24425.6—2009　钢丝螺套技术条件。

本部分是 GB/T 24425 的第 2 部分。

本部分的附录 A 是资料性附录。

本部分由中国机械工业联合会提出。

本部分由全国紧固件标准化技术委员会(SAC/TC 85)归口。

本部分负责起草单位：中机生产力促进中心、上海球明标准件有限公司。

本部分参加起草单位：沈阳市黎明机械构件制造厂。

本部分由全国紧固件标准化技术委员会秘书处负责解释。

普通型盲孔用钢丝螺套

1 范围

GB/T 24425 的本部分规定了螺纹公称直径为 3 mm～39 mm、螺距为 0.5 mm～4 mm 的粗牙系列对称型面的普通型盲孔用钢丝螺套。

本部分规定的钢丝螺套，旋入 GB/T 24425.5 规定的用于 6H 的内螺纹，所形成内螺纹的公差带为 6H(GB/T 197)。

本部分规定的钢丝螺套适用于提高低强度材料机体(如：铝合金、镁合金、铜合金、铸铁及非金属)螺孔的强度，提高螺钉的疲劳强度，修复损坏的螺孔。

注 1：本部分使用的“螺纹公称直径”和“钢丝螺套规格”是指钢丝螺套旋入 GB/T 24425.5 规定的内螺纹后，所形成内螺纹的螺纹公称直径和螺纹规格。

注 2：本部分规定的钢丝螺套无安装柄，安装时利用锥体与专用工具啮合将钢丝螺套旋入内螺纹，形成的内螺纹有不大于 2 倍螺距的不完整螺纹。

2 规范性引用文件

下列文件中的条款通过 GB/T 24425 的本部分的引用而成为本部分的条款。凡是注日期的引用文件，其随后所有的修改单(不包括勘误的内容)或修订版均不适用于本部分，然而，鼓励根据本部分达成协议的各方研究是否可使用这些文件的最新版本。凡是不注日期的引用文件，其最新版本适用于本部分。

GB/T 197 普通螺纹 公差 (GB/T 197—2003，ISO 965-1:1998，ISO general purpose metric screw threads-Tolerances—Part 1:Principles basic data，MOD)

GB/T 1237 紧固件标记方法(GB/T 1237—2000，eqv ISO 8991:1986)

GB/T 24425.5 钢丝螺套用内螺纹

GB/T 24425.6 钢丝螺套技术条件

3 尺寸

3.1 钢丝螺套自由状态下的型式尺寸按图 1 和表 1 的规定。

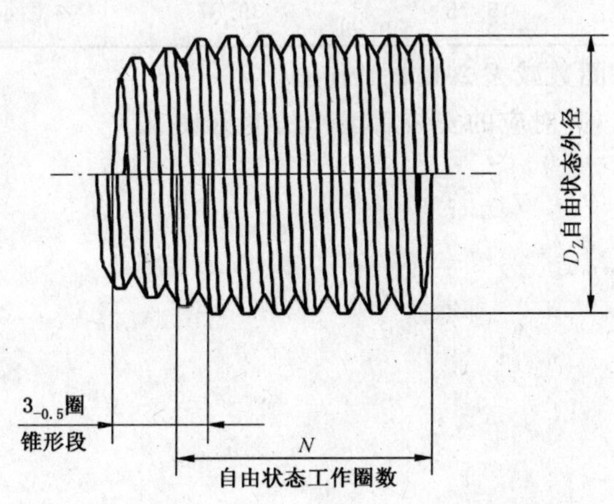

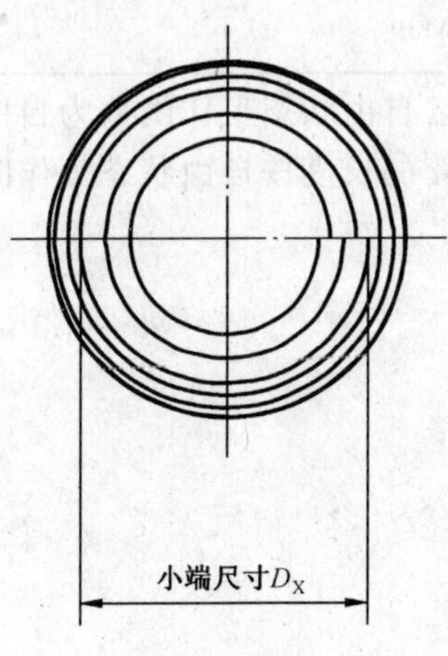

图 1 型式尺寸

表 1 尺寸

单位为毫米

钢丝螺套规格	自由状态外径 D_Z		小端尺寸 D_X	
	min	max	min	max
M3	3.80	4.35	3.11	3.22
M4	5.05	5.60	4.15	4.29
M5	6.25	6.80	5.17	5.33
M6	7.58	7.95	6.22	6.41
M7	8.58	9.20	7.22	7.41
M8	9.85	10.35	8.27	8.48
M10	12.10	12.80	10.32	10.56
M12	14.50	15.00	12.38	12.65
M14	16.87	17.87	14.43	14.73
M16	18.87	19.90	16.43	16.73
M18	21.40	22.00	18.54	18.90
M20	23.46	24.40	20.54	20.90
M22	25.61	26.90	22.54	22.90
M24	28.15	29.10	24.65	25.05
M27	31.15	32.40	27.65	28.05
M30	34.70	35.81	30.76	31.21
M33	37.70	39.01	33.76	34.21
M36	41.33	42.67	36.87	37.35
M39	44.33	45.75	39.87	40.35

3.2 钢丝螺套自由状态工作圈数为自由状态总圈数减去 2 圈非工作圈。

3.3 钢丝螺套的长度按自由状态工作圈数选取，其对应的安装后工作长度见表 2。

表 2　自由状态工作圈数 *N* 和安装后工作长度 *L*

钢丝螺套规格	自由状态圈数 $N\pm1/4$ 圈																		
	4	5	6	7	8	9	10	11	12	13	14	15	16	17	18	19	20	21	22
	安装后工作长度 *L*(参考)/mm																		
M3	2.701	3.277	3.852	4.428	5.003	5.578	6.154	6.729	7.304	7.880	8.455	9.030	9.606	10.181	10.757	11.332	11.907	12.483	13.058
M4	3.694	4.477	5.261	6.044	6.828	7.611	8.395	9.178	9.962	10.745	11.528	12.312	13.095	13.879	14.662	15.446	16.229	17.013	17.796
M5	4.199	5.089	5.979	6.869	7.759	8.649	9.539	10.429	11.318	12.208	13.098	13.988	14.878	15.768	16.658	17.548	18.437	19.327	20.217
M6	5.135	6.218	7.302	8.386	9.469	10.553	11.637	12.720	13.804	14.888	15.971	17.055	18.139	19.222	20.306	21.389	22.473	23.557	24.640
M7	5.217	6.321	7.425	8.530	9.634	10.738	11.842	12.947	14.051	15.155	16.259	17.364	18.468	19.572	20.676	21.781	22.885	23.989	25.093
M8	6.386	7.732	9.079	10.425	11.772	13.118	14.465	15.811	17.158	18.504	19.851	21.197	22.544	23.890	25.237	26.583	27.930	29.276	30.622
M10	7.508	9.085	10.662	12.239	13.816	15.392	16.969	18.546	20.123	21.700	23.277	24.854	26.431	28.008	29.585	31.162	32.739	34.316	35.893
M12	8.781	10.626	12.471	14.316	16.161	18.007	19.852	21.697	23.542	25.387	27.232	29.078	30.923	32.768	34.613	36.458	38.303	40.149	41.994
M14	10.144	12.280	14.417	16.553	18.689	20.825	22.961	25.097	27.233	29.369	31.505	33.641	35.778	37.914	40.050	42.186	44.322	46.458	48.594
M16	10.142	12.277	14.413	16.548	18.683	20.819	22.954	25.090	27.225	29.361	31.496	33.631	35.767	37.902	40.038	42.173	44.309	46.444	48.579
M18	12.451	15.064	17.676	20.289	22.902	25.515	28.127	30.740	33.353	35.966	38.578	41.191	43.804	46.417	49.029	51.642	54.255	56.867	59.480
M20	12.557	15.196	17.835	20.474	23.113	25.752	28.391	31.031	33.670	36.309	38.948	41.587	44.226	46.865	49.505	52.144	54.783	57.422	60.061
M22	12.686	15.357	18.028	20.700	23.371	26.042	28.714	31.385	34.057	36.728	39.399	42.071	44.742	47.414	50.085	52.756	55.428	58.099	60.771
M24	14.971	18.114	21.257	24.400	27.543	30.686	33.829	36.971	40.114	43.257	46.400	49.543	52.686	55.829	58.971	62.114	65.257	68.400	71.543
M27	15.115	18.294	21.473	24.651	27.830	31.009	34.188	37.367	40.545	43.724	46.903	50.082	53.260	56.439	59.618	62.797	65.976	69.154	72.333
M30	17.511	21.189	24.867	28.544	32.222	35.900	39.578	43.256	46.933	50.611	54.289	57.967	61.644	65.322	69.000	72.678	76.356	80.033	83.711
M33	17.432	21.090	24.748	28.406	32.064	35.722	39.380	43.039	46.697	50.355	54.013	57.671	61.329	64.987	68.645	72.303	75.961	79.619	83.277
M36	19.857	24.021	28.185	32.349	36.513	40.677	44.841	49.006	53.170	57.334	61.498	65.662	69.826	73.990	78.155	82.319	86.483	90.647	94.811
M39	19.974	24.167	28.360	32.554	36.747	40.941	45.134	49.327	53.521	57.714	61.908	66.101	70.294	74.488	78.681	82.875	87.068	91.261	95.455

3.4 以螺纹公称直径(d)的倍数表示的钢丝螺套公称长度与自由状态工作圈数和安装后工作长度的对照见附录 A。

3.5 M5 及其以下的钢丝螺套，允许锥体端保留长度(m)小于$(2/3)D_Z$的直柄，见图 2。

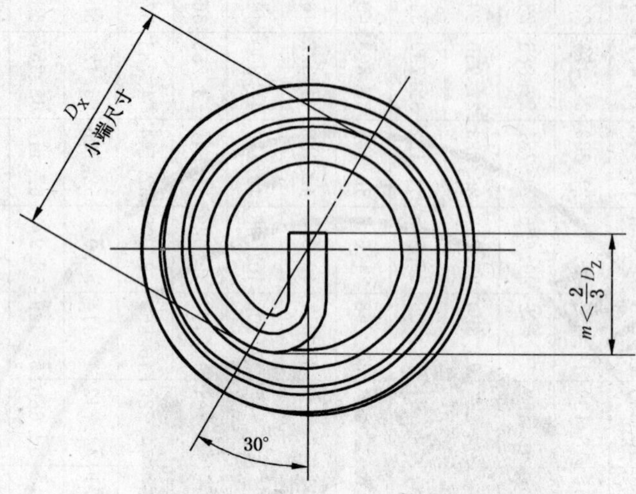

图 2 锥体端保留长度

4 技术条件

钢丝螺套的型面尺寸、技术要求、验收检查以及标志与包装按 GB/T 24425.6 的规定。

5 标记

5.1 标记方法

钢丝螺套标记的内容与顺序为：

类别 标准编号 钢丝螺套规格-自由状态工作圈数

其他按 GB/T 1237 的规定。

5.2 标记示例

螺纹规格为 M10、自由状态工作圈数为 8 圈的普通型盲孔用钢丝螺套的标记：

钢丝螺套 GB/T 24425.2 M10-8

附　录　A
（资料性附录）
钢丝螺套公称长度与自由状态工作圈数和安装后长度的对照

表 A.1　钢丝螺套公称长度与自由状态圈数和安装后长度的对照表

钢丝螺套规格	公称长度[a]	自由状态工作圈数 N		安装后工作长度 L(参考)/mm	
		min	max	min	max
M3	1d	3.6	4.3	2.50	2.75
	1.5d	6.3	7.1	4.00	4.25
	2d	9.0	9.8	5.50	5.75
	2.5d	11.8	12.6	7.00	7.25
	3d	14.5	15.3	8.50	8.75
M4	1d	3.6	4.2	3.30	3.65
	1.5d	6.3	6.9	5.30	5.65
	2d	9.1	9.5	7.30	7.65
	2.5d	11.8	12.2	9.30	9.65
	3d	14.4	14.9	11.30	11.65
M5	1d	4.0	4.7	4.20	4.60
	1.5d	6.8	7.6	6.70	7.10
	2d	9.6	10.6	9.20	9.60
	2.5d	12.4	13.5	11.70	12.10
	3d	15.2	16.4	14.20	14.60
M6	1d	3.8	4.5	5.00	5.50
	1.5d	6.5	7.3	8.00	8.50
	2d	9.2	10.2	11.00	11.50
	2.5d	12.0	13.0	14.00	14.50
	3d	14.6	15.8	17.00	17.50
M7	1d	4.7	5.4	6.00	6.50
	1.5d	7.9	8.8	9.50	10.00
	2d	11.0	12.1	13.00	13.50
	2.5d	14.2	15.4	16.50	17.00
	3d	17.3	18.7	20.00	20.50
M8	1d	4.4	4.9	6.75	7.375
	1.5d	7.3	8.0	10.75	11.375
	2d	10.3	11.1	14.75	15.375
	2.5d	13.3	14.1	18.75	19.375
	3d	16.4	17.2	22.75	23.375

表 A.1（续）

钢丝螺套规格	公称长度[a]	自由状态工作圈数 N		安装后工作长度 L(参考)/mm	
		min	max	min	max
M10	1*d*	4.7	5.2	8.50	9.25
	1.5*d*	7.8	8.4	13.50	14.25
	2*d*	11.0	11.6	18.50	19.25
	2.5*d*	14.2	14.8	23.50	24.25
	3*d*	17.3	18.0	28.50	29.25
M12	1*d*	4.8	5.4	10.25	11.125
	1.5*d*	8.1	8.7	16.25	17.125
	2*d*	11.3	12.0	22.25	23.125
	2.5*d*	14.6	15.3	28.25	29.125
	3*d*	17.8	18.6	34.25	35.125
M14	1*d*	4.9	5.5	12.00	13.00
	1.5*d*	8.3	8.9	19.00	20.00
	2*d*	11.6	12.3	26.00	27.00
	2.5*d*	14.9	15.6	33.00	34.00
	3*d*	18.2	19.0	40.00	41.00
M16	1*d*	6.0	6.5	14.00	15.00
	1.5*d*	9.8	10.3	22.00	23.00
	2*d*	13.6	14.2	30.00	31.00
	2.5*d*	17.4	18.0	38.00	39.00
	3*d*	21.0	21.9	46.00	47.00
M18	1*d*	5.2	6.1	15.50	16.75
	1.5*d*	8.6	9.5	24.50	25.75
	2*d*	12.1	13.0	33.50	34.75
	2.5*d*	15.5	16.5	42.50	43.75
	3*d*	18.9	20.0	51.50	52.75
M20	1*d*	6.0	6.8	17.50	18.75
	1.5*d*	9.7	10.7	27.50	28.75
	2*d*	13.5	14.6	37.50	38.75
	2.5*d*	17.3	18.4	47.50	48.75
	3*d*	21.2	22.3	57.50	58.75
M22	1*d*	6.7	7.6	19.50	20.75
	1.5*d*	10.9	11.9	30.50	31.75
	2*d*	15.1	16.1	41.50	42.75
	2.5*d*	19.3	20.4	52.50	53.75
	3*d*	23.5	24.6	63.50	64.75

表 A.1（续）

钢丝螺套规格	公称长度[a]	自由状态工作圈数 N		安装后工作长度 L(参考)/mm	
		min	max	min	max
M24	1*d*	6.0	6.7	21.00	22.50
	1.5*d*	9.8	10.6	33.00	34.50
	2*d*	13.6	14.4	45.00	46.50
	2.5*d*	17.4	18.3	57.00	58.50
	3*d*	21.3	22.2	69.00	70.50
M27	1*d*	6.9	7.7	24.00	25.50
	1.5*d*	11.1	12.2	37.50	39.00
	2*d*	15.5	16.7	51.00	52.50
	2.5*d*	19.3	20.4	64.50	66.00
	3*d*	23.9	24.7	78.00	79.50
M30	1*d*	6.5	7.1	26.50	28.25
	1.5*d*	10.6	11.3	41.50	43.25
	2*d*	14.4	15.4	56.50	58.25
	2.5*d*	18.7	19.2	71.50	73.25
	3*d*	22.8	23.4	86.50	88.25
M33	1*d*	7.3	8.2	29.50	31.25
	1.5*d*	11.8	12.9	46.00	47.75
	2*d*	16.3	17.6	62.50	64.25
	2.5*d*	20.8	21.3	79.00	80.75
	3*d*	25.3	25.8	95.50	97.25
M36	1*d*	6.9	7.5	32.00	34.00
	1.5*d*	11.2	11.9	50.00	52.00
	2*d*	15.5	16.3	68.00	70.00
	2.5*d*	19.7	20.3	86.00	88.00
	3*d*	24.0	24.6	104.00	106.00
M39	1*d*	7.7	8.3	35.00	37.00
	1.5*d*	12.3	13.0	54.50	56.50
	2*d*	17.0	17.7	74.00	76.00
	2.5*d*	21.6	22.1	93.50	95.50
	3*d*	26.2	26.8	113.00	115.00

[a] *d* 表示螺纹公称直径。

ICS 21.060.10
J 13

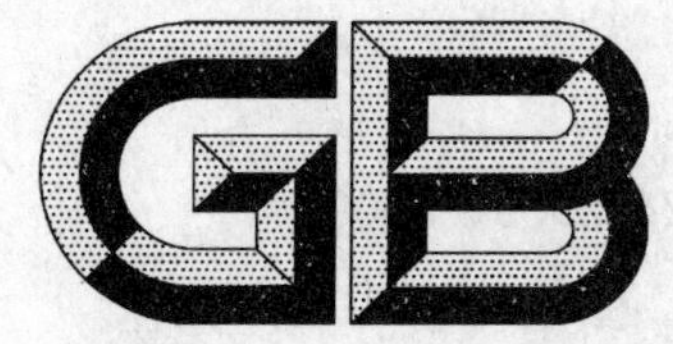

中华人民共和国国家标准

GB/T 24425.3—2009

锁紧型钢丝螺套

Prevailing torque type wire thread inserts

2009-10-15 发布　　2010-03-01 实施

中华人民共和国国家质量监督检验检疫总局
中国国家标准化管理委员会　发布

前　言

本部分是国家标准"钢丝螺套"系列标准之一，该系列包括：

a） GB/T 24425.1—2009　普通型钢丝螺套；

b） GB/T 24425.2—2009　普通型盲孔用钢丝螺套；

c） GB/T 24425.3—2009　锁紧型钢丝螺套；

d） GB/T 24425.4—2009　锁紧型盲孔用钢丝螺套；

e） GB/T 24425.5—2009　钢丝螺套用内螺纹；

f） GB/T 24425.6—2009　钢丝螺套技术条件。

本部分是 GB/T 24425 的第 3 部分。

本部分的附录 A 是资料性附录。

本部分由中国机械工业联合会提出。

本部分由全国紧固件标准化技术委员会(SAC/TC 85)归口。

本部分负责起草单位：中机生产力促进中心、沈阳市黎明机械构件制造厂。

本部分参加起草单位：上海球明标准件有限公司。

本部分由全国紧固件标准化技术委员会秘书处负责解释。

锁紧型钢丝螺套

1 范围

GB/T 24425 的本部分规定了螺纹公称直径为 3 mm～39 mm、螺距为 0.5 mm～4 mm 的对称型面锁紧型钢丝螺套。

本部分规定的钢丝螺套，旋入 GB/T 24425.5 规定的用于 5H 的内螺纹，所形成内螺纹的公差带为 5H(GB/T 197)。

本部分规定的钢丝螺套适用于提高低强度材料机体(如：铝合金、镁合金、铜合金、铸铁及非金属)螺孔的强度，提高螺钉的疲劳强度，提高锁紧性能，修复损坏的螺孔。

注：本部分使用的“螺纹公称直径”和“钢丝螺套规格”是指钢丝螺套旋入 GB/T 24425.5 规定的内螺纹后，所形成内螺纹的螺纹公称直径和螺纹规格。

2 规范性引用文件

下列文件中的条款通过 GB/T 24425 的本部分的引用而成为本部分的条款。凡是注日期的引用文件，其随后所有的修改单(不包括勘误的内容)或修订版均不适用于本部分，然而，鼓励根据本部分达成协议的各方研究是否可使用这些文件的最新版本。凡是不注日期的引用文件，其最新版本适用于本部分。

GB/T 197 普通螺纹 公差(GB/T 197—2003，ISO 965-1：1998，ISO general purpose metric screw threads—Tolerances—Part 1：Principles basic data，MOD)

GB/T 1237 紧固件标记方法(GB/T 1237—2000，eqv ISO 8991：1986)

GB/T 24425.5 钢丝螺套用内螺纹

GB/T 24425.6 钢丝螺套技术条件

3 尺寸

3.1 钢丝螺套自由状态下的型式尺寸按图 1、表 1 和表 2 的规定。

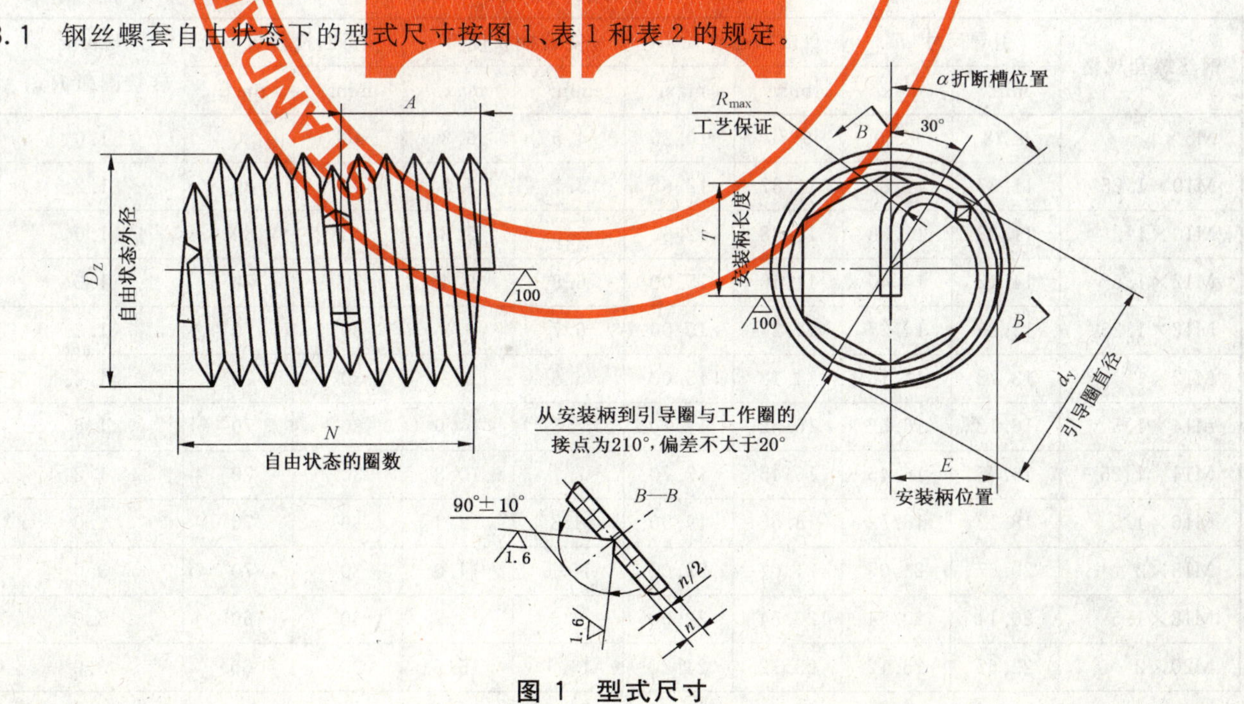

图 1 型式尺寸

表 1　尺寸(粗牙螺纹)

单位为毫米

钢丝螺套规格	引导尺寸 d_y		自由状态外径 D_Z		安装柄长度 T		折断槽位置 α		安装柄转接圆弧 $R_{max.}$
	min.	max.	min.	max.	min.	max.	min.	max.	
M3			3.80	4.35	1.8	2.4	40°	90°	0.4
M4			5.05	5.60	2.4	3.2	40°	90°	0.5
M5			6.25	6.80	2.9	4.0	40°	90°	0.6
M6	7.28	7.58	7.58	7.95	3.5	4.8	40°	90°	0.7
M7	8.28	8.58	8.58	9.20	4.0	5.5	40°	80°	0.8
M8	9.55	9.85	9.85	10.35	4.7	6.3	40°	80°	1.0
M10	11.82	12.10	12.80	12.50	5.8	7.9	40°	80°	1.2
M12	14.20	14.50	14.50	15.00	6.9	9.5	30°	70°	1.6
M14	16.47	16.87	16.87	17.87	8.1	11.0	30°	70°	2.0
M16	18.47	18.87	18.87	19.90	9.1	12.5	30°	70°	2.0
M18	21.00	21.40	21.40	22.00	10.4	14.2	30°	70°	3.0
M20	23.01	23.46	23.46	24.40	11.4	15.7	30°	60°	3.0
M22	25.01	25.61	25.61	26.90	12.4	17.2	30°	60°	3.0
M24	27.55	28.15	28.15	29.10	13.6	18.8	30°	60°	3.0
M27	30.55	31.15	31.15	32.40	15.1	21.1	30°	60°	3.0
M30	34.10	34.70	34.70	35.81	16.9	23.4	30°	60°	3.0
M33	37.09	37.70	37.70	39.01	18.4	25.7	30°	60°	3.0
M36	40.63	41.33	41.33	42.67	20.2	28.1	30°	60°	3.0
M39	43.63	44.33	44.33	45.75	21.7	30.3	30°	60°	3.0

表 2　尺寸(细牙螺纹)

单位为毫米

钢丝螺套规格	引导尺寸 d_y		自由状态外径 D_Z		安装柄长度 T		折断槽位置 α		安装柄转接圆弧 $R_{max.}$
	min.	max.	min.	max.	min.	max.	min.	max.	
M8×1	9.38	9.70	9.70	10.25	4.5	6.3	40°	80°	1.0
M10×1.25	11.57	11.87	11.87	12.65	5.7	7.8	40°	80°	1.2
M10×1	11.38	11.68	11.68	12.65	5.5	7.8	40°	80°	1.0
M12×1.5	14.02	14.40	14.40	15.00	6.8	9.4	30°	70°	1.6
M12×1.25	13.85	14.27	14.27	15.00	6.7	9.3	30°	70°	1.2
M12×1	13.78	14.18	14.18	15.00	6.5	9.3	30°	70°	1.2
M14×1.5	16.12	16.52	16.52	17.70	7.8	10.9	30°	70°	1.6
M14×1.25	16.05	16.45	16.45	17.70	7.7	10.8	30°	70°	1.2
M16×1.5	18.12	18.52	18.52	19.90	8.8	12.4	30°	70°	2.0
M18×2	20.67	21.07	21.07	22.00	10.1	14.0	30°	70°	3.0
M18×1.5	20.14	20.54	20.54	22.00	9.8	13.9	30°	60°	3.0
M20×2	22.67	23.12	23.12	24.20	11.1	15.5	30°	60°	3.0

表 2（续）

单位为毫米

钢丝螺套规格	引导尺寸 d_y		自由状态外径 D_Z		安装柄长度 T		折断槽位置 α		安装柄转接圆弧 $R_{max.}$
	min.	max.	min.	max.	min.	max.	min.	max.	
M20×1.5	22.32	22.77	22.77	24.20	10.8	15.4	30°	60°	3.0
M22×2	24.67	25.27	25.27	26.80	12.1	17.0	30°	60°	3.0
M22×1.5	24.32	24.92	24.92	26.80	11.8	16.9	30°	60°	3.0
M24×2	26.67	27.27	27.27	29.10	13.1	18.5	30°	60°	3.0
M24×15	26.32	27.92	27.92	29.10	12.8	18.4	30°	60°	3.0
M27×2	29.67	30.27	30.27	32.40	14.6	20.8	30°	60°	3.0
M27×1.5	29.32	29.92	29.92	32.40	14.3	20.7	30°	60°	3.0
M30×2	32.67	33.27	33.27	35.81	16.1	23.0	30°	60°	3.0
M30×1.5	32.32	32.92	32.92	35.81	15.8	22.9	30°	60°	3.0
M33×2	35.67	36.27	36.27	39.01	17.6	25.3	30°	60°	3.0
M33×1.5	35.32	35.92	35.92	39.01	17.3	25.2	30°	60°	3.0
M36×3	39.75	40.45	40.45	42.67	19.6	27.8	30°	60°	3.0
M36×2	38.87	39.57	39.57	42.67	19.1	27.5	30°	60°	3.0
M39×3	42.75	43.45	43.45	45.75	21.1	30.1	30°	60°	3.0
M39×2	41.87	42.57	42.57	45.75	20.6	29.8	30°	60°	3.0

3.2　钢丝螺套安装柄位置尺寸 $E=d_y$ 实际/2。

3.3　钢丝螺套自由状态圈数和装配状态长度均应从与安装柄成 90°的位置起计算。

3.4　钢丝螺套的长度应按自由状态的整圈数选取（N，见表 3 和表 4）。

3.5　钢丝螺套旋入内螺纹后的安装长度（L，见表 3 和表 4）是通过两端头并垂直于轴线的两平面间距离。

3.6　以螺纹公称直径（d）的倍数表示的钢丝螺套公称长度与自由状态圈数和安装后长度的对照见附录 A。

3.7　根据用户要求，允许不制出折断槽。

表 3 自由状态圈数 N 和安装后长度 L(粗牙螺纹)

钢丝螺套规格	自由状态圈数 N±1/4 圈																		
	4	5	6	7	8	9	10	11	12	13	14	15	16	17	18	19	20	21	22
	安装后长度 L(参考)/mm																		
M3	2.701	3.277	3.852	4.428	5.003	5.578	6.154	6.729	7.304	7.880	8.455	9.030	9.606	10.181	10.757	11.332	11.907	12.483	13.058
M4	3.694	4.477	5.261	6.044	6.828	7.611	8.395	9.178	9.962	10.745	11.528	12.312	13.095	13.879	14.662	15.446	16.229	17.013	17.796
M5	4.199	5.089	5.979	6.869	7.759	8.649	9.539	10.429	11.318	12.208	13.098	13.988	14.878	15.768	16.658	17.548	18.437	19.327	20.217
M6	5.135	6.218	7.302	8.386	9.469	10.553	11.637	12.720	13.804	14.888	15.971	17.055	18.139	19.222	20.306	21.389	22.473	23.557	24.640
M7	5.217	6.321	7.425	8.530	9.634	10.738	11.842	12.947	14.051	15.155	16.259	17.364	18.468	19.572	20.676	21.781	22.885	23.989	25.093
M8	6.386	7.732	9.079	10.425	11.772	13.118	14.465	15.811	17.158	18.504	19.851	21.197	22.544	23.890	25.237	26.583	27.930	29.276	30.622
M10	7.508	9.085	10.662	12.239	13.816	15.392	16.969	18.546	20.123	21.700	23.277	24.854	26.431	28.008	29.585	31.162	32.739	34.316	35.893
M12	8.781	10.626	12.471	14.316	16.161	18.007	19.852	21.697	23.542	25.387	27.232	29.078	30.923	32.768	34.613	36.458	38.303	40.149	41.994
M14	10.144	12.280	14.417	16.553	18.689	20.825	22.961	25.097	27.233	29.369	31.505	33.641	35.778	37.914	40.050	42.186	44.322	46.458	48.594
M16	10.142	12.277	14.413	16.548	18.683	20.819	22.954	25.090	27.225	29.361	31.496	33.631	35.767	37.902	40.038	42.173	44.309	46.444	48.579
M18	12.451	15.064	17.676	20.289	22.902	25.515	28.127	30.740	33.353	35.966	38.578	41.191	43.804	46.417	49.029	51.642	54.255	56.867	59.480
M20	12.557	15.196	17.835	20.474	23.113	25.752	28.391	31.031	33.670	36.309	38.948	41.587	44.226	46.865	49.505	52.144	54.783	57.422	60.061
M22	12.686	15.357	18.028	20.700	23.371	26.042	28.714	31.385	34.057	36.728	39.399	42.071	44.742	47.414	50.085	52.756	55.428	58.099	60.771
M24	14.971	18.114	21.257	24.400	27.543	30.686	33.829	36.971	40.114	43.257	46.400	49.543	52.686	55.829	58.971	62.114	65.257	68.400	71.543
M27	15.115	18.294	21.473	24.651	27.830	31.009	34.188	37.367	40.545	43.724	46.903	50.082	53.260	56.439	59.618	62.797	65.976	69.154	72.333
M30	17.511	21.189	24.867	28.544	32.222	35.900	39.578	43.256	46.933	50.611	54.289	57.967	61.644	65.322	69.000	72.678	76.356	80.033	83.711
M33	17.432	21.090	24.748	28.406	32.064	35.722	39.380	43.039	46.697	50.355	54.013	57.671	61.329	64.987	68.645	72.303	75.961	79.619	83.277
M36	19.857	24.021	28.185	32.349	36.513	40.677	44.841	49.006	53.170	57.334	61.498	65.662	69.826	73.990	78.155	82.319	86.483	90.647	94.811
M39	19.974	24.167	28.360	32.554	36.747	40.941	45.134	49.327	53.521	57.714	61.908	66.101	70.294	74.488	78.681	82.875	87.068	91.261	95.455

表 4　自由状态圈数 N 和安装后长度 L(细牙螺纹)

钢丝螺套规格	自由状态圈数 $N\pm1/4$ 圈																		
	4	5	6	7	8	9	10	11	12	13	14	15	16	17	18	19	20	21	22
	安装后长度 L(参考)/mm																		
M8×1	5.186	6.283	7.380	8.476	9.573	10.670	11.766	12.863	13.959	15.056	16.153	17.249	18.346	19.442	20.539	21.636	22.732	23.829	24.926
M10×1.25	6.450	7.813	9.175	10.538	11.900	13.263	14.625	15.988	17.350	18.713	20.075	21.438	22.800	24.163	25.525	26.888	28.250	29.613	30.975
M10×1	5.267	6.383	7.500	8.616	9.733	10.850	11.966	13.083	14.200	15.316	16.433	17.549	18.666	19.783	20.899	22.016	23.133	24.249	25.366
M12×1.5	7.674	9.292	10.911	12.529	14.148	15.766	17.385	19.003	20.622	22.240	23.859	25.477	27.096	28.714	30.333	31.951	33.570	35.188	36.807
M12×1.25	6.480	7.850	9.220	10.590	11.960	13.330	14.700	16.070	17.440	18.810	20.180	21.550	22.920	24.290	25.660	27.030	28.400	29.770	31.140
M12×1	5.295	6.418	7.542	8.665	9.789	10.913	12.036	13.160	14.284	15.407	16.531	17.655	18.778	19.902	21.025	22.149	23.273	24.396	25.520
M14×1.5	7.826	9.483	11.140	12.796	14.453	16.110	17.766	19.423	21.079	22.736	24.393	26.049	27.706	29.362	31.019	32.676	34.332	35.989	37.645
M14×1.25	6.618	8.022	9.427	10.831	12.235	13.640	15.044	16.449	17.853	19.258	20.662	22.067	23.471	24.875	26.280	27.684	29.089	30.493	31.898
M16×1.5	7.813	9.467	11.120	12.773	14.426	16.080	17.733	19.386	21.040	22.693	24.346	26.000	27.653	29.306	30.960	32.613	34.266	35.919	37.573
M18×2	10.229	12.386	14.543	16.700	18.858	21.015	23.172	25.329	27.486	29.644	31.801	33.958	36.115	38.272	40.430	42.587	44.744	46.901	49.058
M18×1.5	7.789	9.436	11.083	12.731	14.378	16.025	17.672	19.320	20.967	22.614	24.261	25.909	27.556	29.203	30.850	32.498	34.145	35.792	37.439
M20×2	10.244	12.405	14.566	16.727	18.889	21.050	23.211	25.372	27.533	29.694	31.855	34.016	36.177	38.338	40.499	42.660	44.821	46.982	49.143
M20×1.5	7.784	9.431	11.077	12.723	14.369	16.015	17.661	19.307	20.953	22.599	24.245	25.892	27.538	29.184	30.830	32.476	34.122	35.768	37.414
M22×2	10.356	12.546	14.735	16.924	19.113	21.302	23.491	25.680	27.869	30.059	32.248	34.437	36.626	38.815	41.004	43.193	45.382	47.571	49.761
M22×1.5	7.848	9.510	11.172	12.834	14.496	16.158	17.820	19.482	21.144	22.806	24.468	26.130	27.792	29.454	31.116	32.778	34.440	36.102	37.764
M24×2	10.345	12.531	14.717	16.903	19.089	21.275	23.461	25.647	27.834	30.020	32.206	34.392	36.578	38.764	40.950	43.136	45.323	47.509	49.695
M24×1.5	7.803	9.454	11.105	12.756	14.406	16.057	17.708	19.359	21.010	22.661	24.311	25.962	27.613	29.264	30.915	32.565	34.216	35.867	37.518
M27×2	10.323	12.503	14.684	16.865	19.046	21.226	23.407	25.588	27.768	29.949	32.130	34.310	36.491	38.672	40.853	43.033	45.214	47.395	49.575
M27×1.5	7.824	9.480	11.136	12.792	14.448	16.104	17.760	19.416	21.072	22.728	24.384	26.040	27.695	29.351	31.007	32.663	34.319	35.975	37.631
M30×2	10.243	12.404	14.564	16.725	18.886	21.047	23.207	25.368	27.529	29.690	31.850	34.011	36.172	38.332	40.493	42.654	44.815	46.975	49.136
M30×1.5	7.765	9.406	11.047	12.688	14.329	15.971	17.612	19.253	20.894	22.535	24.176	25.818	27.459	29.100	30.741	32.382	34.023	35.665	37.306
M33×2	10.234	12.392	14.550	16.709	18.867	21.026	23.184	25.342	27.501	29.659	31.818	33.976	36.134	38.293	40.451	42.610	44.768	46.926	49.085
M33×1.5	7.724	9.356	10.987	12.618	14.249	15.880	17.511	19.142	20.773	22.404	24.035	25.667	27.298	28.929	30.560	32.191	33.822	35.453	37.084
M36×3	15.150	18.337	21.525	24.712	27.900	31.087	34.275	37.462	40.650	43.837	47.024	50.212	53.399	56.587	59.774	62.962	66.149	69.337	72.524
M36×2	10.278	12.448	14.617	16.787	18.956	21.126	23.295	25.465	27.634	29.804	31.973	34.143	36.312	38.482	40.651	42.821	44.991	47.160	49.330
M39×3	15.097	18.271	21.445	24.619	27.793	30.967	34.142	37.316	40.490	43.664	46.838	50.012	53.186	56.361	59.535	62.709	65.883	69.057	72.231
M39×2	10.229	12.386	14.543	16.700	18.857	21.015	23.172	25.329	27.486	29.643	31.800	33.958	36.115	38.272	40.429	42.586	44.743	46.901	49.058

4 锁紧圈

4.1 锁紧圈是由位于钢丝螺套中部的多边形组成，其两侧的非锁紧圈应不少于2圈，对于自由状态圈数大于8圈的钢丝螺套，应保持A段内的非锁紧圈的圈数为 $N_A=(N/3)\sim(N/3+1)$。

4.2 在保证锁紧力矩的条件下，锁紧圈的圈数、形状和尺寸由制造者确定。

5 技术条件

钢丝螺套的型面尺寸、技术要求、验收检查以及标志与包装按GB/T 24425.6的规定。

6 标记

6.1 标记方法

钢丝螺套标记的内容与顺序为：

类别　标准编号　钢丝螺套规格-自由状态圈数（无折断槽的钢丝螺套在自由状态圈数后加字母W）

其他按GB/T 1237的规定。

6.2 标记示例

钢丝螺套规格为M12、自由状态圈数为10圈的有折断槽的锁紧型钢丝螺套的标记：

钢丝螺套 GB/T 24425.3　M12-10

钢丝螺套规格为M12×1.25、自由状态圈数为12圈的无折断槽的锁紧型钢丝螺套的标记：

钢丝螺套　GB/T 24425.3　M12×1.25-12W

附　录　A
（资料性附录）
钢丝螺套公称长度与自由状态圈数和安装后长度的对照

表 A.1　钢丝螺套公称长度与自由状态圈数和安装后长度的对照表（粗牙螺纹）

钢丝螺套规格	公称长度[a]	自由状态圈数 N		安装后长度 L（参考）/mm	
		min.	max.	min.	max.
M3	1d	3.6	4.3	2.50	2.75
	1.5d	6.3	7.1	4.00	4.25
	2d	9.0	9.8	5.50	5.75
	2.5d	11.8	12.6	7.00	7.25
	3d	14.5	15.3	8.50	8.75
M4	1d	3.6	4.2	3.30	3.65
	1.5d	6.3	6.9	5.30	5.65
	2d	9.1	9.5	7.30	7.65
	2.5d	11.8	12.2	9.30	9.65
	3d	14.4	14.9	11.30	11.65
M5	1d	4.0	4.7	4.20	4.60
	1.5d	6.8	7.6	6.70	7.10
	2d	9.6	10.6	9.20	9.60
	2.5d	12.4	13.5	11.70	12.10
	3d	15.2	16.4	14.20	14.60
M6	1d	3.8	4.5	5.00	5.50
	1.5d	6.5	7.3	8.00	8.50
	2d	9.2	10.2	11.00	11.50
	2.5d	12.0	13.0	14.00	14.50
	3d	14.6	15.8	17.00	17.50
M7	1d	4.7	5.4	6.00	6.50
	1.5d	7.9	8.8	9.50	10.00
	2d	11.0	12.1	13.00	13.50
	2.5d	14.2	15.4	16.50	17.00
	3d	17.3	18.7	20.00	20.50
M8	1d	4.4	4.9	6.75	7.375
	1.5d	7.3	8.0	10.75	11.375
	2d	10.3	11.1	14.75	15.375
	2.5d	13.3	14.1	18.75	19.375
	3d	16.4	17.2	22.75	23.375

表 A.1(续)

钢丝螺套规格	公称长度[a]	自由状态圈数 N		安装后长度 L(参考)/mm	
		min.	max.	min.	max.
M10	1d	4.7	5.2	8.50	9.25
	1.5d	7.8	8.4	13.50	14.25
	2d	11.0	11.6	18.50	19.25
	2.5d	14.2	14.8	23.50	24.25
	3d	17.3	18.0	28.50	29.25
M12	1d	4.8	5.4	10.25	11.125
	1.5d	8.1	8.7	16.25	17.125
	2d	11.3	12.0	22.25	23.125
	2.5d	14.6	15.3	28.25	29.125
	3d	17.8	18.6	34.25	35.125
M14	1d	4.9	5.5	12.00	13.00
	1.5d	8.3	8.9	19.00	20.00
	2d	11.6	12.3	26.00	27.00
	2.5d	14.9	15.6	33.00	34.00
	3d	18.2	19.0	40.00	41.00
M16	1d	6.0	6.5	14.00	15.00
	1.5d	9.8	10.3	22.00	23.00
	2d	13.6	14.2	30.00	31.00
	2.5d	17.4	18.0	38.00	39.00
	3d	21.0	21.9	46.00	47.00
M18	1d	5.2	6.1	15.50	16.75
	1.5d	8.6	9.5	24.50	25.75
	2d	12.1	13.0	33.50	34.75
	2.5d	15.5	16.5	42.50	43.75
	3d	18.9	20.0	51.50	52.75
M20	1d	6.0	6.8	17.50	18.75
	1.5d	9.7	10.7	27.50	28.75
	2d	13.5	14.6	37.50	38.75
	2.5d	17.3	18.4	47.50	48.75
	3d	21.2	22.3	57.50	58.75
M22	1d	6.7	7.6	19.50	20.75
	1.5d	10.9	11.9	30.50	31.75
	2d	15.1	16.1	41.50	42.75
	2.5d	19.3	20.4	52.50	53.75
	3d	23.5	24.6	63.50	64.75

表 A.1（续）

钢丝螺套规格	公称长度[a]	自由状态圈数 N		安装后长度 L(参考)/mm	
		min.	max.	min.	max.
M24	1d	6.0	6.7	21.00	22.50
	1.5d	9.8	10.6	33.00	34.50
	2d	13.6	14.4	45.00	46.50
	2.5d	17.4	18.3	57.00	58.50
	3d	21.3	22.2	69.00	70.50
M27	1d	6.9	7.7	24.00	25.50
	1.5d	11.1	12.2	37.50	39.00
	2d	15.5	16.7	51.00	52.50
	2.5d	19.3	20.4	64.50	66.00
	3d	23.9	24.7	78.00	79.50
M30	1d	6.5	7.1	26.50	28.25
	1.5d	10.6	11.3	41.50	43.25
	2d	14.4	15.4	56.50	58.25
	2.5d	18.7	19.2	71.50	73.25
	3d	22.8	23.4	86.50	88.25
M33	1d	7.3	8.2	29.50	31.25
	1.5d	11.8	12.9	46.00	47.75
	2d	16.3	17.6	62.50	64.25
	2.5d	20.8	21.3	79.00	80.75
	3d	25.3	25.8	95.50	97.25
M36	1d	6.9	7.5	32.00	34.00
	1.5d	11.2	11.9	50.00	52.00
	2d	15.5	16.3	68.00	70.00
	2.5d	19.7	20.3	86.00	88.00
	3d	24.0	24.6	104.00	106.00
M39	1d	7.7	8.3	35.00	37.00
	1.5d	12.3	13.0	54.50	56.50
	2d	17.0	17.7	74.00	76.00
	2.5d	21.6	22.1	93.50	95.50
	3d	26.2	26.8	113.00	115.00

[a] d 表示螺钉公称直径。

表 A.2 钢丝螺套公称长度与自由状态圈数和安装后长度的对照表(细牙螺纹)

钢丝螺套规格	公称长度[a]	自由状态圈数 N		安装后长度 L(参考)/mm	
		min.	max.	min.	max.
M8×1	1d	5.7	6.4	7.00	7.50
	1.5d	9.3	10.2	11.00	11.50
	2d	12.9	14.0	15.00	15.50
	2.5d	16.5	17.7	19.00	19.50
	3d	20.1	21.5	23.00	23.50
M10×1.25	1d	5.7	6.4	8.75	9.375
	1.5d	9.3	10.2	13.75	14.375
	2d	12.9	14.0	18.75	19.375
	2.5d	16.6	17.8	23.75	24.375
	3d	20.2	21.6	28.75	29.375
M10×1	1d	7.6	7.8	9	9.5
	1.5d	12.1	12.3	14	14.5
	2d	16.3	16.8	19	19.5
	2.5d	20.7	21.3	24	24.5
	3d	25.3	25.8	29	29.5
M12×1.5	1d	6.2	6.7	10.5	11.25
	1.5d	9.8	10.2	16.5	17.25
	2d	13.5	14.0	22.5	23.25
	2.5d	15.7	16.2	28.5	29.25
	3d	20.7	21.1	34.5	35.25
M12×1.25	1d	7.1	7.9	10.75	11.375
	1.5d	11.5	12.5	16.75	17.375
	2d	15.8	17.0	22.50	23.375
	2.5d	20.2	21.6	28.75	29.375
	3d	24.5	26.1	34.75	35.375
M12×1	1d	9.3	9.7	11	11.5
	1.5d	14.5	14.9	17	17.5
	2d	19.5	19.9	23	23.5
	2.5d	25.1	25.6	29	29.5
	3d	30.5	30.9	35	35.5
M14×1.5	1d	6.9	7.7	12.50	13.25
	1.5d	11.1	12.1	19.50	20.25
	2d	15.4	16.5	26.50	27.25
	2.5d	19.6	20.9	33.50	34.25
	3d	23.8	25.3	40.50	41.25

表 A.2（续）

钢丝螺套规格	公称长度[a]	自由状态圈数 N		安装后长度 L(参考)/mm	
		min.	max.	min.	max.
M16×1.5	1*d*	8.1	8.9	14.50	15.25
	1.5*d*	13.0	14.0	22.50	23.25
	2*d*	17.8	19.0	30.50	31.25
	2.5*d*	22.6	24.1	38.50	39.25
	3*d*	27.5	29.1	46.50	47.25
M18×2	1*d*	7.1	7.5	16	17
	1.5*d*	11.2	11.6	25	26
	2*d*	15.1	15.5	34	35
	2.5*d*	19.1	19.5	43	44
M18×1.5	1*d*	9.4	10.2	16.50	17.25
	1.5*d*	14.8	15.9	25.50	26.25
	2*d*	20.3	21.6	34.50	35.25
	2.5*d*	25.8	27.4	43.50	44.25
	3*d*	31.2	33.1	52.50	53.25
M20×2	1*d*	8	8.5	18	19
	1.5*d*	12.5	13.0	28	29
	2*d*	16.8	17.3	38	39
M20×1.5	1*d*	10.6	11.4	18.50	19.25
	1.5*d*	16.7	17.8	28.50	29.25
	2*d*	22.7	24.1	38.50	39.25
	2.5*d*	29.8	30.4	48.50	49.25
	3*d*	34.9	36.7	58.50	59.25
M22×2	1*d*	8.7	9.2	20	21
	1.5*d*	13.6	14.1	31	32
	2*d*	18.4	18.9	42	43
M22×1.5	1*d*	11.8	12.7	20.50	21.25
	1.5*d*	18.5	19.7	31.50	32.35
	2*d*	25.2	26.6	42.50	43.25
	2.5*d*	31.8	33.5	53.50	54.25
	3*d*	38.5	40.5	64.50	65.25
	2.5*d*	17.4	18.8	57.00	58.50
	3*d*	21.3	22.2	69.00	70.50
M24×2	1*d*	9.4	10.3	22.00	23.00
	1.5*d*	14.8	16.0	34.00	35.00

表 A.2（续）

钢丝螺套规格	公称长度[a]	自由状态圈数 N		安装后长度 L(参考)/mm	
		min.	max.	min.	max.
M24×2	2*d*	20.0	21.8	46.00	47.00
	2.5*d*	25.8	27.5	58.00	59.00
	3*d*	31.2	33.2	70.00	71.00
M24×1.5	1*d*	12.9	13.4	22.5	23.25
	1.5*d*	19.8	20.3	34.5	35.25
M27×2	1*d*	10.7	11.2	25	26
	1.5*d*	17.8	18.3	40.5	41.5
M27×1.5	1*d*	14.7	15.2	25.5	26.25
	1.5*d*	22.8	23.3	39	39.75
M30×2	1*d*	12.3	12.8	28	29
	1.5*d*	19.0	19.5	43	44
M30×1.5	1*d*	16.5	17.0	28.5	29.25
	1.5*d*	25.3	25.8	43.5	44.25
M33×2	1*d*	13.7	14.2	31	32
	1.5*d*	21.2	21.7	47.5	48.5
M33×1.5	1*d*	18.5	19.0	31.5	32.25
	1.5*d*	28.6	29.1	48	18.75
M36×3	1*d*	9.9	10.4	33	34.5
	1.5*d*	15.3	15.8	51	52.5
M36×2	1*d*	14.1	14.6	34	35
	1.5*d*	21.9	22.4	52	53
M39×3	1*d*	10.8	11.3	36	37.5
	1.5*d*	16.8	17.3	55.5	57
M39×2	1*d*	16.3	16.8	37	38
	1.5*d*	25	25.5	56.5	57.5

[a] d 表示螺钉公称直径。

ICS 21.060.10
J 13

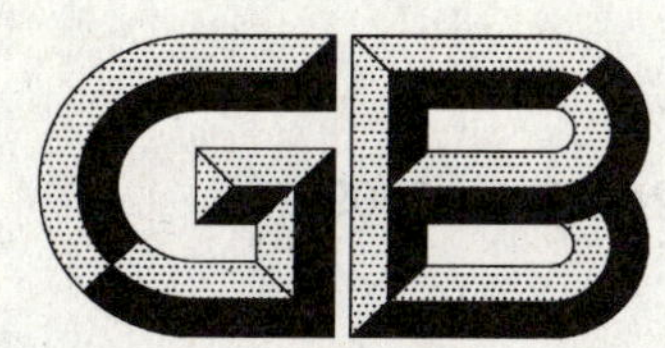

中华人民共和国国家标准

GB/T 24425.4—2009

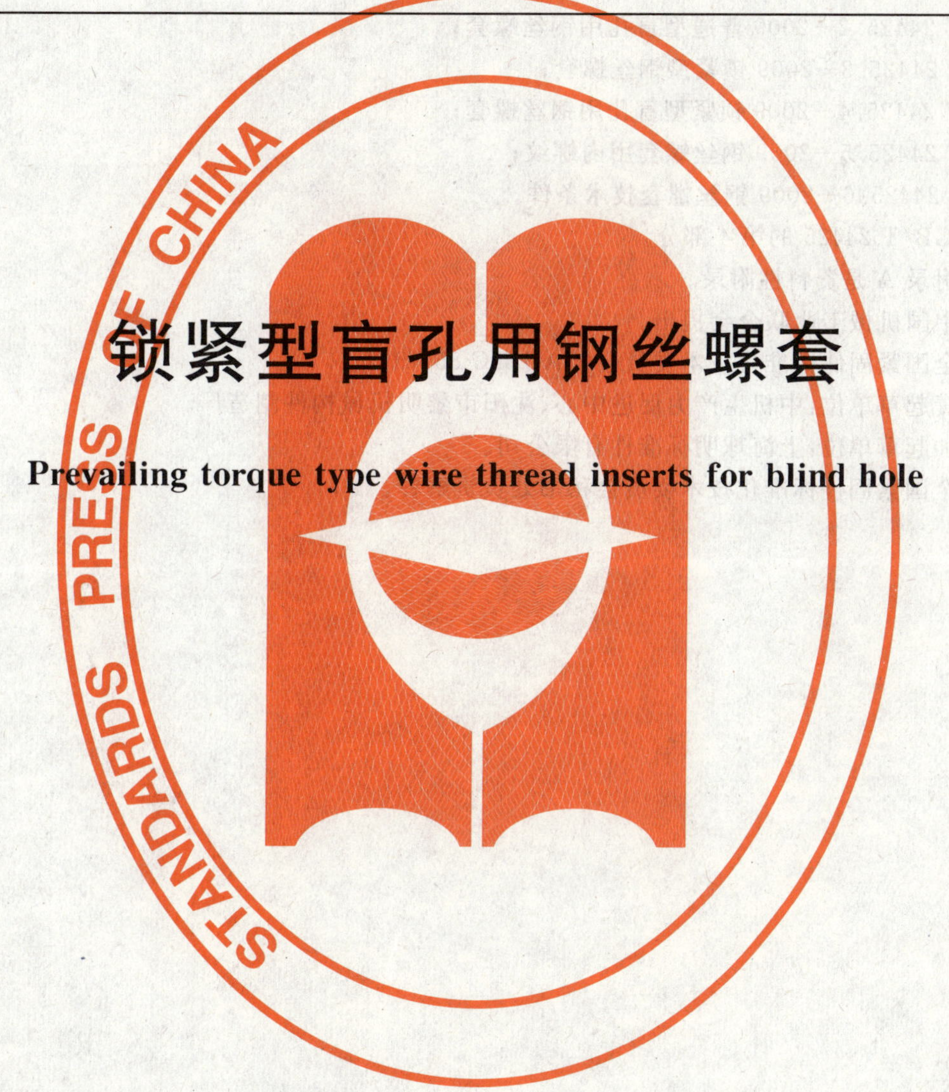

锁紧型盲孔用钢丝螺套

Prevailing torque type wire thread inserts for blind hole

2009-10-15 发布　　2010-03-01 实施

中华人民共和国国家质量监督检验检疫总局
中国国家标准化管理委员会　发布

前　言

本部分是国家标准“钢丝螺套”系列标准之一，该系列包括：

a) GB/T 24425.1—2009 普通型钢丝螺套；

b) GB/T 24425.2—2009 普通型盲孔用钢丝螺套；

c) GB/T 24425.3—2009 锁紧型钢丝螺套；

d) GB/T 24425.4—2009 锁紧型盲孔用钢丝螺套；

e) GB/T 24425.5—2009 钢丝螺套用内螺纹；

f) GB/T 24425.6—2009 钢丝螺套技术条件。

本部分是 GB/T 24425 的第 4 部分。

本部分的附录 A 是资料性附录。

本部分由中国机械工业联合会提出。

本部分由全国紧固件标准化技术委员会(SAC/TC 85)归口。

本部分负责起草单位：中机生产力促进中心、沈阳市黎明机械构件制造厂。

本部分参加起草单位：上海球明标准件有限公司。

本部分由全国紧固件标准化技术委员会秘书处负责解释。

锁紧型盲孔用钢丝螺套

1 范围

GB/T 24425 的本部分规定了螺纹公称直径为 3 mm～12 mm、螺距 0.5 mm～1.75 mm 的粗牙系列对称型面锁紧型盲孔用钢丝螺套。

本部分规定的钢丝螺套，旋入 GB/T 24425.5 规定的用于 5H 的内螺纹，所形成内螺纹的公差带为 5H(GB/T 197)。

本部分规定的钢丝螺套适用于提高低强度材料机体(如：铝合金、镁合金、铜合金、铸铁及非金属)螺孔的强度，提高螺钉的疲劳强度，提高锁紧性能，修复损坏的螺孔。

注 1：本部分使用的"螺纹公称直径"和"钢丝螺套规格"是指钢丝螺套旋入 GB/T 24425.5 规定的内螺纹后，所形成内螺纹的螺纹公称直径和螺纹规格。

注 2：本部分规定的钢丝螺套无安装柄，安装时利用锥体与专用工具啮合将钢丝螺套旋入内螺纹，形成的内螺纹有不大于 2 倍螺距的不完整螺纹。

2 规范性引用文件

下列文件中的条款通过 GB/T 24425 的本部分的引用而成为本部分的条款。凡是注日期的引用文件，其随后所有的修改单(不包括勘误的内容)或修订版均不适用于本部分，然而，鼓励根据本部分达成协议的各方研究是否可使用这些文件的最新版本。凡是不注日期的引用文件，其最新版本适用于本部分。

GB/T 197 普通螺纹 公差(GB/T 197—2003，ISO 965-1：1998，ISO general purpose metric screw threads—Tolerances—Part 1：Principles basic data，MOD)

GB/T 1237 紧固件标记方法(GB/T 1237—2000，eqv ISO 8991：1986)

GB/T 24425.5 钢丝螺套用内螺纹

GB/T 24425.6 钢丝螺套技术条件

3 尺寸

3.1 钢丝螺套自由状态下的型式尺寸按图 1 和表 1 的规定。

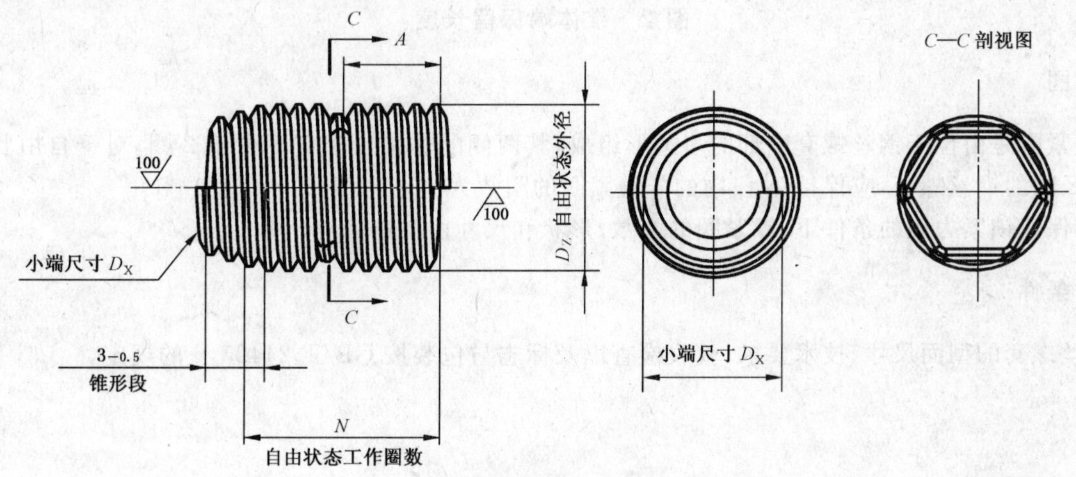

图 1 型式尺寸

表 1　尺寸(粗牙螺纹)

单位为毫米

钢丝螺套规格	自由状态直径 D_Z		小端尺寸 D_X	
	min.	max.	min.	max.
M3	3.80	4.35	3.11	3.22
M4	5.05	5.60	4.15	4.29
M5	6.25	6.80	5.17	5.33
M6	7.58	7.95	6.22	6.41
M7	8.58	9.20	7.22	7.41
M8	9.85	10.35	8.27	8.48
M10	12.10	12.80	10.32	10.56
M12	14.50	15.00	12.38	12.65

3.2　钢丝螺套自由状态工作圈数为自由状态总圈数减去 2 圈非工作圈。

3.3　钢丝螺套的长度按自由状态工作圈数选取，其对应的安装后工作长度见表 2。

3.4　以螺纹公称直径(d)的倍数表示的钢丝螺套公称长度与自由状态工作圈数和安装后工作长度的对照见附录 A。

3.5　M5 及其以下的钢丝螺套，允许锥体端保留长度(m)小于$(2/3)D_Z$ 的直柄，见图 2。

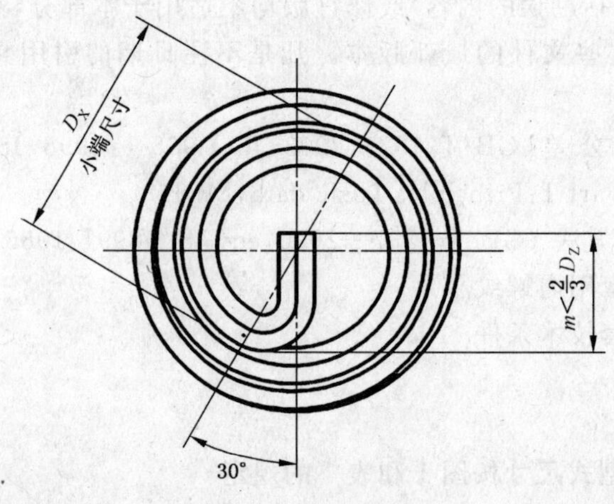

图 2　锥体端保留长度

4　锁紧圈

4.1　锁紧圈是由位于钢丝螺套中部的多边形组成，其两侧的非锁紧圈应不少于 2 圈，对于自由状态圈数大于 8 圈的钢丝螺套，应保持 A 段内的非锁紧圈的圈数为 $N_A=(N/3)\sim(N/3+1)$。

4.2　在保证锁紧力矩的条件下，锁紧圈的圈数、形状和尺寸由制造者确定。

5　技术条件

钢丝螺套的型面尺寸、技术要求、验收检查以及标志与包装按 GB/T 24425.6 的规定。

表 2 自由状态工作圈数 N 和安装后工作长度 L

钢丝螺套规格	自由状态工作圈数 $N\pm1/4$ 圈																		
	4	5	6	7	8	9	10	11	12	13	14	15	16	17	18	19	20	21	22
	安装后长度 L(参考)/mm																		
M3	2.701	3.277	3.852	4.428	5.003	5.578	6.154	6.729	7.304	7.880	8.455	9.030	9.606	10.181	10.757	11.332	11.907	12.483	13.058
M4	3.694	4.477	5.261	6.044	6.828	7.611	8.395	9.178	9.962	10.745	11.528	12.312	13.095	13.879	14.662	15.446	16.229	17.013	17.796
M5	4.199	5.089	5.979	6.869	7.759	8.649	9.539	10.429	11.318	12.208	13.098	13.988	14.878	15.768	16.658	17.548	18.437	19.327	20.217
M6	5.135	6.218	7.302	8.386	9.469	10.553	11.637	12.720	13.804	14.888	15.971	17.055	18.139	19.222	20.306	21.389	22.473	23.557	24.640
M7	5.217	6.321	7.425	8.530	9.634	10.738	11.842	12.947	14.051	15.155	16.259	17.364	18.468	19.572	20.676	21.781	22.885	23.989	25.093
M8	6.386	7.732	9.079	10.425	11.772	13.118	14.465	15.811	17.158	18.504	19.851	21.197	22.544	23.890	25.237	26.583	27.930	29.276	30.622
M10	7.508	9.085	10.662	12.239	13.816	15.392	16.969	18.546	20.123	21.700	23.277	24.854	26.431	28.008	29.585	31.162	32.739	34.316	35.893
M12	8.781	10.626	12.471	14.316	16.161	18.007	19.852	21.697	23.542	25.387	27.232	29.078	30.923	32.768	34.613	36.458	38.303	40.149	41.994

6 标记

6.1 标记方法

钢丝螺套标记的内容与顺序为：

类别 标准编号 钢丝螺套规格-自由状态工作圈数

其他按 GB/T 1237 的规定。

6.2 标记示例

钢丝螺套规格为 M10、自由状态工作圈数为 8 圈的锁紧型盲孔用钢丝螺套的标记：

钢丝螺套 GB/T 24425.4 M10-8

附 录 A
（资料性附录）
钢丝螺套公称长度与自由状态工作圈数和安装后长度的对照

表 A.1 钢丝螺套公称长度与自由状态圈数和安装后长度的对照表

钢丝螺套规格	公称长度[a]	自由状态工作圈数 N		安装后工作长度 L(参考)/mm	
		min.	max.	min.	max.
M3	$1d$	3.6	4.3	2.50	2.75
	$1.5d$	6.3	7.1	4.00	4.25
	$2d$	9.0	9.8	5.50	5.75
	$2.5d$	11.8	12.6	7.00	7.25
	$3d$	14.5	15.3	8.50	8.75
M4	$1d$	3.6	4.2	3.30	3.65
	$1.5d$	6.3	6.9	5.30	5.65
	$2d$	9.1	9.5	7.30	7.65
	$2.5d$	11.8	12.2	9.30	9.65
	$3d$	14.4	14.9	11.30	11.65
M5	$1d$	4.0	4.7	4.20	4.60
	$1.5d$	6.8	7.6	6.70	7.10
	$2d$	9.6	10.6	9.20	9.60
	$2.5d$	12.4	13.5	11.70	12.10
	$3d$	15.2	16.4	14.20	14.60
M6	$1d$	3.8	4.5	5.00	5.50
	$1.5d$	6.5	7.3	8.00	8.50
	$2d$	9.2	10.2	11.00	11.50
	$2.5d$	12.0	13.0	14.00	14.50
	$3d$	14.6	15.8	17.00	17.50
M7	$1d$	4.7	5.4	6.00	6.50
	$1.5d$	7.9	8.8	9.50	10.00
	$2d$	11.0	12.1	13.00	13.50
	$2.5d$	14.2	15.4	16.50	17.00
	$3d$	17.3	18.7	20.00	20.50
M8	$1d$	4.4	4.9	6.75	7.375
	$1.5d$	7.3	8.0	10.75	11.375
	$2d$	10.3	11.1	14.75	15.375
	$2.5d$	13.3	14.1	18.75	19.375
	$3d$	16.4	17.2	22.75	23.375

表 A.1(续)

钢丝螺套规格	公称长度[a]	自由状态工作圈数 N		安装后工作长度 L(参考)/mm	
		min.	max.	min.	max.
M10	1*d*	4.7	5.2	8.50	9.25
	1.5*d*	7.8	8.4	13.50	14.25
	2*d*	11.0	11.6	18.50	19.25
	2.5*d*	14.2	14.8	23.50	24.25
	3*d*	17.3	18.0	28.50	29.25
M12	1*d*	4.8	5.4	10.25	11.125
	1.5*d*	8.1	8.7	16.25	17.125
	2*d*	11.3	12.0	22.25	23.125
	2.5*d*	14.6	15.3	28.25	29.125
	3*d*	17.8	18.6	34.25	35.125

[a] d 表示螺纹公称直径。

ICS 21.060.10
J 13

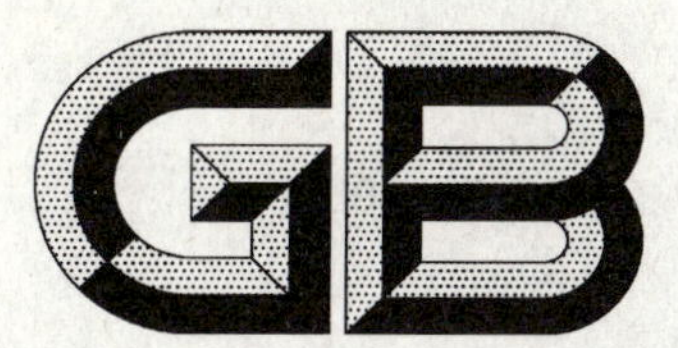

中华人民共和国国家标准

GB/T 24425.5—2009

钢丝螺套用内螺纹

Internal thread for wire thread inserts

2009-10-15 发布　　　　2010-03-01 实施

中华人民共和国国家质量监督检验检疫总局
中国国家标准化管理委员会　发布

前　言

本部分是国家标准“钢丝螺套”系列标准之一，该系列包括：

a） GB/T 24425.1—2009　普通型钢丝螺套；

b） GB/T 24425.2—2009　普通型盲孔用钢丝螺套；

c） GB/T 24425.3—2009　锁紧型钢丝螺套；

d） GB/T 24425.4—2009　锁紧型盲孔用钢丝螺套；

e） GB/T 24425.5—2009　钢丝螺套用内螺纹；

f） GB/T 24425.6—2009　钢丝螺套技术条件。

本部分是 GB/T 24425 的第 5 部分。

本部分由中国机械工业联合会提出。

本部分由全国紧固件标准化技术委员会(SAC/TC 85)归口。

本部分负责起草单位：中机生产力促进中心、沈阳市黎明机械构件制造厂。

本部分参加起草单位：上海球明标准件有限公司。

本部分由全国紧固件标准化技术委员会秘书处负责解释。

钢丝螺套用内螺纹

1 范围

GB/T 24425 的本部分规定了螺纹公称直径为 2 mm～39 mm、螺距为 0.4 mm～4 mm 的安装钢丝螺套用内螺纹的基本尺寸与公差。

钢丝螺套旋入本部分规定的内螺纹后，所形成内螺纹的中径公差带是由钢丝螺套用内螺纹中径公差带和钢丝螺套型面公差构成。本部分规定了用于 5H 和 6H(GB/T 197)的内螺纹，推荐普通型钢丝螺套选用 6H，锁紧型钢丝螺套选用 5H。

注：本部分使用的"螺纹公称直径"和"钢丝螺套规格"是指钢丝螺套装入本部分规定的内螺纹后，所形成内螺纹的螺纹公称直径和螺纹规格。

2 规范性引用文件

下列文件中的条款通过 GB/T 24425 的本部分的引用而成为本部分的条款。凡是注日期的引用文件，其随后所有的修改单(不包括勘误的内容)或修订版均不适用于本部分，然而，鼓励根据本部分达成协议的各方研究是否可使用这些文件的最新版本。凡是不注日期的引用文件，其最新版本适用于本部分。

GB/T 192　普通螺纹　基本牙型(GB/T 192—2003，ISO 68-1:1998，ISO general purpose screw threads—Basic profile—Part 1: Metric screw threads，MOD)

GB/T 197　普通螺纹　公差(GB/T 197—2003，ISO 965-1:1998，ISO general purpose metric screw threads—Tolerances—Part 1:Principles basic data，MOD)

3 螺纹牙型与公差带

钢丝螺套用内螺纹的基本牙型符合 GB/T 192 的规定。

螺纹的基本牙型和公差带位置按图 1 的规定。

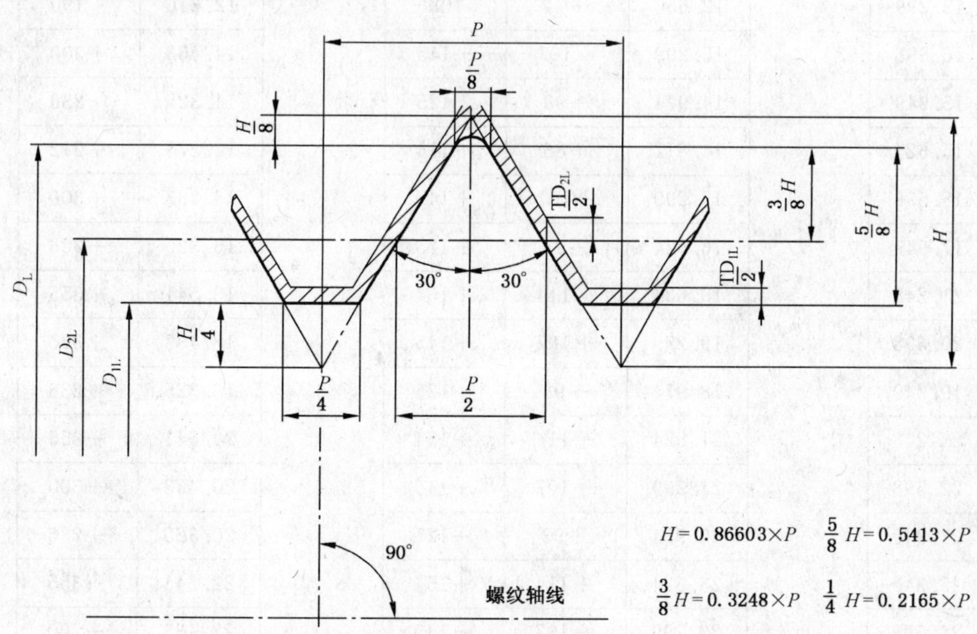

图 1　钢丝螺套用内螺纹基本牙型和公差带位置

4 螺纹尺寸与公差

4.1 螺纹尺寸与公差按表1的规定。

表1 钢丝螺套用内螺纹尺寸与公差

钢丝螺套规格	大径 D_L		中径 D_{2L}				小径 D_{1L}		
	基本尺寸 mm	下偏差 μm	基本尺寸 mm	上偏差 μm		下偏差 μm	基本尺寸 mm	上偏差 μm	下偏差 μm
				用于5H	用于6H				
M2	2.520	0	2.260	+36	+51	0	2.087	+90	0
M2.5	3.085		2.792	+40	+55		2.597	+100	
M3	3.650		3.325	+42	+59		3.108	+112	
M4	4.909		4.455	+54	+74		4.152	+140	
M5	6.039		5.520	+57	+77		5.173	+160	
M6	7.299		6.650	+69	+92		6.216	+190	
M7	8.299		7.650	+69	+92		7.216	+190	
M8	9.624		8.812	+74	+100		8.271	+212	
M8×1	9.299		8.650	+69	+92		8.216	+190	
M10	11.949		10.974	+87	+115		10.325	+236	
M10×1.25	11.624		10.812	+74	+100		10.271	+212	
M10×1	11.299		10.650	+74	+92		10.216	+190	
M12	14.273		13.137	+99	+134		12.379	+265	
M12×1.5	13.949		12.974	+93	+125		12.325	+236	
M12×1.25	13.624		12.812	+86	+114		12.271	+212	
M12×1	13.299		12.650	+74	+99		12.216	+190	
M14	16.598		15.299	+107	+145		14.433	+300	
M14×1.5	15.949		14.974	+93	+125		14.325	+236	
M14×1.25	15.624		14.812	+86	+114		14.271	+212	
M16	18.598		17.299	+107	+145		16.433	+300	
M16×1.5	17.949		16.974	+93	+125		16.325	+236	
M18	21.248		19.624	+114	+154		18.541	+355	
M18×2	20.598		19.299	+107	+145		18.433	+300	
M18×1.5	19.949		18.974	+93	+125		18.325	+236	
M20	23.248		21.624	+114	+154		20.541	+355	
M20×2	22.598		21.299	+107	+145		20.433	+300	
M20×1.5	21.949		20.974	+93	+125		20.325	+236	
M22	25.248		23.624	+114	+154		22.541	+355	
M22×2	24.598		23.299	+107	+145		22.433	+300	
M22×1.5	23.949		22.974	+93	+125		22.325	+236	

表 1（续）

钢丝螺套规格	大径 D_L		中径 D_{2L}				小径 D_{1L}		
	基本尺寸 mm	下偏差 μm	基本尺寸 mm	上偏差 μm 用于 5H	上偏差 μm 用于 6H	下偏差 μm	基本尺寸 mm	上偏差 μm	下偏差 μm
M24	27.897	0	25.949	+144	+186	0	24.650	+400	0
M24×2	26.598		25.299	+115	+155		24.433	+300	
M24×1.5	25.949		24.974	+93	+125		24.325	+236	
M27	30.897		28.949	+144	+186		27.650	+400	
M27×2	29.598		28.299	+115	+155		27.433	+300	
M27×1.5	28.949		27.974	+93	+125		27.325	+236	
M30	34.547		32.273	+155	+199		30.758	+450	
M30×2	32.598		31.299	+115	+155		30.433	+300	
M30×1.5	31.949		30.974	+93	+125		30.325	+236	
M33	37.547		35.273	+155	+199		33.758	+450	
M33×2	35.598		34.299	+115	+155		33.433	+300	
M33×1.5	34.949		33.974	+93	+125		33.325	+236	
M36	41.196		38.598	+165	+211		36.866	+475	
M36×3	39.897		37.949	+144	+186		36.650	+400	
M36×2	38.598		37.299	+115	+155		36.433	+300	
M39	44.196		41.598	+165	+211		39.866	+475	
M39×3	42.897		40.949	+144	+186		39.650	+400	
M39×2	41.598		40.299	+115	+155		39.433	+300	

4.2　螺纹直径的极限偏差是从螺纹基本牙型线起，按垂直于螺纹轴心线方向计算。

4.3　螺纹大径上偏差由螺纹工具确定。

4.4　螺纹中径的下偏差包括中径本身的尺寸偏差和螺距、牙型半角误差的中径补偿值，上偏差为中径本身的偏差，用极限塞规检查。

5　标记

5.1　标记方法

钢丝螺套用内螺纹标记的内容与顺序为：

标准编号　螺纹种类代号(L)　钢丝螺套规格-适用的内螺纹公差(6H 允许省略标记)

5.2　标记示例

钢丝螺套规格为 M6、适用的内螺纹公差为 6H 的钢丝螺套用内螺纹的标记：

GB/T 24425.5　LM6

钢丝螺套规格为 M10、适用的内螺纹公差为 5H 的钢丝螺套用内螺纹的标记：

GB/T 24425.5　LM10-5H

ICS 21.060.10
J 13

中华人民共和国国家标准

GB/T 24425.6—2009

钢丝螺套技术条件

Specification for wire thread inserts

2009-10-15 发布

2010-03-01 实施

中华人民共和国国家质量监督检验检疫总局
中国国家标准化管理委员会 发布

前言

本部分是国家标准“钢丝螺套”系列标准之一，该系列包括：

a) GB/T 24425.1—2009 普通型钢丝螺套；

b) GB/T 24425.2—2009 普通型盲孔用钢丝螺套；

c) GB/T 24425.3—2009 锁紧型钢丝螺套；

d) GB/T 24425.4—2009 锁紧型盲孔用钢丝螺套；

e) GB/T 24425.5—2009 钢丝螺套用内螺纹；

f) GB/T 24425.6—2009 钢丝螺套技术条件。

本部分是 GB/T 24425 的第 6 部分。

本部分的附录 A、附录 B 和附录 C 为资料性附录。

本部分由中国机械工业联合会提出。

本部分由全国紧固件标准化技术委员会(SAC/TC 85)归口。

本部分负责起草单位：中机生产力促进中心、沈阳市黎明机械构件制造厂。

本部分参加起草单位：上海球明标准件有限公司。

本部分由全国紧固件标准化技术委员会秘书处负责解释。

钢丝螺套技术条件

1 范围

GB/T 24425 的本部分规定了对称型面的钢丝螺套的技术要求、验收检查和标志与包装。

本部分适用于 GB/T 24425.1～GB/T 24425.5 规定的钢丝螺套产品。

2 规范性引用文件

下列文件中的条款通过 GB/T 24425 的本部分的引用而成为本部分的条款。凡是注日期的引用文件，其随后所有的修改单(不包括勘误的内容)或修订版均不适用于本部分，然而，鼓励根据本部分达成协议的各方研究是否可使用这些文件的最新版本。凡是不注日期的引用文件，其最新版本适用于本部分。

GB/T 90.1 紧固件 验收检查(GB/T 90.1—2002，idt ISO 3269：2000)

GB/T 90.2 紧固件 标志与包装

GB/T 196 普通螺纹 基本尺寸(GB/T 196—2003，ISO 724：1993，ISO general purpose metric screw threads—Basic dimensions，MOD)

GB/T 197 普通螺纹 公差 (GB/T 197—2003，ISO 965-1：1998，ISO general purpose metric screw threads—Tolerances—Part 1：Principles basic data，MOD)

GB/T 24425.1 普通型钢丝螺套

GB/T 24425.2 普通型盲孔用钢丝螺套

GB/T 24425.3 锁紧型钢丝螺套

GB/T 24425.4 锁紧型盲孔用钢丝螺套

GB/T 24425.5 钢丝螺套用内螺纹

3 钢丝螺套型面

3.1 钢丝螺套型面是通过其轴线截取的菱形截面。

3.2 钢丝螺套型面的型式尺寸按图 1 和表 1 的规定。

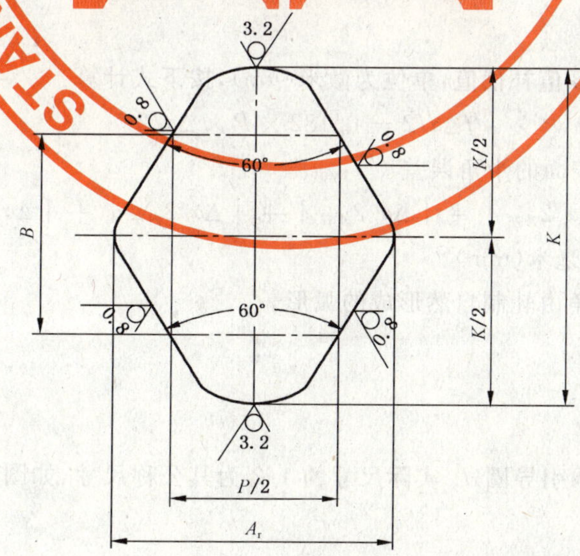

P——螺距。

图 1 型式尺寸

表 1 尺寸

螺距 P/mm	B 基本尺寸/mm	B 上偏差/μm	B 下偏差/μm	K 基本尺寸/mm	K 上偏差/μm	K 下偏差/μm	A_r/mm min
0.4	0.260	0	−18	0.432	0	−37	0.30
0.45	0.292		−18	0.488		−43	0.34
0.5	0.325		−18	0.541		−51	0.38
0.7	0.455		−21	0.757		−66	0.53
0.8	0.520		−21	0.866		−81	0.60
1	0.650		−25	1.082		−96	0.75
1.25	0.812		−25	1.354		−112	0.94
1.5	0.974		−25	1.623		−122	1.13
1.75	1.137		−31	1.895		−135	1.31
2	1.299		−31	2.164		−162	1.50
2.5	1.624		−33	2.705		−208	1.88
3	1.949		−33	3.249		−221	2.25
3.5	2.273		−35	3.790		−262	2.63
4	2.598		−35	4.331		−275	3.00

3.3 钢丝螺套型面尺寸 B 的实际尺寸应符合式(1)规定：

$$B_{下限} \leqslant B_{实际} \leqslant B_{上限} - f\Delta\alpha/2 \quad \cdots\cdots(1)$$

式中：

$f\Delta\alpha/2$——半角偏差的 B 值补偿值，单位为微米(μm)，按下式计算：

$$f\Delta\alpha/2 = 0.182 \times P \times \Delta\alpha/2$$

$\Delta\alpha/2$——型面四个侧表面的半角误差(′)：

$$\Delta\alpha/2 = (|\Delta\alpha/2_{外左}| + |\Delta\alpha/2_{外右}| + |\Delta\alpha/2_{内左}| + |\Delta\alpha/2_{内右}|)/2$$

P——螺距，单位为毫米(mm)。

3.4 钢丝螺套型面内-外顶角由轧制自然形成的弧形。

4 技术要求

4.1 有关尺寸

4.1.1 安装柄位置尺寸 E 取引导圈 d_y 实际尺寸的 1/2 为其公称尺寸，如图 2，其偏差按表 2。

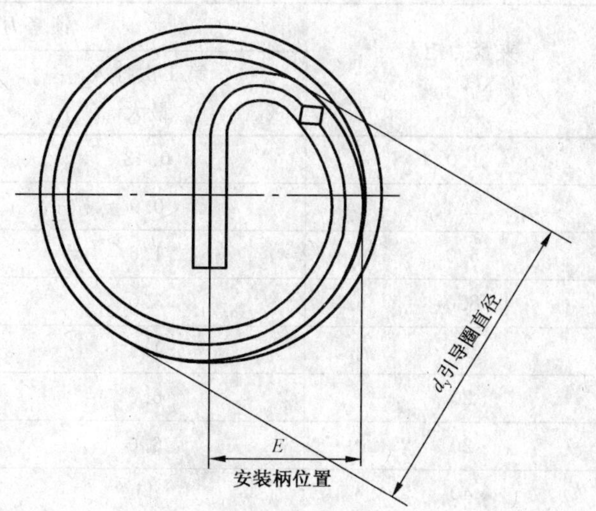

图 2 位置尺寸

表 2 安装柄位置 *E* 的允许偏差

单位为毫米

螺纹公称直径	M3 以下	M4～M6	M7～M12	M14 以上
E 公差	±0.1	±0.15	±0.2	±0.25

4.1.2 自由状态下，钢丝螺套的外螺纹牙型角平分线应垂直于钢丝螺套轴线，其偏差应不大于 4°。

4.1.3 钢丝螺套两相邻圈之间的间隙应不大于 0.25 倍螺距。

4.2 材料

4.2.1 钢丝螺套材料为 18%铬及 8%镍的奥氏体不锈钢。

4.2.2 菱形钢丝的抗拉强度按表 3 的规定。

表 3 菱形钢丝的抗拉强度

螺距/mm	≤0.8	1～1.75	≥2
抗拉强度/MPa	1 400～1 800	1 300～1 700	1 100～1 500

4.3 热处理

钢丝螺套应进行消除应力处理，同时可获得较高的弹性。

4.4 表面处理

钢丝螺套表面应进行光亮处理，不允许有毛刺、压痕、划伤和裂纹等表面缺陷。

4.5 锁紧性能

4.5.1 钢丝螺套应按 5.2 规定进行 5 次拧入拧出锁紧性能试验。试验过程中，锁紧力矩应符合表 4 的规定。

4.5.2 试验中，钢丝螺套相对于初始的安装位置在任一方向的转动均不应大于 90°。

4.5.3 试验后，钢丝螺套非锁紧部分的螺纹精度应保持原精度。

4.5.4 试验后，钢丝螺套不应有明显的扭曲或破裂。

4.5.5 试验后，钢丝螺套和试验螺栓不应有明显的擦伤、咬粘和磨损。

表 4　锁紧性能试验的夹紧力矩和锁紧力矩值

钢丝螺套规格	夹紧力矩/N·m	锁紧力矩/N·m	
		第 1 次拧入最大	第 5 次拧出最小
M3	1.0	0.43	0.06
M4	2.4	0.9	0.10
M5	5.0	1.6	0.15
M6	8.0	3.0	0.25
M7	14	4.4	0.35
M8	20	6.0	0.45
M8×1	20	6.0	0.45
M10	40	11	0.8
M10×1.25	40	11	0.8
M10×1	40	11	0.8
M12	70	16	1.2
M12×1.5	70	16	1.2
M12×1.25	70	16	1.2
M12×1	70	16	1.2
M14	110	24	1.6
M14×1.5	110	24	1.6
M14×1.25	110	24	1.6
M16	170	32	2.2
M16×1.5	170	32	2.2
M18	220	42	3
M18×2	220	42	3
M18×1.5	220	42	3
M20	320	55	3.8
M20×2	320	55	3.8
M20×1.5	320	55	3.8
M22	440	68	4.8
M22×2	440	68	4.8
M22×1.5	440	68	4.8
M24	550	82	6.0
M24×2	550	82	6.0
M24×1.5	550	82	6.0
M27	800	94	7.5
M27×2	800	94	7.5
M27×1.5	800	94	7.5

表 4（续）

钢丝螺套规格	夹紧力矩/N·m	锁紧力矩/N·m	
		第 1 次拧入 最大	第 5 次拧出 最小
M30	1 100	108	9.0
M30×2	1 100	108	9.0
M30×1.5	1 100	108	9.0
M33	1 500	122	10.5
M33×2	1 500	122	10.5
M33×1.5	1 500	122	10.5
M36	2 000	136	12.0
M36×3	2 000	136	12.0
M36×2	2 000	136	12.0
M39	2 500	150	13.5
M39×3	2 500	150	13.5
M39×2	2 500	150	13.5

4.6 折断槽

折断槽应保证钢丝螺套在正确使用安装工具的安装中，安装柄不折断；安装后，用专用去柄工具能将安装柄在折断槽处折断并脱落；安装柄去除后，不影响螺纹精度。

5 试验方法

5.1 钢丝螺套型面尺寸 *B* 的检验

钢丝螺套型面尺寸 *B* 应采用 *B* 值专用量规进行检验。经供需双方协议，可采用附录 A 给出的方法。

5.2 锁紧性能试验

5.2.1 扭矩测量装置

扭矩测量装置（扭矩扳手或动力装置）精度为钢丝螺套试验扭矩规定值的±2%。

5.2.2 试验块（板）

试验块（板）由铝合金制成，尺寸见图 3。

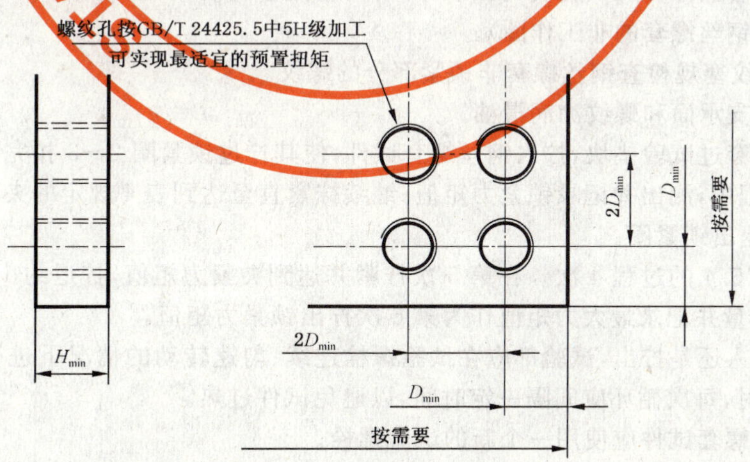

H——安装后的丝套的名义长度加上两个螺距；

D——按 GB/T 24425.5 加工的螺纹孔的大径。

图 3 尺寸

5.2.3 试验垫块

5.2.3.1 试验垫块由淬硬钢制成,孔径尺寸见表5,外形与尺寸应能防止试验中垫块转动。

5.2.3.2 试验垫块支承面应光滑平整,平行度为0.02 mm,表面粗糙度 $Ra1.6$。

表5 试验垫块孔径尺寸

试验螺栓的公称直径	孔径/mm		外径/mm
	最大	最小	
M3	3.8	3.7	5.0
M4	4.9	4.8	6.3
M5	5.9	5.8	7.2
M6	7.1	6.9	9.0
M7	8.5	8.3	11.7
M8	9.5	9.3	11.7
M10	11.5	11.3	15.3
M12	14.5	14.3	17.1
M14	16.5	16.3	19.8
M16	18.5	18.3	21.6
M18	20.5	20.3	24.4
M20	22.7	22.5	27.0
M22	24.7	24.5	28.8
M24	26.7	26.5	32.4
M27	30.7	30.5	36.9
M30	33.9	33.5	41.4
M33	36.9	36.5	45.0
M36	39.9	39.5	49.5
M39	42.9	42.5	52.5

5.2.4 试验螺栓

5.2.4.1 推荐采用性能等级为10.9级及其以上的试验螺栓。

5.2.4.2 试验螺栓的螺纹可以采用辗制或磨削加工,不应进行表面处理。

5.2.4.3 试验螺栓螺纹的公差应控制在6 g公差带靠近下限的二分之一范围内。

5.2.4.4 试验螺栓的长度应使其穿过试验垫块和试验块(板)后,露出钢丝螺套3~5倍螺距。

5.2.5 试验程序

5.2.5.1 将钢丝螺套试件旋入试验块(板)中,两端头应低于试验块(板)表面0.5倍螺距以上,然后去掉安装柄(或盲孔用钢丝螺套的非工作圈)。

5.2.5.2 用5H螺纹塞规检查钢丝螺套非锁紧部分的螺纹。

5.2.5.3 试验螺栓支承面和螺纹涂润滑油。

5.2.5.4 试验螺栓穿过试验垫块,拧入钢丝螺套试件,使其拧过锁紧圈2~3扣完整螺纹。在试验螺栓继续拧入360°的过程中,测出并记录锁紧力矩值;继续拧紧直至达到表4规定的夹紧力矩值。然后拧退试验螺栓直至完全退出锁紧圈。

5.2.5.5 重复5.2.5.4的过程4次。在第5次拧紧并达到夹紧力矩值,拧退约180°卸载后,在继续拧出360°的过程中,测量并记录最大力矩值作为第5次拧出锁紧力矩值。

5.2.5.6 无论是拧入还是拧出,试验都应在试验螺栓连续、匀速转动的情况下进行。转动速度应不超过30 r/min。试验时,每次循环应间隔一定时间,以避免试件过热。

5.2.5.7 每个钢丝螺套试件应使用一个新的试验螺栓。

5.3 折断槽试验

5.3.1 试验块(板)

试验块(板)的材料与外形尺寸,由试验者确定。安装钢丝螺套用内螺纹应符合GB/T 24425.5的规定，深度应大于钢丝螺套安装后长度 4 倍螺距，制出 120°的沉孔角，其直径不大于螺纹大径。

5.3.2 安装

用专用工具将钢丝螺套试件旋入试验块(板)。在旋入过程中，钢丝螺套试件能顺利地旋至端头低于试验块(板)表面约 1 倍螺距而未断掉，见图 4。

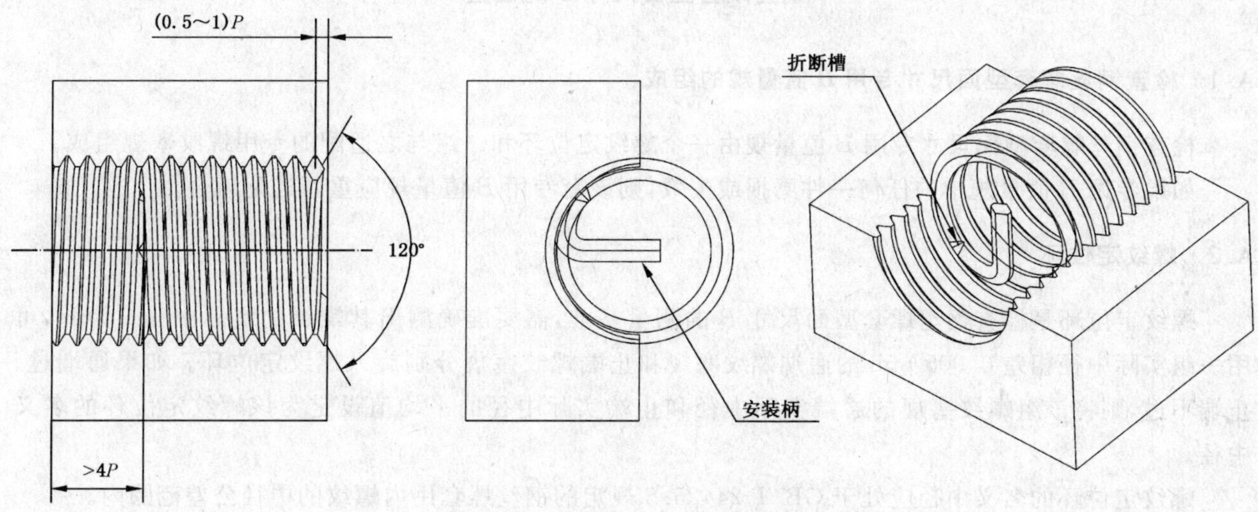

图 4 试件旋入试验块(板)

5.3.3 去安装柄

用专用去柄工具插入钢丝螺套试件。用手锤敲击去柄工具，折断安装柄。用相应的螺纹通端塞规检查螺纹。

6 验收检查

6.1 钢丝螺套应按批提交验收检查。

6.2 检查的项目、要求、方法和合格质量水平 AQL 按表 6 的规定。

6.3 验收程序及抽样方案按 GB/T 90.1 的规定。

表 6 检查的项目、要求、方法和合格质量水平 AQL

序号	项目	要求	方法	合格质量水平 AQL
1	型面尺寸	3.2	5.1	1.5
2	自由状态外径	见产品标准	卡尺(0.02 mm)	2.5
3	引导尺寸	见产品标准	卡尺(0.02 mm)	4
4	自由状态圈数	见产品标准	目测	2.5
5	安装柄位置	4.1.1	卡尺(0.02 mm)	4
6	表面状态	4.4	目测	2.5
7	锁紧性能	4.5	5.2	1.5
8	折断槽	4.6	5.3	1.5

7 标志与包装

钢丝螺套的标志与包装按 GB/T 90.2 的规定。

8 钢丝螺套的选择与安装

钢丝螺套长度的选择见附录 B。

钢丝螺套的安装见附录 C。

附 录 A
（资料性附录）
钢丝螺套型面尺寸 *B* 的检查

A.1 检查钢丝螺套型面尺寸专用 *B* 值量规的组成

检查钢丝螺套型面尺寸专用 B 值量规由一个螺纹定位环和一组与之适配的专用螺纹塞规组成。

如果专用 B 值量规中的任何一件磨损或失效，则该套专用 B 值量规应重新选配组合。

A.2 螺纹定位环

螺纹定位环是检查钢丝螺套型面尺寸 B 的测量基准，需要准确测出其螺纹的实际中径。为此，可用一组实际中径相差 0.005 mm 的通端螺纹塞规和止端螺纹塞规分别旋入螺纹定位环。如果通端过、止端不过，则将该组螺纹塞规的通端实际中径和止端实际中径的平均值设定为该螺纹定位环的名义中径。

螺纹定位环的名义中径应处于 GB/T 24425.5 规定的钢丝螺套用内螺纹的中径公差范围内。

A.3 专用螺纹塞规

专用螺纹塞规的中径是根据螺纹定位环的名义中径和钢丝螺套型面尺寸 B 的极限尺寸确定的，其通端螺纹塞规的中径和止端螺纹塞规的中径分别按式(A.1)和式(A.2)计算：

$$d_{2T} = D_H - 2B_{max} \quad \cdots\cdots\cdots\cdots (A.1)$$

$$d_{2Z} = D_H - 2B_{min} \quad \cdots\cdots\cdots\cdots (A.2)$$

式中：

d_{2T}——通端螺纹塞规的中径，单位为毫米(mm)；

d_{2Z}——止端螺纹塞规的中径，单位为毫米(mm)；

D_H——螺纹定位环的名义中径，单位为毫米(mm)；

B_{max}——钢丝螺套型面尺寸 B 的最大值，单位为毫米(mm)；

B_{min}——钢丝螺套型面尺寸 B 的最小值，单位为毫米(mm)。

A.4 检查程序

A.4.1 用专用安装工具将钢丝螺套试件旋入螺纹定位环内，并使其端头进入螺纹定位环的第一个完整螺纹内，钢丝螺套应与螺纹定位环紧密贴合。

A.4.2 用专用螺纹塞规检查钢丝螺套试件安装后形成的内螺纹。若通端过、止端不过，则判定型面尺寸 B 值合格。

A.4.3 用专用安装工具将钢丝螺套从螺纹定位环中沿右旋方向旋出。

附 录 B
（资料性附录）
钢丝螺套长度的选择

B.1 钢丝螺套长度的选择应根据螺钉的抗拉强度与机体材料抗剪强度相平衡的原则选取。

B.2 表B.1给出推荐的钢丝螺套的公称长度。符合表B.1规定的螺纹连接，即使拉断螺钉，钢丝螺套也不会从机体中拉出。

B.3 表B.1给出的钢丝螺套的公称长度是在假定钢丝螺套与旋入的螺钉螺纹完全啮合的条件下，按式(B.1)计算的。

$$H=(R_m\times A)/(R_c\times \pi\times D_{平均}\times C) \qquad (B.1)$$

式中：

H——钢丝螺套公称长度，单位为毫米(mm)；

R_m——螺钉公称抗拉强度，单位为兆帕(MPa)；

A——螺钉螺纹的应力截面积，单位为平方毫米(mm^2)；

R_c——机体材料抗剪强度，单位为兆帕(MPa)；

$D_{平均}$——安装钢丝螺套用内螺纹中径的平均值，单位为毫米(mm)；

C——系数，假定剪切发生在机体螺纹中径处，取 $C=0.5$。

表B.1 钢丝螺套公称长度

机体材料剪切强度/MPa	钢丝螺套公称长度(H)					
	螺钉的性能等级					
	4.6、4.8	5.6	6.8	8.8	10.9	12.9
70～99	2*d*	2.5*d*	2.5*d*	—	—	—
100～149	1.5*d*	1.5*d*	2*d*	3*d*	—	—
150～199	1*d*	1.5*d*	1.5*d*	2*d*	2.5*d*	3*d*
200～249	1*d*	1*d*	1*d*	1.5*d*	2*d*	2*d*
250～299	1*d*	1*d*	1*d*	1.5*d*	1.5*d*	2*d*
300～349	1*d*	1*d*	1*d*	1*d*	1.5*d*	1.5*d*
≥350	1*d*	1*d*	1*d*	1*d*	1*d*	1.5*d*

注：*d*——螺钉的公称直径。

附　录　C
（资料性附录）
钢丝螺套的安装

C.1　钢丝螺套安装后，相关结构尺寸见图 C.1。

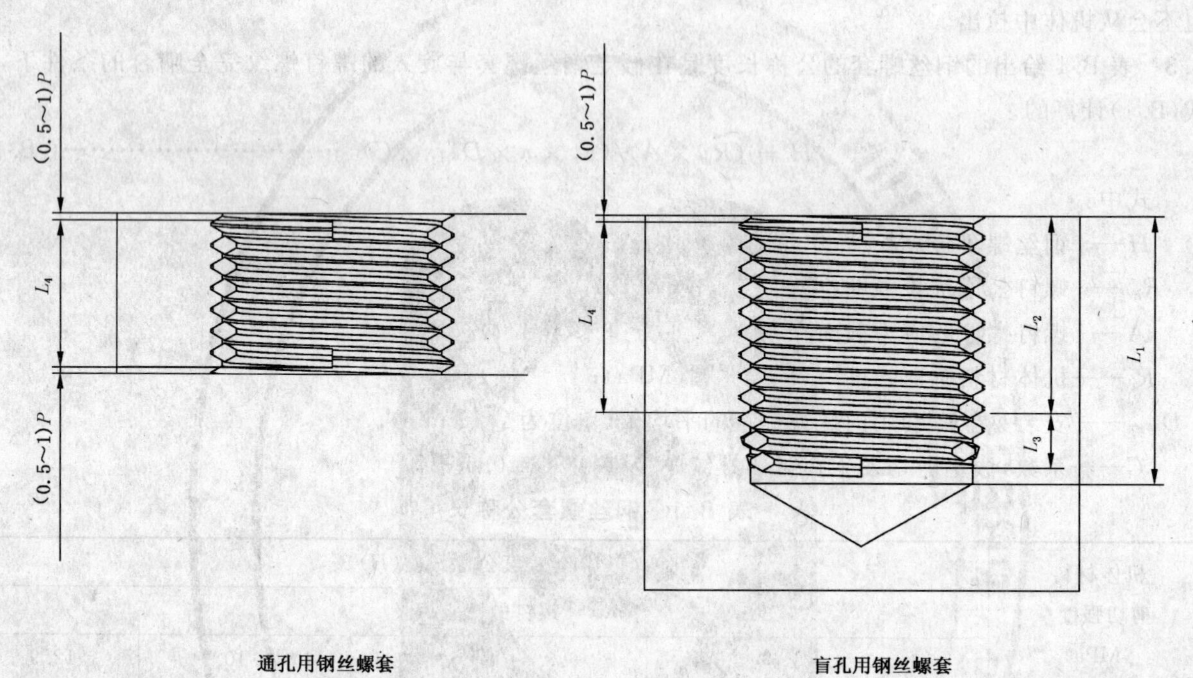

L_1——钻孔深度；

L_2——完整螺纹深度；

L_3——不完整螺纹长度；

L_4——钢丝螺套安装后长度（工作长度）；

P——螺距。

图 C.1　相关结构尺寸

C.2　在保证螺纹小径的情况下，推荐的螺纹孔钻头直径见表 C.1。螺纹孔可不制出沉头角或制成直径不大于该螺纹大径的 120°沉头角。

C.3　按 GB/T 24425.5 加工的钢丝螺套用内螺纹，并用相应的螺纹塞规进行检查。

C.4　钢丝螺套安装到位后应用专用去柄工具冲掉并取出安装柄，然后用螺纹塞规检查钢丝螺套的内螺纹。

C.5　如钢丝螺套安装不当或不合格时，应将其退出。退出的钢丝螺套不应再用。

表 C.1 螺纹孔钻头直径

钢丝螺套用内螺纹	钻头直径	钢丝螺套用内螺纹	钻头直径
LM2	2.10	LM20×1.5	20.25
LM2.5	2.60	LM20×2	20.50
LM3	3.10	LM20	20.50
LM4	4.10	LM22×1.5	22.20
LM5	5.20	LM22×2	22.50
LM6	6.20	LM22	22.50
LM7	7.20	LM24×1.5	24.20
LM8×1	8.20	LM24×2	24.25
LM8	8.30	LM24	24.75
LM10×1	10.20	LM27×1.5	27.30
LM10×1.25	10.30	LM27×2	27.40
LM10	10.30	LM27	27.50
LM12×1	12.20	LM30×1.5	30.30
LM12×1.25	12.30	LM30×2	30.40
LM12×1.5	12.50	LM30	30.50
LM12	12.40	LM33×1.5	33.30
LM14×1.25	14.20	LM33×2	33.40
LM14×1.5	14.30	LM33	33.50
LM14	14.40	LM36×2	36.40
LM16×1.5	16.25	LM36×3	36.50
LM16	16.50	LM36	36.50
LM18×1.5	18.25	LM39×2	39.40
LM18×2	18.50	LM39×3	39.70
LM18	18.50	LM39	39.90

ICS 71.100.30
Y 88

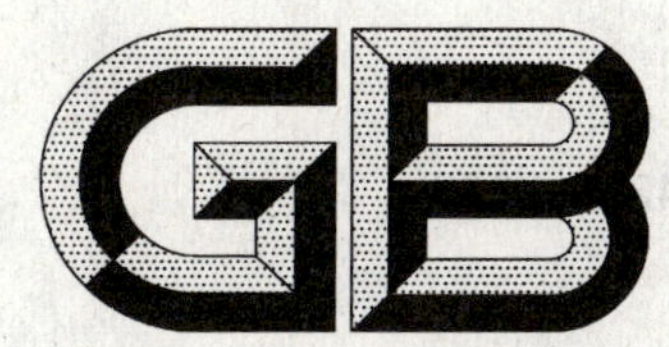

中华人民共和国国家标准

GB 24426—2009

烟花爆竹　标志

Fireworks and firecracker—Labeling

2009-09-30 发布　　　　2010-07-01 实施

中华人民共和国国家质量监督检验检疫总局
中国国家标准化管理委员会　发布

前　言

本标准的全部技术内容为强制性。

本标准的附录 A 为规范性附录。

本标准由中国轻工业联合会提出。

本标准由全国烟花爆竹标准化技术委员会归口。

本标准起草单位：湖南出入境检验检疫局烟花爆竹检测中心、浏阳市强盛烟花制造燃放有限公司。

本标准主要起草人：谭爱喜、张光辉、江资成、欧杨、江放明、王伏秋。

烟花爆竹 标志

1 范围

本标准规定了烟花爆竹产品、内包装、外包装的标志要求。

本标准适用于烟花爆竹产品、内包装、外包装标志的标注和检验。

2 规范性引用文件

下列文件中的条款通过本标准的引用而成为本标准的条款。凡是注日期的引用文件,其随后所有的修改单(不包括勘误的内容)或修订版均不适用于本标准,然而,鼓励根据本标准达成协议的各方研究是否可使用这些文件的最新版本。凡是不注日期的引用文件,其最新版本适用于本标准。

GB 190 危险货物包装标志

GB/T 191 包装储运图示标志(GB/T 191—2008,ISO 780:1997,MOD)

GB 10631—2004 烟花爆竹 安全与质量

国家质量技术监督局172号文(1997)《产品标识标注规定》

3 术语和定义

GB 10631—2004确立的以及下列术语和定义适用于本标准。

3.1

燃放安全区域 safety zone for set off

当按照说明燃放时,为确保人身安全或财产不受到伤害,距离产品及其燃放轨迹规定的距离。

3.2

生产日期 date of manufacture

烟花爆竹成为最终产品的日期。

3.3

保质期 date of minimum durability

产品从生产日期起至能确保安全和燃放效果的期限。

3.4

主要展示版面 principal display panel

销售单元包装物上最容易观察到的版面。

4 技术要求

4.1 烟花爆竹标志的内容,应符合《产品标识标注规定》的要求,并符合相应产品标准的规定。

4.2 烟花爆竹标志的内容应清晰、醒目、持久;应使消费者购买时易于辨认和识读。

4.3 烟花爆竹标志的内容,应通俗易懂、准确、有科学依据;不应标注封建迷信、黄色、贬低同类产品或违背科学常识的内容。

4.4 烟花爆竹标志的内容,不应以虚假、使消费者误解或用欺骗性的文字、图形等方式介绍产品。

4.5 烟花爆竹标志的内容不应与包装物或包装容器分离。

4.6 烟花爆竹标志的内容应使用规范的中文,但不包括注册商标。

4.6.1 可以同时使用与中文有对应关系的拼音或少数民族文字,但字体不应大于相应的汉字。

4.6.2 可以同时使用与中文有对应关系的外文(进口产品的制造者和地址,国外经销者的名称和地址)。外文字体不应大于相应的中文(国外注册商标除外)。

4.7 销售单元的主展示面最大表面积大于 20 cm^2 时,标注内容的文字、符号、数字的高度不应小于 0.8 mm。销售单元是单个产品且表面积小于 20 cm^2 时,标注内容见销售包装的标注内容。

5 销售包装标志内容及要求

5.1 产品名称

应在销售单元的主展示面醒目位置,清晰地标注反映产品特点的产品名称。

5.2 产品级别

5.2.1 单一产品的标志

标注的产品级别应符合 GB 10631—2004 中 4.1 的分级规定,字体应不小于四号字体,对比色度清晰。

5.2.2 混合产品的标志

以混合产品中级别最高的标注为该混合产品的级别。

5.3 产品类别

标注的销售单元产品类别应符合 GB 10631—2004 中 4.2 的规定。

5.4 燃放安全区域

由"燃放安全区域、数字、计量单位"组成。如"燃放安全区域:×× m(米)(B 级:25 m;C 级:5 m;D 级:1 m)以外"。

5.5 装药量

5.5.1 单个产品的装药量标注为:"装药量≤×× g(克)"。

5.5.2 由多个单发产品组合而成的组合类产品可标注为"装药量≤×××× g(克)[数量×发×单发装药量××g(克)]"。

5.6 生产日期

5.6.1 应明码标注产品真实的生产日期。生产日期标注采用"见××部位"的方式,应明确标注在产品或包装物的××部位。生产日期标注应采用加盖生产日期印章或采用不易脱落的不干胶等加贴方法,但不得篡改。

5.6.2 应按年、月的顺序标注日期。如××××年××月。年代号一般应标注四位数字;难以标注四位数字的小包装产品,可以标注两位数字。

5.7 保质期

保质期应标注为:"在××××年××月之前燃放"。

5.8 生产标准编号

应标注企业执行的产品标准编号(进口产品除外)。

5.9 制造商或经销商名称、地址

应标注制造商经依法登记注册的名称和地址。进口产品应标注:原产地、代理商依法登记注册的名称和地址。经销商依法登记注册的名称和地址。

5.10 安全警示语

根据产品有可能出现的危险,应有安全警示语。

5.10.1 安全警示语内容

应在室外燃放(特殊设计者除外,如舞台烟花)。远离易燃易爆区域。严禁在高层建筑物及居住集中地带燃放。严禁未成年人、无完全民事行为能力人、酒后燃放。

5.10.2 安全警示语字体要求

安全警示语主体应不小于四号字并加框,对比色度应清晰。

5.11 燃放说明

应按附录A给出的文字内容标明燃放说明。

5.12 其他

A级产品除应标明包含5.1～5.9的内容外，还应注明“由专业人员燃放”的字样。

6 运输包装标志内容及要求

6.1 产品名称

见5.1的规定。

6.2 产品级别

见5.2的规定。

6.3 产品运输危险级别

应标注与箱内产品运输危险级别相适应的运输危险级别。

6.4 产品标准编号

见5.8的规定。

6.5 制造商或经销商名称、地址

见5.9的规定。

6.6 箱含量

箱内装数量。由数字和计量单位构成。

6.7 净药量

包装箱内所装产品的药量总和，由数字和质量单位组成。如：净药量：×× kg(千克)。

6.8 净药量

包装箱及其所装产品的质量总和，由数字和质量单位组成，如：毛量：×× kg(千克)。

6.9 体积

包装箱的体积，用长(cm或厘米)×宽(cm或厘米)×高(cm或厘米)标示。

6.10 安全警示语及图示标志

运输包装上应有“烟花爆竹”、“防火防潮”、“轻拿轻放”，组合烟花应标注“严禁倒置”等安全警示语或图案及执行标准代号。易燃易爆物品图示及文字标志应符合GB 190、GB/T 191的有关规定。

附 录 A
(规范性附录)
燃 放 说 明

A.1 喷花类

A.1.1 一般说明

——点燃引线后应立即走开至燃放安全区域；

——观众应在燃放安全区域观看。

A.1.2 特殊要求

A.1.2.1 手持产品

伸直手臂握住手柄，使燃放的产品远离身体其他部位。

A.1.2.2 非手持产品

——不允许手持；

——应放置在坚实、平坦的地面燃放。

A.2 旋转类

A.2.1 一般说明

——不允许手持；

——点燃引线后应立即走开至燃放安全区域；

——观众应在燃放安全区域观看。

A.2.2 特殊要求

A.2.2.1 地面旋转产品

应放置在坚实、平坦的地面燃放。

A.2.2.2 有轴旋转产品

应将产品固定在旋转上，固定好产品后再点燃引线。

A.3 升空类

A.3.1 一般说明

——不允许手持；

——点燃引线后应立即走开至燃放安全区域；

——观众应在燃放安全区域观看；

——产品发射方向不允许对准人、易燃物质和障碍物；

——产品燃放时飞行速度快、飞行距离远。

A.3.2 特殊要求

A.3.2.1 火箭产品

将火箭发射杆垂直插在木质或者铁质发射架上。

A.3.2.2 双响或无杆火箭

垂直放在坚实、平坦的地面燃放。

A.4 旋转升空类

——不允许手持；

——应放置在坚实、平坦的地面燃放；
——点燃引线后应立即走开至燃放安全区域；
——观众应在燃放安全区域观看；
——产品燃放时飞行速度快、飞行距离远。

A.5 吐珠类

——不允许手持；
——燃放时，发射口不允许对准人、易燃物质和障碍物；
——将产品固定好，发射口垂直向上，插地产品应将吐珠底塞端牢固的插在地上；
——点燃引线后应立即走开至燃放安全区域；
——观众应在燃放安全区域观看。

A.6 线香类

——燃放时不要触摸非手持部分，小心烫手；
——伸直手臂握住手柄，使燃放的产品远离身体其他部位；
——避免燃烧时产生的火花接近衣服或其他易燃物质；
——一次只能点燃一根产品。

A.7 烟雾类

——不允许手持；
——放置在地面上燃放；
——点燃引线后应立即走开至燃放安全区域。

A.8 造型玩具类

——非手持产品不允许手持，应放置在坚实、平坦的地面燃放；
——手持产品除外，燃放时应伸直手臂握住手柄，使燃放的产品远离身体其他部位；
——点燃引线后应立即走开至燃放安全区域；
——观众应在燃放安全区域观看。

A.9 摩擦类

A.9.1 快乐烟花

——燃放时不允许对准别人；
——用手拉拉线。

A.9.2 拉炮

——燃放时不允许靠近脸；
——用手拉拉线。

A.9.3 砂炮

——不允许放在口袋里；
——燃放时掷向地面。

A.9.4 其他摩擦类

根据实际燃放方法标明。

A.10 小礼花类

A.10.1 一般要求

——不允许手持；

——应放置在坚实、平坦的地面燃放，燃放时发射口应垂直向上；

——点燃引线时，身体任何部位不允许置于产品上方；

——点燃引线后应立即走开至燃放安全区域；

——观众应在燃放安全区域观看。

A.10.2 对反复装填产品的特殊要求

——燃放的产品与所用的发射筒口径相配合；

——发射筒内不允许有纸屑等杂物；

——引线应伸出发射筒外。

A.11 爆竹类

A.11.1 一般要求

——燃放时不允许将鞭炮放在口袋里；

——发现引线熄灭，不允许再去对同一引线点火；

——应放在地上燃放，不允许在密闭盒子中燃放；

——点燃引线后应立即走开至燃放安全区域；

——观众应在燃放安全区域观看。

A.11.2 对结编爆竹的特殊要求

——燃放时不允许将单个爆竹扯下(仅适用于结编爆竹)；

——应放在地上或悬挂燃放。

A.12 组合烟花

——不允许手持；

——应放置在坚实、平坦的地面燃放，燃放时发射口应垂直向上；

——点燃引线时，身体任何部位不允许置于产品上方；

——发现引线熄灭，不允许再去对同一引线点火；

——点燃引线后应立即走开至燃放安全区域；

——观众应在燃放安全区域观看。

ICS 29.220.10
K 82

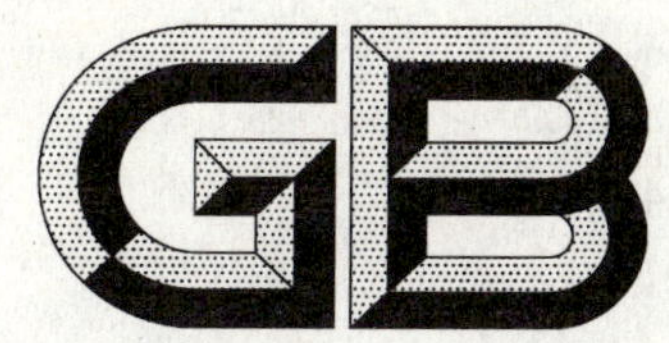

中华人民共和国国家标准

GB 24427—2009

碱性及非碱性锌-二氧化锰电池中汞、镉、铅含量的限制要求

Limitation of mercury, cadmium and lead contents for alkaline and non-alkaline zinc manganese dioxide batteries

2009-09-30 发布　　　　2010-07-01 实施

中华人民共和国国家质量监督检验检疫总局
中国国家标准化管理委员会　发布

前言

本标准的第5章、第7章、第8章为强制性的，其余为推荐性的。

本标准由中国轻工业联合会提出。

本标准由全国原电池标准化技术委员会(SAC/TC 176)归口。

本标准主要起草单位：国家轻工业电池质量监督检测中心、广州市虎头电池集团有限公司、福建南平南孚电池有限公司、中银(宁波)电池有限公司、嘉兴恒威电池有限公司、广东正龙股份有限公司、浙江永高电池股份有限公司、四川长虹新能源科技有限公司。

本标准参加起草单位：浙江野马电池有限公司、广州市番禺华力电池有限公司、上海白象天鹅电池有限公司、广西梧州新华电池有限公司、重庆电池总厂、嘉善宇河电池有限公司。

本标准主要起草人：林佩云、邱仕洲、黄星平、陈国标、刘燕、汪海、黄伟杰、成红、王胜兵、吴立柔、张超明、黎旗明、杨林、律永成、龚志刚。

碱性及非碱性锌-二氧化锰电池中汞、镉、铅含量的限制要求

1 范围

本标准规定了已标准化的碱性及非碱性锌-二氧化锰电池(扣式电池除外)中汞、镉、铅含量的限制要求。

本标准适用于上述电池的生产、检测和验收。

注:扣式碱性锌-二氧化锰电池中汞含量的限制要求见 GB 24428。

2 规范性引用文件

下列文件中的条款通过本标准的引用而成为本标准的条款。凡是注日期的引用文件,其随后所有的修改单(不包括勘误的内容)或修订版均不适用于本标准,然而,鼓励根据本标准达成协议的各方研究是否可使用这些文件的最新版本。凡是不注日期的引用文件,其最新版本适用于本标准。

GB/T 8897.2—2008 原电池 第2部分:外形尺寸和电性能要求

GB/T 20155—2006 电池中汞、镉、铅含量的测定

3 术语和定义

下列术语和定义适用于本标准。

3.1

[单体]原电池 primary cell

按不可以充电设计的、直接把化学能转变为电能的电源基本功能单元。由电极、电解质、容器、极端、通常还有隔离层组成。

3.2

原电池 primary battery

装配有使用所必需的装置(如外壳、极端、标志及保护装置)的、由一个或多个单体原电池构成的电池。

3.3

碱性锌-二氧化锰电池 alkaline zinc manganese dioxide battery

含碱性电解质,正极活性物质为二氧化锰,负极为锌的原电池。

3.4

非碱性锌-二氧化锰电池 non-alkaline zinc manganese dioxide battery

锌-碳电池 zinc carbon battery

含酸性或中性电解质,正极活性物质为二氧化锰,负极为锌的原电池。

3.5

无汞电池 mercury-free battery

汞含量不大于 1 μg/g 的电池。

3.6

低汞电池 mercury-low battery

汞含量不大于 250 μg/g 的电池。

4 已标准化的碱性及非碱性锌-二氧化锰电池

4.1 碱性锌-二氧化锰电池

在 GB/T 8897.2—2008 中标准化的碱性锌-二氧化锰电池包括 LR8D425、LR1、LR03、LR6、LR14、LR20、3LR12、4LR61、4LR25X、4LR25-2 和 6LR61 电池。

4.2 非碱性锌-二氧化锰电池

在 GB/T 8897.2—2008 中标准化的非碱性锌-二氧化锰电池包括 R1、R03、R6P、R6S、R14P、R14S、R20P、R20S、R40、2R10、S4、3R12P、3R12S、4R25X、4R25Y、4R25-2、6F22 和 6F100 电池。

5 电池中汞、镉、铅含量的限制要求

碱性及非碱性锌-二氧化锰电池中汞、镉、铅含量的限制要求见表 1。

表 1 碱性及非碱性锌-二氧化锰电池中汞、镉、铅含量的限制要求

电池名称	型号	汞、镉、铅含量的限制要求/(μg/g)			
		汞含量		镉含量	铅含量
		低汞电池	无汞电池		
碱性锌-二氧化锰电池	LR8D425、LR1、LR03、LR6、LR14、LR20、3LR12、4LR61、4LR25X、4LR25-2、6LR61	—	≤1	≤20	≤40
非碱性锌-二氧化锰电池	R1、R03、R6P、R6S、R14P、R14S、R20P、R20S、R40、2R10、3R12P、3R12S、4R25X、4R25Y、4R25-2、S4、6F22、6F100	≤250	≤1	≤200	≤2 000
注：其他尚未标准化的碱性和非碱性锌-二氧化锰电池可参照上述要求。					

6 电池中汞、镉、铅含量的检测方法

电池中汞、镉、铅含量的检测方法按 GB/T 20155—2006。

在检测电池中汞、镉、铅含量时，电池样品应包含电池中所有的部件，包括热缩膜和密封材料等。

7 电池中汞、镉、铅含量的符合性判定

检测 2 只电池，若 2 只电池的汞、镉、铅含量均低于规定值，则判定汞、镉、铅含量符合要求；

若 2 只电池的汞镉铅含量均高于规定值，则判定汞、镉、铅含量不符合要求；

若 1 只电池的汞、镉或铅含量高于规定值，另 1 只低于规定值，则另取 2 只电池对不符合项重新检测，若第二次检测仍有项目不合格，则判定该项不符合要求。

8 标志

每个电池上应标明以下内容：

a) 型号；

b) 生产时间(年和月)和保质期，或建议的使用期的截止期限；

c) 正负极端的极性；

d) 标称电压；

e) 制造厂或供应商的名称和地址；

f) 商标；

g) 执行标准编号；

h) 安全使用注意事项(警示说明)；

i) 含汞量("低汞"或"无汞")。

注：其中 b)、e)、g)、h)、i)可标在电池的销售包装上(如对装、四个装、挂卡等)。

参考文献

GB 24428 锌-氧化银、锌-空气、锌-二氧化锰扣式电池中汞含量的限制要求

ICS 29.220.10
K 82

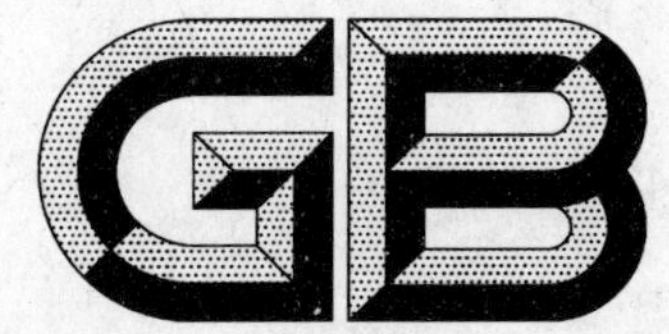

中华人民共和国国家标准

GB 24428—2009

锌-氧化银、锌-空气、锌-二氧化锰扣式电池中汞含量的限制要求

Limitation of mercury content for zinc silver oxide, zinc oxygen and zinc manganese dioxide button batteries

2009-09-30 发布　　　　2010-07-01 实施

中华人民共和国国家质量监督检验检疫总局
中国国家标准化管理委员会　发布

前　言

本标准的第6章、第8章、第9章为强制性的,其余为推荐性的。

本标准的附录A为规范性附录。

本标准由中国轻工业联合会提出。

本标准由全国原电池标准化技术委员会(SAC/TC 176)归口。

本标准主要起草单位:国家轻工业电池质量监督检测中心、常州达立电池有限公司、广东省佛山市南海新光电池材料有限公司。

本标准参加起草单位:嘉善宇河电池有限公司、广东正龙股份有限公司。

本标准主要起草人:林佩云、徐平国、赖春明、律永成、黄伟杰。

锌-氧化银、锌-空气、锌-二氧化锰扣式电池中汞含量的限制要求

1 范围

本标准规定了已标准化的锌-氧化银、锌-空气、锌-二氧化锰扣式电池中汞含量的限制要求。

本标准适用于上述扣式电池及由多个单体扣式电池组合而成的电池的生产、检测和验收。

2 规范性引用文件

下列文件中的条款通过本标准的引用而成为本标准的条款。凡是注日期的引用文件，其随后所有的修改单(不包括勘误的内容)或修订版均不适用于本标准，然而，鼓励根据本标准达成协议的各方研究是否可使用这些文件的最新版本。凡是不注日期的引用文件，其最新版本适用于本标准。

GB/T 8897.1—2008 原电池 第1部分:总则

GB/T 8897.2—2008 原电池 第2部分:外形尺寸和电性能要求

GB/T 8897.3—2006 原电池 第3部分:手表电池

GB 8897.4—2008 原电池 第4部分:锂电池的安全要求

GB 8897.5—2006 原电池 第5部分:水溶液电解质电池的安全要求

GB/T 20155—2006 电池中汞、镉、铅含量的测定

3 术语和定义

下列术语和定义适用于本标准。

3.1

[单体]原电池 primary cell

按不可以充电设计的、直接把化学能转变为电能的电源基本功能单元。由电极、电解质、容器、极端、通常还有隔离层组成。

3.2

原电池 primary battery

装配有使用所必需的装置(如外壳、极端、标志及保护装置)的、由一个或多个单体原电池构成的电池。

3.3

扣式电池 button battery

总高度小于直径的圆柱形电池，形似纽扣或硬币。

3.4

锌-氧化银电池 zinc silver oxide battery

含碱性电解质，正极为氧化银(Ag_2O)，负极为锌的原电池。

3.5

碱性锌-二氧化锰电池 alkaline zinc manganese dioxide battery

含碱性电解质，正极为二氧化锰，负极为锌的原电池。

3.6

碱性锌-空气电池 alkaline zinc air battery

含碱性电解质，以大气中的氧气为正极活性物质，负极为锌的原电池。

3.7

中性锌-空气电池　neutral electrolyte zinc air battery

含盐类电解质，以大气中的氧气为正极活性物质，负极为锌的原电池。

3.8

普通扣式电池　common button battery

质量大于或等于 1 g 的扣式电池。

3.9

小型扣式电池　small button battery

质量小于 1 克的扣式电池。

3.10

无汞电池　mercury-free battery

汞含量不大于 0.005 mg/g 的电池。

3.11

含汞电池　mercury-include battery

汞含量大于 0.005 mg/g 的电池。

4　扣式电池的电化学体系和型号命名

锌-氧化银、锌-空气、锌-二氧化锰扣式电池的标准化电化学体系见表 1。

表 1　锌-氧化银、锌-空气、锌-二氧化锰扣式电池的标准化电化学体系

电池名称	电化学体系字母代码	负极	电解质	正极	标称电压/V	最大开路电压/V
非碱性锌-二氧化锰电池	无字母	锌(Zn)	氯化铵、氯化锌	二氧化锰(MnO_2)	1.5	1.725
中性锌-空气电池	A	锌(Zn)	氯化铵、氯化锌	氧(O_2)	1.4	1.55
碱性锌-二氧化锰	L	锌(Zn)	碱金属氢氧化物	二氧化锰(MnO_2)	1.5	1.65
碱性锌-空气电池	P	锌(Zn)	碱金属氢氧化物	氧(O_2)	1.4	1.68
锌-氧化银电池	S	锌(Zn)	碱金属氢氧化物	氧化银(Ag_2O)	1.55	1.63
注：当表示一个电化学体系时，一般先列出负极，再列出正极，比如：锌-二氧化锰。						

扣式电池的型号命名法见 GB/T 8897.1—2008 的附录 C。

5　已标准化的锌-氧化银、锌-空气、锌-二氧化锰扣式电池

5.1　锌-氧化银扣式电池

在 GB/T 8897.2—2008 中标准化的锌-氧化银扣式电池包括 SR62、SR63、SR65、SR64、SR60、SR67、SR66、SR58、SR68、SR59、SR69、SR41、SR57、SR55、SR48、SR56、SR54、SR42、SR43、SR44 电池。

在 GB/T 8897.3—2006 中标准化的锌-氧化银扣式电池包括 SR516、SR521、SR527、SR614、SR616、SR621、SR626、SR712、SR714、SR716、SR721、SR726、SR731、SR736、SR754、SR916、SR920、SR927、SR936、SR1126、SR1130、SR1136、SR1142、SR1154 电池。

5.2　碱性锌-空气扣式电池

在 GB/T 8897.2—2008 中标准化的碱性锌-空气扣式电池包括 PR70、PR41、PR48、PR43、PR44 电池。

5.3 碱性锌-二氧化锰扣式电池

在 GB/T 8897.2—2008 中标准化碱性锌-二氧化锰扣式电池包括 LR9、LR53、LR41、LR55、LR54、LR43、LR44 电池。

6 扣式电池中汞含量的限制要求

锌-氧化银、锌-空气、锌-二氧化锰扣式电池中汞含量的限制要求见表 2。

表 2 锌-氧化银、锌-空气、锌-二氧化锰扣式电池中汞含量的限制要求

单位为毫克每克

电池类别	型号	汞含量的限制要求	
		无汞电池	含汞电池
锌-氧化银扣式电池	SR62、SR63、SR65、SR64、SR60、SR67、SR66、SR58、SR68、SR59、SR69、SR41、SR57、SR55、SR48、SR56、SR54、SR42、SR43、SR44	≤0.005	≤20
	SR516、SR521、SR527、SR614、SR616、SR621、SR626、SR712、SR714、SR716、SR721、SR726、SR731、SR736、SR754、SR916、SR920、SR927、SR936、SR1126、SR1130、SR1136、SR1142、SR1154	≤0.005	≤20
碱性锌-空气扣式电池	PR70、PR41、PR48、PR43、PR44	≤0.005	≤20
碱性锌-二氧化锰扣式电池	LR9、LR53、LR41、LR55、LR54、LR43、LR44	≤0.005	≤20
注 1：由于扣式电池按新旧两种命名法(命名法见 GB/T 8897.1—2008)命名的型号都在使用，表中列出了在用的所有已标准化的扣式电池的新旧两种型号，其中部分电池新旧型号有重叠，扣式电池新旧型号命名的尺寸代码对照表见附录 A。 注 2：其他尚未标准化的锌-氧化银、锌-空气、锌-二氧化锰扣式电池可参照上述要求。			

7 电池中汞含量的检测方法

电池中汞含量的检测方法按 GB/T 20155—2006 执行。

普通扣式电池单个检测，小型扣式电池称量数只电池检测，总质量应不少于 1 g。

8 电池中汞含量的符合性判定

8.1 普通扣式电池

检测 2 只电池，若 2 只电池的汞含量均低于规定值，则判定汞含量符合要求；

若 2 只电池的汞含量均高于规定值，则判定汞含量不符合要求；

若 1 只电池的汞含量高于规定值，另 1 只低于规定值，则另取 2 只电池重新检测，若第二次检测仍有电池不合格，则判定汞含量不符合要求。

8.2 小型扣式电池

检测总质量不少于 1 g 的数只电池，若汞含量低于规定值，则判定汞含量符合要求；若汞含量高于规定值，则判定汞含量不符合要求。

9 标志

扣式电池应标明以下内容：

a) 型号；

b) 生产时间(年和月)和保质期，或建议的使用期的截止期限；

c) 正负极端的极性(适用时)；

d) 标称电压；

e) 制造厂或供应商的名称和地址；

f) 商标；

g) 执行标准编号；

h) 安全使用注意事项(警示说明)；

i) 防止误吞小电池的注意事项；

j) 汞含量。

其中 a)和 c)应标在电池上；b)、d)、e)、f)、g)、h)、i)和 j)可标在电池的直接包装(销售包装)上而不标在电池上。

对于 P-体系电池(碱性锌-空气电池)，a)可标在电池、密封条或包装上；c)可标在电池的密封条上和/或电池上，b)、d)、e)、f)、g)、h)、i)和 j)可标在电池的直接包装(销售包装)上而不标在电池上。

防止误吞小电池的注意事项见 GB 8897.4—2008 的 7.2 m)和 9.2 以及 GB 8897.5—2006 的 7.1 l)和 9.2。

扣式电池的生产时间(年和月)可用编码表示，编码方法见 GB/T 8897.3—2006。

扣式电池的汞含量不大于 0.005 mg/g 时，标明“无汞”；汞含量大于 0.005 mg/g、不大于 20 mg/g 时，应标明“汞含量≤20 mg/g”或“Hg≤20 mg/g”。

附 录 A
(规范性附录)
扣式电池按新旧型号命名的尺寸代码对照表

扣式电池按新、旧命名法命名的尺寸代码见表 A.1。

表 A.1 扣式电池按新、旧命名法命名的尺寸代码对照表

按新命名法命名	按旧命名法命名
510	
512	
514	
516	62
521	63
527	64
610	
612	
614	
616	65
621	60
626	66
710	
712	
714	
716	67
721	58
726	59
731	
736	41
754	48
910	
912	
914	
916	68
920	
927	57
936	45
1 110	
1 112	

表 A.1（续）

按新命名法命名	按旧命名法命名
1 114	
1 116	
1 120	
1 126	56
1 130	54
1 136	42
1 142	43
1 154	44

ICS 97.220.40
Y 55

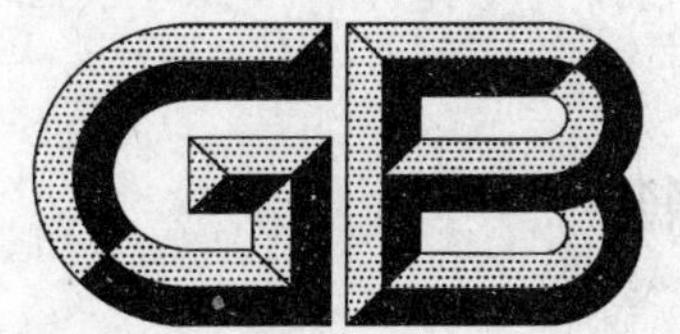

中华人民共和国国家标准

GB 24429—2009

运动头盔 自行车、滑板、轮滑运动头盔的安全要求和试验方法

Sports helmets—Safety requirements and testing methods for sports helmets for cyclists and users of skateboards and roller skates

2009-09-30 发布 2010-07-01 实施

中华人民共和国国家质量监督检验检疫总局
中国国家标准化管理委员会 发布

前　言

本标准的第5章、第6章、7.1和第8章为强制性条款，其余为推荐性条款。

本标准的主要技术要求和试验方法采用了BS EN1078:1997和F1447—06，本标准的条款与采用的标准条款对应如下：

——5.2.2对应BS EN1078:1997的4.3；

——5.2.3对应BS EN1078:1997的4.6.6；

——5.2.4对应BS EN1078:1997的4.6.5；

——5.2.5对应F1447—06的10.2；

——6.4对应BS EN1078:1997的5.7；

——6.5对应BS EN1078:1997的5.6；

——6.6对应BS EN1078:1997的5.5。

制定本标准的目的在于，按照本标准制造的头盔，在实际使用时尽可能的保证使用者头部的安全。各项试验的设置是保证头盔的强度。

本标准由中国轻工业联合会提出。

本标准由全国文体用品标准化中心归口。

本标准起草单位：国家体育用品质量监督检验中心、河北省产品质量监督检验院、佛山市顺德区跨速头盔有限公司、乐清市麒麟摩配有限公司、珠海太连运动器材有限公司。

本标准主要起草人：王燕玲、郑根朝、田旭、张明、卢明钏、刘飞、于文川、李维胜、牛聪敏。

运动头盔 自行车、滑板、轮滑运动头盔的安全要求和试验方法

1 范围

本标准规定了自行车、滑板、轮滑运动头盔的术语和定义、规格、要求、试验方法、标志、包装、运输和贮存、产品说明书。

本标准主要适用于自行车、滑板、轮滑运动者佩戴的头盔。

2 规范性引用文件

下列文件中的条款通过本标准的引用而成为本标准的条款。凡是注日期的引用文件，其随后所有的修改单(不包括勘误的内容)或修订版均不适用于本标准，然而，鼓励根据本标准达成协议的各方研究是否可使用这些文件的最新版本。凡是不注日期的引用文件，其最新版本适用于本标准。

GB/T 10000 中国成年人人体尺寸

3 术语和定义

下列术语和定义适用于本标准。

3.1

运动头盔(以下简称头盔) **sports helmet**

在运动过程中，用来吸收撞击能量，减少佩戴者头部意外伤害的装具。

3.2

壳体 shell

头盔的外层结构。

3.3

缓冲层 cushion coat

用来吸收撞击能量的适体垫层。

3.4

舒适衬垫 comfort pad

保证头部佩戴舒适的衬垫。

3.5

佩戴装置 retention system

保证将头盔牢固的佩戴在头部的整套装置，包括使佩戴者更舒适的调节装置、系带等。

3.6

系带 strap

佩戴装置的一部分，是系紧在佩戴者的下颚下面用来稳固头盔的带子。

3.7

基础平面 basic plane

由左、右外耳孔中心和右眼眶下缘点组成的一个平面。即图1中的O-O′平面。

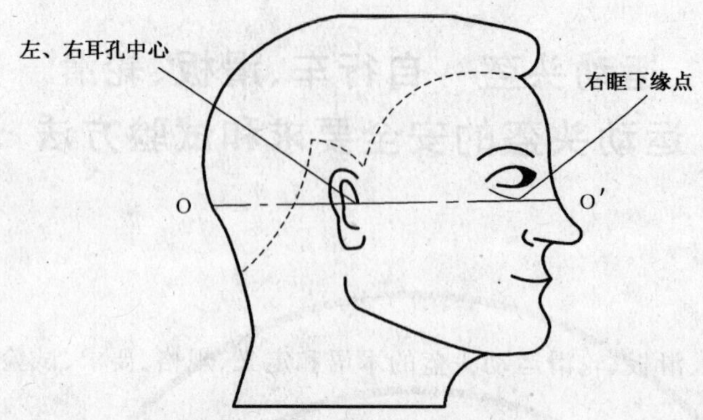

图1　基础平面(O-O′)侧视图

3.8

参考平面　reference plane

在基础平面之上,并于基础平面保持一定距离(X)的一个平行平面。这个距离(X)由头型型号确定。见图2及表1。

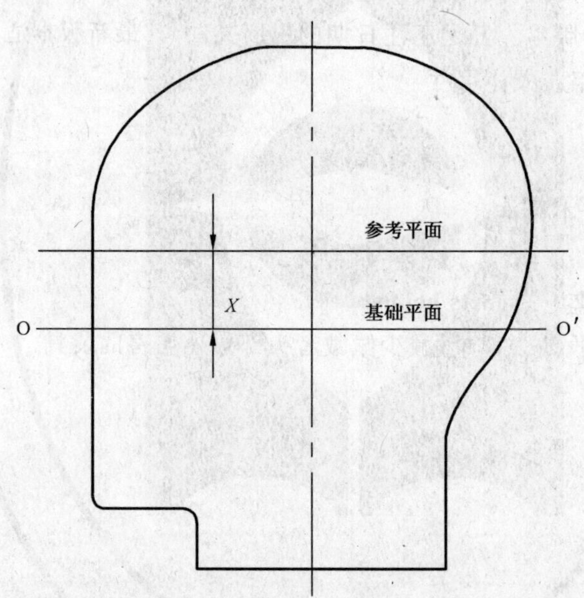

图2　参考平面及基础平面

表1　不同规格尺寸的基础平面和参考平面距离及保护范围尺寸　　单位为毫米

规格型号	X	$L/2$	Y	R	S	T	U
特小	23	85	87	38	24	142	80
小	25	90	95	39	25	147	84
中	27	95	103	40	26	153	87
大	30	100	110	41	27	158	90

3.9

试验区及保护范围　test area and protection range

头盔上进行碰撞等试验时的检验范围,它与头部最小保护范围(ABCDEF 线以上部分)一致。见图3及表1。

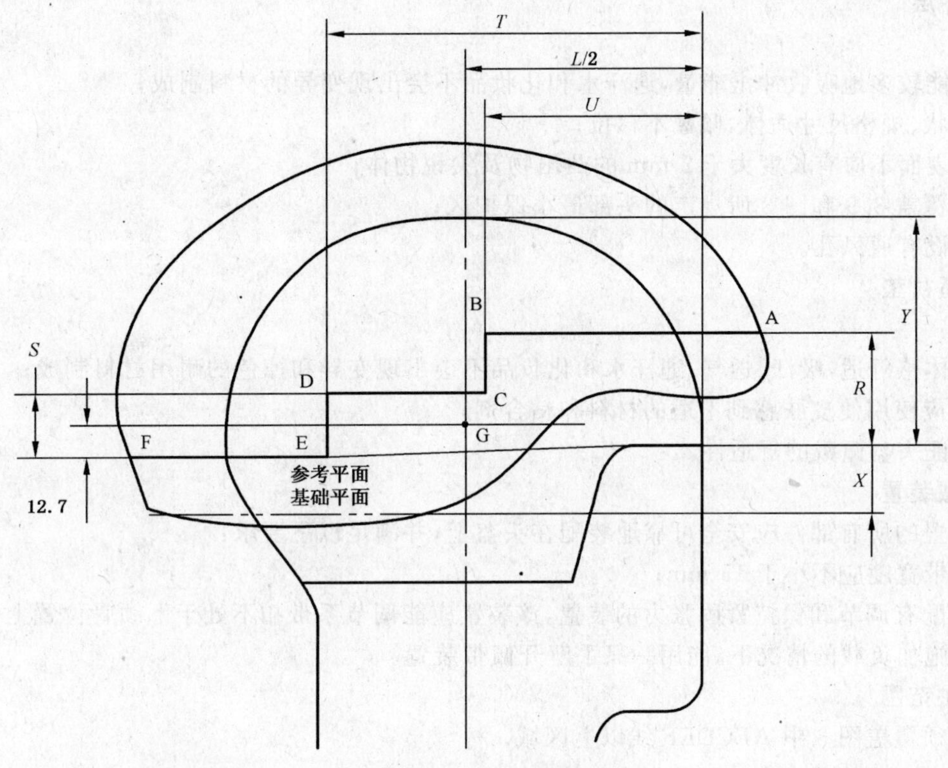

图 3 试验区及保护范围

4 规格

头盔按 GB/T 10000 及未成年人的头围尺寸分为大、中、小和特小四种规格。见表 2。

表 2 头盔规格

规　格	头围尺寸/mm
特小	500～540
小	540～560
中	560～580
大	580～600
特小号头围尺寸允许小于表 3 头水平围 40 mm，其他规格的头围尺寸允许小于表 3 头水平围 20 mm。	

5 要求

5.1 结构

头盔由壳体、缓冲层、舒适衬垫、佩戴装置等组成。

5.1.1 壳体

应符合：

a) 使用质地坚韧，具有耐水、耐热、耐寒材料制成；

b) 表面应坚固、平滑，边沿应圆钝，以防直接伤及头部；

c) 在本标准的试验中壳体不应出现危及佩带者的破裂；

d) 壳体外表面凸出物高度应不大于 7 mm(易脱落件不受此限)；

e) 可设有通风孔。

5.1.2 缓冲层

应符合：

a) 用能较多地吸收冲击能量，遇汗水和化妆品不会出现变异的材料制成；

b) 形状、规格尺寸适体，佩戴不移位；

c) 内表面不应有长度大于 2 mm 的凸出物及尖锐物体；

d) 应覆盖 3.9 和图 3 所规定的头部最小保护区；

e) 可设有通风孔。

5.1.3 舒适衬垫

应符合：

a) 用体感舒适，吸汗、透气，遇汗水和化妆品不会出现变异和掉色的耐用材料制成；

b) 不应使用使皮肤感到不适的材料和粘合剂；

c) 保证头盔佩戴的舒适性。

5.1.4 佩戴装置

佩戴装置的所有部件应安全可靠地装配在头盔上，并满足以下要求：

a) 系带宽度应不小于 15 mm；

b) 应配有调节和保持紧固张力的装置，该装置应能调节系带扣不处于下颌骨位置上；

c) 在施加负载的情况下，能用一只手解开佩带装置。

5.1.5 保护范围

头盔必须覆盖图 3 中 ABCDEF 线以上区域。

5.2 性能

5.2.1 头盔质量(含附件)

头盔的质量为：厂方标称值±30 g。

5.2.2 头盔视野

左、右水平视野不小于 105°，上视野不小于 25°，下视野不小于 45°。

5.2.3 头盔佩戴装置稳定性

头盔应不从头型上脱落。

5.2.4 头盔佩戴装置强度性能

佩戴装置的动态伸长量应不超过 35 mm，静态伸长量应不超过 25 mm 且不应出现系带撕断、连接件脱落及系带扣松脱的现象。

5.2.5 头盔吸收碰撞能量性能

加速度峰值不大于 $300g$($g=9.8\ \mathrm{m/s^2}$)。

6 试验方法

6.1 实验室环境条件

温度 20 ℃±3 ℃，相对湿度 25%～75%。

6.2 头盔结构、规格尺寸、保护范围检验及标识内容检查

6.2.1 检验工具

分度值不大于 0.5 mm 的长度测量器具及大、中、小、特小号标准头型。

6.2.2 检验步骤

a) 用目测的方法检查头盔的结构、外观及标识情况；

b) 用测量器具检验头盔的内、外表面和系带等；

c) 测量头盔规格尺寸及保护区，将头盔佩戴到相应规格的标准头型上，可调整佩戴装置的调节装置并在头盔的顶端加 5 kg 载荷，测量头盔的保护区，并标出试验区；

d) 结果应符合第 4 章、5.1 及 7.1 的规定。

6.3 头盔质量检验

6.3.1 检验工具

分度值不大于 5 g 的称量器具。

6.3.2 检验步骤

a) 称量并记录头盔的质量(含附件),按 g 计;

b) 结果应符合 5.2.1 的规定。

6.4 头盔视野检验

6.4.1 检验装置

由角度标尺、头型及头型固定架等组成,分度值为 1°,量程可满足 5.2.2 要求。

6.4.2 检验步骤

按 6.2.2c)将头盔正确的佩戴在合适的试验头型上:

a) 左、右水平视野:两个两面角分别由纵向竖直中央平面和向左、右两个对称方向形成的不小于 105°平面组成,位于参考平面和基础平面之间,其边是直线 LK。如图 4 所示;

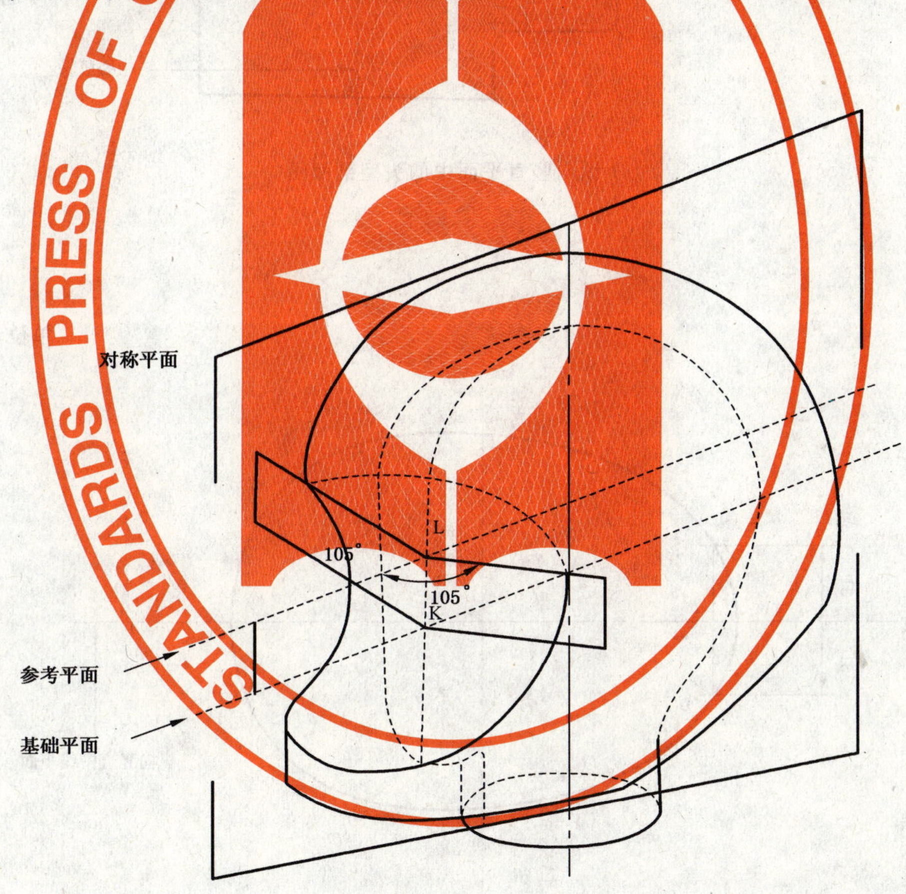

图 4 左、右水平视野

b) 上视野:两面角由头型参考平面和其向上形成角度不小于 25°的平面组成,其边是直线 L_1L_2 = 31+31=62(mm)。如图 5 所示;

c) 下视野:两面角由头型基础平面和其向上形成角度不小于 45°的平面组成,其边是直线 K_1K_2 = 31+31=62(mm)。如图 5 所示;

d) 结果应符合 5.2.2 的规定。

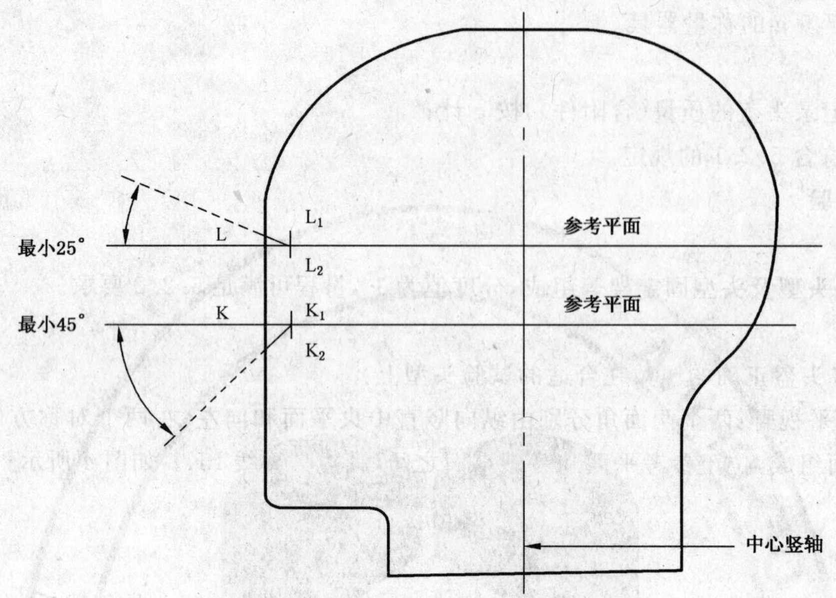

a) 纵向竖直平面中的头型剖面图

单位为毫米

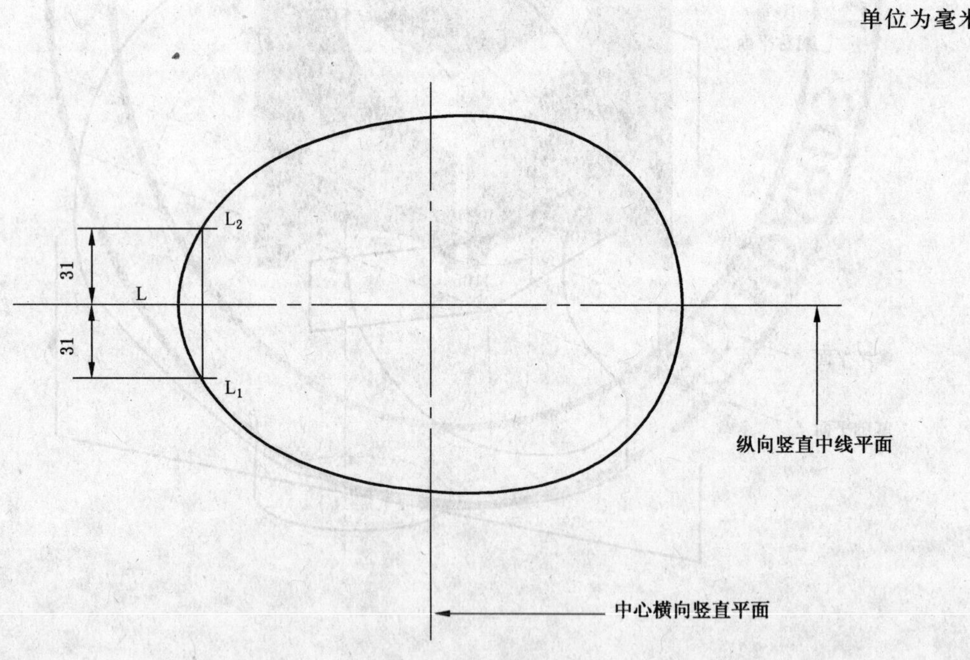

b) 头型剖面俯视图

图 5 上、下视野

6.5 头盔佩戴装置稳定性试验

6.5.1 试验装置

由基座、试验头型、冲击砝码(质量 10.0 kg±0.1 kg)、引导装置(总质量 3.0 kg±0.1 kg)、释放装置、滑轮、弹性带(1 000 N 负载下,伸长量应小于 18 mm/m)等组成,如图 6 所示。

单位为毫米

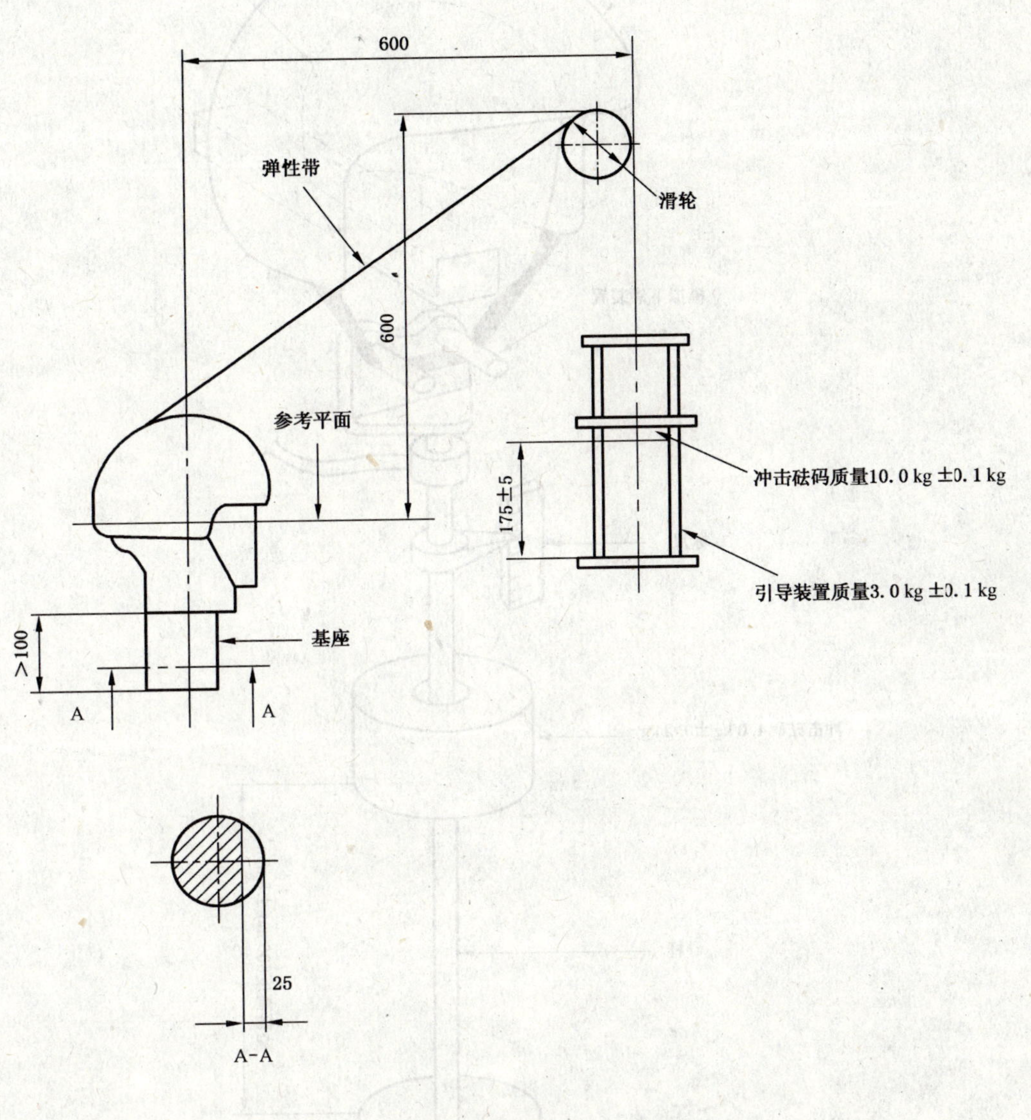

图6　佩戴装置稳定性试验台

6.5.2　试验步骤

a)　按6.2.2c)将头盔正确的佩戴在合适的试验头型上，系紧系带；

b)　如图6所示，引导装置与释放装置的挂钩应挂在头盔后部中间位置上；

c)　冲击砝码应从175 mm±5 mm的高处释放，沿引导装置的导轨自由坠落，每顶头盔冲击一次；

d)　结果应符合5.2.3的规定。

6.6　头盔佩戴装置强度试验

6.6.1　试验装置

由固定架、试验头型、冲击砝码(质量4.0 kg±0.2 kg)、标尺、加载装置(总质量5.0 kg±0.5 kg)、模拟下颚装置(宽度为87 mm～90 mm)等组成，如图7所示。

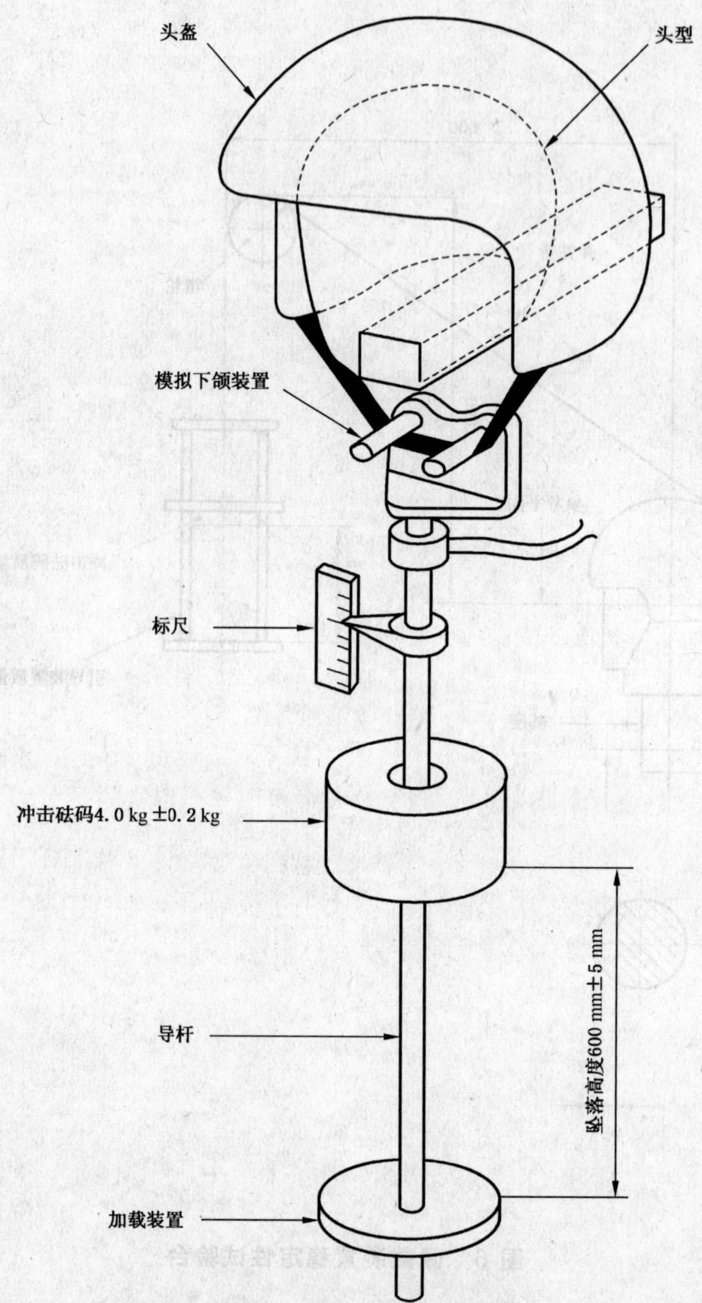

图7 佩戴装置强度试验台

6.6.2 试验步骤

a) 按6.2.2c)将头盔正确的佩戴在合适的试验头型上，系带穿过模拟下颚并系紧，使加载装置(总质量5.0 kg±0.5 kg)自由作用在佩戴装置上维持30 s，随即确定标尺起始零位；

b) 稳定后释放冲击砝码，使其从600 mm±5 mm的高度自由落下并撞击在终点挡板上；

c) 利用标尺测出模拟下颌装置的动态最大位移和2 min时的剩余位移，即为佩戴装置的相应伸长量；

d) 在施加负载的情况下，能用一只手解开佩带装置；

e) 结果应符合5.2.4及5.1.4c)的规定。

6.7 头盔吸收碰撞能量性能试验

6.7.1 试验装置

试验设备由碰撞试验台及分析记录仪组成，应符合 5.2.5、6.7.1.1、6.7.4.1、6.7.4.2 有关保证碰撞能量、碰撞效果一致的规定。

6.7.1.1 碰撞试验台

由坠落引导装置、头型、头型固定架、球形接头，砧、砧座，释放系统及座基等部件组成，如图 8 所示。其主要部件应满足以下技术要求：

图 8 碰撞试验台

a) 头型：由近似人体头部频率响应的结构及金属材料制成，频率响应 1 400 Hz 以下平坦，最低共振频率为 2 500 Hz。头型分特小、小、中、大四个型号(见图 9 及表 3)。坠落头型的总质量(含传感器及连接件)分别为：特小号 $4^{+0.1}_{0}$ kg、小号 $4^{+0.1}_{0}$ kg、中号 $5^{+0.1}_{0}$ kg、大号 $6^{+0.1}_{0}$ kg。其中，传感器及连接件的质量不大于坠落头型总质量的 25%，在头型的重心安装有加速度传感器。

b) 砧与砧座：砧用工具钢(T10A)制成，碰撞面粗糙度不低于 *Ra* 0.8，硬度不低于 HRC 50。砧与砧座刚性连接，砧座应刚性的固定在座基上，并保证碰撞面与头型碰撞点法线垂直。

平砧：由直径 130 mm±3 mm、厚度 15 mm 以上的钢板制成，如图 10。

路缘石砧：有两个面，相交于撞击边缘，形成一个 105°±0.5°夹角，高度为 50^{+2}_{0} mm，长度为 125^{+2}_{0} mm，如图 11。

c) 座基：由钢筋混凝土制成，其质量不小于 1 600 kg。

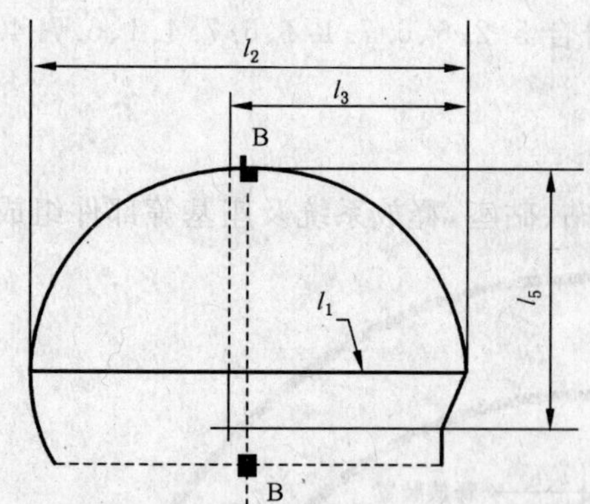

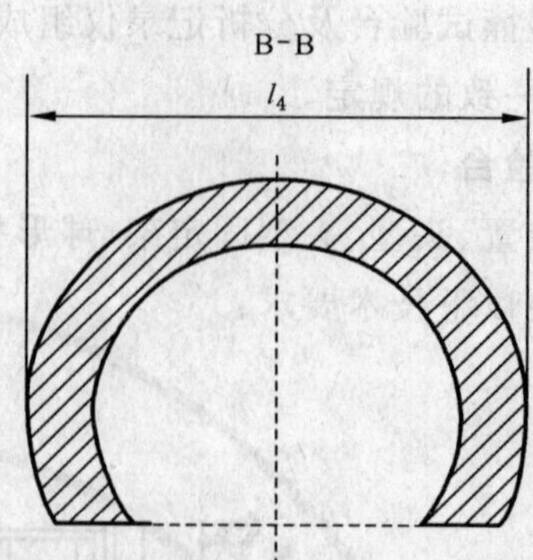

图 9 头型

表 3 头型尺寸

单位为毫米

符 号	名 称	型号				误差
		特小	小	中	大	
l_1	头水平围	540	560	580	600	±2
l_2	头长	170	180	190	200	
l_3	耳额距	95	100	105	110	
l_4	头宽	145	155	166	177	
l_5	耳顶高	110	120	130	140	

单位为毫米

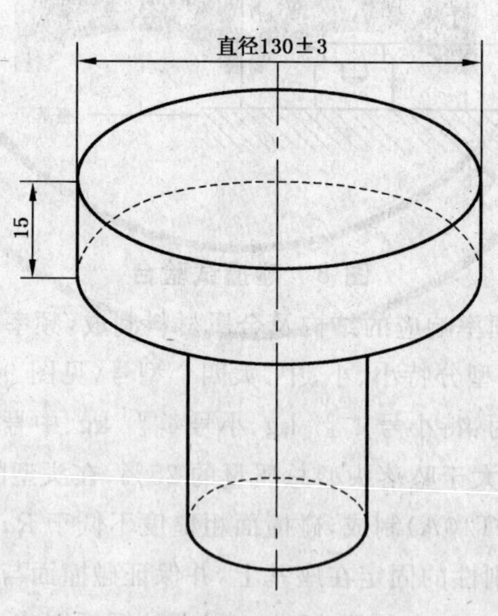

图 10 平砧

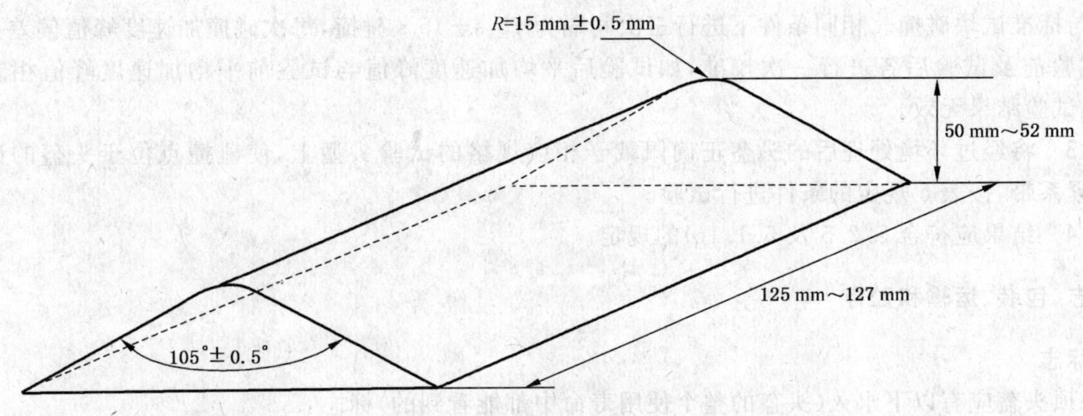

图 11　路缘石砧

6.7.1.2　测试分析仪器系统

由单轴加速度传感器、放大器及数据处理、显示及记录等部分组成，其主要性能要求如下：

a)　频率响应范围 $0^{+0.2}_{0}$ Hz～1 000 Hz，频带截止点 $-3^{+0.5}_{-1}$ dB，衰减斜率 −9 dB/oct～−24 dB/oct；

b)　满足 5.2.5 提出的加速度值检测要求；

c)　测量不确定度 $U=5\%(k=2)$。

6.7.2　头盔样品试验前处理

头盔样品试验前必须按照表 4 规定进行处理。每顶头盔样品选一项处理。

高温或低温处理后的头盔样品应在 3 min 内完成试验；若超过 3 min，应将头盔样品放回保温箱中再处理 5 min 以上，方可进行试验。水浸处理后的头盔样品，应淋干 20 min 后进行试验。

表 4　头盔试验前处理条件

项　　目	温度/℃	时间/h
高温	50±3	4～24
低温	−15±2	4～24
水浸	15～23	4～24

6.7.3　试验区与碰撞点

6.7.3.1　试验区

试验区为图 3 中的 ABCDEF 线以上部分(见图 3 及表 1)。

6.7.3.2　碰撞点

在试验区内任意选取 4 个最薄弱的部位作为碰撞点，每个碰撞点进行 1 次冲击，其中两个碰撞点使用平砧，另外两个碰撞点使用路缘石砧(沿通风孔长、宽方向各一次)，两个冲击点相距不小于 120 mm，冲击速度与冲击次数见表 5。

表 5　头盔吸收碰撞能量性能检验条件

速度/(m/s)	平砧	6.2
	路缘石砧	4.8
同一冲击点上的冲击次数/次		1
冲击速度是在碰撞发生前 40 mm 时测得，不小于理论速度的 95%。		

6.7.4　试验步骤

6.7.4.1　将加速度传感器刚性地固定在头型重心上，传感器敏感轴与头型碰撞点法线夹角应不大于 5°。

6.7.4.2　校准碰撞试验装置：调整碰撞试验台头型撞击速度，使之以 5.44 m/s(碰撞发生前 40 mm 时测得)与标准试块碰撞。相同条件下进行三次间隔为75 s±15 s碰撞,每次碰撞加速度峰值偏差不大于3%;试验前及试验后各进行一次校准,如试验后平均加速度峰值与试验前平均加速度峰值相差大于5%,此试验结果无效。

6.7.4.3 将经过环境处理后的头盔正确佩戴于相应规格的试验头型上,使碰撞点位于头盔的试验区内,系紧系带,按表5规定的条件进行试验。

6.7.4.4 结果应符合5.2.5及5.1.1c)的规定。

7 标志、包装、运输和贮存

7.1 标志

每顶头盔应有以下永久(头盔的整个使用寿命中都能看到的)标志:

a) 产品名称;

b) 生产厂名称和厂址;

c) 产品用途;

d) 产品规格型号;

e) 生产日期、产品批号或编号;

f) 执行标准;

g) 头盔质量(g);

h) 合格标志;

i) 警示语:使用前应阅读使用说明书;使用时必须系紧系带;发生较大撞击应停止使用;不应用腐蚀性溶剂擦洗头盔;正确佩戴运动头盔能有效降低运动伤害,但不能完全避免伤害。

7.2 包装、运输和贮存

7.2.1 产品包装箱上应有7.1规定的标志内容。

7.2.2 产品在运输和贮存时要注明防止碰撞、受潮和有机化学物品的侵蚀。

8 产品说明书

每一顶头盔应附产品中文使用说明书,至少包括以下几点内容:

a) 应提醒购买者挑选适合自己头型尺寸的合格的头盔;

b) 使用时必须系紧系带;

c) 头盔如果发生较大撞击应停止使用或鉴定是否可继续使用;

d) 注意保管,不用腐蚀性溶剂擦洗头盔,不要撞击头盔;

e) 使用期限由工厂根据产品情况提出;

f) 不得更改头盔的结构;

g) 正确佩戴运动头盔能有效降低运动伤害,但不能完全避免伤害。